Beiträge zur Praxeologie / Contributions to Praxeology

Reihe herausgegeben von

Bruno Karsenti, Paris, Frankreich
Erhard Schüttpelz, Siegen, Deutschland
Tristan Thielmann, Siegen, Deutschland

Die „Beiträge zur Praxeologie / Contributions to Praxeology" setzen sich zum Ziel, die Praxis allen anderen Erklärungsgrößen vorzuordnen, und die theoretischen Grundbegriffe aus dieser Vorordnung zu gewinnen, zu klären oder zu korrigieren. Sowohl die Arbeiten von Wittgenstein als auch die von Schütz und Garfinkel verweisen auf eine gemeinsame mitteleuropäische Genealogie der „Praxeologie", die bis heute allerdings weitgehend unbekannt geblieben ist. Die Reihe will sich daher in drei Stoßrichtungen entfalten: durch philosophische Theoriearbeit, durch empirische Beiträge zur Theoriebildung und durch Beiträge zur Revision der Wissenschaftsgeschichte.

Die Bände der Reihe erscheinen in deutscher oder englischer Sprache.

Andreas Wagenknecht

Mit einem Talker sprechen

Eine praxistheoretische Rekonstruktion technisch unterstützter Kommunikation

J.B. METZLER

Andreas Wagenknecht
Institut für Medizinische Soziologie und
Rehabilitationswissenschaften an der
Charité
Universitätsmedizin Berlin
Berlin, Deutschland

Die vorliegende Arbeit wurde 2023 von der Philosophischen Fakultät der Universität Siegen als Dissertation angenommen und für die Publikation überarbeitet.

ISSN 2946-0158 ISSN 2946-0166 (electronic)
Beiträge zur Praxeologie / Contributions to Praxeology
ISBN 978-3-476-05509-5 ISBN 978-3-476-05510-1 (eBook)
https://doi.org/10.1007/978-3-476-05510-1

Die Deutsche Nationalbibliothek verzeichnet diese Publikation in der DeutschenNationalbibliografie; detaillierte bibliografische Daten sind im Internet über https://portal.dnb.de abrufbar.

Gefördert durch die Deutsche Forschungsgemeinschaft (DFG) im Rahmen des Graduiertenkollegs 1769 „Locating Media“.

Planung/Lektorat: Franziska Remeika
J.B. Metzler ist ein Imprint der eingetragenen Gesellschaft Springer-Verlag GmbH, DE und ist ein Teil von Springer Nature.
Die Anschrift der Gesellschaft ist: Heidelberger Platz 3, 14197 Berlin, Germany

Danksagung

Bei dem vorliegenden Buch handelt es sich um eine überarbeitete Fassung meiner Dissertation, die ich im Jahr 2023 an der Philosophischen Fakultät der Universität Siegen eingereicht habe. Die Forschungsarbeit wurde durch die Deutsche Forschungsgemeinschaft (DFG) im Graduiertenkolleg ‚Locating Media' gefördert. Bei einer Vielzahl an Menschen möchte ich mich für ihren Beitrag, ihre Unterstützung, hilfreichen Kommentare und Kritik bedanken: Zuallererst gilt mein Dank den Teilnehmer*innen meiner Forschung, die mir einen Einblick in ihren Alltag und ihr Leben gegeben haben. Ohne ihre Offenheit und ihr Vertrauen wäre diese Arbeit nicht entstanden. ABedanken möchte mich besonders bei den Lehrer*innen und der Schulleitung, den Pflegekräften, Assistent*innen, Familienmitgliedern und allen weiteren Personen, die mir Kontakte vermittelt und bei der Datenerhebung unterstützt haben. Die Dissertation wurde durch Tristan Thielmann und Imke Niediek hervorragend betreut. Ich bedanke mich für die vielen Gespräche, Anregungen, Hinweise und Kritik. Ihre Unterstützung und ihr Engagement für die Arbeit, das Thema und die theoretische wie methodische Herangehensweise, weiß ich sehr zu schätzen. Für seine frühe Fürsprache, sein anhaltendes Interesse und kreativen Input, möchte ich mich bei Erhard Schüttpelz bedanken. Bei Stephan Habscheid möchte ich mich für seine Bereitschaft an der Prüfungskommission teilzunehmen sowie sein Seminar zur Konversationsanalyse bedanken. Zur Entwicklung der Arbeit haben die vielen Diskussion im Graduiertenkolleg ‚Locating Media' und dem Promotionskolleg von Imke Niediek beigetragen. Anna Lisa Ramella, Philipp Goll, Astrid Wiedmann, Asher Boersma, Cindy Heine, Christoph Borbach, Asko Lehmuskallio, Mark Dang-Anh und Raphaela Knipp sowie Marvin Sieger – vielen Dank! Weiterhin bin ich dankbar für das Interesse an meiner Forschung und die fachlichen Ratschläge von Sebastian Gießmann, Cornelius Schubert, Cora Bender und Pablo Abend. Für ihre Unterstützung in allen bürokratischen Angelegenheiten, ihre Zugewandtheit, Geduld und immer vorhandene Bereitschaft für ein Gespräch, möchte ich mich herzlich bei Katharina Dihel bedanken. Ich danke Robert Stock für sein Vertrauen mich in das DFG-Netzwerk ‚Dis-/Abilities. Nicht-/Behinderung und Medien im Kontext der Digitalisierung' aufzunehmen und seine hilfreichen Kommentare zum vorliegenden Text. Die Mitarbeit am Netzwerk und die dortigen Diskussionen mit Jan Müggenburg, Phillip Sander und Christian Meier zu den Disability Studies und assisitiven Medien haben zum Entstehen dieser Arbeit ebenfalls beigetragen. Dass die Dissertation tatsächlich finalisiert werden konnte, ist der Unterstützung von Liane Schenk und ihrer Bereitschaft, Freiräume dafür zu ermöglichen, zu verdanken. Ihr und meinen Kolleg*innen Daniela Krüger, Nadja Raphaela Baer und Johannes Deutschbein danke ich für die Vorbereitung der Disputation und, dass mir zum Ende die Motivation nicht abhanden kam.

Nie entstanden wäre dieses Buch ohne Katherin und Fred.

Inhalt

1 Einleitung

Sprechen zu können, bestimmt den Alltag und ist eine der maßgeblichen Bedingungen für die Teilhabe an annähernd allen Bereichen des gesellschaftlichen Lebens. Die Anforderung, sprechen oder sich zumindest irgendwie verbal verständlich machen zu können, bestimmt die Teilhabemöglichkeiten in sozialen Situationen. Wirkmächtig wird vorausgesetzt, dass Menschen durch den Gebrauch ihres Sprechapparates sprechen können und damit ihr Dasein in der sozialen Welt mehr oder weniger erfolgreich bewältigen. Verbal zu kommunizieren, gilt als (vermeintlich) allgemein verbreitete Fähigkeit des Menschen, um an sozialen Praktiken teilzunehmen und diese selbstbestimmt und selbstständig vollziehen zu können. Eine Stimme zu haben, wird als zentrale Kompetenz regelmäßig in alltäglichen Interaktionen in Anspruch genommen, um sich zu äußern und gehört und verstanden zu werden, um mit anderen zusammen zu handeln, sich ihnen mitzuteilen, mit ihnen zu verhandeln, zu streiten oder sich gegen sie durchzusetzen, und als ‚vollwertiges' Mitglied einer Gemeinschaft zu gelten. Sprechen und Kommunizieren als Fähigkeit vorauszusetzen, macht sie zu etwas, dessen einfaches Funktionieren für selbstverständlich angenommen wird. Für den Vollzug von Kommunikation relevante Fähigkeiten werden als allgemein gegeben behandelt – und bilden für Menschen, die diesen Anforderungen nicht entsprechen, eine Herausforderung für die Bewältigung des Alltags. Wer von dem normalerweise vorausgesetzten Niveau an verbaler Ausdrucksfähigkeit abweicht, lebt mit einer ‚Einschränkung' in Sachen ‚Sprechen-können'. Dann vollziehen sich Leben und Alltag nicht ganz so selbstverständlich. Der- oder diejenige wird im Vollzug ihres Lebens, alltäglicher Praktiken, Interaktionen und Kommunikation behindert.

Kommunikation und das soeben skizzierte Grundproblem bilden das Hauptthema dieser soziologischen Arbeit. Soziologische Theorien verstehen Kommunikation z.B. so: „Die Regel ist, dass Kommunikation fließt, schnell fließt und Hindernisse umgeht" (Reichertz 2009: 170). In einer solchen Perspektive wird von einer generalisieren Anschlussfähigkeit des kommunikativen Handelns ausgegangen: kommunikative Aktionen finden immer einen Weg zur nächsten Aktion, irgendwie folgt auf z.B. einen Gesprächsbeitrag der Nächste. Für Menschen ohne Lautsprache stellt sich dieser Sachverhalt etwas anders dar. Die Erfahrung ist vielmehr, dass Kommunikation schnell an Hindernissen zum Erliegen kommt. Oder, wenn schon Hindernisse umgangen werden, dann dauert das Umgehen Zeit und Mühe. Oder, sie werden aus kommunikativen Zusammenhängen von vornherein ausgeschlossen. Wenn Kommunikation fließt, entstehen Ereignisse, Strukturen und nicht selten Subjekte, die als Hindernisse bezeichnet werden. Sie werden mit einem entsprechenden sozialen Status markiert und im Gefüge einer Gesellschaft entsprechend sozial positioniert. Ziel Arbeit ist, den Alltag von Menschen zu beschreiben, die Erfahrungen mit Hindernissen in der Kommunikation machen, und zwar gerade dann, wenn Kommunikation sie umgeht oder sie von den üblicherweise praktizierten Kommunikationsweisen ihrer Kommunikationspartner*innen behindert werden.

A. Wagenknecht, *Mit einem Talker sprechen*, Beiträge zur
Praxeologie / Contributions to Praxeology,
https://doi.org/10.1007/978-3-476-05510-1_1

Eine andere, grundlegende These zum Thema Kommunikation und Sprache hat Ludwig Wittgenstein in die Welt gesetzt: „Die Grenzen meiner Sprache bedeuten die Grenzen meiner Welt“ (Wittgenstein 1984: 67). Soziologisch reformuliert bedeutet das, wie man spricht und wie man kommuniziert, hat Einfluss darauf was man wissen, was man erfahren und an welchen Tätigkeiten man teilnehmen kann, kurz: in welcher gesellschaftlichen Position man lebt und vor allem in welcher nicht (vgl. Bourdieu 2017). Der von Wittgenstein formulierte Zusammenhang ist weder endgültig noch unveränderbar und unvermittelt. Die Grenzen der Sprache und Welt sind durch *technische Vermittlung* (vgl. Latour 1994) bedingt wie verschiebbar. Technik trägt zur Entstehung und Festigung von Grenzen des Handelns ebenso bei wie sie Aktivitäten ermöglicht und Einschränkungen bewältigt. Sprachcomputer, sogenannte Talker[1], zeigen besonders deutlich, wie Medientechnik einen Anteil an Sprache bzw. Sprechen und den Grenzen der Welt hat. Spricht jemand vermittelt durch einen Sprachcomputer, so entstehen durch die Teilnahme dieses Artefaktes komplexe soziale Praktiken und Strukturen, die den Alltag und das Leben der Nutzer*innen maßgeblich prägen. Es etablieren sich besondere Interaktionsordnungen und Partizipationsmöglichkeiten. Im alltäglichen Sprechen durch den Sprachcomputer zeigt sich die technologische und mediale Strukturiertheit der Lebenswelt, die Abhängigkeit von und Angewiesenheit auf Medientechnologien und ihr Beitrag zum Ermöglichen und Verhindern von Handlungs- und damit Lebensweisen.

In dieser Arbeit wird exemplarisch am Gebrauch des Sprachcomputers durch Menschen ohne Lautsprache und mit infantiler Zerebralparese verdeutlicht, wie technologisch unterstütztes Kommunizieren sich im Alltag vollzieht. Die Arbeit trägt damit zur Diskussion um die Bedeutung von Medientechnologien und deren körperlichem Gebrauch bei, die in den Disability Studies geführt wird. Sie unternimmt dies mit einer praxistheoretischen Perspektive (vgl. Schatzki 1996; Reckwitz 2003)[2], die die Bedeutung von Medientechnik, Körpern und Behinderung anhand des Vollzugs alltäglicher Praktiken rekonstruiert.

Am Beispiel des praktischen Gebrauchs einer Kommunikationstechnologie für Menschen ohne Lautsprache wird in dieser Arbeit der Zusammenhang von (körperlicher) Behinderung, Medien bzw. Technik und Kommunikation empirisch beleuchtet und theoretisch diskutiert. Der Schwerpunkt liegt dabei auf Kommunikationspraktiken und den mit ihnen einhergehenden körperlichen und medientechnischen Bedingungen. D.h., es geht um den konkreten Vollzug von Kommunikation und allen praktischen Tätigkeiten und Fähigkeiten, die den Vollzug von Kommunikation ermöglichen bzw. verhindern. Die vorliegende Arbeit versucht Bedingungen für die Partizipation an Kommunikation mit Hilfe einer praxistheoretischen Perspektive und anhand der Inanspruchnahme des Körpers und der Sinne, von Medien und Technologie zu beschreiben. Die sich in diesem skizzierten Rahmen bewegende

1 Talker ist ein im Alltag von UK-Nutzer*innen gebräuchlicher Begriff, der Sprachcomputer bezeichnet und den ich in dieser Arbeit auf die gleiche Weise verwende.

2 Eine ausführliche Diskussion der soziologischen Praxistheorie und welche ihrer Aspekte und Ideen in dieser Arbeit angewandt werden, findet sich in Kap. 4.

Fragestellung der Arbeit wird im Folgenden anhand von konkreten Beispielen vertieft, bevor die Thesen der Arbeit vorgestellt werden. Die Beispiele eint, im Gegensatz zum Rest der Arbeit, die Abwesenheit und Nicht-Nutzung eines Sprachcomputers. Sie bilden den Rahmen, in dem sich die Genese der Fragestellung dieser Arbeit vollzog.

Im Verlauf eines Praktikums in einer Einrichtung für Menschen mit körperlichen wie geistigen Behinderungen, lernte ich die damals 18-jährige Selina[3] kennen. Sie wurde mir als ‚geistig behindert' vorgesellt. Sie kommunizierte mit wenigen Lauten und Gesten, tanzte am liebsten im Flur des Wohnbereichs, spielte dort zum Leidwesen der Betreuer*innen ebenso gern mit einem Ball oder stand dort und beobachtete, mit mehr oder weniger starkem Interesse, das Geschehen um sie herum. Mit ihr an einem Tisch zu sitzen und z.B. ein Bild zu malen, gelang nur mit einiger Mühe und Geduld. Sie verfügte in der Regel nicht über die notwendige innere Ruhe und das Durchhaltevermögen für solche Praktiken. Immer wieder stand sie vom Tisch auf, begab sich in eine Schaukelhaltung und unterbrach, was immer sie begonnen hatte. Bat man sie mit der angefangenen Tätigkeit fortzufahren, antwortete sie darauf mit „ja". Neben dem für sie schwerer auszusprechenden „nein", war „ja" ihr am häufigsten gebrauchtes Wort.

Im Alltag des Wohnbereichs waren Konflikte zwischen Selina und dem Pflegepersonal keine Seltenheit, was vor allem an ihrer Unruhe und dem schnellen Springen von einer Tätigkeit zu anderen lag. Das Pflegepersonal ermahnte sie regelmäßig zur Beachtung grundlegender Zeitkonventionen für die korrekte Erledigung alltäglicher Aufgaben: sich nicht zu kurz zu waschen, sich nicht zu schnell und dadurch nachlässig anzukleiden, das Frühstück nicht in Rekordzeit und mit so wenig Bissen wie möglich zu verzehren. Auf Ermahnungen, langsamer zu essen und andere pädagogische Interventionen reagierte Selina eher mit „ja" als mit „nein". Ob das ihrem Willen entsprach oder der einfacheren Aussprache der Bejahung zu zurechnen ist, bleibt unklar. Selinas verbale Kapazitäten manifestierten und reduzierten die Komplexität wechselseitiger Kommunikation auf eine „Präferenz für Zustimmung" (vgl. Atkinson/Drew 1979: 37ff; Bilmes 1988; Sacks 1987; Stivers/Robinson 2006). Darüberhinausgehende zwischenmenschliche Verständigung sowie Ansätze wechselseitigen Aushandelns von Konflikten waren eine Seltenheit.

An einem der letzten Tage meines Aufenthaltes erfuhr ich von Selinas Sprachcomputer. Im Vorbeigehen schlug eine Kollegin vor, dass ich, da es Sonntag war, im Außenbereich der Anlage winterliche Temperaturen und eine unwirtliche Witterung herrschten und nichts Rechtes zu erledigen anstand, mit Selina auf ihrem Sprachcomputer schreiben könnte. Durchaus perplex, dass es die Möglichkeit gab, von Selina mehr als „ja" und „nein" zu hören, begab ich mich mit ihr in ihr Zimmer.

3 Alle Namen der beteiligten Personen wurden anonymisiert. Im Laufe der Forschung wurden keine personenbezogenen Daten (Name, Adresse, Telefonnummer) erhoben oder gespeichert. In den Protokollen und Transkripten wurden Ortsbezeichnungen u.Ä. ebenfalls anonymisiert. Auf eine detaillierte Darstellung von Kontextinformationen zu den Personen, die in diesem Text erwähnt werden, wurde verzichtet, da diese oft so individuell sind, dass Rückschlüsse auf die Personen nicht ausgeschlossen werden können.

Dort angekommen, zeigte sie auf den oberen Teil ihres Kleiderschrankes. Mit Hilfe eines Stuhls fand ich das eingestaubte Gerät und wir setzten uns damit auf ihr Bett. Das Gerät lag zwischen uns und ich hielt – wie vorab von der Mitarbeiterin erklärt – unterstützend ihre Hand, die über der Tastatur schwebte und nach und nach Buchstaben drückte, sodass am Ende ein Satz durch eine Computerstimme ausgesprochen wurde. Ich pendelte dabei versuchsweise und unsicher zwischen nicht zu viel Leitung, um den Satz nicht selbst zu bilden, und nicht zu wenig Leitung, um Kauderwelsch zu vermeiden. Fehlerfrei, wenn auch von Unterbrechungen durchzogen, in denen Selina vom Bett aufstand und kurze Runden im Zimmer drehte, produzierte sie in der Folge mehrere Fragen, die um das Thema ‚Erster Kuss' mit ihrem Freund kreisten.

Im Fall von Selina sind die Grenzen ihrer Welt und ihrer Kommunikationsmöglichkeiten durch den Einsatz von Technologie verschiebbar. Dass diese Grenzen sich variabel verschieben lassen, hängt u.a. von der Tagesstruktur, der Bereitschaft und Motivation der Pflegekräfte, dem Ladezustand des Akkus und der kooperativen Bewältigung zeitlicher wie körperlicher Aspekte des Schreibens auf einem Sprachcomputer ab. Ist Selinas Welt begrenzt auf ein häufigeres „ja" und ein selteneres „nein"; oder produziert man gemeinsam mit ihr zeitaufwendige, komplexe Sätze, in denen persönliche Themen verhandelt werden – jeweils liegen die Grenzen ihrer Sprache woanders: oben auf dem Kleiderschrank oder zwischen zwei Händen, die den Sprachcomputer bedienen.

Als zweites Beispiel für die Rahmung meines Forschungsinteresses beschreibe ich den Beginn einer Forschungssituation. Es geht um die Begrüßung zu Beginn eines Interviews. Ein solcher Moment zu Beginn eines Interviews markiert den Eintritt in eine potenziell forschungsrelevante soziale Situation, die vor dem Anschalten des Aufnahmegerätes und der ersten Fragen anfängt und Ausdruck der sozialen Struktur und des sozialen Sinns des Feldes ist, das man untersucht, wenn man jemanden zu Hause besucht. Praktiken der Situationseröffnungen lassen sich zu fast allen Gegebenheiten des Miteinanders feststellen, wie eine umfangreiche Forschungsliteratur zeigt.[4] Beim Gottesdienst, beim Abendessen in der Familie, der Ankunft von Gästen, der Beginn von Arbeitsgruppengesprächen oder eines Vortrages, am Telefon, oder bei Arzt- und Bewerbungsgesprächen und therapeutischen

4 Techniken der Interaktionsanbahnung bzw. der einleitenden Rahmung von sozialen Interaktionen sind ein Thema der Mikrosoziologie, der Konversationsanalyse und der linguistischen Anthropologie (vgl. Mondada/Schmitt 2010; Boden 1994; Duranti 1997; Goffman 2009; Heath 1981; Schegloff 1968). Im Zuge von Situationseröffnungen wird „dem Beginnen eine Form [ge]geben" (Allert 2005) und der Übergang von nicht-zentrierter zu zentrierter Interaktion geordnet vollzogen. Dies geschieht durch multimodale Ko-Konstruktionen der sich begrüßenden Akteure und häufig in der Form von *adjacency-pairs*: d.h. einer typischen Verkettung von Aktionen. Das einfachste Beispiel ist die Begrüßung, die sich aus den Aktionen Grüßen, Gruß annehmen und Gruß erwidern zusammensetzt. Im Zuge der Eröffnung der Interaktion wird weiterhin ein gemeinsames Wahrnehmungsfeld etabliert: Aufmerksamkeit, Zugänglichkeit, Verfügbarkeit für die Interaktion werden dargestellt und nachvollziehbar für andere gemacht. Die Interaktionseinheit, die sich im Zuge der Eröffnung herausbildet, ‚veröffentlicht' die sozialen Personen und ihren Status und macht soziale Strukturen sichtbar.

Sitzungen – jede soziale Situation hat ihren Anfang, der durch Praktiken konstituiert wird und in denen sich sozialer Sinn dokumentiert. Wie sich Interaktionseröffnungen mit anders kommunizierenden Personen oder mit solchen, die über eine besondere Körperlichkeit verfügen, vollziehen, lässt sich an meiner Begrüßung von Karl nachvollziehen. Er lebt mit einer Tetraparese, das bedeutet, dass alle vier Gliedmaßen sowie seine Sprachmuskulatur aufgrund einer Schädigung des zentralen Nervensystems bei der Geburt gelähmt sind. Das hat eine eingeschränkte Bewegungsfähigkeit und verminderte Muskelkraft zur Folge. Karl verfügt weiterhin über eine schwer verständliche Lautsprache, die ich mithilfe der Übersetzungen seiner Assistentin, wiederholtem Nachfragen und zum Ende des Interviews immer besser verstehe. Die besagte Begrüßung lief folgendermaßen ab:

> *Ich habe mit Karl per E-Mail ein Treffen in seiner Wohnung vereinbart. Ich weiß von ihm noch relativ wenig, außer dass er „Tetraspastiker" ist und sich mit Medien beschäftigt. Nach meiner Fahrt per Rad stehe ich vor dem Haus und sehe das Klingelschild. Schnell finde ich die Klingel mit seinen Nachnamen, betätige sie und wenige Sekunden später höre ich den Türöffner summen. Ich öffne die Tür und gehe ein Stockwerk nach oben, sehe bereits auf der linken Flurseite die geöffnete Tür. Als ich auf der Höhe der Tür bin, sehe ich, dass mir eine junge Frau öffnet – was mich überrascht, war ich doch davon ausgegangen, Karl allein anzutreffen. Die junge Frau tritt einen Schritt zurück in den Wohnungsflur und ich trete ein, wir stellen uns vor: sie ist Karls persönliche Assistentin und weiß darüber Bescheid, wer ich bin. Sie nimmt mir die Jacke ab, die sie an den Kleiderständer rechts neben der Tür aufhängt. Ich spreche mit ihr über Belanglosigkeiten wie das Wetter und den Weg zur Wohnung, als mich plötzlich aus dem Wohnzimmer heraus eine Stimme begrüßt. Ich stand demnach bereits in Karls Blickfeld und er begrüßt mich ‚von weitem' in seinem Sessel sitzend. Ich löse mich aus dem Gespräch mit der Assistentin, was ohne viel Aufhebens von der Assistentin gewährt wird, und gehe auf Karl zu. Rechts von ihm steht ein Schreibtisch, auf dem ich einen Monitor und eine Telefonanlage sehe. Links von ihm befindet sich ein weiteres Gerät. Ich erfahre später, dass es sich dabei um seine Umgebungssteuerung handelt, mit der er u.a. TV und Radio bedient. Etwas unsicher, wie wir uns begrüßen sollen, reiche ich ihm meine Hand. Er legt seine Hand in meiner ab. Ich drücke ein wenig. Karls Hand reagiert nicht, zumindest nicht für mich spürbar. Wir verharren kurz so, schütteln nicht die Hände. Danach beginnen wir mit dem Interview. Als ich ihn später frage, ob er die Tür geöffnet hat, zeigt er schmunzelnd auf seinen elektrischen Türöffner, einen roten Button, wie die Buzzer in Quizsendungen, der neben seinem Sessel liegt. Er betätigt ihn und ich höre den Türsummer aus dem Gebäudeflur. Im weiteren Verlauf des Gesprächs mit ihm erfahre ich von Karl, dass vor allem in seiner rechten Körperseite – wie er es formuliert – ‚tote Hose' herrscht.* (Protokoll zu Interview #1, Karl)

Zwei Besonderheiten machen die beschriebene Begrüßung per Hand aus: Erstens, legt Karl seine Hand in meine und ich entscheide, wie stark ich diese drücke. Eine spürbare Gegenreaktion von Karl bleibt aus. Zweitens, Karls Hand formt sich nicht analog zu meiner, sodass wir uns zwei gleichartig geformte Hände zur Begrüßung geben, die seitenverkehrt eine kleine Wölbung nach innen formen, um Platz für die andere Hand zu machen und dann mit den Fingern über diese Wölbung hinwegzugreifen. Stattdessen legt er seine Hand, genauer, seine geschlossene Fingergruppe, in meine, ich drücke zu und bewege beide Hände nicht nach oben und unten. Diese Begrüßung ist ein typisches Beispiel für eine zwischenleibliche Aktion. Der Händedruck „folgt einem subtilen Muster, das Art und Dauer dieser ritualisierten Berührung festschreibt." (Loenhoff 2001: 234) Der Körperkontakt fungiert als ‚verbindende Stelle'. Die Berührung der Hände erzeugt eine ‚zwischenleibliche Brücke' (vgl. Gugutzer 2012: 58–63) und diese ermöglicht als Medium die kollektive Bewältigung der praktischen Aufgabe sich zu begrüßen. Neben sozial normierte Bewegungserwartungen ist es für die Händedrückenden so, dass ihnen praktische Fähigkeiten abverlangt werden. Sie müssen „eine gewisse Geschwindigkeit, einen gewissen Schwung und eine gewisse Griffigkeit mitbringen, um die entgegenkommende Hand adäquat zu empfangen." (Meyer/Meier zu Verl/Wedelstaedt 2016: 320f.) Die Berührung ist also mit Normalitätsvorstellung und Fähigkeiten verbunden, zwei Aspekte, die mit der sozialen Konstruktion von Behinderungen einhergehen.

Die Begrüßung begann allerdings schon einige Momente früher. So war es die persönliche Assistentin, die folgende Handlungen durchführte und dadurch in den gesamten Verlauf der Begrüßung einfädelte: Öffnen der Wohnungstür, Begrüßen und Einander vorstellen, Jacke abnehmen und aufhängen sowie Smalltalk. Die Assistenz als körperlich wie sprachlich Handelnde übernimmt hier Zwischenschritte der gesamten Operation ‚Einlass und Empfang des Gastes'. Sie übernimmt diese – so das Konzept der persönlichen Assistenz (vgl. Kotsch 2012; Kotsch/Hitzler 2013) – aber nur stellvertretend für Karl. Er kann uns aus seiner Position beobachten und hat so durchgehend visuell und auditiv am Geschehen teil. Dass Karls Wahrnehmungskorridor dies ermöglicht, ist Bestandteil des praktischen, räumlichen Arrangements der Situation und der dadurch ermöglichten sinnlichen Wahrnehmung. Ich dagegen übersehe den potenziell sichtbaren Karl und konzentriere mein visuelles und auditives Engagement primär auf die Unterhaltung und Interaktion mit der Assistentin. Der Vorgang wird von Karl schlussendlich unterbrochen. Unvertraut mit dem Konzept der Assistenz, kommt meine zu starke Konzentration auf die Assistentin einer Missachtung des primären Akteurs gleich. Denn die Gesprächsinhalte (mein Weg, das Wetter usw.) sind eigentlich auf ihn als den Gastgeber zugeschnitten und nicht auf die – wie im weiteren Verlauf des Interviews deutlich wurde – eher still agierende Assistentin, die sich nur nach Aufforderungen Karls in Handlungssituationen einschaltet.

Noch einen weiteren Schritt zurückgehend, hat die ganze Situation bereits an der Tür des Mehrparteienhauses angefangen. Hier findet sich der eigentliche, technisch vermittelte Beginn der Situation: Karl bedient per Knopfdruck den Öffner und ich trete ein. Diesen Vorgang führt Karl selbstständig durch und reagiert damit auf mein einlassbegehrendes Klingeln mit einer einlassgewährenden Reaktion. Betrachtet man das Ganze so, wird deutlich, dass die Assistentin nur einen Zwischenschritt in der gesamten Situation übernimmt, einen Interaktionsabschnitt, in dem ihre körperlichen und kommunikativen Fähigkeiten gefragt sind. Ihre Übernahme von Handlungsschritten ist Bestandteil der durch menschliche und nicht-menschliche Aktanten geleisteten Gesamtaktion, welche mit der technologisch vermittelten, distanzüberbrückenden Interaktion (vgl. Latour 1994; Hirschauer 2014b) zwischen Karl und mir beginnt. Im Verlauf re-etabliert Karl die begonnene Interaktionsdyade, die mit der Betätigung des Türöffners angefangen hat, durch die Einforderung des Gesprächsbeginns und dem sich anschließenden Handschlag.

Zuletzt ist an diesem Beispiel das Verhältnis von autonomem, selbstbestimmten Handeln und assistierendem bzw. kooperativem Handeln aufschlussreich. Selbstbestimmung ist ein grundlegendes Thema der Disability Studies (vgl. Waldschmidt 1999). Wie Sigrid Graumann und Elisabeth List im Kontext philosophischer Überlegungen und am Beispiel von Menschen mit Behinderung feststellen, ist Selbstbestimmung (oder auch Autonomie) „immer nur graduell verwirklicht" (Graumann 2010: 216). Sie wird innerhalb von (Praxis-)Gemeinschaften und Sorgebeziehungen situativ verwirklicht, ist von Momenten der Assistenz durchzogen und nicht an bestimmten (körperlichen oder kognitiven) Fähigkeiten *a priori* festzumachen (vgl. Graumann 2010, 2011; List 2010).

Das Verhältnis von Selbstbestimmung und Assistenz ist Bestandteil von und hat Einfluss auf (körperlich und technisch strukturierte) Interaktionsordnungen und Lebensformen von Menschen mit Behinderungen. Assistenz ist nicht das Gegenteil von selbstbestimmtem Handeln, sondern ermöglicht das Erreichen eines bestimmten Handlungszieles. Assistenz kann neben technischen auch nicht-technische, körperliche Formen annehmen. Im Vollzug von Assistenz kommt es zum Austausch und zur wechselseitigen Nutzung von Kompetenzen sowie zur Verteilung und Delegation von Aufgaben (vgl. Biniok/Lettkemann 2017). Assistenz vollzieht sich immer situativ, kann sich auch in ihr Gegenteil verkehren und hat eine ‚Vorgeschichte', d.h. eingeübte und historisch gewachsene Verhältnisse zwischen Assistenznehmer*innen und -geber*innen bestimmen, wie Assistenz ausgeübt wird oder nicht (vgl. Kotsch 2012; Zidjaly 2009). Die Bezogenheit aufeinander von Menschen und Menschen bzw. Menschen und technischen Dingen evoziert Fragen des autonomen selbstbestimmten Handelns und damit zusammenhängend der Verteilung von *agency*, die solches Handeln von Menschen bzw. Dingen ermöglicht oder behindert. Im vorliegenden Beispiel zeigt sich, wie Assistenz und Selbstbestimmung innerhalb von Interaktionen zwischen Menschen und zwischen Menschen und Dingen praktisch vollzogen wird (vgl. Zidjaly 2009).

Begriffe wie Assistenz, Kooperation, Selbst- und Fremdbestimmung, Autonomie, aber auch Teilhabe, Partizipation, Integration Ex-/Inklusion, Normalität sind Bestandteil der jahrzehntelangen Tradition der Erforschung der Lebenswelt von Menschen mit Behinderungen und politischem Aktivismus und Handeln. Entsprechend hat sich das Verständnis und die Relevanz der Begriffe vielfach verändert. Sie sind zudem auf verschiedenen konzeptionellen Ebenen verortet und ihre theoretischen wie disziplinären Hintergründe unterscheiden sich. Es ist daher nicht der Anspruch dieser Arbeit diese Begriffe zu definieren, sie systematisch zu diskutieren und zu verwenden oder sogar ein praxistheoretisches Verständnis dieser Begriffe zu entwickeln.[5] Das würde den Rahmen dieser Arbeit sprengen, die sich auf die Entwicklung und Anwendung eines praxistheoretischen Vokabulars und die Beschrei-

5 Einen solchen Versuch unternimmt Trescher 2017.

bung von Praktiken unterstützter Kommunikation beschränkt. Dennoch soll die Relevanz der genannten Begriffe und Themen nicht ignoriert werden. Sie werden entsprechend im Zuge der empirischen Analyse aufgegriffen und im Sinne der praxistheoretischen Perspektive eingebunden. Ihr begrifflicher Gehalt beschränkt sich auf die Verwendung für die jeweils untersuchte Thematik oder die rekonstruierten empirischen Daten. Im Schluss der Arbeit werden sie wieder aufgegriffen und mit Rückblick auf die empirischen Analysen kursorisch diskutiert. Insbesondere kooperative bzw. assistierende Momente sozialer Praktiken stehen dabei im Mittelpunkt.

Ein letztes Beispiel: Ich treffe Karl, wie soeben beschrieben, in seiner Wohnung zum Interview. Nachdem mir Karl einige Features seiner technischen Ausstattung, wie z.B. TV, Radio, Telefon und Rollläden, gezeigt hat, schlägt er vor, dass wir sein Lesegerät begutachten. Währenddessen blättert seine Assistentin in einer Werbebroschüre, um einen für die nahe Zukunft angedachten Urlaub zu planen. Wir begeben uns alle in Karls Schlafzimmer. In der Ecke entdecke ich ein Gerät, das auf den ersten Blick ästhetisch in den frühen 1990er Jahren zu verorten ist. Es steht auf einem kleinen Holztisch mit Schublade und setzt sich aus einem Monitor und einer Unterlage zusammen, beide aus schlichtem, grauem Kunststoff. Große Hebel unterhalb des Bildschirmes dienen der Regulierung von Größe und Schärfe des Bildausschnittes. Karl schaltet das Gerät ein. Es dauert einige Zeit bis es einsatzbereit ist, dann legt Karls Assistentin ihre Broschüre unter das Vergrößerungsglas. Auf dem Monitor ist folgender Ausschnitt zu lesen: „Landhausstil, ende Zimmer, a. EZ 75 Euro, DZ nkl., Halbpen-“.

Da der Kontext bekannt ist, fällt es nicht schwer, die verkürzten Wörter und Buchstaben einzuordnen. Die Informationslage ist dennoch weit davon entfernt eindeutig zu sein. Ich frage Karl, wie er eine ganze Seite liest, da er, wie ich bereits erfahren habe, ein kleinteiliges Hin- und Herschieben der Broschüre unter dem Vergrößerungsglas mit seiner Hand nur mit großem Aufwand bewerkstelligen könnte. Karl grinst mich an, schiebt seinen Stuhl etwas zurück und deutet unter den Tisch. Dort sehe ich zwei Pedale. Karl rückt wieder an den Tisch heran und bedient die Pedale mit seinen Füßen. Auf dem Monitor sehe ich, wie sich der Ausschnitt nach rechts und links bzw. oben und unten bewegt. Karl erschließt sich eine Textseite per Fuß und Pedal. Für den alltäglichen Gebrauch des Lesegerätes ist eine kompetente Fuß- statt Handhabe erforderlich. Karl nimmt seine Welt vermittelt durch Bewegungen des Fußes wahr, er steuert und nimmt Einfluss auf sie, indem er „embodied skills of footwork“ (Ingold 2004: 315) praktiziert. Um eine Werbebroschüre zu lesen, benötigt Karl Kraft in den Beinen und die Motorik, um ein Pedal zu bedienen. Die durch die Füße bewirkten Veränderungen der Bildausschnitte so zu steuern, dass mit den Augen eine komplette Seite gelesen werden kann, also Füße und Auge bzw. den sichtbaren Bildausschnitt wechselseitig zu koordinieren, ist eine anspruchsvolle und detaillierte körperliche Leistung. Technische Dinge konfigurieren und setzen für ihren Gebrauch bestimmte Nutzer*innen voraus (vgl. Woolgar 1991). Das gleiche gilt für einen bestimmten User-Körper. Man muss Medien und Technik körperlich können. Verfügt man über eine eingeschränkte Kontrolle der Sinne oder Gliedmaßen, herrscht dort „tote Hose“, wie Karl es formuliert, wird der

Umgang mit Medientechnik zu einer alltäglichen, mitunter behindernden Anforderung.

In den Beispielen wird deutlich, dass die Nutzung von soziotechnischen Medien in situierten und lokalen Praktiken des Alltags stattfindet und die Gesamtgestalt einer Lebenspraxis mit einer körperlichen Behinderung formt: vom Alltag und der Kommunikation im Pflegeheim bis hin zum Lesen von Broschüren. Die moderne Erfahrungswelt von Behinderungen ist vom Medien- und Technikgebrauch beeinflusst und strukturiert – ob beim Miteinandersprechen oder beim Lesen einer Reisebroschüre. Die Rolle von Praktiken der Medien- und Techniknutzung in ihrer lokalen und situierten Einbettung zu untersuchen, gibt Aufschluss darüber, wie der Alltag unter technisch-medialen Bedingungen sich vollzieht und bewältigt wird und Erfahrungen mit Behinderungen erzeugt.

1.1 Fragestellung und Ziele der Arbeit

Körperliche Behinderung, Medien und Technik, soziale Praktiken – diese Themen stehen im Mittelpunkt dieser Arbeit und werden in ihrem Zusammenhang anhand verschiedener Situationen und Kontexten der Nutzung des Sprachcomputers und anderer Techniken der unterstützten Kommunikation untersucht. Medien- und Technikforschung werden verbunden mit der praxistheoretischen Rekonstruktion des *doing dis/ability*. Technische Mittel zur Unterstützung von Kommunikation werden in ihrer Rolle für soziale Praktiken und anhand der für ihren Gebrauch notwendigen praktischen, körperlichen Fähigkeiten beschrieben. Die aus der vermittelten Kommunikation resultierenden Möglichkeiten und Anforderungen stellen die Nutzer*innen *und* alle anderen am Vollzug von Kommunikation beteiligten Akteure vor typische Problematiken. Ziel der vorliegenden Arbeit ist es, anhand von empirischem Material und mithilfe (praxis-)theoretischer Werkzeuge zu beschreiben, *wie* Kommunikation technisch vermittelt bzw. unterstützt wird und was Akteure dafür tun müssen, dass z.B. der Sprachcomputer die Kommunikation vermittelt. Welcher ‚effort and work' (vgl. Garfinkel 2006: 99f.) durch die Akteure der Kommunikation erbracht werden muss und welche Konsequenzen sich für das soziale Zusammenleben aus den Besonderheiten des Vollzugs der technisch unterstützten Kommunikationspraxis ergeben, bilden das Forschungsinteresse dieser Arbeit.

Folgende Fragen rund um das Thema Sprachcomputer werden im Laufe der Arbeit tangiert: Was sind die strukturellen Merkmale und Besonderheiten des praktischen Gebrauch des Sprachcomputers? Welche besonderen Anforderungen charakterisieren das Sprechen durch ein technisches Hilfsmittel? Was für Fähigkeiten und welches praktische Wissen müssen die miteinander kommunizierenden Parteien aufbringen?

Ein zweiter Fragenkomplex kreist stärker um Themen der Disability Studies: Was heißt es, technisch unterstützt zu kommunizieren und wie wird dabei Behinderung sozial und praktisch konstruiert? Welche Probleme entstehen im Umgang mit der ‚agency' einer Medientechnologie und wie wird selbstbestimmtes, assistierendes und kooperatives Handeln vollzogen? Wie hat das alles Anteil an der praktischen Konstruktion von Behinderungserfahrungen in verschiedenen sozialen Situationen?

Eine dritte Perspektive dieser Arbeit konzentriert sich auf technik- und körpersoziologische Aspekte: Welche Rolle spielt der Körper für den Gebrauch eines technischen Objektes? Welche Voraussetzungen liegen in den Geräten, auf welche körperlichen Fähigkeiten nehmen sie Bezug? Wie setzen Geräte und technische Objekte den Körper und seine Bestandteile, seine Sinne und Gliedmaßen zueinander in Beziehung? Welche körperlichen und sensomotorischen Fähigkeiten verlangt der Gebrauch von in sozialen Praktiken involvierten Geräten? Es geht darum, zu zeigen, wie der Alltag mit einer Behinderung durch die praktische Verknüpfung von Körpern, Technik und Medien hergestellt und vollzogen wird: „how bodies, senses and things relate and configure dis/ability" (Schillmeier 2010: 5).

Alle Fragen und Thematiken werden unter dem Dach der soziologischen Praxistheorien bearbeitet. Damit soll auch beantwortet werden, wie praxistheoretische Ansätze dazu beitragen, die Verknüpfung von Körpern und Technologien bzw. technischen Objekten und die sich daraus ergebende soziale Konstruktion einer Behinderung zu verstehen. Welche Horizonte, Perspektiven, Beobachtungs- und Beschreibungsmöglichkeiten durch eine praxistheoretische ‚Brille' eröffnet werden, zeigt die vorliegende Arbeit anhand empirischen Materials.

1.2 Aufbau der Arbeit

Das folgende Kapitel 2 bildet eine Art Einführung in das Feld der Unterstützten Kommunikation. Es werden Besonderheiten der Kommunikation und Interaktion mit dem Sprachcomputer skizziert. Das Kapitel stellt den Versuch dar, in das Thema ‚technisch unterstützte Kommunikation' in einer für diese Arbeit ausreichenden Knappheit auf der Basis von Forschungsliteratur einzuführen und die typischen Merkmale der Interkation und Kommunikation mit einem Talker zu beschreiben.

Anschließend daran wird in zwei Schritten der Forschungsstand zum Thema Behinderung in den Sozial- und Kulturwissenschaften dargestellt. Die zwei zentralen Ansätze – die *Soziologie der Behinderung* und die *Disability Studies* – stimmen in der Annahme einer sozialen wie kulturellen Konstruiertheit von Behinderung überein. Als theoretisches Problem wie offene Forschungslücke wird diskutiert, dass beide Ansätze auf unterschiedliche Weise die Konstruktion von Behinderung außerhalb von sozialen Interaktionen bzw. Praktiken verorten und die Bedeutung des Körpers sowie von Medientechnik für den Alltag und das Leben mit einer Behinderung nicht zu erfassen in der Lage sind.

Da die vorliegende Arbeit es sich zur Aufgabe gemacht hat, soziale Praktiken und die körperlichen wie technischen Beiträge zum Vollzug von Praktiken zu rekonstruieren, werden in Kapitel 4 die praxistheoretischen Grundlagen der Arbeit entfaltet. Diese sollen ermöglichen, die theoretisch relevanten und interessierenden Aspekte des empirischen Materials in den Blick zu nehmen und diese aufeinander beziehen zu können. In vier Schritten wird dafür vorgegangen. Zunächst entwerfe ich einen praxistheoretischen Rahmen, der das grundlegende Verständnis von Sozialität ausbuchstabiert und die soziale Konstruktion von Behinderungen in diesem Rahmen verortet. Die ‚Füllung' des praxistheoretischen Rahmens wird in den darauffolgenden drei Unterkapiteln geleistet. Begonnen wird mit dem Körper und den Sinnen. Beide werden als Elemente sozialer Praktiken und einer praxissoziologischen Theorie von Behinderung bestimmt und anhand verschiedener theoretischer Perspektiven hergeleitet. Gleiches geschieht im Anschluss mit den Begriffen Technik und Medien. Dafür werden techniksoziologische Ansätze, die Postphänomenologie und die Akteur-Netzwerk-Theorie bzw. die Science and Technology Studies herangezogen. Das letzte Kapitel widmet sich der theoretischen Bedeutung des praktischen Alltagswissen und nimmt Bezug auf ethnomethodologische Überlegungen. Wie intersubjektive Verständigung, Routinen und Krisen das soziale Zusammenleben und den Alltag von Gesellschaftsmitgliedern prägen und zur praktischen sozialer Ordnung beitragen, wird in diesem Kapitel beleuchtet.

All diese theoretischen Bezüge sollen einen bestimmten, aber nicht vorentschiedenen Blick auf das empirische Material ermöglichen. Sie lassen Interpretationen mit theoretischem Rüstzeug operieren und auf Theorieentwicklung abzielen. Dass die theoretischen Bezüge dabei nicht den Gegenstand der Arbeit a priori festlegen, sondern bestimmte Aspekte an ihm in den Blick nehmen, ermöglicht die praxistheoretische Methodologie, die im folgenden Kapitel 5 expliziert wird. Kapitel 5 ist der Gesamtheit des Forschungsprozesses gewidmet. Als Erstes werden für mein Vorgehen maßgebliche, methodologische Grundlagen der Praxistheorie und der sozialphänomenologischen Wissenssoziologie skizziert, die das Verhältnis von Theorie und Empirie betreffen. Konsequenzen aus den methodologischen Positionen für die Schaffung eines Feldzuganges werden daran anschließend skizziert. Weiterhin werden die verwendeten Erhebungs- und Auswertungsmethoden und ihre besondere Anwendung in der durchgeführten Feldforschung beschrieben.

Kapitel 6 widmet sich der Darstellung der empirischen Analysen. Anhand von fünf konzeptionellen Perspektiven (Stimme, Motorik, biographische Erzählung, Lernen, Erforschen) wird eine praxistheoretische Rekonstruktion der technisch unterstützten Kommunikation präsentiert. Die empirischen Fallstudien werden eröffnet mit der Rekonstruktion von Besonderheiten des praktischen Umgangs mit einer technisch erzeugten Stimme. Anschließend an theoretische Überlegungen zur menschlichen Stimme und ihrer sozialen, praktischen bzw. technischen Konstruiertheit, verdeutlichen die empirischen Beispiele, wie der Gebrauch und Einsatz der technischen Stimme von den aufeinander bezogenen Aktionen der Interaktionspartner*innen abhängt. Verschiedene akustische Besonderheiten sowie Formen der

Verteilung der Stimme unter anderen Akteuren werden beschrieben, um diese Aspekte zu veranschaulichen. Die medialen wie materiellen Eigenschaften des Sprachcomputers in seinem Gebrauch und die Zusammensetzung und Praxis der kollektiven, zuhörenden und mitsprechenden Öffentlichkeit sind verantwortlich dafür, dass die Stimme im Vollzug alltäglicher Interaktionen hörbar und sozial relevant gemacht wird.

In Kapitel 6.2 steht die Handhabung des Sprachcomputers im Fokus. Um Voraussetzungen für den Vollzug sozialer Praktiken anhand der Ausführung körperlicher Aktionen zu konkretisieren, werden in diesem Kapitel die Aktionen und Tätigkeiten der menschlichen Hand fokussiert. Die Haptik von Geräten in Kombination mit motorischen Fähigkeiten, dem tastenden Begreifen und Gebrauchen, die am Einsatz der menschlichen Hand ablesbar sind, werden als besondere praktische Bedingung technisch unterstützter Kommunikation dargestellt. Das Kapitel führt zunächst sozialtheoretische Überlegungen, die die Bedeutsamkeit der menschlichen Hand, der Motorik und dem Tastsinn betonen, zusammen und argumentiert für die alltägliche Bedeutung der Hand. Für den ersten empirischen Teil des Kapitels werden Beispiele herangezogen, die sich auf das Zusammenspiel der Hand und der zu nutzenden Assistenztechnik konzentrieren. Am Gebrauch verschiedener Assistenztechniken und am Beispiel der besonderen Motorik und Beweglichkeit der Hand von Menschen mit Zerebralparese wird gezeigt, wie entscheidend die geleistete Vermittlung bzw. Nicht-Vermittlung von körperlichen Bewegungen durch das technische Objekt sind. Im zweiten Teil steht der ‚zweihändige' Technikgebrauch im Vordergrund, welcher unter dem Begriff der ‚gestützten Kommunikation' bekannt ist und kritisiert bzw. abgelehnt wird. Es wird der Fokus um Themen wie Zwischenleiblichkeit und die praktische Konstitution von Körpergrenzen erweitert. Die Beispiele dieses Kapitels zeigen die Besonderheiten der Vermittlung unterschiedlicher Kraftverhältnisse zwischen den zwei Händen und wie eine bestimmte Positionierung der Hände zueinander dazu beiträgt.

Der Zusammenhang von Biographie und Unterstützter Kommunikation wird in Kapitel 6.3 beleuchtet. Seine eigene Biografie zu erzählen, ist ein spezifisches Thema kommunikativer Zusammenhänge und in den Interviews wurden regelmäßig Themen aus der Vergangenheit berichtet, die biographische Relevanz besitzen. Ausschnitte aus der eigenen Lebensgeschichte zu erzählen, stellt Erzähler*innen vor komplexe praktische Aufgaben. Für Menschen ohne Lautsprache und Nutzer*innen eines Sprachcomputers gilt dies im Besonderen. Im Vordergrund steht der Analyse steht das ‚wie?' des Erzählens, was zunächst anhand von narrationstheoretischen Überlegungen, wie sie innerhalb der Biographieforschung angestellt wurden, hergeleitet wird. Im weiteren Verlauf des Kapitels beschreibe ich, auf welche typischen Arten und Weisen UK-Nutzer*innen ihre biographischen Erzählungen praktisch konstruierten: im gemeinsamen Erzählen mit anderen, als alleinige Erzähler*in mithilfe fertiger Skripte oder mithilfe anderer Medien, zwischen den gewechselt wird und deren Einbezug in die Erzählung weitere körperliche Aktionen erfordern. Das praktisch ausbalancierte Verhältnis von Selbsterzählen und die Delegation an menschliche wie nicht-menschliche Ko-Autor*innen bildet den Schwerpunkt der abschließenden Diskussion.

Das vierte empirische Kapitel (Kap. 6.4) beginnt mit der Annahme, dass an Praktiken teilzunehmen und diese zu vollziehen keine Selbstverständlichkeit, sondern Produkt von Prozessen und Praktiken des Erlernens ist. Mittels verschiedener praxistheoretischer Ansätze wird ein entsprechendes Verständnis von Lernvorgängen verdeutlicht und das Körperliche an Lernprozessen einerseits, und die Besonderheiten des Erlernens eines technischen Gerätes andererseits skizziert. Nach einer das Thema auffächernden Zusammenstellung von Berichten über Erfahrungen im Erlernen des Talkers, schließen sich detaillierte Studien an: erstens, ein Beispiel für Einzelunterricht; und zweitens der Gruppenunterricht für das Erlernen des Sprachcomputergebrauchs, sogenannte UK-Stunden. Thematische Schwerpunkte der empirischen Analyse sind die Bedeutung der akustischen Wahrnehmung technisch generierter Sprache und der Vollzug von selbst- und fremdbestimmten Korrekturen.

Das letzte empirische Kapitel (6.5) widmet sich einer Thematisierung der Forschung aus praxistheoretischer Perspektive. Ziel ist es, Forschen als eigenständigen Gegenstand zu verstehen. Beispiele für konkrete, praktische Erfahrungen des Forschens werden dargestellt und theoretisiert. Am Leitfaden der Körperlichkeit der Feldforschung wird argumentiert, dass die Produktion empirischer Daten von der kooperativen Bewältigung sozialer Situationen abhängt. Begreift man situiertes Forschen als Praxis der Kooperation, so hat das ein verändertes Verständnis von Forschen zur Folge: Ethnographische Forschung vollzieht sich als ‚collective accomplishment', indem Forschungs- und Ethnomethoden der Akteure im Forschungsprozess aufeinanderprallen und sich aufeinander einstellen und sich jenseits von einer Subjekt-Objekt-Relation bewegen. Ein besonderes Augenmerk liegt hier darauf, dass die Forschungskooperation sich zwischen unterschiedlich kommunizierenden Akteuren vollzieht.

Im Fazit der Arbeit werden die konzeptionellen, methodischen und theoretischen Vorüberlegungen rekapituliert und die empirischen Ergebnisse abschließend im Sinne einer theoretischen Integration aufgegriffen. Die Arbeit endet mit theoretischen Überlegungen zur Praxis technisch unterstützter Kommunikation und differenziert diese anhand von fünf konzeptionellen Perspektiven. Diese sind: das Organ der Kommunikation, die Motorik der Kommunikation, Projekte der Kommunikation, Lernen der Kommunikation sowie Erforschung der Kommunikation – und bilden die Resultate der praxistheoretischen Analyse ab.

2 Unterstützte Kommunikation

Talker sind deshalb ein geeignetes Beispiel für den Themenkomplex Behinderung, Körper und Technik, da Menschen ohne Lautsprache und mit einem Sprachcomputer auf eine spezifische, soziologisch aufschlussreiche Weise an der alltäglichen Gesprächsorganisation und ihren typischen, strukturellen Eigenschaften teilhaben, diese mitbestimmen oder auch von ihnen behindert werden. Der Sprachcomputer bestimmt als technisches Medium die Darstellung von Themen und Inhalten, Erzählungen oder Beschreibungen ebenso massiv, wie das Durchsetzen von Handlungszielen, z.B. überhaupt zu Wort zu kommen, die korrekte Antwort zu geben oder die entscheidende Frage zu stellen. Sein Gebrauch hat bestimmte körperliche Fähigkeiten und Tätigkeiten zur Voraussetzung und die technologische Beschaffenheit und medialen Features bedingen soziale Interaktionen. Einige dieser Bedingtheiten werden in diesem Kapitel beschrieben.

In diesem Kapitel geht es darum, in das Thema Unterstützte Kommunikation einzuführen und die Bedeutung des Sprachcomputers für alltägliche Interaktionen zu beschreiben. Um seinen Gebrauch in Gesprächen und Interaktionen zu charakterisieren, ziehe ich ausgewählte Forschungsliteratur zur Unterstützten Kommunikation heran, die sich auf solche Aspekte konzentriert, d.h. an Mikrodetails interessierte Interaktionsanalysen.[6] Entsprechend bleiben Forschungen zur Teilhabe, rechtlichen, institutionellen, ökonomischen Aspekten und allgemeinen pädagogischen Aspekten und Fragestellungen außen vor. Ziel ist es, einen Eindruck davon zu vermitteln, welche spezifischen Merkmale und Herausforderungen kommunikative Interaktionen mit dem Sprachcomputer kennzeichnen.

Unterstützte Kommunikation ist im Feld der Barrierefreien Kommunikation für Menschen mit körperlichen und motorischen Beeinträchtigungen verortet (vgl. Maaß/Rink 2019; Tetzchner/Martinsen 2000; Bosse/Feichtinger 2022). Unterstützte Kommunikation umfasst „Strategien, Maßnahmen und Hilfsmittel zur Unterstützung von Personen mit komplexen Kommunikationsbedürfnissen" (Scholz/Stegkemper 2022: 37). Die Vielzahl an heterogenen Hilfsmitteln lassen sich in elektronische wie nicht-elektronische unterscheiden. Diese Arbeit konzentriert sich auf technische Hilfsmittel zur Bewältigung von Kommunikationssituationen für Menschen mit verschiedenen, komplexen Beeinträchtigungen, deren Gemeinsamkeit darin besteht, dass ihnen dauerhaft oder temporär keine lautsprachlichen Mittel zur Verfügung stehen. Sprachcomputer stehen im Mittelpunkt dieser Arbeit. Sie werden mit Hilfe von Buchstabentastaturen

6 Forschungsarbeiten zur Untersützten Kommunikation, die sich verstärkt mit Theorien auseinandersetzen, sind in der Minderheit. Dorothea Lage (2006) und Georg Renner (2004) beziehen sich in erster Linie auf die Theorie des Kommunikativen Handelns von Jürgen Habermas. Neuere Arbeiten verorten Unterstützten Kommunikation in die Bandbreite klassischer Kommunikations- und Sprachtheorien ein (vgl. Scholz/Stegkemper 2022). Interaktions- und praxistheoretische Themen werden dabei immer wieder angesprochen, theoretische Bezüge und Erklärungen aber nicht ausformuliert.

A. Wagenknecht, *Mit einem Talker sprechen*, Beiträge zur Praxeologie / Contributions to Praxeology,
https://doi.org/10.1007/978-3-476-05510-1_2

oder Displays mit Symbolen, mit visuellem oder auditivem Scanningverfahren, Augensteuerung oder Buzzern bedient. Am Rande wird auch auf Tastaturen mit vergrößerten Tasten und Abdeckplatten, die die Fingerführung vereinfachen, Joysticks sowie Symbol- und Buchstabentafeln eingegangen.

An Thematiken umfasst das Fachgebiet der Unterstützten Kommunikation die ganze lebensweltliche Bandbreite und Komplexität des Gebrauchs von Kommunikationshilfen (vgl. Scholz/Stegkemper 2022). Das betrifft Themen wie den Erwerb von Sprache, Lesefähigkeiten und Kommunikationskompetenz; die Bildung und Diagnostik operativer, linguistischer und sozialer Fähigkeiten; technische, institutionelle, ökonomische wie soziale Barrieren und Support; Wirksamkeit, Selbstbestimmung, Autonomie, Assistenz; gesellschaftliche Teilhabe und individuelle Lebensqualität; die Qualität und Angemessenheit des Designs sowie multi-mediale Vernetzungen (vgl. Lage 2006; Renner 2004; Scholz/Stegkemper 2022; Light/McNaughton 2014; Lund/Light 2006; Lund/Light 2007a, 2007b; Clarke et al. 2001). Generell werden Kommunikationshilfen im Alltag parallel zu anderen Kommunikationstechniken, wie z.B. nonverbalen Aktivitäten oder gesprochener Sprache, genutzt. Sie sind immer eingebettet in ein individuelles, multimodales Kommunikationssystem (vgl. Lage 2006). Die Einsatzmöglichkeiten von Kommunikationshilfsmitteln unterscheiden sich sehr nach sozialen Kontexten, z.B. zwischen Alltag in der Familie und Schule (vgl. Huang/Sugden/Beveridge 2009). In letzter Zeit tritt hinzu, dass insbesondere der Sprachcomputer über die reine Kommunikation hinaus verwendet und mit anderen Geräten und Medien, z.B. Umweltsteuerung, TV, Radio, PC und Mobiltelefon, verbunden wird (vgl. Light/Drager 2007; Light/McNaughton 2014).

Ich skizziere im Folgenden die ‚einfachste' Struktur des praktischen Gebrauchs eines Sprachcomputers: Die unterstützt kommunizierende Person ist an der Reihe, etwas zu sagen. Sie fokussiert nun ihren Blick auf den Bildschirm. Sie wählt eine bestimmte Kombination von Symbolen oder Buchstaben – mit den Fingern, genauer: meistens allein dem Zeigefinger, oder per Scanning der Augenbewegung. Durch die getätigte Auswahl entsteht ein Wort, dass in einer Zeile am oberen Rand des Displays angezeigt wird. Dieses Wort entsteht entweder durch die Kombination von zwei bis drei Symbolen. Das beruht auf dem programmierten, symbolischen Lexikon des Sprachcomputers. Oder es entsteht ein Wort durch die Aneinanderreihung von Buchstaben. Durch einen weiteren Tastendruck kann das Wort nun ausgesprochen oder durch die Auswahl von Symbolen bzw. Buchstaben weitere sprachliche Einheiten hinzugefügt werden. Soll das auf dem Display Angezeigte ausgesprochen werden, so artikuliert eine technische, synthetische Stimme den Gesprächsbeitrag.

Dieser an sich recht einfache Vorgang hat tiefgreifende praktische Konsequenzen für die Interaktions- und Kommunikationsstruktur. Eine pädagogische Fachkraft bringt mir gegenüber einige Besonderheiten der Kommunikation mit einem Sprachcomputer folgendermaßen auf den Punkt:

> *„Die brauchen einfach mehr Zeit und verkürzen ihre Sätze, die im Kopf natürlich grammatikalisch richtig angelegt sind, aber um schneller zu sein ist dann die Grammatik halt nicht so gut, also Kurt wenn der bei uns im Kurs ne Anmerkung machte dann hat der nen paar Schlagwörter reingebracht die wir dann rekonstruiert haben also ko-konstruiert*

haben und ähm wir wissen ja das er intelligent ist und grammatikalisch richtig das denkt ne? aber dann nutzt er auch ne? diese dann ja legt er keinen Wert auf Grammatik und nutzt lieber die schnelle Sprache und alle sind damit gut zufrieden [...] da hat niemand gesagt aber du musst doch aber den Artikel verwenden und alles." (Informelles Interview #13, Dorothea, Pädagogin)

Im Weiteren vertiefe ich einige der im Zitat angesprochenen Aspekte:

- Erstens ist der Such- und Auswahlvorgang der Symbole bzw. Buchstaben relativ zeitintensiv. Durch das zwischengeschaltete Gerät entsteht eine sich temporal auswirkende Mittelbarkeit im Kommunikationsvollzug: Jeder technisch generierte, sprachliche Beitrag nimmt aufgrund seiner Produktionsweise eine gewisse Zeitspanne in Anspruch. Er ist durch längere Pausen charakterisiert, in denen die Nutzer*innen die Symbole bzw. Buchstaben auf dem Display suchen, ansteuern und auswählen. Längere Interaktionspausen sind – medientheoretisch betrachtet – vor allem ein Merkmal der schriftlichen Kommunikation (vgl. Hirschauer 2014b: 123). Das ist in diesem Fall auch so, da zunächst auf dem Sprachcomputer schriftlich agiert wird. Allerdings strukturieren hier die Interaktionspausen die unmittelbar ablaufende Interaktionsordnung auf massive Weise und stehen in Kontrast zu gesellschaftlichen Normen und Erwartung an die Geschwindigkeit von Gesprächen (vgl. Howery 2018; Higginbotham/ Wilkins 1999; Hörmeyer 2015: 92–120).[7] Um diesem Sachverhalt zu begegnen und die Konversationsgeschwindigkeit zu erhöhen, tendieren Nutzer*innen in der Mehrzahl zu kurzen Beiträgen, was die Verständlichkeit des Gesprächsbeitrages nicht zwangsläufig mit erhöht (vgl. Light/Drager 2007).
- Zweitens entstehen vor allem in schnellen, diffusen Mehrparteiengesprächen Probleme mit der Sequenzialität des Gesprächsverlaufs. So kommt es dazu, dass im Zuge des Wechsels der Rolle der Sprecher*innen, dem *turn-taking*, der unterstützt Kommunizierende zu spät reagiert und übergangen oder überhört wird (vgl. Auer/Hörmeyer 2017; Lund/Light 2007a), oder seine Ausführungen nicht beenden kann, da das Gespräch durch andere Gesprächspartner*innen weitergeführt wird (vgl. Lage 2006). Misslingt die Übernahme des Rederechts, kann es auch zur Problemen beim

7 Über eine entsprechende Exklusionserfahrung berichten Paterson und Hughes (1999: 606): „Conversation can be categorised into differing types (small talk, chat, discussion, etc.) and each has an allotted duration of participation. These norms of duration are exclusively informed by and reflect the carnal needs of people without speech impairment. The following story is a good example of how carnally informed orders of time work to exclude me from opportunities to communicate. I was in a lift with a stranger when she began asking questions about university. It was an impossible situation because I realised that I would have no time to speak before one of us would reach our destination and have to exit the lift. The opportunity to communicate was constrained not only by the traveling time of the lift, but because the duration norm of this particular communication was not commensurate with my carnal needs. I did not enter the conversation because it would be cut short or result in one or both of us missing our floor, or worse still, the communication may have ended in the ignominious situation in which the doors have to be kept open by manual means, thus elliciting the petulant disapproval of other users for whom the lift is a vehicle which operates within a very strict and mechanical time-frame."

Verstehen von Aussagen kommen. Wenn etwas zu spät durch den Talker ausgesprochen wird, werden die für das Verstehen notwendigen Referenzen auf Vorhergesagtes der sich zwischenzeitlich weiterentwickelnden Konversation unklar und schwerer nachvollziehbar (vgl. Clarke/Wilkinson 2008; vgl. am Beispiel des Aphasie-Managements Wilkinson 1999; Bauer 2009). Das Timing von Gesprächsbeiträgen ist komplex wie problematisch (vgl. Howery 2018a; Niediek 2022). Die sequenzielle Struktur von Alltagskommunikation, ihr kurzfristiges Aufeinander-Aufbauen, bildet den zweiten Faktor für eine beobachtbare „telegrammstilartige Kommunikation“ (Boenisch 2009: 53, vgl. für Aphasien Heeschen/Schegloff 1999), bestehend aus kurzen Sätzen, Satzfragmenten, einzelnen Wortgruppen oder Ein-Wort-Beträgen wie insbesondere ja/nein (vgl. Pennington/McConachie 1999; Lund/Light 2007a). Um am Ball zu bleiben, wird so kurz wie nötig und so aussagekräftig wie möglich geantwortet.

- Dieser Kommunikationsstil wird, drittens, auch aufgrund der physischen Anstrengungen der Sprachcomputerbedienung präferiert. Ob mit den Fingern auf dem Display, oder einem Eye-Scanning-Verfahren, beides erfordert einen physischen Kraftaufwand der Kommunizierenden (vgl. Light/Drager 2007; Auer/Hörmeyer 2017). Aufgrund der körperlichen Symptomatik einer Zerebral- oder Tetraparese ist der Gebrauch des Talkers mit Anstrengungen verbunden und physische Erschöpfung vorprogrammiert. Nicht jede/jeder UK-Nutzer*in hat die Kraft, drei Minuten lang einen Satz zu konstruieren und einzutippen. Kurze Antworten werden körperlich präferiert.
- Viertens transportiert die elektronische Stimme keine nonverbalen Informationen. Stimmlich angezeigte Emotionen oder andere, das Verstehen unterstützende, parasprachliche Merkmale und Mittel, wie z.B. Betonungen oder variable Lautstärke, werden nicht hörbar kommuniziert. Auch fehlen sprachliche Besonderheiten, wie z.B. Dialekte (vgl. Alper 2017). Klangliche Signifikanz verleiht aber einem einzelnen Wort oder Satz einen Kontext und Bedeutung, zusätzlich zu semantischen Informationen. Prosodische Kontextualisierungshinweise und die Stimme als paralinguistische Ressource haben Anteil an der Produktion sprachlichen Sinnes und geben indexikalischen Ausdrücken einen das Verstehen anleitenden Kontext (vgl. Schützeichel 2011: 89f.; Garfinkel/Sacks 1970; Heritage 1984: 142–150). Das Sprechen mit dem Talker ist dagegen ‚disembodied‘ (vgl. Auer/Hörmeyer 2017), reduziert auf den technisch-synthetischen, ‚monotonen‘ Klang der elektronischen Stimme.
- Weiterhin ist, fünftens, der Wortschatz, das lexikalische Register, limitiert. Er besteht i.d.R. aus einem Kern- und Randvokabular. Zu Beginn der Nutzung von Sprachcomputern durch Nutzer*innen steht vor allem das Ausdrücken von Bedürfnissen und Wünschen im Vordergrund, wofür eher Adjektive und Verben benötigt werden. Komplexere Lexika reagieren auf die Bandbreite an kommunikativen Aktionen und Kontexten (vgl. Light/McNaughton 2014). Zudem besteht die Möglichkeit, das Lexikon individuell zu erweitern und an Lebensumstände und soziales Umfeld

anzupassen. Dennoch: Die limitierte Auswahl an Wörtern, die in den Wortschatz des Talker einprogrammiert wurden, hat zur Folge, dass immer etwas, ein Wort z.B., fehlt.[8] Je komplexer die Kommunikationssituation und das, was ausgedrückt werden soll (Emotionen z.B.), umso deutlicher zeigen sich die Grenzen des Vokabulars (Scholz/Stegkemper 2022: 15–17).

- Dazu kommt das Problem der Ausrichtung des visuellen Aufmerksamkeitsfeldes der Nutzer*innen auf das Display bzw. die Tastatur. Der Ausdruck des, nach unten gerichteten, Gesichts wird partiell aus der Struktur der *face-to-face*-Interaktion entfernt, wie auch die unterstützt kommunizierende Person während ihrer Handlungen auf dem Display nicht unmittelbar sieht, was um sie herum an mimischen oder gestischen Aktionen oder gänzlich anderen, nicht unmittelbar der ablaufenden Kommunikation zurechenbaren Aktivitäten vor sich geht. Wie Goodwin gezeigt hat, ist die Blickausrichtung für den Vollzug von Kommunikation, insbesondere für den Wechsel der Sprecher*innen und das Verstehen der artikulierten Inhalte, nicht irrelevant (vgl. Goodwin 1981). Sie ist zugleich ein relevantes, regelmäßig genutztes Kommunikationsmittel von Menschen mit Zerebralparese (vgl. Sargent et al. 2013). Die generelle Multimodalität (und auch Multimedialität) kommunikativer Zusammenhänge (vgl. Kress 2010; Stivers/Sidnell 2005), die u.a. die Wahrnehmung von Mimik und Gestik durch die Interagierenden beinhaltet, muss also mit der typischen visuellen Struktur der Kommunikation per Sprachcomputer (Blickausrichtung auf Display) in Bezug gesetzt werden. Der Vollzug des Gesprächsablaufs *und* die Verständigung stehen dadurch vor besonderen, praktischen Herausforderungen (vgl. Auer/Hörmeyer 2017; Boenisch 2009: 55f.; Alper 2019).
- Der weiter oben skizzierte, telegrafische Kommunikationsstil hat zur Folge, dass die Zuhörer*innen verstärkt zu Ko-Partizipant*innen des unterstützt Kommunizierenden werden. Insgesamt sind die ko-konstruierenden Anteile des Miteinanderredens und -handelns größer als in Gesprächen unter primär mit dem Mund sprechenden Interaktionspartner*innen, in denen die Erwartungsstrukturen solitärer und autonomer Sprecher*innen i.d.R. weitestgehend erfüllt werden (vgl. Auer/Hörmeyer 2017; Goodwin 1995). Typisch ist also, dass von der unterstützt kommunizierenden Person ein einzelnes Wort in den Raum ‚geworfen' und durch die ko-konstruierenden Partner*innen auf möglichst ‚respektvolle' Art und Weise zu einem Satz geformt wird. Ko-konstruierende Akteure ohne Sprachcomputer stehen dabei vor besonderen Anforderungen. Ihr ‚support' ist im besten Falle minimal-invasiv, d.h. sie verbessern nicht unbedingt die telegrafischen Aussagen, aber das Verstehen der kurzen Aussagen wird geprüft, Unklarheiten werden aufgeklärt und dadurch wird in den Gesprächsablauf eingegriffen (vgl. Hemsel et al. 2008; Pennington/McConachie 1999). In Interaktionen wird damit die Interpretation von Aussagen zu einem immer wiederkehrenden Thema. Die Aussagen werden ‚öffentlich' gedeutet.

8 Das betrifft natürlich nicht die Sprachcomputer, die mit einer Buchstabentastatur genutzt werden.

> Typisierende Deutungen, Ergänzungen, Reparaturen, *guessing-games*, „requests for clarification“ (Pennington/McConachie 1999) und die Fortsetzung des Gesagten gehören zum Alltag. Im Zuge dieser kommunikativen Praktiken kommt dem deutenden Gegenüber ein gewisser, je nach Situation unterschiedlicher Anteil an der telegrafischen Aussage zu (vgl. Heeschen/Schegloff 1999). Für die auf Ko-Konstruktionen beruhende Interaktionsbeziehung birgt das immer auch die Gefahr von Kommunikationsasymmetrien und der Direktion des Gesprächs durch Kommunikationspartner*innen ohne technische Hilfsmittel (vgl. Wachsmuth 2006; Bloch/Wilkinson 2013; Pennington/McConachie 1999; Kurlenkova 2021). Potenziell kann es zu einer strukturellen Dominanz dieser Interaktionspartner*innen kommen. Diese sprechen schneller, deutlicher, verständlicher. In jeder Ko-Konstruktion besteht die Möglichkeit, dass falsch antizipiert wird, was UK-Nutzer*innen mitteilen wollen, dass vorschnell ergänzt und Interpretationen einflechtet und implementiert, aber nicht aushandelt werden, dass Deutungen und Intentionen der ohne Hilfsmittel Kommunizierenden sich im Verlauf der Konversation schlussendlich durchsetzen. Die typische Präferenz für Selbstreparaturen (vgl. Schegloff/Jefferson/Sacks 1990) bzw. allgemein für selbstgetätigte Kommunikationsakte (vgl. Loenhoff 2001: 228f.) wird u.U. untergraben.

Anhand dieser Aspekte wird insgesamt Folgendes deutlich: Die Technologie des Talkers gibt nicht nur *voice* (vgl. Alper 2017), sondern konfrontiert Nutzer*innen und ihre Interaktionspartner*innen mit einer *given voice*. Die gegebenen Kommunikationsmöglichkeiten haben immer auch eine Grenze: keine Prosodie, nicht bestimmte Wörter, aufwendige Produktionsdauer, physisch erschöpfende Bedienung. Neben diesen technologischen und körperlichen Aspekten des Sprachcomputergebrauch ist auch die Beziehung der technischen Hilfsmittel zur sozialen Umwelt der UK-Nutzer*innen nicht unproblematisch. Um den Gebrauch des Sprachcomputers und seiner sozialen Bedingungen wie Konsequenzen zu verstehen, ist es notwendig, die kommunikativen Praktiken, Aktionen und Fähigkeiten der Interaktionspartner*innen ohne technische Hilfsmittel mit in den Blick zu nehmen. Innerhalb von sozialen Gemeinschaften werden typische Interaktionsordnungen etabliert und mit den technologischen wie körperlichen Gegebenheiten der unterstützt Kommunizierenden umgegangen.

Die folgenden Thesen und Argumentationen bzgl. der Nutzung und der Bedeutung des Sprachcomputers werden in dieser Arbeit empirisch belegt und diskutiert:

1. Die Verwendung eines Gerätes im Zuge kommunikativer Interaktionen hat eine ‚Verteilung‘ des Sprechvorgangs zur Folge. Sprecher*innen mit Talker sprechen nicht allein. Etwas zu sagen, ist stattdessen unter verschiedenen Instanzen verteilt und Gegenstand kollektiver Aktionen. Einerseits spricht der Talker aktiv mit und ist nicht nur ein neutrales Durchgangs-Objekt das sprachliche Einheiten produziert. Andererseits ‚sprechen‘ auch andere Akteure aktiv mit. Sie konstruieren und gestalten den Gesprächsbeitrag des unterstützt

Kommunizierenden auf verschiedene Arten und Weisen mit. Jeweils wird dadurch die Kontrolle über den Sprechvorgang prekär. Dass der Sprachcomputer Kommunikation ermöglicht, dabei Kommunikation unter der Bedingung verteilter Handlungsmacht sich vollzieht und zugleich die Kontrolle über den Kommunikationsvollzug besonders prekär macht, ist ein typisches praktisches Problem technisch unterstützter Kommunikation.

2. Entsprechend praxistheoretischer Grundannahmen ist der Vollzug von Kommunikationspraktiken ein *öffentlicher* Vorgang. Ein wenig beachteter Aspekt der Öffentlichkeit des Vollzugs einer praktischen Handlung ist, dass sie in ihrem Ablauf und Gestalt durch andere Akteure intervenier- und beeinflussbar ist. Das trifft auch und in besonderer Weise auf technisch unterstützte Kommunikation und den Einsatz des Talkers zu. Das liegt daran, dass die technische Bedingtheit den Kommunikationsvorgang in mehrere Schritte aufspaltet (wiederholtes Tippen und Aussprechen lassen) und die in Anspruch genommene Kommunikationszeit dehnt. Es entstehen dadurch situative Interventionsmöglichkeiten wie -gefahren, wenn z.B. gemeinsam etwas erzählt oder ein Gesprächsbeitrag korrigiert wird. Für klassische Themen der Disability Studies ist dieser Aspekt aufschlussreich. Inwiefern der Gebrauch von Technik Selbstbestimmung ermöglicht oder unterminiert, assistierendes oder kooperatives Agieren der Kommunikationspartner*innen evoziert, hängt ab von der spezifischen Verteilung von Handlungsmacht und -kontrolle zwischen den agierenden Akteuren, die den Vollzug der Kommunikationspraxis bestimmen.
3. Der praktische Gebrauch ist an den Vollzug medialer Mikroaktionen gebunden. Dazu gehören u.a. die Beherrschung (digitaler) Schrift- und Symbollogik, die sensomotorische Bedienung, die Verknüpfung des Geräts mit anderen Medientechniken (was in dieser Arbeit nur am Rande Erwähnung findet) und weitere, genuin mediale Praktiken (z.B. Prozessieren und Wiederholen von Vorgängen, Löschen, Speichern, Sichtbarmachen). Die Features der *Medien*technik sind Vorbedingungen der Kommunikationspraxis. Vor jedem durch den Sprachcomputer artikulierten Redebeitrag haben seine medialen Eigenschaften ihren eigenen Beitrag geleistet. Die medialen Aktionen im Verein mit dem oben genannten kollektiven Aufwand, der im Zuge des Sprachcomputergebrauchs aufzubringen ist, charakterisieren die soziale Praxis des Sprachcomputers aber noch nicht vollständig.
4. Der Körper und die Sinne spielen eine eigenständige Rolle im Gebrauch der Medientechnik Sprachcomputer. Es wird in dieser Arbeit beschrieben, wie sich die Medientechnik des Sprachcomputers zum körperlichen Wahrnehmungs-, Aktions- und Kommunikationsstil von Menschen mit komplexen Behinderungen verhält. Es wird beschrieben, dass das, was Technik praktisch ausmacht, anhand des

Verhältnisses zwischen technologischer *agency* und körperlichen Aktivitäten zu verstehen ist. Ein Anliegen ist es folgende zwei Ideen zu vertiefen: erstens handeln Körper nicht von anderen Körpern isoliert, sondern – im Anschluss an (post-)phänomenologische Forschungen – innerhalb zwischenleiblich konstituierter ‚Räume'. Zweitens setzt Technik Körperregionen und deren komplementäre Aktivitäten zueinander in Beziehung. Im Sprachcomputergebrauch ist das vor allem die Hand, d.h. die Motorik und der Tastsinn, und der Seh- bzw. Hörsinn. Der Technikgebrauch strukturiert das Verhältnis der Sinne, der Motorik, der Körperbewegungen sowie der für Kommunikation in Anspruch genommenen, körperbasierten Aktivitäten (Gestik, Mimik, Blicke usw.).

3 Zum Phänomen Behinderung in den Sozial- und Kulturwissenschaften

Das Forschungsinteresse am Zusammenhang von körperlichen Behinderungen und dem alltäglichen, praktischen Umgang mit Medien und Technik bildet den Leitfaden, anhand dessen im folgenden Kapitel kultur- und sozialwissenschaftliche Analysen der Lebenssituation von Menschen mit Behinderungen beschrieben werden. Ziel ist es, unterschiedliche Herangehensweisen an das Phänomen Behinderung zu skizzieren, Argumentationsstrukturen zu verdeutlichen und diese anhand der einleitend dargestellten Fragestellung und dem thematischen Schwerpunkt dieser Arbeit zu problematisieren. Die Darstellung existierender Forschungsstränge und -traditionen gliedert sich in zwei Stränge: Soziologie der Behinderung und Disability Studies. Beiden Ansätzen ist gemeinsam, dass sie Behinderung als soziale Konstruktion verstehen und ein essentialisierendes Verständnis von Behinderung kritisieren. Beiden Ansätzen ist weiterhin gemein, dass sie soziale Interaktionen in ihrer Bedeutung unterschätzen.[9]

3.1 Soziologie der Behinderung

Die ‚Soziologie der Behinderung' stellt das Phänomen Behinderung als genuinen und zentralen Gegenstand in den Mittelpunkt sozialwissenschaftlicher Theoriebildung. Von Walther Thimm in den 1970er Jahren ins Leben gerufen, von Günther Cloerkes weiterentwickelt und v.a. von Goffmans ‚Stigma'-Analyse inspiriert (vgl. Thimm 1972, 1977, 2006; Cloerkes 2001, 2003, 2014; Goffman 1975), wird hier Behinderung als negativ bewertetes, von einem angenommenen Normalzustand abweichendes Merkmal oder Eigenschaft einer Person definiert. Empirisch werden „alltägliche Interaktionssituationen zwischen Behinderten und Nichtbehinderten" (Thimm 1975: 155) in den Fokus gestellt und latente bis manifeste Stigmatisierungen rekonstruiert. Erforscht werden spontane wie verfestigte, erwünschte wie unerwünschte Reaktions- und Verhaltensweisen. Es wird gezeigt, wie in *face-to-face*-Interaktionen Merkmale (insbesondere äußerlich wahrnehmbare Merkmale oder auf eine Behinderung hinweisende Gegenstände) von Interaktionspartner*innen wahrgenommen, als abweichend interpretiert und als problematisch bis unerwünscht empfunden werden. Negative Reaktionen wie Ekel, Abneigung, Bedauern und Mitleid sind mögliche Folgen und belasten Interaktionsbeziehungen. Soziale Kontakte, die als zentrale Unterstützungsressourcen für die Alltagsbewältigung gelten, werden aufgrund solcher Reaktionsweisen erschwert oder sogar vermieden. Ein gemeinsames Bewältigen der Lebenssituation zusammenlebender Menschen mit und

9 Das hat Anders Gustavsson als allgemeines Problem theoretischer Überlegungen Anfang der 2000er Jahre in den Disability Studies festgestellt, vgl. Gustavsson 2004.

A. Wagenknecht, *Mit einem Talker sprechen*, Beiträge zur Praxeologie / Contributions to Praxeology,
https://doi.org/10.1007/978-3-476-05510-1_3

ohne Behinderung wird dabei unter Umständen unmöglich und von Behinderungen betroffene Menschen erleben belastende Stigmatisierungen, Diskriminierungen oder Prozesse des ‚othering' und die Zuschreibung von Unfähigkeiten (vgl. Goffman 1975; Susman 1994; Campbell 2009; Karim/Waldschmidt 2019).[10] Das kann Bildungsbereiche, Arbeitsverhältnisse, Mobilität und die Freizeitgestaltung betreffen oder die Entstehung von Konflikten in intimen und Netzwerkbeziehungen, oder ganz grundlegend in alltäglichen Begegnungen privater und öffentlicher Natur bedeuten. Einsamkeit und Isolation der Betroffenen sind nicht seltene Resultate, die zur Unterminierung von selbstbestimmtem Handeln führen und negative Folgen für gesamte Lebensverläufe zeitigen, wie empirische Forschung im Fahrwasser der ‚Soziologie der Behinderung' gezeigt hat (vgl. Niehaus 1993; Windisch/Kniel 1993).

Im Folgenden konzentriere ich mich auf das konzeptionelle Vorgehen der ‚Soziologie der Behinderung'. Sie verknüpft für ihr Anliegen drei Dimensionen: erstens, die Performanz des ‚anderen' Körpers in Interaktionssituationen; zweitens, die durch vorurteilsbehaftete Reaktionen erzeugte Zuschreibung der Eigenschaft Behinderung; drittens, eine darauf aufbauende Herausbildung der sozial institutionalisierten Rolle als ‚Mensch mit Behinderung' mit negativen biographischen Konsequenzen. Soziale Interaktionen bilden den analytischen Ausgangspunkt. Diese Ebene wird allerdings durch eine ‚höhere' und für die Theoriebildung schlussendlich viel entscheidendere Ebene bedingt. Es sind allgemeine, in einer Kultur oder Gesellschaft verankerte und verteilte Werte, Normen und Einstellungen, die Interaktionsverhältnisse strukturieren und damit als Ursache der genannten Verhaltens- und Reaktionsweisen ausgewiesen werden (vgl. insb. Cloerkes 2014). Die genannten Dimensionen – Interaktionen und gesellschaftliche Werte und Normen – werden in Form einer Ursache-Wirkungs-Kette verknüpft: Als erstes sind es Einstellungen, Werte und Vorurteilen, die durch Sozialisationsprozesse erworben werden, diese wirken sich, zweitens, ursächlich in einer Interaktion auf die Wahrnehmung von bestimmten Merkmalen des Gegenübers aus (z.B. Auffälligkeiten, ästhetische Abweichungen oder funktionale Beeinträchtigungen des Körpers), was dann drittens ein bestimmtes stereotypes Verhalten und Reagieren bewirkt. Letzteres ist im ungünstigeren wie häufigeren Falle geprägt von Konflikten, Unsicherheiten und Spannungen, die in den als nicht-behindert klassifizierten Interaktionspartner*innen Angst, Ekel oder auch eine Scheinakzeptanz des Gegenübers auslösen (vgl. Seywald 1977; Cloerkes 2001: 89ff., 2014). Aufbauend auf Identitätstheorien, ar-

10 Solche Zuschreibungen sind „Bestandteil des Machtverhältnisses Ableism" (Köbsel 2016: 95). In dieser Arbeit verfolge ich weniger eine ‚Kritik der Fähigkeiten' (Buchner/Pfahl/Traue 2015) als eine Rekonstruktion von Fähigkeiten im Umgang mit technischen Kommunikationsmitteln. Ich bin mir dennoch bewusst, dass in Kommunikationsweisen, technischen Geräten und Körperlichkeiten gesellschaftlich verbreitete Vorstellungen von ‚richtigen', ‚normalen' Fähigkeiten eingeschrieben sind und eine Auseinandersetzung mit der Konstruktion von Un-/Fähigkeiten zentraler Bestandteil der Disability Studies ist (vgl. Karim/Waldschmidt 2019). In gewisser Weise greife ich diesen Aspekt im Begriff und der Schreibweise des *doing dis/ability* (vgl. Kap. 4.1, insbesondere FN 34) auf.

gumentiert Cloerkes, wie sich Selbst- und Rollenbilder verfestigen, soziale Erwartungen verhärten und Stigmatisierungen und Exklusion entstehen (vgl. Cloerkes 2001: 125–170). Thimm beschreibt aufbauend auf diesem Erkenntnismodel in seiner empirischen Untersuchung zur Blindheit vor allem makrosoziologische Folgen, z.B. sozialer Status, gesellschaftlich verbreitete Stereotypen, Gruppenverhalten und die Selbsteinschätzung von Organisationen und Individuen mit Sehbehinderung zu ihrer Stellung in der Gesellschaft (vgl. Thimm 1971).[11]

Das Erklärungsmodell ist aber bei beiden Autoren gleichlautend: eine abstrakte Hintergrundstruktur in Form von Wissensordnungen (als Sammelbegriff für Werte, Normen, und Einstellungen) bedingt die Begegnung in der Interaktion. Sie determiniert die Reaktionsweisen auf bestimmte Merkmale und beherbergt das Potential zu einem „verewigten verhängnisvollen Kreislauf" (Cloerkes 2001: 89). Wissen bildet ein „stabiles System" (ebd.: 75) von Bewertungen, Haltungen und Deutungen. Es wird als Kontext, dessen determinierende Kraft die Konstruktion und Zuweisung des Status Behinderung in Interaktionen beeinflusst, konzipiert und ist entscheidend für die Theoriebildung. Behinderung als abweichende Eigenschaft von situativen wie generalisierten Verhaltensanforderungen wird zwar in Interaktionen gedeutet, definiert und bewertet. Dieser Vorgang ist aber durch hegemoniale Deutungsmuster einer Kultur oder Gesellschaft ‚vor-entschieden'. Behinderung entsteht durch den gesellschaftlichen Kontext.[12] Die Interaktionsordnung ist ‚lediglich' der Ort an dem dies geschieht, ein neutrales Durchgangsstadium für wirkmächtige Normen und Werte.

Den Zusammenhang von Wissensordnungen und sozialen Interaktionspraxen hat Jörg Michael Kastl weiter ausgearbeitet (vgl. Kastl 2010, 2014).[13] Behinderung bezeichnet auch nach ihm eine Abweichung von situativen wie generalisierten Verhaltensanforderungen. Kastl erweitert und konkretisiert das Erklärungsmodell um folgenden Aspekt: Die Abweichung basiert auf einer (sozial hervorgebrachten) Schädigung des Körpers, die den ‚behinderten Körper' charakterisiert. Diese Schä-

---

11 Die Autoren operieren weniger mit einer eigenständigen Theorie, die die Bedeutung und Entstehung von Identität bzw. Selbstbildern und den Zusammenhang mit Stigmatisierungsprozessen erklärt. Sie wenden in erster Linie die theoretischen Arbeiten von Goffman (1975), Krappmann (1969) und die kriminalitätssoziologischen Untersuchungen von Frey (1983) an und beziehen diese auf ihren Gegenstand ‚Behinderung'.

12 Eine Verbesserung der Lebenssituation von Menschen mit Behinderungen verspricht sich Cloerkes dementsprechend allein von der Veränderung des Kontextes, d.h. der Veränderung gesellschaftlich verbreiteter Einstellungen, und weniger von der Veränderung von Interaktionsweisen bzw. sozialen Praktiken. Letztere würden den veränderten Einstellungen zum Wirklich-werden verhelfen, unabhängig von ihrer eigenständigen Beschaffenheit, vgl. Cloerkes 2001. Die Absolutsetzung und Heranziehung determinierender Kontexte zu Erklärung sozialer Phänomene wird gegenwärtig v.a. in Praxistheorien kritisiert, vgl. Schatzki 2002: 60–70.

13 Eine ebenfalls zeitgenössische, soziologisch-theoretische Konzeption von Behinderungsprozessen findet sich in den Arbeiten von Gudrun Wansing (2005, 2007). Aufgrund ihres systemtheoretischen Schwerpunktes und dem Fokus auf Teilhabeprozesse und wohlfahrtsstaatliche Leistungen, gehe ich hier nicht weiter auf diese (und ähnliche) Publikationen ein, sondern konzentriere mich auf Arbeiten, die stärker an der Interaktionstheorie orientiert sind.

digung wird – z.B. medizinisch oder sozialstaatlich – gedeutet, definiert und bewertet. Der Umgang mit der Schädigung ist allerdings nicht neutral, sondern sozial vorkonstruiert durch Wissensmuster und Denkschemata, welche soziale Ordnung organisieren und Menschen mit Behinderung inkludieren oder exkludieren. Weniger meint Kastl damit allgemeine Werte und Normen, sondern Vorstellungen über und Erwartungen an einen *normalen Körper*. Gebunden an Normalitätsvorstellungen des menschlichen Körpers, ist Behinderung demnach relational (in Bezug auf den nicht-behinderten Körper) und kontextspezifisch.[14] Zur Erklärung der Reaktionen auf den geschädigten Körper führt Kastl Devianz-, Labelling- und Stigmatheorien an, was ihn minimal von Cloerkes unterscheidet. Schlussendlich sind es auch bei Kastl wissensbasierte Orientierungssysteme, die mit dem Interaktionsverhalten kausal verknüpft werden. Es stehen sich Orientierungssysteme auf der einen Seite und neutralisierte Interaktionsverhältnisse auf der anderen Seite in einer nur einseitig-vermittelten Beziehung gegenüber. Eine wechselseitige Bedingung beider Analyseebenen wird nicht thematisiert.

Die in den Vordergrund gestellte Analysedimension der Interaktion fungiert in der ‚Soziologie der Behinderung' durchgehend nur scheinbar als solche. Ausgegangen wird stattdessen davon, dass sich in Interaktionen die Wirkmacht und wirklichkeitserzeugende Kraft von Normen, Werten und Einstellungen vollzieht und realisiert. Die Interaktionsordnung selbst bleibt dabei unterbestimmt und bildet keine eigenständige Analyseeinheit, der theoretische Beachtung geschenkt wird. Interaktionen sind kein Gegenstand *sui generis*, wie es bei Goffman (1983) heißt, sondern ein neutrales Durchgangsstadium. Weder wird die Interaktion als eigene Sphäre des Sozialen ausformuliert, noch haben Interaktionsverhältnisse eine eigene Erklärungskraft. Sie sind schlichtweg Ort der Realisierung feststehender stabiler Einstellungsmuster der Gesellschaftsmitglieder, die als Rolleninhaber und Träger sozialisatorisch vermittelter Einstellungen Menschen mit Behinderungen begegnen. Es werden keine Aussagen darüber getroffen, wie Akteure sich unter offenen, dynamischen, aber auch heteronomen, reglementierenden und einschränkenden Interaktionsbedingungen verhalten, oder wie Einstellungen, Werte und Normen *in* Interaktionen mit welchen Mitteln zum Ausdruck gebracht werden (vgl. Schütze 1975: 270f., 1978; Schütze et al. 1976: 50f.).[15] Letztlich fehlen Aussagen darüber, wie eine Norm, ein Wert oder eine Einstellung überhaupt in einer Interaktion dargestellt und kommunikativ vermittelt werden, so dass es für andere nachvollziehbar ist.

---

14 So macht die Körperlichkeit von Menschen mit Behinderungen auf die Kontingenz und Hilfsbedürftigkeit des menschlichen Körpers aufmerksam, was konträr zu der im Alltag gebräuchlichen Fiktion des autonomen und intakten Normalkörpers steht, vgl. Kastl 2010: 69–85.

15 Praxistheoretisch interessierende Aspekte, wie Handlungsvollzüge, Zeitlichkeit, Räumlichkeit, Körperlichkeit, Medien, Technologie, implizites Wissen und die Verflochtenheit von Aktivitäten bzw. Akteuren, könnten in dieser Theoriearchitektur nicht erfasst werden, vgl. Kap. 4.1 dieser Arbeit. Anzumerken ist, dass die Publikationen der ‚Soziologie der Behinderung' zeitlich vor der Entwicklung zentraler praxistheoretischer Arbeiten entstanden sind und aufgrund dessen, dass sich die ‚Soziologie der Behinderung' eher in der deutschsprachigen Diskussionslandschaft bewegt, nicht rezipiert worden. Ausnahme bilden die Arbeiten von Hendrik Trescher (2017, 2018), die sich vor allem mit den Ambivalenzen pädagogischer Praktiken und Diskurse beschäftigen

Die Art und Weise, wie Personen mit und ohne Behinderung miteinander umgehen, wird, zusammengefasst, primär durch gesellschaftlich verbreitete Denkmuster erklärt. Die Soziologie der Behinderung verortet das Phänomen Behinderung ,in den Köpfen' sich begegnender Akteure. In den Köpfen gibt es bestimmte Vorstellungen von erwartbaren Verhaltensweisen und Handlungsfähigkeiten. Die Soziologie der Behinderung argumentiert unter dem Strich mentalistisch und nicht interaktionistisch (vgl. Reckwitz 2000). In ihrer Beschränkung auf Normen, Werte und Einstellungen, verkürzt sie das Soziale und die Ursache von Behinderungen auf mentale Aspekte und rekonstruiert diese entlang der unverzerrten Reproduktion mentaler Strukturen in sozialen Interaktionen. Einerseits besteht damit die Gefahr der Verdinglichung der Wertsphären und Wissenssysteme, andererseits der Vernachlässigung der Besonderheiten von Interaktionen, die nicht nur abstrakte Wissensordnungen realisieren und aktualisieren.

Die spezifische Rolle von Interaktionsordnungen für die soziale Konstruktion von Behinderungen prägt dagegen mein Forschungsvorhaben. Wahrnehmungs- und Kommunikationsweisen (vgl. Saerberg 2006, 2007), Bewegungs- und Raumverhalten (vgl. Modes 2016; Striffler 2015) und der Umgang mit Objekten (vgl. Hetherington 2002) innerhalb einer geteilten Kultur bestimmen die Gestalt und den Vollzug von Interaktionsordnungen – und damit die Art und Weisen der Teilhabe an ihnen bzw. von Behinderungserfahrungen. Die folgenden drei Beispiele belegen die Relevanz von Interaktionsordnungen für den Alltag mit einer Behinderung: Wie in Assistenzbeziehungen und der häuslichen Pflege von Menschen mit körperlichen Behinderungen die interaktive Konstruktion von Selbstbestimmung anhand der Rolle von implizitem, verkörpertem Wissen der Beteiligten bei der Inanspruchnahme häuslicher Pflege untersucht werden kann, zeigt die interaktionsanalytische Arbeit von Lakshmi Kotsch. Sie macht deutlich, wie es im Zuge der alltäglichen Umsetzung von Selbstbestimmung zu Problemen kommt – auch wenn das handlungsleitende Konzept der Selbstbestimmung als Wert und Einstellung in den Köpfen der meisten Assistent*innen verankert ist. Die Komplexität von Interaktionen macht die Umsetzung eines solchen Konzeptes und abstrakter Ideen in jeder kleinen Interaktionssituation von Neuem erforderlich. Die Akteure müssen sich an den Bedingungen und Widerständen einer Interaktion permanent und sukzessive abarbeiten. Kotsch zeigt, welche motorischen und verbalen Ressourcen sowie grundlegenden Interaktionsroutinen die Selbstbestimmung des Menschen mit einer Behinderung ermöglichen oder ihre Umsetzung erschweren. Die interaktiven Leistungen und körperlichen Darstellungspraktiken der Akteure zeigen an, wann ihre Selbstbestimmung missachtet und behindert wird. Selbstbestimmung als abstraktes Konzept ist eine handlungsanleitende Fiktion, die interaktiv, situativ und lokal realisiert wird – oder eben nicht (vgl. Kotsch 2012; Kotsch/Hitzler 2013).

Ähnliches zeigt Birgit Behrisch für Paarbeziehungen. Im zugleich partnerschaftlichen und pflegerischen Alltag findet eine interaktive Aushandlung dessen statt, was für die Partner*innen eine Behinderung bedeutet. Selbständigkeit und Abhängigkeit sind gebunden an die interaktive Aushandlung und Realisierung von Interaktionsrollen der Partner*innen. Behrisch zeigt, wie dies weniger durch eindeutig definierbare gesellschaftliche Normen und Werte festgelegt, sondern durch einen heterogenen und idiosynkratischen Mix aus partnerschaftlicher Identität und alltäglich gelebter Beziehungspraxis bedingt ist. Die ausgehandelte Ordnung des Alltags und der Beziehung mag sich an gesellschaftlichen Vorstellungen von Behinderung/Nicht-Behinderung orientieren, ist aber immer gefiltert durch die historisch gewordene Lebenspraxis des Paares, ihrer besonderen Umstände und Wissenshorizonte und der konkreten Praxis und Interaktionen im intimen Alltag (vgl. Behrisch 2014; siehe auch Corbin/Strauss 1993).

Anhand von verschiedenen Weisen des ‚impression managements', zeigt Gill Hammer, wie blinde Frauen in Israel ihren Status und ihre Handlungsfähigkeit behaupten, dafür ihren Körper und Artefakte einsetzen, um sich als normale Subjekte darzustellen und Normalitätsnormen ihrer visuellen Kultur in Frage zu stellen (vgl. Hammer 2012).[16] Hammer zeigt, an Goffmans Analysen des Stigmamanagements anschließend, wie bestimmte Dinge, der Blindenstock z.B., abgelehnt werden und dafür Kleidungsnormen eine zentrale Rolle spielen. ‚Richtiges' Laufen, Bewegen und Gestik sowie Nagellack, Parfüm und besondere Textilien machen die Bandbreite der materiellen Elemente aus, die die Frauen innerhalb von alltäglichen Interaktionsordnungen zur Anwendung bringen und auf diese Weise die soziale Konstruktion ihres Status als Mensch mit einer Behinderung aktiv beeinflussen. Grundlegende Einstellungen innerhalb der israelischen Kultur spielen in diesem Kontext zwar eine gewisse Rolle. Legt man aber den Fokus auf verkörperte und mit Artefakten ausgestattete Akteure, so kommt der Interaktionsordnung ein Eigengewicht an Erklärungskraft zu.

Entgegen der Soziologie der Behinderung verstehe ich also Interaktionsordnungen mit einer Eigenmacht ausgerüstet, die den Alltag mit einer Behinderung prägt. Spezifische Aspekte von Interaktionsordnungen und nicht das Wissen in den Köpfen der Beteiligten, stehen in dieser Arbeit im Fokus. Neben den genannten Beschränkungen kommt noch hinzu, dass die Soziologie der Behinderung nur Menschen als handlungsfähig postuliert. Dinge, Objekte, Medien sowie der Körper treten in der Theoretisierung des Phänomens Behinderung nicht auf. Empirische Rekonstruktionen sind damit auf eine Welt von Menschen ohne medientechnische Hilfsmittel und nur am Rande mit einem Körper beschränkt.

---

16 Vgl. Kemp/Rutter 1986; Länger 2002; Bender/Schnurnberger 2015, 2019 sowie Geese 2018 für weitere Besonderheiten der Interaktionsweisen zwischen sehenden *und* nicht-sehenden Gesellschaftsmitgliedern und der Relevanz von Wahrnehmungs- und Erfahrungsweisen sozialer Wirklichkeit für alltägliche Praktiken.

3.2 Disability Studies und die drei Modelle von Behinderung

Die Disability Studies als „Querschnittsdisziplin“ mit einem „interdisziplinären Gegenstand“ (Waldschmidt 2005: 13) stellen soziokulturelle Konstruktionen und Repräsentationen des ‚normalen‘ Körpers in den Mittelpunkt ihres Erkenntnisinteresses. Auch in dieser Perspektive wird Behinderung als Abweichung von typischerweise angenommenen und erwarteten Fähigkeiten des ‚normalen‘ Menschen konzipiert. Solche Vorstellungen von Abweichungen führen häufig eine negative Bewertung mit. Es wird die Unterlegenheit einer Gruppe von Menschen behauptet, denen spezifische Fähigkeiten abhandengekommen sind, in nur unzureichendem Ausmaß ausgebildet wurden oder ihnen schlichtweg abgesprochen werden. Es wird konstatiert, „dass etwas anders ist, fehlt oder nicht geht“ (Dederich 2010: 176) und dadurch „Kompetenzunterschiede“ (Bender 1999) zwischen Gesellschaftsmitgliedern auf der Grundlage von in einer historisch spezifischen Gesellschaft kursierenden Normalitätsvorstellungen konstruiert und legitimiert. Die Disability Studies untersuchen in kritischer Absicht die Herstellung solcher dichotomen, hierarchisch geordneten wie bewertenden Unterscheidungen wie Kategorisierungen darauf basierende soziale Ungleichheiten (vgl. Linton 1988; Wansing 2014: 211–216; Weisser 2005; Windisch 2014). Sie interessieren sich dafür, wie solche Denkmuster zustande kommen, wie sie in einer Gesellschaft oder Kultur verbreitet werden und welche Konsequenzen in verschiedenen sozialen Lebensbereichen daraus erwachsen. Wie Benachteiligung, Einschränkung von Teilhabe und Lebenschancen, der Ausschluss von sozialen Kontexten und die Verwahrung von Menschen in Institutionen durch soziokulturelle Unterschiedskonstruktionen bedingt werden, wird derart erschlossen.

Der Ort, an denen Normalitätsvorstellungen (re-)produziert werden, unterscheidet die Disability Studies von der ‚Soziologie der Behinderung‘. Die am diskurstheoretischen Paradigma orientierten Disability Studies erforschen gesellschaftliche und kulturelle *Diskurse*, in denen Deutungsmuster, Definitionen und Bedeutungen zirkulieren (vgl. Thomas 2002; Schneider/Waldschmidt 2012; Waldschmidt 2005). Diskurse werden als Definitions- und zugleich Normalisierungspraktiken verstanden. Das können bürokratische und juristische Verfahren, medizinische Diagnosen und Behandlungstechniken, politische Entscheidungen, ästhetische Darstellungen in Literatur, Film, Fotografie oder Museen, oder soziale Beziehungen und biographische Erfahrungen sein (vgl. Bösl 2009; Bruner 2005; Ochsner/Grebe 2013; Pfahl 2011; Rösner 2014: 111–134; Siebers 2009). Jeweils stecken objektive Wissensordnungen und Kategoriensysteme verschiedenster Art die Grenzen zwischen Normalität und A-Normalität ab, besetzten das Normale mit einem normativen Vorrang auf den Feldern „Gesundheit, Funktionsfähigkeit und Leistungsvermögen“ (Schneider/Waldschmidt 2012: 145), diagnostizieren Behinderungen als „Dysfunktionen, Defizite und Defekte“ (Waldschmidt 2007: 63) und machen diese zum Ausgangspunkt gesellschaftlicher Identitäten, sozialstruktureller Positionen und Formen der

Anerkennung bzw. Missachtung (vgl. Waldschmidt 2011: 97–100). Die Rekonstruktion der „diskursive[n] Praxis der Differenz" (Bruner 2005: 59) zeigt wie „Grenzziehungen [...] zwischen ‚Behinderten' und ‚Nichtbehinderten'" (Brunner/Dannenbeck 2002: 71) vollzogen werden, anhand welcher Prinzipien dies legitimiert wird und welche sozialen, kulturellen oder politischen Folgen daraus resultieren.

In den Disability Studies wurden umfangreiche Überlegungen darüber angestellt, welches grundlegende (Denk-)Modell in der Thematisierung von Behinderungen in verschiedenen sozialen und kulturellen Bereichen zur Anwendung kommt (vgl. Barnes et al. 1999: 20–31; Priestley 2003; Waldschmidt 2005). Drei Modelle – das medizinische, das soziale und das kulturelle – wurden ausgearbeitet, die aufzeigen wie unterschiedlich Behinderung verstanden und erzeugt wird.[17] Ich gehe nacheinander kurz auf alle Modelle ein. Die dargestellten Kritikpunkte und Forschungslücken beziehen sich auf das in erster Linie auf das kulturelle Modell.[18]

a) Das *medizinische Modell* findet seine Anwendung v.a. in eben der Medizin, aber auch in Teilen der Heil- und Sonderpädagogik, der Rehabilitationspraxis, Humangenetik, Pränataldiagnostik oder Bioethik (vgl. Oliver 1990, Priestley 2003, Waldschmidt 1995; Köbsell 2003). Es versteht eine Behinderung als ein individuelles Schicksal und persönliches Leid, das der intervenierenden Bewältigung, Überwindung oder Abschaffung durch professionelle Instanzen bedarf. Ursachen sind die Schädigung bzw. Störung von als normal vorausgesetzten, kognitiven oder körperlichen Funktionen. Therapie und Rehabilitation des Individuums mit seinen körperlichen oder kognitiven Defiziten stehen im Vordergrund. Dem Modell liegen dementsprechend Annahmen über biophysische und psychische Normalität zugrunde. Es setzt die diagnostizierten Unfähigkeiten und Defizite mit Abhängigkeiten, einer zwangsläufigen, professionellen Behandlung oder individuell zu erbringenden Anpassungsleistungen in Zusammenhang. Es besagt auf den Punkt gebracht: Behinderung ist ein Mangel an Normalität, eine individuelle ‚Tragödie' und

---

17 Für die empirische Rekonstruktion und Interpretation von Datenmaterial erweisen sich Modelle u.U. als problematisch. Modelle reduzieren und bereinigen empirische Realität, sodass diese unter das jeweilige Modell subsumiert werden kann. Die Kontingenz und Singularität praktischer Herstellungsprozesse und Vollzugswirklichkeiten werden mit Modellen nicht immer adäquat erfasst: „The shifting and often ambiguous sociality of dis/ability" (Schillmeier 2010: 102) wird dadurch eher verdeckt als entfaltet und zum Ausdruck gebracht (vgl. ebd.: 103-113). Aus praxistheoretischer Sicht ist daher die Anwendung von Erklärungsmodellen grundlegend mit Schwierigkeiten belastet.

18 Die Modelle haben eine unterschiedliche epistemologische Funktion. Das medizinische und das soziale Modell werden als etwas verstanden, was in bestimmten gesellschaftlichen Bereichen praktiziert wird. Die Modelle dienen den Disability Studies zur Sichtbarmachung der Entstehung von und Umgangsweisen mit Behinderungen in diesen Bereichen oder Disziplinen, wie z.B. Medizin, Pädagogik, Bildungspolitik, Arbeitsstrukturen. Sie haben also eher beschreibenden Charakter. Das kulturelle Modell wird dagegen in den diskurstheoretisch arbeitenden, kulturwissenschaftlichen Disability Studies als grundlegende analytische Haltung verwendet, welches Forscher*innen anleitet, ihren Gegenstand zu verstehen und zu erklären. Da mit dem kulturellen Modell eine weitaus avanciertere theoretische Konzeption vorliegt, werde ich mich in meiner Darstellung von kritischen Aspekten vor allem auf dieses und die damit verbundenen kulturwissenschaftlichen Disability Studies beziehen.

Beseitigung des Makels ist das „desired goal“ (Thomas 1999: 19; vgl. Oliver 1990: 1).

In seinen Entstehungsbedingungen wie Bewältigungsformen wird Behinderung in diesem Modell individualisiert und an eine körperliche Schädigung (‚impairment‘) geknüpft bzw. mit ihr gleichgesetzt. Die soziale Umwelt wird in ihrem Beitrag neutralisiert und Deutungs- wie Handlungsmacht an professionelle Experteninstanzen und deren Kompetenzen in Sachen Heilung und Rehabilitation delegiert. Ein solches Denkmodell ist soziologisch so unergiebig wie unhaltbar, da gesellschaftliche Strukturen und Praktiken als Ursachen im Modell nicht in Frage kommen. Das Modell fand zudem entsprechende Kritik aus der Behindertenbewegung. Sozialwissenschaftlich wird das Gegenteil postuliert: „Behinderung ist [...] nicht als eine isoliert medizinisch zu betrachtende und zu behandelnde krankhafte Störung zu verstehen, sondern als Resultat sozialer Interaktionen, als Ergebnis sozialer Konstruktionsprozesse“ (Bruner 2005: 41; vgl. Oliver 1990, Waldschmidt 2005). Diese Idee und Kritik bildet die Basis der weiteren Entwicklung der Disability Studies.

b) Aufbauend auf dieser Kritik wurde ein Gegenmodell entwickelt: das *soziale Modell* von Behinderung. Es besagt, dass die Gesellschaft und ihre (materiellen) Strukturen Behinderungen verursachen. Exklusion und die Behinderung von Teilhabe am gesellschaftlichen Leben sind sozial organisiert, Benachteiligung und Diskriminierung wird in systematisch-struktureller Weise gesellschaftlich praktiziert. Laut Anne Waldschmidt besagt das soziale Modell, dass „behinderte Menschen nicht durch ihre Beeinträchtigungen, sondern durch das soziale System behindert [...]“ (Waldschmidt 2014: 179) werden. Myriam Winance bemerkt dazu: „Disability is seen as the product of current social organization, in as much as modern society does not take individuals with impairments into account, and prevents them from taking part in social life by creating barriers [...]“ (Winance 2007: 230). Kurz: „People are not disabled in themselves; they are disabled by society” (ebd.: 231f.; vgl. Titchkosky 2000) Das geschieht dadurch, dass sich an körperliche Besonderheiten Nachteile und Ausgrenzungen anschließen, z.B. geringere Chancen auf dem Arbeitsmarkt (vgl. Sapey 2000) oder Barrieren im öffentlichen Raum. In der „confrontation between a specific body and a society“ (Winance 2007: 235) entstehen Barrieren und Exklusion. Ursachen von Behinderungen werden also im sozialen Modell konzeptionell nicht an den Körper allein geheftet, sondern in gesellschaftlichen Verteilungsstrukturen, z.B. räumlichen, ökonomischen, politischen oder rechtlichen Arrangements, verortet. Nicht Behinderung als Defizit, Abweichung und Problem individueller Körper und Personen, sondern die gesellschaftliche Organisation von Exklusion entlang körperlicher und kognitiver Eigenschaften, stehen hier im Fokus. Die Gesellschaft macht behindert und benachteiligt Körper, die nicht zu ihr passen.

c) Das *kulturelle Modell* fragt nach den *kulturellen, diskursiven* Repräsentationsformen und darin enthaltenen Problematisierungen körperlicher Unterschiede zwischen Gesellschaftsmitgliedern. Behinderung wird hier nicht nur als Abweichung oder Anderssein *allein*, sondern als Deutungsmuster einer Kultur und ihrer vermeintlich normalen *und* unnormalen Anteile verstanden. Körperliche Unterschiede werden gedeutet, verglichen, normativ bewertet und hierarchisch geordnet. Entlang der kategorialen Differenz behindert/nicht-behindert werden in einer Kultur Homogenität sowie Hierarchien von ‚normal' und ‚abweichend' hergestellt. Entsprechend verteilen sich gesellschaftliche Privilegien und sozialer Status. Die Wirkmacht der diskursiven Konstruktion von Behinderung wird anhand ihres Einflusses auf Identitäts- und Subjektstrukturen, auf politische Repräsentationsweisen und Institutionalisierungspraktiken verdeutlicht (vgl. Thomson 1997; Shildrick 1999; Michalko 2002; Overboe 1999). Die Kategorisierungen und Unterscheidungen werden in verschiedenen kulturellen Feldern, z.B. Medizin, Naturwissenschaften, Pädagogik, Politik, Bürokratie, Rechtsprechung, Massenmedien oder Technologiedesign, rekonstruiert und in kritischer Absicht als „strukturell verankerte Komplementaritäten" (Waldschmidt 2005: 25)[19] dekonstruiert.

Die theoretische Grundannahme des Modells lautet, dass der behinderte Körper diskursiv erzeugt wird (vgl. Waldschmidt 2007, 2011; Rösner 2014; Tremain 2005).[20] Basierend auf einer kulturtheoretisch interpretierten Diskurs- und Machttheorie sind es objektivierte Wissensformen und machtvolle Diskurse, die Normalität und Devianz und damit Behinderung herstellen. Die Zuschreibung ‚behindert' wird dem Körper angeheftet, in ihn eingeschrieben („representation attaches meaning to bodies" (Garland-Thomson 1997: 5)) und derart naturalisiert. Objektivierte Formen des Redens und Denkens geben dem behinderten Körper seine Form als soziales Faktum, als selbstverständliche natürliche Gegebenheit und Tatsache. Kontingenz und Relativität, der Konstruktionscharakter der Kategorisierung ‚Behinderung' werden dabei verdeckt und in den Hintergrund gedrängt. Stigmatisierung und Institutionalisierung, Exklusion und Inklusion schließen sich mit hoher Wahrscheinlichkeit an und beruhen auf den diskursiven Konstruktionen. Der Fokus der kulturwissenschaftlichen Disability Studies liegt auf der Analyse solcher diskursiven Prozesse und der Entstehung objektivierter Wissensformen. Die empirische Rekonstruktion zeigt Diskurs-Macht-Wissen-Komplexe in ihren kontingenten Konstruktionsprozessen auf und befragt diese macht-kritisch auf normative Naturalisierungstendenzen und Normalisierungsweisen. Ziel ist eine „Problematisierung von Diskurs, Wissen und Macht als realitätskonstituierende Strategien" (Waldschmidt 2005: 10).

---

19 Das geht einher mit der gesellschaftskritischen Pointe einer Einforderung der gesellschaftlichen Anerkennung und Repräsentation des Behindert-Seins als Teil einer gemeinsamen Kultur, was diametral den Überwindungsinterventionen der anderen beiden Modelle gegenübersteht, vgl. Rösner 2014, Garland-Thomson 2017.

20 Theoretische Grundlage bilden Foucault 1974, 1991 sowie seine thematisch relevanten, empirischen Studien 1988, 1996, 2003. Ausgehend von einer nicht haltbaren Naturalisierung und De-Historisierung des Körpers, schlägt z.B. Waldschmidt den Weg über Foucault ein, um ein kulturelles Modell von Behinderung zu konzipieren, dass die kulturelle Konstruktion und Produktion vermeintlich natürlicher Tatsachen, wie des ‚behinderten Körpers', kritisch rekonstruiert. Problematisch ist hier: der Körper kommt nur im Sinne einer kulturellen Formung von außen, der er tendenziell passiv und widerstandslos erliegt, in den von Foucault inspirierten Blick. Dies ist typisch für diskurstheoretische, an Foucault angelehnte Arbeiten, die den Körper als aktiven Produzenten von Sozialität nicht nachvollziehbar machen können bzw. kategorisch ausschließen (vgl. Gugutzer 2013, Meuser 2006: 96).

Folgende Aspekte erscheinen mir problematisch: Als erstes geht es um eine Horizontverengung aufgrund der weiter oben beschriebenen Fokussierung auf Diskurs-Macht-Wissen-Komplexe.[21] Da Diskurse i.d.R. als kulturelle Objektivationen vorliegen, schließt sich an die beschriebene theoretische Festlegung eine Art der Datenerfassung an, die sich auf Texte (im weiten Sinne) und die sie produzieren Akteure bzw. Institutionen beschränkt. Ziel ist es entsprechend, zu verstehen, „how disability operates in texts" (Garland-Thomson 1997: 10) und wie dem ‚behinderten' Körper Bedeutung wortwörtlich eingeschrieben wird. „Understanding the body as a cultural text" (ebd.: 22; vgl. Dederich 2007: 107–124), ist kein untypisches Ziel primär textanalytischer Disability Studies.[22] Eine Folge dieser Vorgehensweise beschreibt Bryan Turner: „the *lived* body drops from view as the text becomes the all-pervasive topic of research" (Turner 1996: 28 – H. d. V.). Die alltagspraktische Relevanz des individuellen Körpers für den Alltag und das Leben mit einer Behinderung ist nicht Gegenstand diskursanalytischer Forschung (vgl. Dederich 2007: 143–168; Hughes/Paterson 1997, 1999; Gugutzer/Schneider 2007). Die Fokussierung auf objektive Wissenskomplexe vernachlässigt Alltagserfahrungen und alltäglichen Praktiken. Es kommt die alltägliche Praxis der von Diskursen Betroffenen – wenn überhaupt – nur als sekundäres, abgeleitetes Phänomen, in den Blick, immer als Produkt von Schreib- oder anderen Aufzeichnungspraktiken. Stereotype Darstellungen als rhetorischer Effekt, diskriminierende pädagogische Schriften oder visuelle Darstellungen von Menschen mit Behinderungen und die praktischen Probleme der Alltagsbewältigung sind nur aber bedingt mit den gleichen konzeptionellen Grundlagen verstehbar. Eine vom Körper, vom Alltag und der Perspektive von Menschen mit Behinderungserfahrungen ausgehende Forschung benötigt ein anderes theoretisches Fundament.

Verschwindet das Physische an einer Behinderung in den kulturwissenschaftlichen Disability Studies aufgrund der Datenwahl in einem „discursive shadow" (Hughes/Paterson 1997: 326), so ist auch die Kritik, die das soziale Modell innerhalb der Sozialwissenschaften hervorrief, in erster Linie körpertheoretisch (vgl. Waldschmidt 2005: 19–24; Dederich 2007: 143–168; Gugutzer/Schneider 2007; Hughes/Paterson 1997, 1999; Tichkosky/Michalko 2012; Turner 2001). Sie besagt, dass der Körper als Element alltäglicher Erfahrungen und Praktiken, als Bestandteil des ‚human embodiment' (vgl. Turner 2001: 258; Winance 2007: 233) von Menschen mit Behinderungen nicht ausreichend berücksichtigt wird. Dem Körper selbst kommt keine wirkliche Erklärungskraft zu. Er wird allein in Bezug auf das *impairment*, die Schädigung, erwähnt. So Oliver, als Hauptvertreter des sozialen Modells: „Impairment is, in fact, nothing less then a description of the physical body" (Oliver 1996: 35) – und demnach nicht Bestandteil der sozial erzeugten Behinderung. Der *impaired body* steht v.a. im sozialen Modell außerhalb der Gesellschaft; die Behinderung, sozial organisiert und materiell produziert, entsteht innerhalb der Gesellschaft und ist entsprechend allein von analytischem Interesse (vgl. Schillmeier

21 Manche Kritiker gingen soweit, dass sie dem Ansatz einen ‚diskursiven Essentialismus' vorwerfen, vgl. Oliver/Barnes 1998.

22 Für eine Kritik am Textualismus foucault-inspirierter Forschung, vgl. Reckwitz 2000: 173–177.

2010: 4f.). Der Körper der Behinderung wird im Modell nicht – wie die Behinderung selbst – als sozial-gesellschaftliches Konstrukt verstanden, stattdessen liegt er im Bereich der Natur oder Medizin und erscheint nicht im Fokus auf gesellschaftliche Strukturen und Barrieren. Als *impairment* konzipiert wird er der biomedizinischen Tatsachenproduktion überlassen:

> „By defining disability as a social and political condition of exclusion and impairment as a medical category to describe an absent or defective limb, organism, or mechanisms of the body, the social construction of the disabled body confines impairment to a medical framework" (Turner 2001: 257).

Bruner schlussfolgert, diese Gedanken aufnehmend:

> „Auf diese Weise reproduziert auch ein soziales Modell von Behinderung das Bild vom materiellen Körper als ein primär medizinisches Objekt. Der Körper ist der sozialen Betrachtung entzogen, er wird zum eigentlichen *Kern* der Behinderung, weil unhintergehbar, im Gegensatz zu den räumlichen oder rechtlichen Barrieren, für die die Gesellschaft [sich] verantwortlich zeichnet […]." (Bruner 2005: 84)

Eine binäre Dichotomie von Natur/Körper/Bio-Medizin auf der einen und Kultur/Gesellschaft/Exklusion auf der anderen Seite schafft auf implizite Weise eine „kategoriale Trennung" (ebd.: 62) von Behinderung und Körper. Das hat zwei konzeptionelle Folgen. *Erstens*: Im Blick auf die gesellschaftliche Produktion der Behinderung wird körperliche (oder kognitive) Besonderheit paradoxerweise naturalisiert. Sie wird nicht durch gesellschaftliche Strukturen oder soziale Praktiken produziert. Übrig bleibt eine „disembodied […] notion of disability" (Hughes/Paterson 1997: 326f.). Trotz seiner alltäglichen Omnipräsenz im Erfahrungshaushalt aller Gesellschaftsmitglieder, wird der Körper, *zweitens*, als passive Entität ohne eigene Wirkmacht beschrieben (vgl. Paterson/Hughes 1999), um stattdessen – im Stile materialistischer Gesellschaftstheorie – die diskriminierenden, exkludierenden Strukturen einer Gesellschaft in den Vordergrund zu stellen. Körperliche Erfahrungen und Handlungsmacht einerseits, die soziale Konstruktion sowie der praktische Umgang mit besonderen Körpern in alltäglichen Praktiken andererseits, finden lassen sich schwerlich mit dem sozialen Modell von Behinderung erfassen.

Dass Körper aber über eine unausweichliche Relevanz im Alltag der Menschen, die mit ihm leben, verfügt, zeigen Carolin Ruther, Vivian Sobchack und Margrit Shildrick eindrücklich in ihren Studien zum Alltag mit einer Prothese (vgl. Ruther 2018; Sobchack 2010; Shildrick 2013). Menschen, denen Gliedmaßen amputiert werden mussten und die mit einer Prothese leben, sind ohne Zweifel gesellschaftlich produzierten Exklusionen ausgesetzt. Der ‚Prothesenkörper' agiert als ein besonderer Körper und ‚verstößt' gegen Erwartungen an seine funktionale Rolle für Sozialverhältnisse. Besteht soziale Ordnung auf kulturellen Vorstellungen des normalen, gesunden und unversehrten Körpers und dessen Fähigkeiten, so wird er als Problem für soziale Ordnungsverhältnisse erzeugt (vgl. Schneider 2005; für eine historische

Perspektive vgl. Harasser 2016; Jain 1999). Nimmt man die gesamte Lebenswelt in den Blick, so zeigt sich aber ein komplexeres Bild: das (mitunter entfremdete) Verhältnis zum eigenen, veränderten Körper; seiner basalen Funktionen für die Alltagsbewältigung, die neu erlernt werden müssen; die veränderte Weltwahrnehmung und ihre psychosoziale Verarbeitung; eine nicht selbstverständliche körperlich-leibliche Aneignung der Prothese; die praktische Bearbeitung der ‚Schnittstelle' zwischen Körper und Artefakt; der Umgang mit körperlicher Versehrtheit und Integrität. Dass das Leben und der Alltag mit einer Prothese in seiner Komplexität nicht ohne eine umfassende Berücksichtigung des Körpers und seiner heterogenen Rolle für verschiedene soziale Kontexte und Praktiken verständlich werden kann, verdeutlichen die Autorinnen in ihren Studien und belegen damit die zentrale Idee der körpertheoretischen Kritik: „disability is embodied and impairment is social" (Hughes/Paterson 1997: 336).

Weiter finden sich in den Disability Studies wenige Aussagen über den für den modernen Alltag allgegenwärtigen Gebrauch von Medien oder Technik durch Menschen mit Behinderungen. Zwar nehmen manche Studien bestimmte massenmediale Felder in den Blick. Sie beschreiben diese aber aus einer Produktionsperspektive. Gegenstand ist mehrheitlich, wie in medial verbreiteten und verfassten Texten über Behinderung und Menschen mit Behinderungen geschrieben und gedacht wird, oder wie diese dargestellt werden (vgl. Gartner/Joe 1987; Ochsner/Grebe 2013; Tacke 2016). Mediales Handeln wird erst relevant, wenn es sich innerhalb feldspezifischer Produktionslogiken wiederfindet, z.B., wenn in bestimmten Medien über Behinderung verhandelt wird. Prototypisch steht dafür die Erforschung medialer Darstellungen von technologisch ‚verbesserten' Sportler*innen mit Behinderung (vgl. Harasser 2013, 2016, 2017). In den Disability Studies geht es bisher primär um Menschen mit Behinderungen *in* Medien, weniger um die Medien der Menschen mit Behinderungen und wie diese Medien praktisch gebraucht und produziert werden (vgl. für Letzteres Ginsburg 2012; Alper 2014, 2017a). Wie man nach einem Schlaganfall und mit Lähmungen eine Treppe herauf- und heruntersteigt, wie man einen passenden Rollstuhl aussucht, wie man mithilfe von Medien Gebärden lernt, wie man einen Computer bedient, Geld vom Bankautomaten bezieht oder wie Prothesen, Hörgeräte und andere technische Hilfsmittel gebraucht werden (vgl. Zimmer 2011; Winance 2006; Schmidt-Pfister/Schneider 2016; Lupton/Seymour 2000; Schillmeier 2007b; Van der Horst/Hoogsteyns 2014; Artner 2018) – die materielle, technologische und mediale Strukturiertheit solcher Alltagspraktiken kann nicht mit den konzeptionellen Mittel der Disability Studies adäquat erfasst werden.

Neben diesen eher gegenstandsorientierten Kritikpunkten, findet sich eine weitere Kritik, welche grundlegende epistemologische Probleme adressiert. Die durch die Science and Technology Studies beeinflusst Kritik[23] von Michael Schillmeier problematisiert, dass das soziale Modell dichotome, erkenntnistheoretische Per-

23 Vgl. zur Epistemologie der ‚sozialen Erklärung' Latour 2007, die die Grundlage von Schillmeiers Ausführungen bildet.

spektiven anwendet. Im sozialen Modell steht auf der einen Seite die soziale Behinderung als zu Erklärendes und auf der anderen die Gesellschaft als ursächliche Kraft. In dieser Dichotomie wird eine Seite mit dem Status der übergeordneten Realität und unidirektionaler Wirkmacht ausgezeichnet: das Soziale oder die Gesellschaft, strukturiert durch die ihr innewohnenden Exklusionsmuster, fungieren als unveränderlicher und kausal wirkender Bereich, der Behinderungen erzeugt. Gesellschaft erhält eine einseitige Definitionsmacht und wird als Ursache von Behinderungen naturalisiert und zur feststehenden Tatsache. Die Gesellschaft/das Soziale werden nicht weiter in ihren Entstehungsweisen und relationalen Konstruiertheit in Bezug auf das Phänomen Behinderung aufgeschlüsselt. Statt Menschen, ihre Körper und Identität, soziale Praktiken und Gesellschaft als komplex verwobenes Netz von Wechselwirkungen zu verstehen, werden Behinderung und Gesellschaft durch den Erkenntnismodus des Modells in diskrete Realitätsbereiche isoliert (vgl. Schillmeier 2010: 27ff.). Das soziale Modell agiert also mit einer epistemologischen Struktur, in der das Soziale jenseits jeder Erklärung als stabiler Wirklichkeitsbereich (als mitunter ‚harte' Sozialstruktur[24]) feststeht und unerschütterlich die Entstehung von Behinderungen zu erklären weiß. Das Soziale ist in diesem Modell unmöglich selbst in seiner dynamischen wie praktischen Konstruktionsweise rekonstruierbar. Dass das Soziale gleichzeitig mit der Konstruktion von Behinderung ausgehandelt wird, lässt sich auf diese Weise ebenso nicht denken, wie es nicht die „contingent, situated and thus highly complex experiences and practices of disability" (ebd.: 5) adäquat zu erfassen erlaubt.

Ein letzter Aspekt betrifft die Differenz von nicht-behindert und behindert. Beide Seiten werden als wechselseitig konstitutiv und als erklärend für das jeweils andere bestimmt. Dabei besteht die Gefahr, die Differenz selbst zu ontologisieren. Jeder körperliche Unterschied kann prinzipiell in Bedeutungshierarchien und soziale wie kulturelle Kategorien eingeschrieben werden (vgl. Garland-Thomson 1997: 6). Das führt auf einer konzeptionellen Ebene paradoxerweise dazu, dass die Differenz selbst fixiert wird. Dass es diese Differenz nicht gibt, dass sie irrelevant sein könnte, dass die Differenz im Alltag anders gehandhabt wird, als sie diskursiv erzeugt wird, scheint undenkbar. Die Rolle und Bedeutung von körperlichen Unterschieden für die Bewältigung des Alltags, dort praktizierter Intersubjektivität und gemeinsamem Tun – z.B. wie Menschen mit und ohne Behinderung gemeinsam Eier kochen oder einen Brief schreiben (vgl. Altenschmidt/Kotsch 2007; Zidjaly 2009) – lässt sich mittels einer ontologisierten, vorab getroffenen Unterscheidung von behindert/nicht-behindert nicht adäquat erfassen. Es werden Besonderheiten des Umgangs mit körperlichen Unterschieden übersehen, wie diese als relevant wie auch

24 Zumal die sozialen Strukturen einer modernen Gesellschaft nicht so eindeutig sind: „Behinderung vorrangig als Produkt kapitalistischer Produktions- und Reproduktionsbedingungen zu verstehen, gilt vielleicht in Zeiten multidimensionaler und, was Durchlässigkeit und Mobilitätsmechanismen betrifft, widersprüchlicher Sozialstrukturen nicht mehr als State of the Art […]." (Waldschmidt 2014: 180).

als irrelevant erachtet werden und das jeweils den Verlauf von Handlungen prägt.[25] Ähnlichkeiten zwischen oder das gemeinsame Agieren der unterschiedlichen Kör per der Interaktionsteilnehmer wird in den Hintergrund gedrängt (vgl. Titchkosky 2000: 206ff.).

Den Konstruktionscharakter von Behinderung verorte ich im Alltag und den Erfahrungen verkörperter Akteure, ihrer Sinne und ihrem Equipment, ihrer Medien und Techniken, ihrem praktischen Umgang mit und ihrem Umgehen von Differenzen. Es wird gezeigt, wie all dies zusammenspielt, um intersubjektives Verstehen, Miteinander-Handeln und die Erledigung praktischer Aufgaben zu vollziehen. Nicht die *diskursive* Produktion von normalen und nicht-normalen Körpern, sondern die Rolle des Körpers für alltägliche Praktiken und den Gebrauch von Medientechnik bildet den Gegenstand meiner Forschung. Interaktionen (bzw. Praktiken) als eigenmächtige Sphäre und Realität sind dafür der Ausgangspunkt. Eine praxeologische Perspektive ermöglicht, nicht diskursiv verfasste Normalisierungspraktiken, sondern Praktiken der Normalisierung unter der Beteiligung von Körpern, Medien und Technik zu rekonstruieren. Damit steht nicht im Vordergrund, wie in Medien über Behinderung geschrieben wird, sondern wie Behinderung im Gebrauch von Medien und Technik entsteht.

---

25 Eine Einsicht, die in der Ethnomethodologie zur Grundlage gehört: „[V]arious differences are suspended in the practical conduct of action and interaction" (Heritage 1984: 70). Vgl. zum „Undoing Differences" Hirschauer 2014a.

4 Theoretische Perspektivierung der Thematik

Zur Bearbeitung der Fragestellung und der im Forschungsstand diagnostizierten Lücken werde ich verschiedene soziologische Perspektiven in einen Dialog bringen. Ziel ist es im Folgenden, sozialtheoretische Grundlagen zum Verständnis von technisch und körperlich vollzogenen Kommunikationspraktiken von Menschen mit Behinderungserfahrungen zu entwickeln. Aus dem umfangreichen Angebot soziologischer Theorien, die sich dem Themenkomplex Körper, Medientechnik und Sozialität widmen, wurden solche ausgewählt, die in einem praxistheoretischen Rahmen, welcher im ersten Kapitel entwickelt wird, untergebracht werden können. In diesem geht es um das grundlegende Verständnis des Gegenstands der Arbeit im Sinne der Praxistheorie: *doing dis/ability* wird über die Analyse des Zusammenspiels von Körper und Technik rekonstruiert. Die drei Dimensionen – Körper, Medientechnik, soziale Ordnung – bilden im Weiteren die Gliederungspunkte für die Darstellung der theoretischen Grundlagen der Arbeit. Es wird gezeigt, auf welche Art und Weise sie für das Verständnis sozialer Praktiken relevant sind.

Vorab eine kurze Anmerkung zum Gebrauch der Theorie und dem praxistheoretischen Verständnis einer begriffsarmen Heuristik (vgl. Kap. 5.1.2 für eine vertiefte Darstellung und entsprechende Literaturverweise). Die erkenntnistheoretische Grundposition der Praxistheorien besagt, dass empirische Forschung mit wenigen Großbegriffen, ohne starre Definitionen und Gegenstandsbestimmungen oder einem überbordenden Theorieapparat vorgehen soll. Stattdessen soll mit einer offenen Heuristik geforscht und interpretiert werden, die es den sozialen Praktiken ermöglicht, sich im Zuge ihrer wissenschaftlichen Erforschung zu entfalten. Zentrale Aspekte zum Verständnis von sozialen sollen ‚in' den Praktiken gefunden und nicht vor der Forschung durch praxisferne Definitions- und Bestimmungsarbeit festgelegt. Die folgende Präsentation mehrere theoretischer Bezüge und soziologischer Subdisziplinen erweckt u.U. einen dieser Grundhaltung widersprechenden Eindruck. Dem ist entgegen zu halten, dass diese Arbeit mit einer bestimmten Perspektive operiert, die theoretisch breit informiert ist, aber keine Vorentscheidungen zu ihrem Gegenstand trifft. Dies ist gewährleistet durch die Nutzung grundlegend praxistheoretischer Perspektiven, also solcher, die im Kreis der Praxistheorien aufgrund ihrer erkenntnistheoretischen Grundhaltung verortet werden können. Die erste Funktion der Darstellung theoretischer Ansätze ist also zu zeigen, dass sie alle nützlich sind für eine praxistheoretische Analyse und in einen solchen Rahmen passen. Die zweite Funktion der theoretischen Bezüge ist das sie als Sehhilfe für die empirische Forschung genutzt werden können. Sie sollen nicht die Offenheit für das empirische Material einschränken oder gar verunmöglichen. Sie stellen aber für die Interpretationsarbeit geeignete heuristische Begriffe und Perspektiven bereit. Sie

A. Wagenknecht, *Mit einem Talker sprechen*, Beiträge zur Praxeologie / Contributions to Praxeology,
https://doi.org/10.1007/978-3-476-05510-1_4

sensibilisieren für bestimmte Aspekte des empirischen Materials, die sie hervorheben und aufeinander beziehbar machen.[26] Sie gewährleisten, dass die Deutungen des empirischen Materials in abstrahierender und theoretisierender Weise geschieht, zugleich in einem (praxistheoretischen) Rahmen integrierbar und aufeinander beziehbar und, zuletzt, anschlussfähig an theoretische Diskussionen sind. Angewandt auf empirische Problemstellungen und entsprechendes Material, werden die Perspektiven trianguliert und auf diese Weise genutzt, um Phänomene zu erklären.[27] Die Beibehaltung *einer* bestimmten, eben praxistheoretischen, aber zugleich vielfältigen Perspektive im Zuge der Analyse heterogener Datenmaterialien wird dadurch sichergestellt.[28]

4.1 Doing dis/ability

In diesem Kapitel werden Praktiken[29] als grundlegende Perspektive auf den Gegenstand Behinderung bzw. das Leben, den Alltag und Erfahrungen mit einer Behinderung vorgestellt. Die Frage ‚Wie stellt sich das Phänomen Behinderung in einer praxistheoretischen Perspektive dar?' soll beantwortet werden. Es wird gezeigt, was der Fokus auf Praktiken am Phänomen ‚Behinderung' wie zu erfassen erlaubt und hervorhebt. Dafür wird das praxistheoretische Verständnis des Sozialen als *doing*[30]

---

26 Sie fungieren damit als sensibilisierende Konzepte im Sinne Herbert Blumers: „Whereas definitive concepts provide prescriptions of what to see, sensitizing concepts merely suggest directions along which to look" (Blumer 1954: 7).

27 Auf die ausführliche Darstellung theoretischer Grundlagen wird entsprechend in den Unterkapiteln des Kap. 6 verzichtet. Sie werden dort in verkürzter Weise für die Analyse herangezogen.

28 Anders als die vorliegende Darstellung dieser Arbeit es nahelegt, standen ihre theoretischen Säulen nicht vorab der empirischen Feldforschung und Analyse fest. Manche Theorien lagen zu Beginn der Forschung bereits als Perspektive auf das Thema näher, wie die Technik- und Mediensoziologie, wobei nicht alle unterschiedlichen Positionen zu Beginn gleichgewichtet mitgedacht und angewendet wurden (z.B. wurde die Postphänomenologie erst im Verlauf der Feldforschung und Interpretation als Ergänzung zur zu Beginn der Arbeit bereits festgelegten Position der Akteur-Netzwerk-Theorie hinzugezogen). Weiterhin bestand zu Beginn der Arbeit die lose Vermutung bzw. berechtigte Annahme, dass körpersoziologische Ansätze relevant und hilfreich sein dürften für das Verständnis der Lebenswelt von Menschen mit körperlichen Behinderungen. Welche Positionen genau, war allerdings nicht geklärt, z.B. war nicht klar, dass Zwischenleiblichkeit und die Bedeutung der Sinne im Laufe der empirischen Forschung für das Verständnis technisch unterstützter Kommunikation an Bedeutung gewinnen würden. Zuletzt wurden Ethnomethodologie und die ethnomethodologische Konversationsanalyse als letzte Theoriesäulen im späteren Verlauf der Arbeit hinzugezogen als die Analyse empirischer Materialen an ihre Grenzen kam und ein anderes Verständnis der Interviews (vgl. Kap. 5.2.1) und von Kommunikation insgesamt notwendig wurden.

29 Die in diesem Kapitel referierten praxistheoretischen Positionen werden nicht in ihrer Unterschiedlichkeit dargestellt. Es geht nicht um eine systematische Auseinandersetzung mit der Vielzahl an heterogenen und sich voneinander abgrenzenden praxistheoretischen Autor*innen. Vielmehr sollen übergreifende und geteilte Vorstellungen und Konzeptionen zur praktischen Konstruktion sozialer Wirklichkeit beschrieben werden. Ziel ist es, einen theoretischen Rahmen zu entwickeln, wofür auf eine differenzierte Darstellung von Unterschieden an dieser Stelle verzichtet wird.

30 In Bezug auf die disziplinäre Verortung des Konzeptes *doing dis/ability* ist Folgendes anzumerken: es ist selbstverständlich Bestandteil des Disability Studies Diskurses und keine reine Erfindung

beschrieben. Darauf aufbauend ergeben sich Besonderheiten für die Beantwortung der Fragen: Wie entsteht soziale Ordnung und wie vollzieht sich der Alltag mit einer Behinderung?

Reimer Gronemeyer argumentiert, dass es von Belang ist, aus welcher Perspektive die „facettenreiche Sammelkategorie" (Gronemeyer 2014: 150) Behinderung untersucht wird. Neben Praktiken nennt Gronemeyer Diskurse, Institutionen, und Erfahrungen als mögliche Analyseebenen. Allen Zugangsweisen gemeinsam ist, dass sie den Konstruktions- und Herstellungscharakter von Behinderungen hervorheben und sie weder als ein individuelles Schicksal oder noch eine soziale Tatsache verstehen. Mein Forschungsinteresse nimmt seinen Ausgang von Alltagspraktiken von Menschen mit Behinderungserfahrungen. Für die Akteure Bedeutsames, was sie tagtäglich betrifft, findet sich im Alltag und Praktiken stellen den Dreh- und Angelpunkt des Alltags dar (vgl. Hörning 2001). Im Alltag wird Kommunikation praktiziert, Technik und Medien werden praktisch gebraucht und der Körper, seine Besonderheiten, Möglichkeiten und Einschränkungen werden praktisch erfahren.

Ausgangspunkt eines praxistheoretischen Vorgehens sind nach Gronemeyer „Praktiken, in denen die Kategorie Behinderung erkannt, identifiziert, interpretiert und in der Situation und im Handeln auf sie Bezug genommen wird" (Gronemeyer 2014: 155). Abstrakter formuliert meint dies, dass Praktiken dem Phänomen oder dem Sachverhalt ‚Behinderung' analytisch vorgeordnet werden (vgl. Schüttpelz/Meyer 2017): Letzteres entsteht in Ersterem. Durch diese Herangehensweise werden, erstens, Akte des Hervorbringens gegenüber fertigen Tatsachen priorisiert. Behinderung ist keine Tatsache oder feststehende Eigenschaft: Sie wird praktiziert. Zweitens wird die Frage nach der Handlungsträgerschaft, also wer oder was trägt zum Vollzug von sozialen Praktiken bei, aufgeworfen. Handlungsträgerschaft ist auf eine Vielzahl an Elementen der Praxis verteilt und die zu Akten des Hervorbringens beitragenden Elemente sind heterogen und variabel. Praxistheoretisch forschen bedeutet also einerseits, eine Behinderung in ihren Herstellungs-, Hervorbringungs- und Konstruktionsprozessen zu analysieren, dies an konkreten Praktiken nachzuweisen und nicht an Personen oder Eigenschaften festzumachen, und anderseits nach den relevanten Elementen oder Akteuren der Praktiken zu suchen und die Art und Weise, wie sie zum Vollzug einer Praktik beitragen, zu beschreiben.

Im praxistheoretischen Paradigma wird davon ausgegangen, dass soziale Ordnung in Praktiken hervorgebracht bzw. hergestellt wird. Soziale Ordnung ist keine natürliche und unveränderliche Tatsache. Sie ist auch kein rein kognitives oder moralisches Problem. Der alleinige Verweis auf Regelmäßigkeiten menschlichen Handelns oder feststehende Strukturen reicht ebenfalls nicht aus, um soziale Ordnung zu erklären. Soziale Ordnung entsteht im und durch den Vollzug sozialer Praktiken. Soziale Ordnung wird im *situativen* Vollzug von Praktiken erzeugt, stabilisiert, reproduziert, verändert und institutionalisiert sich u.U. zu *dauerhaften* Praxisformati-

---

der Soziologie. Auch sollen meine soziologischen Ausführungen nicht als Gegenentwurf zu den nicht-soziologischen Disability Studies verstanden werden. Beide, Disability Studies und Praxistheorien, haben ihre disziplinäre Heimat in den Kultur- und Sozialwissenschaften. Vielmehr geht es stattdessen um eine Vertiefung der Idee des *doing dis/ability*, welche durch das Heranziehen der soziologischen Praxistheorien m.E. an konzeptioneller Tiefe gewinnt.

onen und Formen regelmäßigen Verhaltens. Genauer gesagt besteht soziale Ordnung aufgrund der beteiligten Entitäten und deren unterschiedlichen Beiträgen zur praktischen Ordnungsherstellung. Elemente werden jeweils auf typische Weise für eine bestimmte Praxis arrangiert und tragen so zur Aufrechterhaltung eines geordneten Vollzugs der Praxis bei. Wie Elemente verbunden sind, bestimmt den Vollzug einer Praxis und die Struktur, Stabilität und Regularität eines sozialen Phänomens (vgl. Schatzki 2002: 1–25, 89–104; Hillebrandt 2010, 2014). Mit Elementen sind in der Praxistheorie insbesondere Körper und technische Dinge gemeint: „[S]oziale Ordnungen [werden] im praktischen Zusammenspiel von Körpern, Dingen und Artefakten erzeugt, aufrechterhalten und verändert“ (Alkemeyer/Buschmann 2016: 116). Ähnlich auch Theodore Schatzki: Es sind „the arrangements of people, artifacts, organisms, and things“ (Schatzki 2002: 22; vgl. ebd.: 18–22), durch die das soziale Leben sich praktisch vollzieht. Es geht also um eine bestimmte Anordnung von Praxiselementen, die im praktischen Vollzug ihrer arrangierten Form soziale Ordnung und Sozialität, Interaktionen und Kommunikation ermöglichen.

Zum Verständnis der praktischen Hervorbringung sozialer Ordnung bedarf es einiger weiterer Charakterisierungen, auf die ich im Laufe der Arbeit verschiedentlich eingehe.

- Erstens sind Praktiken als ein „collective accomplishment“ (Barnes 2001; vgl. ebenso Schüttpelz/Meyer 2017: 161; Hörning 2001: 162f.)[31] zu verstehen. Ein Kollektiv aus Akteuren (inkl. technischen und medialen Objekten) verfertigt den Vollzug der Praxis. Nicht isolierte Einzelhandlungen von Personen, deren Intentionen oder übereinstimmenden Erwartungen bilden die Grundlage für die Erklärung von Sozialität. Sie wird demgegenüber im Vollzug von Praktiken durch eine Vielzahl verbundener und wechselseitig aufeinander bezugnehmender Praxisteilnehmer*innen verortet. Um Themen, wie Assistenz, Kooperation und Selbstbestimmung zu bearbeiten, wird dem Aspekt des kollektiven, unter eine Vielzahl an Akteuren und Elementen verteilten Agierens in der gesamten Arbeit besondere Aufmerksamkeit geschenkt.
- Zweitens wird die Fähigkeit, Praktiken vollziehen zu können, erlernt. Auf bestimmte Art und Weise wird die Teilhabe an und das Mitmachen in Praktiken eingeübt und diese Einübung ist selbst ein praktisches Geschehen. Diesem Thema ist ein eigenständiges empirisches Kapitel (6.4) gewidmet.
- Das praktische Geschehen vollzieht sich – drittens – in einem „temporally unfolding and spatially dispersed nexus of doings and sayings“ (Schatzki 1996: 88). Die wechselseitige Orientierung und das Miteinander-Agieren der Akteure findet innerhalb eines (sozialen) Raumes statt und indem körperliche Bewegungen (*doings*) und sprachliche Artikulationen (*sayings*)

31 Barnes bezieht kritisch Position gegen die Annahme, dass das soziale Leben aus der „simple summation of practices at the individual level“ (Barnes 2001: 31) bestünde. Er argumentiert am Beispiel des Formationsreiten für die Bedeutung der wechselseitigen Orientierung der Akteure: „Human beings can ride in formation, not because they are independent individuals who possess the same habits, but because they are interdependent social agents, linked by a profound mutual susceptibility, who constantly modify their habituated individual responses as they interact with others, in order to sustain a shared practice“ (ebd.: 32).

zeitlich aufeinander abgestimmt werden. Die Räumlichkeit sozialer Praktiken spielt in dieser Arbeit keine Rolle. Auf die Zeitlichkeit sozialer Praktiken und ihre Ablaufstruktur in sequenziell geordneten Prozessen, gehe ich in den folgenden Absätzen ein. Dieser Aspekt wird insbesondere im Methodenkapitel (Kap. 5) wieder aufgegriffen.

- Viertens werden Praktiken öffentlich performt bzw. aufgeführt (vgl. Schmidt/Volbers 2011): „Praktiken [...] sind in ihrer Situiertheit vollständig öffentlich und beobachtbar“ (Hirschauer 2004: 73). Das ist ebenfalls in methodischer Hinsicht relevant und wird in Kapitel 5 vertieft.

Bevor ich zur Frage nach den Elementen der Praxis komme, gehe ich darauf ein, dass in der Praxistheorie das Soziale als Prozess verstanden wird. Praxistheorien setzen bei der Beschreibung sozialer Ordnung derart an, dass diese durch sukzessiv geordnete Abläufe und die prozessual geordnete Verkettung von Handlungsschritten und Aktivitäten, die sich erkenn- und nachweisbar aufeinander beziehen, hervorgebracht wird. Nacheinander folgende und aufeinander bezogene Operationsschritte einer Praxis produzieren soziale Ordnung und Wirklichkeit (vgl. Schüttpelz 2008; Schüttpelz/Meyer 2017: 158; Bongaerts 2017). Die Aufeinanderfolge von Schlagbewegungen und Ausweichmanövern macht z.B. Praktiken des Boxens aus. Oder wie Karl eine Reisebroschüre liest (siehe Kap. 1): Broschüre in die Hand nehmen, sie aufschlagen und auf die Glasplatte legen, Licht des Lesegerätes anschalten, u.U. Zimmerlicht ausschalten, den Monitor justieren, mit den Fußpedalen den zu vergrößernden Ausschnitt einstellen, Lesen des Ausschnittes, die Linse weiter nach rechts schieben, nächsten Ausschnitt lesen usw. Und auch der Gebrauch des Sprachcomputers sowie seine Wirksamkeit innerhalb kommunikativer Zusammenhänge hängt von der Bewältigung einer Vielzahl an Operationsschritten und deren Verkettung ab. Die praxistheoretische Rekonstruktion verdeutlicht die komplexe Verkettung der zu leistenden Operationsschritte, die nötig ist, um eine Unterkunft für den Urlaub zu finden. Der Vollzug der Praxis setzt die körperlichen Aktivitäten und gegenständlichen Beiträge in ein zeitliches Nacheinander, eine Abfolge, und ermöglicht so den geordneten Vollzug der Lesepraxis.

Diese dynamische Perspektive auf Ordnungsbildung hat zwei weitere Aspekte zur Folge. Aufgrund ihrer Prozessualität sind Praktiken, *erstens*, in ihrem Vollzug strukturell offen. In den Vollzugsprozess von Praktiken kann sich immer auch eine Unterbrechung, eine Veränderung oder ‚Abzweigung‘ vom normalen Ablauf einschleichen. Die praktische Vollzugswirklichkeit bewegt sich *zwischen* Routinen und deren Brüchen, zwischen Erwartbarem und Veränderungen, zwischen Stabilität und Instabilität (vgl. Schäfer 2013). Der praxistheoretische Blick auf soziale Ordnung und Phänomene schließt Momente der Innovation, Unordnung, Irreguläres und Krisen nicht aus (vgl. Garfinkel 1967; Meyer 2016; Bröckling et al. 2015; Schäfer 2013; Schubert 2017). Welches praktische Wissen, welche kulturellen Symbole, Dinge und körperliche oder sprachliche Aktivitäten dazu beitragen, Praktiken in regulärer, wiederholter oder irregulärer, andersartiger Weise zu vollziehen, einer Praxis zu ihrer Stabilisierung und Verfestigung verhelfen oder nicht, oder Interaktionsprobleme und -krisen erzeugen, ist Gegenstand empirischer Analysen.

Zweitens hängt damit zusammen, dass für soziale Praktiken die Notwendigkeit ihrer dauerhaften Aufrechterhaltung wie „beständigen Hervorbringung“ (Schäfer

2016: 12; vgl. Schäfer 2013; Moser 2005: 689) besteht. Andreas Reckwitz argumentiert, dass dadurch, dass die Praxistheorie „die Offenheit und Unberechenbarkeit der sozialen Praxis“ (Reckwitz 2003: 297) hervorhebt, die Wandelbarkeit und Kontingenz sozialer Tatsachen betont wird. Praktiken sind fragile Gebilde, dass was in ihnen praktiziert wird, wird immer wieder von Neuem und situativ durch die beteiligten Akteure erzeugt. Praxistheorien unternehmen also den Versuch, soziale Ordnung und Phänomene, wie z.B. eine Behinderung oder Kommunikation, „als stets prekäre Verfestigungen zu begreifen und die differenten Modi dieser Verfestigungen anhand konkreter Mechanismen der Stabilisierung des Sozialen zu analysieren“ (Schäfer 2013: 51). In einer praxistheoretischen Perspektive sind eine Behinderung keine unveränderliche Tatsache und der erfolgreiche Vollzug zwischenmenschlicher Kommunikation nicht dauerhaft garantiert. *Doing dis/ability* bedeutet, davon auszugehen, dass ein „je situatives Behindert-Werden“ (Trescher 2018: 38) die Regel ist und das Ziel der analytischen Rekonstruktion besteht darin, „die variablen Bedingungen des Vollzugs der Praxis situationsanalytisch zu identifizieren“ (Hillebrandt 2014: 11). Die Ablehnung eines Verständnisses von Behinderung als festgelegte Eigenschaft eines Subjekts wird auf diese Weise in der Theoriearchitektur ebenso berücksichtigt, wie das ein technisches Gerät je nach Situation und Gebrauchsweise zu einer Behinderung beiträgt oder auch nicht.

Es ist ein besonderer Verdienst der Praxistheorien, den Gegenstandsbereich soziologischer Forschung erweitert zu haben: Anstatt von Regeln, Normen, Erwartungen oder festen Strukturen auszugehen, sind es die in Praktiken und deren Vollzug verstrickten Elemente, welche soziale Ordnung herstellen. Grundlegend können dies sprachliche Zeichen, Symbole, Medien, technische Gegenstände, Körper, Infrastrukturen, Zeitlogiken und Raumverhältnisse sein (vgl. Hillebrandt 2014; Reckwitz 2003; Hörning 2001; Schmidt 2012). All dies kann einen unterschiedlichen Anteil an sozialer Ordnung, wie sie in Praktiken hergestellt, stabilisiert und verändert wird, haben und entsprechend rekonstruiert werden.

Diese Arbeit unternimmt den Versuch, die geordnete Herstellung einer Praxis anhand der beteiligten *materiellen* Entitäten zu rekonstruieren. In der Praxistheorie wird soziale Ordnung mit der „materielle[n] Vollzugswirklichkeit“ (Hillebrandt 2015: 27f.) erklärt, die sich aus Körpern und Dingen und deren unterschiedlichen Beiträgen zu Praxis speist. Die „involvierten Körper“ und die „dinglichen Komponenten der Praxis“ (Hillebrandt 2010: 295) in das Zentrum empirischer, soziologischer Forschung zu stellen, macht den innovativen Beitrag der Praxistheorien aus und beruht auf der Grundannahme, dass der praktische Alltag „mit Gegenständen und Körpern vollgestellt [ist]. Dies ist in Wirtschaftsunternehmen, in Bildungseinrichtungen oder medizinischen Versorgungszentren nicht anders als in Freizeit- und Ferienstätten, im öffentlichen Straßenverkehr oder im privaten Haushalt“ (Reuter/Lengersdorf 2016: 376). In sozialen Praktiken findet ein (mehr oder weniger) kompetenter Umgang mit Körpern und technologischen Objekten statt. Körper und Technologien werden verschaltet, in Wechselbeziehung zueinander arrangiert, sie interagieren miteinander und wirken zusammen oder entgegen. Das Zusammenspiel von Körpern und technischen Dingen erzeugt die besondere Vollzugsform einer Praxis. Andersherum bedarf die Stabilisierung sozialer Zusammenhänge der körperlichen Habitualisierung ebenso wie der Technisierung. Entsprechend lautet die empirische Frage, wie Körper und technologische Objekte im Zusammenspiel zu sozialen Praktiken beitragen und an der Herstellung sozialer Ordnung teilhaben.

Beide Praxiselemente sind relevant für die Analysen dieser Arbeit. Es wird gezeigt, wie sie sich praktisch und konkret aufeinander beziehen, wie sie „Körper-Ding-Assoziationen" (Hillebrandt 2015: 31) bilden.[32] Hanna Göbel verdeutlicht diesen Analysefokus am Beispiel des Autofahrens und dem dafür konstitutiven Zusammenwirken von Körper und Technik:

> „[J]ede Praktik, beispielsweise das Autofahren, gestaltet für ihre Ausführung ein spezifisches, körperlich-materielles Verhältnis. Körper etwa werden zu Auto-Fahrern, indem sie wissen, wie sie sich auf die technische Fabrikation der stählernen, räumlich umfassenden Gestalt einlassen können und ebenso in der Lage sind, sich auf die technischen Bedienelemente einzustellen. Gleichsam hat sich das Auto an der Körperlichkeit und dem Fahrvermögen des Fahrers auszurichten. Der Fahrersitz etwa muss das individuelle Körpergewicht, das sich in ihn drückt, aushalten können, genauso wie die computergesteuerte Technik darauf ausgerichtet sein muss, dass sie auf die mehr oder weniger ausgeprägten Fertigkeiten des Fahrers, die Schaltanlage des Autos zu bedienen, reagieren kann." (Göbel 2017: 30)

Durch Verbindung und Interaktion zwischen beiden Elementen vollzieht sich die Fahr-Praxis. Der Körper muss die Dinge wahrnehmen, sie berühren, mit ihnen hantieren. Die Dinge müssen in körperliches Handeln eingreifen, es rahmen, steuern und provozieren (vgl. Hillebrandt 2015: 28). Handlungsmacht muss körperlich an Dinge delegiert werden, sie müssen relevant für den Vollzug der Praxis gemacht werden und eine Wirkung erzeugen. Andersherum sind technologische Objekte nur relevant, indem sie sich auf den Körper beziehen. Der Zusammenhang von Körper und Technik ist dabei kein intrinsischer Selbstläufer oder eine alltägliche Selbstverständlichkeit, sondern beruht auf komplexem praktischem Wissen der Praxisteilnehmer*innen.

Die Beschreibung einer sozialen Praxis konzentriert sich auf das Zusammenwirken von Körpern und Dingen. Anhand der Beschreibung von *Körper-Ding-Konstellationen* gelingt es, zu verstehen, wie in Praktiken Körper und Technik aufeinander Bezug nehmen, miteinander assoziiert, aufeinander abgestimmt und vernetzt, zusammengesetzt oder separiert, positioniert oder bewegt werden, wie Handlungspotenziale zwischen ihnen ausgetauscht und vermittelt werden und dadurch soziale Praktiken sich vollziehen. Theoretische Vorüberlegungen aus der Körper- und Techniksoziologie führe ich in den nächsten Kapiteln aus. Beide soziologischen Teildisziplinen zu verknüpfen, bildet die Voraussetzung für das Verständnis von Körper-Ding-Konstellationen und weitergehend von sozialen Praktiken (vgl. Pels/Hetherington/Vandeberghe 2002; Rammert/Schubert 2017, 2019; Schubert/Müller 2019; Schindler 2016b).

32 Anstatt eines Nexus von ‚doings' und ‚sayings', so Schatzkis populäre Formulierung (1996, 2002), geht es in dieser Arbeit genauer um die Beschreibung eines „Nexus von Körper und Dingen" (Hirschauer 2016: 52). Dass nicht nur Dinge und Körper an sich, sondern deren Aktivitäten bedeutsam sind, ist ein Aspekt, den Hirschauer hervorhebt und der sich in Schatzkis Terminologie finden lässt, vgl. Hirschauer 2016, Schatzki 2002, Passoth 2011: 271f.

Entsprechend sind in dem ‚Modell'[33] in Abb. 1, die eine Übersicht über die theoretischen Bezugnahmen liefert, die Verbindung zwischen Körper und Technik sowie die Verknüpfung dieser Verbindung mit sozialen Praktiken mit weißen Pfeilen dargestellt. Das soll verdeutlichen, dass die Verknüpfungen von Körper und Technik für die Konstitution von sozialen Praktiken ausschlaggebend sind, und in einem zweiten Schritt (dargestellt als schwarze Pfeile) die Rekonstruktion des *doing dis/ability* hinzukommt.

Im Mittelpunkt der Rekonstruktion von Praktiken des *doing dis/ability* stehen soziale Praktiken. Diese sind der Ausgangspunkt der Analyse (und zentraler Gegenstand dieser Arbeit). Soziale Praktiken vollziehen sich situativ, entlang einer bestimmten Ordnung und unter der Verwendung von (u.a.) Körpern und Dingen. Zugleich erzeugen soziale Praktiken damit eine bestimmte soziale Ordnung und nehmen auf eine bestimmte Weise Körper und Medientechnik in Anspruch. In sozialen Praktiken handelt der Körper mit, so offensichtlich wie unbemerkt, oft routiniert, manchmal störend. Die Körperlichkeit von Akteuren bestimmt, wie sie an sozialen Praktiken und damit an der sozialen Ordnung partizipieren und diese gestalten – und *vice versa*. Ein praxistheoretische Medien- und Technikanalyse rückt diesen Zusammenhang in das Zentrum von empirischen Analysen des alltäglichen Gebrauchs von Medien und Technik.

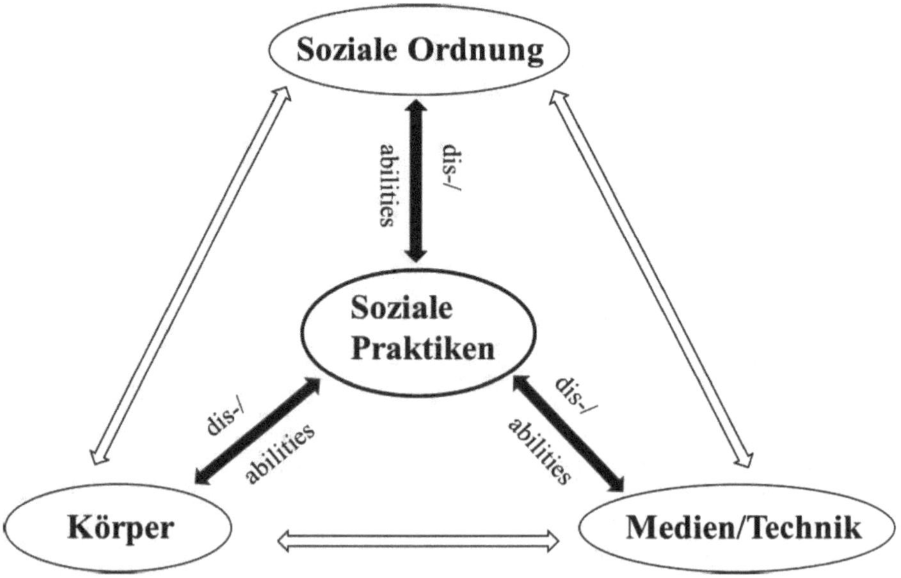

Abb.1 Elemente des *doing dis/ability* (Eigene Darstellung)

33 Das präsentierte ‚Modell' vertieft die bisher dargestellten Annahme und Perspektivierung des Gegenstandes der Arbeit. Es dient im Laufe der Arbeit nicht als starres Erklärungsmodell. Vielmehr werden verschiedene Zusammenhänge zwischen den Bestandteilen je nach Thematik in den Mittelpunkt gerückt und als Hilfsmittel zu Beschreibung sozialer Situationen und der Interpretation von empirischem Material genutzt.

Die Körperlichkeit der Praxis und der Gebrauch technischer wie medialer Objekte wird in dieser Arbeit im Sinne von praktischen Fähigkeiten erfasst, die den Vollzug einer Praxis durch Akteure ermöglichen. Der Schritt von Fähigkeiten hin zu *dis/abilities*[34] ist dann nicht mehr weit: Soziale Praktiken setzen bestimmte körperliche Fähigkeiten voraus und ‚produzieren' so ihr Gegenteil: Körper, die unfähig sind, eine Praktik zu vollziehen und an ihr teilzunehmen. Auch der Gebrauch von Medien und Technik erfordert eine kompetente Handhabe von Geräten und Objekten, d.h. bestimmte technische Fähigkeiten. Verfügt man über diese, so können technisierte Praktiken vollzogen und es kann an diesen teilgenommen werden. Akteure, die bestimmte Technologien nicht bedienen können, werden ‚behindert'. Normalitätsvorstellungen beziehen sich auch auf die Vollzugsstruktur einer Praxis insgesamt und deren ‚ordentliche' Funktionsweise. Auch hier gilt, dass das Ausführen einer Praxis entlang bestimmter, oft selbstverständlicher und in Routinen sedimentierter Vorstellungen von sozialer Ordnung entsprechende Fähigkeiten von den Akteuren verlangt, wie andersherum auch gilt, dass ‚unfähige' Akteure entstehen können, die mit ihren Fähigkeiten, Verhaltensweisen und Aktivitäten geben eine bestehende Praxisordnung verstoßen. Allein die Form bestimmter Praktiken macht es für manche Menschen zu einer Herausforderung, an diesen teilzunehmen oder sie werden von diesen ausgeschlossen.[35]

Im restlichen Verlauf des Kapitels wende ich mich dem zweiten Teil von *doing dis/ability* stärker zu. Das Leben mit Behinderungserfahrungen vollzieht sich innerhalb sozialer Praktiken. Behinderung verstehe ich nicht als vorausgesetzte Eigenschaft eines natürlich beschaffenen Körpers oder eines isolierten Individuums und auch nicht als festgeschriebenen, ‚in Stein gemeißelten' Zustand. Der Begriff der Behinderung beschreibt „something a person becomes" (Moser 2005: 668), etwas, das praktisch hergestellt wird. Was eine ‚Behinderung' ist, entsteht durch alltägliche wie situative Herstellungsleistungen, ist in sozialen Zusammenhängen eingebettetse und wird z.B. an bestimmten Körperlichkeiten festgemacht (vgl. Bendel 1999: 303; Rösner 2014: 136). Praktiken des *doing dis/ability* zu rekonstruieren, meint also,

34 An dieser Stelle möchte ich eine kurze Anmerkung zur Schreibweise *dis/abilty* und zur Thematik des Ableism einfügen. Letzteres bezieht sich auf die Konstruktion von normalen und nicht-normalen Fähigkeiten innerhalb einer Gesellschaft oder Kultur und der Orientierung an Fähigkeiten im Zuge sozialer Kategorisierung von Menschen als ‚behindert'. Sarah Karim und Anne Waldschmidt dazu: „die Kategorisierung von Personen als ‚behindert' (disabled) ist mit der Zuschreibung von fehlender oder ‚verminderter' (Leistungs-)Fähigkeit eng verbunden" (Karim/Waldschmidt 2019: 270). Die Differenzkategorie *dis/ability* hängt mit der Ableism-Diskussion zusammen, welche hier aber nicht in ihrer Umfänglichkeit rezipiert und diskutiert wird. *Doing dis/ability* umfasst nun beides, Fähigkeiten und Unfähigkeiten (hervorgehoben durch den Querstrich), sie ist damit offen für beide Aspekte und verfolgt keine strikte Orientierung an dem einen oder dem anderen. Sie ist aufgrund der praxistheoretischen Fundierung zudem dahingehend offen, wie diese Un-/Fähigkeiten zustanden kommen. Un-/Fähigkeiten werden in dieser Arbeit nicht an Menschen, sondern an die Beschaffenheit und Gestalt von sozialen Praktiken und deren Inanspruchnahme von Körpern und Dingen. Die „Mehrdimensionalität und Kontingenz" (ebd: 273) von Fähigkeitskonstruktionen wird in einer praxistheoretischen Perspektive also mitgedacht.

35 Instruktiv hierfür sind Bezahl-Praktiken von Menschen mit Sehbehinderung, vgl. Schillmeier 2007b.

den Fokus auf die Relation von Praxiselementen und die daraus resultierenden Vollzugsgestalten sozialer Praktiken zu legen. Eine Behinderung entsteht „inmitten der Dinge“ (Wieser 2004) und in verkörperten Praktiken. Im Arrangement von Körpern und Technik[36] liegen die dynamischen, variablen wie prägenden Bedingungen für die Lebenspraxis von Menschen mit Behinderungen. Wie der Zusammenhang von Körpern und technischen Dingen praktisch vollzogen wird, bestimmt wann, wo und wie Behinderungen entstehen. Körper und Technik „enable and constrain one another“ (Schatzki 2002: 98) in der Art und Weise, wie eine Praktik organisiert ist und vollzogen wird. Eine Eigenschaft von technischen Artefakten ist, dass sie körperliches Agieren ermöglichen, erschweren oder einschränken; und andersherum setzen bestimmte Körperlichkeiten dem Gebrauch von Dingen Grenzen oder machen ihn wiederum ebenso möglich. Die für den Vollzug sozialer Praktiken beanspruchten körperlichen Fähigkeiten und Handhabungsweisen technischer Dinge bilden Teilnahmebedingungen und Exklusionsursachen für eine Praktik. Dass Körper und Techniken „bestimmte Tätigkeiten ermöglichen und andere unterbinden“ (Prinz 2014: 33), dass sie Handlungsmöglichkeiten eröffnen und begrenzen und auf diese Weise Lebensweisen bestimmen, ist ein zentraler Aspekt für die Analyse von Praktiken des *doing dis/ability*. Um das alltägliche Leben mit einer Behinderung zu beschreiben, wird gezeigt, wie Körper und Technik der Menschen mit Behinderungen in Anspruch genommen und praktisch gebraucht werden und wie sie miteinander interagieren. Die spezifische Assoziation von Praxiselementen bedingt die praktische Realisierung, das ‚Wirklich-Werden‘ und ‚Gestalt-Annehmen‘ des sozialen Phänomens Behinderung und das alltägliche Leben mit Behinderungserfahrungen.

Den Alltag mit einer Behinderung verstehe ich weiterhin nicht nur als *practical, collective,* sondern auch als *ongoing accomplishment*. Die eindeutige Zugehörigkeit zu einer eindeutigen Kategorie wird aufbauend auf dieser praxistheoretischen Idee verflüssigt und vervielfältigt. Das bedeutet einerseits, dass eine Person nie vollständig, „all the time“ (Moser 2006: 549) und immer auf die gleiche Art und Weise behindert, sondern auf unterschiedliche Weisen in Praktiken involviert ist und mal mehr, mal weniger mit Behinderungen konfrontiert wird. Menschen mit Behinderungserfahrungen sind außerdem ‚Experten und Meister ihres Alltags‘ (vgl. Hörning 2001), sie sind kompetent in der Abwicklung alltäglicher Angelegenheiten und verfügen über komplexe wie vielfältige Fähigkeiten. Weiterhin soll für die Offenheit und eine Vielzahl an Formen sozialer Ordnungen, in der die Herstellung von Behinderungen stattfindet, argumentiert werden: „[T]here is not one but several modes of ordering disability“ (Moser 2005: 668). Wie Behinderungen praktisch erzeugt werden, ist vielfältig. Mehr als ein kohärenter Diskurs oder eine kausal wirkende Sozialstruktur machen eine Behinderung aus. Dynamische und kontingente Assoziationen von heterogenen Praxiselementen generieren multiple Existenzweisen von Behinderungen (vgl. Moser 2005, 2006). Niklas Schulz beschreibt (am Beispiel von Sehbehinderungen), dass das feste Merkmal Behinderung der wandelba-

36 In der Regel stehen körperliche und technische Fähigkeiten in einem Wechselverhältnis zueinander: Eine bestimmte körperliche Fähigkeit erzeugt eine technische Unfähigkeit; eine in Praktiken erforderliche technische Fähigkeit führt zu einer körperlichen Unfähigkeit.

ren Erfahrung dessen, was als Behinderung erlebt wird, nicht gerecht wird (vgl. Schulz 2014). Es sind bestimmte Orte, Situationen, Umstände und Interaktionsweisen, die jemanden behindern bzw. blind machen oder eben nicht und Akteure innerhalb eines „situative[n] Kontinuum[s]“ (ebd.: 290) an Blindheit verorten. Wie viel wie gesehen wird, ist von sich heterogenen Kontexten und multiplen Faktoren abhängig.

Das praxistheoretische Vorgehen rekonstruiert Behinderung anhand der „Praxis des sozialen Behindert-Werdens“ (Schillmeier 2007a: 82). Nicht in Personen und deren Denkmustern verankert oder durch gesellschaftliche Makrostrukturen verursacht, sondern als praktische Herstellung, als materialisierte Eigenschaft einer Praxis, die sich immer wieder in alltäglichen Situationen realisiert oder auch nicht. Anhand der Beschaffenheit bestimmter Praktiken, d.h., wie Körper und Technik aufeinander Bezug nehmen und als Elemente in den Vollzug in Praktiken involviert sind, lässt sich zeigen, wie eine Behinderung situativ entsteht und wie sie verfestigt wird.

Zusammenfasst wird in dieser Arbeit *doing dis/ability* anhand der dynamischen Art und Weise, wie Körper und technische Dinge zusammenhängen und den Vollzug von sozialen Praktiken bestimmen, und wie dies das Leben, den Alltag und Erfahrungen mit Behinderungen ausmachen, verstanden. Anhand der technisch unterstützten Kommunikation durch den Sprachcomputer soll in dieser Arbeit herausgearbeitet werden, wie im alltäglichen, körperlichen Agieren (Medien-)Technik genutzt wird und wie der Körper konstitutiver Bestandteil des Technikgebrauchs und genereller von Interaktionen und Kommunikation ist. Eine praxistheoretische Perspektive kann damit einen spezifischen Beitrag zum Verständnis der Lebenssituation und -bewältigung von Menschen mit Behinderungserfahrungen liefern.

4.2 Die Materialität sozialer Praktiken I

Die Bedeutung des menschlichen Körpers für die Erklärung sozialer Ordnung, Prozesse und Strukturen wurde in den Sozialwissenschaften lange Zeit vernachlässigt, randständig behandelt oder als physiologische, biologische, und natürliche Tatsache anderen Wissenschaften überlassen. Der Körper stand so außerhalb des Sozialen. Verschiedene klassiche Autor*innen der Soziologie haben zwar mehr oder weniger explizit den Körper in ihrer Sozialtheorie aufgegriffen und als Erklärungsfaktor in soziologischen Fragestellungen eingesetzt. Dies geschah mal eher am Rande, mal prominenter und häufig auf die gesellschaftliche Formung des Körpers reduziert (vgl. Meuser 2004; Gugutzer 2006, 2012, 2013; Turner 1992, 1996; Shilling 1993, 2007; Alkemeyer 2015; Klein 2010). Unter der Überschrift *body turn* fand allerdings eine Veränderung im sozialtheoretischen Denken statt, vorangetrieben durch Praxistheorien und phänomenologische Sozialtheorie auf der einen Seite, durch gesellschaftliche und kulturelle Veränderungen im 20. Jahrhundert auf der anderen Seite. Dieser Wandel beruht auf folgender Intuition: „Human agency and human interaction involve far more than mere knowledgeability, intentionality and consciousness“ (Turner 1992: 35). Soziologische Praxistheorien bieten gegenwärtig eine Möglichkeit, den Körper als eigenständigen Erklärungsfaktor zu berücksichtigen und ihm einen zentralen Stellenwert in der Analyse von sozialen Zusammenhängen einzuräumen. Die Materialität sozialer Praktiken wird daher in diesem Kapitel anhand des Körpers (und der Sinne) vertieft. Ziel ist zu zeigen, welche Rolle der Körper in sozialen Praktiken und als struktureller Aspekt alltäglichen Medien- und Technikgebrauches von Menschen mit körperlichen Behinderungen spielt. Es wird beschrieben, wie der Vollzug von Praktiken und der Gebrauch von Medientechnik anhand von Körperhaltungen, -bewegungen, verkörperten Handlungsfähigkeiten und der sinnlichen Wahrnehmung abhängt.

4.2.1 Der Körper

Als eigenständiger, soziologischer Forschungsgegenstand ermöglicht der Körper innovative Möglichkeiten für die Erforschung der sozialen Welt. Die Körpersoziologie, als dafür zuständige Subdisziplin, operiert als „eine Soziologie, die am Körper ansetzend und auf den Körper zurückkommend das Soziale zu verstehen und zu erklären hilft" (Gugutzer/Klein/Meuser 2017: VI). Geteilter Ausgangspunkt körpersoziologischer Ansätze ist, dass der Körper eine maßgebliche und aktive Rolle für die praktische Ordnung von sozialen Zusammenhängen spielt. Soziale Phänomene vollziehen sich in dieser Perspektive als „verkörperte [...] Aktivitäten und Prozesse" (Schmidt 2012: 31). Untersucht wird, wie „körperliche Praktiken zur Herstellung, Stabilisierung und zum Wandel sozialer Ordnung beitragen" (Gugutzer 2006: 17) und wie der Körper „Basis oder Bedingung des Handelns" (Meuser 2002: 21) ist. Diese Grundannahmen lassen sich auf die Bandbreite soziologischer Thematiken und Begriffe anwenden: Gesellschaft und soziale Ordnung, Kultur und Wissen, subjektiver Sinn und intersubjektive Verständigung, soziales Handeln und soziale Strukturen, Interaktion und Kommunikation, Inklusion und Exklusion (vgl. Gugutzer 2006: 31f.; Gugutzer 2012: 39–83; Gugutzer/Klein/Meuser 2017; Raab/Soeffner 2005; Klein 2010; Knoblauch 2005; Meuser 2002, 2006). Kommunikation und Sprache – die Schwerpunkte dieser Arbeit – vollziehen sich in dieser Perspektive „als Praxen des Körpers, dessen Eigenschaften die Aktualisierung und Verarbeitung von Sinn ganz maßgeblich bestimmen [...]" (Loenhoff 2002: 48).[37] Das Gleiche gilt für den Gebrauch medialer wie technischer Objekte.[38] Bevor ich unterschiedliche Theoretisierungen des Körpers ausführe, die seine Bedeutung für den Vollzug von Interaktionen zwischen Menschen bzw. mit Medientechnologien vertiefen, folgen zunächst ein paar Bemerkungen zur Rolle des Körpers in den Disability Studies.

37 Zur Sprache: „Sprechen bedeutet die Nutzung des Körpers. Sprache sind Laute, die in der Kehle gebildet werden und die mit den Ohren gehört werden. [...] Auch wenn es trivial klingen mag: Es gibt keine Sprache ohne den Körper" (Crossley 2017: 322).

38 In der Medienforschung werden i.d.R. die besonderen körperlichen Anforderungen und Voraussetzungen im Umgang mit Medien (und Technik) übersehen. Jeglicher Umgang mit Medien verlangt aber nach einer „Übersetzung ins Somatische" (Schäfer 2013: 300). Der Versuch, Medienpraktiken als verkörpertes Handeln zu rekonstruieren, begegnet dieser Forschungslücke (vgl. Dang-Anh et al. 2017).

Die besondere Körperlichkeit des Lebens mit einer Behinderung ist in den Disability Studies ein weit verbreitetes wie kontrovers diskutiertes Thema. Zwei gegenläufige Tendenzen strukturieren die Kontroverse und hängen von der gewählten theoretischen Perspektive ab. Folgende Argumentationen finden sich in Analysen auf der Grundlage der ‚Modelle von Behinderung': Der ‚beschädigte' Körper wird als „body-gone-wrong" (vgl. Schneider 2005; Michalko 2002; Honer 2011: 121-130) klassifiziert und die Schädigung soll mittels Praktiken, die in die Lebenswelt der Betroffenen intervenieren, bewältigt oder beseitigt werden. Ein solcher, primär ‚medizinisch' verstandener Körper ist Gegenstand von Wissenschaften oder Professionen und ein passiver, leidtragender Empfänger der Verfügungsgewalt übermächtiger Institutionen. Deren Wissenssysteme und Praktiken sind Gegenstand der Disability Studies und werden kritisch beleuchtet. Im ‚sozialen Modell' ist Behinderung gesellschaftlich produziert, z.B. durch den Ausschluss von Arbeitsmarktchancen und Barrieren im öffentlichen Raum. Auf ähnliche Weise wird hier analysiert, wie sich an den Körper Strukturen sozialer Ungleichheit heften, wie diese in den Körper eingeschrieben, an ihm festgemacht und durch ihn reproduziert werden. In den kulturwissenschaftlichen Disability Studies ist in erster Linie das Ziel, die medizinisch-pädagogische Behandlung des individuellen Körpers, die Hegemonie von fähigen Körpern (*abled-bodies*) in diskursiven Repräsentationen und die Reproduktion und Naturalisierung kategorialer Unterschiede entlang von Vorstellungen des normalen Körpers zu kritisieren. Der Körper ist hier das Objekt machtvoller Diskurse. Für eine körpersoziologische Forschung hat das jeweils eine eingeschränkte Sicht zur Folge. Der Körper selbst ist kein eigenständiger Gegenstand, sondern kommt primär als Medium sozialer Ungleichheit in den Blick. Vor allem in seiner Rolle als „Produkt der Gesellschaft" (Gugutzer 2013), in seinem Geprägt-sein durch gesellschaftliche Institutionen und Diskurse ist der Körper von Interesse (vgl. Barnes et al. 1999: 62–65, 93ff.; Thomson 1997; Waldschmidt 2007; Gugutzer/Schneider 2007; Schneider 2005).

Ein die beschriebenen Positionen kritisierender, v.a. phänomenologisch orientierter Diskussionsstrang stellt dagegen die subjektiven Erfahrungen einer körperlichen Behinderung sowie den alltagsorganisatorischen Umgang mit dem Körper in den Vordergrund. Dadurch soll die soziale Konstruktion des physischen Körpers und seiner Handlungsfähigkeiten wie -behinderungen beschrieben werden (vgl. Saerberg 2006, 2007; Hughes/Paterson 1997, 1999). Ich verstehe diesen Diskussionsstrang weniger als Wiederbelebung einer Vorstellung von Behinderung als individuellem Schicksalsschlag eines unfähigen Körpers (so der mögliche Vorwurf), sondern als Ausgangspunkt für eine praxistheoretische Beschäftigung mit dem Thema körperliche Behinderungen. Relevant sind hierfür die alltäglichen Praktiken und Erfahrungen mit der Körperlichkeit einer körperlichen Behinderung innerhalb sozialer Settings, in denen verwirklicht wird, was es bedeutet und wie es erfahren wird, mit einer körperlichen Behinderung seinen Alltag zu gestalten. Der Vollzug alltäglicher Praktiken, wie z.B. miteinander zu kommunizieren oder technische Geräte zu bedienen, verlangt bestimmte Körperlichkeiten und körperliche Fähigkeiten. Nicht auf bestimmte Professionen, Wissenschaften oder Diskurse allein kann dieser Sachverhalt zurückgeführt werden. Nicht für die Strukturen einer gesamten Gesellschaft allein kann dies als Leistung verrechnet werden.

Als Gegenargument zur Vorstellung einer körperlosen Gesellschaft oder dem Körper als festem und unveränderlichem, passivem und Einflüsse erleidendem Element des Sozialen, wird der Körper in den Praxistheorien als aktive, wandelbare und treibende Kraft in der Konstruktion von Wirklichkeit, Gesellschaft und Sozialität konzipiert. Körper sind Träger wie auch Partizipanten von sozialen Praktiken, sie prägen diese und führen sie aus (vgl. Hirschauer 2004, vgl. zum Körper in der soziologischen Praxistheorie: Hillebrandt 2014: 61–75; Hirschauer 2017; Meuser 2002, 2006; Reckwitz 2003: 290f.; Schäfer 2013: 328–345; Schmidt 2012: 55–62, 2017). Ein zentraler Unterschied zu den oben genannten Vorstellungen des Körpers ist, dass die praxistheoretische Konzipierung den Körper mit Handlungsvermögen ausstattet. Er ist ein „kompetentes Agens" (Alkemeyer 2015: 476), leistet den Vollzug der Praktiken, ist Medium und physisches Fundament der handelnden Subjekte. Er ermöglicht die Teilnahme an sozialen Praktiken und verleiht sozialen Praktiken ihre Form und Gestalt. Als „Vollzugskörper" (Alkemeyer/Michaeler 2013; vgl. Hirschauer 2004, 2008b; Alkemeyer 2015: 476–479) ermöglicht er auf vielfältige Weise ihren Ablauf, indem er praxisrelevante Fähigkeiten bereithält und ausführt. Die konstitutive Rolle des agierenden Körpers zeigt sich z.B. daran, wie Haltungen, Bewegungen[39], sinnliche Wahrnehmung, Eingreifen oder etwas Handhaben den Vollzug von Praktiken strukturieren. Fragt man also nach alltäglichen Routinen oder Krisen der Kommunikation, oder beobachtet das Können und die Kompetenzen von Handelnden im Umgang mit Medientechnologien, so schlägt die praxistheoretische Perspektive vor, beides vom Körper aus zu denken – und damit die zentrale praxistheoretische Frage ‚was hält eine Praxis am Laufen, womit und wodurch wird sie wie praktiziert?' mit Bezug auf den Körper zu beantworten. In dieser Arbeit wird „Sozialität durch körperliche Praktiken" (Gugutzer 2013: 7) verstanden. Dafür werden Praktiken erstens als prozessuale Vollzüge körperlicher Bewegungen und Haltungen, zweitens eine Bezogenheit von Körpern aufeinander und drittens dem körperlichen Umgang mit anderen, materiellen Elementen innerhalb des Ablaufs einer Praxis konzeptualisiert.

Wie unterschiedlich der Körper „*in* den Praktiken [steckt]" (Hirschauer 2004: 75 – H.i.O.) und soziale Ordnung verfertig, vertieft Stefan Hirschauer mit Bezug auf den soziologischen Wissensbegriff. Verkörpertes Wissen fungiert *erstens* als Medium zum Zugang zu Welt, ihrer Akteure und Objekte. *Zweitens* kommunizieren Körper Wissen und ‚stellen' es dar. Durch die verkörperte Artikulation von Zeichen wird Wissen prozessiert und veröffentlicht. Am Körper verschränken sich Kommunikation und Wahrnehmung: Die „körpergebundene Nahraumkommunikation" (Hirschauer 2008b: 982) macht den Körper zur öffentlichen, wahrnehmbaren Oberfläche des Sozialen, an der Wissen präsent, ablesbar und verstehbar wird. *Drittens* wird Wissen durch den Körper ausgeführt. Am Begriff der Performanz orientiert heißt das: Der Körper produziert Soziales, er ist „Agent der Wirklichkeitsgenerierung" (Klein 2005: 75). Das heißt er kommuniziert nicht nur etwas, sondern erzeugt

---

39 „Die primär sinnkonstitutive Welt des Wirkens ist eine Welt der Körperbewegungen. Ohne die Erfahrung der Funktionsfähigkeit des Körpers könnten bestimmte Möglichkeiten innerhalb der Lebenswelt gar nicht als fraglos gegeben gelten" (Reckwitz 2003: 290). Vgl. auch Alkemeyer et al. 2009; Klein 2004, 2015. Haller (2009, 2013) verweist insbesondere auf die Bearbeitung von Kontingenz und die Herstellung von Intersubjektivität durch Bewegungen.

Bedeutung, soziale Wirklichkeit, Akteure und Objekte.[40] Der Körper kann verschiedene Rollen in sozialen Praktiken annehmen. Er ist mal eher anwesend oder abwesend, mal eher für Routinen, mal eher für Ungewisses ein Garant, er agiert in seiner reinen Gestalt, er wird technisch verschaltet und mit Geräten verknüpft oder in Interaktionen mit anderen Körpern verstrickt, von diesen vereinnahmt oder er distanziert und distinguiert sich. Er reagiert auf andere Körper und Dinge. Jenseits von passiv oder aktiv agiert er mit unterschiedlichen Aktivitätsniveaus und seine Aktivitäten sind verteilt unter einer Vielzahl anderer Elemente (vgl. Hirschauer 2017). Ob routiniert, eigensinnig, auf ungewisse Weise, kontrolliert oder unkontrolliert, vorreflexiv oder als „skillful performances" (Reckwitz 2003: 290) – die „körperlich vollzogene Koaktivität in Wechselwirkung mit anderen Entitäten" (Hirschauer 2017: 91) hat entscheidenden Einfluss auf die Form und den Vollzug von Praktiken und damit auf soziale Lebensformen und die Sozialität von Personen. In sozialen Praktiken wird ein bestimmter Körper erforderlich. Andersherum erhalten Praktiken ihre nachvollziehbare Form durch die Art und Weise, wie ein Körper eingesetzt wird und wie er zum Vollzug der Praktiken beiträgt. Diese wechselseitige Konstitution von Praktiken und Körpern macht darauf aufmerksam, dass Bedeutung und sozialer Sinn durch die praktisch geordnete und organisierte Ausführung von körperlichen Aktivitäten bedingt sind.

Diese Überlegungen haben ein bestimmtes Verständnis des ‚behinderten' Körpers zur Folge. Ich verstehe den ‚behinderten' Körper nicht als individuelles Problem vor dem Hintergrund hegemonialer Vorstellung des normalen Körpers, sondern primär als Bestandteil der kollektiven Abwicklung alltäglicher sozialer Praktiken, als „practical accomplishment in the context of everyday social relations" (Turner 2001: 259f.). Der ‚behinderte' Körper ist ein Element alltäglicher, praktizierter Routinen. In diesen wird auch mit Erwartungen an einen funktionierenden Körper und mit ‚Defiziten' *umgegangen*. Es werden aber vor allem mit Alltagsgegenständen und Medientechnik Interaktionsabläufe gestaltet und Menschen mit einer körperlichen Behinderung nehmen daran auf bestimmte Weise aktiv teil und bringen ihre Fähigkeiten und Kompetenzen ein. Körper sind demnach nicht *per se* ein Problem, Ort des Defizits oder einer Schädigung. Sie können genauso als fähig und kompetent agieren. Aber natürlich stellen die Gestalt von Praktiken und die für sie konstitutiven Gerätschaften bestimmte Anforderungen an den Körper des Akteurs:

> „Telefon, Internet und andere Medien der indirekten Kommunikation setzen ganz spezifische Körper der Teilnehmenden voraus. Diese Körperlichkeit besteht dann eben auch aus Fertigkeiten, wie ein sicherer Umgang mit der Tastatur oder das sichere Bedienen von komplexen Mobiltelefonen […]" (Hillebrandt 2014: 72).

Ich frage daher nach den praktischen Fähigkeiten des ‚behinderten' Körpers *und* seiner „praktischen Formierungen" (Gugutzer/Schneider 2007: 34; vgl. ebd.: 41–

---

40 Dieser Ansatz ist an praxistheoretische Annahmen anschließbar, wird hier aber nicht vertieft und weiterverfolgt. Zentral für die Performanz-Forschung ist v.a. die Idee, dass der Körper wiederholt hergestellt und gestaltet wird, und somit zugleich immer auch unfertig und nicht final in seiner ‚Gestalt' ist (vgl. Klein 2005; Alkemeyer 2015: 479; Schäfer 2013 sowie für empirische Studien: Mol 2002; Müller 2016).

44.), d.h. seiner mitunter erfolgreichen Verstrickung und seinem mitunter problematischen Einbezug in praktische Zusammenhänge eines Kollektivs mit anderen Körpern, Medien und technischen Geräten.

Im Folgenden gehe ich auf einige für diese Arbeit relevante, soziologische Thematisierungen des Körpers ein, die im Rahmen praxistheoretischer Grundlagen besondere Akzentuierungen vornehmen. Die nun folgende Auswahl theoretischer Zugriffe auf den Körper erfolgte mit der Maßgabe, dass der Körper nicht vor ab mit bestimmten Eigenschaften, z.B. behindert oder fähig, versehen, sondern als in Praktiken hervorgebracht, verstanden wird. Die Brauchbarkeit der ausgewählten Körpertheorien wurde weiterhin daran festgemacht, dass sie in der Lage sind, die Begegnung von (wie auch immer beschaffenen) Körpern in der Interaktion aufzuschließen. Dabei sollen mögliche Besonderheiten oder Differenzen zwischen interagierenden Körpern nicht vernachlässigt oder geleugnet werden. Eine zusätzliche Voraussetzung für die Auswahl körpersoziologischer Theorien ist, dass sie in der Lage sind, die zweite Seite der „doppelte[n] Verkörperung des Sozialen" (Rammert/Schubert 2019), den körperlichen Umgang mit Technik und Medien, zu erfassen.[41]

a) Erving Goffman, als früher Ideengeber[42] einer mikrosoziologischen Perspektive auf ‚embodied (inter-)action', nimmt die Interaktionsordnung als eigenständige

41 Entgegen der Vermutung, dass man für die Partizipation in technisierten und mediatisierten Praktiken, diese ‚lediglich' kognitiv verstehen und bewältigen muss, sind es vor allem körperliche Fähigkeiten, die man benötigt, um mit Technik und Medien etwas machen zu können: „Wenn über Medien kommuniziert wird, ist die Physis der menschlichen Leiber durchaus notwendig, weil ja die Mitteilungen in irgendeiner Weise artikuliert werden müssen" (Hillebrandt 2014: 73). Der Körper fungiert „als eine ebenso limitierte wie leistungsfähige materiale Infrastruktur für Kommunikations- und Interaktionsprozesse" (Hirschauer 2014b: 124) – das gilt für das Telefonieren oder, wenn man ‚nur' vorm Computer, in virtuellen Simulationen oder dem Internet sitzt und sich in vermeintlich entkörperten virtuellen Welten bewegt. Selbst hier wird die Physis des ‚Datenkörpers' semiotisch verarbeitet, aber nicht getilgt. Man bleibt an die leiblich-sinnliche Verfassung und körperliche Wahrnehmung von Zeichen und Simulationen, Bildern und Tönen gebunden (vgl. Krämer 2008b). Die Blickausrichtung, die Auslösung körperlicher Empfindungen, der Körper als Träger und Produzent von Zeichen und als Ort des Machens und Speicherns kultureller Erfahrungen in Zeichenwelten – die Rolle des Körpers ist vielfältig, auch oder gerade beim Kommunikations- und Wahrnehmungsverhalten digitalisierter und mediatisierter Sozialität. Selbst wenn keine kopräsenten Körper im strengen Sinne anwesend sind, ist das Geschehen an die beteiligten Körper verwiesen und auf sie angewiesen (vgl. Funken 2005; Lupton 1995). Hören, sehen oder sich bewegen können, die Kraft besitzen, um ein Gerät zu halten oder die Koordination von Fingern ohne Zittern zu bewältigen, sind nur einige Beispiele für körpergebundene Handlungsfähigkeiten. Medien und Technik formen den Körper, seine sinnliche Wahrnehmung und körperlichen Belastungen, sie verlangen ihm Ausdauer und körperliche Geschicklichkeit ab, d.h. sie setzen körperliche Fähigkeiten voraus.

42 Eine erste, eher in der Kultur- und Sozialanthropologie verortbare Arbeit hat Marcel Mauss vorgelegt (vgl. Mauss 1973, Schüttpelz 2010) und darin den Körper in seiner Relevanz für das gesellschaftliche Leben thematisiert. Unter dem Begriff der Körpertechniken versammelt er typische Alltagspraktiken wie Sitzen und Stehen, Schwimmen und Laufen und argumentiert, dass sie organisch fundiert sind. Es existieren bestimmte gesellschaftliche Arten der Körpernutzung, die sich an der Position und Bewegung von Armen, Händen, Füßen und dem Kopf ablesen lassen. Bei Mauss sind Körpertechniken in erster Linie historisch, gesellschaftlich und biografisch interessant. Weniger versteht Mauss sie als Bestandteil situierter Praktiken und spezifischer Umstände ihrer Ausführung. Und auch die Verortung von Körpertechniken in intersubjektiven Relationen, also in

Realität zum Gegenstand. Er fragt, was die Aufrechterhaltung und normale, selbstverständlich ablaufende, im Alltag i.d.R. erfolgreich Bewältigung von Interaktionen ermöglicht.[43] Der Körper wird von ihm in diesem Kontext als Ressource für Interaktionen und deren praktischer Ordnung konzeptualisiert. Zentrales Merkmal von Interaktionen, insbesondere Goffmans Präzedenzfall der *face-to-face*-Interaktion, ist, dass sie in körperlicher Anwesenheit von Akteuren gründen. Körperliche Kopräsenz ermöglicht den Akteuren einen unmittelbaren Austausch von Informationen über das Verständnis der Situationen und ihren Ablauf, über das eigene Selbst, seine individuelle und soziale Identität und zu schützende Integrität. Im Zentrum von Goffmans Analysen der „Mikrostrukturen des Alltags" (Müller/Raab 2017: 260) steht das Ausdrücken (*displaying*) von Situations- und Selbstdefinitionen und das Verstehen des Gegenübers im Zuge wechselseitiger Wahrnehmung. Hierfür ist die „Kommunikation von Wissen durch Körper" (Schindler 2011b: 335; vgl. Hirschauer 2008b; Schindler 2011a) zentral. Der Körper drückt Wissen in der Form von zeichenhaften Bewegungen („Körperbilddetails" (Raab/Soeffner 2005: 178)) aus und macht dadurch die Situation und das Gegenüber (potenziell) verstehbar. Der Körper übernimmt die Rolles eines Zeichenträgers bzw. -produzenten, er wird ‚gelesen', artikuliert selbst kommunikative Einheiten und dient damit als „Bedeutungsgenerator" (Stadelbacher 2016: 46) für die Verständigung zwischen den Interaktionspartner*innen (vgl. Müller/Raab 2017). In Interaktionen treffen menschliche Körper also nicht nur irgendwie aufeinander, sondern sind Zeichen bzw. produzieren Zeichen füreinander. Andere Körper werden als Element der materiellen Außenwelt sinnlich wahrgenommen und körperliche Aktionen des Gegenübers werden gedeutet. Die wechselseitige (v.a. visuelle und akustische) Wahrnehmbarkeit und „Erkennbarkeit von interaktiven Zügen und Kommunikationsofferten" (Loenhoff 2002a: 58) basiert auf Erwartungsstrukturen, kulturellen Mustern und Stilen und hilft bei der Orientierung im Umgang miteinander. Durch den Einsatz situationsangemessener, kommunikativer Mittel werden Interaktionen ‚geordnet' und für die Teilnehmer*innen ‚lesbar' gemacht (vgl. Meuser 2002: 26–31). Das gelingt durch den „Einsatz von Gestik, Mimik, Blick, Sprache, Stimme, Körperhaltung, Bewegung, Tempo, Kleidung, Benehmen oder Auftreten" (Gugutzer 2013: 108).

Körperhaltung und -stellung sind, wie Albert E. Scheflen empirisch und im Anschluss an Goffman gezeigt hat, von zentraler Bedeutung für die Abfolge und Zuordnung von Interaktionsbeiträgen. Grundlegend gilt dabei: „Was ein Wechsel in der Körperhaltung mitteilt, [ist] [...] ein kommunikatives strukturelles Ereignis." (Scheflen 1976: 238). Scheflens Analysen zeigen, wie das Ende oder der Anfang von Interaktionsphasen bzw. -sequenzen durch Körperhaltungen und -bewegungen angezeigt wird. Sie dienen als Markierer syntaktischer Einheiten, begleiten gesprochene Sprache, zeigen innere Zustände an oder symbolisieren die soziale Beziehung, die die Interagierenden miteinander unterhalten. Ähnliches gilt für die basale

der Ausübung mit, durch und gegen andere Akteure, ist nicht Thema bei Mauss, sondern finden sich erst in Goffmans Arbeiten (vgl. Crossley 1995).

43 Die Quellen sind Goffmans Werke, in denen er die Rolle des Körpers als Koordinations- und Kommunikationsmedium sowie als Interaktionsressource behandelt (1974, 2009). Für die Unterscheidung zwischen Koordinations- und Darstellungstheorie des Körpers bei Goffman, vgl. Hubrich 2013.

Körpertechnik der Fortbewegung. Fortbewegung ist in dieser Perspektive mehr als nur von A nach B zu gehen, sondern ein zentrales Mittel zur praktischen Konstruktion und Aufrechterhaltung sozialer Ordnung. Der Körper gibt Informationen für Koordination vieler Laufender (vgl. Goffman 1974: 26–42; Crossley 1995; Lynch 1993: 154–158; Ryave/Schenkein 1975): wie man sitzt oder steht, einzelne Körperteile oder den ganzen Körper bewegt strukturiert den Ablauf bestimmter Interaktionsordnungen.

Dieser Aspekt wurde von Charles Goodwin und Jürgen Streeck empirisch vertieft. Insbesondere Ersterer hat herausgearbeitet, wie der Körper als Bestandteil umfassender semiotischer Felder interaktiv eingesetzt wird, für die Koordination von Handlungen zum Einsatz kommt und die Wahrnehmung bedeutsamer Ereignisse (am Gegenüber oder auf Geräten) reguliert. In Interaktion wird der Körper als eine semiotische Ressource unter vielen eingesetzt, um dem Gegenüber Sinn- und Bedeutungsgehalte anzuzeigen, diese aber auch von anderen Teilnehmer*innen wahrzunehmen, sich wechselseitig abzustimmen und auf den fortlaufenden, sequenziell strukturierten Prozess der Interaktion durch den Einsatz des Körpers Einfluss zu nehmen. Die Produktion und Rezeption von sinnlich wahrnehmbaren, interaktiv relevanten und bedeutsamen Handlungseinheiten wird durch mimische wie gestische Bewegungen geleistet: Handbewegungen auf Augenhöhe steuern die Aufmerksamkeit des Gegenübers, man zeigt auf Objekte, imitiert und symbolisiert durch Bewegungen das, worüber man erzählt. Dies wird im Interaktionsverlauf dauerhaft und öffentlich, durch materielle Rahmenbedingungen unterstützt, geleistet (vgl. Goodwin 2000). Den (gemeinsamen) Umgang mit Objekten, die Einbindung von Objekten in den Interaktionsverlauf sowie objektbezogene Orientierungs-, Erklärungs-, Zeige- und Darstellungsgesten hat wiederum Streeck in den Mittelpunkt seiner Arbeiten gestellt. Er argumentiert dafür, dass sich Bewegungswahrnehmung und verkörpertes Wissen für die kommunikative (insbesondere nonverbale) Herstellung von Sinn und Bedeutung verknüpfen. Gesten erzeugen Bedeutung, die dadurch öffentlich für andere Interagierende wird, und fundieren die sequenziell geordneten Interaktionsbeiträge und intersubjektives Verstehen (vgl. Streeck 2008, 2009, 2013; Meyer 2010). Der Sprachcomputer wird demnach nur verständlich in seiner Einbettung in körperlich vollzogene, kommunikative Aktivitäten (wie z.B. Gesten), in seinem Bezug zu anderen semiotischen Ressourcen (wie z.B. Elemente der natürlichen oder gebauten Umwelt, in der der Talker zum Einsatz kommt) und in den sequenziellen Ablauf der Interaktion, d.h. der Bezogenheit von kommunikativen Beiträgen aufeinander. Auch wenn der Sprachcomputer im Mittelpunkt einer Interaktion (und dem Forschungsinteresse steht) sind alle körperlichen Aktionen der Interaktionsteilnehmer*innen relevant für die Rekonstruktion der Interaktionsordnung.

Zusammengefasst ist in Goffmans Theorie der Körper ein vielfältiges Interaktionsmedium. Er fungiert „als Medium interaktiver Sinnerzeugung“ (Loenhoff 2002a.: 64), als Mittel, die „situative Interaktionsordnungen [zu] generieren“ (Hubrich 2013: 65). Er stellt in Interaktionen Zeichen für die Interagierenden zur Verfügung, an denen sie sich wechselseitig orientieren können. Er generiert für den Handlungsverlauf relevante kommunikative Einheiten, macht sie sinnlich nachvollziehbar, bettet sie in den zeitlichen Interaktionsverlauf ein und agiert neben, im Verbund oder Konflikt mit anderen Medien, z.B. Sprache oder materiellen Objekten.

b) Die zweite Konzeptualisierung des Körpers verortet ihn stärker in Bezug auf Technologie und wurde in den Science and Technology Studies im Zuge der empirischen Analyse von technologischen Arrangements entwickelt. Bei der Analyse von Technologien verschiedenster Art und in einer Vielzahl von sozialen Feldern, stand der Körper zunächst nicht im Vordergrund. Nichtsdestotrotz ermöglichen die Science and Technology Studies einen innovativen Blick auf den Körper und seine Vernetzung mit Technik und Medien. Wie der Körper in technologische Strukturen alltäglicher Praktiken eingebettet und dort praktisch ‚hergestellt' wird, sind Fragen, die die Science and Technology Studies eröffnen.

In Forschungen zu medizinischen oder pflegerischen Praktiken und dem Alltag mit einer körperlichen Behinderung wurde die „Vernetzungen von Objekten und Menschen" (Bischur/Nicolae 2014: 271) untersucht. Genauer geht es um die „Verzahnung der biologisch vorhandenen Organe mit [...] verschiedenen Artefakten, etwa fremden Organen und künstlichen Implantaten, Gelenken, Prothesen und die daran angeschlossenen technischen Geräte und medialen Apparaturen" (Göbel 2017: 34). In solchen Vernetzungen wird der Körper mobilisiert, eingebunden und ‚hervorgebracht' (vgl. Berg/Akrich 2004; Kontopodis/Niewöhner 2011; Mol/Law 2004; Mol/Berg 1998; Moser 2005; Moser/Law 2003 Winance 2006). Dieser empirische Ausgangspunkt hat eine bestimmte Perspektive auf den Körper zur Folge: Gefragt wird, wie der Körper ‚gemacht' wird, weniger, was es bedeutet, einen Körper zu haben oder was der Körper kann. Der Körper wird erst durch die Einbindung in das jeweilige materiell-technologische Arrangement geformt. Er existiert nicht als fertiges Element des Sozialen jenseits von Praktiken und deren technologisch-medialen Strukturen. Letztere bringen den Körper hervor, ‚verfertigen' ihn, lassen ihn in einer bestimmten Form partizipieren und sich artikulieren (vgl. Mol 2002: 6). In einer Science and Technology Studies-Perspektive wird der Körper „zu einem emergenten Phänomen der Praxis, das an seine spezifischen technischen Bedingungen und materiellen Kulturen geknüpft ist" (Göbel 2017: 34). Ein Körper mit einer Behinderung ist dementsprechend keine fixe und fertige Tatsache – erst in der Vernetzung mit Technologien wird sichtbar, was den Körper und seine Behinderung(en) ausmachen.

Diese grundlegende Annahme impliziert drei Schlussfolgerungen: Ein Körper ist, erstens, weder in seiner Daseinsweise noch Gestalt eingeschlossen, sondern nach außen hin offen. Er wird verschaltet mit und angeschlossen an Dinge. Er ist mit „Materialien angereichert" (Bullik/Schroer 2015: 207), mit technischen Objekten, Apparaten und Medien vermischt. Er ist nicht allein aktiv, sondern wird in der Interaktion mit verschiedenen Medientechnologien geformt und gestaltet. Zweitens ist der Körper je nach Praxis ein anderer, auch wenn sein Träger derselbe bleibt. Er ist ein vielfältiger Körper, der je nach Situation und Ort, Technik und Akteuren, unterschiedlich ‚gemacht' wird. In heterogenen „modes of ordering" (Law 1993) und damit korrespondierenden Möglichkeiten des Handelns, entsteht ein vielfältiger, „multiple body" (Mol 2002). Im häuslichen Umfeld funktioniert der körperliche Gebrauch des Sprachcomputers problemlos, der agierende Körper ist fähig zu kommunizieren. Anders sieht es bei Regen (der Talker wird zum Schutz abmontiert) oder Sonnenschein (die Bedienung des Displays ist erschwert) aus und u.U. ist keine Kommunikation möglich. Drittens ist der Körper kein kohärentes Ganzes. Die durch Medientechnologien hervorgehobenen wie angesprochenen, durch Vernetzungen in Anspruch genommenen Körper*teile* agieren eigensinnig, mit manchmal auch widerstreitender Handlungsfähigkeit. Die auf den Körper zugreifende Medientechnologie verteilt, verschränkt und übersetzt Handlungsmacht zwischen Körperteilen und involvierten Geräten, Artefakten und Dingen (vgl. Rammert/Schubert 2019: 123; vgl. Schubert 2011). Nicht haben und sein, sondern ‚Machen' des Körpers, und zwar durch Technologien vermittelt – so lässt sich die körpersoziologische Pointe der Science and Technology Studies zusammenfassen. Der Körper ist in dieser Perspektive nicht fertig, sondern vielfältig, nicht allein, sondern in eine „artefaktgestützte Umgebung" (Göbel 2017: 35) eingebunden, er ist kein kohärentes Ganzes, sondern Handlungswirksamkeit ist je nach soziomaterieller Praxis unterschiedlich auf ihm und den Technologien verteilt.

c) Die letzte theoretische Perspektive nimmt ihren Ausgang von Alfred Schütz' phänomenologisch fundierter Sozialtheorie. Grundlegend für diese – und damit im Zentrum von Schütz' theoretischen Analyse – ist der Vorgang des Fremdverstehens. Am Rande seiner Ausführung skizziert Schütz die Rolle des Körpers (bzw. Leib) als Medium des Fremdverstehens und damit sozialer Zusammenhänge. Der Körper stellt ein „Vermittlungsglied zwischen der Welt des Außen und des Innen dar" (Schütz 1981: 92). Die vom Körper ausgehende menschliche Wahrnehmung informiert über „die Qualität der Außenwelt" (Fischer 2012: 116). Der Körper ist „Ort, von dem aus die Welt erschlossen wird" (ebd.: 107). Andersherum fungiert er als „Ausdrucksfeld" (ebd.: 108), indem er Aktionen und Bewegungen für die intersubjektive Verständigung mit anderen Subjekten der sozialen Welt ausführt (vgl. Schütz 1993). Zweitens findet der handelnde Eingriff in die alltägliche Lebenswelt körperlich vermittelt statt. Der Körper dient als Werkzeug, er speichert Fertigkeiten, führt sie aus und steckt dadurch den Handlungsspielraum sozialer Akteure ab (vgl. dazu die verstreuten Bemerkungen in Schütz/Luckmann 2003). Zuletzt verfügt er über einen lebensweltlichen Aspekt: Im Alltag vertrauen Menschen in die Funktionsfähigkeit des Körpers und orientieren sich daran. Es gilt als gewiss und selbstverständlich, dass man bestimmte Sachen körperlich ausführen kann oder nicht, man verlässt sich darauf und setzt es bei anderen Personen voraus. Körperliches Verstehen, körperliches Handeln und körperliche Gewissheiten sind Aspekte der sozialphänomenologischen Vorstellung einer körperlichen Konstruktion der sozialen Wirklichkeit.[44]

Stichworte für die Anknüpfung an die in dieser Arbeit verfolgte Praxistheorie lauten folgendermaßen (vgl. Bedorf/Gerlek 2017[45]): implizite Gewohnheiten bzw.

44 Das wurde von Anne Honer am Beispiel des Verlustes ihres Augenlichtes beschrieben (Vgl. Honer 2011: 251–263): Der Verlust des Sehens macht auf die Orientierungsfunktion des Körpers aufmerksam, auf seine (in diesem Fall veränderte) Funktion in der Vermittlung zwischen Ich und sozialer Welt. Neue Routinen und Gewohnheiten ersetzen bisherige, selbstverständliche Handlungsweisen, z.B. nicht mehr lesen zu können. Der Körper wird re-figuriert, die Wahrnehmung der Welt verändert sich und Verunsicherungen treten ein: es muss sich überall festgehalten werden. Das durch Bewegungen des Körpers vermittelte Einander-Verstehen in sozialen Zusammenhängen muss sich ebenfalls neu einstellen: die Kolleg*innen gehen anders mit einem um.

45 Ein zentrales Problem der an Schütz anschließenden Positionen bleibt sein kognitivistisches Modell der Sinn- und Bedeutungsproduktion. Sinn entsteht erst in *ex-post*-Reflektionen und ist nicht

Fertigkeiten und Intersubjektivität. Körperliches (bzw. leibliches) Wissen ist vorreflexiv, praktisch und implizit (vgl. Crossley 2017: 320 323), und in der Form von Fertigkeiten, Gebrauchs- und Rezeptwissen inkorporiert (vgl. Fischer 2012: 113–117, vgl. Schütz/Luckmann 2003: 159). Zweitens sind Körper und Leib Bestandteil der mit anderen Personen geteilten, sozialen Welt und bedingen intersubjektives Verstehen. Praxistheoretisch reformuliert: Die Verankerung und das Agieren in der sozialen Welt und das Verstehen der Mitmenschen vollzieht sich durch körperliche Praktiken (vgl. Crossley 2017: 317f.). In Praktiken werden der Körper, seine Aktionen und ‚Expressionen' in die ‚Zusammenarbeit' mit anderen menschlichen Akteuren eingebracht. Soziale Praktiken beruhen auf impliziter und routinierter, zwischenleiblich vollzogener Kommunikation und Kooperation. Die Betonung der Zwischenleiblichkeit macht einen besonderen Beitrag der Phänomenologie zur praxistheoretischen Körpersoziologie aus (vgl. Fischer 2003; Bedorf 2015; Crossley 2017: 327–330; Coenen 1979; Meyer-Drawe 2001; Gugutzer 2012, Meyer/Streek/Jordan 2017; allesamt mit Rückgriff auf Merleau-Ponty 1966).

Der Begriff Zwischenleiblichkeit betont, dass es im Zusammentreffen von Akteuren (inkl. Dingen) zu einer Verschränkung handelnder Körper, zu einem Wir-Körper kommt. Sozialität und Intersubjektivität sind demnach grundlegend körperlich fundiert. Sie entstehen durch einen Austausch von körperbasierten ‚Informationen', die Intentionen und Status des Akteurs einem anderen Akteur nachvollziehbar machen und Aktionen eine wahrnehmbare und verständliche Form verleihen (vgl. Crossley 1995: 146). Zwischenleibliche Aktionen sind z.B. sich wechselseitig ansehen, hören und berühren oder gemeinsam mit Gegenständen hantieren. Die Koordination und Synchronisation von wechselseitig wahrgenommenen Bewegungen und das Verstehen des Gegenübers als „spürende Verständigung" (Gugutzer 2012: 65) machen Zwischenleiblichkeit zum Motor für soziale Praktiken (vgl. Meyer/Meier zu Verl/Wedelstaedt 2016; Gugutzer 2012: 69–83; sowie die Beiträge in Meyer/Streeck/Jordan 2017). Wie „[z]u einer gemeinsamen Körperlichkeit" (Meyer/Meier zu Verl/Wedelstaedt 2016: 321) gefunden wird, wie „zwischenleibliche Brücken" (Gugutzer 2012: 58) verfertigt werden, und eine die Subjekte übergreifende Struktur der Leib-Verknüpfungen, kurz ein „gemeinsamer Leib" (ebd.: 59), die soziale Praxis fundiert, ist Gegenstand empirischer Interaktionsanalysen. In dieser Arbeit findet sich dieser Schwerpunkt insbesondere in der Rekonstruktion der gleichzeitigen Nutzung des Sprachcomputers durch mehr als eine Person wieder.

Zusammengefasst lässt sich für technisch unterstützte Kommunikation behaupten, was Nick Crossley für Sprache im Allgemeinen festhält: „Es gibt keine Sprache ohne den Körper" (Crossley 2017: 322). Mit dem Sprachcomputer kommunizieren ist abhängig vom Vollzug körperlicher Interaktionen. Wie Interaktionen geordnet verlaufen, ist vom Körper abhängig – wie Kommunikation mit dem Sprachcomputer interaktiv bewältigt wird, ebenso. Was den Körper ausmacht, und wie er agieren kann bzw. behindert wird, hängt von seinem Zusammenspiel mit Technologien ab.

Bestandteil des Vollzugs von Interaktionen. Dies ist mit einem praxistheoretischen Ansatz unvereinbar, vgl. Meuser 2006: 98ff.; Gugutzer 2013: 37f.; Bongaerts 2017 sowie zum Sinnbegriff bei Schütz: Eberle 1984.

Entsprechend der gebrauchten Technologie, d.h. des Sprachcomputers, werden bestimmte Regionen des Körpers ‚angesprochen' und nehmen eine bedeutsame Rolle für den Vollzug der Kommunikation ein. Die Körpertechnik des Sprechens und der Einsatz des Sprachcomputers beziehen sich auf ein Gegenüber. Als „Ressource wechselseitigen Verstehens" (Meuser 2002: 35) fungiert hierfür Interkorporealität. Mindestens zwei verkörperte Akteure arbeiten zusammen am Vollzug von Kommunikation. Das und wie technisch unterstützte Kommunikation und der Umgang mit Menschen ohne Lautsprache auf interkorporeale Momente angewiesen ist, wird im Laufe der empirischen Analysen gezeigt.

4.2.2 Die Sinne

In diesem Kapitel steht ein bestimmtes körperliches Phänomen[46] im Mittelpunkt: die Rolle der Sinne für soziale Praktiken. Im Rahmen praxistheoretischer Diskussionen fand eine Aufwertung der Sinne statt. Sie werden als bedeutsam für die Herstellung und Erkennbarkeit alltäglicher sozialer Tatsachen und der Erfahrung wie Wahrnehmbarkeit der sozialen Welt erachtet (vgl. Barlösius 2000; Bosch 2014; Göbel/Prinz 2015; Eisewicht/Hitzler/Schäfer 2021). Zum Vollzug sozialer Praktiken gehören bestimmte sinnliche Wahrnehmungsweisen. Soziale Praktiken enthalten eine ‚sinnliche Ordnung' (vgl. Reckwitz 2015): „In jede soziale Praktik – des Kochens oder Kommunizierens, des Schreibens oder Schreinerns, des Recherchierens im Internet oder des Gehens in der Stadt – ist eine spezifische Organisation der Sinne gewissermaßen eingebaut" (ebd.: 447). Alle Sinne haben in verschränkter, oft aber auch unterschiedlicher Gewichtung am Vollzug sozialer Praktiken teil.

Prominent wird in Bourdieus Habitustheorie deutlich, dass ein Zusammenhang zwischen dem Vollzug sozialer Praktiken und (erworbenen) Wahrnehmungsschemata, zwischen praktischem Wissen und situationsadäquater wie praxiserzeugender Sinneswahrnehmung besteht (vgl. Bourdieu 1987a, 1987b; Prinz 2014).[47] Neben

46 Bereits im letzten Abschnitt wurde auf den Begriff des Leibes Bezug genommen. Die Unterscheidung von Körper und Leib bildet eines der zentralen Themen der phänomenologischen Philosophie und fand Eingang in kultur- und sozialwissenschaftliche Studien und Theorien. Die Differenz zwischen beidem – einerseits der objektive, von außen messbare Körper, andererseits der Leib, als Ort von Empfindungen, Wahrnehmung und dem Selbst (vgl. Waldenfels 2000, Alloa et al. 2012; Lindemann 2017) – wurde in diesen Debatten betont und vertiefend diskutiert. Für mich spielt diese Differenz keine Rolle. Stattdessen beziehe ich mich auf *eine* der Vielzahl an Interpretationsweisen des Leibbegriffs. Der Rekurs auf den Leibbegriff wird hier im Rahmen einer Soziologie der Sinne bzw. Wahrnehmung verarbeitet und an die zuvor beschriebenen körpersoziologischen Perspektiven angeschlossen (vgl. zum Zusammenhand von Körper- und Wahrnehmungstheorie, Loenhoff 2001: 99, Hillebrandt 2015: 19). Ich verwende den Leibbegriff als Ausgangspunkt, um die Funktion der Sinne für Kommunikation und Interaktion zu rahmen.

47 In sozialanthropologischer Perspektive wurde die Bedeutung der Sinne von Simmel und Plessner hervorgehoben (vgl. Simmel 1992, Plessner 1980, Fischer 2002, Thomas 2011). Ersterem geht es um das Verhältnis von Mensch zu Mensch innerhalb von Interaktionsordnungen, z.B. die Aufrechterhaltung von Nähe- und Distanzverhältnissen, und die Funktion der Sinne (Auge, Ohr, Nase) für soziale Wechselwirkungen zwischen Akteuren. Simmel beschreibt zudem, wie soziale und kulturelle Lebensformen sinnliche Leistungen hierarchisieren und eine technologische Stilisierung des Sinnesapparates stattfindet. Für Plessner sind die Sinne Medien des ‚In-der-Welt-Seins'. Es geht ihm um das Verhältnis vom Menschen und der Umwelt, um sinnliche, gesellschaftlich und

Bourdieu wird in aktuellen praxistheoretischen Diskussionen v.a. Maurice Merleau-Pontys Theorie der sinnlichen Wahrnehmung herangezogen (vgl. Merleau Ponty 1966).[48] Merleau-Ponty versteht sinnliche Wahrnehmung als „Medium der Welthabe, als Vermittler zwischen Ich und Welt" (Loenhoff 2001: 96), als Medium des ‚Zur-Welt-Seins' (vgl. Merleau-Ponty 1966). Durch den wahrnehmenden Leib werden Subjekte in die Welt eingebunden und mit ihr in Kontakt gebracht. Merleau-Ponty bestimmt Wahrnehmung als grundlegenden Modus praktischen Daseins in einer Vielzahl sozialer Felder: in der Raum- und Zeiterfahrung, in der Sexualität und im politischen Denken - und vor allem in der Sprache bzw. beim Sprechen (vgl. die Beiträge in Alloa/Fischer 2013; Meyer-Drawe 2001: 156–214), der Dingwahrnehmung wie -konstitution (vgl. Meyer-Drawe 1999) und in Bezug auf andere Mitmenschen (vgl. Waldenfels 2000, 2015; Coenen 1985: 137–241; Crossley 1996, 2001). Sinnliche Wahrnehmung steht jeweils für eine vorreflexive Konstitution dieser Felder, ermöglicht das Agieren und die Orientierung in den Feldern und die Verständigung mit Mitmenschen. Wahrnehmung ist immer gerichtet auf etwas, was sie dadurch erzeugt. Sie ist intentional und performativ zugleich. Indem etwas wahrnehmend erfasst wird, wird eine Gestalt gebildet, ein Gegenstand und dessen Bedeutung erzeugt. Dieses ‚bestimmende' Erfassen kann sich auf ein menschliches Gegenüber oder ein technisches Objekt beziehen. Wahrnehmung lässt eine Geste oder ein Zeichen auf einem Display ‚wirklich' sein. Bestimmte Aktionsschema, Verhaltensgewohnheiten und Umgangsweisen mit der sozialen Umwelt basieren auf der Wahrnehmung von Lauten, Dingen und Bewegungen. Wahrnehmungsakten liegt praktisches Wissen zugrunde. Andersherum wird praktischer Sinn sinnlich vermittelt erfahren. Zusammengefasst: Sinne und praktisches Wissen gehören zusammen.

Wahrnehmung vollzieht sich – im praxistheoretischen Paradigma – nicht als innerlicher Vorgang, sondern als eine nach außen gerichtete und wahrnehmbare Aktivität. Für eine Analyse sozialer Praktiken und der Rolle der Sinne für diese, verstehe ich die Sinne nicht physiologisch-psychologisch und individuell, sondern als Bestandteil kollektiv und öffentlich vollzogener, sozialer Praktiken. Sinnliche Wahrnehmung wird praktisch mobilisiert und vergemeinschaftet. Das gilt für *face-to-face*-Interaktionen und intersubjektive Kommunikation, in denen der eigene wie

---

kulturell verbreitete Erkenntnisweisen und die Herausbildung von wahrnehmbaren Gestalten und Objekten in der Umwelt (vgl. Bosch 2012). Darüber hinaus macht er auf den Zusammenhang von Wahrnehmung und Körperbewegungen sowie auf die Einheit und das Zusammenwirken der Sinne – im Gegensatz zu den Differenzierungen bei Simmel – aufmerksam.

48 Ausgehend vom Primat der visuellen Weltstrukturierung durch den wahrnehmenden Leib, interpretiert Sophia Prinz das Werk von Merleau-Ponty praxistheoretisch (Vgl. Prinz 2014: 169–224, 2016) und zeigt, wie das Sehen (bzw. die visuelle Gestaltbildung) dafür sorgt, dass die (soziale) Welt als ein „geordnetes Arrangement" (Prinz 2014: 186) entsteht und wahrgenommen wird. In die soziale Welt involviert sein und sich mit ihr praktisch auseinandersetzen, geschieht durch Akte des Sehens, die sich an kulturell genormten Ordnungen des Sehens orientieren. Ähnlich lautet Ulrike Tikvah Kissmanns Vorschlag zur Analyse des Sozialen. Jenseits von Sprache und ausgehend von sinnlich (hier ebenfalls vor allem visuell) wahrnehmbaren, (zwischen-)leiblichen Aktivitäten (typische Gesten und Mimik), die soziale Welten, ihre Akteure und technologische Objekte verbinden, rekonstruiert sie den Verlauf von Interaktionsvollzügen bzw. sozialen Praktiken (vgl. Kissmann 2014).

der Körper des Gegenübers wahrgenommen werden, wie auch im Gebrauch von technologischen Dingen, die man tasten, sehen oder hören muss oder beim Gegenüber Entsprechendes beobachtet. Andere Akteure und Technik sind Gegenstand der Wahrnehmung und formen sowie erfordern Wahrnehmungsschemata oder -strukturen. Praxistheoretisch forschen meint also, Fragen nach Wahrnehmungsstrukturen und deren Bedeutung für soziale Ordnung zu stellen.

Die Bedeutung der sinnlichen Wahrnehmung hat insbesondere Jens Loenhoff grundlagentheoretisch bestimmt (vgl. im Folgenden Loenhoff 2001, 2002a, b). Anstatt die Sinne hierarchisch zu ordnen, ihre Leistungen zu differenzieren und gegeneinander auszuspielen, sie an Organen festzumachen oder als einfache Durchgangskanäle zu bestimmen (wie es andere Sinnes-Theorien machen), geht es Loenhoff um den sozialen Gebrauch der Sinne und ihre „ermöglichende[n] Leistungen" (Loenhoff 2002b: 16). Er zeigt, wie die Sinne an Prozessen der kommunikativen und interaktiven Ordnungsbildung aktiv beteiligt sind.[49] Interaktionsordnungen sind grundlegend wahrnehmungsbedingt und beanspruchen und erfordern sensomotorische Ressourcen, deren Einsatz auf kulturellen Mustern und sozialen Regeln beruht. Die unterschiedlichen wie zueinander in Beziehung stehenden Leistungen der Sinne kennzeichnen und bedingen Interaktionsordnungen strukturell. Die Sinne registrieren, fokussieren und selektieren Gegenstände und Aktivitäten, die für Interaktionen und Kommunikation relevant sind, und steuern die Aufmerksamkeit der beteiligten Akteure. In Interaktionen werden vor allem Körperbewegungen, Blickverhalten, Mimik und Gestik und gesprochene Sprache wahrgenommen.

Insbesondere Kommunikation – dem Gegenstand dieser Arbeit – steht in den Überlegungen von Loenhoff im Mittelpunkt. In der Kommunikation tritt die Bedeutung sinnlicher Wahrnehmung als zentrales Moment sozialer Praxis besonders hervor. Die „sensorische Infrastruktur der Situation" (Loenhoff 2001: 192) ist für die Koordination und den Vollzug von kommunikativen Akten von Bedeutung. Die Sinne sind Ressourcen für die Arbeit an der jeweiligen kommunikativen Problemstellung sozialer Situationen – Kopräsenz und wechselseitige Wahrnehmbarkeit von Akteuren vorausgesetzt. Selbst- und Fremdwahrnehmung, die Orientierung an fremden und die Erzeugung von interaktiv relevanten Aktivitäten (z.B. Sprache) und wahrnehmbaren Formen körperlicher Bewegung (z.B. Gesten) durchdringen sich im Vollzug von Kommunikation. Die wechselseitige Wahrnehmung von kommunikativ relevanten Ereignissen am Körper (Kopf, Augen, Gliedmaßen, Laute) des Gegenübers bildet die Basis für Intersubjektivität und Sozialität. Die wechselseitige Steuerung der Interaktionspartner*innen und die Handlungskoordination vollzieht sich „im Medium gegenseitiger Wahrnehmung" (ebd.: 151) und geschieht auf spontane, wie routinierte Art und Weise und inkl. Missverständnissen, Kommunikationskrisen und deren Bewältigung.

Wie Wahrnehmung und Kommunikation die situative Koordination und Orientierung agierender Akteure bedingt, wurde in verschiedenen Arbeiten Gegenstand empirischer Forschung. Über die oben ausgeführten Aspekte hinausgehend, zeigt

49 Der Zusammenhang findet sich bereits bei Goffman: „Goffman understands practical, embodied action to be interwoven with the perceptual field of the agent, understood as a visual, sonorous, olfactory, tactile and saporous order. [...] Our perceptions enjoin us to an 'interaction order' [...]" (Crossley 1995: 136).

sich in diesen Arbeiten oft ein Zusammenhang zwischen Wahrnehmung und Technologie. In seinen Analysen der Arbeitswelt plädiert Fritz Böhle für den Einbezug sinnlicher Erfahrungen in die Rekonstruktion sozialer Interaktionsordnungen. Er beschreibt Wahrnehmung als Bestandteil von Arbeitshandlungen und als eine spezifische Erkenntnisleistung, u.a. im Umgang mit Gegenständen und Mitarbeiter*innen. Er weist darüber auf den Zusammenhang von sinnlicher Wahrnehmung und Technologien hin, da (moderne) Arbeitswelten technologisch und medial strukturiert sind (vgl. Böhle 1989; Böhle/Porschen 2011; Schubert 2011). Durch die „Orientierung am Geräusch der Maschine“ (Böhle 1989: 502) werden z.B. Bewegungsabläufe in der Arbeit ausgeführt und abgestimmt, es wird sinnlich wahrgenommen, was in der Maschine passiert, dieses Wissen an Mitarbeiter*innen körperlich kommuniziert und von diesen sinnlich wahrgenommen, wodurch kooperatives Zusammenarbeiten möglich wird (vgl. Böhlen/Fross 2009). Die Sinne ermöglichen demnach Praktiken nicht im ‚Alleingang‘. Als Element der soziomateriellen Welt stehen sie im regen Austausch mit Technologien und Medien.[50]

Dass der sinnliche Zugang zur Welt und zu ihrem Personal durch komplexe Medientechnologien und Apparate vermittelt ist, wurde prominent vom zentralen Vertreter der Postphänomenologie – Don Ihde – ausformuliert und systematisch anhand visuell agierender Wissenschaften vertieft (vgl. Ihde 1990, 1999). In seiner an Wahrnehmungstechnologien interessierten Technikphilosophie finden sich eine Vielzahl instruktiver Beispiele: Durch die Brille sieht man, was an der Tafel steht; das Stethoskop hört in den Körper hinein; das Teleskop macht den Mond sichtbar. Kultur- und mediensoziologische Forschung wiederum beleuchtet den Zusammenhang von Praktiken des Hörens, der Subjektwerdung und Vergemeinschaftung, und argumentiert für die soziokulturelle und praktische Bedeutung akustischer Daten (vgl. Schrage 2001; Schulz 2015; Schulz 2018; Volmar/Schröter 2013; Willkomm 2020; sowie ebenso Ihde 2007, 2015). Neuere Studien der Wissenschaftsforschung belegen, dass das Produzieren von Erkenntnissen auf sinnliche Wahrnehmung und mediale Apparaturen zugleich angewiesen ist (vgl. Burri/Schubert/Strübing 2011; Willkomm 2014, 2020). In der Medizin schaffen innovative Technologien neue strukturelle Bedingungen der für Operationen oder Diagnosen erforderlichen Leistungen sinnlicher Wahrnehmung: Insbesondere visuelle Medien und Objekte bestimmen die Navigation von Gliedmaßen und Instrumenten und haben teil an der Konstruktion von Wissen über den behandelten Körper. Es kommt zur Synthese von Apparaten, Medien, Körpern, Sinnen und Wissensordnungen (vgl. Queisner 2016; Schubert 2006; Burri 2008; Feith 2018). Die haptische Wahrnehmung von technologischen Alltagsgeräten wird besonders prominent von Mark Paterson untersucht. Geräte, Displays und Interfaces werden nicht nur visuell, sondern auch haptisch erfahren und bedient. Haptik bildet die sensorische Voraussetzung des praktischen Gebrauchs von ‚touch technologies‘ (vgl. Paterson 2005, 2006, 2007).

50 Der Zusammenhang von Strukturen der sinnlichen Wahrnehmung und Medientechnik, wie z.B. Telegrafie, TV und Radio wurde vor allem mit Interesse an historischen Wandlungsprozessen und an dem Verhältnis von Visuellem (bzw. Schriftkulturen) und Auditivem (bzw. Mündlichkeitskulturen) von McLuhan (1970) und Ong (1982) rekonstruiert. Diese Forschungen verdeutlichen, dass die sinnliche Ausstattung des Menschen von einer Vielzahl an Technologien und medialen Apparaturen erweitert, fundiert unterstützt oder behindert wird.

Offensichtlich ist das beim Streichen und Wischen über Displays, Eye-Tracking-Technologien und Interface-Designs, bei denen Vorgänge und Befehle durch Fingerkombinationen ausgelöst werden. Hier bedarf es besonderer Fingerfertigkeiten, um Prozesse der Wirklichkeitsproduktion anzustoßen (vgl. Krtilova 2016; Ruf 2014). Und auch für die Kommunikation durch einen Sprachcomputer lässt sich behaupten, dass die Sinne eine zentrale Rolle spielen. Den Talker zu bedienen, basiert auf akustischer und visueller Wahrnehmung sowie auf der Ausführung motorischer Aktionen, d.h. die Haptik der Geräte spielt ebenso eine Rolle. Zugleich ist die komplexe Nutzung sinnlicher Ressourcen ein zentrales Interaktionsproblem des Talker-Gebrauchs. Der visuelle Fokus auf das Display, erschwert die visuelle Beobachtung der Aktionen von Kommunikationspartner*innen und die akustische Verortung von Ereignissen in der Umwelt.

All diesen exemplarisch herangezogenen Forschungen ist gemeinsam, dass sinnliche Erfahrungsweisen in Verbindung mit Medientechnologien soziokulturelle Praxen und Wirklichkeitskonstruktionen bedingen – und eine praxistheoretische Forschung sich auf diese Verbindungen konzentriert. In Praktiken und Interaktionen spielen Medien, Technik und Sinne zusammen, das eine ist durch das andere erschließbar und es werden Fragen nach dem Verhältnis von Medientechnologien und menschlicher Sinnestätigkeit bzw. -fähigkeit empirisch beantwortbar (vgl. Hörisch 2001; Karpenstein-Eßbach 2004; Gibson/vom Lehn 2021; Ochsner/Stock 2016). Die Sinne und ihre vermittelnden Leistungen sind auf technische Objekte und Medien ebenso bezogen wie auf Interaktions- und Kommunikationspartner. Für diese Arbeit bedeutet das Folgendes: die Verschaltungen von Menschen und Medientechnik anhand der Anteile sinnlicher Wahrnehmung in der sozialen Praxis zu untersuchen und zu zeigen, wie welche sinnlichen Wahrnehmungsweisen soziale Praktiken, den Gebrauch von Technologien und die Konstruktion von Behinderungen prägen.

4.3 Die Materialität sozialer Praktiken II

Das konzeptionelle Verständnis der Materialität des Sozialen, welches in dieser Arbeit zur Anwendung kommt, beinhaltet neben einer körperlichen Seite, die im vorherigen Kapitel beschrieben wurde, eine weitere, die in diesem Kapitel ausgeführt wird. Sie besagt: Das Soziale ist technisch und medial verfasst. Die soziologische Theorie behandelt technische Dinge und Objekte i.d.R. auf vier Weisen: als unsichtbare und marginale Werkzeuge, als alles determinierende Supermächte, als passive Projektionsflächen menschlicher Gestaltungskünste und, kritisch, als Fetische (vgl. Latour 2002a, b). Folgerichtig wird Sozialität als primär durch Menschen und intersubjektive Beziehungen geschaffenes, von ihnen aufrechterhaltenes und veränderbares Gebilde erfasst; oder die Diagnose lautet, dass die menschlichen Gestaltungskräfte durch die Übermacht technischer Objekte sich selbst entfremdet werden. Ein klassischer und für diese Arbeit relevanter Fall, in dem die Bedeutung von Dingen vernachlässigt wurde, sind Interaktionstheorien und deren Fokussierung auf (zwischen-)menschliche Aktivitäten (vgl. Latour 2001).

Eine Grundaussage vieler zeitgenössischer sozialtheoretischer Ansätze lautet dagegen: Soziale Phänomene enthalten grundsätzlich materielle Anteile. Insbesondere meint dies physische Dinge der Umwelt bzw. Technologien. Menschliche Sozialität und soziale Praktiken beruhen auf ‚material arrangements' (vgl. Schatzki 2010: 129f.), d.h. nichtmenschlichen, technischen Dingen. Diese sind sozial, wie das Soziale dinglich ist. Unter den Überschriften „Sozialität mit Objekten" (Knorr Cetina 1998) oder „the turn to things" (Preda 1999) wird hervorgehoben, dass sich menschliche Aktivitäten und Lebenspraxen auf Dinge beziehen und durch diese konstituiert werden. Das Soziale ist kein isolierter, immaterieller, objektfreier Bereich, und materielle Objekte sind nicht nur passive Träger von Bedeutung (vgl. Hennion 2013: 88f.). Objekte „realisieren [...] Realität, sie erlauben eine Handlung, die ohne sie nicht existiert hätte" (ebd.: 90). Die gemeinsame Teilhabe an Praktiken, die geteilte Beziehung und Verhalten zu bestimmten Objekten, der gemeinsame Gebrauch von und die Erfahrung mit Objekten, sind „the grounds upon which the we-relationship between self and other is built" (Streeck 2013: 81). In einer „relational ontology" (Breslau 2000; vgl. Pels et al. 2002; Law/Mol 1995) machen soziologische Erklärungen, die sich auf dieser Basis bewegen, keinen Unterschied zwischen materiellen und sozialen Domänen der Wirklichkeit, sondern stellen heraus, dass beide verbunden sind und dadurch soziale Praktiken ermöglichen. Menschliche Sozialität und materielle Dinge stehen in einem Wechselverhältnis, welches die Konstruktion von sozialer Wirklichkeit und sozialer Ordnung prägt.

Materielle Aspekte finden Berücksichtigung in einer Vielzahl von Forschungssträngen, exemplarisch in der historischen Erforschung von Institutionen oder der modernen Wissenschaftsforschung (vgl. Pinch 2008; Latour 2002a; Nordmann/Schwarz 2012). Wissenschaftliche Erkenntnisse z.B. entstehen durch Labore und Instrumente, durch eine „intime Nähe zu den Dingen" (Nordmann/Schwarz 2012: 296). Auch in anthropologischer Forschung wurde und wird gegen die Trennung von Menschen und Dingen und die Reduktion von Technologien auf menschliche Beziehungen argumentiert. In der Erforschung diverser menschlicher Kulturen und deren materieller Basis, zeigt sich, dass Dinge selbstverständlich im alltäglichen Handeln sind, dass sie soziale Settings charakterisieren, dass sie selbst untereinander Beziehung aufbauen und menschliche Akteure sozialisieren und vergemeinschaften (vgl. Miller 2010). Tim Ingold (2001) hat in diesem Kontext gezeigt, dass der Erwerb von *skills*, d.h. Fähigkeiten im Umgang mit Objekten, und Gustav Roßler (2015) betont, dass die *agency* von Dingen innerhalb einer Praxis relevant ist für die Erforschung soziokultureller Zusammenhänge. In der soziologischen Theoriebildung wird die „sozialitätsstiftende Materialität" (Traue 2017: 256) z.B. in Bezug auf die Herstellung und Aufrechterhaltung von Kommunikation, Lebenswelten und Wirklichkeit analysiert. Technische Dinge ermöglichen kommunikative Ordnung zwischen Akteuren, sie dienen der Herstellung von Verbindungen zwischen kommunizierenden Akteuren, fungierend als vermittelndes Element (vgl. Traue 2017; Pfadenhauer/Grenz 2017). Hennig Laux (2017) hebt in diesem Kontext insbesondere das Werk von Bruno Latour hervor. Laux beschreibt mithilfe Latours u.a., wie Technik zur Materialisierung des Sozialen, von Normen und Regeln, verhilft (vgl.

ebenso Preda 2000) und wie ‚bloße' Zeichen in materielle Inskriptionen und Infrastrukturen verwandelt werden. Technische Dinge bzw. Technologien stabilisieren Wissenschaft oder Gesellschaft, wie sie sie auch verunsichern und wissenschaftliche wie gesellschaftliche Krisen erzeugen (vgl. ebenso Bosch 2015). Ich beziehe mich in dieser Arbeit auf Latour und an ihn anschließende Forschung, um eine spezifisch mikro-soziologische Konzeptualisierung von Technik *und* Medien anzuwenden. In dieser Arbeit untersuche ich, wie der Sprachcomputer in sozialen Praktiken als Technik und Medium einbezogen wird, durch seinen Gebrauch sich Kommunikationsstrukturen herausbilden und stabilisieren und dadurch soziale Ordnung und gesellschaftliche Daseinsweisen entstehen. Die Arbeit ist damit auch ein Beitrag zur Vielzahl an Forschung zum Zusammenhang von Kommunikations- und Informationsmedien und Behinderung (vgl. exemplarisch Thornton 1993; Lupton/Seymour 2000; Sapey 2000; Ellis/Kent 2011), und ergänzt diese um eine praxistheoretische Perspektive, die im Folgenden für die Begriffe Technik und Medien ausbuchstabiert wird.

4.3.1 Technik

Den praktischen Gebrauch von Technik und ihre Bedeutung für den Vollzug alltäglicher sozialer Praktiken hat Karl H. Hörning in einer Vielzahl seiner Arbeiten in den Mittelpunkt gestellt, von denen insbesondere „Experten des Alltags" (Hörning 2001) als Grundlage für eine praxistheoretische Bestimmung von Technik gesehen werden kann. Ausgehend von der soziologischen Erforschung des Alltags zeigt Hörning – und stellt zugleich in Frage –, wie in einer Vielzahl soziologischer Theorien Alltag und Technik in getrennten Wirklichkeitsbereichen verortet wurden. Die Anwesenheit von Technik im Alltag ist allerdings so selbstverständlich wie trivial. Im alltäglichen Gebrauch von Technik entstehen Kulturen und ermöglichen und bedingen das bedeutungs- und sinnvolle Handeln und Kommunizieren der Gesellschaftsmitglieder.

Hörnings Überlegungen nehmen ihren Ausgang beim Begriff der Praxis.[51] In einer kultursoziologischen Perspektive macht er es sich zur Aufgabe, Alltag, Praktiken und Technik in ihrer Verflechtung zu untersuchen. Die alltägliche Bedeutung technischer Dinge liegt dabei in ihrem „Praxiswert" (ebd.: 205). Das Soziale an technischen Dingen wird sichtbar in ihrem praktischen Gebrauch. In den ‚Umgangspraktiken' mit technischen Dingen werden Bedeutung und Sinn generiert bzw. diese im Zuge des Gebrauch der Technik zugeschrieben. Technik strukturiert, orientiert und determiniert Handlungen und Verhalten. Aber: technische Dinge besitzen lediglich bestimmte Potenziale für den Vollzug sozialer Praktiken, sie haben nicht per se Handlungskraft. Dinge sind bei Hörning „Material und Ressource" (Wieser 2004: 100) für Praktiken.

Am Beispiel des PC (und anderen Alltagsgegenständen) und seiner Rolle für bestimmte Organisationskulturen zeigt Hörning, wie der Technikgebrauch in die fortlaufende kommunikative Arbeit an bestimmten Aufgaben eingreift und hineinwirkt.

---

51 Hörning meint damit – im Einklang mit meinen Überlegungen in Kap. 4.1 – routinierte und selbstverständliche Verhaltensweisen, die innerhalb einer Kultur oder Gemeinschaft gepflegt werden und Fähigkeiten und Wissen der Akteure voraussetzen (vgl. Hörning 2001: 160–170).

Techniknutzung ist nicht auf die reine Bedienung eines Gerätes reduzierbar, sondern hat bestimmte Kommunikationspraktiken, für deren Vollzug praktisches Wissen notwendig ist, zur Folge. Die Existenz eines technischen Artefakts fordert Kommunikation heraus; erzeugt bestimmte Rollen, die die Organisationsmitglieder einnehmen können; ermöglicht Handlungsmuster und -prozesse, bestimmte Interaktionszeiten oder -dynamiken, die sie einhalten müssen; bildet Netzwerke und Machtverhältnisse heraus – kurz, Organisationskultur und Technologie stehen in einem wechselseitigen Konstitutionsverhältnis. Neben der Vorrangstellung der Praktiken, ist für diese Arbeit zentral, dass Hörnings Arbeit auf den „[medialen] Charakter technischer Artefakte" (Hörning 2001: 138) aufmerksam macht. Das heißt, Technik ist medial und vermittelt menschliche-Koexistenz, intersubjektives Verstehen sowie das Mit-einander-handeln der Akteure.

Werner Rammert und Ingo Schulz-Schaeffer haben ebenfalls die deutsche Techniksoziologie maßgeblich geprägt (vgl. Rammert 1998, 2006, 2016; Rammert/Schulz-Schaeffer 2002). Basierend auf handlungstheoretischen und pragmatistischen Überlegungen wird Technik als Problemlösungsressource einer Kultur oder Gesellschaft verstanden. Andersherum prägen gesellschaftliche Gruppen im Umgang mit Technik dieser ihr Gesicht auf. Darauf aufbauend unterscheiden die Autoren die Auswirkungen von Technik entlang von Dimensionen ihrer Handlungsträgerschaft, ihrer Wirkmacht und unterschiedlicher Aktivitätsniveaus innerhalb von Interaktionen. Das Ziel, bestimmte Technologie in Kategorien einordnen zu können, wird hier nicht verfolgt. Dennoch liefert die ‚Berliner Techniksoziologie' wertvolle Hinweise für die Analyse von technischen Bedingungen sozialer Interaktionen.

Ihr Basisargument lautet: Technologie und Sozialität werden „ko-produziert" (Rammert 2016: 30). Technik ist dabei als „pro-aktiver, kontext-sensibler und kooperativer Agent" (ebd.: 34) zu verstehen. Technische Dinge liefern in ihrem Gebrauch einen eigenständigen, und soziale Praktiken formenden Beitrag. Sie ermöglichen die Kooperation und Koordination der menschlichen Akteure, erzeugen Beziehungen zwischen diesen und es bilden sich Handlungsabläufe, Verhaltens- und Wahrnehmungsweisen durch Technologie heraus. Um dies zu untersuchen, nehmen die Autoren in den Blick, wie innerhalb von Interaktionen Handlungsträgerschaft verteilt wird. Rammert fragt: „[W]ie [werden] Aktivitäten mit welchem Aktionsniveau auf menschliche, maschinelle und symbolische Agenten mit welchen Folgen für Effizienz, Sicherheit und Selbstbestimmung verteilt" (ebd.: 39). Die heterogene Verteilung und Verkopplung von Handlungsträgerschaft bzw. -macht (vgl. ebd.: 87ff.) ist relevant für das Verständnis von Praktiken der technisch unterstützten Kommunikation. Um dies zu rekonstruieren, nutze ich nicht Rammerts Kategorisierungen. Aber er zeigt deutlich, wie Geräte unterschiedliche Rollen in Interaktionen übernehmen können und unterschiedlich stark in den Ablauf von Handlungen eingreifen, Routinen formen und Krisen auslösen und – nicht zuletzt – in Wechselwirkung mit anderen Akteuren und Technologien stehen. Rammert et al. machen aufmerksam auf die Relevanz der „Interaktivitäten zwischen Menschen und Objekten und [der] Interobjektivitäten zwischen den Objekten" (ebd.: 43). Dies sind zwei Aspekte, die auch für die Rekonstruktion der Kommunikationspraxis mit einem Sprachcomputer von Bedeutung sind. Nicht nur ist die Kommunikation mit dem

Talker ein technisierter Vorgang zwischen Menschen. Er muss auch vom ‚user' im Umgang mit seinem Gerät (körperlich) bewältigt werden und steht u.U. im Zusammenhang mit weiteren technischen Geräten. Auf Ersteres, die Beziehung zwischen Nutzer*innen und technischem Objekt, gehe ich im Folgenden genauer ein.

Eine philosophische, aber dennoch soziologisch häufig rezipierte und anschlussfähige Perspektive auf Technik und die soeben beschriebene Thematik wurde von Don Ihde unter dem Namen Postphänomenologie entwickelt.[52] Ausgehend von der Analyse bestimmter Technologien hat Ihde ein relationales Verständnis vom Menschen, der Welt und Technik vorgeschlagen (vgl. Ihde 1979, 1990; Ihde/Selinger 2013; Rosenberger/Verbeek 2015; Verbeek 2016). Technische Gegenstände vermitteln die Beziehung zwischen Menschen und der Welt und formen und verändern Wissen, Wahrnehmung, Erfahrungen, Kommunikation – und damit Praktiken, Lebenswelten, Kulturen und Gesellschaften. Technik wird hier weder rein funktional noch als Instrument oder neutraler Vermittler des Zugangs zur Welt konzipiert. Technische Objekte leisten einen spezifischen Beitrag und verändern, dass was wahrgenommen, gewusst, erfahren oder kommuniziert wird. Sie tragen Bedeutungs- und Sinngehalte bei. Mit der Vermittlung geht eine wechselseitige Konstitution von Mensch, Welt und Technik einher. Im Vermittlungsprozess werden Qualitäten eines Phänomens verstärkt oder reduziert, es werden Aspekte der Wirklichkeit eröffnet oder verdeckt, Handlungsweisen werden ermöglicht oder beschränkt, menschliche Akteure werden involviert oder entfremdet (vgl. Kiran 2015).

Eine weitere Pointe der Postphänomenologie ist: Interaktionen mit technischen Objekten und der Vermittlungsprozess sind körperlich bedingt. Motorik und Wahrnehmung als physische Vorgänge werden durch Technologien verändert und geformt, z.B. im manuellen Gebrauch der Technik, im Vollzug von Bewegungsmus-

52 Postphänomenologie kennzeichnet einige Besonderheiten gegenüber der klassischen Position von Edmund Husserl. Zentral legt sie den Fokus auf Praktiken, vollzieht eine Abkehr von subjektivistischen bzw. individualistischen Positionen, betont Intersubjektivität, Körperlichkeit und Materialität für die Analyse von lebensweltlichen, gesellschaftlichen und kulturellen Zusammenhängen und arbeitet – auf methodischer Ebene – an einer *variational theory* (vgl. Ihde 2009). Letztere hat zur Konsequenz, dass nicht die Erkenntnis von Essenziellem, Unveränderlichem, Transzendentalem sondern von veränderlichen, heterogenen und multiplen Aspekten der Lebenswelt und Kultur Ziel der Analysen ist. Neben dem Fokus auf empirische Phänomene anstatt reiner philosophischer Introspektion, macht die Setzung des „embodied […] use of technologies" (De Preester 2010: 344) als Fixpunkt postphänomenologischer Analyse diese an (praxis-)soziologische Analysen anschließbar. Eine Verknüpfung mit soziologischen Forschungsansätzen diskutiert z.B. Schmidl 2019. Die Gemeinsamkeiten und Unterschiede zwischen Postphänomenologie und Akteur-Netzwerk-Theorie diskutiert z.B. Rosenberger 2014. Beide Theorien kulminieren im, wenn auch unterschiedlich ausformulierten, Begriff der technischen Vermittlung, beide Theorien interessieren sich für Relationen zwischen Menschen, Dingen und der sozialen Welt. Die Postphänomenologie legt den Fokus weniger auf die Verkettung von Handlungen, wie in Latours Netzwerk- und Prozesstheorie (vgl. Wieser 2012), sondern stärker auf die vor der Verkettung liegende Kopplung von Akteur und Objekt. Entsprechend bleibt die Postphänomenologie auch in einer starken Fokussierung auf das menschliche Subjekt verhaften, welche von der Akteur-Netzwerk-Theorie eher hinterfragt wird.

tern oder in der Navigation in Räumen. Ihde zeigt, dass Technologien Teil des Körpers werden und prominent an der Ausübung von sensomotorischen Tätigkeiten teilhaben (vgl. Ihde 2002; Brey 2000).

Ihde unterscheidet folgende Varianten der Mensch-Technik-Beziehung (vgl. Ihde 1990: 72–111): erstens eine verkörperte Form, in der die Technik inkorporiert ist, in den Hintergrund rückt, transparent wird und wie selbstverständlich Handeln ermöglicht (man sieht durch die Brille hindurch); zweitens, eine hermeneutische Relation, in der die Technologie als Instrument eingesetzt wird und Zeichen produziert, die interpretiert werden (man liest die Uhr, visuelle Technologien in verschiedenen Wissenschaften (Teleskop, Mikroskop), bildgebende Verfahren in der Medizin); drittens, ‚alterity relations', in denen die Technik als Anderer, ähnlich einer Person, auftritt (man hört die Stimme des Smartphones, beantwortet die Fragen des Geldautomaten, Computer-Interfaces werden als quasipersönliches, eigensinniges Gegenüber adressiert, vgl. Irwin 2006); viertens, Hintergrundrelationen, in denen die Umwelt oder der Kontext ohne direkten Einfluss des Menschen technisch geregelt wird (z.B. bei Klimaanlagen). Neuere Forschungen ergänzen diese Auflistung um ‚cyborg relations', in denen Mensch und Technik verschmelzen und die Grenze zwischen menschlichem Körper und technischem Gerät brüchig wird (z.B. beim Herz- und Hirnschrittmacher oder dem Cochlea-Implantat, vgl. Ihde 2008, Besmer 2012; Verbeek 2008).[53]

In allen Varianten vermittelt die Mensch-Technik-Beziehung die Bezüge des Menschen zu seiner Welt. Die Vermittlung von Menschen, Technik und Welt erschließt die Postphänomenologie ‚von innen' heraus. Sie interessiert sich dafür, „what happens *between* humans and their machines" (Ihde 1979: 3; H.d.V.). Drei Aspekte sind hier erwähnenswert:

- Ein einzelnes Gerät, wie in meinem Falle der Talker, kann verschiedene Relationen herausbilden und stabilisieren. Mit dem Konzept der Multistabilität eines technologischen Objektes wird „the ever-present potential for a technology to be used in multiple ways through multiple contexts" (Rosenberger 2014: 373; vgl. Ihde 1990: 144–156) mitgedacht. Eine gleiche Technik kann auf vielfältige, aber nicht unendliche, manchmal konfligierende Weise einen sozialen Zusammenhang stabilisieren.
- Um praxistheoretisch anwendbar zu sein, sind zwei Details zu ergänzen. Einerseits sind Relationen keine bloß symbolischen oder mentalen Konstrukte, sondern machen sich in „Kundgaben, Arrangements und Expressionen" (Goffman 1974: 261) nachvollziehbar. Beziehungen zwischen Menschen und Dingen lassen sich in ihrer öffentlichen und praktischen Ordnung beobachten.

53 Diese verschiedenen Varianten wurden in einer Vielzahl empirischer Studien als Beschreibungsfolie für die sozialen Implikationen u.a. des Gebrauchs von Mobilfunk-Telefonen (vgl. Rosenberger 2012; Wellner 2014), Touchpads (vgl. Wirth 2017), Pflegerobotern (vgl. Hasse 2013; Pfadenhauer/Dukat 2017), Prothesen (vgl. De Preester 2011) und Parkbänken bzw. Hydranten (vgl. Rosenberger 2014, 2017) angewandt und erprobt (vgl. für weitere Studien: Rosenberger/Verbeek 2015: 32–39).

- Andererseits sind die Relationen von Körpern und Dingen in Interaktionsordnungen eingebettet und treffen auf andere Relationen, andere menschliche wie nicht-menschliche Akteure. Die Realisierung der vermittelnden Rolle von Technik hängt davon ab, wie die Beziehung zwischen Menschen und Technik in Praktiken gehandhabt wird. Nimmt man jemandem seine ‚Garnitur' (Goffman 1972), z.B. seine Brille, seine Uhr und sein Smartphone weg, schaltet die Klimaanlage aus und trennt ihn von seinem Hörgerät, dann hat das Folgen für seine existenzielle Weltwahrnehmung und die ihm zugänglichen sozialen Praktiken.

Zusammengefasst, geht es mir ausgehend vom postphänomenologischen Fokus auf Relationen darum, zu beschreiben, wie die Beziehung zwischen Person und seiner Technik innerhalb von Interaktionsordnungen vollzogen und aufrechterhalten wird.

Im weiteren Verlauf dieses Kapitels werde ich mich auf Überlegungen der Science and Technology Studies, der Akteur-Netzwerk-Theorie und insbesondere Bruno Latours Werk beziehen. Insgesamt steht weiterhin die Frage im Hintergrund, wie technische Geräte und ihre Bedeutung für soziale Interaktionen verstanden werden können. Die Science and Technology Studies nehmen hierbei eine Sonderstellung ein. Sie verstehen Objekte einerseits als technologische Dinge, die soziale Ordnung ermöglichen, und andererseits als mediale bzw. vermittelnde Elemente sozialer Zusammenhänge. Dinge besitzen einerseits eine technische Materialität, die soziale Ordnung stabilisiert und Sozialität konstituiert. Sie sind dafür keine fixen Objekte, sondern stehen in Relation zu ihrem praktischen Gebrauch, welcher Körperlichkeit und Sinnlichkeit involviert. Andererseits wirken die Dinge als Vermittler und Mediatoren, die bestimmte Wirkungen oder Handlungsziele übertragen, Akteure verbinden und Zugänge zu anderen Wirklichkeitssphären schaffen (vgl. Pels et al. 2002). Für beide Aspekte gilt das grundlegende Argument: Menschen und Dinge sind in allen sozialen Gegebenheiten miteinander verbunden (sogenannte ‚Hybride').[54] Die ‚vermittelnden' Aktivitäten von technischen Dingen behandle ich im nächsten Kapitel. Ich setze die Argumentation fort, indem ich die technische Seite der Dinge beleuchte und dafür Latours empirische Feldforschung in wissenschaftlichen Laboren heranziehe.[55] In diesen Fallstudien wird die Rolle von Dingen und Objekten in Prozessen und Praktiken wissenschaftlicher Erkenntnisproduktion beschrieben.

---

54 Ausgangspunkt bildet Latours Symmetrie-Prinzip, welches die gleichwertige Gewichtung von menschlichen und nichtmenschlichen Aktanten in und für Handlungsverkettungen bezeichnet. Es wurde eingeführt, um verschiedene konzeptionelle Aufgaben zu bewältigen: den Einbezug von Objekten und materiellen Inskriptionen als aktive Handlungsagenten innerhalb der Erklärung von Prozessen der Wissensproduktion zu erklären; als Kritik am Denken über die Moderne, indem die Objekte und Dinge als neutrale und unwichtige Bestandteile der Wirklichkeit betrachtet wurden; als methodologisches Prinzip, welches dazu anhält nicht *a priori* Handlungsmacht nur dem Menschen zu zuordnen und stattdessen die Beiträge von menschlichen und nichtmenschlichen Aktanten innerhalb von Handlungsketten zu rekonstruieren; und zuletzt als Teil einer politischen Ontologie (vgl. Latour 1994, 2002b, 2005, 2007).

55 Für Latours Beitrag zur Techniksoziologie jenseits von Technikdeterminismus und Sozialkonstruktivismus vgl. Degele 2002; Passoth 2008 sowie Belliger/Krieger 2006: 20ff.

Im Zentrum der Wissenschaftsforschung steht die Erklärung der Entstehung von Wissen. Dafür werden in den Science and Technology Studies primär ethnografische und mikrologische Analysen durchgeführt und Wissenschaft als soziale Praxis und Prozess verstanden. Neben dem Konstruktionscharakter des wissenschaftlichen Wissens wird vor allem auf die materiellen Aspekte der Wissenschaftspraxis verwiesen (vgl. im Folgenden Latour 1987, 2002a; Schmidgen 2008). Die „kooperativen oder widerständigen" (Weingart 2003: 72) Dinge leisten entscheidende Beiträge in der Produktion wissenschaftlicher Erkenntnis, insbesondere in naturwissenschaftlichen Laboren, in denen Technologien verschiedenster Art ‚Handlungsträgerschaft' übernehmen (vgl. Beck/Niewöhner/Sørensen 2012: 31). Die Konstruktion, Artikulation und Zirkulation von Erkenntnissen wird maßgeblich durch Instrumente, Apparaturen, Kommunikationstechniken, eben technologische Objekte, bestimmt. Erst deren Materialität ist es, die Erkenntnisgegenstände hervorbringt, stabilisiert, Aussagen über diese ermöglicht und zu Fakten objektiviert. Latour macht deutlich, inwieweit wissenschaftliche Praxis von Dingen und Gegenständen und „ihrer Pflege, ihrer Beschaffenheit und ihrer Anordnung abhängen" (Passoth 2012: 203; vgl. Latour 2002a). Sie sind nicht bloße Randbedingungen oder marginale Infrastruktur. Die technische Infrastruktur bringt die wissenschaftlichen Gegenstände hervor und begrenzt sie, sowie wiederum wissenschaftliche Erkenntnis in Objekten sedimentiert und stabilisiert vorliegt und ‚transportierbar' ist. In wissenschaftlichen Kontroversen und Prozessen kristallisieren sich Entitäten heraus und verlieren zunehmend ihre Unbestimmtheit und Mehrdeutigkeit, indem sie sich, z.B. durch den Einsatz von Apparaten und Instrumenten, zu Tatsachen bzw. Fakten materialisieren. In der Verwendung von Instrumenten, Artefakten und anderen materiellen Ressourcen wird das epistemische Objekt sichtbar und zum Sprechen gebracht, es wird möglich, Erkenntnisse festzuhalten und sichtbar zu machen, zu ‚objektivieren'. Die Priorisierung der Ideen, Interessen und Ideale der Wissenschaftler*innen für die Analyse des wissenschaftlichen Handelns wird in dieser Perspektive ersetzt durch einen Fokus auf die Materialität der Forschung.

Es ist demnach „nicht nur relevant, was Wissenschaftler sagten und taten, um schreibbare Fakten zu produzieren, sondern auch, was die vielen Maschinen und Apparate an Daten und Zahlen und Diagrammen ausspuckten" (Passoth 2010: 311). Wissenschaftssoziologie im Stile der Akteur-Netzwerk-Theorie „besteht im Studium der für die Logik der Wissenschaft so unerlässlichen *Logistik*" (Latour 2002a: 123). Dafür ist es von Bedeutung die unterschiedlichen Beiträge der menschlichen wie nichtmenschlichen Entitäten in ihrem Wechselverhältnis als gleichwertige Aktanten zu untersuchen und nicht entscheidende Beiträge der materiellen Infrastruktur zu vernachlässigen. Das Gleiche gilt für die Analyse von Kommunikationspraktiken, insbesondere, wenn diese technisiert sind.

Aus den latourschen Analysen der wissenschaftlichen Praxis lassen sich theoretische Überlegungen zur Entstehung sozialer Ordnung ableiten. Aus der Erforschung der Praxis wissenschaftlicher Labore und von Forschungsprozessen entwickelte die Akteur-Netzwerk-Theorie ein generelles Verständnis von Ordnungsbildung, das die Relevanz der materiellen Infrastruktur, von Artefakten und technischen Objekten betont und einen ‚turn to things' (Preda 1999) vorschlägt. Üblicherweise rekurrieren Ordnungstheorien in der Soziologie auf Normen, geteilte Werte,

Kultur oder Strukturzwänge, um das soziale Zusammenleben zu erklären. Die Akteur-Netzwerk-Theorie steht für ein Gegenmodell zum soziologischen Kanon und konzipiert technische Objekte und deren Arrangement als soziale Ordnung ermöglichend, indem diese „ihre stählerne[n] Eigenschaft[en] der fragilen Gesellschaft leihen" (Latour 2007: 117; vgl. Latour 2006c; Preda 1999, 2000). Dadurch können Wissen, Handlungen, Prozesse, Strukturen und Interaktionen – kurz soziale Ordnung – anhand der „Verschlungenheit von Menschen und Objekten in Form von Netzwerken" (Lüdtke 2010: 157) verstanden werden und das Agieren und die Beiträge der als aktive Entitäten konzipierten Dinge, das „Mit-Handeln der Dinge" (Wieser 2004: 99) einbezogen werden. Am Beispiel von Sicherheitsgurten, Schlüsselanhängern, selbstschließenden Türen und Straßenschwellen verdeutlicht Latour sein Argument (vgl. Latour 1996, 2002a).[56] Als feste Verknüpfung von Aktivitäten verhilft Technik sozialen Situationen zu einem (meistens) eindeutigen operativen Ablauf. Die Vernetzung mit und der Einbezug von Nicht-Menschlichem in menschliche Beziehung macht diese erst stabil.[57]

Jede Praxis wird durch die Platzierung von Artefakten/Objekten innerhalb eines Akteur-Netzwerks relativ stabilisiert: Wissenschaft genauso wie der städtische Verkehr oder der Einkauf im Supermarkt. Objekte partizipieren an sozialen Praktiken, stellen Handlungsweisen auf Dauer, definieren (Nutzer*innen-)Rollen, setzen dem Handlungsspielraum Grenzen und regeln das soziale Miteinander. Sie stehen für bestimmte Tätigkeiten, Aktivitäten und Fähigkeiten, die den Alltag sozialer Kollektive ausmachen und von diesen für ihre Existenz gebraucht werden. Sie zirkulieren in einer Gesellschaft und erzeugen soziale Beziehungen, stehen für Institutionen und sozialisieren ihre Nutzer*innen (vgl. Roßler 2015: 29f.). Sie „beeinflussen, normieren, rahmen und provozieren" (Wieser 2012: 97; vgl. Latour 2007: 124) Handeln und Denken und geben dem Sozialem „Festigkeit und Kontur" (Roßler 2015: 26). In der Wissenschaft wie auch im Alltag ermöglichen sie die „Inganghaltung [...] [der] Sozialordnung" (Latour 1998: 78) und „stabilisieren soziales Aushandeln" (Latour 2002a: 257). „Sprechvorrichtungen, Schalter, Türen und Wände" (Schulz-Schaeffer 2008: 135) z.B. ermöglichen durch bestimmte Festlegungen und Erwartungen eine bestimmte Art und Weise des Agierens der Technik-Nutzer*innen und verleihen sozialen Zusammenhängen damit übersituative Langlebigkeit (vgl. ebd.: 126f.). Für die Erklärung von Dauer und Festigkeit der sozialen Ordnung

56 So hat z.B. ein Fahrstuhl „keinen Sinn für die Kontingenz von Situationen, aber eben das vereinfacht die Situation erheblich" (Junge 2002: 227). Durch seine „kausal vereinfachte Sequenz" (Rammert 1998: 307) handelt er nicht strategisch und lässt sich nicht ablenken, erfüllt keine abweichenden Erwartungen, sondern funktioniert in erster Linie verlässlich.

57 Latours Technik-Analysen (und ihre Rezeption) operieren mit einem Hang dazu, die Dauerhaftigkeit von technisch ermöglichten Zusammenhängen stärker zu betonen als deren Gegenteil, also deren Fragilität und Instabilität. Nichtsdestotrotz erwähnt Latour, dass jedes soziotechnische Arrangement „vorläufig" (Latour 2006c: 390) ist und immer wieder „repariert und erhalten" (Latour 2006c: 384) werden muss. In der Perspektive der Akteur-Netzwerk-Theorie ist es möglich, Netzwerke in ihrer permanenten Auflösungs- und Neuzusammensetzungsdynamik zu verstehen. Die Prozesstheorie Latours verschleiert nicht die Dynamik der Ordnungsherstellung und berücksichtig Stabilität *und* Instabilität: „Das in permanenter Erneuerung begriffene Kollektiv, das sich um in permanenter Erneuerung begriffene Dinge organisiert, hat nie aufgehört, sich zu entwickeln" (Latour 2002b: 115; vgl. Preda 1999: 352–356; Schäfer 2013).

muss „man nach Trägern, Werkzeugen, Instrumenten und Materialien Ausschau halten, die eine solche Stabilität gewährleisten" (Latour 2007a: 63f.).

Mit dem Begriff der Interobjektivität hat Latour (2001) die ausgeführten Überlegungen explizit auf Interaktionstheorien bezogen und die „Anthropozentrik der interaktionistischen Soziologie" (Wilde 2013: 220) kritisiert. Latour argumentiert, dass Interaktionen grundlegend soziotechnisch sind. Nicht allein kognitive oder interpretative Leistungen der Akteure, z.B. durch wechselseitige Orientierung an den Aktionen des Gegenübers oder Akte des Verstehens, ermöglichen Interaktionen, wie es klassische Interaktionstheorien in der Soziologie annehmen (vgl. Krummheuer 2010: 13–30). Menschen – die Basiseinheit soziologischer Interaktionstheorie – agieren nicht autonom, sondern innerhalb von Assoziationen mit materiellen Elementen. Sie agieren in sozialen wie materiellen Umwelten und beziehen sich auf entsprechende Elemente in diesen. Weiterhin sind rein menschliche Interaktionen – so Latour – nicht besonders solide und verlässlich, es bedarf einer ‚Ausrüstung' für den erfolgreichen Vollzug von Interaktionen (vgl. Latour 2002a: 112, 1996, 2001; Wilde 2013: 232ff.; Preda 2000). Interaktionen sind „labil und vergänglich" (Latour 2002a: 258), Technik „markiert und begleitet" (ebd.: 257) soziale Interaktionen, sie macht Interaktionen verlässlich und wiederholbar, da sich Akteure im Gebrauch der Technik gleichmäßig verhalten (werden) (vgl. ebd.): Technik überdauert Interaktionen und ermöglicht deren Dauerhaftigkeit. Interaktionen erhalten ihre Regelmäßigkeit, Stabilität, Reproduzier- und Durchführbarkeit, und ihre Ordnung aufgrund der Beiträge technischer Dinge. Es ist weder der Mensch allein, noch sind es kulturelle Muster oder gesellschaftliche Makrostrukturen, die das erreichen.[58] Das betrifft den Umgang mit Dingen innerhalb kommunikativer Handlungen (vgl. Streeck 1996; Singh/Albrecht 2017), aber auch die konkrete Interaktion mit Computern oder virtuellen Artefakten (vgl. Geser 1989; Krummheuer 2010), und gilt insbesondere für den Gebrauch von technischen Objekten für den Vollzug zwischenmenschlicher Kommunikation.

Drei miteinander verbundene Aspekte sind besonders relevant für eine Rekonstruktion von Praktiken des Sprachcomputers. Einerseits der konzeptionelle Ausgang von verbundenen Elementen (wie eben Mensch und Technik), andererseits der strikte Fokus auf das, was ein einzelnes Element innerhalb einer Praxis bewirkt, und zuletzt die Beschreibung der *agency* eines Elementes, also seiner Handlungsmacht oder -potenzials. Für Latour manifestiert sich der Beitrag der Objekte bei der Entwicklung und Aufrechterhaltung einer Praxis darin, dass „Menschen und nichtmenschliche Wesen [...] sich miteinander verflechten" (Latour 2002a: 25f.). Die Verwobenheit von Menschen und nichtmenschlichen Elementen bedeutet keine prinzipielle Herrschaft des Einen über das Andere (vgl. Latour 2002a). Weder determinieren die Gegenstände vollständig den Praxiszusammenhang, an dem sie teilhaben, noch ist ihre Nutzung vollständig beliebig. Weder der Mensch noch die Technik handelt, erst deren vermengende und vermittelnde Assoziation, eine „aus

58 Im Rahmen der Rekonstruktion von Interaktionsordnungen an Arbeitsplätzen (vgl. Hindmarsh/Heath 2000), in der Schule (vgl. Röhl 2015), Medizin (vgl. Prout 1996; Moreira 2004) und Pflege (vgl. Heitmann-Möllers/Remmers 2014) wurden die Bedeutung technischer Objekte für Interaktionen bestätigt und vertieft.

Dingen und Menschen zusammengesetzte Kraft“ (Hennion 2013: 102). Um materielle Phänomene angemessen zu berücksichtigen, richtet Latour sein Interesse auf das *Zusammenspiel* menschlicher und nichtmenschlicher Aktivitäten im Rahmen von Handlungsketten und darauf, was die jeweiligen Elemente an Aktivitäten beitragen und bewirken.[59] Das heißt auch: Die Wirkung und damit Bedeutung eines Objektes ist innerhalb konkreter Praxisvollzüge und der Gemengelage anderer Elemente verortet und dort erkennbar. Dinge sind nicht isoliert verstehbar, sondern in ihrer Vermischung, Verkettung und Vernetzung mit anderen Elementen einer Praxis (vgl. Schroer 2008). Laut Latour sind es komplexe und dynamische Prozesse der technischen Vermittlung, in denen immer wieder das Verhältnis von Menschen und Technologie innerhalb von Handlungsketten neu ausgehandelt wird. Die Beziehung und praktische Verbindung von körperlich agierenden Nutzer*innen und dem Sprachcomputer ist demnach eine Leistung der Akteure selbst. Sie wird je nach Vollzugsgestalt der Praxis hergestellt.

Anstatt Herrschaftsverhältnisse zu konzipieren oder den subjektiv gemeinten Sinn und Intentionen von Akteuren in den Mittelpunkt zu stellen, erarbeitet Latour eine konsequenzialistische Vorstellung von Handlungen (vgl. Schulz-Schaeffer 2008; Laux 2011). Wichtig ist allein „der praktische Output einer Entität“ (Laux 2011: 288), ihre ‚Aktion‘, innerhalb eines Netzwerkes anderer, heterogener Entitäten. Die Assoziation erzeugt eine beobachtbare Wirkung, die aus der Beziehung zwischen Mensch und Objekt entsteht, einer Relation, deren Elemente sich wechselseitig beeinflussen, Aufgaben und Aktivitäten untereinander verteilen, und ein beide übergreifendes, ‚neues‘ Handlungsprogramm, eine „composition of forces“ (Latour 1994: 35) generieren und praktisch vollziehen. Dafür hat die Akteur-Netzwerk-Theorie die Idee einer ‚technischen Vermittlung‘ (vgl. Latour 1994, 2002a: 211–264) als Kern techniksoziologischer Theorie bestimmt. Vermittlung steht bei Latour für die Übersetzung und Delegation von Wirkungen. Anders als Ihde, beschreibt Latour weniger die Beziehung zwischen Menschen und Technik von innen heraus, sondern schaut ‚von außen‘ auf diese Beziehung, die selbst nicht weiter charakterisiert und unterschieden wird. Das wird daran deutlich, dass Latour vor allem an der Wirkung der Assoziation, an der Bewirkung von bestimmten Handlungsfolgen für weitere Zusammenhänge und Prozesse, interessiert ist (vgl. Schulz-Schaeffer 2008; Wieser 2012). Latour schenkt den Folgen bestimmter Assoziationen und Verknüpfungen von menschlichen und nichtmenschlichen Aktanten, neben der Vermittlung von Handlungsmacht, seine hauptsächliche Aufmerksamkeit.

Ein weiterer, damit verbundener Begriff ist *agency* (vgl. Roßler 2015: 84–91; Matsuzaki 2011) Der Begriff kann als Synonym für eine materielle Wirkungsmacht verstanden werden. Der Fokus liegt auf dem Agieren, dem „Aktionsvermögen“ (Roßler 2015: 88) von Elementen innerhalb einer Interaktion. Ein solches Vermö-

---

59 Ein Schuss wird weder von einem Menschen noch von einer Schusswaffe allein verübt, sondern von einem Hybridakteur (Latour 2006: 485ff.). Die Waffe ist weder ein neutrales, reines Mittel für den menschlichen Willen, noch handelt allein die Waffe aufgrund ihrer technisch-materiellen Beschaffenheit. Aus der Vermittlung von in materiellem Artefakt eingelagertem Skript und den Fähigkeiten eines menschlichen Subjektes entsteht erst die Handlung: der abgefeuerte Schuss.

gen verstrickt andere Elemente z.B. in einen Dialog oder fordert zu weiteren Tätigkeiten auf. Aktionsvermögen sind grundlegend auf andere Akteure bezogen (vgl. ebd.: 90f.). Objekte mit *agency* haben das Potenzial zur „Herbeiführung von Veränderungen" (Schulz-Schaeffer 2008: 109). Der Begriff macht einerseits auf die Akteurhaftigkeit von nichtmenschlichen Entitäten, deren Autorschaft und Beiträgen zu sozialen Zusammenhängen aufmerksam. Er ermöglicht andererseits, von ‚verteiltem Handeln' auszugehen. Aktivitäten entsprechen nicht zu hundert Prozent den Intentionen der Akteure, den Normen einer Gesellschaft, kultureller Bedeutungen oder einer kausalen Determination durch Technologien. Im Verständnis der Akteur-Netzwerk-Theorie sind es Relationen, Beziehungsgefüge zwischen Entitäten – Menschen oder anderen Techniken z.B. – in denen Handlungsmacht verteilt und übertragen wird. Die Akteur-Netzwerk-Theorie basiert auf demnach einem Konzept der verteilten Handlungsmacht: „Handeln ist ein Knoten, eine Schlinge, ein Konglomerat aus vielen überraschenden Handlungsquellen" (Latour 2007a: 77).

Zusammengefasst ist Technik nicht neutral oder irrelevantes Beiwerk sozialer Interaktionsordnungen, sondern trägt entschieden zum Vollzug und der Struktur sozialer Situationen und Interaktionen bei. Vollzieht sich die Kommunikation, so ist der Sprachcomputer ein Element, das zur Stabilisierung und Verfestigung der alltäglich gelebten Sozialordnung beiträgt. Ist er in das für den Vollzug einer Kommunikationspraxis notwendige Arrangement von Elementen involviert, besitzt oder wird ihm *agency* zugeschrieben, erzeugt er einen Aktionsspielraum und zeigen seine Beiträge soziale Konsequenzen, besitzen sie Wirksamkeit, hat er Einfluss auf den Ablauf und die Ordnung von Interaktionen – so ist seine Rolle als technisches Objekt im Sinne der Akteur-Netzwerk-Theorie rekonstruierbar. Ziel ist zu zeigen, wie der Sprachcomputer als vernetztes Objekt und als ein Element innerhalb des Zusammenspiels anderer, heterogener Wirkmächte soziale Ordnung bedingt. Wie wird seine *agency* mit der anderer Elemente vermittelt, wie in einen Dialog gebracht, um Kommunikation zu ermöglichen? Wie, wodurch und durch welche Art der *agency* trägt er zur Verkettung von Aktionen und Operationen und zum Vollzug von sozialen Praktiken bei?[60] Wie werden z.B. Redebeiträge an den Talker delegiert? Wie hat er Anteil an der Verteilung von Rederechten? Wie formt er die Redebeiträge? Wie ist seine *agency* innerhalb eines komplexen Netzes mit anderen Entitäten verortet? Wie wird seine *agency* verhandelt und zugeschrieben? Wie hat er Anteil an der sozialen Kategorisierung der Redner*innen, die sich mittels Sprachcomputer in ein Kommunikationsnetzwerk einschreiben?

4.3.2 Medien

Eine Soziologie der Medien beschäftigt sich damit, inwieweit technische Objekte den Zugang zur ‚Welt' *vermitteln*. In der Regel sind damit die klassischen Massen-

60 Auf bestimmte Weise wird z.B. durch Fragepraktiken und nonverbale Hinweise in der Kommunikation mit einer durch einen Talker kommunizierenden Person, diese aufgefordert entweder per Gerät oder durch Gestik zu antworten. In einer Praxis wird das Gerät priorisiert, in der anderen die körpernahen Kommunikationsformen (vgl. Clarke/Wilkinson 2008). In der einen wie der anderen Variante ist eine bestimmte Verteilung von Handlungsmacht für den Vollzug der Kommunikationspraxis relevant.

und Verbreitungsmedien (Schrift, Radio, TV, Internet usw.) gemeint, oder sogenannte symbolisch generalisierte Kommunikationsmedien wie Geld, aber auch Infrastrukturen, wie Transportnetze oder moderne mediale Geräte, wie Smartphones. Andreas Ziemann definiert Medien als gesellschaftliche Technologie, die Wissen vermittelt und Probleme (der Gesellschaft, des Handelns, der Kommunikation) löst (vgl. Ziemann 2006). Alle Medien haben in einer soziologischen Perspektive gemeinsam, dass sie auf irgendeine Art und Weise soziale Ordnung, alltägliche Kommunikation und Interaktion zwischen Personen strukturieren (vgl. Linke 2010), Informations- und Orientierungswissen generieren, Handlungen im Kleinen, Gesellschaft im Großen, sowie die Grenzen und den Übergang zwischen sowie den Zugang zu verschiedenen Kollektiven, Wirklichkeiten und Lebenswelten im Allgemeinen (vgl. Ayaß 2010) prägen. Die „Wechselwirkungen zwischen Gesellschaft, Medien und Individuum" (Ziemann 2006: 11) bilden das mediensoziologische Forschungsinteresse. In meiner Arbeit steht der alltägliche Gebrauch von Medien durch Individuen im Fokus und es wird nach der Rolle eines Mediums für Interaktionen, Kommunikation und Wahrnehmung gefragt. In Ziemanns Terminologie geht es in dieser Arbeit um das konkrete Medienhandeln (vgl. ebd.: 86ff.) und die Bedeutung von ‚Interaktionsmedien' (vgl. Schüttpelz/Gießmann 2015: 36ff.) im Sinne einer ‚situationsbezogenen Medienforschung'.

Im Kontext dieser Arbeit nehme ich eine praxistheoretische Perspektive auf Medien ein. Medien werden in dieser Perspektive nicht als ‚Texte' oder Produktionsformate, und auch nicht funktional oder ausgehend von bestimmten Produktionszentren verstanden. Vielmehr geht es darum zu erforschen, was den Gebrauch von Medien kennzeichnet. Im Vordergrund stehen bestimmte Muster an praktischen Aktivitäten, die den alltäglichen, routinierten, habitualisierten und vor allem körperlichen Gebrauch von Medien innerhalb bestimmter sozialer Felder kennzeichnen (vgl. Postill 2010). Anhand lokaler und situierter Erfahrungen mit Medien und der Körperlichkeit ihrer Nutzung ist rekonstruierbar, was ein Medium ist: ein Effekt sozialer Praktiken, wie sie von Individuen und Kollektiven alltäglich vollzogen werden. Andersherum nehmen Medien eine spezifische Rolle und Bedeutung für die Gestalt und den Vollzug und damit der Teilnahme an sozialen Praktiken ein (vgl. Couldry 2004; Dang-Anh et al. 2017).

Die Akteur-Netzwerk-Theorie steht zwischen Praxistheorie und Medienforschung. Der Bezug zu Letzterem besteht aufgrund der Fokussierung auf Mediatoren, d.h. technischen Objekten mit eigensinnigen Vermittlungsbeiträgen innerhalb des Vollzugs von sozialen Praktiken. Die Vermittlungs- und Vernetzungsleistungen eines Objekts wird als praktisches Geschehen in situ untersucht. Die Akteur-Netzwerk-Theorie rekonstruiert, wie Medien in Praktiken und deren Vollzüge eingebunden sind und verfolgt damit eine „am Prozess der medialen Vermittlung [...] orientierte Zugangsweise zu Phänomenen" (Clausen 2016: 111). Daraus folgt u.a.: Praktiken werden anhand des Vollzugs spezifischer Vermittlungsleistungen von Objekten verstanden und rekonstruiert; der Fokus wird auf die Verbindungen (Medien) und Arrangements heterogener Elemente und nicht auf das Verbundene (Akteure, Strukturen) gelegt; die „Medialität von Technik" (Wieser 2012: 114) und medientechnische *agency* werden dadurch erforscht; das geschieht anhand des körperlichen wie leiblichen Gebrauchs von Medien und ihrer Konsequenzen für Selbst- und

Weltbezug von Menschen (vgl. Gießmann 2018a; Passoth 2011; Wieser 2012: 101–120; Wieser/Passoth 2012; Clausen 2016).

Eine an praxistheoretische Fundamente anschlussfähige Medientheorie auf der Grundlage der Akteur-Netzwerk-Theorie ist die Akteur-*Medien*-Theorie (vgl. Thielmann/Schüttpelz 2013). Um das zu verdeutlichen, skizziere ich zunächst die theoretische Ausgangslage in der Akteur-Netzwerk-Theorie. Dass technische Objekte über eine ‚mediale Seite' verfügen, wurde – wie bereits oben angedeutet – in der Labor- und Wissenschaftsforschung der Science and Technology Studies festgestellt. Latour hebt die vermittelnde Rolle von Dingen und Objekten als Medien im Prozess wissenschaftlicher Erkenntnisproduktion hervor (vgl. Weingart 2003: 67–80; Wieser 2012: 41–50): Ob nun Instrumente, Monitore, oder Displays, die „mediale Verfassung der Laboratorien" (Schüttpelz 2015a: 154) ist ein zentraler Aspekt innerhalb wissenschaftlicher Prozesse. Medien vermitteln den wissenschaftlichen Prozess, der sich durch die Emergenz, Stabilisierung und Transformation von zirkulierenden, heterogenen Objekten und Entitäten auszeichnet. Instrumente, die in ihrer Gestalt konstant sind, und Medien, die die Mobilität von Wissen ermöglichen, werden kombiniert und generieren abruf- und lesbare, lokal und situativ erzeugte Erkenntnisse (vgl. ebd.). Die durch Inskriptionen erzeugten Daten und Datenträger haben die Funktion, Wahrgenommenes zu fixieren und unabhängig von ihrem Transformationskontext (dem Labor oder Schreibtisch) verfügbar zu machen (vgl. Schüttpelz 2013: 33–37; Schüttpelz 2015a; Passoth 2012: 207). Die mediale Funktion technologischer Objekte in diesem Zusammenhang liegt v.a. in der Übersetzung und Vermittlung von Interpretationen und Aussagen in dokumentierte und abrufbare Tatsachen, die sich materialisieren und damit ihre Kontinuität sichern. Das Beredt-Werden wissenschaftlicher Fakten basiert auf der Medialität dieses Prozesses.

Die Akteur-Medien-Theorie nimmt diese Erkenntnisse auf und untersucht „wie und auf welche Weise kommunikative und mediale Netze als unhintergehbare Konstitution von Alltag in Erscheinung treten" (Thielmann 2013: 379). Die Analyse der medialen Koordination von Arbeitsabläufen, Kommunikation, Organisationen und Institutionen in der Logik der -Medien-Theorie wird von folgenden Grundannahmen geleitet: Eine Handlung entspricht dem Zusammenwirken einer Vielzahl heterogener Handlungs*beiträge(r)* und entsteht durch die Übersetzung, Delegation bzw. Vermittlung von Kräften und Handlungspotenzialen, von *agency*. Nicht ein einzelner (menschlicher) Akteur ist verantwortlich für die Durchführung einer Handlung. Vielmehr sind Handlungen ein Prozess, der mehrerer Schritte, mehrerer Elemente und Gegenstände bedarf. Die Macht über den Handlungsprozess ist verteilt unter den miteinander verbundenen Akteuren, die dadurch ein Netzwerk sich beeinflussender Elemente bilden. Handlungen sind Effekte solcher Verbindungen von Akteuren und der Verteilung und Vermittlung von Aktionspotenzialen. Eine Analyse im Stil der Akteur-Medien-Theorie konzentriert sich demnach auf das Zusammenwirken von Elementen und deren Handlungsmacht bzw. -wirksamkeit (vgl. Passoth 2010; Laux 2011).[61]

Dieses Zusammenwirken zu fokussieren, hat verschiedene charakteristische Merkmale von Akteuren zur Folge: Sie interessieren in der Akteur-Medien-Theorie (und der Akteur-Netzwerk-Theorie) primär als „Mittler" (Latour 2007: 223). Trägt ein Element zu einer Handlung in der Rolle als Mittler bei, so, überträgt es Kräfte und Kompetenzen, „die andere Mittler *dazu bringen*, Dinge *zu tun*" (ebd.: 374; vgl. Laux 2011: 290ff.). Mittler bzw. Medien erzeugen eine Verknüpfung heterogener Kräfte und Aktivitäten und verhelfen derart Akteurs-Netzwerke zur Existenz (vgl. Wieser/Passoth 2012: 116). Sie „bringen etwas zur Geltung und stellen etwas in Rechnung" (Thielmann 2013: 390), stellen zwischen den verbundenen Elementen „ständig neue Möglichkeiten, Ziele und Funktionen" (Latour 2002a: 221) bereit. Sie verteilen und vermitteln ihre *agency*, das bedeutet Handlungsmacht oder -potenzial und „was andere Größen in Aktion treten lässt" (Schüttpelz 2013: 10). Eine weitere Bestimmung des Mittler-Begriffs lautet, dass sie einem Handlungsablauf etwas hinzufügen. Sie erfüllen ihre ‚Aufgabe', „sofern sie eine Handlungsinitiative entwickeln" (ebd.: 18), sie übermitteln und transportieren z.B. nicht einfach eine Nachricht, sondern verändern sie im Zuge der Vermittlung. Neben der Vermittlung und Vernetzung von Elementen und deren Handlungspotenzialen, steuern Mittler im Zuge der Vernetzung einen eigenen Beitrag zum Ablauf sozialer Praktiken bei (vgl. Passoth 2010: 313). Dieser „Eigensinn der Mittler" (Thielmann 2013: 380) unterscheidet sie von „Zwischengliedern" (Latour 2007: 227). Letztere fungieren als verlässliche Durchlassstellen oder Passagepunkte, die genau das ausführen, was man von ihnen verlangt, was als Input in sie investiert wurde. Es macht daher einen Unterschied, ob technische Objekte als Mediatoren oder Zwischenglieder verstanden und rekonstruiert werden:

> „[C]conceived as mediator, a nonhuman is necessarily seen as adding something to a chain of interaction or an association. In classifying nonhumans as mediators rather than intermediaries, it becomes impossible to treat nonhumans as simple substitutes for human actors. Nonhumans, like anything else that is placed between two actors, are understood as continually modifying relations between actors." (Sayes 2014: 138)

Vermittelnden Akteuren mit *agency* kommt eine transformierende Rolle innerhalb von Handlungsketten zu, ihre Rolle ist es, „aktiv die Botschaft mit[zu]gestalten und zur Performanz [zu] bringen" (Meyer 2013: 329). Zwischenglieder dagegen kopie-

61 Latours populäres Beispiel der Schusswaffe besagt in diesem Kontext: Aus der Vermittlung und wechselseitigen Übersetzung von in materiellem Artefakt eingelagertem Skript und den Fähigkeiten eines menschlichen Subjektes entsteht die Handlung, d.h. der Schuss. Die Assoziation, die praktische Vernetzung und Vermittlung von zwei *agencies* erzeugt eine beobachtbare Wirkung (vgl. Latour 1998: 35f.). Beide Elemente nehmen aufgrund ihrer Verkettung und der Übersetzung von Kräften zwischen ihnen eine besondere, nur für diese Praxis relevante Form ein, sie ko-konstituieren sich (vgl. Schüttpelz 2013: 53ff.; Hennion 2007: 112) In meinem Kontext bedeutet das: eine Person mit einem Sprachcomputer ist eine andere als eine ohne; der Sprachcomputer ist ein anderer, je nach dem ihn gebrauchenden Körper und der Situation des Gebrauchs.

ren passiv ihre Vorgaben und ermöglichen eine ‚reine' Wiederholung und Reproduktion von Strukturen oder Regeln. Innerhalb von z.B. Kommunikation können Akteure als Mittler fungieren, sobald sie konkrete Macht über den Kommunikationsvollzug ausüben und die nachvollziehbare Urheberschaft von Handlungen bzw. Handlungseffekten reklamieren können (vgl. Schüttpelz 2013: 46; Meyer 2013). Übertragen auf die Interaktion mit Technik stellt sich die Frage, ob das Gerät einfach nur ein Zwischenglied des menschlichen Autors ist oder tatsächlich als Medium praktiziert wird?

Die Akteur-Medien-Theorie stellt Aktanten als handlungsverflechtende und Handlungspotenziale übertragende Akteure, als Mediatoren in den Mittelpunkt ihrer Forschung (vgl. Schüttpelz 2013: 21; Thielmann/Schröter 2014). Der vorgeschlagene Ausgangspunkt der Analysen zu diesem Zweck sind Operationsketten. Innerhalb dieser vollziehen sich der operative Gebrauch und die Vernetzungsleistungen eines Mediums. Ein Verständnis desselben ergibt sich aus der analytischen Vorrangigkeit der Operationsketten (bzw. Praxis) (vgl. Schüttpelz 2006). Diese sind grundlegend „medialisiert und bilden [...] eigenständige Medien heraus" (Schüttpelz 2008: 238). In Operationsketten verknüpfen und verteilen, vermitteln Medien durch Delegation oder Übersetzung *agency*, also die Handlungspotenziale und -macht zwischen den involvierten Entitäten. Entsprechend ist der *Fokus* von Analysen die *agency* eines Elementes innerhalb einer Operationskette.

Der in der Akteur-Netzwerk-Theorie zentrale Begriff des Netzwerkes wird ebenfalls in der Akteur-Medien-Theorie für mikro- bzw. interaktionssoziologische Analysen nutzbar gemacht. Netzwerke werden als eine praktische Herstellungsleistung der Akteure verstanden und die Rolle von Objekten bzw. Medien an der Herstellung, Verfestigung und Veränderung von Netzwerken untersucht. Anstatt Netzwerke strukturalistisch oder technisch zu verstehen, liegt der Akzent auf Übersetzungen und Verbindungen zwischen Elementen als *praktische Vorgänge*, die strukturbildende Konsequenzen haben. Elemente qualifizieren sich als ‚netzwerkbildend', indem sie Verbindungen eingehen, Handlungsmacht wirksam an andere Elemente vermitteln und zur Verkettung von Operationen und Aktionen beitragen. Der Netzwerkbegriff besagt demnach, dass Handlungsmacht in Organisationen oder Institutionen, aber auch dem Alltag nicht dauerhaft bei einem Element zu finden ist, sondern unter vielen heterogenen Instanzen verteilt wird. Die besonderen Arrangements der Elemente und welche Art der Verbindung, z.B. kooperativ oder konflikthaft, die die Elemente einnehmen, vorliegt, wird im Anschluss daran untersucht (vgl. Schüttpelz 2007; Wieser/Passoth 2012; Mol 2010).

Einige typische Eigenschaften von Medien sind folgende: Innerhalb von Operationsketten verbinden Medien die einzelnen Operationsschritte. Durch ihre Vermittlungsarbeit generieren sie die Ordnung von sozialen Zusammenhängen. Sie sind eine Bedingung für die Handlungsmacht von Akteuren (vgl. Schüttpelz 2013) und die wirksame Delegation oder Durchsetzung dieser Handlungsmacht, denn durch Medien können Akteure andere Akteure dazu bringen, etwas in ihrem Sinne zu tun, z.B. etwas „hervorbringen, koordinieren, steuern, anzeigen, ausweisen, ergänzen, unterstützen, untermauern, oder auch ausschließen und auslöschen" (Thielmann/Schröter 2014: 155). Sie affizieren und mobilisieren andere Akteure und regen zum Fortsetzen von Tätigkeiten an. Weiterhin machen Medien Sachverhalte bericht- und intersubjektiv nachvollziehbar, z.B. in der Kommunikation eines Erlebnisses. Der Sinn, den sie vermitteln, ist interaktiv und öffentlich. Sie sind physisch operabel und operieren mit einer Eigenlogik. Über ihren Gebrauch wird verhandelt, es werden ‚Verträge' geschlossen oder es entstehen Konflikte und Krisen (vgl. Thielmann 2012: 91f., 99f.; Garfinkel 2008: 110f.).

Gießmann und Schüttpelz skizzieren weitere praktische Vermögen von Medien innerhalb des Vollzugs von sozialen Praktiken (vgl. Gießmann 2018a, 2018b; Schüttpelz/Gießmann 2015): a) die *Koordination* von Aktivitäten: Das meint den Einsatz medialer Objekte, die die wechselseitige Abstimmung zwischen Akteuren und die Zusammenfügung ihrer (körperlichen) Aktivitäten im Zuge des Miteinander-Agierens oder –Arbeitens vermitteln. b) Die *Delegation* von Handlungspotenzialen: Das meint mehr als nur das Übertragen von Aufgaben, Aktionsvermögen und Verantwortlichkeiten. Delegation bildet die Grundlage für arbeitsteilige und kooperative Praktiken, die Fortsetzung von Aktionen und Verkettung von Operationen und ist ein typisches Verfahren, durch das *agency und Aktivitäten* entfaltet, weil verteilt werden. Verstanden als mediales Geschehen separiert es Entitäten voneinander *und* generiert im Prozess der Delegation wechselseitige Verbindungen, indem „Handlungen anderer Körper, Objekte, Zeichen und Infrastrukturen antizipiert und integriert" (Gießmann 2018b: 143) werden. c) *Kooperation*: Über die reine Koordination von Aktivitäten hinausgehend, beruhen soziale Praktiken grundlegend auf Zusammenarbeit und dem Zusammen-Wirken der Akteure. Praktiken erzeugen dafür die notwendigen Medien der Kooperation. Kooperationsmedien fungieren als Kooperationsbedingungen und werden zugleich in ihrem Gebrauch kooperativ erzeugt bzw. gebraucht. Es wird durch den Einsatz von Medien der Kooperation ein Bezug von einer Aktion/Operation zur nächsten, die die vorherige aufnimmt, erwidert und in die aktuelle Aktion integriert, hergestellt. Dadurch wird eine Verbindung zwischen Aktivitäten gestiftet und die Gesamtaktion vorangetrieben. Die Erzeugung von Anschlussfähigkeit ist eine für den Vollzug sozialer Praktiken und Interaktionen entscheidende Eigenschaft von Kooperationsmedien und Kooperation überhaupt (vgl. Goodwin 2018). d) Das *Registrieren* bzw. *Identifizieren* von Aktivitäten, Positionen, Personen, usw., was im Rahmen dieser Arbeit von geringerer Bedeutung ist. Der Sprachcomputer als Medium vermittelt Handlungsmacht innerhalb Praktiken, indem er sich kommunikativ durchsetzt und andere Akteure auf ihn reagieren, seine Aktionen aufnehmen (oder auch ablehnen). Zugleich wird an ihn Handlungsmacht delegiert, d. h., er übernimmt die Aufgabe, für eine Person zu kommunizieren. Im Zuge seines Gebrauchs werden Aktivitäten der Akteure koordiniert, z.B. indem längere Pausen von Zuhörer*innen eingehalten oder keine kommunikativ relevanten Gesten vollzogen werden, solange die Nutzer*in des Talkers auf ihr Display schaut; die Aktivitäten des Talkers werden antizipiert und in die ablaufende Kommunikation integriert, z.B. falls ein Wort im Talker-Lexikon nicht gefunden wird, wird erst die Wortsuche bewältigt und dann weiter kommuniziert; zuletzt ermöglicht er kooperatives Handeln, z.B. das Bestellen von Waren beim Bäcker.

Tristan Thielmann erweitert diese Überlegungen um ethnomethodologische Grundannahmen und bezieht sie auf (digitale) Kommunikation (vgl. Thielmann

2013), d. h., er macht sie für eine mikrologische Analyse kommunikativer Interaktionen zugänglich. Einige Grundannahmen lauten: Alltägliche (aber auch z.B. institutionelle) Routinen sind mediatisiert; mediale Objekte mediatisieren Handlungsabläufe; sie agieren als „Mediatoren einer Handlungsverknüpfung" (ebd.: 382), verknüpfen Entitäten und erzeugen Netzwerkstrukturen, in denen Wissen kommuniziert und distribuiert wird. Medien entstehen in und für Netzwerke, indem Handlungsmacht an sie delegiert wird und sie wiederum diese an andere Netzwerkelemente weitergeben. Medien sind Bedingungen für den Vollzug von Kommunikation (und Kooperation), sie verteilen Aktionen und Aufgaben der untereinander verbundenen Akteure (vgl. Borbach/Thielmann 2019) und spannen ein „kommunikatives Netz zwischen Akteuren und Objekten" (Thielmann 2013: 396). Der Sprachcomputer mediatisiert alltägliches Handeln, bildet Netzwerke mit anderen Akteuren und Geräte, verknüpft die jeweiligen Aktionspotenziale und dadurch entstehen Strukturen: Talker und Smartphone werden z.B. durch Bluetooth-Adapter vernetzt, vernetzen dadurch z.B. den Enkel mit Sprachcomputer mit seinen Großeltern im nächsten Bundesland. Soll sich Kommunikation zwischen den Parteien vollziehen, muss die Netzwerkstruktur bzw. der Kommunikationspfad genutzt werden und die Elemente müssen ihre Aufgaben erfüllen: Der Adapter überträgt, der Sprachcomputer artikuliert entsprechend laut und verständlich, der Enkel agiert körperlich auf dem Display, die Großeltern haben ein offenes Ohr am Smartphone. Alle Elemente dieses kleinen Kommunikationsnetzwerkes leisten, so Thielmann, Vernetzungsarbeit (*net-work*), die als strukturbildende und kooperative Kommunikationsarbeit zu verstehen ist.

Ganz im Sinne der Praxistheorien ist der Gebrauch von Kommunikationsmedien für die Konstanz und Variabilität, für Beständigkeit und Krisen sozialer Ordnung verantwortlich. Medien haben, wie Körper und Technik, teil an der Verfestigung von Aktionsmustern, von „Netzstabilität" (Thielmann 2013: 409) gegenüber kontingenten *face-to-face*-Interaktionen. In ihrer ‚Funktion' als Mittel zur Verteilung von Handlungsmacht innerhalb einer Praktik besitzen sie das Potenzial zur Bildung von Strukturen. Medien verketten einzelne Abschnitte eines Handlungsprozesses bzw. einer Operationskette *so* miteinander, dass Kommunikation in einer bestimmten Ordnung und Routine ablaufen und entsprechend wiederholt durchgeführt werden kann und Abweichungen eingeschränkt werden (vgl. ebd.). Das liegt an Kommunikationspfaden, die in dieser Perspektive für Netzwerkstrukturen stehen. Sie emergieren in der Form von „Trajekte[n], Daten und Kollektive[n]" (ebd.: 380), d.h. bestimmten Verlaufsformen, Adressierungen (Daten für jemanden, für etwas) und Gemeinschaften, innerhalb von Prozessen der Netzwerkbildung durch Mediengebrauch (vgl. Borbach/Thielmann 2019: 118). Der Gebrauch eines bestimmten Kommunikationsmittels macht Aktionen und Situationen in ihrem Ablauf (prinzipiell) erwart- und wiederholbar. Darüber hinaus wird die Mitgliedschaft in der Gemeinschaft der Nutzer*innen angeboten und die „Möglichkeiten und Grenzen kooperativen Handelns" (Thielmann 2013: 378) werden festgelegt. Daran anschließend hat der Gebrauch eines Sprachcomputers weitreichende Konsequenzen für die Umwelt der Nutzer*innen, sobald er im häuslichen und beruflichen Umfeld eingesetzt wird und sich Kommunikationspfade verfestigen. Jeder Lebensbereich wird entsprechend dem Medium kommunikativ strukturiert. Eine soziale Ordnung, die den

Sprachcomputer integriert bzw. die der Sprachcomputer mit herausbildet, kennzeichnet den jeweiligen Lebensbereich. Talker-Nutzer*innen können dann am Abendbrottisch, während der Arbeit in einer Werkstatt oder im Seminar an der Uni mitreden – und alles drum herum ist entsprechend positioniert (Besteck, Arbeitsgeräte, Seminartext) und kommuniziert (Eltern, Kolleg*innen, Kommilitonen) entsprechend.

Zusammengefasst, beziehe ich mich in dieser Arbeit auf einen Medienbegriff, der an Latours Aktanten-Konzept orientiert ist. In diesem Sinne sind mit Medien diejenigen Elemente gemeint, die innerhalb eines Netzwerks eingesetzt werden, um Verbindungen und Assoziationen zwischen Elementen herzustellen, *agency* zwischen Akteuren zu verteilen, Aktionen und Operationen zu verbinden und, schlussendlich, dadurch den Vollzug sozialer Praktiken zu bewerkstelligen und zu verstetigen. Die Perspektive der Akteur-Medien-Theorie lenkt die Forschungsarbeit auf jene Entitäten, die als Medien soziale Praktiken konstitutiv begleiten, formen, stabilisieren und verändern, indem sie Akteure zum Handeln bringen bzw. es ihnen ermöglichen.

Für die empirische Analyse gehe ich davon aus, dass Medien Effekte einer sozialen Praxis sind. Medien sind nicht selbstverständlich, selbstevident vorhanden und zugänglich. Was Medien sind, zeigt sich in alltäglichen Praktiken.[62] Was am Sprachcomputer als medial zu verstehen ist, ist Ergebnis der empirischen Rekonstruktion konkreter Vermittlungsleistungen innerhalb sozialer Praktiken. Eine praxistheoretische Medienforschung rekonstruiert demnach die Rolle eines Mediums für kommunikative Prozesse, Strukturen und alltägliche Verständigungsprozesse.[63] Ihr ist es möglich, *face-to-face*-Kommunikation und darin involvierte Technologien als Medien bzw. medialen Verfahren und anhand ihres situierten Gebrauchs und ihrer konkreten Vermittlungsleistung zu bestimmen. Ich gehe weiterhin davon aus, dass Medien nicht nur in ihrem Gebrauch entstehen, sondern im Zusammenhang mit den sie gebrauchenden Körpern, ihrer Bewegungen, Beweg- und Geschicklichkeit wie Sinnesausstattung stehen. Die Konstitution von Medien vollzieht sich als verkörpertes Handeln. Die Vermittlungsleistung einer Medientechnologie wie dem

62 Aus den oben ausgeführten Überlegungen zum Medienbegriff resultiert eine bestimmte Methodologie: Medien werden in der Akteur-Medien-Theorie lokal und *in situ* beobachtet, ohne einen expliziten Begriff von Medien zu haben (Thielmann 2012: 98). Die konstitutiven Beiträge medialer Objekte innerhalb sozialer Praktiken lassen sich empirisch auffinden, indem von sozialen Praktiken ausgegangen wird – und nicht umgekehrt, dass ein Medium die soziale Praxis erklärt. Wenn Elemente nicht in ihrem Wesen, sondern anhand ihrer Rolle innerhalb eines Handlungsverlaufes bestimmbar sind, dann ist forschungspragmatisch offen, was ein Medium ist, da es sich erst innerhalb einer Vollzugswirklichkeit, in den Operationsketten sozialer Praktiken und anhand von Vermittlungsleistungen konstituiert (vgl. Thielmann 2012, 2013: 384; Schüttpelz 2013). Dabei ist zu berücksichtigen, dass Medien erst Medien werden, wenn sie ordnungsgenerierende Vermittlungsfunktionen übernehmen. Sie entstehen im situativen Gebrauch und in der praktischen Konstitution von Relationen zu anderen Entitäten. Anhand von Assoziations- und Ordnungsprozessen zeigt sich, was ein Medium innerhalb einer sozialen Praxis macht, wie und was es vermittelt. Fragen nach ihrer Spezifik und ihre Unterschiedlichkeit werden erst anhand der Rekonstruktion von Praktiken beantwortbar, denn diese generieren Eigenschaften und Charakteristika von Medien.

63 Vgl. die daran anschließende, medienlinguistische Erforschung multimodaler Interaktionen, Habscheid 2016, Schneider 2017.

Sprachcomputer und seine Rolle für die Kommunikationsstrukturen in der Lebenspraxis von Menschen mit Behinderungserfahrungen, wird darauf aufbauend in dieser Arbeit beschrieben.

4.4 Ethnomethodologie: Alltag und Intersubjektivität zwischen Routinen und Krisen

Im letzten theoretischen Kapitel steht die Ethnomethodologie im Mittelpunkt. Zu Beginn bespreche ich zentrale Arbeiten der Ethnomethodologie, die sich explizit mit dem Phänomen Behinderung beschäftigt haben. Im Anschluss werden Grundlagen der Ethnomethodologie und ihre Bedeutung für diese Arbeit skizziert. Ein besonderer Fokus der Ethnomethodologie liegt auf sprachlichen Aspekten des Alltagslebens und dem Vollzug von Gesprächen. Dies hat zur Entwicklung der Konversationsanalyse geführt, deren sozialtheoretische Position und ihre Anschlüsse für diese Arbeit beschrieben werden. Am Beispiel der konversationsanalytischen Forschung zur Aphasie wird die Verbindung zum empirischen Kontext dieser Arbeit gezogen. Ziel ist es, zu zeigen, wie die Struktur von praktischem Alltagswissen und der Vollzug von Praktiken, Körperlichkeit und der Umgang mit Medientechnik in einer ethnomethodologischen Perspektive verstanden wird.

Am Rande der Arbeiten von Harold Garfinkel, Begründer der Ethnomethodologie, findet sich eine empirische Studie zur Alltagsorganisation von Studentinnen mit Sehbehinderung (vgl. Garfinkel 2002: 212–216).[64] Im Rahmen von Garfinkels Analysen von *instructions* wird das Arrangement von Küchenutensilien und das Verhalten an der Kaffeetheke behandelt. Die arrangierten Küchengeräte entsprechen denen typischer Abläufe des Kochens und dienen als orientierende Handlungsgrundlage für die blinde Person, deren Anordnung durch sehende Personen nicht verändert werden darf; die (An-)Ordnung in einer Reihe an der Kaffeetheke macht für die blinde Person den Empfang des Kaffee möglich, ohne viel Kommunikation zu betreiben – im Gegensatz zu einer ungeordneten Menge, in der durch Blicke und Gesten die nächsten Empfänger*innen eines Kaffees ausgehandelt werden (müssen). Dementsprechend vermied die Studentin

> „a particular coffee machine because people waiting to use it did no form a neat queue but just crowded around the machine, while still being able to know who was 'next' without saying anything. The problem she had with this set-up was that, because she lacked peripheral vision (seeing things from 'the corner of your eye'), she could not adequately join this ordering game." (ten Have 2004: 41)

Die Präferenz für ein bestimmtes Ordnungssystem, das des Sehsinns nicht bedarf, beruht auf dem Ziel, Handlungs- und Interaktionskrisen (kommunikativer Aufwand

---

64 Eine Fortsetzung ethnomethodologischer Studien zu Sehbehinderungen hat Dirk vom Lehn am Beispiel der interaktiv und gemeinschaftlich vollzogenen Wahrnehmung von Kunstwerken durch sehende und blinde Menschen durchgeführt. Entscheidend ist hier die wechselseitige Orientierung der Interagierenden an den Aktionen und dem Wahrnehmungsstil bzw. den unterschiedlichen visuellen Fähigkeiten des jeweils Anderen (vgl. vom Lehn 2010).

und Missverständnisse in der Absprache, wer als Nächster einen Kaffee entgegennimmt; schneller und sicherer Zugriff auf bestimmte Kochinstrumente) zu vermeiden und an sozialen Praktiken teilzunehmen.[65]

Eine weitere Inspirationsquelle für die ethnomethodologische Untersuchung von Behinderungen stellt die autoethnografische Arbeit von Albert Robillard dar (vgl. Robillard 1999). In „meaning of a disability" berichtet er von seinen Erfahrungen mit einer neurodegenerativen Erkrankung. Robillard nutzt die Ethnomethodologie als theoretischen Rahmen, um das alltägliche „bodily accomplishment of ordinary tasks" (ebd.: 31) zu beschreiben, welches mit einer derartigen Erkrankung einhergeht. Sprechen, Schreiben, Essen und Sich-Bewegen, Aktivitäten, die normalerweise einen „effortless act" (ebd.: 45) darstellen, werden im Verlauf der Erkrankung zunehmend problematisch und zu einem „monumental achievement" (ebd.).

Insbesondere der Verlust der Sprechfähigkeit und Kommunikationskrisen stehen im Mittelpunkt der Arbeit. Anhand seiner Erlebnisse in der stationären Intensivpflege (vgl. ebd.: 48–63) zeigt er, wie die Teilnahme an Kommunikation einerseits Handlungsfähigkeit bedingt und ermöglicht – und wie eben diese andererseits prekär wird, sobald jemand nicht ‚schnell genug' spricht oder sich anderer, unüblicher Mittel, wie z.B. einer Alphabet-Tafel, bedient. Regelmäßig wird die Tafel nicht oder nicht ernsthaft eingebunden und damit die Teilnahme an der gemeinsamen Kommunikationskultur verwehrt. Missverständnisse und sich daraus ergebende, falsche Interpretationen von Robillards Bedürfnissen und Charakter sind die Folge. Anhand alltäglicher Gespräche mit Kolleg*innen und Bekannten auf Partys oder im Supermarkt zeigt Robillard wiederum, wie seine Positionierung von Körper und Gesicht als unkommunikativ verstanden werden, und wie die Assistenz durch einen *translator* und die häufig im Gesprächsverlauf auftretenden Interpretationen, Reparaturen und Ergänzungen von Robillards Beiträgen zur Überforderung seiner Interaktionspartner*innen, zum Abbruch von Kommunikation und im Weiteren zu sozialer Isolation führen. Robillard empfindet sich als „estranged from a reciprocal competence of common culture" (ebd.: 65) und als „incompetent interactant" (ebd.). An diesem Beispiel lässt sich nachvollziehen, wie in Interaktionssequenzen und kommunikativen Praktiken Kompetenz und Handlungsfähigkeit auf der Basis von „embodied commonsense knowledge" (ebd.: 28) verhandelt – und in diesem Fall ein „denial of common sense" (ebd.: 72) praktiziert wird.

---

65 Im Zuge der ethnomethodologischen Analyse von Aspekten des Alltagslebens mit einer Behinderung bekommen diese einen ambivalenten Status, auf den hier am Rande hingewiesen werden soll. Einerseits ist der Bruch oder die Differenz, die Menschen mit Sehbehinderungen für eine visuell konstituierte Alltagskultur darstellen, im Sinne einer Krise oder eines *breaching* von Routinen und Normalitätsannahmen zu verstehen. Damit stehen ‚Behinderungen' auf einer Stufe mit z.B. ‚einfachen' Missverständnissen oder kurzfristigen Problemen des Miteinander-handelns. Als Phänomene dienen sie in einem heuristischen Sinne der Sichtbarmachung von normalen Routinen und Praktiken des Alltagshandelns und darüber hinaus Praktiken der Normalisierung (in diesem Fall durch die Akteure mit einer Behinderung). Man könnte daher behaupten, dass die alltägliche, soziale Ordnung und die Ethnomethoden der blinden Studentin analytisch den gleichen Stellenwert haben wie die der nicht-blinden Student*innen, wenn diese kurz nicht aufmerksam sind und ihren Kaffee verschütten. Eine Sehbehinderung verliert dadurch – auf konzeptioneller Ebene – u.U. den besonderen Status, die sie innerhalb einer Kultur/Gesellschaft und für die betreffenden Akteure und ihre soziale Identität hat. Diese Problematik kann an dieser Stelle nicht weiter vertieft werden.

Robillards Forschung beruht auf „ethnomethodology's concern for the sequential, socially ordered unfoldings of bodily action in the coordinated creation of everyday activity“ (Goode 2003: 495). Seine Beschreibungen von sozialen Situationen und Problemen mit körperlichen und verbalen Methoden, durch die sich Interagierende einander im Gespräch verständlich machen und mittels derer sie ihre Aktionen miteinander koordinieren, verdeutlichen, inwiefern das Zusammenleben und -handeln von Menschen von implizitem Hintergrundwissen und unausgesprochenen Annahmen darüber, wie typsicherweise ein Mensch sich verhält, interagiert und kommuniziert, strukturiert sind. Robillards kommunikatives Verhalten und Fähigkeiten widersprechen dem (vermeintlichen) *common sense* und erzeugen Interaktionsprobleme: „I usually fail to effect the talk and understandable body moves to create, sustain, and dissolve social engagements“ (ebd.: 64). Um an Kommunikation zu partizipieren, werden die Stimme und der Körper auf selbst- und allgemeinverständliche Weise eingesetzt, das geht in die wechselseitige Interpretation von Aussagen und Gesten ein und wird als Indikator dafür gesehen, ob jemand als kompetentes Mitglied einer Gemeinschaft gelten kann (vgl. Robillard 1999: 80). Weiterhin verläuft Kommunikation innerhalb von Zeit, d. h., bestimmte temporale Konventionen werden eingehalten und eingefordert. Zuletzt basiert Kommunikation auf sequenziellen Referenzen, die das Kommunikationsgeschehen strukturieren: Was gesagt wird, nimmt Bezug auf Vorheriges und determiniert die folgende Artikulation. Wer etwas zu spät beiträgt, dessen Gesprächsthema und worauf er Bezug nehmen will, sind unter Umständen schon abgehandelt. Zusammengefasst zeigt Robillards ethnomethodologische *disability study* Folgendes (vgl. Goode 2003; Abrams/Guvenic 2015): Körperliche Kommunikation und intersubjektiv nachvollziehbare Aktivitäten bestimmen die Partizipationsmöglichkeiten von Akteuren und im größeren Maße die Integration in eine Kommunikationsgemeinschaft und die Anerkennung als Subjekt genauso wie den Ausschluss bestimmter Formen körperlichen Daseins.

David Goode hat in seiner Studie „A World without Words“ (Goode 1994) diese Aspekte vertieft. In ihr erforscht er die Lebenswelt von Kindern mit dem Rubella-Syndrom, das neben einer Vielzahl anderer Symptome vor allem Blind- und Taubheit umfasst. Zudem verfügen die Kinder über keine verbalen Kommunikationsfähigkeiten. Goode zeigt die soziale Konstruktion der Lebenspraxis dieser Kinder anhand ethnografischen Materials. Da insbesondere Sprache und Sehvermögen den Alltag organisieren und fast alle sozialen Lebensbereiche strukturieren, sind die Kinder Behandlungs- und Institutionalisierungs-, Pathologisierungs- und Stigmatisierungsprozessen ausgesetzt und erleben eine Vielzahl an Behinderungen. Dass die Kinder über marginalisierte oder übersehene kommunikative Fähigkeiten verfügen, ist Gegenstand der Studie. Goode beschreibt eine Vielzahl an komplexen, v. a. körperlich vollzogenen Kommunikationsformen, die das alltägliche intersubjektive Verstehen der Kinder und ihrer signifikanten Anderen kennzeichnen.

Als Ethnomethodologe geht Goode davon aus, dass bestimmte Verhaltens- und Kommunikationsweisen eine spezifische Gestalt ‚for-all-practical-purposes‘ (vgl. Garfinkel 1967) haben. Um die Fähigkeiten der Kinder interpretativ zu rekonstruieren, konzentriert er sich auf deren praktisches Alltagswissen jenseits klinischer Vorurteile. Im Mittelpunkt des klinischen Denkens stehen eher „interactional difference“ (ebd.: 10), die unterschiedlichen Kommunikations- und Wahrnehmungsstile der Kinder und Erwachsenen und damit einhergehende Zuschreibungen von Inkompetenz und Unvermögen an Erstere. Demgegenüber zeigt Goode, wie „achieving intersubjectivity" (ebd.: 17) und die Bewältigung zwischenmenschlicher Kommunikationsdifferenzen als praktische Aufgaben den Alltag der Familien bestimmen. Er entdeckt und beschreibt vor diesem konzeptionellen Hintergrund eine Vielzahl an Kommunikationsformen und *skills*, die nicht auf gesprochene Sprache zurückgreifen. Dazu gehören z.B. das Spielen auf einer Gitarre, Nachahmungen, Körperbewegungen wie Springen und Schaukeln, Kopfbewegungen, Berührungen und Emotionen. Sich mittels dieser nicht sprachlichen Kommunikationsweisen zu verstehen, bedarf eines Vorrats an geteiltem (Hintergrund-)Wissen, welches die Kinder und ihrer signifikanten Anderen besitzen. Der familiäre *common sense* beinhaltet Wissen um räumliche Arrangements, um die kindlichen Körper und deren Idiosynkrasien, um die besondere Temporalität und Indexikalität der Kommunikationsweisen sowie generelles Wissen über die Persönlichkeit und den Charakter der Kinder. Mittels dieses impliziten Wissens gelingt es den Eltern die oft undeutlichen Artikulationen der Kinder zu verstehen, einzuordnen und ihr Verhalten zu interpretieren. Das praktische, in der spezifischen Lebenswelt der Kinder mit dem Rubella-Syndrom verankerte Wissen, ihre körperlich-sinnlichen Praktiken, mit denen sie sich die Welt um sich herum erschließen, ihre ‚natürliche Sprache' und gelebten Kommunikationsroutinen bilden Ressourcen, um den familiären Alltag routiniert zu bewältigen.

Die vorgestellten ethnomethodologischen Arbeiten zur Lebenswelt von Menschen mit Behinderungen basieren auf der Vielzahl von Grundannahmen, die vor allem Harold Garfinkel geprägt hat. Für den Kontext dieser Arbeit gehe ich im Folgenden auf 1.) den Alltagsbegriff, der sich praxistheoretisch interpretieren lässt, 2.) das Verhältnis von Routinen und Krisen, welches für die Analyse von komplexen Kommunikationspraktiken des Sprachcomputers relevant ist, sowie 3.) Intersubjektivität und Verstehen als Basisprobleme des Alltags ein. Gelegentlich greife ich auf sozialphänomenologische Grundlagen zurück, die ich aber nicht weiter im Detail ausführen werde (vgl. dazu Heritage 1984).

Ausgangspunkt der Ethnomethodologie ist der Alltag. Anknüpfend an sozialphänomenologische Grundlagen ist der Alltag die Sphäre, in denen Menschen (i.d.R.) problemlos miteinander interagieren und kommunizieren. Der Alltag vollzieht sich pragmatisch orientiert, routiniert, selbstverständlich, quasinatürlich, zweifelsfrei, im Modus der Vertrautheit und Gewissheit (vgl. Schütz/Luckmann 2003, Garfinkel 1963: 210–214). Die Ethnomethodologie baut auf dieser Konzeption auf und hinterfragt sie zugleich. Sie geht davon aus, dass alltägliche Selbstverständlichkeiten, geteilte Annahmen und typische wie routinierte Verhaltensweisen das Resultat von praktischen Konstruktionen, von Prozessen der Wahrnehmung und des Handelns in sozialen Situationen sind (vgl. Zimmermann/Pollner 1976, Pollner 1987). Typische Forschungsfragen lauten: Wie vollziehen Akteure ihr alltägliches, gemeinsames und routiniertes Agieren, das selbstverständlich und ohne große Zweifel abläuft? Welche alltäglichen Methoden ermöglichen intersubjektive Verständigung und gemeinsames Agieren? Wie konstruieren die Akteure ihre geteilte soziale Wirklichkeit?

Ziel der Ethnomethodologie ist die Rekonstruktion von Aktivitäten, Prozeduren und Methoden der praktischen Konstruktion des Alltags, die die Mitglieder sozialer Gruppen verwenden und als gegeben voraussetzen.[66] Die Ethnomethodologie fragt nach den Methoden und Techniken, mittels derer Menschen in ihrem Alltag sich einer geteilten Wirklichkeit versichern und die gemeinsame Abwicklung von praktischen Handlungen in geordneter wie routinierter Weise bewältigen. Sie bindet konzeptionell die Entstehung und Aufrechterhaltung der sozialen Ordnung des Alltags nicht an die rationalen Intentionen der Gesellschaftsmitglieder. Die ethnomethodologische Handlungstheorie ist nicht an Motivationen oder Werten, sozialisierten Normen und Rollen, Macht oder sozialen Verträgen interessiert, sondern am konkreten praktischen Wissen der handelnden, ihre Umstände interpretierenden Akteure und wie diese ihren Alltag kompetent und methodisch organisieren (vgl. Knorr-Cetina 1981: 18). Anstatt der Befolgung internalisierter Regeln und einem fixierten Konsens über Handlungsweisen, ist der Alltag gekennzeichnet vom einem „Prozess des *sense-making*“ (Eberle 2007: 140), d.h., Akteure machen sich untereinander verständlich, was sie tun und zeigen die Bedeutung ihres Tuns. Der Alltag, soziale Ordnung und das gesellschaftliche Zusammenleben entstehen durch methodische Aktivitäten und den Vollzug von praktischem Wissen der Gesellschaftsmitglieder. Und nicht umgekehrt bestimmt eine fertige Ordnung das Agieren der Akteure. Alltägliche Phänomene – „traffic jams, service lines, summoning phones, blackboard notes, jazz piano in a cocktail lounge, talking chemistry in lecture format“ (Garfinkel 1996: 7) – werden als eine praktische Herstellungsleistung, als „practically produced by actors in concrete situations“ (vom Lehn 2014: 52) verstanden. Alltägliche Strukturen und Wirklichkeit sind ein ‚achievement‘, eine „methodisch generierte Hervorbringung“ (Hillebrandt 2014: 43) der Akteure und ihres praktischen Wissens (vgl. Garfinkel 1996: 6). Sie erhalten ihren Wirklichkeitscha-

66 Die Ethnomethodologie ist eine Praxistheorie par excellence (vgl. Garfinkel 1996: 19ff; vom Lehn 2014, Lengersdorf/Reuter 2016; Lynch 2001). Das ethnomethodologische Verständnis von Alltag und die Bedeutung von implizitem praktischen Wissen sowie Grundbegriffe wie ‚for-all-practical-purpose‘, der Fokus auf ‚practical activities‘ oder ‚ongoing, contingent accomplishment‘, was der Vollzugswirklichkeit sozialer Praktiken entspricht (vgl. Garfinkel 1967: 1f.), bezeugen dies ebenso wie z.B. der Fokus auf Anzeigepraktiken („accounting practices“ (Garfinkel 1967: 3)), das praktische Erzeugen von sozialem Sinn (*sense-making*) und die prozedurale Struktur von Handlungen. Jegliche Phänomene, auch normalste Begebenheiten, werden als ‚doing‘ verstanden und analysiert (vgl. Sacks 1984). Der kollektive, sprachliche, körperliche, zeitliche, räumliche und materielle Vollzug von Praktiken wird insbesondere in den ‚hybrid studies of work‘ betont (vgl. Garfinkel 1986, Lynch 1993, Rawls 2008, vom Lehn 2014). Die Produktion wissenschaftlicher Objekte vollzieht sich in „actual, situated, and embodied practices“ (vom Lehn 2014: 126), sie werden methodisch hergestellt „through the intertwining of practical actions with material, visual and other ressources“ (ebd.: 127), durch „concrete pratices of practitioners“ (Heritage 1987: 263). In diesem Kontext werden die selbstverständlichen Kompetenzen von Forscher*innen und deren alltägliche Arbeit als „lokale Praktiken des sense-making“ (Eberle 2007: 146) rekonstruiert. Praktisches Wissen wird anhand seines ‚Einsatzes‘ in lokalen, situierten, verkörperten und materialisierten Settings untersucht. Aufgrund der Fokussierung auf die praktische Organisation von Arbeitsprozessen und die Berücksichtigung von Dingen und körperlichen Fähigkeiten stellen diese Forschungsarbeiten eine ethnomethodologische Praxistheorie dar.

rakter und ihre Gestalt nicht aufgrund bestimmter Intentionen von Akteuren, sondern durch die „production of mutually oriented action appropriate to the situation" (Rawls 2006: 27). Das Agieren der Akteure ist ein „ongoing accomplishment of the concerted activities of daily life, with the ordinary, artful ways of that accomplishment being by members known, used, and taken for granted" (Garfinkel 1967: VII). Thomas Eberle fasst die Grundannahmen der Ethnomethodologie folgendermaßen zusammen:

> „Das Alltagsleben ist sinnhaft strukturiert und geordnet. Diese Ordnung wird von den Akteuren laufend hergestellt, dargestellt und einander angezeigt. Die Akteure müssen daher irgendwelche Methoden beherrschen, um dies zu bewerkstelligen (Rawls 2002: 5). Diese Methoden bilden den Forschungsgegenstand, und da sie intersubjektiv geteilt werden, heißen sie ›Ethnomethoden‹ (...). Ethnomethoden sind kommunikative Leistungen von ›Mitgliedern‹ (members' methods), allgemein von Gesellschaftsmitgliedern, spezifischer: von Mitgliedern eines konkreten sozialen Settings (vgl. Garfinkel 1974)" (Eberle 2007: 143).

Die der Theorie den Namen gebenden Ethnomethoden bezeichnen Praktiken und meinen im Alltag selbstverständlich angewandte Muster von Aktivitäten. Sie sind „alltagspraktische Verfahren" (Bergmann 1988: 22) des Handelns, die für die Ordnung, Sinnhaftigkeit und Bewältigung des Alltags und sozialer Wirklichkeit sorgen. Weitere Charakteristika von Ethnomethoden resp. Praktiken im ethnomethodologischen Sinne sind folgende (vgl. Bergmann 1988; Eberle 1984: 314–365; 2007; vom Lehn 2014; Heritage 1984, 1987; Livingston 1987; Lynch 1993: Psathas 1979; Rawls 2006): Erstens, sind Ethnomethoden typisch für das situierte und lokale Handeln und Denken von Gemeinschaften und ermöglichen eine gewisse Stabilität sozialer Formationen. Es ermöglicht die Durchführung von ‚common-sense activities' (Garfinkel 1967), die die Mitglieder eines sozialen Kollektivs teilen, um gemeinsam an ihren alltäglichen Aufgaben zu arbeiten. Sie werden von den Akteuren einer Praxis angewandt, um sich in einem, in ihrem konkreten sozialen Setting zu verständigen und miteinander zu agieren. Mitglieder einer Gemeinschaft verfügen in der Konsequenz über prinzipiell übereinstimmende Wissensbestände, die die Stimmigkeit sozialer Interaktionen und ihren ‚normalen', geordneten Ablauf ermöglichen. Das im Alltag regelmäßig bestätigte, *taken for granted*-Wissen fungiert als *common ground* der Akteure. Es wird in sozialen Situationen als „common understanding of the world" (vom Lehn 2014: 104) vorausgesetzt. Anhand dieses Wissens gelingt die wechselseitige Orientierung der Akteure, das Miteinander-Handeln und das kollektive *ongoing accomplishment* sozialer Ordnung.

Zweitens, ermöglicht und liegt der Sinn von Ethnomethoden darin, Aktivitäten interpretier- und nachvollziehbar zu machen und so den Vollzug und die Gestaltung sozialer Zusammenhänge zu organisieren. Sie dienen als Interpretationsfolie und Orientierungsschema, um das Agieren anderer Akteure zu verstehen, einzuordnen, sich entsprechend daran zu orientieren und das eigene Verhalten daran auszurichten (vgl. Garfinkel 1973; vom Lehn 2014: 15). Sie machen etwas, z.B. einen Gesprächsbeitrag, erkennbar, verstehbar, beschreibbar, berichtbar und erklärbar. Sie ermöglichen etwas als etwas Bestimmtes, als „phenomena of order" (Garfinkel 1996: 11), darzustellen und intelligibel zu machen, z.B. Sprecher*innen oder konkreter, Richter*innen, Studierende oder Ärzt*innen, aber auch Vorgänge, wie z.B. eine Erzählung, ein Urteil, ein Referat oder eine Diagnose.[67] Im praktischen Vollzug von Ethnomethoden kommt es zur Anwendung von Alltagswissen um gesellschaftliche Strukturen der Wirklichkeit, typischer Situationen, Verhaltensweisen, Hintergrundannahmen und Identitäten. Jeweils wissen und erkennen die Akteure dadurch in der Situation, wie sie mit der Situation und anderen involvierten Akteuren umgehen müssen und um was für eine soziale Situation es sich handelt. Zusammen zu handeln bedarf daher in der Regel weder offener Abstimmungsprozesse noch ‚vertragsartiger' Aushandlungen. Ordnung entsteht aufgrund der (methodisch geordneten) Aktivitäten der Akteure innerhalb einer sozialen Ordnung, z.B. einer Warteschlange. Ihr praktischer Vollzug und ihre Struktur – Anfang und Ende, Abstände, Vorwärtsbewegung – gilt als objektive Tatsache nicht, weil die Akteure dies aushandeln oder offen diskutieren, sondern weil sie wissen, wie eine Warteschlage situativ praktiziert wird (vgl. Livingston 1987).

Anschließend an die bisher ausgeführten ethnomethodologischen Grundannahmen liegt auch dem Akteursbegriff eine besondere Vorstellung zugrunde: Akteure sind, *erstens,* praktizierende Analytiker des situativen Geschehens innerhalb eines Settings. Autofahrer*innen, Fußgänger*innen, Teilnehmer*innen einer Grillparty, miteinander kommunizierende Familienmitglieder – sie alle beobachten und interpretieren ihre soziale Situation, orientieren sich am praktischen Geschehen um sie herum und führen entsprechende, situationsangepasste Aktivitäten aus (vgl. Livingston 1987, Lynch 1993: 154–158; vom Lehn 2014: 115; Keppler 1994). Von der Situiertheit eines jeden Phänomens ausgehend, ‚entstehen', *zweitens*, auch Akteure durch die situierte praktische Ordnung. Sie sind deren Effekt. Ihr Status ist ein „practical achievement continously accomplished in and through the productions of actions" (vom Lehn 2014: 54). Sie verfügen über bestimmte Handlungsfähigkeiten und sind ‚for-all-practical-purposes' (vgl. Garfinkel 1967) das, was sie sind, wenn sie diese Fähigkeiten ausführen und bestimmte Praktiken vollziehen. Akteure, ihre Körperlichkeit und ihre Sprechweisen sind praktische, situierte und lokale *accomplishments.* Nicht festgelegte Rollen oder unabänderliche Eigenschaften als Mitbringsel jenseits der konkreten Situation machen sie aus. Abstrakter gefasst, sind es nicht philosophisch hergeleitete Konzeptionen und limitierende Modellvorstellungen eines Subjektes oder medizinisch definierte, typische Eigenschaften des normalen Menschen, die einen Akteur charakterisieren, sondern ‚lediglich' die beobachtbaren Kompetenzen und Aktivitäten innerhalb praktischer Situationen und des Vollzugs von Interaktionen.[68]

---

67 Erik Livingston formuliert diesen Aspekt so: „Ethnomethodology is the study of the common, everyday naturally-occurring, mundane methods that are used by people to produce and manage the common, everyday activities of the everyday social world – activities like shaking hands, taking turns-at-talk in a conversation, reaching a verdict, standing-in-line. The list could go on – proving a theorem in mathematics, asking a question, bidding in bridge, spitting and swearing, making a discovery in high-energy physics, ending a therapy session on time, diagnosing a patient's medical problem, bartering, making one's way through pedestrian traffic in rush-hour Manhattan, doing magic, performing open heart surgery, telling gossip" (Livingston 1987: 10).

68 Der Akteur ist – da soziale Interaktionen und Situationen immer mehr als einen Akteur involvieren – ein intersubjektives Konstrukt, dessen Handlungsfähigkeit situativ und interaktiv erzeugt wird –

Die eingangs zitierten Studien haben gezeigt, wie ethnomethodologische Grundannahmen mit der Vorstellung einer soziokulturellen Konstruktion von Behinderung kongruent sind. So werden in der Ethnomethodologie Akteure nicht auf externe Ursachen (wie eine gesellschaftliche Struktur) und individuelle Eigenschaften (wie vermeintliche kognitive Unzulänglichkeiten oder körperliche Unfähigkeiten) oder feststehende soziale Kategorien zurückgeführt. Die Ethnomethodologie rekonstruiert vielmehr praktische Fähigkeiten, Kompetenzen und deren ‚Herstellung' in sozialen Situationen und Settings. Der Status von Akteuren erwächst aus Praktiken, aus den spezifischen Situationen und Methoden der Akteure und den körperlichen wie technologischen Aktivitäten, mit denen sie im Kollektiv an der Bewältigung des Alltags arbeiten.

Entgegen dem Eindruck, dass soziale Wirklichkeit und Ordnung als rein statisch und Sache von Routinen konzipiert werden, ist in der Ethnomethodologie von einer „ongoing production of social reality" (vom Lehn 2014: 79) die Rede. Der selbstverständliche und vertraute Alltag unterliegt den Bedingungen fortwährender Konstruktionsleistungen, in ihm findet eine permanente Hervorbringung von sozialen Strukturen und Prozessen statt. Wirklichkeit und der *common-sense* sind keine fixierten Tatsachen, sondern ein fortlaufender Herstellungsprozess, in dem Methoden, Verfahren und Prozeduren angewandt werden, um Ordnung zu erhalten, zu verändern oder zu erschüttern (vgl. Heritage 1984: 110). Im Alltag sind Interaktionen und soziale Ordnungen einerseits selbstverständlich ablaufende Prozesse, andererseits sind sie Unterstellungen, die bis auf Weiteres, bis zu einer Krise gelten. Das korrespondiert mit der praxistheoretischen Grundannahme, dass innerhalb von Praktiken die Stabilität und Instabilität sozialer Formationen verhandelt wird (vgl. Schäfer 2013). Im Begriffspaar Routine und Krise wird diese Vorstellung weiter vertieft.

Garfinkel analysiert das Verhältnis von Routinen und Krisen anhand von Spielen. Spielregeln fungieren – analog zu Routinen, Gewohnheiten und geteilten Vorstellungen – als Orientierungsrahmen und Methoden, um Aktionen als ‚zum Spiel gehörend' intelligibel machen. Regeln, als im Hintergrund des Spiels wirksame Annahmen, machen die Aktivitäten der Spieler*innen verstehbar, sie machen Züge in einem Spiel zu nachvollzieh- und einordbaren Ereignissen, konstituieren die normale Ordnung des Spiels und machen es im Ganzen durchführbar. Ein Regelbruch bedeutet demgegenüber den Einbruch untypischer, inkongruenter, störender, unsinniger und anomischer Elemente in die Situation. Es kommt zur Krise des routinierten Ablaufs, seiner Dis-Organisation. Akte des *sense making* werden im Angesicht von Diskrepanzen virulent und Versuche der Re-Normalisierung sind die Folge. Durch Letztere werden Handlungsprobleme gelöst und die Unterbrechung überwunden, die soziale Praxis fortgesetzt. Zentral ist, dass in einem solchen Prozess Hintergrunderwartungen und Normalitätsvorstellungen erkennbar werden. Im Zuge der Interpretation der krisenauslösenden Aktionen und der re-normalisierenden Aushandlung, zeigt sich, was üblicherweise als ‚normaler Spielvorgang' innerhalb

und zugleich durch andere Akteure (dauerhaft) in Frage gestellt werden kann (vgl. Woermann 2011; Rawls 2006: 18–28, 2008: 718f.).

einer Kultur verstanden und von Teilnehmer*innen erwartet wird (vgl. Garfinkel 1963, Heritage 1984: 98–102).[69]

Die Analyse von sozialer Ordnung anhand der Routinen-Krisen-Dualität ist ein besonderes Merkmal von EM-Studien. Sie zeigen par excellence wie Sozialität trotz Uneindeutigkeit, unsicheren Bedingungen und nicht geteiltem Wissen praktiziert wird (vom Lehn 2014: 71–75; Heritage 1987: 232–235). Die Interaktionen zwischen Menschen, die mit einem Sprachcomputer kommunizieren, und Menschen, die ohne technische Unterstützung kommunizieren, verstehe ich als ausgezeichneten Fall für eine Analyse im Sinne der soeben ausgeführten Annahmen. Diese Interaktionen sind oft von Unsicherheiten und Missverständnissen bis hin zu Krisen gekennzeichnet, Interaktionsbeiträge sind nicht eindeutig und bedürfen der kooperativen Deutungsarbeit – aber es gibt auch Routinen und einen vertrauten Umgang miteinander.

Für eine Interaktions- und Kommunikationstheorie und jenseits von artifiziellen Spielsituationen lassen sich Garfinkels Überlegungen verallgemeinern: Krisen bezeichnen Situationen, in denen bisher gültige Handlungserwartungen und -fähigkeiten unterlaufen werden und das geteilte Wissen einer Gemeinschaft nicht ausreichend handlungsorientierend ist (vgl. Krämer 2016). Es kommt zu einer „maßgebliche[n], gleichwohl temporär begrenzte[n] Erschütterung gewohnter, selbstverständlicher Handlungsroutinen [...], die eine deutliche, das heißt bedeutende, intensive und umfangreiche Auseinandersetzung“ (ebd.: 37) mit dem situativen Geschehen provozieren. Typische Krisen im Alltag sind z.B. Missverständnisse, wie sie vor allem im Gebrauch von Mimik und Gestik passieren (vgl. Kissmann 2016). Oder im Zuge von Interaktionen mit ‚besonderen Anderen‘, die anders kommunizieren und interagieren, z.B. kulturell Fremde, Menschen mit Demenz oder künstliche Intelligenz. Hier kommt es regelmäßig zu Interaktionskrisen (vgl. Meyer 2016). Mit dem Begriffspaar Krisen und Routinen gerät die prekäre und mitunter instabile, unsichere Konstitution gemeinschaftlicher Lebenspraxen in den Blick, die besonders virulent ist, sobald ein Mitglied der Gesellschaft über keine bzw. wenig Lautsprache oder andere Arten der Kommunikation verfügt. Solche Kommunikationsgemeinschaften erfahren, wie die alltäglich als selbstverständlich und evident erlebte Intersubjektivität kein endgültig fixer Zustand ist, wie sie nur bis auf Weiteres gilt, immer wieder situativ hergestellt werden und sich immer wieder neu bewähren muss. Insbesondere in Situationen, in denen Kommunikation nicht durch vorherrschende Strukturen, Routinen und Gewissheiten determiniert, sondern durch radikal unterschiedliche Kommunikationsweisen der Akteure gekennzeichnet ist, eignet sich die Ethnomethodologie als analytischer Ansatz. Sie legt den Fokus auf soziale Zusammenarbeit, die ohne ‚shared competences‘ auskommt und in der sich Akteure an unsicheren und kontingenten Interaktionsabläufen abarbeiten (vgl. Rawls 2008:

69 Garfinkels ‚breaching experiments‘ verdeutlichen, dass Regelbrüche das ansonsten unsichtbare Hintergrundwissen und soziale Erwartungen sichtbar machen können. Die Experimente heben auf der einen Seite die Relevanz von Routinen für die Stabilisierung sozialer Gebilde hervor. Auf der anderen Seite ermöglichen sie es, Routinen mit der ihnen eigenen Krisenanfälligkeit, Dynamik und Prekarität und den Besonderheiten ihrer praktischen Re-Organisation im Falle ihrer Ungültigkeit oder Inadäquanz zu untersuchen (vgl. Garfinkel 1963, Heritage 1984: 98–102).

709f.). Wie Fremdverstehen dennoch praktisch vollzogen wird und mit welchen Techniken die Akteure sich verständigen und den „gemeinsamen Boden“ (Merleau-Ponty 1966: 406) einer geteilten Erfahrungswelt etablieren, wenn eine massive kommunikative Differenz und Alterität vorliegen, zeigen die empirischen Studien dieser Arbeit.

Krisen sind wie Routinen geordnete Phänomene (vgl. Livingston 1987) und in ihrer jeweiligen Bewältigung agieren die Akteure kooperativ miteinander und richten ihr Handeln am Gegenüber aus (vgl. Meyer 2016; Schüttpelz 2015b). Sie tun dies (mehr oder weniger erfolgreich) mittels an die Situation angepasster kommunikativer Mittel. Sobald Differenzen, Diskrepanzen und Inkongruenzen zwischen Verhaltensweisen besondere Anstrengungen und aufwendige ‚sense-making efforts‘ erfordern, eignet sich die Ethnomethodologie als theoretische Grundlage. Sie rekonstruiert

> „sense-making activities in situations where they are especially prominent. Such situations are those in which sharp discrepancies, between on the one hand existing expectations and/or competencies, and on the other practical behavioural and/or interpretive tasks, necessitate extraordinary sense-making efforts by members.“ (ten Have 2004: 32)

Im Zuge von Interaktionsproblemen, z.B. zwischen Akteuren, die verbal, und Akteuren, die mit einem Sprachcomputer kommunizieren, wird das praktische Herstellen von gemeinsamem Sinn und Intersubjektivität transparent (vgl. Garfinkel 1996: 17). Miteinander zu kommunizieren ist dann nicht selbstverständlich und krisenfrei, ist kein *common sense*. Dieser muss praktisch hergestellt werden – und entsprechende Bemühungen der Interagierenden sind der ethnomethodologischen Beobachtung zugänglich.

Mehrfach wurde bisher der Begriff der Intersubjektivität benutzt. Intersubjektivität ist einer der zentralen Begriffe der Sozialphänomenologie (vgl. Coenen 1985; Crossley 1996; Meyer-Drawe 2001; Schütz 1957). Im Sinne der Sozialphänomenologie entsteht Intersubjektivität durch das sinnhafte Verstehen des Anderen, seiner Perspektiven und der Konstitution gemeinsamer Wirklichkeit und Handlungspraxis. Im sozialen Handeln sind die Mitmenschen mittels Idealisierungen, Typisierungen und Normalitätsvorstellungen immer schon so weit intersubjektiv verstanden, wie es ‚for-all-practical-purposes‘ (vgl. Garfinkel 1967) notwendig erscheint. Der Andere muss nicht immer wieder von neuem verstanden werden. Ein grundlegender Zweifel am Anderen, wird im Alltag ausgeblendet (vgl. Hitzler 1993: 225). Man besitzt tendenziell die gleichen Relevanzsysteme und Perspektiven sind ohne große Unterschiede austauschbar (vgl. Schütz/Luckmann 2003: 98ff., de Folter 1979). Die Akteure können sich einer Gemeinschaft versichern, die sich in Interaktionen bewährt und grobe Missverständnisse ausschließt (vgl. Eberle 2000: 65f.). Im Alltag ist gegenseitiges Verstehen und fragloses Miteinander-Handeln Routine. Im ethnomethodologischen Kontext wird stärker vom ‚*Problem* der Intersubjektivität‘ ausgegangen. Die Ethnomethodologie betont, dass Intersubjektivität nicht eine unproblematische Tatsache oder Routine ist. Vielmehr wird in sozialen Praktiken konkret an der wechselseitigen Verständigung gearbeitet und Intersubjektivität praktisch vollzogen („achieving mutual understanding“, Rawls 1988: 148). Wechselseitige

Verstehbarkeit und Orientierung aneinander ist ein „achievement and [...] a practical problem" (Heritage 1984: 54; vom Lehn 2014: 53ff). Die situative Wahrnehmung des Gegenübers, der kommunikative Austausch und das gemeinsame Agieren, kurz, die praktische Verwirklichung von Intersubjektivität ist eine Situation für Situation erbrachte Leistung der Akteure.

Die soziologische Analyse von Praktiken berücksichtigt Körper und Medien/Technik als Teil des *Problems der Intersubjektivität* und als Ressourcen für dessen ‚Lösung'. Körper und Technik sind Bestandteile der materiellen „architecture of intersubjectivity" (Heritage 1984: 254). Beides sind Ressourcen für den „communicative effort" (vom Lehn 2014: 52), den die Akteure für ihr gemeinschaftliches Agieren aufbringen. Intersubjektivität ist demnach nicht nur ein Vorgang zwischen Menschen ohne materielles Equipment, sondern wird in sozialen Situationen durch den Körper, Medien und Technik hergestellt. Das Verstehen des Anderen wird in dieser Arbeit als praktisches Vollzugsgeschehen konzipiert, dass sich unter der Anwendung von Ethnomethoden verwirklicht. Es vollzieht sich im methodischen Einsatz bestimmter Handlungsweisen, z.B. körperlicher Bewegungen und verbaler Beiträge (vgl. ebd.), oder durch den Gebrauch technisch-medialer Objekte, Geräte und Artefakte. In der Rekonstruktion von Praktiken technisch unterstützter Kommunikation bilden der Körper der Akteure und das Gerät im Zusammenspiel eine Kommunikationsinfrastruktur, die wechselseitiges Verstehen und gemeinsames Handeln bedingt.

Kommunikation selbst ist durchaus Thema der Ethnomethodologie, wenn auch nicht immer explizit im Vordergrund. Der kommunikationstheoretische Gehalt der Ethnomethodologie wurde insbesondere von Anne W. Rawls (vgl. Rawls 1989; 2006: 29–41) herausgearbeitet und basiert auf späteren Veröffentlichungen Garfinkels (vgl. Garfinkel 2006, 2008). Die allgemeine Bedeutung von Sprache für soziale Realität, soziale Beziehungen sowie für die Mitgliedschaft von Akteuren in einer Gemeinschaft, haben Garfinkel und Harvey Sacks in ihrer Arbeit zum Begriff des *accounts* herausgearbeitet. Beide Autoren zeigen, dass Sprache ein Medium des *common-sense* und des *sense making* ist. Das Verfassen von adäquaten Beschreibungen, dem Einordnen von Aussagen in ihren Kontext und das Herstellen von Bezügen des Gesagten ist eine alltägliche, praktische Tätigkeit der Mitglieder einer Kommunikationsgemeinschaft (vgl. Garfinkel/Sacks 1970; Heritage 1984: Kap. 6). Sprache und, allgemeiner, Kommunikation sind Ressourcen für ‚das Lösen' des Intersubjektivitätsproblems. Wechselseitiges Verstehen ist bedingt durch lokal und situiert vollzogene sprachlich-kommunikative Aktionen – und nicht durch die Befolgung abstrakter Grammatikregeln (vgl. Rawls 1989). Das bedeutet, das Sprache in einer gewissen Ordnung und als methodisch organisiertes Miteinander-Sprechen praktiziert wird. „[S]peaking meaningful with each other" (Livingston 1987: 66) – in meinem Falle das Mit-Einander-Sprechen von Menschen mit und ohne Sprachcomputer – findet in und durch den Vollzug bestimmter Gesprächsstrukturen statt. Es vollzieht sich auf methodische Weise, indem sich Gesprächspartner*innen an der nachvollziehbaren Struktur und dem Verlauf des ablaufenden Gesprächs orientieren. Die Gesprächsordnung entsteht aus der wechselseitigen Orientierung am Anderen einerseits und durch die Orientierung an typischen Formen bzw. Methoden des Gesprächsvollzugs andererseits. Dadurch entsteht eine quasiobjektive Ordnung, z.B. wie beginnt, wie endet ein Gespräch; wer spricht wann, nach wem; wie lang spricht man; wer spricht wie in welcher Rolle; wie spricht man für sich, wie für andere, wie über andere; wie nimmt man auf was Bezug usw. (vgl. ebd.: 65–85; Eberle 2007: 147–151; Heritage 1984: 144; Rawls 1989, 2008).

Die soziale Ordnung der Kommunikation existiert nicht an sich, jenseits des situierten Kommunikationsvollzugs (vgl. Rawls 2006: 29–41). Nicht formale Strukturen, ein kollektiver Habitus oder die individuelle Motivation, Intention oder das Bewusstsein Einzelner ermöglichen den Vollzug kommunikativer Praktiken. Die Ethnomethodologie betont Aspekte wie situative Aufmerksamkeit, Orientierung an den Aktionen des Gegenübers und die Bewältigung von Dynamiken, Besonderheiten und den Details der Gesprächssituation. Akteure erzeugen und verhandeln die kommunikative Ordnung, bestätigen sie, entwickeln sie weiter, stören sie, unterbrechen ihren Ablauf. Sie umgehen Unklarheiten, bestätigen und bewerten Aussagen, zeigen an, was sie verstanden haben. Die Gesprächsteilnehmer*innen bewerkstelligen dies, indem sie sich an der sicht- und hörbaren, durch zeitliche Bezüge und Abläufe strukturierten Ordnung des Gesprächs orientieren. Sie tun dies „locally, *in situ,* with the devices – their mouths, their eyes, their bodies – that they have on hand" (Livingston 1987: 85). Der Gebrauch einer technischen Kommunikationshilfe würde sich hier einreihen.

Drei zentrale, in der Ethnomethodologie entwickelte Begriffe – Indexikalität, Reflexivität, *accountability* – beschreiben typische Eigenschaften des Gesprächs und sind daher für die Analyse von Kommunikationspraktiken relevant (vgl. Auer 1999: 127–147; Bergmann 1988; Bergmann/Meyer 2021; Heritage 1984; Lehm 2014; Lynch 1993: 14–22; Rawls 2008: 719–723):

- Indexikalität: Hinter dem Begriff steht die These, dass alle kommunikativen Äußerungen unvollständig, vage, unpräzise und zwangsläufig offen für Interpretation sind. Sie bedürfen der Kontextualisierung und Elaboration durch den Zuhörenden, um für die praktischen Zwecke der ablaufenden Situation verstanden zu werden. Verweisungszusammenhänge kompetent zu konstruieren und einzelne Äußerungen in ihrem Kontext zu verstehen, zeichnet den Akteur als kompetenten Teil einer Kommunikationsgemeinschaft aus. Praktisch bewältigte Indexikalität dokumentiert sich in ‚sinnvollen' Anschlussäußerungen – die wiederum indexikalischen Charakter haben. Je ambiguer, unklarer und kontingenter Äußerungen sind, wie eben die oft kurzen, aus einem Wort oder einem Satz bestehenden Artikulationen mit einem Sprachcomputer, umso vielfältiger und intensiver müssen Interaktionspartner*innen Gesprächsbeiträge interpretieren und dafür Kontextwissen, das aus der gemeinsamen, gelebten Erfahrung stammt, anwenden (vgl. Rawls 1989: 161ff.). Bei miteinander unbekannten Akteuren, die über wenig Kontextwissen voneinander verfügen, kann Indexikalität zu Kommunikationskrisen führen.
- Reflexivität: Der Begriff bezieht sich auf die spezifische zeitliche Organisation von Kommunikation. Reflexiv ist eine Äußerung, indem sie auf eine Vorherige Bezug nimmt und wiederum die nächste Äußerung vorstrukturiert. Anhand der Positionierung einer Äußerung innerhalb einer Kette an

Äußerungen, lassen sich Strukturen vor- und zurückgreifender Bezugnahmen erkennen. In der Praxis ermöglicht Reflexivität, dass Teilnehmer*innen anhand einer Äußerung ‚sehen', wie jemand eine vorherige Äußerung versteht. Derart wird Bedeutung fortlaufend reflexiv, durch Rück- und Vorverweise, hergestellt und Sinn*zusammenhänge* konstruiert. Insbesondere bei der Kommunikation durch den Sprachcomputer, welche sich langsam und oft zeitlich versetzt zum Kommunikationsverlauf der anderen per Lautsprache kommunizierenden Teilnehmer*innen vollzieht, ist die Platzierung eines Beitrages und die Herstellung von Bezügen zum vorher Gesagten besonders relevant wie prekär.

- *Accountability*: Die Bedeutung des Begriffs *accountability* ist lange Zeit in der Theorieliteratur umstritten gewesen (vgl. Bergmann 1988: 45f). Laut einer aktuellen Darstellung von Bergmann und Meyer (2021) bezeichnet der Begriff, dass Akteure ihre Aktionen ‚berichtbar' machen, bzw. das im Vollzug von sozialen Praktiken diesen ein Moment innewohnt, durch den sich Praktiken als eine bestimmte Praktik implizit erkennbar, den Sinn von Aktionen verdeutlichen machen. Das ermöglicht, dass Aktionen zurechenbar (zu etwas, zu jemandem) sind und erkennbar/erklärbar ist, was sie in einem bestimmten sozialen Kontext bedeuten. *Accounting practices* dienen also als ein Mittel, um die Verstehbarkeit von Aktionen zu erreichen, sie nachvollzieh- und interpretierbar zu machen. Für Analysen im Rahmen von Disability Studies macht der Begriff Sinn, wenn es a) um die Zurechnung und Zurechenbarkeit von Handlungen geht, also z.B. bei assistierenden Aktionen, bei denen nicht klar ist, ob die assistierte Person oder die assistierende Person verantwortlich für eine Handlung ist. B) Hat die *accountability* von Handlungen zur Folge, dass Akteure „eine laufende Kommentier- und Reparierbarkeit ihres Handelns herstellen" (Bergmann/Meyer 2021: 48). Das ist in Lernsettings und für die Analyse von sozialen Interaktionen zwischen Akteuren mit unterschiedlichen Kommunikationsweisen besonders aufschlussreich (vgl. Bloch/Barnes 2020; Heeschen/Schegloff 1999; Macbeth 2004; Wilkinson 1999).

Mit den Begriffen lässt sich beschreiben, dass Kommunikation nicht allein durch den Gebrauch von Wörtern, Sätzen oder nonverbalen Zeichen gekennzeichnet und erklärbar ist. Vielmehr sind es gesprächspraktische Operationen, die den Vollzug von Kommunikation ausmachen: einerseits die Interpretation indexikalischer Ausdrücke und andererseits die reflexive, sequenzielle und interpretative Verkettung von Gesprächsbeiträgen. Zusammen ist es die Position innerhalb von Sequenzen, die indexikalischen Beiträgen ihren Sinn verleiht. Wie sich Akteure kommunikativ verständigen, ist demnach rekonstruierbar anhand der vollzogenen Interpretationsarbeit, und diese wird durch die ‚nächste' Aktion und die weitere Verkettung von Aktionen nachvollziehbar.

Die Konversationsanalyse analysiert wie soeben beschrieben Kommunikationspraktiken. Sie beruht auf ethnomethodologischen Grundlagen und rekonstruiert alltägliche Gesprächsmethoden als Medium sozialer Interaktionen (vgl. Bergmann 1981, Eberle 2007, Heritage 1984: Kap. 8, 2008; eine Einordnung in Theorien sprachlicher Interaktion findet sich bei Auer 1999). Ihr Ziel ist es, detaillierte, auf der Basis transkribierter Gesprächsaufnahmen angefertigte Analysen und Beschreibungen „der Basisregeln von Verständigungsprozessen und der Sequenzierung von Aktivitätsbeiträgen in konkreten Interaktionssituationen“ (Schütze et al. 1976: 61f.) zu erzeugen.[70] Das kooperative und koordinierte Miteinander-Sprechen und Sich-Einander-Verständigen von Gesprächspartner*innen wird auf methodische Weise vollzogen (vgl. Goodwin 2018). Die dafür eingesetzten Praktiken und Methoden, die die Verständigung der Interagierenden ermöglichen, sind Gegenstand der Konversationsanalyse.[71] Typische Forschungsfragen, die die Konversationsanalyse untersucht sind: Wie wird zu einer Gesprächseinheit hingeführt, wie wird sie beendet und vervollständigt und zur nächsten übergeleitet? Wie wird praktisch ermöglicht, dass bestimmte Sprecher*innen, und nur diese, in diesem Moment sprechen? Wie wird methodisch im Miteinander-Sprechen Bedeutung erzeugt und einander verstanden? Wie wird etwas gesagt, was an dieser Stelle des Gespräches für andere Teilnehmer*innen Sinn macht? Wie wird der interpretierte Sinn einer Äußerung vermittelt?

Eine wichtige Prämisse für die Forschung der Konversationsanalyse ist der Prozesscharakter des Sprechens und die sequenzielle Organisation des Gesprächs (vgl. Auer 1999: 136–147). Strukturelle Zusammenhänge zwischen mindestens zwei, voneinander unterscheidbaren, sich zugleich nachweisbar aufeinander beziehenden Redebeiträgen bilden eine Sequenz. Sie bildet die Grundeinheit, durch die Gespräche interaktiv organisiert werden und das wechselseitige Verstehen der Akteure sich praktisch vollzieht. Sequenzielle Ablaufschemata sind Bestandteil des *common sense* von Mitgliedern einer Kommunikationsgemeinschaft und werden in besonderen Kontexten formalisiert. Es gibt für bestimmte Anlässe, Settings und Institutionen eine bestimmte Form der sequenziellen Gesprächsordnung. Dadurch werden außerdem Möglichkeiten der Teilnahme am Gespräch festgelegt (vgl. Heritage 1987: 258–261).

Die zentrale, analytische Einheit der Konversationsanalyse, die auch für diese Arbeit bedeutsam ist, ist, die Übergabe von Rede-Slots (vgl. Sacks/Schegloff/Jefferson 1974; Schegloff 2007). Das sogenannte *turn taking* bezeichnet den Vollzug

---

70 Eine ethnomethodologische Prämisse der KA lautet, dass die Geordnetheit des Gesprächs bzw. zwischenmenschlicher Kommunikation situativ durch die Mitglieder einer Gemeinschaft und durch den Gebrauch bestimmter Konversationsmethoden hergestellt wird. Im Verlauf des Miteinandersprechens finden sich Muster, die die miteinander sprechenden Individuen anwenden, an denen sie sich orientieren und wodurch sie interaktiv, kooperativ und geordnet Kommunikation routiniert vollziehen. Anhand des lokalen und situierten Vollzugs der Gesprächsstrukturierung sind Mittel, Methoden, Muster und besondere Problematiken von Kommunikationspraktiken erkenn- und analysierbar. Das meint z.B. Mechanismen der Übergabe, Wahl, Verteilung oder Einklagung von Sprechrechten, das Eröffnen und Beenden von Gesprächen, Korrekturen/Reparaturen und die Bearbeitung von Missverständnissen, gemeinschaftliches Erzählen von Geschichten, die Initiierung und den Abbruch von Gesprächsthemen, sogenannte Paar-Konstellationen wie Frage-Antwort, Gruß-Rückgruß, Aufforderung oder Einladung und Annahme/Ablehnung, etc. (vgl. Psathas 1979a, Boden/Zimmermann 1991). Die Interpretation dieser Phänomene fragt jeweils: „Why that now?“ (Schegloff/Sacks 1973: 299) Dadurch können eine Vielzahl von Gesprächsaktivitäten, die den Alltag und soziale Strukturen bedingen, analytisch beschrieben werden.

71 Vgl. für eine techniksoziologisch inspirierte Konversationsanalyse, die technische Objekte in ihrer Rolle für die Ausgestaltung von Interaktionsordnungen untersucht, die Studie von Böhringer und Wolff (2010).

des Wechsels von Sprecher*innen und die damit einhergehende Vernetzung zwischen Gesprächsbeiträgen unterschiedlicher Sprecher*innen. Ein weiteres Interesse der Konversationsanalyse bilden strukturelle Merkmale von Gesprächen, durch die die Nachvollzieh- und Verstehbarkeit kommunikativer Handlungen wahrscheinlich wird. Das sind z.B. „paired actions" (Heritage 1984: 245). Diese bezeichnen Verweisungs- und Relevanzzusammenhänge zwischen einer ersten Aussage und der nächsten, z.B. bei einer Frage oder Einladung und der jeweiligen Antwort darauf. Ihr Zusammenhang ermöglicht die Verstehbarkeit kommunikativer Aktivitäten. Eine Aktion innerhalb eines Gesprächs wird demnach anhand ihrer Einbettung in den kommunikativen Prozess „interpreted and understood" (Heritage 1987: 250).[72]

Die Konversationsanalyse ist besonders geeignet für die Erforschung der Lebenswelt von Menschen mit sogenannten Kommunikationsbeeinträchtigungen (vgl. Goodwin 2003a, Bauer 2009; Bloch/Beeke 2008; Damico/Oelschlaeger/Simmons-Mackie 1999). Charles Goodwins Forschungsarbeiten zur Aphasie stehen exemplarisch für diesen Themenkomplex. Sie sind besonders relevant für den Kontext dieser Arbeit und beruhen auf ethnomethodologischen und konversationsanalytischen Annahmen und Begriffen. Im Mittelpunkt von Goodwins Arbeiten steht sein Vater Chill, der mit einer Aphasie lebt und drei Wörter spricht: ja, nein und und. Mit diesem limitierten Vokabular agiert Chill als kompetenter Sprecher innerhalb seiner Kommunikationsgemeinschaft. Goodwin rekonstruiert insgesamt das praktische Wissen, das nötig ist, um *mit* Chill erfolgreich, gemeinschaftlich und *for-all-practical-purposes* Kommunikation zu vollziehen und Verständigung zu erreichen. Er zeigt, wie nicht allein die drei Worte die kommunikative Gestaltung seines Alltags und seiner Lebenswelt determinieren. Chill nutzt weitere, multiple Ressourcen der Kommunikation neben den drei Wörtern, um an Prozessen der Bedeutungsproduktion teilzuhaben und damit seinen Alltag zu bewältigen. Dazu gehören Prosodie, Gesten, Zeigen, die Ausnutzung der sequenziellen Organisation des Gesprächs (Reflexivität) und der Einbezug von Aktionen seiner aktiven, nicht passiven Kommunikationspartner*innen, wie Reparaturen und *guessing games*. Die beteiligten Konversationspartner*innen orientieren sich wechselseitig an ihren Aktionen, sie sind besonders aufmerksam und beobachten den situativen Kommunikationsverlauf und subtile Details der Kommunikationspraxis von Chill. Im Zuge der kollektiven Produktion von Bedeutung in Alltagsgesprächen ist zudem entscheidend, wie die Teilhabe am und selbstbestimmte Gestaltung des Gesprächs durch Chill vollzogen wird (vgl. Bauer 2009). Nicht individuelle Kompetenzen verbaler, kognitiver oder gar grammatikalischer Art eines Einzelnen, so eine zentrale Schlussfolgerung aus Goodwins Arbeit, machen Sprecher*innen wie Chill zu kompetenten Kommunikationspartner*innen, ermöglichen Verständigung und Teilhabe. Es sind vielmehr die Gestalt von Praktiken, deren Vollzugsform, der Gebrauch kommunikativer, hier vor allem körpergebundener Ressourcen und die notwendige, ko-konstruierende und

---

72 Michael Lynch beschreibt dies am Beispiel des Ausbleibens einer Antwort, wenn also Gesprächsteilnehmer*innen stillbleiben: „If, for instance, a silence in a conversation is ‚heard' [...] by the participants, as an awkward pause in response to an invitation, the analytic ‚meaning' of this silence will be reflexively constituted in and through its sequential occurrence after the invitation, along with any embodied expressions of hesitancy or doubt that accompany that silence" (Lynch 1993: 36).

kooperative Kommunikationsarbeit aller Partizipanten (vgl. Goodwin 1995, 2003b, 2004, 2010; Goodwin/Goodwin/Olsher 2000; allgemein vgl. Goodwin 2000, 2013, 2018). Goodwins umfängliche empirische Forschungsarbeit zeigt: Die Bewältigung und Strukturierung des Alltags hängen von der intersubjektiven Verständigung der Akteure ab. Das Gespräch ist das typische Medium dafür. Goodwin (und die Konversationsanalyse insgesamt) zeigt, wie Kommunikation sich als ein praktisches Sich-Verständigen vollzieht, indem Bedeutungen und Gemeinschaft im Zuge des Ablaufs von Gesprächen ausgehandelt werden.

Für die Beschreibung von Methoden der Verständigung zwischen Menschen mit und ohne Lautsprache bzw. solchen die technisch unterstützt kommunizieren, wird in dieser Arbeit auf Überlegungen der Ethnomethodologie und der Konversationsanalyse zurückgegriffen. Thematisch relevant für diese Arbeit ist, erstens, dass die Teilhabe am Gespräch ein praktisches Unterfangen ist, welches parallel dazu verläuft, dass sich die Akteure miteinander verständigen; zweitens, dass die Beteiligung anders sprechender Akteure sich darin zeigt, dass ihre/seine Beiträge praktische Konsequenzen für die anderen Sprecher*innen zeitigen, dass sie wahrgenommen und auf sie reagiert wird; und drittens, die Gestalt der Lebenswelt von Menschen ohne oder mit technisch generierter Lautsprache abhängig ist von der praktischen Organisation einer Kommunikationskultur mit ihnen. Im Sinne der Praxistheorie hängt vom Einsatz körperlicher, sinnlicher und medientechnischer Praxiselemente ab, wie Kommunikation gelingt. Die materiellen Elemente von Praktiken bilden eine Infrastruktur, die gegenseitiges Verstehen und kooperatives Agieren bedingen. Ihr Einsatz hat einen methodischen Charakter, ist in seinem Vollzug mal routiniert, mal krisenhaft, beruht auf den praktischen Fähigkeiten und Kompetenzen aller Akteure und bestimmt ihren Alltag, insbesondere das alltägliche Miteinander-Sprechen bzw. Kommunizieren

5 Der Forschungsprozess: Methodologie, Feld, Methoden

Im fünften Kapitel dieser Arbeit wird der Forschungsprozess anhand methodologischer Grundlagen und methodischer Entscheidungen dargestellt. Neben erkenntnistheoretischen Voraussetzungen werden der Feldzugang beschrieben und die Erhebungs- und Auswertungsmethoden mit den Besonderheiten ihrer Anwendung diskutiert. Zu Beginn wird die methodologische Grundhaltung dieser Arbeit erläutert, die sich aus Praxistheorie und Sozialphänomenologie zusammensetzt. Anschließend zeige ich, wie die Methodologie Einfluss auf die Suche nach einem passenden Forschungsfeld hatte und wie sukzessive Zugangsweisen zu diesem entstanden (Kap. 5.1). Im darauffolgenden Kapitel (5.2) werden die Methoden der Datenerhebung und ihre Erkenntnisperspektiven wie -möglichkeiten beschrieben. Das sich im Verlauf der Forschung wandelnde Verständnis der Methoden, insbesondere des narrativen Interviews, aber auch die wechselhafte Dynamik der teilnehmenden Beobachtungen, stehen hier im Mittelpunkt. Auswirkungen hat beides auf das Verständnis der Daten und die unterschiedlichen Auswertungstechniken, die abschließend Thema des Kapitels 5.3 sind. Neben der Präsentation von Grundlagenwissen, wird das konkrete praktische Vorgehen transparent gemacht. Es soll deutlich werden, wie sich die Forschungspraxis als Prozess vollzog, wie sich sukzessive die Zugangs- und Beobachtungsweisen des Gegenstandes entwickelten und eine Anpassung der Erhebungs- und Auswertungsmethoden stattfand.

Wie Theorien und Begriffe, dienen auch Methoden und Methodologien der Ermöglichung und Kanalisierung der Erforschung empirischer Sachverhalte und sozialer Phänomene. Methodik und Methodologie erzeugen und konstruieren den Gegenstand und das untersuchte Phänomen auf eine bestimmte Art und Weise, in einer bestimmten, begrenzten Perspektive. Die Methodenwahl legt fest, „was überhaupt als ein empirisches Datum beobachtet werden kann" (Lindemann 2009: 153f.; vgl. Kalthoff 2010). Die eingenommene Perspektive aufgrund festgelegter Methoden hebt spezifische Dimensionen des Phänomens hervor und vernachlässigt notwendigerweise andere. Der Gegenstand wird auf die interessierenden Aspekte, Ausschnitte und Details beschränkt. Die Entscheidung für oder gegen eine Untersuchungsmethode ist zugleich die Entscheidung für oder gegen eine bestimmte Realität (vgl. Law 2004).[73] Positiv formuliert, agieren Methoden und Methodologie als

73 Die hier zum Tragen kommende Idee von sozialer Wirklichkeit ist die einer multiplen und heterogenen Wirklichkeit, die nicht umfassend erfasst, aber in bestimmten Aspekten, unter jeweils bestimmten Fragestellungen und methodisch generierten Perspektiven konstruiert wird. Wie Law vorschlägt, geht ein modernes Methodenverständnis nicht von einer determinierten und definierten, klar konturierten und stabil strukturierten Realität aus, die mittels eines ‚view from nowhere' erkannt wird und eindeutig bestimmte Methoden für ihr Verständnis vorschlägt. Es existiert keine unabhängige Realität ‚da draußen', bestehend aus Zusammenhängen, die sich ‚einfach' erfassen und abbilden lassen. Methoden sind eine Antwort auf die Frage, wie soziale Wirklichkeit dargestellt werden soll – und nicht, was diese wirklich ist. Das ist kein relativistisches Argument gegen Wissenschaft und die Möglichkeit objektiver Erkenntnisse, sondern für ein adäquates Verständnis

A. Wagenknecht, *Mit einem Talker sprechen*, Beiträge zur
Praxeologie / Contributions to Praxeology,
https://doi.org/10.1007/978-3-476-05510-1_5

‚Sehhilfen'. Der produktive Beitrag von Methoden und Methodologien besteht darin, dass sie „den Blick auf die soziale Welt organisieren und konstruieren" (Kalthoff 2003: 71). Sie inszenieren Wirklichkeit und ermächtigen zugleich zum Verstehen dieser. In diesem Sinne, dass also Untersuchungsmethoden *eine*, aber *nicht eine ausschließliche*, spezifische Wirklichkeit erzeugen, verfügen Untersuchungsmethoden über eine ontologische Wirkmächtigkeit, in deren Abhängigkeit ein Forschungsbericht und seine Ergebnisse (ent-)stehen.

5.1 Methodologie und Feldzugang

Im ersten Schritt geht es um das Verhältnis von Theorie und Empirie.[74] Im Zentrum soziologischer Praxistheorien findet sich eine grundlegende Reflexion des Verhältnisses von Theorie und Empirie. Weder wird Theorie als unveränderliches Bauwerk, das einen übergroßen Schatten auf empirische Wirklichkeit wirft, verstanden, noch Empirie als einfach auffind- und abbildbarer Gegenstand konzipiert, noch das Verhältnis zwischen beidem als unproblematisch, neutral oder uninteressant erachtet. Die Sozialphänomenologie hat sich ebenfalls, wenn auch auf andere Weise und mit anderen Ergebnissen, mit diesem Sachverhalt auseinandergesetzt und im Zuge dessen methodologische Annahmen zum Verhältnis von Konstruktionen erster und zweiter Ordnung formuliert, die in den Kanon soziologischen Forschens eingegangen sind. Eine wechselseitige Herausforderung von Theorie und Empirie, dass theoretische Begriffe nicht als Formzwang und unveränderliche Axiome den eigenständigen Konstruktionen von Praxisteilnehmern*innen gegenüberstehen, ist keine Selbstverständlichkeit soziologischer Forschungspraxis (vgl. Kalthoff/Hirschauer/Lindemann 2008), aber ein zentraler Anspruch der beiden hier verwendeten Ansätze.

5.1.1 Konstruktionen erster und zweiter Ordnung

In der sozialphänomenologischen (bzw. wissenssoziologischen) Methodologiedebatte[75] wurde und wird das Verhältnis wissenschaftlicher Theoriebildung und empirischer Wirklichkeit prominent diskutiert. Zentraler Ausgangspunkt sozialwissenschaftlichen Verstehens ist laut Alfred Schütz, von dessen Überlegungen annähernd alle Überlegungen ausgehen, das Alltagswissen der in einer Lebenspraxis involvierten und verstrickten Akteure. Alltagswissen bestimmt das selbstverständlich ablaufende, intersubjektive Verstehen und Miteinander-Handeln von Akteuren und findet sich in deren typischen Erlebnissen und Erfahrungen. Es variiert in seiner Bedeutung für die Akteure und setzt sich aus unterschiedlichen Relevanzstrukturen zu-

der eigenen Ansprüche an und den Grenzen von Erkenntnisproduktion, vgl. Law 2004; Law/Urry 2004; Charmaz 2008; Mol 2002: 151–184.

74 Ein solches Verhältnis ist Gegenstand methodologischer Überlegungen. Demgegenüber beschreiben Methoden, den praktischen Zugang zu einem sozialen Feld und Verfahren zu Produktion und Auswertung von Daten.

75 Unter dem Titel ‚sozialwissenschaftliche Hermeneutik' entwickelt von u.a. Hitzler/Honer 1997; Hitzler/Reichertz/Schröer 1999; Schröer 1994; Soeffner 2004.

sammen. Es hat maßgeblichen Anteil an Prozessen der Sinnbildung und Wirklichkeitskonstruktion (vgl. Schütz 2010a, 2010b; Luckmann 2003; Knoblauch 2008). Die „Erfahrungsweise[n] des Alltagsverstandes" (Schütz 2010b: 454) bilden die Grundlage des sozialen Zusammenlebens und sind damit die Voraussetzung und das Fundament für soziologische Interpretationen und Theoriebildung. Ziel des sozialwissenschaftlichen Beschreibens und Verstehens ist die Rekonstruktion typischer, alltäglicher Deutungen und Sinnkonstruktionen der handelnden Akteure. Die wissenschaftliche Analyse erfolgt derart aus der (methodologisch wie methodisch erzeugten) Binnen-Perspektive handelnder Akteure.

Wie Alfred Schütz argumentiert, sind Alltagswissen, Sinn und Bedeutung als eine eigenständige Interpretationsleistung der Akteure zu verstehen. Akteure deuten ihre soziale Welt, sie statten sie mit Sinn aus, vollziehen subjektive Interpretationen der sie umgebenden Sozialwelt und teilen sie intersubjektiv (vgl. Schütz 2010a: 365–371). Soziale Wirklichkeit ist immer schon auf besondere Weise von den Akteuren verstanden und interpretiert. Sie stellen den Gegenstand der Sozialwissenschaften, ‚das Soziale', bereits im Alltag her. Beim Alltagswissen haben es Sozialwissenschaften daher mit einem sinnhaft „vorkonstituierte[n] Gegenstand" (Luckmann 2003: 13; vgl. Eberle 1984, 2000), mit „Konstrukten erster Ordnung", zu tun. Diese umfassen die „alltäglichen, soziohistorisch verankerten Typen, Modelle, Routinen, Plausibilitäten, Wissensformen, Wissensbestände und (oft impliziten) Schlußverfahren" (Soeffner/Hitzler 1994: 33) der Akteure. Wissen, Sinn und Bedeutung, wie sie in empirischen Daten enthalten sind, dokumentieren demnach eine besondere Deutung und Konstruktion sozialer Wirklichkeit, deren Herstellungsprozess und Konstruktionsweise soziologisch nachvollzogen werden kann.

Die interpretierte und gedeutete soziale Welt ist eine „aller Erkenntnis vorausliegende Welt" (Merleau-Ponty 1966: 5) und wird durch die Soziologie in zweiter Instanz erfasst. Für sozialwissenschaftliches Verstehen ist diese ‚Sekundarität' nicht nachteilig, sondern als eine produktive Differenz zu *und* Bezogenheit auf das Wissen der Akteure zu verstehen. Ausgehend vom Wissen der Akteure, wird an dieses mit einer adäquaten Rekonstruktion, einer „Konstruktion zweiter Ordnung" (vgl. Schütz 2010a; Eberle 1984, 2000: 35–79; Hitzler 1991; Schütze 1973; Soeffner 2004), angeschlossen. Das meint „Konstruktionen jener Konstruktionen, die im Sozialfeld von Handelnden gebildet werden, deren Verhalten der Wissenschaftler beobachtet und in Übereinstimmung mit den Verfahrensregeln seiner Wissenschaft zu erklären versucht" (Schütz 2010a: 334f.). Die Verfahren der Sozialforschung erschließen das Alltagswissen und die (inter-)subjektiven Sinnzusammenhänge der Akteure mittels theoriebildender Verfahren, um sie in ihrer Struktur und Genese zu rekonstruieren. Konstruktionen zweiter Ordnung sind dabei keine reine Abbildung oder Wiederholung, sie versuchen mit eigenen Mitteln und eigenem Vokabular das Alltagswissen zu verstehen. Die theoretische Rekonstruktion schließt also an den Alltag und das ihn organisierende Wissen an, sie erschließt dieses aber mit einer anderen Perspektive, anderen Be- und Zugriffen. Dabei überziehen rekonstruierende Soziolog*innen „in den Prozessen des Beschreibens, Verstehens und Erklärens die alltäglichen Konstruktionen mit einem Netz von Kategorisierungen, idealtypischen Annahmen, Modellen, ex-post-Schlüssen und Kausalisierungen oder Finalisierungen" (Soeffner/Hitzler 1994: 33).

Wissenschaft und Alltag bestehen aus Konstruktionen und sind nie „reine und einfache Tatsachen“ (Schütz 2010a: 333). Es bestehen aber fundamentale, für das soziologische Interpretieren relevante Unterschiede zwischen beiden Wirklichkeitsbereichen: Alltagswissen ist pragmatisch, implizit, situiert, lebensweltlich fundiert und nicht selten widersprüchlich; Theorie agiert mit dem Anspruch auf Systematik und Explikation, basiert auf Daten und bezieht sich auf andere Theorien. So ist sich einander zu verstehen oder miteinander zu kommunizieren eine im Alltag meist (wenn auch nicht immer) problemlos ablaufende Praxis. Während im Alltag pragmatisch und situativ verstanden wird, vollzieht sich Verstehen in einer theoretischen Haltung mit Zweifeln an Selbstverständlichkeiten, ist orientiert an Objektivation, d.h. empirischen, der Situation enthobenen Daten, und operiert mit dem Ziel, Wirklichkeit in ihrer Herstellungsweise zu beschreiben. Theoretisches Interpretieren kann – da von einer von den alltäglichen, pragmatischen Zusammenhängen und Zwängen entlasteten Position aus vollzogen – Alltagswirklichkeiten infrage stellen und eine „Befragung der pragmatischen Fraglosigkeiten“ (Luckmann 2003: 23) durchführen.

Die Differenz zwischen Alltag und Wissenschaft, die hier betont wird, macht es notwendig, Alltagswissen in fixierter, der Interaktionssituation enthobener Text-Form systematisch zu interpretieren und durch detaillierte Arbeit am Material Sinn- und Bedeutungsgehalte zu entfalten, z.B. durch die Versprachlichung von implizitem, nicht-sprachlichem Praxiswissen (vgl. Soeffner 2004; Hirschauer 2001). Ziel ist, den typischen oder methodischen Charakter von Alltagshandlungen und -wissen herauszuarbeiten und dadurch Wissen über die Konstitutionsbedingungen der sozialen Wirklichkeit zu sammeln. Dies gelingt durch den Blick auf den Alltag mit einer „anderen Perspektive, [...] [mit] andere[n] Begrifflichkeiten und andere[n] Regeln“ (Schütze et al. 1976: 41), indem das empirische Material in einen anderen, eben soziologischen Bezugsrahmen gestellt und ein Perspektivwechsel vollzogen wird. Dieser Wechsel zieht einen Wechsel der Frageform nach sich: nicht „*was* denn die Wirklichkeit sei, sondern *wie* im gemeinschaftlich organisierten Handlungs- und Reaktionsgefüge menschlicher Interaktionsgemeinschaften ‚Wirklichkeit‘ konstituiert, erfahren und verändert wird“ (Soeffner 2004: 40 – H.i.O.), ist Gegenstand soziologischer Rekonstruktionsarbeit. Um Bedingungen der Wirklichkeitskonstruktionen zu rekonstruieren, um bestimmte Verfahrensweisen des zwischenmenschlichen Verstehens und Handelns und darauf aufbauender sozialer Wirklichkeiten zu deuten, wird eine „interpretierende Verknüpfung“ (Soeffner/Hitzler 1994: 37; vgl. Kockelmans 1979) von Alltag und Theorie bzw. Konstruktionen erster und zweiter Ordnung vollzogen. Für diese gilt grundsätzlich, dass „*kein* Element soziologischen Wissens von Bedeutung [ist], wenn es nicht [...] bezogen ist auf das Alltagswissen von Menschen“ (Hitzler 1991: 229 – H. i. O.).

5.1.2 Praxeologisierung und Unbestimmtheiten

Alltägliches Handeln bzw. Wissen und soziologische Theorie stehen also in einem Verhältnis, das zwischen Bezogenheit und Unterschiedlichkeit pendelt. Wie dieses Verhältnis sich genau ausgestaltet und welche Denkmodelle dazu verhelfen, dass das Verhältnis ein adäquates ist, dazu liefern die methodologischen Überlegungen der soziologischen Praxistheorie ergänzende und vertiefende Hinweise. Praxistheorien bestimmen das genannte Verhältnis, indem sie der Theoriebildung grundlegende Charakteristika verleihen. Diese sollen sichern, dass das Alltagswissen in seiner Breite und Tiefe erfasst und entfaltet wird.

Praxistheoretische Forschung besteht neben der Produktion von Erkenntnissen über soziale Praktiken zusätzlich aus der Reflexion des Verhältnisses von Forschung, Theorien und empirischer Realität. Die Thematisierung des Verhältnisses von Empirie und Theorie vollzieht sich dabei einerseits als Kritik an vorherrschenden Vorgehensweisen in den Sozialwissenschaften, andererseits resultiert es in einer bestimmten Herangehensweise an empirische Forschung. Zunächst zur praxistheoretischen Kritik am theoretischen Denken (vgl. Bourdieu 1987b, 1998, 2001). Das praxistheoretische Vorgehen positioniert sich kritisch gegenüber reiner Theoriebildung, da diese „die große Gefahr birgt, theoretische Grundannahmen wichtiger zu nehmen als das, was in der Praxis geschieht" (Hillebrandt 2014: 8). Dies führe zu einer unreflektierten und ungerechtfertigten Universalisierung der theoretischen Sichtweise (vgl. Bourdieu 2001). Statt rein theoretisch-abstrakten Reflexionsleistungen vollziehen die Praxistheorien eine grundlegende „Empirisierung des theoretischen Blicks" (Nassehi 2006: 260). Ausgangspunkt und Fokus praxistheoretischer Beobachtungs- wie Rekonstruktionsarbeit ist das, was „praktisch geschieht" (Hillebrandt 2014: 7). Folgerichtig besteht praxistheoretisches Forschen „gerade nicht darin, eine bestimmte, vollständig ausformulierte Theorie mithilfe einer definierten und formalisierten Methode auf ein Objekt oder ein Feld zu übertragen, um sie an diesem zu illustrieren, zu be- oder auch zu widerlegen" (Brümmer 2014: 83). Das Verhältnis theoretischer Wissenschaften zu diesem Geschehen wird vielmehr folgendermaßen verstanden: Empirische Wirklichkeit fungiert als das „eigensinnige Gegenüber" (Hirschauer 2008a: 183) der Theorie und soll bestehende theoretische Annahmen verunsichern, irritieren und überraschen. Empirie wird nicht auf rein illustrative Zwecke oder eine „chronisch defizitäre Nachbildung theoretischer Phantasie" (ebd.) reduziert und nicht unter fertige Theoriegebäude, die im luftleeren Raum oder der freien Fantasie von Denker*innen erbaut wurden, subsummiert. Theorien dienen weniger als festes Korsett und unveränderliches Erklärungsinstrument, sondern als Heuristiken, die Beobachtungen, Interpretationen und Fragen an das empirische Material ermöglichen. Sie sollen helfen, den „Blick [der Forscher*innen] zu lenken, zu orientieren, zu fokussieren" (Brümmer 2014: 83).

Diese Grundhaltung hat zwei Effekte zur Folge. *Erstens* geht es um die Offenheit und Wandlungsfähigkeit der empirischen Analysen. Praxistheorien bewegen sich „weg von der ontologisierenden Beschreibung und Vorher-Festlegung dessen, was der Fall ist, und hin zu dem, was sich ereignet, was geschieht und was darin erst jene Ordnungen generiert" (Nassehi 2011: 19), die rekonstruiert werden sollen. Der Rück- bzw. Vorgriff auf essenzialistische wie generalisierende Konzepte (wie Normen, Werte, Strukturen oder Behinderung) wird vermieden und stattdessen immer wieder aufs Neue anhand empirischen Materials theoretisiert, um eine „dynamische, sich in der Forschungspraxis wandelnde Theoriebildung" (Hillebrandt 2014: 12, vgl. ebd.: 15–30; Schmidt 2012: 29–33) zu gewährleisten. Um dies zu erreichen, wird, was sich in Praktiken vollzieht und verwirklicht, theoretisch offengehalten. Festlegungen bezüglich eines oder weniger Erklärungsmuster vor jedem Kontakt mit der empirischen Realität und Praxis widerspräche diesem Selbstverständnis. Vielmehr bedarf das zu erklärende, sich auf verschiedene Weisen vollziehende Phänomen vielfältiger Ansätze, Zugänge und Erklärungen. Durch Offenheit und Wandlungsfähigkeit der Theoriebildung werden multiple, variantenreiche wie situationssensible Erklärungen ermöglicht, anstatt auf *eine* universelle Erklärung mit Masterstatus zurückgreifen zu müssen.

Zweitens: Aufgrund der sinnlichen Zugänglichkeit und Wahrnehmbarkeit öffentlich aufgeführter Praktiken stehen die Praxistheorien Begriffen wie Strukturen, Funktionen, Regeln und Intentionen, die im Verborgenen liegen und wirken, und nur von einer abstrakt-theoretischen Position aus erkennbar sind, skeptisch gegenüber (vgl. Schmidt 2012: 13f, 44–50; Schmidt/Volbers 2011). Für die Forschungsperspektive gilt, „dass keine Wirklichkeit vorausgesetzt wird, die jenseits der konkret beobachtbaren Praxis angesiedelt wäre“ (Nassehi 2011: 50).[76] Es ist so, „dass es hinter den praktischen Vollzügen nichts ‚Wesenhaftes‘ zu entdecken gibt“ (Brümmer 2014: 81). Die entdeckende Haltung des Forschers sucht die konstitutiven Einheiten und Partizipanten *in* der Praxis und bestimmt deren Bedeutung *aus* der Praxis heraus. Eine Struktur, wie auch immer diese konzipiert ist, muss sich als in Praktiken beobachtbar erweisen und dort beobachtbare Konsequenzen für den Vollzug der Praxis nach sich ziehen. Die praxistheoretisch informierte Beobachtung und Beschreibung wird also vom voraussetzungsreichen Prinzip einer Voraussetzungslosigkeit angeleitet. Um zu ermöglichen, dass soziale Praktiken in ihrer Komplexität ‚ausgeschöpft‘ werden können, werden sie nicht auf die Befolgung von vorab festgelegten Normen, Regeln oder Strukturen reduziert. Um dies zu erreichen, verzichten die Praxistheorien auf die Anwendung nicht überprüfter abstrakter Theoreme, Definitionen, konzeptioneller Vorentscheidungen und einer apriorischen Strukturierung des Feldes und damit des Untersuchungsgegenstandes. Sie lassen die Konstruktionen erster Ordnung für sich sprechen und passen sie nicht an etwaige Konstruktionen zweiter Ordnung an.

Das hat Folgen für die Analyse der Herstellung bestimmter sozialer Kategorien, wie eben Behinderung. Diese wird nicht als Tatsache behandelt, sondern in ihrer

---

76 Das ist nicht gleichbedeutend mit der Annahme, dass es soziale Strukturen oder Gesellschaft nicht gibt. Gemeint ist vielmehr, dass erst der situative, für jedes empirische Setting spezifische Vollzug und die praktische Verwirklichung den sozialen Strukturen Realität verleiht, sie in Praktiken sicht- wie nachvollziehbar macht. Eine derartige methodologische Grundhaltung ergibt sich daraus, dass primärer Forschungsgegenstand der spezifische soziale Sinn ist, wie er in Praxisformen hergestellt, stabilisiert und verändert, zur Lösung von Koordinations- und Orientierungsproblemen der Beteiligten genutzt wird und dementsprechend in natürlichen Settings beobachtet werden kann. Es folgt aus dieser Position z.B., dass keine Festlegungen bzgl. der Akteure und ihrer Beschaffenheit zu treffen sind, sondern zuerst nach der Reproduktion und Transformation einer Praxis zu fragen ist. Die praxistheoretische Methodologie lässt Akteursdefinitionen offen und kürzt diese nicht künstlich ein durch die Festlegung auf Eigenschaften, die Akteure besitzen müssten, um sich als solche für die soziologische Theoriebildung zu qualifizieren. So kann ermittelt werden, wie soziale Praktiken festlegen, was als Akteur gilt und wie er hergestellt wird, indem bestimmte Motive zugeschrieben oder Kompetenzen gefordert werden. Der Status als Akteur ist ein Effekt der sozialen Praxis. Dafür eine methodische wie theoretische Sensibilität zu besitzen, gelingt nur, wenn nicht a priori klar ist, wer wie mit welchen stabilen Eigenschaften in gesellschaftlichen Zusammenhängen vorkommt.

empirischen Herstellung rekonstruiert. Zu zeigen ist, wie eine Kategorie, wie *etwas als Etwas* innerhalb praktischer Aktivitäten nachvollziehbar und öffentlich gemacht wird, wie es praktisch als relevant oder irrelevant erachtet wird und welche Elemente der Praxis daran Anteil haben, welche Aspekte der Praxis Behinderung als Teil der Wirklichkeit praktisch verwirklichen (vgl. Schmidt 2012: 46ff. für die Kategorie Geschlecht). Was eine Behinderung ausmacht, ist eine empirisch zu rekonstruierende und dadurch zu beantwortende Frage. Es sind nicht die Gesellschaft, die ökonomische Struktur, die moderne Digitaltechnologie oder die negativen Einstellungen der Leute, die als Antwortkandidaten vor jeder detaillierten Untersuchung feststehen.

In besonderer Weise hat die Akteur-Netzwerk-Theorie die soeben beschriebene Grundhaltung der Praxistheorien forschungstechnisch umgesetzt und methodologisch anhand des Begriffs der ‚Unbestimmtheit' plausibilisiert (vgl. Latour 2007). Die Akteur-Netzwerk-Theorie versteht sich selbst als Forschungshaltung mit einer antireduktionistischen Heuristik (vgl. Kneer 2009: 26f.; Schäfer 2013: 275f.; Reckwitz 2008; Greif 2006), die – ganz im Sinne der Praxistheorien – das Ziel verfolgt, keine oder so wenig Aussagen wie möglich im Vorfeld der Forschung zu treffen. Die Akteur-Netzwerk-Theorie stellt ‚lediglich' „Werkzeuge, Sichtweise[n] und Analysemethoden" (Law 2011: 21) für empirische Forschung und die Sicherstellung von Entfaltungsmöglichkeiten des Empirischen bereit. Anstatt festen, erkenntnistheoretischen Regularien zu folgen oder sich an systematischer Theoriebestätigung zu orientieren, wird in den Fallstudien der Akteur-Netzwerk-Theorie bevorzugt, so nah wie möglich am Gegenstand zu sein und zu bleiben und im Zuge dessen „einen neuen Fragehorizont zu eröffnen, ohne dabei die möglichen Antworten bereits begrifflich gebändigt zu haben" (Reckwitz 2008: 337f.). Theoretische Begriffe, Kategorien und Konzepte sollen dem Untersuchungsgegenstand und seiner Artikulation keine Beschränkungen auferlegen. Deshalb treten theoretische Vorannahmen zwangsläufig in den Hintergrund.

Das methodologische und forschungspragmatische Grundprinzip, das eine solche Vorgehensweise ermöglicht, besteht im Ausgehen von Unbestimmtheiten (vgl. Latour 2007: 50–243; van Loon 2014). Der Hintergrund ist folgender: Bestimmte Varianten soziologischer Forschung scheinen immer schon zu wissen, auf welche festen, unveränderlichen Strukturen ein Phänomen zurückzuführen ist (auf die Regeln der Organisation, die Kultur eines Milieus, die Gesetze des Kapitalismus etc.). Diese Strukturen werden ‚über' dem Phänomen angesiedelt und pflegen eine zeit- und raumlose Existenz. Sie werden nicht weiter erklärt, ihrer Konstruktionsweise und Kontingenz enthoben, und erklären stattdessen alle vorfindlichen Daten und Realitätsausschnitte. Ein solches Erkenntnismodell blockiert die Erforschung von sozialer Wirklichkeit, die aus *mehr* besteht als was der soziologische Kanon an Erklärungsmustern bereithält. Geht man von der Unbestimmtheit darüber aus, welche sozialen Gruppen es gibt, wer oder was handelt, welche Tatsachen existieren oder welche Kontroversen wie verlaufen, dann tritt der Nachvollzug der Strukturierung eines Phänomens durch die Aktivitäten von Elementen des Sozialen in den Vordergrund – und nicht die eine Struktur, die die Aktivitäten der vorab bekannten Elemente des Sozialen bestimmt. Der Weg der Analyse, wie es Latours „Unbestimmtheitsfiguren" (Passoth 2015: 90) suggerieren, beginnt beim *unbestimmten*

Sozialen und sucht die ordnenden und strukturierenden Tätigkeiten von Akteuren oder genauer: von aufeinander wirkenden Entitäten, ihren Netzwerkbildungen und Handlungsfähigkeiten, den Spuren, die sie hinterlassen, wenn sie der sozialen Wirklichkeit eine *bestimmte* Form aufprägen und diese aufrechterhalten. Akteure, Strukturen, das Soziale bilden das „Ergebnis der Analyse" (Schäfer 2013: 264), nicht deren Ausgangspunkt oder Voraussetzung. Das lenkt die Aufmerksamkeit auf Entstehungsprozesse, auf das „in the making" (Latour 1987).[77]

Das Ziel von Latours Vorschlag (und anderer Autor*innen) besteht darin, eine empirische Rekonstruktion von heterogenen Faktoren und der hybriden Assoziation von Akteuren zu ermöglichen und diese nicht reduktionistischen Rekursen auf fertiges, theoretisches Vokabular zu überlassen. Die Vielfalt der sozialen Welt soll methodisch eingefangen und entfaltet werden, und nicht die Entlarvung von ‚Dahinterliegendem', was vor jeder Forschungstätigkeit gewusst wurde. Skeptisch gegenüber einer das Soziale postulierenden Theorie, versucht sie sich als Sozialtheorie, die die praktische Hervorbringung ihres Gegenstandes nicht selbst betreibt, sondern empirisch die Konstruktion sozialer Zusammenhänge im Feld nachverfolgt. Als Forschungsansatz interessiert sie sich für Entstehungsprozesse – ohne vorher klar formulieren zu können, was wie entsteht oder entstehen sollte (vgl. Wieser 2012: 249ff.). Dafür wird eine ‚schwache' Methodologie verwendet, die offen für verschiedene Formen von Handlungsmacht und -weisen ist, und mit einer Sensibilität für Unbestimmtheit und Heterogenität operiert (vgl. Mol 2010: 261f.; Sayes 2014). Die Vermeidung der Subsumtion unter fertige Konzepte und Kategorien macht Forschung überhaupt offen für Phänomene, die entgegen einfacher Kategorisierung stehen und als heterogene und vielfältige Lebenswelt begrifflich schwer zu fassen sind (vgl. Passoth 2015). Behinderung verstehe ich als eine solche ‚unzulängliche' Kategorisierung, da sie eine Lebenswelt und -praxis darstellt, die sich nicht eindeutig unter einen solchen Begriff subsummieren lässt. Dass das Leben und der Alltag mit einer körperlichen Behinderung sich einer eindeutigen Zuordnung entziehen, heterogen und hybrid sind, ist zugleich Voraussetzung dieser Arbeit wie Grundlage des forschungspraktischen Vorgehens, das sich an der Offenheit des praxistheoretischen Forschens und der methodologischen Unbestimmt eines Phänomens im Sinne der Akteur-Netzwerk-Theorie orientiert.

All diese Überlegungen bildeten den Hintergrund der Forschung und anschließenden Analyse. Behinderung sind als Phänomen ‚in' sozialen Praktiken verortet und es ist nicht vorab klar, was diese Behinderung ausmacht. Als Forschungsteilnehmer*innen wurden Menschen aufgesucht, die über Behinderungserfahrungen verfügen. Innerhalb typischer sozialer Praktiken ist zu erwarten, dass Menschen mit körperlichen Besonderheiten innerhalb der Abwicklung ihrer alltagspraktischen Aktivitäten Einschränkungen und Behinderungen erfahren. Vorab wurde aber nicht festgelegt, worin diese bestehen. Erst durch die Rekonstruktion und Interpretation einer Praxis wird dies erkennbar. Das gleiche Vorgehen gilt für die zu erforschende Medientechnik. Anhand des oben eingeführten Medienbegriffs, sollte die Frage

77 Eine an solche methodologischen Überlegungen anschließende, praxistheoretische Perspektive auf die Verfertigung und Konstruktion von Medien innerhalb sozialer Praktiken wurde in der Siegener Medienforschung ausgearbeitet, vgl. Thielmann 2012; Schüttpelz/Meyer 2017; Schüttpelz/Gießmann 2015; Gießmann 2018.

‚Welche Medien?‘, nicht vorab im Zuge des Studiendesigns festgelegt werden. Zentral war es, sich daran zu orientieren, welche Medien sich im Verlauf der Forschung in den Feldern und beobachtbaren sozialen Praktiken als relevante Medien erweisen. Erst die Beschreibung verschiedener Praktiken nähert sich einer Antwort an und zeigt, wie eine Behinderung und eine Medientechnik in und durch Praktiken entstehen.

5.1.3 Feld und Feldzugang

Zu Beginn der Feldforschung stand die abstrakte Fragestellung nach dem Zusammenhang von Medien/Technik, körperlicher Behinderungen und alltäglichen Praktiken im Raum und wurde durch die oben beschriebene methodologische Grundhaltung gerahmt. Dies alles zusammengenommen bildete das Grundgerüst und die Bedingungen für die Feldforschung und die weitere Entwicklung des Forschungsprozesses, der an dieser Stelle vor der Aufgabe stand, im Kontakt mit sozialen Feldern und deren Akteuren konkret zu werden. Das praktische Vorgehen sowie die im Zuge der Feldsuche sich ergebenden Problematiken werden im folgenden Kapitel dargestellt.

Die Ausführungen zu meinen Erfahrungen und Entscheidungen im Zuge der Herstellung des Feldzugangs haben eine, im Nachhinein deutlich gewordene Prozessstruktur: Die Passung von Forschungsthema, Feldzuschnitt und Fragestellung bestand, erstens, im Versuch weder zu eingrenzend noch zu willkürlich vorzugehen, die Feldkonstitution im Zuge des Forschungsprozesses gewissermaßen ‚von selbst‘ und nicht allein durch den Forscher sich vollziehen zu lassen. Im Verlauf der Zugangsversuche bestand die Herausforderung, zweitens, darin, mit einem zunehmend analytischen Zuschnitt zu arbeiten, der sich an den bisherigen Forschungsaktivitäten und den Reaktionen im Feld orientiert (vgl. Breidenstein et al. 2013: 59f.).

Die Frage nach dem Zusammenhang von Medientechnik und körperlichen Behinderungen muss eine entsprechende und passende Feldauswahl und einen Feldzugang, der Erkenntnisse verspricht, nach sich ziehen. Die für die ethnografische Feldforschung typische „große Offenheit des Fragens“ (ebd.: 45) einzuhalten und der praxistheoretische Beginn mit Unbestimmtheiten (dass Behinderungen also erst in situierten Praktiken ‚gemacht‘ werden) steht dabei vor einer gewissen Herausforderung. Der „Zuschnitt des Feldes“ (ebd.: 47) muss sich auf Lokalitäten und Situationen, auf (Ausschnitte) von Lebenswelt und Praktiken beschränken und diese in Abhängigkeit von der Fragestellung und entlang theoretischer Vorannahmen *bestimmen*. Einen nicht willkürlichen Anfang zu machen und gleichzeitig das Phänomen als offen und unbestimmt zu behandeln, widerspricht sich gewissermaßen: einerseits Zurückhaltung gegenüber Akteursdefinitionen üben und andererseits die Notwendigkeit der Auswahl von Feldern und sie repräsentierender Akteure. Methodologische Grundlagen und die Zwänge der Feldforschung kommen nicht ohne gewisse Widersprüche zusammen. Schlussendlich besteht die Aufgabe darin, ein bestimmtes Feld festzulegen, ohne dieses vorab durch Vorannahmen festzustellen und bereits zu erklären. In meinem Fall bedeutet das, Menschen mit Erfahrungen und damit mit Expert*innenstatus in Sachen ‚Behinderungen‘ und Medientechnologien aufzusuchen und im weiteren Forschungsprozess beides, Behinderungen und Medientechnik, als eine praktische Hervorbringung im Feld zu verstehen und im Vollzug der Forschung nicht vorauszusetzen.

Zu Beginn der Forschung legte ich nicht fest, welche Art von körperlichen Behinderungen Forschungsthema und -feld sein sollten. Das Gleiche galt – da es im Zusammenhang mit der Art der Behinderung stehen würde – bezüglich relevanter Medien. Entscheidend war zu Beginn ‚lediglich', in Kontakt mit Menschen, die irgendwie Erfahrungen mit Behinderungen gemacht haben, zu treten und die für sie relevante Medientechnik nicht vorher festzulegen, sondern im Prozess der Datenerhebung, d.h. den Kontakten und Gesprächen, zu identifizieren. Die kleinste Festlegung darüber, welche soziale Gruppe bzw. welches Feld beforscht werden sollte, wurde durch einen ‚vermittelten' Vorgang angegangen. Das heißt, nicht ich allein, sondern ‚das Feld' selbst schrieb sich in das Forschungsthema ‚Behinderung, Technik, Sozialität' ein. Folgendermaßen wurde dies vollzogen:

Erste Versuche, Personen für meine Forschung zu gewinnen, bestanden darin, in Internetforen, Social Media-Gruppen, (regional wie institutionell eingegrenzten) Mailverteilern, die von Menschen mit Behinderungen genutzt werden, offen zu fragen, wer etwas über seinen Alltag und sein Leben mit Medien und Technik erzählen möchte. Das heißt, eine Minimalvoraussetzung bestand, erstens, darin, dass es um Menschen mit Behinderungen gehen soll, egal welche das nun im Detail seien. Genauer: Menschen, die sich selbst eine ‚Behinderung' zuschreiben und sich in entsprechende Gruppen, Verteiler usw. einschreiben und an ihnen partizipieren. Die zweite Voraussetzung bestand darin, dass Medien und Technik eine Rolle spielen sollen. Welche genau, blieb ebenfalls offen. Gewissermaßen wurde durch diese Suchpraxis eine *Selbstselektion* der Studienteilnehmer*innen angestrebt, die sich auf den Aufruf zurückmelden konnten oder nicht. Die Selbstselektion war in der Folge der erste Schritt der Konstruktion eines Feldes. Behinderung und Medien/Technik bildete meine minimale Vorgabe, entsprechend meines Forschungsinteresses. Das Feld, d.h. welche Behinderung, welches Medium und welche Technik, wurde durch die Rückmeldungen entschieden. Die nicht direktionale Ansprache über die genannten Kanäle lieferte eine passende Technik dafür.[78]

Einige der ersten Reaktionen brachten eine Unzufriedenheit zum Ausdruck, die sich genau auf die die oben beschriebenen methodologischen Überlegungen bezogen: Offenheit und Unbestimmtheit. So wurde vor allem in den Diskussionsforen die Offenheit der Anfrage kritisiert. Am prägnantesten in der Rückfrage, welche Menschen mit welchen Behinderungen denn von mir gesucht würden. Erklärtermaßen seien diese alle verschieden und hätten verschiedene Problematiken im Alltag. Meine Reaktion bestand hauptsächlich in der Erklärung meiner offenen Haltung. Weitere typische Fragen lauteten: Passe ich zu Ihrer Forschung? Was für Behinderungen interessieren Sie? Was meinen Sie mit Medien? Neben einigen anderen Rückmeldungen, die auch schlussendlich zu Interviews führten, eröffnen die skizzierten Reaktionsweisen einen Problemhorizont. Die Reaktionen und Rückmeldungen forderten einen Bestimmungsakt ein. Offenbar wurde, dass die Unbestimmtheit

78 Diese Vorgehensweise ist bedingt durch eine exkludierende Voraussetzung, die darin besteht, dass die Teilnehmer*innen Zugang zu Emailprogrammen haben müssen.

des Beginns der Forschung im Kontakt mit dem Feld an seine praktischen Grenzen geriet und Unsicherheit bis Unmut auslöste. Eine erste Aushandlung im Aufeinandertreffen von Alltag und Wissenschaft fand hier statt.

Neben dem Zugang zum Internet als Selektionsmechanismus im Hintergrund, bewirkte die offen strukturierte Auswahl von Forschungsfeldern also weitere Ausschlüsse, da sich potenzielle Teilnehmer*innen auf diese unkonkrete Art und Weise nicht angesprochen fühlten. Dennoch kam es zu vier Interviews, die zu weiteren, konkreter werdenden Schritten im Herstellungsprozess des Feldes meiner Forschung führten, insbesondere der Festlegung, welche Form der Behinderung und Medientechnik für die Fragestellung der Arbeit aufschluss- und ertragreich sein könnten.

Das erste Interview fand mit Karl, der bereits in der Einleitung erwähnt wurde, statt. Karl lebt mit einer Zerebralparese, hat eine schwer verständliche Lautsprache und wollte mit mir – wie sich am Ende des Interviews herausstellte – vor allem über Filme sprechen, die Menschen mit Behinderungen zum Thema hatten. Sein auf meine Anfrage aktiviertes Medienverständnis bezog sich demnach auf ein klassisches Massenmedium. Im Gegensatz dazu führte meine Interviewführung und spontane Implementierung von Interessen dazu, dass wir uns über seine gesamte Ausstattung an technischen Hilfsmitteln unterhielten: das erwähnte Lesegerät, eine elektronische Türöffner-Anlage, Computer, Telefon, Radio, Jalousien, motorisierter Rollstuhl usw. Auffällig im Nachgang war für mich, dass der Begriff Medien, den ich in meiner Anfrage prominent verwendete, unter Umständen zu Missverständnissen führen könne, dass Menschen mit Zerebralparese über eine Vielzahl an technischen Hilfsmitteln verfügen (können) und dass die mit einer Zerebralparese einhergehende besondere Kommunikation vor viele Herausforderungen in alltäglichen Interaktionen stellt.

Das kurz darauf stattfindende Gespräch mit dem 17-jährigen Toni und seiner Familie bestärkte mich darin, dass die Kommunikation von Menschen mit Zerebralparese und die Unterstützung durch ein Netzwerk technischer Hilfsmittel – mit dem Sprachcomputer an zentraler Stelle[79] – ein geeignetes Feld für die Untersuchung des Zusammenhangs von Behinderung, Technik und sozialen Lebensformen darstellt. Zum Beispiel erzählte mir die Familie, wie Toni seinen Talker mit einem Messenger-Dienst auf dem Smartphone verknüpft und derart das aufgrund seiner körperlichen Symptomatik schwer zu bedienende Handy mittels Talker genutzt werden kann. Das hat die alltagspraktische Konsequenz, dass die Eltern Toni zunehmend allein lassen, z.B. zum Einkaufen. Bei Problemen kann er schnell eine Nachricht senden. Diese Praxis ist im Kontext von Tonis durchaus alterstypischen Autonomiebestreben zu verstehen – sein 18. Geburtstag steht unmittelbar bevor. Vernetzte Technik, körperlicher Gebrauch und soziale Lebens- und Verhaltensweisen erscheinen hier in einem thematischen Zusammenhang. Das auch in diesem Interview Medien oft mit TV, Radio und dem Handy gleichgesetzt wurden, führte

79 Diese Idee entstand aus dem Vergleich des ohne Sprachcomputer sprechenden Karls und Tonis Talkernutzung. Eine andere Forschungsmöglichkeit wäre es gewesen, Kommunikationspraktiken von ‚schwer verständlich' sprechenden Menschen, die nicht technischen Hilfsmitteln zurückgreifen, zu untersuchen. Aufgrund des techniksoziologischen Fokus wurde sich hierfür nicht entschieden.

dazu, dass ich in den weiteren Anfragen zwar immer noch von Medien und Technik sprach, die Anfragen aber spezifisch an Nutzer*innen von Sprachcomputern gerichtet wurden. An dieser Stelle entstand ein Feld am Horizont der Forschung: Unterstützte Kommunikation von Menschen ohne Lautsprache und einer schweren körperlichen Behinderung (der Motorik und des Sprechens), wie es die infantile Zerebralparese darstellt, mit dem Sprachcomputer als Mittelpunkt und einer Offenheit gegenüber anderen Kommunikations- und Medientechniken.

Im weiteren Verlauf der Forschung ging es darum, dem Feld stärker kontrolliert eine Gestalt zu gegeben und systematisch, entlang interessanter Kontrastmöglichkeiten zu variieren. Die Suche nach und Anfrage von weiteren Gesprächspartner*innen zum Thema UK wurde fokussiert fortgesetzt. Dafür wurde zum ersten die Kontaktliste der Referent*innen der Gesellschaft für UK nach potenziellen Interviewpartner*innen in der unmittelbaren Umgebung meines Wohnortes durchsucht. Auf annähernd alle Anfragen wurde reagiert und es wurden sukzessive weitere zehn Interviews durchgeführt. Des Weiteren wurden durch ein Netzwerkmitglied vier Kontakte vermittelt, die sich in ihrem professionellen Umkreis befanden und ihrer Meinung nach für ein solches Interview geeignet wären. Damit standen sich sehr professionelle, geübte, sogenannte *Hotspeaker* und weniger professionelle, aber durch eine Fachkraft ausgewählte Interviewpartner*innen gegenüber.

Auf Vorschlag von Toni konnte ich eine Unterrichtsstunde mit ihm beobachten, in der er den Umgang mit dem Talker und der deutschen Sprache übt. Daraus entstand die Idee, Lernprozesse im Umgang mit dem Sprachcomputer in den Mittelpunkt zu stellen und nicht allein durch Interviews, sondern durch teilnehmende Beobachtungen zu vertiefen. Auf zwei Anfragen an Schulen für geistige und körperlich/motorische Entwicklung kam es in einer davon zu einem mehrtägigen Forschungsaufenthalt mit dem Fokus auf zwei Schüler und ihren Sprachcomputer (erneut ausgewählt durch die Fachkraft), der Beobachtung des Schulunterrichts sowie anderen Aktivitäten des Tages. Hier wurde von Anfang an versucht, so viel Variation und Perspektivenwechsel wie möglich in die *fokussierte* Ethnografie (vgl. Knoblauch 2001; Scheffer 2002) einzubringen. Auf diese Weise habe ich die folgenden Formate beobachtet und mitvollzogen: 1.) Teilnahme an ausgewählten Unterrichtsstunden, v.a. Deutsch und Mathe, 2.) Begleitung über einen ganzen Tag hinweg, inkl. Physiotherapie, Logopädie, Entspannungs- und Vorlesestunden neben den normalen Unterrichtsstunden, 3.) jeweils die Teilnahme an den kleinen wie Hofpausen, 4.) Teilnahme an speziellen Stunden zum Erlernen des Sprachcomputers oder anderen Formen von UK (die Stunden in zwei Altersklassen mit jeweils den beiden erwähnten Schülern und anderen UK-Schüler*innen statt), 5.) eine Computer-AG für jüngere und ältere Schüler*innen mit verschiedenen kognitiven oder körperlichen Symptomatiken. Zwischen den Besuchen der Schule lagen immer wieder mehrere Tage, um einerseits die umfangreichen Protokolle anzufertigen und andererseits zu überlegen, welches Format als Nächstes beobachtet werden könnte. Am Ende eines jeden Tages wurde dies mit der Lehrerin abgesprochen und der nächste Besuch geplant.

Insgesamt habe ich keine geplante Stichprobe gezogen, sondern vielmehr günstige Gelegenheiten abgewartet, wahrgenommen und auch abgelehnt. Die Feldauswahl meiner Arbeit vollzog sich schrittweise im Prozess der Datenerhebung. Die Kriterien der Auswahl resultieren aus den hier skizzierten Vorüberlegungen sowie sich ergebender Feldzugänge, in Form der dargestellten Interviews. Dies geschah zu Beginn der Forschung explizit nicht nach den Kriterien des ‚theoretical samplings' der Grounded Theory (vgl. Strauss/Corbin 1996; Strauss 1994, Strübing 2008a), sondern war ein praktisches Unterfangen im Finden von interessierten Personen und einer mitlaufenden Anpassung von Fragestellung und Thema. Das Ergreifen von günstigen Gelegenheiten bzw. das Ausschlagen von anderen Gelegenheiten anstatt einer vorab definierten und klar konturierten Stichprobe bzw. einer von theoretischen Kriterien geleiteten Fallauswahl fasst mein Vorgehen zusammen.

Diesen Prozess, in dem das Feld zusehends eingeschränkt wurde und nach und nach Zugänge sich eröffneten bzw. von mir geschlossen wurden, verstehe ich als Abbau von Unbestimmtheit: Waren es am Anfang Medien und Behinderung, so waren es am Ende der Sprachcomputer und die Beeinträchtigung des Sprechapparates. Zusammengefasst entwickelte sich die Konstruktion der Forschungsfelder in drei Schritten. Sie begannen mit den methodologischen Vorüberlegungen. Ziel war es, Akteure und Feld zu finden, die mit Behinderungen Erfahrungen gesammelt haben und herauszufinden, welche Medientechnik ihren Alltag am meisten bestimmt. Dieses Ziel hatte Einfluss auf den zweiten Schritt, den ersten Kontakt mit potenziellen Forschungsfeldern über verschiedene Kanäle. An dieser Stelle bestand die Hoffnung darin, dass sich die sozialen Akteure selbst auswählen und auf ihre Weise in die Thematik einschreiben, bzw. auswählen, was zum Thema Medien und Behinderung gehört und was nicht. Der Anspruch an Offenheit und Unbestimmtheit kam hier an seine Grenzen, die Zurückhaltung meinerseits und das Ziel einer gewissen Selbststrukturierung des Feldes ebenso. Aus den Interviews, die dennoch zustande kamen, resultierte ein dritter Schritt, der darin bestand, sich auf ein Feld (technisch unterstützte Kommunikation) zu konzentrieren und dieses im Weiteren aktiv zu gestalten, d.h. die Auswahl von Forschungsorten (zu Hause, in der Schule), Studienteilnehmer*innen (unterschiedliche Kompetenz im Umgang mit einem Sprachcomputer) und Erhebungsmethoden (Interview, Beobachtung) zu kontrollieren und zu variieren. Eine gewisse Balance zwischen Offenheit bzw. Selbststrukturierung des Feldes und aktiver und kontrollierter Gestaltung entlang von Forschungsinteresse und Methodenrepertoire wurde derart versucht zu erhalten

5.2 Erhebungsmethoden: Narrationen und Situationen

Die Begründung der verwendeten Erhebungsmethoden und die Art und Weise ihrer Anwendung bilden das Thema des nächsten Kapitels. Es soll geklärt werden, welche unterschiedlichen Daten und Materialien erhoben wurden, wie sie zueinanderstehen und aufeinander bezogen werden können und inwiefern sie zum theoretischen Rahmen und der Fragestellung passen. Zu klären ist insbesondere, wie mit den Methoden im Feld umgegangen worden ist und an welchen Stellen sie angepasst wurden oder ihr Verständnis sich verändert hat, um die Alltagspraktiken des untersuchten Feldes adäquat zu erfassen.

5.2.1 Narrative Interviews

Die folgenden Ausführungen beschreiben grundlegenden Annahmen zum narrativen Interview sowie die „gegenstandssensible Justierung“ (Brümmer 2014: 84) meines Verständnisses von Interviews. Anstatt einer Methodenverwendung, die sich als Anwendung und Befolgung abstrakter Regularien versteht, zeige ich, wie sich im Verlauf des Forschungsprozesses mein Verständnis und die interpretative Herangehensweise an die Erhebungspraxis verändert haben und an die praktische Logik des Feldes angepasst wurden (vgl. Amann/Hirschauer 1997: 20; Hirschauer 2008a: 184; Scheffer/Meyer 2011).

Allgemein gilt das Interview als einer der Königswege sozialwissenschaftlicher Datenproduktion. Narrative Interviews ermöglichen einen Zugang zur Alltagswirklichkeit aus der Perspektive eines erzählenden Subjekts (vgl. für das Folgende: Schütze 1983; Küsters 2009; Rosenthal 1995). Sie dienen der Ermöglichung des Erzählens und Beschreibens einer selbst erlebten, reflexiv verarbeiteten und zu Erfahrung gewordenen Ereignischronologie. Derart bieten sie Einsicht in subjektive Sichtweisen, Handlungen und Entscheidungen, kurz: der Erfahrungswelt der Interviewten. Das generierte empirische Material, die „Datentexte“ (Schütze 1983: 285), ist durch die Erzählenden sinnhaft strukturiert und wird in der Form einer Geschichte kommunikativ vermittelt. Prozessual verkettete Ereignisabfolgen werden mit eigenen Relevanzsetzungen der Akteure artikuliert. Sie lassen Rückschlüsse auf alltagsweltlich bedeutsame Deutungsmuster und Praktiken zu. Strukturen der Wirklichkeitskonstruktion und Bestände von Alltags- und Orientierungswissen werden rekonstruierbar.[80] Aber nicht nur subjektive Selbstbeschreibungen werden generiert: Es wird ein Einblick in die soziale Wirklichkeit, das Milieu des Interviewten und seine Verortung in intersubjektiven Beziehungen eröffnet. In der Narration wird die soziale Einbindung des Individuums in einer zeitlichen Verlaufsperspektive veranschaulicht und als individuelle Perspektive und Binnensicht auf Milieus und Lebenswelten rekonstruierbar (vgl. Alheit 2007).

An der grundlegenden Konzeption biografischer Interviews orientiert, aber nicht mit dem Fokus auf gesamte Biografien, ging es in dieser Arbeit darum, *Erlebnisse und Erfahrungen mit und in sozialen Praktiken* zu erfragen. Ziel ist die Produktion von Berichten über Alltagspraktiken, die dadurch für eine Rekonstruktion von handlungsorientierendem Alltagswissen zugänglich werden (vgl. Schütze 1983, 1987; Matthes/Schütze 1973). Entsprechend der Fragestellung wurden insbesondere Erfahrungen mit Medien und technischen Objekten erfragt, welche lebensweltliche Relevanz besitzen. Wichtig war es dafür, sich auf die Relevanzen der Erzähler*innen einzulassen, Eingrenzung dahingehend was zum Thema oder Feld gehört zu vermeiden und sich „daran zu orientieren, was für dieses Milieu selbst von Bedeutung ist“ (Rosenthal 2014a: 52). So wurde also nicht gefragt: Haben Sie ein Handy? Wie schauen Sie TV? usw. Vielmehr wurde den Interviewten der Raum gelassen, ihre Medientechnik selbst einzubringen. Das waren dann neben dem Mobiltelefon,

80 Das meint „erfahrungsdominante Prozeßstrukturen“ (Schütze 1983: 286) wie Höhe- und Wendepunkte der Biografie, geplante und realisierte Handlungsschemata oder die Veränderung des Selbstverständnisses innerhalb kollektiver Lebensformen, vgl. Schütze 1981.

oft überraschende Medien, wie z.B. Buchstabentafeln, Umgebungssteuerung oder Lesegeräte.

Grundlegend fanden die insgesamt zwölf, ein- bis zweistündigen Interviews mit UK-Nutzer*innen an einem lebensweltlich relevanten Ort statt. Häufig war das die Wohnung des Interviewten, wodurch weitere Beobachtungen möglich und ein Einblick in die Lebenswelt eröffnet wurden – das meint verschiedene Technologien und signifikante Andere (Familienmitglieder, Assistent*innen, Haustiere), die ebenfalls am Interview teilnahmen. Wenige Interviews fanden in Werkstätten für Menschen mit Behinderungen statt. Der Interviewablauf bestand aus zwei Phasen. Es wurde mit einer offenen Eingangsfrage begonnen, die die Biografie des Interviewten abfragte. Die sich an die Erzählaufforderung anschließende Stegreiferzählung war bei den unterstützt kommunizierenden Personen durch eine Vielzahl an Nachfragen und Ko-Konstruktionen durch mich bzw. andere Gesprächspartner*innen wie Familienmitglieder und Assistent*innen gekennzeichnet. Es kam also zu keiner umfangreichen Stegreiferzählung. Stattdessen wurde nach kurzer Zeit zwischen Themen mäandert, die sich teilweise an der Biografie der Interviewten abarbeiteten, teilweise aber auch von dieser abwichen. Als Zweites schloss sich nach einer gewissen Zeit eine Nachfrage-Runde an. Die Fragen hierfür wurden einerseits aus dem Gesprächsverlauf heraus bestimmt und nahmen Ungeklärtes auf. Andererseits waren sie durch einen lose strukturierten Themenkatalog festgelegt. Dieser wurde vorab angefertigt und beruhte auf Annahmen bzgl. typischer Lebensbereiche, in denen Kommunikation mit einem Talker relevant sein dürfte, z.B. Familienleben, Ausbildung, Beruf, Freizeit/Hobbys, Therapien und Vereinsengagement. Auf diese Weise wurde Offenheit im Vorgehen, Zurückhaltung bei Vorgaben und der Fokus auf das Forschungsthema vermittelt. Zu jedem Interview wurde ein ausführliches Protokoll angefertigt, um die Umstände des Interviews und besondere Aspekte der Durchführung und der Interaktion mit dem Interviewten festzuhalten. Während der Interviews notierte ich meist nur kurze Stichpunkte und einzelne Wörter. Sie wurden ergänzt durch Notizen, die ich im direkten Anschluss auf den Zugfahrten nach Hause anfertigte, während des Abhörens des Interviews ergänzte und zu Protokollen ausformulierte.

Üblicherweise wird die Praxis des Interviews unter folgenden Voraussetzungen vollzogen: Es dient dem Elizitieren von Informationen über etwas, wovon die Interviewer*innen wenig wissen oder nur ansatzweise etwas ahnen. Die Interviewten verfügen dagegen über ein exklusives Wissen, das einen Bereich sozialer Wirklichkeit betrifft und das Forschungsinteresse tangiert. Das forschungspraktische Ziel lautet: Informationsbeschaffung, Zuwachs an Wissen. Idealerweise wird dafür eine Interaktionsordnung etabliert, in der hauptsächlich die Befragten aktiv zum Verlauf beitragen und die Fragenden indirekt diesen Ablauf steuern, sich zurückhalten und die Erzählung zum Laufen bringen bzw. am Laufen halten. Rollen und Aktivitäten sind klar verteilt. Außerdem wird das Interview als technische Ressource und Instrument verstanden, in dem Sprache zur Anwendung kommt und als „transparentes

Medium ohne Eigenschaften“ (Hirschauer 2001: 436)[81] genutzt wird. Weniger relevant ist, welche besondere Form das Interview hat, welche Art des Gesprächs es ist und in welchem Stil es abläuft (vgl. Uhlmann 1989). Der Outcome allein ist relevant. Dieser enthält Informationen zum Gegenstand der Forschung. Das Interview fungiert als Zwischenglied, welches den Outcome so unbeeinflusst wie möglich und unter durchgehender Beibehaltung einer klaren Verteilung von Aktivitäten transportieren soll. Als Gesprächspraxis enthält es aber typische Elemente des alltäglichen Miteinandersprechens. Solche Anteile des alltäglichen Miteinandersprechens und formalere Aspekte einer Interviewdurchführung durchkreuzen sich permanent und der Interviewvollzug nähert sich dem einen oder anderen an. Innerhalb der lokalen und situierten Kontingenz von Forschungssituationen geschieht mehr als nur die korrekte und getreue, durch die Sozialisation in einer Wissenschaftskultur erlernte Anwendung einer Forschungsmethode. Das Interview als besondere Gesprächsform und als eine „schwierige soziale Begegnung“ (Cicourel 1974: 110) vollzieht sich als ein sozialer Prozess, indem sich Forschungs- und Ethnomethoden interaktiv aufeinander einstellen und abstimmen.

In meiner Forschung im Feld der Unterstützten Kommunikation vollzogen sich die Interviews in einer Weise, die von der des typischen narrativen Interviews – Zurückhaltung der Interviewer*innen, ausführliches Erzählen der Interviewten – deutlich abwichen. Sie erforderten eine größere Beteiligung des Interviewenden in seiner Rolle als Ko-Konstrukteur. Das lag an den telegrammartigen Antworten, die häufig aus einem Satz, Teilsatz, einem Wort oder Ja/Nein-Antworten bestanden. Die kurzen Antworten waren häufig schwer verortbar oder sogar unverständlich, lieferten kondensierte Statements anstatt umfangreicher Erzählsegmente, Geschichten wurden seltener entfaltet, eher heruntergebrochen. So wurde in einem Interview die Eingangsfrage nach der gesamten Biografie mit dem Satz *„ich bin zu früh auf die erde gekommen“* (Interview #3, Toni) beantwortet. Dieser vieldeutige Satz verlangt nach einer Vielzahl von Nachfragen, Kontextualisierungen und Erklärungen. Eine andere Frage nach Freizeitaktivitäten wurde allein mit einem Namen beantwortet. Erst auf Nachfragen wurde verständlich, dass es sich dabei um die Schwester handelt, mit der die Freizeit verbracht wird. Davon, was in der Freizeit getan wird, war bis dahin nicht die Rede. In beiden Beispielen waren neben den Interviewten auch der Interviewer und andere Gesprächsteilnehmer*innen aktiv beteiligt. Das verdeutlicht, dass etwas zu erzählen nicht quasiautomatisch funktioniert (vgl. Schütze 1987). Im Sprechen mittels eines Sprachcomputers wird Erzählen zur praktischen Herausforderung – technisch und körperlich. Und auch das Handeln des Interviewers folgte in meinem Fall selten den Vorgaben von Lehrbüchern. Eher passte ich mich immer wieder an die Eigendynamik der Interaktion an, machte aktiv mit und gestaltete die Erzählung in gewisser Weise. Das narrative Interview hatte somit Ähnlichkeit mit einem ‚active interview‘ (vgl. Holstein/Gubrium 1995; Wooffitt/Widdicombe 2006).

81 Das ist ein in den Sozialwissenschaften verbreitetes Verständnis von Sprache im Zusammenhang mit Forschung: „This lack of interest in the interactional dimensions of social research interviews reflects the broader tendency in the social sciences to treat language […] as a passive medium for the transmission of information“ (Wooffitt/Widdicombe 2006: 32f.), vgl. Schütze 1975.

Ein Verständnis des Interviews als unproblematische und neutrale Technik zur Gewinnung von Informationen ist dieser Erfahrung und Praxis inadäquat. Das ist m. E. insbesondere dort von Relevanz, wo Verstehen mitunter problematisch ist, wo die praktische Aushandlung des Interviewverlaufs sowie der Vollzug von Kommunikation zum Thema des Interviews werden. Das meint, wenn nicht nur über etwas geredet wird, sondern an Problemen der Verständigung gemeinsam gearbeitet wird. Das geschieht insbesondere, sobald Kommunikations- und Interaktionskrisen entstehen, wenn korrigiert, erklärt und gezeigt, also explizit praktisch gehandelt wird, und nicht ‚lediglich' Erzähler*innen den Zuhörer*innen über etwas berichten. In Situationen also, in denen der Anteil wechselseitiger Konstruktionen erhöht ist und die eindeutige Aktiv- bzw. Passiv-Zuordnung von Erzähler*in und Zuhörer*in nicht greift. Und auch in Situationen, in der die Annahme, dass das Erzählte am besten durch Zurückhaltung und ohne zu viel Einflussnahme der Interviewenden am besten evoziert wird, widerlegt wird. Eine solche Praxis und Kommunikationskrisen waren für mein Vorgehen zentral und berechtigen dazu, die Methode des Interviews in seiner *interaktiven Dimension* in den Vordergrund zu stellen. Im Zuge des Forschungsprozesses veränderte ich daher die Konzeptualisierung des narrativen Interviews, um eine Gegenstandsangemessenheit zu erreichen. Dieser Denkprozess entstand aus der Interaktion mit dem Forschungsfeld und hatte Auswirkungen auf das Verständnis der produzierten Daten. Im Anschluss an die folgende Argumentation ist es kein Problem mehr, die weiter oben dargestellten Antworten als relevant für die Rekonstruktion und nicht als mangelhaft in ihrer Aussagekraft zu erachten.

Für mich spielt das Interview nicht nur als Ressource eine Rolle. Vielmehr steht das Interview als eigenständiges Thema im Mittelpunkt. Dieser Idee liegt, die in der Ethnomethodologie diskutierte Unterscheidung von ‚topic' und ‚ressource' zugrunde (vgl. Lynch 1993: 147–152; ten Have 2004).[82] Kommunizieren und Erzählen im Interview sind nicht nur Ressource für, sondern (können) zugleich Thema und Gegenstand von Forschung (sein). Auf diese Weise verändert sich die Verwendung von und Herangehensweise an Interviewdaten. Ziel ist Interviews nicht nur als Ressource, sondern als Objekt in sich selbst zu verstehen und die kommunikativ-interaktive Konstruktion eines Interviews zu rekonstruieren. Interviews als Gegenstand zu konzipieren, hat zur Konsequenz, sie als Interaktion oder als Praxis zu rekonstruieren, denn jede Art von Interview stellt „eine spezielle Technik [dar], die eine besondere Interaktionssituation schafft" (Soeffner/Hitzler 1994: 40). Ich nutze demnach Interviews nicht nur als Technik, um Wissen zu generieren, sondern frage: „[H]ow interviews are organized as interactional events" (ten Have 2004: 56; vgl. Uhlmann 1989). Als Frage für eine Praxisforschung basierend auf Interviews wird somit virulent, wie ein Interview zum Interview wird. Wie wird es produziert und praktisch hergestellt? Welche soziale Ordnung, praktischen Methoden, Materialitäten und Vollzugsstrukturen kennzeichnen das Interview? Wie entsteht soziale Ordnung in der besonderen Gesprächsform ‚Interview'? Wie werden Antworten-Frage-Ketten, das Erzählen einer Geschichte oder Selbstpositionierungen praktisch vollzogen (vgl. ten Have 2004: 75; Baker 1997, Sacks 1972)?

82 Die klassische Begründung findet sich in Garfinkel/Sacks 1970 bzw. Zimmermann/Pollner 1976.

Interviewen ist selbst ein soziales Geschehen und ein sozialer Prozess (vgl. Cicourel 1974: 110–151; Silvermann 1973; Hester/Francis 1994). Nimmt man dies als grundlegende Perspektive an, so ist es nicht angemessen, den durch die Transkription des Interviewverlaufs entstandenen Text als neutrale Ressource zu verwenden und, was gesagt wurde, als objektive Informationen über Ereignisse zu verstehen und zu nutzen. Das Phänomen, das untersucht wird, ist kein epistemisches Objekt, das als ‚Antwort' ohne Rekurs auf die soziale Interaktion, die dieser fundiert und bedingt, extrahiert werden kann (Lynch 2002). Eine typische Herangehensweise an den Interviewtext besteht aber darin, dem Text als Text Bedeutungsgehalte und Aussagen zu Sachverhalten ‚einfach' zu entnehmen. Derart spielt das Gesagte, der sprachliche Inhalt, aber nicht dessen Hervorbringungsweise und die praktische Bearbeitung von Interaktionsproblemen, -beschränkungen oder -bedingungen eine Rolle (vgl. Deppermann 2013). Die „interactional basis of data production" (Wooffitt/Widdicombe 2006: 34; Hester/Francis 1994; Wortham et al. 2011) wird auf diese Weise zum Verschwinden gebracht und es verstellt den Weg, das Interview als besondere Interaktions*praxis* zu verstehen. Es führt weiter zu einer soziologisch problematischen „Individualisierung, Kognitivierung und Entpragmatisierung der Handlungen der Interviewten" (Deppermann 2013: Abs. 22).[83] Nicht erfasst würde derart, wie wechselseitiges Interpretieren und kollektiv bewältigtes Verstehen mehr oder weniger erfolgreich stattfindet, wie verschiedene Handlungsträger (Körper, Technik, Medien) an der Konstruktion von Bedeutung teilhaben und wie Intersubjektivität für den pragmatischen Kontext des Interviews hergestellt wird. Im Interview werden Prozesse und Vollzüge der situierten, kollektiven Wirklichkeitsproduktion von mindestens zwei Akteuren sichtbar.[84] In Interviews erfährt man nicht nur etwas über soziale Wirklichkeit. Sie sind selbst eine Praxis der sozialen Konstruktion von Wirklichkeit. Sie

> „sind nicht nur Ereignisse, in denen über soziale Praxis berichtet wird, sie sind selbst Momente gelebter sozialer Praxis, in denen die Beteiligten sich in einem in situ konstituierten sozialen Raum positionieren. [...] Das Interview kann so als Stätte begriffen werden, in der sich die soziale Wirklichkeit des Forschungsthemas selbst ausschnitthaft und oft auch typisch interaktiv (re-)produziert und in ihren konstitutiven Praktiken greifbar wird. Interviewende elizitieren damit nicht einfach subjektive Wissensbestände und Deutungen. Sie inkarnieren gesellschaftliche Positionen, Anforderungen, Einstellungen und Erwartungen, mit denen sich die Befragten handelnd auseinandersetzen" (Deppermann 2013: Abs. 60).

Versteht man das Interview als eine konzentrierte Form des Miteinanderagierens, eines Interaktionsgeschehen, in dem gemeinsam Wirklichkeit strukturiert und produziert wird, so stehen am Ende eines Interviews nicht textförmige Informationen,

83 Zum Beispiel durch die Isolierung der Antwort von der vorausgehenden Frage als wären diese „discrete speech acts isolated from the stream of social interaction in which – and for which – they were produced" (Wooffitt/Widdicombe 2006: 39). Eine weitere Gegenposition dazu ist, „that interview expressions are local collaborative 'constructions', rather than purely individual expressions of 'mind'" (ten Have 2004: 76).

84 Das wird insbesondere bei Familien- und Paarinterviews methodologisch reflektiert, vgl. Hildenbrand/Jahn 1988; Wimbauer/Motakef 2017; Hirschauer/Hoffmann/Stange 2015.

sondern Daten für Interaktionsanalysen und für die Rekonstruktion von dynamischen Aushandlungsprozessen im Zuge des Fragens und Antwortens: „interaction between the investigator ...] and the ‚subject(s)' is the instrument for data collection" (Schegloff 2002: 152). Der vom Interviewer miterzeugten Situation und dem situierten Verlauf der Konversation wird auf diese Weise analytisches Gewicht verliehen. Wie Kommunikationspraktiken vollzogen werden, steht im Mittelpunkt der Interviewanalysen, entsprechend dem Fokus der gesamten Arbeit – und es werden nicht, entlang eines neutralisierten und trivialisierten Verständnisses des Medium Sprache, Informationen über und Repräsentationen von sozialer Wirklichkeit abgelesen (vgl. Meyer 2009: 414f.). Im Zuge dessen können soziokulturelle Hintergrunderwartungen und die problematische Voraussetzungshaftigkeit narrativer Interviews, die in den Sprech- und Erzählkompetenzen der Interviewpartner*innen bestehen und die sich im Miteinandersprechen zeigen, zum Forschungsgegenstand gemacht werden. Empirisch wird dies in Kapitel 6.5 vertieft.

5.2.2 Teilnehmende Beobachtungen

Als zweite Methode wurden teilnehmende Beobachtungen in einer Förderschule mit dem Schwerpunkt körperliche und motorische Entwicklung durchgeführt. Zusätzlich waren die Interviews, wie oben beschrieben, von Momenten teilnehmender Beobachtung durchzogen. Der Fokus teilnehmender Beobachtungen sind soziale Praktiken. Diese werden synchron beobachtet und es interessieren die verschiedenen Aktivitäten, die zu ihrem Vollzug beitragen. Derart werden mittels Beobachtungen soziale Phänomene in ihrem lokalen und situierten Vollzugscharakter und anhand der Beiträge der Akteure rekonstruiert (vgl. Breidenstein et al. 2013; Scheffer/Meyer 2011; Meyer 2009: 406f.; Dellwig/Prus 2012; Lengersdorf 2015). Soziale Praktiken werden an einem mehr oder weniger öffentlichen Ort, dem natürlichen Lebensraum der Akteure, (auf-)gesucht. Durch die Wahrnehmung der anwesenden Forscher*innen werden ausschnitthafte Einblicke in „Situationen, Szenen und Milieus" (Breidenstein et al. 2013: 32) erfasst und aufgezeichnet. Bedingung dafür ist eine „Begegnung" (ebd.: 33) mit sozialer Wirklichkeit, ihren Akteuren, ihren Kommunikationsweisen und (materiellen wie symbolischen) Elementen. Die Begegnung mit und Beobachtung von sozialen Praktiken hat zum Ziel, den vertrauten und routinierten, aber auch krisenhaften oder problematischen Umgang der Akteure miteinander, mit Körpern und Dingen so natürlich wie möglich zu erfassen und so nah wie nötig zu erleben.

Grundlegend wohnt der Vorgehensweise ein Situationalismus inne. Die Eigendynamik und Komplexität sozialer Situationen und Interaktionsordnungen, in denen gesellschaftliche Ordnung entsteht, wird betont (vgl. Meyer 2009; Scheffer 2002: 353; Kalthoff 2006). An der Mikroanalyse von Situationen wird verdeutlicht wie Kultur oder Gesellschaft „erschaffen, angegriffen, modifiziert, organisiert und in konkreten Situationen zum Ausdruck gebracht" (Meyer 2009: 416) werden. Situationen bilden demnach die kleinste Einheit der Datenproduktion. Diese Grundhaltung macht es möglich, soziologisch zu erforschen, wie (in meinem Fall) Kommunikationsstrukturen umgesetzt oder Behinderungserfahrungen gemacht werden (vgl. ebd.: 416–420). Die Konstruktion sozialer Wirklichkeit bzw. von Kommunikation oder Behinderungen wird anhand ‚kleiner‘, situierter, wahrnehmbarer Aktivitäten nachvollziehbar. Ein weiterer Aspekt von Beobachtungen ist, dass soziale Praktiken mit so wenig Vorabannahmen oder Hypothesen wie möglich erfasst werden. Von zentraler Bedeutung für eine situierte Forschung ist zudem eine Zurückhaltung gegenüber gesellschafts- und subjekttheoretischen Annahmen. Auch Individuelles als Ausdruck von Makrologiken in einer holistischen Kulturtheorie zu verrechnen, wird vermieden. Offenheit, Neues und Unerwartetes hat hier Erkenntniswert und Vorrang gegenüber Generalisierungen oder der Bestätigung von a priori verfassten Hypothesen. Ziel dieser Arbeit ist es, Behinderung als dynamische und interaktive, praktische Herstellungsleistung zu verstehen und nicht „voraus[zu]setzen und [zu] bestätigen“ (Kelle/Breidenstein 1996: 64).[85]

Praktisch bedeutet teilnehmend beobachten den synchronen Nachvollzug des Vollzugs sozialer Praktiken und praktischer Aktivitäten der Akteure. Ko-Präsenz ist dafür die Voraussetzung. Neben dem Beobachten, dem ‚reinen‘ Wahrnehmen in Situationen der Anwesenheit, ermöglicht das auch das Verstehen des feldtypischen, sozialen Sinns für Interagieren und Kommunizieren. Die „Aktivierung des sozialen Sinns“ (Kalthoff 2006: 152), wofür Forscher*innen im Umgang mit den Akteuren die Voraussetzungen und Fähigkeiten erwerben, wird genutzt, um Erkenntnisse zu generieren (vgl. Scheffer 2002: 353). Dafür muss sich der Beobachter am Ort des Geschehens in die Verhältnisse und Abläufe „einklinken“ (Breidenstein et al. 2013: 73) und mitvollziehen, mitmachen und miterleben, was sich praktisch vollzieht. Es wechseln sich Phasen des Wahrnehmens und Mitmachens von feldtypischen Aktivitäten ab und es eröffnen sich entsprechend unterschiedliche Zugänge und Erkenntnisweisen (vgl. Pfadenhauer/Genz 2015). Entscheidend ist für beides, Teilnehmen wie Beobachten, dass teilnehmende Beobachter*innen in das Interaktions- und Beziehungsgeflecht des Forschungsfeldes eingebunden sind, dass sie soziale Wirklichkeit durch das Erfahren anderer Perspektiven und durch das Nachvollziehen von bestimmten Fertigkeiten, Aufmerksamkeiten und Wahrnehmungen zu verstehen lernen.

Die teilnehmende Beobachtung verfügt noch über eine weitere Sensibilität, die sie für die praxistheoretische Forschung geeignet macht. Es ist ein Charakteristikum der Erkenntnisleistung teilnehmender Beobachtung, Gemengelagen an Handlungsträgerschaften zu berücksichtigen und zu erfassen. Teilnehmende Beobachtung geht über rein menschliche Interaktionen hinaus und erkennt und registriert, wie Praktiken und die soziale Welt durch die Aktivitäten heterogener Elemente zustande kommen. So erfasst ihr analytischer Fokus die an Praktiken beteiligten, materialen Elemente, wie Medien, technische Objekte, Infrastrukturen, Körper und Leib (vgl. Niewöhner 2017; Meyer 2015; Kalthoff 2006: 151f.). Beobachtungen erlauben es Gesprochenes als Gesprochenes und nicht als Text, Technik und Medien als materielle Objekte, die gehandhabt werden, Körperwissen, Körperlichkeit und Bewegungsordnungen anhand situierter und lokaler Praktiken zu verstehen (vgl. ten Have 2004: 131). Beides, Körper und Technik, werden durch das Verfahren de-objektiviert und anhand ihres konkreten, detaillierten Vollzugs erfasst.

---

85 Vgl. als Beispiel für Ethnografie in einem verwandten Feld, der Sprachtherapie von Aphasiker*innen, Simmons-Mackie/Damico 1999.

Allgemein lässt sich zu meiner Verwendung der Methode Folgendes berichten: Im Feld der technisch unterstützten Kommunikation bestand die Teilnahme am Geschehen nicht darin, *wie* die Akteure zu handeln, also deren Position einzunehmen, ihre Fertigkeiten zu erlernen und sich selbst im technisch unterstützt Kommunizieren zu üben. Vielmehr waren Interviews wie Beobachtungssituationen durch die Verstrickung des Forschers in die besonderen Kommunikationspraktiken gekennzeichnet. Ich sammelte Erfahrungen im typischen Umgang miteinander. Die Differenz zwischen Forschenden und Beforschten wurde dabei nicht sukzessive abgebaut. Statt eines ‚existenziellen Engagements' (vgl. Honer 1993) oder dem Erlernen von Fertigkeiten wurde die Differenz aufrechterhalten und praktisch bearbeitet. Ich lernte nicht, wie man *mit* dem Talker spricht, sondern wie man mit *dem Talker* spricht.

Neben der teilnehmenden Beobachtung in einer Talker-Runde, einer Förderstunde und einer Logopädie-Sitzung, begleitete ich primär zwei Schüler einer Förderschule, die mit einem Sprachcomputer kommunizieren. Daneben lernte ich andere Schüler*innen kennen, die ebenfalls Talker oder andere Hilfsmittel für die Kommunikation nutzten. Aber auch Schüler*innen ohne Kommunikationsmittel kreuzten meinen Weg. Insgesamt nahm ich an sechs Tagen am Unterricht in der Schule teil. An jedem der sechs Tage geschah dies auf unterschiedliche Weise. Dabei habe ich so viel Variation wie möglich in die Beobachtungen eingebaut. Dazu gehören wiederholtes Beobachten der gleichen Abläufe, das Aufsuchen von Orten, an denen sich Themen verdichten (spezielle Unterrichtseinheiten zur Unterstützten Kommunikation, aber auch Unterricht zu neuen Medien) oder wo Störungen der Abläufe auftreten (Gespräche auf dem Gang, Therapiestunden), und der Wechsel von Perspektiven, um Wahrnehmungsgrenzen zu bearbeiten. Die Mobilisierung der Beobachterposition ermöglicht es, dass verschiedene Prozesse und Verfahren beobachtet und verschiedene Fokussierungen (thematisch, örtlich, zeitlich, personell) möglich werden. So habe ich verschiedene Unterrichtsstunden (Mathe, Deutsch, Englisch, Kunst, Freistunden, Kommunikation) besucht; einzelne Stunden oder ganze Tage, inkl. Pausen, Mahlzeiten und Logo- bzw. Ergotherapie, die Schüler begleitet; verschiedene Personen oder ganze Gruppen an Schüler*innen in den Mittelpunkt gestellt.[86] Jeweils wurde mein Teilnehmerstatus unterschiedlich aufgenommen und ausgehandelt, und Beobachtbarkeit unterschiedlich durch die Akteure des Feldes und mich hergestellt (vgl. Breidenstein et al.: 52–80; Amann/Hirschauer 1997: 19ff.; Scheffer 2002). Die soziale Position der Forscher*innen wird durch das Feld bestimmt und legt Beobachtungsmodi nahe: von distanziert und randständig bis zu involviert und vereinnahmt. Ich wurde meistens durch die Lehrkräfte bzw. von Schüler*innen am Rande des Geschehens platziert und notierte alles, was ich beobachtete. Mal musste ich eher mitmachen und mein Notizheft zur Seite legen, ein anderes Mal stand ich am Rand und konnte meine Beobachtungen ungestört

86 Für die Auswertung bedeutete das, dass nicht alle Situationen gleichgewichtet einbezogen und in dieser Arbeit repräsentiert werden konnten. Da sich die Analyse an bestimmten Themen ausrichtet, waren manche Praktiken, z.B. in der Logopädie und der AG Neue Medien, nicht Teil der Analyse. Sie wurden stattdessen als Vergleichsfolie genutzt, um die Relevanz der hier dargestellten Themen und Analysen einzuschätzen.

notieren. Auf dem Schulhof oder den Gängen wären Notizen störend gewesen, sodass ich mich hier im Nachhinein allein auf meine Erinnerung verlassen musste. Was ich nicht unmittelbar notieren konnte, wurde auf dem Rückweg während der Bahnfahrt festgehalten. Am Schreibtisch wurden die Notizen zu Protokollen ausformuliert und durch weitere Erinnerungen ergänzt.

Zwei Besonderheiten kennzeichnen meine Verwendung der Erhebungsmethode: Erstens sind die teilnehmenden Beobachtungen Bestandteil einer fokussierten Ethnografie. Insbesondere wenn es thematisch um Kommunikation geht, bietet sich die fokussierte Ethnografie an, um besondere Ausschnitte und bestimmte Aspekte des Forschungsfeldes zu erfassen (vgl. Knoblauch 2001). Entscheidendes Merkmal des Vorgehens sind kurze, statt längere, mehrmonatige Feldaufenthalte. Es geht um die zugespitzte Erfassung einer Kultur. Schriftliche Aufzeichnungen werden dafür in besonders detaillierter Form angefertigt. Sie haben bestimmte, für das Feld als relevant angenommene Handlungsprobleme, Situationen und Konstellationen als Gegenstand. In den beobachteten Situationen, kleinen Szenen und Details scheinen immer Typisches und Verweise auf strukturelle Muster von Interaktion und Kommunikation auf.

Zweitens geht die Arbeit medienethnografisch vor. Typische Themen der Medienethnografie sind Unterschiede und Zusammenhänge zwischen Medien, ihre Materialität, die situationsspezifische Wahl von und der Wechsel zwischen vielfältigen Medien sowie die medientechnische Organisation von Kommunikation, Wahrnehmung und Wissen. Jenseits von Massenmedien liegt hier der Fokus auf der lokalen und situierten Handlungsmacht von Medien, den aktiven, verkörperten Mediennutzer*innen, ihrer medientechnisch strukturierten Lebenswelt und den Gemeinsamkeiten und Unterschieden des Mediengebrauches (vgl. Bender/Zillinger 2015; Bachmann/Wittel 2006). Die Grundannahme lautet: teilnehmend beobachtete Sozialität, Interaktionen und Kommunikation sind vermittelt, von medientechnologischen Objekten bevölkert und finden „im dichten Kontext von Medienpraktiken" (Bender/Zillinger 2015: XXX) statt. Soziokulturelle Welten sind über ihre Medien und deren Gebrauch erkennbar. Andersherum werden Medien anhand ihrer „Einbettung in soziokulturelle Welten" (Bachmann/Wittel 2006: 187) erfahrbar. Das heißt, dass sich mit den routiniert gebrauchten und als normal erachteten Medien im Feld vertraut gemacht werden muss, bevor theoretische Entwürfe darüber, was Medien sind und was sie können, sich vor diese schieben. Ein Prozess des Vertraut-Werdens mit den medialen Gepflogenheiten des untersuchten Feldes ermöglicht Erkenntnisse über dieses.

5.2.3 Mixed Methods?

Grundlage der Gegenüberstellung beider Methoden sind Überlegungen zur qualitativen Triangulation. In dieser Form der Methoden- und Datenkombination (vgl. Kalthof 2010; Breidenstein et al. 2013: 31ff.)[87] wird für die Eigenständigkeit unter-

87 Eine typische Annahme der Mixed Methods-Idee (vgl. z.B. Morgan 2014) ist es, dass, wenn Methoden ‚gemischt' werden, genauere, quantitativ umfangreichere Kenntnisse über den Gegenstand folgen. Erkenntnisse werden miteinander verrechnet, aufaddiert, ergänzen sich und dienen der Be-

schiedlicher Methoden argumentiert und die Vorstellung eines Kerns des Forschungsgegenstandes, an den man sich durch die Summierung von zwei oder mehreren Methoden annähert, kritisiert. Der Komplementarität und gegenseitigen Aufrechenbarkeit unterschiedlicher Zugänge wird skeptisch begegnet. Es wird vielmehr davon ausgegangen, dass unterschiedliche Methoden nicht nur unterschiedliche Daten erzeugen. Jede Methode und die durch diese generierte Perspektive verfügt über eine andere Performanz, andere Hervorbringungsleistungen und Konstruktionslogiken, lässt andere Aspekte eines Phänomens aufscheinen und bezieht sich auf unterschiedliche Kontexte, Handlungsprobleme, analytische Einheiten, „Zeithorizonte, Situationen und Erfahrungen" (Kalthoff 2010: 362). All diese Unterschiede sollen nicht in Übereinstimmung gebracht, oder hierarchisch angeordnet, sondern in ihrer Widersprüchlichkeit und Differenz zusammengestellt werden. Ziel ist es, gleichbedeutsame, aber unterschiedliche Aspekte des Forschungsgegenstandes zu bearbeiten. Der Komplex der Phänomene Behinderung, Medientechnik und Kommunikation wird so in seiner Heterogenität und anhand verschiedener Zugänge gezeigt.

Folgende Unterschiede machen die verwendeten Methoden aus:

- Ein erster Unterschied betrifft die Verfahrenslogik: Interviews verfügen über eine verstärkte „Themenkontrolle" (Breidenstein et al. 2013: 81). Interviewdaten sind stärker abweichend von „natural occuring data" und besitzen einen gewissen Anteil an „intervention, or interpretation" (Lynch 1993: 244). Das gilt auch in ihrer offenen Variante, trotz der empfohlenen Zurückhaltung der Interviewer*innen und insbesondere bei einer ungleichen Verteilung von Kommunikationsfähigkeiten. Die unstrukturierte und offene Beobachtungshaltung, in der oft Unvorhergesehenes erlebt wird und das Geschehen sich in einer weniger künstlichen Situation vollzieht, als es ein Interview darstellt, steht dazu im Gegensatz. Die Balance zwischen ‚natürlichen' und ‚beeinflussten' Daten und – damit zusammenhängend – zwischen der Offenheit für neue Erfahrungen und strukturierter Erkenntnisse entlang bestehender Interessen, theoretischem Wissen und der Fragestellung, kann durch beide Verfahren zusammen realisiert werden.
- Ein zweiter Aspekt betrifft die Analyse*haltung*: Erzähltes tendiert in der Analyse u.U. zu vorschnellen Schlüssen. Aussagen und Berichten kann dagegen mit einer expliziten naiven und befremdenden Haltung begegnet werden, um vorschnelle Erklärungen und Theorieanwendung zu vermeiden (vgl. ten Have 2004: 44–49). Insbesondere wenn es sich um ein unbekanntes Phänomen handelt, und „je impliziter kommuniziert wird" (Deppermann 2000: 119), kann die ethnografische Haltung, d.h. die Befremdung des Selbstverständlichen (vgl. Hitzler 1999; Hirschauer/Amann 1997), in das Verständnis der aus den Interviews resultierenden, sprachlichen Daten einfließen. Die für beobachtende Prozeduren typische Befremdung wird genutzt, um eine Konzentration auf Details, die innere Struktur und Vollzugslogik des sprachlichen Materials zu erreichen.

---

stärkung einer Erkenntnis, kurz: „kumulative Validierung" (Kalthoff 2010: 355). Ein solches Vorgehen steht im Gegensatz zum wissenschaftssoziologischen Konstruktivismus der Science and Technology Studies: Methodische Zugänge zu kombinieren, generiert Perspektivenvielfalt.

- Insgesamt ist eine Datenvielfalt dem Verständnis des Phänomens zuträglich. Zwischen dem narrativen Material und Beobachtungen hin- und herzupendeln, kann für unterschiedliche Phänomenbereiche sensibilisieren, bei der Bearbeitung von Interpretationslücken helfen und Interpretationen fundieren. Interviews ermöglichen es, dass sich das empirische Material um vergangene Erlebnisse und Erfahrungen mit Medienpraktiken erweitert, diese in die Verlaufsform einer gesamten Biografie einbettet und kontextualisiert und ein Gegengewicht zu den situativen Beobachtungen und ihrer Ausschnitthaftigkeit bilden kann. Die Verbindung beider Zugänge hilft einerseits beim Treffen von Verallgemeinerungen, um die „Typikalität, die Repräsentativität und die Relevanz einer einzelnen Gesprächsaufnahme abzuschätzen und [andererseits] um genau solche Interaktionsereignisse [für Beobachtungen] aufzusuchen, die den Kriterien Typikalität, Repräsentativität und Relevanz genügen" (Deppermann 2000: 105).
- Beide Methoden stimmen darin überein, den Herstellungscharakter eines Phänomens zu betonen. Ob im Interview oder in den beobachteten Praktiken, immer muss sozialer Sinn „erkennbar hergestellt" (ebd.: 99) werden. Beide Methoden verfügen aber über eine unterschiedliche temporale Logik der Konstruktion sozialer Wirklichkeit und implizieren dadurch eine bestimmte Weise der Dateninterpretation. Im Interview als Praxis herrschen eine rekonstruierende, erinnernde Erzähllogik und damit tradierte Darstellungs- und Beschreibungsmuster, feldtypische Sprech- und Repräsentationsweisen von Erlebnissen vor. Das Handlungsproblem des Interviews besteht darin, etwas Vergangenes in eine erzählerische und kommunizierbare Form zu bringen und in der Analyse Erzählen als ‚kulturelle Praxis' (vgl. Dausien/Kelle 2005) zu verstehen und auf bestimmte Muster, Strukturen und Praktiken hin zu untersuchen. Bei Beobachtungen stehen die körperlich und durch den Gebrauch technischer Gegenstände vermittelten, in sozialen Praktiken implizit vollzogenen Konstruktionen eines Phänomens im Vordergrund. In der teilnehmenden Beobachtung ist es ein sich gegenwärtig zeigendes, eher implizites Wissen, das es sprachlich in der Rekonstruktion zu explizieren gilt. Die synchrone Beobachtung und nachträgliche (be-)schreibende Bearbeitung der „Schweigsamkeit des Sozialen" (Hirschauer 2001) stehen hier als Aufgabe für Forscher*innen im Vordergrund.
- Zuletzt operieren beide Verfahren mit unterschiedlichen analytischen Einheiten: Es ist der erzählende Akteur, dessen Erzählung zentral um sich selbst als Mittelpunkt des Erlebens und Erfahrens zentriert ist. Es sind seine subjektiven Erfahrungen und seine Perspektive auf die Dinge, die erhoben und konsequenterweise auch rekonstruiert werden. Dieser durch die Methode entstehenden Fokussierung wird in der Praxistheorie skeptisch begegnet (vgl. Bourdieu 2001). Die praxistheoretische Ethnografie geht davon aus, dass das Subjekt, der Akteur, die Person, erst in z.B. narrativen Praktiken entsteht und durch sie, z.B. als Erzähler*in, hervorgebracht wird. Praktiken sind jeder weiteren Spezifizierung von sozialen Elementen ‚vorgelagert' (vgl. Schüttpelz/Meyer 20017). Praxistheoretische, beobachtende Verfahren de-zentrieren das Subjekt und konzentrieren sich auf ablaufende Praktiken,

Körper und Dinge und fragen erst in einem zweiten Schritt, wie ein Akteur oder Subjekt formiert und hervorgebracht wird. Weder das eine, d.h. der Fokus auf ein Subjekt, noch das andere, d.h. die Dezentrierung des Subjekts und die reine Fokussierung auf Praktiken, wird hier favorisiert, sondern beides gleichgewichtet berücksichtigt.

5.3 Auswertung und Daten

Zum Abschluss dieses Kapitels werden die Auswertungsmethode, mit der das empirische Material interpretiert, rekonstruiert und theoretisiert wurde, und die verwendeten Datenarten beschrieben. Zentraler Ausgangspunkt interpretativen-rekonstruktiven Verstehens ist der soziale Sinn und das Alltagswissen der Akteure, wie es anhand von sozialen Praktiken und Erfahrungen konstruiert werden kann. Das praktische Wissen, ob vom interviewten Akteur oder von beobachteten Praktiken ausgehend, bedarf einer methodisch kontrollierten Auswertung, um seine Eigenlogik und Eigensinnigkeit nicht hinter abstrakten Konstruktionen verschwinden zu lassen oder es unter vorab festgelegte Begriffe und Variablen zu subsummieren. Rekonstruktives Interpretieren umgeht solche Fallstricke, indem es sich dem empirischen Material verstehend nähert und adäquate, abstrahierende Deutungen generiert.

5.3.1 Grounded Theory und Konversationsanalyse

Die Interpretation der durch die teilnehmende Beobachtung und Interviews gewonnenen Daten orientiert sich am Verfahren der Grounded Theory.[88] Die Grounded Theory ist ein entdeckendes Verfahren und gewährleistet eine Offenheit im Interpretationsprozess. Theoretische, nicht vorab festgelegte Konzepte, die aus dem empirischen Material hervorgehen und sich als relevant für das Verständnis des Forschungsgegenstandes erweisen, werden schrittweise konstruiert. Ziel ist die Identifikation „analytische[r] [...] Themen" (Breidenstein et al. 2013: 108). Themen und Begriffe sollen aus dem Material heraus entstehen, sich an weiteren Materialien bewähren, und schlussendlich in der Konstruktion einer begrifflichen Ordnung resultieren, d.h. einer integrierten Theorie, einem Begriffsnetzwerk. Das Verfahren zielt auf eine vom Material ausgehende, sich sukzessive verfeinernde Entwicklung und

88 Einschränkend ist zu erwähnen, dass diese Arbeit keine Grounded Theory-Arbeit im umfassenden Sinne ist, sondern sich lose an den Grundprinzipien orientiert. Die Grounded Theory wurde nicht als Gesamtverfahren in allen Schritten vollzogen. Eher wurde sie als strategisch und „situativ zu adaptierender Arbeitsstil" (Strübing 2008b: 307) mit „systematic, yet flexible guidelines" (Charmaz 2006: 2) genutzt. Auf die Strategie des ‚theoretical samplings' wurde z.B. verzichtet. Weiterhin ist zu erwähnen, dass nicht alle Interviews und auch nicht alle Beobachtungsprotokolle im gleichen Umfang in der Analyse und den Ergebnissen dieser Arbeit wiederzufinden sind. Einerseits gab es gehaltvollere Interviews und solche, in denen wenig Neues an Erkenntnissen zu Tage trat. Andererseits wurde weitaus mehr in der Förderschule beobachtet als am Ende in dieser Arbeit dargestellt wird. Der jeweilige Überschuss an Material diente vor allem zur Einschätzung der Relevanz der gewonnenen Erkenntnisse.

wiederholte Überprüfung von Themen und Begriffen. Dafür wird eine „doppelte Orientierung“ (ebd.) an Feld und Theorie aufrechterhalten.

Insbesondere theoretisches Vorwissen und Fragen der Repräsentativität haben für das Verfahren eine eigenständige Bedeutung. Erstens ist der Konstruktionsprozess der Begriffe nicht determiniert, z.B. durch Vorab-Hypothesen, strikt zu befolgende Regeln oder einem fertigen Begriffsbaukasten. Im Kodierprozess wird das immer mitlaufende und aktivierbare, differenziert anzuwendende, aber nicht dominante, ungeprüft gültige theoretische Wissen (vgl. Strübing 2008a: 14ff., 56ff. passim) ständig mit empirischen Daten vermittelt, um Themen zu entwickeln, Muster zu erkennen und eine Begriffsanordnung zu entwickeln. Ziel ist dabei, zweitens, eine „konzeptuelle Repräsentativität“ (Strübing 2008a: 32). Die Grounded Theory fokussiert ein Phänomen, nicht das Gesamte einer Kultur (vgl. Charmaz 2006: 21–25).[89] Die Daten in der Grounded Theory werden als Ausschnitt, als Beispiel für eine bestimmte soziale Wirklichkeit verstanden. Sie sind „detailed, focused, and full“ (ebd.: 14), aber nicht vollumfänglich repräsentativ. Der Anspruch einer vollständigen Erklärung eines Feldes oder Phänomens wird zugunsten exemplarischer Ausschnitthaftigkeit und konzeptioneller Tiefe zurückgestellt. Nicht die gesamte Kultur der Unterstützten Kommunikation soll in dieser Arbeit also erfasst werden, sondern relevante Spezifika technisch unterstützter Kommunikation.

Um dieses Ziel zu erreichen, wird kodiert. Durch Kodierung erfolgen eine begriffliche Abstraktion und Theoretisierung des empirischen Materials. Die Kodierarbeit organisiert das Datenmaterial entlang bestimmter Themen, Konzepte und Begriffe. Sie verdichtet dabei zentrale theoretische Konzepte, die die Fragestellung beantworten und das Phänomen erklären. Die Versammlung analytischer Kategorien soll zu einem abstrakten, breiten, facettenreichen und vertiefendem Verständnis des studierten Phänomens verhelfen (vgl. Strübing 2008a, 2008b: 290ff.). Kodieren bedeutet, Ausschnitte des Datenmaterials zu benennen und mit Begriffen zu etikettieren. Eine solche Benennung kommt einer Interpretation gleich und operiert in abstrahierender, analytischer Absicht. Was in den Daten passiert, was sie bedeuten, wird analytisch-deskriptiv zusammengefasst, ‚auf den Begriff gebracht‘. Im *ersten Schritt* geschah dies so offen wie möglich. Alle Ideen und Konzepte, die sich in kleinen Datenausschnitten finden, wurden notiert. Im *zweiten Schritt* werden die Kodes unter Überschriften bzw. Kategorien versammelt. Hier zeichneten sich zentrale Themen ab, die für das Verständnis der untersuchten Kommunikationspraxis unabdinglich erschienen. Entsprechend fand eine thematische Einengung statt, die die Suche nach weiteren Daten und deren Interpretation leitete. Kathy Charmaz nennt diesen Schritt ‚focused coding‘, es ist zielgerichteter, eingeschränkter und konzeptueller (vgl. Charmaz 2006) im Vergleich zum offenen Kodieren. An dieser Stelle wurden Entscheidungen über sinnvolle Begriffe getroffen. Darauf aufbauend wurde im *dritten* Schritt selektiv kodiert. Ziel dieses Schrittes ist es die Begriffe auf eine breitere empirische Basis zu stellen. Die erneute Suche nach Material fand gezielt mit Blick auf die bisher gefundenen Begriffe statt und hat zum Ziel, „unterschiedliche Formen des gleichen Phänomens“ (Breidenstein et al. 2013: 135) zu verdeutlichen und in Beziehung zu setzen. Dieser abschließende Schritt basiert auf

89 Für Beispiele vgl. Charmaz 1991; Strauss/Glaser 1965.

festeren konzeptionellen Strukturen, arbeitet noch stärker theoretisch und integriert und verbindet Begriffe/Konzepte. Das hatte folgenden Effekt: Es wurden zunehmend Thematiken über größere Datenmengen hinweg bestätigt, ihre Bedeutung als exemplarisch, besonders oder allgemein sondiert, Begriffe variiert und kondensiert, Muster und Unterschiede erkannt (vgl. ebd.: 146–151). Zusammengefasst verlief die sukzessive Kodierbewegung von der Offenheit bei kleinen Daten über die Suche nach Material, das Begriffe vertieft und bestätigt und das Niveau an Abstraktionen erhöht, hin zu einer zunehmenden Relationierung und Systematisierung der Begriffe (vgl. Corbin 2011; Strübing 2008b; Charmaz 2006: Kap. 3).

Mein Vorgehen beim Kodieren hatte eine Besonderheit, die auf einer praxistheoretischen Grundannahme beruht. Wie Christian Meyer erläutert, bestehen Situationen und der Vollzug sozialer Praktiken aus einer Ereignisverkettung mit einer bestimmten sequenziellen Struktur (vgl. Meyer 2009: 416–420). Der die Praxistheorien interessierende soziale Sinn ist in der spezifischen Verkettung von Ereignissen und Aktivitäten zu finden. Um die sequenzielle Struktur der besonderen Kommunikation mit einem Sprachcomputer zu verstehen, ist das spezifische Ziel des Kodierens die Beschreibung von Ablauf- und Vollzugslogiken von Kommunikationspraktiken und Interaktionsverläufen. Die Kodierpraxis, d.h. die Analyse von Interview- und Beobachtungsdaten, orientiert sich dementsprechend am Vorgehen der Konversationsanalyse, auf die ich im Folgenden eingehe.

Für die Analyse von Kommunikationsstrukturen eignet sich die Konversationsanalyse. Sie wurde für die detaillierte, mikrologische Analyse und Beschreibung von Strukturen sozialer Interaktionen und Kommunikation, insbesondere denen des Miteinandersprechens, entwickelt (vgl. im Folgenden für die Methodik der Konversationsanalyse: Deppermann 1999; Heritage 1984: 233–292; Psathas 1995; ten Have 1999a; Schegloff 2007). Empirischer Ausgangspunkt ist die Beschreibung natürlicher, beobachtbarer sozialer Aktivitäten und der Rekonstruktion ihrer nicht zufälligen Muster und Strukturen. Um die Herstellung sozialer Ordnung im Vollzug von Interaktionen zu verstehen, bildet das Gespräch einen ausgezeichneten empirischen Gegenstand. Wie Formulierungen, Ausdrücke oder Gesten, aber auch die Übergabe des Rederechts, die Verteilung von Redeanteilen zur Strukturierung eines Gesprächs zwischen zwei oder mehreren Gesprächspartner*innen auf methodische Weise beitragen, kann durch die Konversationsanalyse erfasst werden. Das ist von Relevanz, da Menschen ohne Lautsprache und mit einem Sprachcomputer auf eine besondere Weise an der Gesprächsorganisation und ihren typischen, strukturellen Eigenschaften teilhaben. Die assistierende, behindernde oder ermöglichende Rolle der Technologie und der Interaktionspartner*innen für den Vollzug von Kommunikation und Verständigung zu erfassen, gelingt durch die Analyse von Gesprächen.

Einige für meine Arbeit relevanten Besonderheiten der Methode sind folgende: Soziale Ordnung wird bei dieser Methode unabhängig von Personen, deren Eigenschaften und Fähigkeiten, Motiven oder Intentionen analysiert. Es geht allein um das praktische Vorgehen der Miteinandersprechenden, um Kommunikationstechniken, nicht einzelne Individuen, ihr Können oder ihre Defizite. Weiterhin ist gesprochene Sprache nur eine unter anderen, kommunikativen Ressourcen. Der Fokus der Konversationsanalyse liegt umfassend auf Aktivitäten jeder Art, die die Gesprächsstruktur bestimmen. Ihre Offenheit für technologisch strukturierte Kommunikation sowie auch nonverbale, über rein gesprochene Sprache hinausgehende Mittel der Kommunikation, machen die Konversationsanalyse zu einer geeigneten Methodik für das Feld der Unterstützten Kommunikation bzw. für besondere Kommunikationsproblematiken bei Sprachstörungen (vgl. Bauer 2009; Bloch/Wilkinson 2004; Bloch/Clarke/Collins 2001; Bloch/Beeke 2008; Clarke/Wilkinson 2007, 2008; Damico/Oelschlaeger/Simmons-Mackie 1999; Hörmeyer 2015; Auer/Hörmeyer 2017 sowie die Beiträge in Goodwin 2003). Drittens operiert die Methode mit einem Primat des analytischen Beschreibens und verzichtet auf einen fertigen theoretischen Rahmen. Dafür wird der Gesprächsverlauf immanent rekonstruiert und nicht durch, von außen herangetragene, Konzepte überformt. Das Benennen und Sammeln typischer Muster der Gesprächsorganisation steht im Vordergrund.

Nach einer Auswahl relevanter Sequenzen für die Analyse wurden die Vollzugsmuster weniger systematisch rekonstruiert als mit dem Interesse der Erklärung eines bestimmten Phänomens, einer bestimmten Eigenschaft des Sprachcomputers und seiner kommunikativen Konsequenzen. Dies geschah in explorativer Absicht, um allgemeine und besondere Eigenschaften der Kommunikation mittels eines Sprachcomputers und der lokal-situativen Bewältigung der Gesprächssituation zu beschreiben. Auch wurde nicht, wie in der Konversationsanalyse typisch, die Vielzahl an Details vor allem linguistischer und grammatikalischer Art rekonstruiert, die ein Gespräch ausmachen (vgl. hier zu Hörmeyer 2015). Die erhobenen Daten ließen dies nicht zu, auch wurden sie nicht, in der Absicht für eine Konversationsanalyse geeignet zu sein, erhoben. Stattdessen habe ich mich in der Analyse und Kodierung von Material an den Grundannahmen der Konversationsanalyse orientiert und diese als Interpretationsfolie genutzt.

Das Kodieren fand dementsprechend mit einer konversationsanalytischen Sensibilität und Orientierung statt. Die Analyse von Gesprächsmustern, von situierten Regelmäßigkeiten der Gesprächsstrukturierung und von Methoden und Techniken des Wechsels der Sprecher*innen, bildete den Fokus der Kodierung. Die Rekonstruktion der in den empirischen Materialien enthaltenen Kommunikationsstrukturen fand mit einer ‚konversationsanalytischen Sensibilität' statt (vgl. für ein vergleichbares Vorgehen Budde 2011). Das Ziel der Dateninterpretation und der Kodierung war von der Untersuchungsfrage bestimmt: Wie funktioniert die praktische Kommunikation mit dem Talker? Das meint, zu rekonstruieren, wie die Talker-Technologie und ihr körperlicher Gebrauch Anteil am Wechsel der Sprecher*innen und der Konstruktion von Zusammenhängen einzelner Gesprächsbeiträge haben, und wie sie den Vollzug von Kommunikation und die Verständigung der Teilnehmenden prägen.

Wie sequenziell strukturiert kommuniziert wird und wie Verstehen in der Interaktion hergestellt wird, kann anhand von Protokollen *und* Interviewmaterial rekonstruiert werden – auch wenn beides nicht dem typischen Material konversationsanalytischer Arbeiten, nämlich natürlich vorkommender Gespräche, entspricht. Auch in Beobachtungsprotokollen finden sich Beschreibungen zur Art und Weise, wie sich eine Konversation vollzieht – wenn auch nicht in einer mikrologischen Auflösung; auch in Interviews finden sich Passagen, die einem typischen Alltagsgespräch nahekommen – wenn auch nicht in der Bandbreite, wie sie bei ungezwungenen, weniger strukturierten Gesprächen zu finden ist (vgl. Keppler 1994; Uhlmann

1989). Dadurch wurden auch die Protokolle neben dem Interviewmaterial in dieser Hinsicht ‚brauchbar', worauf ich abschließend eingehe.

5.3.2 Daten: Protokolle und Transkripte

Medien der qualitativen Sozialforschung sind v.a. der eigene Körper, Geräte und Sprache. Zwischen diesen wird immer wieder gewechselt (vgl. Kalthoff 2003, 2006; Meier zu Verl 2018, 2020). Im Vollzug der Forschungspraxis, im Zuge der Datenerhebung und -interpretation nimmt die „ethnographische Aktivität der Versprachlichung" (Kalthoff 2006: 161) eine zentrale Rolle ein. Wahrnehmung, Aufzeichnungsmedien und Verschriftlichung in ihrem Zusammenspiel versammeln Details der sozialen Welt, erzeugen Daten und ermöglichen den Nachvollzug sozialen Sinns. Alle drei Verfahren bzw. Medien enthalten dabei selektive Interpretationsakte und besitzen unterschiedliche „Verarbeitungskapazitäten" (Kalthoff 2003: 86). In der qualitativen Sozialforschung bedeutet dies keinen Nachteil, sondern ist konstitutiver Bestandteil der sozialen Aktivität Forschen. Es verdeutlicht die aktive Rolle der Forscher*innen im Erkenntnisprozess und der Erzeugung von Beschreibungen und Analysen. „[N]otes, documents, transcripts" (ten Have 2004: 11) schaffen die Grundlage dafür und für einen Dialog zwischen theoretischen Ideen und empirischen Belegen. Sie verarbeiten als Medium das soziale Leben in nachvollziehbare Repräsentationen. Im letzten methodischen Kapitel geht es um die Medien der Forschung: Transkripte und Protokolle. Skizziert werden die Verarbeitungsschritte im Zuge der Datenerhebung und -auswertung.

Die teilnehmenden Beobachtungen wurden in der Form von Protokollen ‚beschreibend' rekonstruiert, was im Gegensatz zum registrierenden Aufzeichnungsverfahren von Interviews steht (vgl. Hirschauer 2001; Bergmann 1985). Protokollieren meint die Anfertigung von Notizen in „typisierender, resümierender, rekonstruierender Form" (Bergmann 1985: 308). Strukturell wurde das beobachtete Geschehen in einer sequenziell ablaufenden Form festgehalten und beschrieben. Das geschah mit unterschiedlicher Detailliertheit, mit unterschiedlichem Fokus auf (globalere oder mikrologischere) Interaktionsabläufe und ihre Elemente (Personen, Körper, Dinge usw.) (vgl. Rosenthal 2014a: 108–120). Die Datengewinnung im Medium des Protokolls stellt eine transformierende, da interpretative und selektive, Analyse der eigenen Wahrnehmungen im Feld dar, wird durch retrospektive Erinnerung ergänzt und übersetzt das soziale Geschehen in schriftliche Kodes und Logiken (vgl. Emerson/Fretz/Shaw 1995).

In der Protokollierpraxis fand ein wiederholtes (Be-)Schreiben der Situationen statt. Ausgangspunkt bilden kurze, spontan niedergeschriebene Notizen in der Forschungssituation. Hier bestand das Ziel darin, so viele Aktionen wie möglich festzuhalten, ohne eine thematische oder theoretische Fokussierung. Im nächsten Schritt wurden umfangreiche Protokolle der Feldforschung angefertigt. Sie basieren auf den Notizen, wurden einerseits umfassender und ausführlicher ausformuliert und andererseits durch Erinnerungen, die unmittelbar nach der Situation abrufbar waren, ergänzt. Im späteren Verlauf und dem mehrfachen Wiederlesen der Protokolle wurden die Beschreibungen in den Details umgearbeitet und verfeinert, und zuletzt durch analytische Notizen weiterentwickelt. Der letzte Schritt führte hin zu stärker theoretisch ausgerichteten Überlegungen und war vor allem für das Kodieren der Protokolle bzw. Protokollausschnitte hilfreich (vgl. ten Have 2004: 119f.; Emerson/Fretz/Shaw 1995). Insgesamt wurde also so offen wie möglich begonnen, indem *alles so genau wie möglich* festgehalten wurde. Im Zuge der Forschung fand dieses Vorgehen seine Grenzen in der Wahrnehmungs- und Erinnerungsfähigkeit des Forschers, dem Selektionszwang des Schreibprozesses und zuletzt den sich zunehmend entwickelnden Themen und Zusammenhänge.

Protokolle haben einen bestimmten Effekt. Sie dienen der Distanzierung vom und Befremdung des beobachteten Geschehens, um vorschnelle und subsummierende Erklärungen zu vermeiden. Die für die Interpretation notwendige Distanzierung und Verfremdung gelingt durch eine nachträgliche, memorierende und rekonstruierende Versprachlichung von miterlebten Situationen. Erstens wird durch Versprachlichung in der Situation nicht sprachlich Ausdrückbares, z.B. implizites oder selbstverständliches Wissen, im Zuge der Anfertigung von Beschreibungen expliziert. Es ist also ein interpretativer Prozess (vgl. Breidenstein et al. 2013; Hirschauer 2001; Streck/Unterkofler/Reinecke-Terner 2013). Zweitens werden innerhalb der Anfertigung der Protokolle Entscheidung getroffen, von dem, was beschrieben wird bis zu dem wie es beschrieben wird. Das Anfertigen von Protokollen ist ein selektiver Prozess, der unterschiedliche Fokussierungen vornimmt. Drittens sind die Protokolle neben den Beschreibungen von stärker analytischen Passagen durchzogen. Diese sind das Einfallstor für die Entwicklung theoretischer Ideen, um die Logiken des Feldes anhand der protokollierten Situationen zu erklären und auf bestehende theoretische Konzepte zu beziehen. Zusammen ergaben die beschreibenden und analysierenden Passagen Memos, welche mit einem Kode bzw. Überbegriff, der das empirische Datum zusammenfasst und auf den Begriff bringt, versehen wurden.[90] Im Zuge des Beschreibens wurden also Begriffe gebildet und verwendet, der Bezug zu anderen Daten und Kategorien hergestellt, konzeptuelle Verbindungen gezogen und Muster in der Beschreibung und Interpretation sozialer Praktiken herausgearbeitet (vgl. Charmaz 2006: 72–95). In der Darstellung dieser Arbeit sind die beschreibenden und analytischen Anteile durch die Kursivsetzung Erster voneinander unterschieden.

Neben den Protokollen der Beobachtungen bilden die Transkripte der Interviews den zweiten Teil des empirischen Materials. Zum Vorgehen: Die Interviews wurden mit einem Aufnahmegerät aufgezeichnet. Zeitnah wurden die Aufnahmen angehört und parallel verschriftlicht. Die Transkriptionskonventionen wurden einfach gehalten und erst die als relevant erachteten Passagen wurde in einem zweiten Durchgang überarbeitet, d.h. je nach Fragestellung an den Ausschnitt detaillierter transkribiert. Festgehalten wurden in erster Linie sprachliche Aktivitäten. Drei Aspekte der Transkription, die vom üblichen Vorgehen abweichen, möchte ich hervorheben:

1. Es hat sich nach und nach herausgestellt, dass der Tippvorgang potenziell Relevanz für die Gesprächsstrukturen besitzt. Um dies abzubilden, wurde anhand der entsprechenden Geräusche – vor allem elektronisch, manchmal

90 Dadurch gelang es, einen Bezug zu den Interviewmaterialien und den in diesen entdeckten Thematiken herzustellen.

aber auch das physische Tippen – festgestellt, wann ein Tippvorgang beginnt und mit ‚XY beginnt mit dem Tippen' dokumentiert.

2. Die Aktivitäten der Nutzer*innen des Talkers, d.h. der Sprecher*innen, wurden in der Transkription von den Aktivitäten des Talkers, also vor allem dessen Output, separiert. Beide sind Akteure innerhalb der Kommunikationspraxis, die in gewisser Weise eigenständig zum Ablauf der Kommunikation beitragen. Ausgangspunkt dieser Überlegung ist, dass z.B. die Nutzer*innen sich zeitgleich oder teilweise überlappend mit dem Talker verbal äußern. Auch nicht untypisch war die Kommentierung der Talker-Artikulation durch Laute. Im Anschluss an Hörmeyer 2015 wurde der Output des Talker mit dem Namen der Nutzer*in und einem *s* für *speech generating device* festgehalten, also z.B. Toni-s.
3. Zuletzt wurden nachträglich Beobachtungen von z.B. nonverbalen, nicht auf der Aufnahme hörbaren Aktivitäten, dem Transkript hinzugefügt. Dafür wurde neben einem Protokoll, das allgemeine Eindrücke der gesamten Interviewsituation beinhaltet, auch konkrete Aktionen im Interviewgeschehen notiert. So wurde z.B. das beruhigende Berühren der Hand der Sprecher*in, auffällige Blickrichtungen oder Bewegungen im Raum dokumentiert. Auf einem Notizblock wurde die entsprechende Aktion notiert und mit einem Hinweis, bei welchem Thema das Gespräch sich in diesem Moment befand, versehen. Im Zuge der Transkription wurde die Beobachtung an der entsprechenden Stelle des Interviewverlaufs eingefügt. Dadurch ist keine einer Videoaufnahme vergleichbare Genauigkeit erreichbar, was in der Interpretation berücksichtig wurde.

6 Empirische Studien

In den folgenden Kapiteln werden die Ergebnisse der Interpretation des empirischen Materials präsentiert. Die Reihenfolge ergibt sich zunächst aus den zwei auffälligsten Aspekten des Gebrauchs technischer Hilfsmittel für die Kommunikation. Einerseits die Besonderheiten der technischen Stimme des Sprachcomputers, andererseits die motorische Ansteuerung und Bedienung verschiedener Hilfsmittel. Im Anschluss daran, geht es um ein bestimmtes Phänomen: dem Erzählen der eigenen Biographie und der Frage ‚Wie?' eine solche Erzählung zustande kommt, wenn die Erzähler*innen auf ein Hilfsmittel zur Kommunikation angewiesen sind. Aufgrund der teilnehmenden Beobachtung in Lernsettings, folgt darauf eine praxistheoretische Rekonstruktion besonderer Lernpraktiken im Rahmen der Förderung von Fähigkeiten im unterstützt kommunizieren. Den Abschluss bildet eine empirische Analyse Forschungspraxis und damit eine Reflexion grundlegender sozialwissenschaftlicher Methoden, die im Rahmen meiner Feldforschung zur Unterstützten Kommunikation virulent wurde.

6.1 Sprechen mit Stimmen

6.1.1 Zur Einstimmung

Meinem Gegenüber zuhörend, schließe ich – gedankenexperimentell – meine visuellen Fähigkeiten aus. Ich höre dann Antworten auf meine Fragen, wie es dem Vorgehen im Interview entspricht. Mein Gegenüber tippt mit einem dicken Holzstift auf einen Sprachcomputer, wählt einzelne Buchstabentasten und am Ende die Taste aus, die den Befehl zum Aussprechen des Geschriebenen ausführt. Aber auch diesen Vorgang sehe ich laut experimentaler Anordnung nicht, höre ihn nur. Ich höre allein meine Fragen und die Antworten meines Gegenübers. Manchmal verstehe ich eine Antwort überhaupt nicht, manchmal verstehe ich nur Bruchteile. Mein den Antworten entnehmbares Wissen ist unsicher, fragmentarisch und immer wieder auf dem Prüfstein, wenn ich eine passende Anschlussfrage stelle, die an vorherige Sachverhalte, die sich mir nicht erschlossen haben, sinnvoll anschließen soll. Als Nächstes klammere ich den Inhalt des Gesagten ein. Was kann ich dem Gehörten jenseits von Mitteilungen und Botschaften entnehmen? Die technische Stimme, die mir antwortet, spricht undeutlich, viel zu schnell, blechern, sie hebt und senkt sich nicht, sie betont nicht und ihr technischer Charakter ist befremdlich. Sicher ist allerdings eine Information, die mir das Zuhören erlaubt zu gewinnen, etwas, was ich vermeine sicher zu erkennen. Die Stimme meines Gegenübers ist eine weibliche. Woran das liegt, kann ich nicht beschreiben. Eine Beschreibung, wie die Stimme klingt – sanft, melodisch, weich – würde nicht nur Stereotype bedienen, sondern auch die Dichotomie zur männlichen Stimme bedienen und empfindlich mit der obigen Beschreibung des technischen Charakters in Konflikt stehen. In der Situation aber erkenne ich die Stimme als weibliche. Fundiert durch die sichere und eindeutige, präreflexive Erkenntnis objektiver Geschlechtsmerkmale anhand der Stimme vermeine ich,

A. Wagenknecht, *Mit einem Talker sprechen*, Beiträge zur
Praxeologie / Contributions to Praxeology,
https://doi.org/10.1007/978-3-476-05510-1_6

ohne visuelle Ressourcen zu nutzen, zu erkennen: Mir gegenüber sitzt jemand, der mit einer weiblichen Stimme spricht, vermutlich also eine Frau.

Nehme ich meinen Sehsinn wieder hinzu, sehe ich: Vor mir sitzt ein älterer Herr namens Ingo im Rollstuhl, ca. Mitte 50, mindestens 1,90 m groß, mit kurzrasiertem Haar, kräftigen Händen und Armen. Das meint nun weder, dass nur das visuelle Erkennen zu sicherem Wissen führt, noch, dass das auditive Erkennen grundlegend fehlerbelastet ist. Die weibliche Stimme hatte ich rein auditiv sicher und zweifelsfrei erkannt. Die unterschiedlichen, sich scheinbar widersprechenden Informationen, die die beiden einzelnen Sinne liefern, sind Ergebnis eines isolierenden Gedankenexperiments ohne lebensweltliche Fundierung (vgl. zum isolierenden Modell der Sinne, Loenhoff 2001). Stattdessen sehe ich immer schon, wer da vor mir sitzt und gleichzeitig höre ich immer schon, mit welcher Stimme er antwortet. Entscheidend ist die entstandene Irritation. Auf meine nicht zurückzuhaltende Nachfrage, ob es ihn denn störe, mit einer Frauenstimme zu sprechen, antwortet Ingo, schmunzelnd, kurz und bündig, mit ‚nein'. Der durch die Technik generierte, wahrnehmbare Unterschied zwischen ihm und seiner Stimme und die Einordnung in gesellschaftlich verankerte Kategorien von Geschlecht, das wird von Ingo im alltäglichen, praktischen Gebrauch seines Sprachcomputers mit Leichtigkeit permanent unterlaufen, in den Hintergrund gedrängt und irrelevant gemacht. Im Gebrauch seiner weiblichen Stimme unterläuft er die Geschlechtsdifferenzierung (vgl. Hirschauer 2014a).

Ich verstehe das so: Entscheidend für Ingo ist, dass man ihn und sein Gerät als eine Einheit versteht, die ihm das Sprechen ermöglicht und ihm eine Stimme verleiht. Wie seine Antwort dokumentiert, spielen von außen wahrnehmbare und durch den Versuch der Zuordnung zu objektiven Geschlechterkategorien entstehende Widersprüche keine Rolle. Weder geht es darum, Ingo ein Merkmal abzuerkennen, weil er mit einer weiblichen Stimme spricht, noch darum, sich dauerhaft irritieren zu lassen und ihn nicht ernst zu nehmen, weil er als Mann nicht eine männliche Stimme zur Verfügung hat und stattdessen mit einer vermeintlich weniger passenden Stimme spricht. Was für ihn relevanter ist, ist die Verbindung von Körper und Gerät, die ihm das Sprechen mit Menschen ermöglicht. Auf der Irritation zu verharren, würde im Miteinandersprechen dazu führen, die Aufmerksamkeit von den ihm wichtigen Themen abzulenken. Seine Bibellektüre zum Beispiel.

Es wird in der Regel vorausgesetzt, dass der Mensch eine Stimme hat und diese als Teil der Natur seines funktionierenden Sprechapparates selbstverständlich das Sprechen gewährleistet. Eine Stimme zu haben und sie angemessen einsetzen zu können, wird als Kompetenz vorausgesetzt, um Mitglied der modernen Gesellschaft zu sein, um in Arbeitsverhältnissen, Politik und sozialen Beziehungen zu partizipieren, die eigene Identität anzuzeigen und generell als vollwertiges und kompetentes Mitglied einer Gemeinschaft akzeptiert zu werden. Soziales Handeln, Eingreifen in die Welt und soziale Identität sind mit dem Sprechen verknüpft. Eine Stimme zu haben, rückt in der Regel im Alltag in den Hintergrund der Aufmerksamkeit, um *mittels* der Stimme Aufgaben zu erledigen, sich zu erkennen geben, anerkannt zu werden und *mittels* gesprochener Sprache an sozialen Praktiken teilzunehmen. Die

Stimme selbst bleibt un-thematisch[91], um Handlungszusammenhänge durch den Austausch verbaler Beiträge kontinuierlich, krisenfrei und selbstverständlich zu bewältigen. Menschen, denen ihre Sprechfähigkeit abhandengekommen ist oder die diese nicht ausgebildet haben, wer nicht sprechen kann oder keine Stimme im üblichen Sinne hat, für den sind Kommunizieren und Verstanden-Werden eine permanente Herausforderung, die den Alltag bestimmt. Sprachcomputer bzw. Talker begegnen dieser Herausforderung und bewältigen auf unterschiedliche Weise Kommunikationsprobleme und -barrieren durch den Einsatz einer technischen Stimme. Technisch unterstützt zu sprechen, eröffnet einen Horizont an praktischen Möglichkeiten (wie auch Einschränkungen) der stimmlichen Alltagsbewältigung. Das technische Gerät, durch das Sprache und eine (fremde) Stimme generiert werden, verspricht Handlungsmacht, muss aber zugleich praktisch, körperlich und kognitiv bewältigt werden (vgl. Alper 2017; Howery 2018b).

Ein Beispiel dafür ist Alpers Studie, in der sie Kommunikationspraktiken von jungen Menschen ohne Lautsprache nachgeht und die Nutzung von Sprachausgabe-Apps auf dem iPad rekonstruiert (vgl. Alper 2017). Sie kritisiert die Phrase des *giving voice* als metaphorische und naive „narratives of personal liberation via technology" (ebd.: 27), die als Teil der Vermarktungsstrategien mit dem Versprechen locken: Überwinde deinen Makel. Indem die Technologie *voice to the voiceless* geben soll, ruft sie eine Vorstellung von Behinderung als individuelles Gebrechen auf und aktiviert Annahmen über verkörperte Fähigkeiten, Abhängigkeitsverhältnisse und den Triumph moderner Technologie im Überwinden des Körpers und dem Ausgleich sozialer Ungleichheiten. *Giving voice* ist dann nicht mehr als ein Lippenbekenntnis. Denn die Technologie ist, so ihr empirisch untermauertes Argument, nicht jedem einfach verfügbar und die sinnvolle Anwendung ist gebunden an gesellschaftlich ungleich verteiltes Wissen und Fähigkeiten im Umgang mit komplexer Technik. Nicht die Technologie allein verleiht eine Stimme, sondern die in Strukturen der sozialen Ungleichheit eingebetteten, familiären Praktiken zeigen sich verantwortlich dafür, ob eine Kommunikationshilfe den Weg in den Haushalt findet und, einmal dort angelangt, als nützliches und genutztes Gerät innerhalb der familiären Kommunikationspraxis zum Einsatz kommt. Alper legt den Fokus auf Praktiken des Zugangs wie der Aneignung der Technologie innerhalb von Familien, knüpft damit an Kapitalanalysen à la Bourdieu an und rekurriert zentral auf objektive Kapitalstrukturen, Institutionen und Ressourcen, was hier nicht verfolgt wird. Ihre Argumentation aber, in der sie familiäre Alltagspraktiken und die darin stattfindende technische Vermittlung des Sprechens verknüpft, verdeutlicht die Rolle von Medientechnologie für die Formung des Sprechens und die soziale Konstruktion dessen was Behinderung ist.

Ein Großteil der (v. a. philosophischen) Forschung zu stimmlichen Phänomenen hat „the voice as a medium of an unmediated body" (Schlichter 2011: 46) verstanden und die Stimme als Medium der Artikulation sprachlicher Ausdrücke und parasprachlicher Hinweise konzipiert. Das Medium Stimme bleibt in dieser Konzeption eigenartig stumm. Es ist ein neutrales Medium für die Produktion und Verlautbarmachung von sprachlichen Einheiten. Dass die Stimme als neutrales Medium

91 In Settings, in denen die Stimme trainiert oder therapiert wird, kehrt sich dieses Verhältnis um.

verstanden wird, hat zwei Folgen: Erstens, wird ihre körperliche Dimension vernachlässigt. Zweitens kann ihre Materialität, also z.B. auch ihre Technizität, nicht weiter thematisiert werden (vgl. Peters 2004; Schlichter 2011). Es wird also von mit dem Mund sprechenden Sprecher*innen ausgegangen, die ihre Stimme als Medium nutzen und denen es möglich ist, die materiellen, körperlichen wie auch technischen Aspekte der Stimme im Hintergrund zu lassen. Dies schon deshalb, weil ihre Stimme Teil ihrer Natur und nicht ein irgendwie technologisch gestützter Vorgang ist. Das Gegenteil ist der Fall im Bereich des technisch unterstützten Sprechens. Technologische, körperliche und sinnliche Aspekte stehen hier im Vordergrund. Diese Aspekte hat insbesondere Sybille Krämer medien- und sprachtheoretisch durchdekliniert (vgl. Krämer 2001, 2002, 2003, 2006, 2008a). In der Vielzahl ihrer theoretischen Arbeiten zur Stimme argumentiert sie für die Bedeutung der verkörperten Sprache. Die Stimme zeigt die Persönlichkeit und Präsenz des Gegenübers an (vgl. Krämer 2006: 284f.), sie bezeugt die Heterogenität der sozialen Welt, sie verweist auf den Körper und dessen Bedeutung für das Reden und Kommunizieren, sie erzeugt eine besondere ‚Stimmung' und erfüllt damit ‚soziale' Funktionen. Am Phänomen der Stimme zeigt sich, wie die Performanz und ein materialer, technischer, körperlicher wie situierter Vollzug des Stimmgebrauch die Kommunikation prägt – und nicht, wie klassische Sprach- und Kommunikationstheorien argumentieren, bestimmte festgelegte Kompetenzen oder der korrekte Gebrauch grammatikalischer Regeln. Das beschreibt Krämer für die Entwicklung der Telekommunikation, aber auch in allgemeiner Hinsicht anhand der Bedeutung stimmlicher Aspekte der Artikulation wie Rhythmus, Klang, Intensität, Affektivität, Raum- und Zeitlichkeit der Stimme. Wie die Stimme an der Produktion von Bedeutung im Sprechgeschehen und der Herstellung intersubjektivem Verstehen mitwirkt, wird im Anschluss an Krämers Position rekonstruierbar.

Im Alltag findet sich eine Zunahme von Stimm(re)produktionen und artifiziellen Stimmen. Die technische Produktion und Reproduktion von Stimmen verdeutlicht, dass nicht-menschliches Sprechen zunehmend eine Rolle in verschiedenen gesellschaftlichen Bereichen spielt. Technisierte, künstliche und synthetisierte Stimmen kommen teilweise ganz ohne menschliches Original aus. Sie sind Teil der nicht-menschlichen Dinge, die die Gesellschaft bevölkern (vgl. Peters 2004; Borbach 2016). Die synthetische Stimme konfrontiert mit Nicht-Menschlichem, mit Technik und Medialität im Vordergrund des Sprechens, mit menschenähnlichen unmenschlichen Stimmen, die u.U. menschlichen Akteuren zugerechnet werden. Dies in der zwischenmenschlichen Begegnung zu normalisieren und in einem normalen Vollzug von Interaktionen zu bewerkstelligen, ist eine der zentralen Anforderungen an den Umgang auch mit technisch gestütztem Sprechen.

Das verbale Artikulationen einem Herstellungsprozess unterliegen und wie sie von einer Technologie geformt werden, beschreiben Ingunn Moser und John Law in ihrer empirischen Studie zu Sprachcomputern. Sie kommen zu dem Schluss, dass *giving voice* nicht von ‚making voice' (vgl. Moser/Law 2003, vgl. Howery 2018b, die zu ähnlichen Schlussfolgerungen kommt) zu trennen ist. Ihre Studie fasst Technik als Bestandteil der interaktiven Produktion des Sprechens und damit dem ‚Machen' einer Stimme auf. Die Autor*innen rekonstruieren allerdings den Sprachcomputer primär als individuellen Besitz einzelner Nutzer*innen. Wie weiter unten zu sehen sein wird, ist das nicht die einzige Variante der Praxis technisch generierter Sprache. Stimmen werden innerhalb von Interaktionsordnungen mit anderen Akteuren konstruiert. So werde ich zeigen, wie es immer wieder dazu kommt, dass andere Akteure das Gerät nutzen und mit einer technischen Stimme sprechen bzw. auf verschiedene Weise die Stimme durch andere Akteure berücksichtigt wird. Der Sprachcomputer und seine Handlungsmacht werden innerhalb der Interaktionsordnung und unter den Akteuren verteilt und delegiert – und die Stimme wird im Kollektiv ‚gemacht'. Für die Rekonstruktion von Interaktionssituationen sind zwei Aspekte zentral: Die Kommunikation zwischen Menschen vermittelt durch das Gerät und die körperliche Interaktion des Nutzers mit dem Gerät als eigenständige Medienpraxis. Beide Ebene haben ihre besonderen Anforderungen: Zum einen die kommunikative Intersubjektivität zwischen Akteuren so herzustellen, dass sie gemeinsam und kooperativ praktische Aufgaben bewältigen; und zum anderen der erfolgreiche Vollzug der „inter-activity-relation" (vgl. Rammert 2008) zwischen Menschen und Geräten.

Rainer Schützeichel hat die Stimme aus einer mikrosoziologischen Perspektive als Organ der Kommunikation und in seiner Bedeutung für die Konstitution von Interaktionssystemen bestimmt (vgl. Schützeichel 2011). Die Stimme ist laut ihm kein neutrales Medium, dass kognitive Prozesse lediglich veröffentlicht. Die Stimme wird situationsangemessen eingesetzt, verfügt als „leibliches Ausdrucksphänomen" über ein Eigenleben und Widerständigkeit, sie zeigt bestimmte affektive Stimmungen an und sie reguliert den bedeutungsvollen Ausdruck von Wörtern und Lauten. Die „Gestimmtheit des Körpers" und die „Stimmung im sozialen Verkehr" (ebd.: 92) werden so für andere nachvollziehbar. Individualität und Sozialität sowie der Zusammenhang von Eindruck und Ausdruck fallen in stimmlichen Artikulationen zusammen. Das Phänomen einer technisch vermittelten Stimme kommt in Schützeichels Konzeption zwar nicht vor, aber anhand der von ihm typologisierten Funktionen der Stimme (vgl. ebd.: 93–96) lassen sich folgende mögliche Forschungsfragen ableiten: Wie verhält es sich mit einer vermeintlich unindividuellen technischen Stimme, wenn eine Stimme Sprecher*innen individualisiert? Wird die Stimme als Stimme oder aufgrund ihrer Technizität als bloßes allgemeines Ding wahrgenommen? Wie wird die Zuordnung von Personen und Stimme bei einer (oder mehrerer) technischer Stimmen vollzogen? Wie wird sie im Raum verteilt, wie steht sie in Bezug zu anderen Stimmen und was sind mögliche Probleme?

Aufbauend auf den weiter oben ausgeführten praxistheoretischen Grundlagen wird für die Stimme davon ausgegangen, dass sie in sozialen Praktiken hergestellt wird und nicht einfach vorliegt und als ein natürlich gegebenes Vermögen lediglich abgerufen wird. Nicht prädeterminiert, sondern situiert in öffentlichen Praktiken, kommt eine Stimme, technisch wie körperlich vermittelt, sprechend zur Sprache. Anhand der aufeinander bezogenen Beiträge von Körpern und technischen Dingen innerhalb einer Praxis, kann gezeigt werden, was technisch vermittelt sprechen bedeutet. Wie entsteht ein verbaler Handlungsbeitrag unter der Beteiligung von und Interaktion mit einem technologischen Objekt? Wie wird mit der technischen Stimme in Interaktionen umgegangen und wie formt die Stimme des Sprachcomputers soziale Praktiken? Wie wird die technische Stimme des Talkers innerhalb verschiedener Praktiken und Kontexte zum Einsatz gebracht? Wie wird Handlungsmacht für den praktischen Vollzug technisierter Stimmen verteilt? Anhand empirischer Beispiele wird beschrieben, wie das Verhältnis zwischen menschlichen und nichtmenschlichen Akteuren die Bewältigung des Interaktionsproblems ‚giving voice' beeinflusst. Die Rekonstruktion von ‚praktischen Assoziationen' zwischen Körper und Gerät zeigt, wie eine Stimme hörbar gemacht wird. Die Beispiele gewähren exemplarisch Einblick darin, wie und das ‚Eine-Stimme-Haben' einen komplexen, praktischen Prozess darstellt, der darin besteht, wie der technischen Stimme begegnet und das technologische Equipment berücksichtigt und verstanden wird.

6.1.2 Un-/Deutlichkeit

Fast alle Teilnehmer*innen meiner Feldforschung verfügen über Formen der Kommunikation jenseits des Sprachcomputers. Sie verbalisieren, was immer sie sagen wollen und verfügen selbstverständlich über Mimik und Gestik. Für mit ihnen vertraute, signifikante Andere sind diese Kommunikationsweisen gut verständlich. Für mich sind verbal getätigte Gesprächsbeiträge nicht ohne Weiteres, d.h. durch Wiederholungen, zusätzliche Artikulationen oder Übersetzungen von Assistent*innen oder anderen Gesprächsteilnehmer*innen, versteh-, deut- und beantwortbar. Der Talker mit seiner ‚glasklaren' Aussprache ist für diese Situation das perfekte Übersetzungsmittel. Er ist die Grundlage für die Durchführung von Gesprächen zwischen Interaktionspartnern, die sich erst seit Kurzem kennen und einander fremd sind. Zur Verdeutlichung dieses naheliegenden Sachverhaltes ein Beispiel aus der Mittagspause mit Felix.

> *Die Lehrerinnen verteilen die Mahlzeiten. Es wird im Zuge dessen danach gefragt, ob der- oder diejenige ‚alles' oder nur bestimmte Komponenten der Mahlzeit haben möchte. Als Felix gefragt wird: „Nimmst alles?", antwortet er darauf: „I au alle" – so verstehe ich es zumindest. Irgendwie reagiert die Lehrerin nicht auf ihn, ist schon in die Interaktion mit einem anderen Kind verstrickt. Alles geht etwas durcheinander. Felix wiederholt seine Antwort auf die erneute Frage, dieses Mal durch die noch neue Hospitantin Clarissa. Sie versteht ihn nicht. Er nimmt dann für einen zweiten Anlauf seinen Talker zu sich, schaltet ihn an und tippt: „Clarissa ich alles", Clarissaa hatte zwischenzeitlich mit jemand anderem kommuniziert und sich von Felix weggewandt. Nun dreht sie sich um, nickt und kümmert sich um Felix' Mittagessen. (Protokoll #7, Felix Tag 1, c) Frühstückspause)*

Felix erster Versuch, seine Mahlzeit zu bestellen, wird verbal kommuniziert. Seine Lehrerin kann prinzipiell – wie ich im Laufe der Feldforschung feststellen kann – seine verbal geäußerten Beiträge verstehen. In der protokollierten Situation ist es die ungeordnete Situation, die sie von einer Reaktion auf Felix' Antwort abhält. Die neue Praktikantin Clara ist noch unvertraut mit Felix' verbaler Kommunikation. Das scheint dieser selbst mitzubekommen und wechselt die Kommunikationstechnik hin zum Talker. Er spricht sie mit Namen an, damit sie sich ihm wieder zu wendet. Verbalisieren könnte er ihren Namen (noch) nicht. Im zweiten Teil artikuliert er dann seinen, vorher nicht verstandenen Wunsch betreffs der Mittagsmahlzeit. Beides wird durch den Talker klar und für die Praktikantin verständlich kommuniziert. Im Gewusel der Mittagspause kann Felix zudem die Umgebungsgeräusche mit dem

Talker übertrumpfen. Seine Lautstärke ist variabel und in dieser Situation richtig, d.h. sehr laut, eingestellt. Zu Letzterem eine andere Situation:

> *Es wird ein Spiel gespielt. Auf einem Bild ist eine Figur in verschiedenen Situationen abgebildet. Anhand von Mimik und Gestik der Figur sollen die Kinder unterschiedliche Emotionen bestimmen. Es ist die letzte Stunde des Tages, eine gewisse Unordnung im Ablauf scheint erlaubt zu sein und schlägt sich in Nebengesprächen nieder. So will Felix einem Mädchen, welches zwei Plätze weiter sitzt, etwas mitteilen. Er wiederholt mehrmals mit dem Talker ihren Namen und steigert nach jedem Versuch die Lautstärke, bis das Mädchen schlussendlich sich ihm zuwendet. (Protokoll #7, Felix Tag 1, i) Spielen und Aufräumen)*

Die technische Funktion der Lautstärkeregulierung ermöglicht es Felix, innerhalb des öffentlichen Kommunikationsraumes, der durch eine Vielzahl anderer Stimmen gebildet wird, gehört zu werden und seine ‚Stimme' durchzusetzen. Nicht nur die klare Aussprache des Namens des Mädchens, sondern, dass dieser laut genug und demnach situationsangemessen wie zielführend ausgesprochen werden kann, ist hier entscheidend. Felix interpretiert die öffentliche Ordnung und passt seine Stimme an.

Aber nicht nur andere menschliche Stimmen agieren in öffentlichen Kommunikationsräumen, sondern auch sogenannten technische Sprachassistenten. Mit diesen zu kommunizieren, ist ein ebenso ein praktisches Unterfangen und Nutzer*innen verfügen über verschiedene Arten und Erfahrungen mit ihnen umzugehen (vgl. Hector/Hrncal 2020). Auch Sprachcomputer können in ‚Kontakt' mit Sprachassistenten gehen und bilden so eine Gerät-Gerät-Beziehung. Es kommt zur ‚Interaktivität' (vgl. Rammert 2006, 2016) zwischen zwei technologischen Objekten. So z.B. bei Konstantin: Während der Vorbereitung zum Interview trinkt Konstantin einen letzten Schluck Wasser, sein persönlicher Assistent montiert den Talker an, und als erste Aktion mit diesem sagt er: *„Alexa aus"* (Protokoll Interview #12, Konstantin). Die Angesprochene agiert entsprechend und verabschiedet sich. Sprachassistenten verstehen nicht immer die menschlichen Gesprächsbeiträge, sei es akustisch oder semantisch. Im Falle von Konstantin ist es so, dass die technische Stimme des Talkers über eine Aussprache verfügt, die deutlich genug ist, dass sie von Alexa fast immer – wie er mir berichtet und anhand von weiteren Aktionen vorführt – verstanden wird. Die beiden Technologien gehen eine praktische Assoziation ein, die Konstantin' Alltag erleichtert. Die Artikulationsweise der Talker-Stimme bildet dafür die praktische Voraussetzung.

In einer anderen multimedialen Interaktion mit dem Talker gelingt ein solch problemloser Ablauf nicht. Astrid berichtet von einem Workshop. Die Teilnehmerinnen nutzen alle Sprachcomputer und der Workshop fand über ein Online-Telefonie-Tool statt. Astrid formuliert das grundlegende Problem so: *„computerstimmen klingen auch alle sehr ähnlich"* (Interview #9, Astrid). Ob die Stimmen zum Großteil gleichklingen oder sogar alle Nutzerinnen die gleiche Stimme verwenden, ist nicht klar.[92] In beiden Fällen besteht das praktische Problem darin, dass eine eindeutige Zuordnung von Stimme und Sprecherin innerhalb des online durchgeführten Mehrparteiengesprächs nicht gelingt. Wären die Teilnehmerinnen im gleichen

---

92 Vgl. zur Verfügbarkeit unterschiedlicher Stimmfärbungen, Akzente usw. Alper 2017.

Raum anwesend gewesen, so hätte die Möglichkeit, räumlich hören zu können, die Zuordnung von Stimmen zu den Sprecherinnen erleichtert. Im Onlineraum ist räumliches Hören nicht möglich, und die Zuordnung entsprechend prekär, unsicher und undeutlich. Die Teilnehmerinnen bevorzugen daher die Chatfunktion. Deutlichkeit im Zuge multimedialer Interaktion inkl. Talker-Nutzung vollzieht sich also unterschiedlich: deutliche Artikulation von Befehlen an eine andere Medientechnologie einerseits, uneindeutige Assoziation von Stimmen und Sprecherinnen andererseits.

Abschließend möchte ich zwei Beispiele beschreiben, die zwischen Undeutlichkeit und Deutlichkeit pendeln und die Relevanz bestimmter praktischer Hörweisen dokumentieren. Zunächst geht es um Ramona. Sie berichtet aus ihrer Schulzeit. Ich höre vom Talker: *„wenn ich was wollte, habe ich gerufen (.) das wären laute wie ö o e"* (Interview #10, Ramona). Nach einer kurzen Pause verbalisiert sie diese Laute. Die Talker-Stimme, deren Artikulation auf Schriftzeichen basiert, kann nicht verdeutlichen, wie die Laute in der Schule wirklich klangen. Sie scheitert hier an der realistischen Repräsentation vergangener Kommunikationsweisen. Diese Leistung vollbringt erst Ramonas verbaler Beitrag. Inwiefern die technische Stimme deutlich bzw. nicht deutlich artikuliert, wird noch ersichtlicher in der Interaktion zwischen Paul und Marco.

> *Kurz nach der Frühstückspause und vor dem Beginn der nächsten Stunde betritt Paul den Raum. Er ist sichtlich aufgeregt, will sofort etwas seinem Freund Marco etwas erzählen. Er hat nasse Haare, ich erinnere mich, dass er sich nach der ersten Stunde zum Schwimmen verabschiedet hatte. Er steht neben Marco und fragt ihn, wo er gerade eben war. Marco schiebt seinen leeren Teller beiseite, bringt seinen Talker in Position auf dem Tisch und beginnt zu tippen. Zögert aber nach kurzer Zeit und schaut Paul an. Dieser sagt: „Wo kann man schwimmen?". Marcos erste Antwort lautet: „Wasser im Klassenzimmer", Paul darauf: „Wo schwimm ich jetzt?", Marco tippt kurz und wir hören: „In der Dusche". Paul und Marco lachen, Paul fragt: „Wie soll ich in der Dusche schwimmen?". Eine Lehrerin schaltet sich ein und bemerkt: „Er hat sich vertippt". Ich habe da so meine Zweifel, äußere sie aber nicht. Marco tippt wieder, diesmal artikuliert der Talker: „in der Badewanne in den", Paul spricht dazwischen: „Da schwimm ich nur sonntags", Marco tippt wieder, ich schaue auf sein Display, es dauert diesmal etwas länger. Ich sehe, wie er erst ‚schwimmen' ausgewählt hat, dann die letzten beiden Buchstaben löscht und dann das Wort ‚Bart' durch die Kombination von Symbolen generiert. Er lässt dann den Talker ‚Schwimmbart' aussprechen. Alle lachen laut und Paul bestätigt, dass Schwimmbad richtig war, er scheint gar nicht bemerkt zu haben, dass Marco ein anderes Wort als ‚Schwimmbad' produziert hat. Die Lehrerin hat es natürlich bemerkt, fragt Marco, ob ‚Schwimmbad' nicht in seinem Lexikon ist und sie sucht gemeinsam mit ihm, findet es aber nicht. (Protokoll #9, Marco Tag 2, c) Frühstück).*

Marcos kreative Lösung für das Problem, dass ein bestimmtes Wort nicht in seinem Lexikon hinterlegt ist, dokumentiert ein praktisches Wissen über den ähnlichen Klang bestimmter Wörter. Diesen nutzt er als Ressource, um seine Limitation zu bewältigen. Der Talker artikuliert deutlich das von Marco konstruierte, sinnlose Wort. Im Kontext der Situation ist es aber soweit sinnvoll, da es akustisch eine gewisse Ähnlichkeit mit dem ‚richtigen' Wort aufweist. Bart klingt fast wie Bad, und es ist zu vermuten, dass es in Kombination mit ‚Schwimm' Zuhörer*innen dazu verleitet, das ‚falsche' Wort, genauer den falschen Buchstaben, zu überhören. Entsprechend wird es von Paul empfangen. Er hört nicht so genau hin, überhört den vermeintlichen Fehler und priorisiert durch seine Reaktion die kreative Leistung Marcos gegenüber dem Bestehen auf korrekte Wortwahl. Seine Hörpraxis ist im besten Sinne undeutlich. Auch auf die praktische Relevanz der Hörfähigkeiten der Akteure werde ich im weiteren Verlauf erneut eingehen, um die kollektive Konstruktion der Stimmgewalt des Talkers näher zu beschreiben.

6.1.3 Die auditive Konstruktion von Handlungseinheiten

In Gesprächen bedeuten Pausen die Abwesenheit gesprochener Sprache. Diese Abstinenz von Wörtern hat einen gesprächspraktischen Sinn, insbesondere für den Wechsel der Sprecher*innen. Sie fungieren als potenzieller Moment der Übergabe von Rederechten an nächste Redner*innen, als praktische Ressource des *turn taking* (vgl. Goodwin 1981; Sacks/Schegloff/Jefferson 1974; Schegloff 1996). Im Falle des Interviews mit Toni, seinen Sprachcomputer und seinen Eltern vollzieht sich dies in einer etwas anderen Weise und war von besonderer Relevanz und Bedeutung für die Übergabe von Rederechten. Will Toni etwas sagen, tritt eine zunächst längere Pause ein. Während er auf seinem Display tippt, sind keine sprachlichen Einheiten zu hören, weder von ihm noch von denen beim Interview anwesenden Eltern. Toni ist damit zwar der aktuelle Sprecher, aber keine Wörter kommen aus dem Talker. Seine ‚pre-beginnings' (vgl. Clarke/Wilkinson 2010; Streeck 1995) sind wortlos und die technische bedingte Produktionsdauer von Tonis Redebeiträgen wirkt wie eine Pause bevor sein eigentlicher Redebeitrag zu hören ist. Aber: In der Abwesenheit von Wörtern und im Zuge des Tippens auf dem Display sind Tastengeräusche zu hören. Daher ist es nicht eine Abwesenheit von Klang im Allgemeinen, sondern nur eine Abwesenheit von Wörtern, die die Stille während des Beginns von Tonis Redebeiträgen ausmacht. Toni beginnt seine Rede nicht mit Wörtern, sondern bereits vorher, in der Abwesenheit von technisch generierten, sprachlichen Einheiten. Im Umgang mit Toni und seinem Talker können die Sounds als akustische Hinweise verstanden werden, „mit denen der [...] zukünftige Sprecher den Wunsch signalisiert, das Wort erteilt zu bekommen" (Goffman 1994: 41; vgl. für den Kontext Unterstützte Kommunikation Clarke/Bloch/Wilkinson 2013). Die technischen Sounds sind potenziell Teil seiner Artikulation, seiner Sprache und seines Sprechens und flankieren seine technisch generierte Stimme.

Innerhalb der sprachlichen Interaktionen der Familienmitglieder wirkt sich dieser Sachverhalt auf den Vollzug von Redebeiträgen und Rederechtübergaben aus und ist bedingt durch die akustische Aufmerksamkeit der Akteure. Sie beenden begonnene Redebeiträge oder schwächen diese von der Intonation und Lautstärke her ab, sobald Toni zu tippen beginnt und damit das hörbare Signal ‚I talk, you listen' gibt. Sehen und v. a. hören die Eltern, wie Toni tippt, erhält er das Rederecht. Das klappt manchmal mehr, manchmal weniger. Zentral ist, dass Tonis Interaktion mit dem Talker durch die Sounds nachvollziehbar für die Eltern wird und entsprechende Handlungsfolgen zeitigt. Interaktion mit der Technik und zwischenmenschliche Interaktion bedingen einander. Es folgen Beispiele dafür, wie die Familie die Besonderheiten der Kommunikation mit dem Talker in ihr familiäres Turn-Design (vgl. Sacks/Schegloff/Jefferson 1974; Keppler 1994) integriert und wie die Signale des

Talkers innerhalb der sprachlichen Interaktion der Familienmitglieder berücksichtigt werden[93]:

```
Mutter   selber schreiben kann er NICH (.) wobei er da
         jetzt auch noch nen BISSchen lernt (.)
Toni     ((tippt))
Mutter   <<dim> wenn man da die [richtigen Laute]
Toni-s                          [ich lerne]
Mutter   =kennenlernt>
Toni-s   noch (.) ich lerne noch (2) etwas (6) lesen
```

(Interview #3, Toni)

Die Konversation läuft eigentlich zwischen der Mutter und dem Interviewer ab. Ein Fall des ‚Sprechens-über', dem die Gefahr des Gesichtsverlusts inhärent ist (vgl. Hörmeyer 2015: 76–91; Bauer 2009: 338–352; Goffman 1972). Zum Ende der Aussage der Mutter fängt Toni an zu tippen und zeigt damit an, dass er sich in das Gespräch – welches ihn zum Thema hat – einschalten will und wird. Die Mutter beginnt einen neuen, anschließenden Gedanken, den sie aber leiser und weniger offen in den Raum, sondern stärker dem Interviewer zugewandt spricht. Eine Minimalreaktion auf Tonis Tippen. Als Toni den ersten Teil seines Satzes ausspricht, zeitgleich zu ihrem, bricht die Mutter ab und wechselt die Aufmerksamkeit gemeinsam mit mir auf Toni. Dieser äußert sich daran anschließend zum Thema und bringt seine Perspektive zwar zeitlich verzögert – denn er nimmt Bezug auf den Anfang der Aussage der Mutter – aber sinnvoll anschließend ein.

Ein weiteres Beispiel:

```
Interviewer  Und da fährst du ähm da fährst du dann
             jeden Tag auch hin sozusagen [mit] ähm
Toni                                      [ja]
Interviewer  wirst du hingefahren?
             oder mit [dem Bus] oder?
Toni                  [((tippt))]
Mutter       Mit nem ähm
Interviewer  ja oder ja
Toni-s       Ich (10) werde ich werde (.) an (4) mit
             ich werde mit (.) ein (2) Schule (8) Bus
             ((...)) ab (4) geholt ich werde mit einem
             Schule Bus abgeholt
```

(Interview #3, Toni)

In diesem Fall geht es um den täglichen Transport zur Schule, ein weiteres Thema über das vor allem Toni Expertise verfügt, da alle anderen nicht an dieser Praxis partizipieren. Hier will die Mutter die (nicht an sie adressierte) Frage detaillierter beantworten, nachdem Toni den ersten Teil der Frage bereits verbal bejaht hat und

93 Für die Transkriptionszeichen siehe Anhang.

den zweiten Teil seiner Antwort einzutippen beginnt. Der Antwortbeginn der Mutter vollzieht sich knapp nach dem Beginn von Tonis Tippprozess. Als sie Tonis Tippen nachträglich bemerkt, bricht sie ab und es entsteht zunächst Verwirrung darüber, wer nun dran ist. Nach einem kurzen Moment übernimmt Toni selbstverständlich die Rede, die er ja bereits angefangen hat, sein Übernahmesignal wird (verspätet) bestätigt. Das repräsentiert einen völlig anderen Vorgang, als wenn die Mutter geantwortet und nicht auf die Talkergeräusche reagiert hätte. Dann hätte die Mutter Tonis virtuell angedeutetes und zu diesem Zeitpunkt solitär begonnenes Rederecht missachtet und ihm dadurch seinen sozialen Status als kompetenter Sprecher aberkannt.

Im nächsten Beispiel bricht die Mutter ihren angefangenen Gedanken ab, sobald sie Tonis Tippvorgang akustisch bemerkt. Von ihrer ‚wenn-dann'-Konstruktion artikuliert sie nur den ersten Teil, sie bleibt unvollständig. Den von der Mutter begonnenen Zusammenhang führt stattdessen der Vater aus – ob er auch Toni gehört hat oder nicht, ist unklar. Und der Interviewer versucht sich, während Toni immer noch tippt, an einer Erklärung für die Erfahrungen der Eltern. Er reagiert erst auf Toni, indem er leiser wird, als er die ersten Wörter von Tonis Talker hört. Diesen rücken dann auch ein verwandtes, aber doch anderes Thema in den Mittelpunkt:

```
Mutter      wenn man dann [anfängt] im hotelbett zu
Toni                      [((lacht))]
Mutter      wickeln und zu pflegen wenn man das drei
            tage gemacht hat dann
Toni        [((tippt))]
Vater       [geht] aufn rücken
Interviewer hm=hm ja [die sind] die sind nen bisschen
Toni-s               [wir machen wir machen]
Interviewer tiefer <<dim> die hotelzi hotelbetten>
Toni-s      (.) schon mal (1) in niederlande
Mutter      genau da warn wir auch
Vater       genau=genau
Mutter      in (Europäisches Land) warn wir auch
            stimmt
Vater       jetzt über sylvester sogar
```

(Interview #3, Toni)

Im Endeffekt hat hier als nur die Mutter auf die Tippgeräusche reagiert und damit Tonis Kommunikationsvorgang beachtet. Im Verlauf dieser Szene, geht es dann auch eher um andere Urlaubsorte und die Pflegeproblematik in Hotelbetten wird verdrängt. Toni hat demnach den thematischen Verlauf bestimmt.

Zum Ende des Interviews hat auch der Interviewer dieses Prinzip verstanden und halbwegs internalisiert. So beginne ich im folgenden Beispiel bereits mit einer Antwort, nachdem ich denke, dass Toni mit seiner Frage fertig ist. Ich stoppe meine Antwort, als ich Tonis Tippen höre und dieser seine Frage fortsetzt.

Toni-s	willst du dir ein neues (2) Handy willst du dir ein neues Handy kaufen
Interviewer	.h 'hm'hm=ja EIgentlich eigentlich nicht bis jetzt[dis-]
Toni	[((beginnt zu tippen))]
Toni-s	(1) wenn ((...))

(Interview #3, Toni)

Wie skizziert, ist der Moment des Tippens auf dem Display als Zeichen für das Ansteuern wie Auswählen von Symbolen ein möglicher Moment des *turn taking*. Indem diese Geräusche als „the unsaid [that] may be heard" (Ihde 2007: 162) wahrgenommen werden, gehören die Geräusche zu Tonis Sprechvorgang. Überhört man die Geräusche und spricht weiter, verletzt man damit die Regel des „one party talks at a time" (Sacks/Schegloff/Jefferson 1974: 730). Darauf aufbauend beschreibe ich, woraus diese Einheit, diese ‚one party' im Fall von Toni besteht, aus welchem Bestandteilen sie konstruiert und in der Konversationspraxis hergestellt wird.

Von außen betrachtet ist es eine *human-computer-interaction*. Im Inneren der Konversationspraxis ist es die Interaktion zwischen Tonis Körper und dem Gerät, die die anderen Interaktionspartner miteinbeziehen müssen, indem sie Tonis Aktionen visuell und die Geräusche des Talkers akustisch wahrnehmen. Beachten sie seinen, zur Kommunikationspraxis zwangsläufig gehörenden Tippvorgang in seiner strukturellen Funktion für das Gespräch, fungieren die Tippgeräusche als ein Mittel zur Mobilisation einer Rezeptionshaltung der Eltern (vgl. Butler/Wilkinson 2013), so werden sie selbst still und kommunizieren dadurch, dass Toni an der Reihe ist. Der Vollzugsprozess der *human-computer-interaction* ist also eingebunden und wird vollzogen durch andere Interaktionspartner, indem diese die praktische Aufgabe des Still-Werdens an den richtigen Stellen des Gesprächsverlaufs lösen. Tippen ist im Fall von Toni Teil der „auditory aura" (Ihde 2007: 172) und die Tastengeräusche werden im besten Fall als materiell erzeugte „Handlungseinheit mit kommunikativer Absicht" (Loenhoff 2001: 209) behandelt. Das bedeutet, auf mehr als nur das Gesagte vom Sprachcomputer zu hören. Wird der gesamte, durch die Materialität des Gerätes konstituierte Hörraum beachtet, also die Sounds, die durch das Tippen auf dem Display entstehen, als Teil von Tonis Sprechweise verstanden, dann ‚spricht' Toni bereits, wenn der Talker ‚nur' Geräusche erzeugt; wird das durch Andere gehört und wenn sie im Anschluss schweigen, gelingt es, die Stimme von Toni nachvollziehbar und wahrnehmbar in das ablaufende Gespräch einzubetten und darin zu interaktionaler wie sozialer Relevanz zu verhelfen.

Talker und Toni bilden innerhalb der familiären Kommunikation, sobald die beschriebene Praxis vollzogen wird, eine strukturelle Einheit (‚one party', vgl. Sacks/Schegloff/Jefferson 1974). Dies wird durch die in der Familie kollektiv geleistete Verknüpfung von Gerät und Toni möglich. Die Einheit aus Gerät und Person vollzieht sich hier im Medium des Auditiven. Das dafür relevante praktische Wissen ist ein Hörwissen. Darin wird das Gerät in seiner gesamten materiellen Funktionalität wahrgenommen, was über die reine Funktion der Sprachprozessierung hinausgeht. Die Tastengeräusche sind Teil von Tonis Artikulation, seiner Sprache und der lauten, materiellen Performanzbedingungen technisch unterstützter

Kommunikation (vgl. Krämer 2002: 332).[94] Die Materialität des Talkers ist, sobald sie sich durch das Tippen artikuliert, Teil der sensorischen Infrastruktur der Interaktionsordnung. Werden das Tippen und seine Geräusche als Teil des Redebeitrages erkannt, indem beteiligte Konversationspartner schweigen, haben sie selbst eine der Stimme vergleichbare Funktion.

Was das Beispiel verdeutlicht, ist die Relevanz von Aufmerksamkeit für die Handlungskoordination und das Situationsmanagement. Das durch Aufmerksamkeit geleistete Bemerken von Ereignissen, in diesem Falle auditiver Ereignisse, beruht auf Selektionsleistungen der Interaktionspartner und der durch sie aufrechterhaltenen sinnlichen Infrastruktur (vgl. Loenhoff 2001: 196–217)[95]. Indem sie ihre Aufmerksamkeitsressourcen verteilen, bestimmte Ausschnitte aus dem Horizont des Hörbaren in der Situation fokussieren, die Tastengeräusche als kommunikativ relevante Elemente registrieren und dies als kulturelle Praxis miteinander vertrauter Menschen pflegen, geben sie Tonis Artikulation eine nachvollziehbare, hörbare und dadurch soziale Form. Visuell wahrnehmbarer, verkörperter Prozess des Tippens, der Output der synthetischen Stimme sowie die erklingende Materialität der Displaybedienung, all das zusammengesetzt, machen und geben Tonis Artikulation eine soziale Form, zeigen an, dass er mit einer Antwortproduktion begonnen hat und dass sein Redebeitrag auf dem Weg ist. Die hybride Mischung aus Tonis Körperhaltung und den Nebengeräuschen seines Talkers markieren als wahrnehmbares Zeichen den Beginn seines Redebeitrages. Das hat für die Interaktion und Kommunikation mit ihm folgende, praktisch zu bewältigende Besonderheit: Die Nebengeräusche müssen eine sensorische „Identifikationsschwelle" (Loenhoff 2001: 163) der Interaktionspartner überwinden, Konsequenzen für den Konversationsverlauf zeigen und als wahrnehmbare Ereignisse müssen sie kommunikative Relevanz erhalten (vgl. Schegloff 1991; für eine vergleichbare, empirische Analyse vgl. Greatbatch et al. 1993). Tonis sozialer Status als Mitglied der Kommunikationsgemeinschaft ist in eine solche Aufmerksamkeitspraxis eingebettet. Eher implizit als explizit wird damit dem Gerät eine Handlungsmacht für den Verlauf der Konversation praktisch zugeschrieben, indem auf den Talker geachtet, d.h. gehört, wird.

Die praktische Einheit zwischen Nutzer*in und Gerät wird also, erstens, durch Interaktionspartner hergestellt und fortlaufend gewährleistet (oder eben nicht). Die Relation zwischen Mensch und dem technischen Ding wird innerhalb einer Interaktionsordnung, der sinnlichen Wahrnehmung der Akteure und korrespondierender Interaktionsmodi realisiert und vollzieht sich nicht als solitärer Akt eines Individuums. Der Talker ist, zweitens, nicht allein auf die Produktion von Sprache reduziert, sondern in seiner Gesamtheit als auditives Medium agiert er innerhalb sich vollziehender Praktiken des Miteinanderredens und ihrer sensorischen Regime. Die Frage, die im nächsten Beispiel im Mittelpunkt steht, lautet, welchen Einfluss andere Interaktionspartner auf die Verbindung des primären Nutzers zum Sprachcomputer haben und wie dabei erneut sensorische Strukturen eine Rolle spielen.

94 Die Medialität der Sprechperformanz ist im Falle von Toni allerdings keine stumme bzw. lautlose Medialität, sondern macht sich visuell und auditiv bemerk- und nachvollziehbar.

95 Der Ethnomethodologe Dušan Bjelić argumentiert ähnlich und nennt das ‚hearability-structures', vgl. Bjelić 2019.

6.1.4 Flüstern übers Display

Im Weiteren geht es um die verkörperte Relation zwischen Nutzer*in und Gerät und ihrer Verteilung unter anderen, an Praktiken teilnehmenden Akteuren. Wie oben bereits verdeutlicht, wird die Beziehung zwischen Gerät und Person durch Interaktionen mit Partnern bedingt und vollzogen. Im folgenden Fall partizipieren andere Akteure eher ungewollt am Talker. Es wird in diesem Kapitel gezeigt, wie eine bestimmte Nutzung auditiver und visueller Features des Talkers seine Verwendung im öffentlichen Raum ermöglicht. In diesem Abschnitt geht es um Bruno. Er erzählt mir von einem typischen Problem, wenn er mit seinem Assistenten den ÖPNV der Großstadt benutzt. In solchen Situationen, in denen sein Assistent neben ihm steht oder sitzt, je nach Verkehrsmittelbeschaffenheit, ist der Output des Talkers zu laut. Alle umherstehenden Personen würden unmittelbar und unwillkürlich in die intime Konversation zwischen Bruno und seiner Begleitung einbezogen werden. Ihn leiser zu machen, hätte Probleme der Verständlichkeit zur Folge.

Dies ist ein typisches Problem heterogener Klanglandschaften, v. a. im öffentlichen Raum. Die Präsenz anderer Personen im öffentlichen Raum, die nicht Teil der sozialen Zusammenkunft, aber trotzdem präsent sind, wurde von Goffman (1974, 2009) vielfältig beschrieben. Er argumentiert, dass es spezifische Interaktionsmodi gibt, die die geordnete, räumliche, visuelle und soziale Emergenz einer sozialen Zusammenkunft ermöglichen und dabei Techniken zum Einsatz bringen. Solche Techniken exkludieren Andere als Unbeteiligte bzw. inkludieren sie als Beteiligte. Die Territorien des Selbst und der Versammlung setzen Grenzen für Kontaktaufnahmen durch Hör- und Sehweisen. So werden Barrieren gegen ein unerwünschtes Engagement anderer und deren Wahrnehmung errichtet, z.B. durch die Körpertechnik des Sich-Abschirmens (vgl. Goffman 1974: 46ff.). Ziel ist es, im öffentlichen Raum eine Art der kommunikativen Selbstbestimmung durchzusetzen, indem es gelingt, „bei bestimmten Aktivitäten nicht wahrgenommen zu werden“ (Loenhoff 2001: 228). All diese Techniken konstituieren soziale Räume, die es manchen erleichtern bzw. anderen erschweren soll an einer Zusammenkunft teilzunehmen und Grenzübertretung als Verstoß gegen eine etablierte Interaktionsordnung zu registrieren.

Zurück zu Bruno im ÖPNV: Die Territorien seines Selbst und der Zusammenkunft mit seinem Assistenten innerhalb des sozialräumlichen Arrangements im öffentlichen Personenverkehr stehen im Konflikt mit der *agency* seines Gerätes: Es ist zu laut. Die Handlungsmacht des Gerätes verursacht unwillkürlich wie automatisch eine Verletzung der auditiven Grenzdimension des Handlungsraumes. Es adressiert eine größere Runde von Partizipanten, nicht adressiert von Bruno, aber adressiert von der *agency* seines Mediums. Es zieht diese in das Gespräch mit hinein und zwingt sie zum aktiven Nicht-Hinhören. Indem für den primären Zuhörer (dem Assistenten) Brunos Aussagen durch den Talker verbalisiert werden, werden alle prinzipiellen Zuhörer*innen zu aktiven Nicht-Zuhörer*innen und deren ebenso wahrscheinliche Passivität macht jedes von Bruno geäußerte Wort zu einer Aussage für alle, die nicht weghören wollen oder können.

Wie lösen die beiden dieses Problem? Bruno dreht die Lautstärke seines Talkers komplett ab und verstummt. Aber eben nur im akustischen Sinne. Denn sein Assistent konzentriert seine Aufmerksamkeit nun auf das Display und die dort zu lesenden Wortfolgen. Bruno tippt einen Satz ein, der Assistent empfängt diesen im Stillen vom Display und antwortet flüsternd. Durch das Verändern von Geräuschpegeln technologischer Objekte signalisieren sich die Beteiligten ihr Engagement und fordern ihre Interaktionspartner zu bestimmten Interaktionsweisen auf. Es wird signalisiert, wie wahrgenommen werden soll (vgl. Heinemann/Rauniomaa 2016) und die Veränderung des akustischen Outputs des Talkers wird als ‚interaktionale Ressource' (vgl. ebd.) genutzt. Derart flüstern sie beide auf individuelle Weise und kreieren dadurch eine abgegrenzte Zusammenkunft unter potenziellen, nun aber exkludierten, Mithörer*innen. Flüstern ist zwar nicht unproblematisch, wie Goffman schreibt: Es gilt „meist als unhöflich, vor allem, weil sich darin Zweifel ausdrückt am Willen der Zuschauer, indifferent zu sein" (Goffman 2009: 168). Im Falle von Bruno und seinem Assistenten ist es aber so, dass Flüstern andere Personen nicht in das Dilemma einer aktiv zu leistenden Passivität verstrickt. Das scheint erfolgsversprechender zu sein, als die Hoffnung auf die ‚höfliche Gleichgültigkeit' (vgl. Goffman 2009: Kap. 6.1) der Mitfahrer*innen.

Eine solche Praxis ist nicht die Regel. Andere Talker-Nutzer artikulierten ein Unbehagen darüber, wenn andere ihnen über die Schulter schauen, ihrem (Schreib- und Denk-)Prozess auf dem Display folgen und sie dabei verfolgen. So z.B. Kurt: *„Es ist ein Talker und kein Reader"* (Interview #6, Kurt). Zuhörer*innen, die dann vor allem Zuschauer*innen des Schreibens wären, würden ihren Handlungen (und allen Umwegen beim Eintippen) zu unmittelbar folgen, sie würden sich nur auf den Bildschirm fokussieren, nicht auf die Person und ihre Gestik und das Gesicht der *face-to-face*-Interaktionen entziehen (vgl. Goodwin 1981; Alper 2019). Die unterstützt kommunizierende Person wird auf ihr Display reduziert, wenn Andere nur auf den Bildschirm und nicht ihren Interaktionspartner achten und stattdessen den Sprachprozess visuell kontrollieren. Durch den Fokus auf das Display wird die Interaktion reduziert auf *ein* Display, anstatt eines wechselseitigem *displaying*-Prozesses. Denn der durch den Talker Kommunizierende sieht in einer solchen Situation nur schwerlich das Gesicht des ihm über die Schulter Schauenden – genauso wie andersherum. Das bedroht die Integrität der Sprecher*innen, indem dem Gerät eine visuelle Priorität zugesprochen wird.[96]

Wenn Bruno es genau andersherum macht, also er seinen Assistenten vom Display ablesen lässt, ist das eher die Ausnahme und vollzieht sich unter besonderen, unausgesprochenen Bedingungen. Das Mitlesen vollzieht sich im Rahmen des gemeinsamen Flüsterns und es ist dem jeweiligen Assistenten erlaubt, was unter anderen Umständen verwerflich wäre. Dann ist Mitlesen erlaubt, erwünscht und verwirklicht, ohne den sozialen Status von Bruno als Sprecher und Partizipant einer *face-to-face*-Interaktion zu gefährden oder praktisch in Frage zu stellen. Erstens wird die durch ihre Situierung im ÖPNV eigensinnige Agency des Gerätes reduziert und ihrem Potenzial der situativen Unangemessenheit enthoben. Der Talker gibt ‚lediglich' geschriebene Sprache auf dem Display wieder und artikuliert sie nicht laut. Zweitens vollzieht sich dies als Praxis im Rahmen des gemeinschaftlichen Flüsterns, die es erlaubt, mitzulesen anstatt zuzuhören. Auf diese Weise kann

96 Das ist ein Beispiel für die normativen Beziehungen von Nutzer*innen zu ihren Technologien (vgl. Verbeek 2011, 2016).

Brunos Stimme gehört werden, was bedeutet, gelesen zu werden. In der praktischen Vollzugsform des Flüsterns wird das generell bedrohliche Potenzial, welches in der Priorisierung von Display und Schrift gegenüber Gesicht und Sprache besteht, lokal ausgehebelt. Die doppelte Medialität des Talkers, einerseits Sprache und andererseits Schrift produzieren zu können, ist dafür die praktische Voraussetzung.

6.1.5 Temperatur-Raten: Verkörperte Zirkulation

In den letzten beiden Beispielen geht es um die Rekonstruktion von Varianten, in denen der Talker als Gerät vergemeinschaftet wird, d.h., in denen sich der Gebrauch über den zentralen Nutzer hinaus auf ein Kollektiv ausweitet. Nicht nur primäre, eigentliche Nutzer*innen gebrauchen den Talker, und die Stimme des Talkers wird für Andere zu einer Interaktionsressource. Dieser Sachverhalt ist für Felix und seine Mitschüler*innen alltäglich. Das sich anschließende Protokoll stammt aus der ersten Stunde des Schultages und steht exemplarisch dafür, dass Felix anderen Kindern den Talker überlässt. Wichtig zu wissen ist, dass er seinen Talker mobil mit sich herumträgt und dieser nicht wie bei den Anderen am Rollstuhl festmontiert ist.

> *Wenn sich Felix und die anderen Kinder im Morgenkreis treffen, spielen sie ein kleines Spiel. Zum Ende des Morgenkreises raten die Kinder die aktuelle Tagestemperatur. Reihum schätzt jedes Kind, wie viel Grad im Außenbereich herrschen, zeigt die Zahl seines Tipps mit den Fingern, merkt sich seinen Tipp, dann verlässt ein ausgewähltes Kind die Runde, überprüft an einem Thermometer den Temperaturstand, kommt zurück, teilt es der Runde mit, die Gewinner werden ermittelt und schlussendlich wird die Temperatur auf einem vorbereiteten Ausdruck, der ein Thermometer darstellt, mit einem farbigen Stift eingetragen. Als ich anwesend war, hatte die Lehrerin die Idee, dass jedes Kind seinen Tipp durch den Talker von Felix artikulieren lässt, eine Idee, die Felix offensichtlich gefiel und die er mit einem enthusiastischen „Ja“ bekräftigte. Für den Verlauf des Spieles stellt Felix seinen Talker auf einen eigens herbeigeholten Hocker, der sich von den üblichen Stühlen durch die Abwesenheit einer Lehne unterscheidet. Felix aktiviert den Nummernblock auf dem Display. Wenn jemand an der Reihe ist, schiebt Felix den Hocker mit dem Talker obenauf in eine frontale Position vor das Kind, sodass die Kinder leichter Hand darauf tippen können. Teilweise zeigt er, von der Seite auf den Talker schauend, den jeweiligen Mitschüler*innen, wo sie auf dem Display die entsprechende Zahl finden, welche das Kind geäußert hat. Er sagt dann: „Da“.* (Protokoll #7, Felix Tag 1, a) Morgenkreis)

Die Zirkulation und der Austausch von sozialen Objekten wurden in der mikrosoziologischen Schulforschung hervorgehoben. So findet sich hier z.B. Streecks Analyse der Objektübergabe im Morgenkreis. Durch das Weiterreichen eines Stofftieres werden die Übergabe von Rederechten mediatisiert und regelgeleite Formen der Beteiligung und Transaktion praktisch eingeübt. Dabei zirkuliert ein mobiles Objekt innerhalb der kreisförmig arrangierten Schüler*innen-Gemeinschaft, konstituiert Verbindungen zwischen diesen, hebt einzelne Schüler*innen temporär hervor und konstituiert ein ‚Übergangsobjekt‘, in diesem Falle ein Plüschpferdchen (vgl. Streeck 2015). Am Beispiel des Einsatzes eines Legobaukastens im Schulunterricht beschreiben Benjaminsen und Sørensen (2011) die Zirkulation von Autorisierungen. Innerhalb von Autorisierungsprozessen wird die Übernahme von Handlungsbeiträgen zwischen menschlichen und nicht-menschlichen Akteuren verteilt und delegiert. Zwischen Lehrer*innen und Schüler*innen, Manuals und Legobausteinen zirkuliert die zugeschriebene Autorität über das sich vollziehende Geschehen. Erwartungen, Vertrauen und Interessen der jeweiligen Instanzen werden dabei verknüpft und wechselseitig geformt. Die Weitergabe eines Objektes und der praktische Vollzug von Handlungsbeiträgen werden im Folgenden als ein körperlicher aber auch medialer Vorgang beschrieben.

Wie wird der Talker zum mobilen Gerät und welche körperlich vollzogenen Praktiken tragen zum Verlauf der Praxis bei? Und was lässt sich daraus ableiten? Felix agiert als Ausführungsorgan des Stimmverleihs bzw. -vergabe und tritt als Akteur – scheinbar – in den Hintergrund. Scheinbar deshalb, weil er gleichzeitig sich selbst als Akteur behauptet, als Movens, der die temporären Verbindungen von Schüler*innen und Talker körperlich ermöglicht, vollzieht, anleitet und kontrolliert. Das bewerkstelligt Felix indem er zu Beginn die Idee hat, den Talker auf dem Stuhl zu platzieren und dadurch eine bewegliche und mobile Kombination aus zwei materiellen Aktanten formt. Eine Zusammensetzung, die für den pragmatischen Sinn des Spieles genau richtig ist: Der Stuhl ermöglicht das Stehen des Talkers auf einer für alle Kinder erreichbaren Höhe wie Entfernung. Er ist weiterhin so mobil, dass er die Runde machen kann. Beides zusammen und zusammenhängend fungiert als mobile Assoziation, um das Kollektiv der mitspielenden Mitschüler*innen zu ermöglichen und im Vollzug des Umherschiebens von Talker-Hocker den Spielablauf zu ermöglichen. Damit ist ein weiterer, körperlicher Aspekt von Felix' Handlungsbeitrag angesprochen. Felix erzeugt die kurzzeitigen Verbindungen zwischen Mitschüler*innen und Talker indem er den Talker und den Stuhl umherschiebt: Er fasst den Hocker an seinen Seitenrändern an, hebt ihn etwas hoch, trägt ihn zum jeweiligen Kind, das als Nächstes an der Reihe ist, und balanciert dabei den Hocker so, dass der Talker nicht herunterfällt. Ein weiterer, körperlicher Beitrag sind seine Zeigegesten, wenn ein Kind nicht unmittelbar die richtige Zahl auf dem Nummernblock findet.

Da Felix als körperlich agierender Akteur präsent ist und die Mobilität des Talkers praktisch vollzieht, bevor die anderen Schülerinnen ihre Handlungsbeiträge leisten, kontrolliert er das Netzwerk. Das zirkulierende Objekt zirkuliert aufgrund des Akteurs-Körpers. Das Kollektiv partizipiert am Gerät, weil Felix dies körperlich, durch das Schieben des Stuhles und das Zeigen auf dem Display, vollzieht. Das Gerät und die Stimme generieren die entscheidenden Beiträge zum Spiel, basieren aber auf den körperlich vollzogenen Handlungsbeiträgen von Felix. Jede temporäre Verknüpfung von Talker und Kind wird dabei kontrolliert durch die körperlichen Aktivitäten von Felix, die den verbalen Output der anderen Kinder als Beitrag zum Spielablauf bedingen. Er verleiht temporär für die Dauer eines Beitrages seine Stimme dem des Klassenkollektivs und ermöglicht die Ausschöpfung der *agency* des Mediums Talker für die kollektive Abwicklung des Spieles, gleichzeitig bleibt er als Akteur mit dem Talker verbunden und übt (körperliche) Kontrolle über den Verlauf des Geschehens aus. Felix behält und verteilt die Handlungsmacht über das Gerät. Er bestimmt den Verlauf und assistiert seinen Mitschüler*innen. So vollzieht er den Verleih seiner Stimme.

Im Fall von Felix und seinen Mitschüler*innen ist es also so, dass ein Gerät mobilisiert wird, als mobiles Element im Kollektiv zirkuliert und damit den situativen

Kontext des Morgenkreises in einer geordneten Weise nachzeichnet. Als Voraussetzung wird dafür die Einheit von Felix und Talker auf- und unterbrochen. Er ist nicht der alleinige Nutzer und Besitzer des Talkers in einem absoluten Sinne. Die einer Einheit innewohnende Distinktion gegenüber anderen Entitäten wird temporär aufgehoben und dem Zwecke ‚geopfert', dass die anderen Kinder eine bestimmte Stimme bekommen, die Stimme des Talkers, durch den sie ihren Beitrag artikulieren und dadurch am Spiel partizipieren. Die anderen Kinder könnten ihren Beitrag auch einfach verbal kommunizieren. Die *agency* des Talkers wird in einem Kollektiv geteilt und andersherum dadurch das Kollektiv der Mitschüler*innen zu einem Kollektiv. Diese Praxis widerspricht der geläufigen Annahme, dass ein Hilfsgerät nur von einzelnen Nutzer*innen, meist der Person, die über eine dem Hilfsmittel entsprechende körperliche Einschränkung verfügt, gebraucht wird. Der theoretische Individualismus, der eine eindeutige ‚eine-Person-ein-Gerät'-Beziehung postuliert[97], steht im Gegensatz zur Praxis von Felix und seinen Mitschüler*innen, die den Talker in ihre kollektiv abgewickelte Praxis des Temperaturratens einbetten und sich dadurch als (Spiel-)Gemeinschaft um und durch den Talker konstituieren.

6.1.6 Ein Brief an Andrea Berg

Ein andere Weise den Talker zu teilen und seine Funktionen auf eine bestimmte, an die Körpergemeinschaft angepasste Weise auszuschöpfen, wurde von zwei 14-jährigen Schülern in ihrer Freistunde praktiziert. Marco ist der eigentliche Besitzer des Talkers, er sitzt im Rollstuhl, sein Talker ist manchmal an einer Querstange auf der Höhe seiner Brust montiert, manchmal nimmt er ihn aber auch auf seinen Schoß. Über Marcos Sehfähigkeiten kann nur spekuliert werden, feststeht aber, dass sie relativ schwach ausgebildet sind. Das leuchtende Display ermöglicht ihm dennoch, die Symbole zu finden (anders als eine unbeleuchtete Tastatur oder Buchstaben auf einem Blatt Papier). Neben ihm geht es um seinen Freund Paul, der eine Lese-/Rechtschreibschwäche hat. Beiden nutzen den Talker gemeinschaftlich und kooperativ auf eine Weise, in der unterschiedliche Handlungspotenziale des Gerätes priorisiert werden. Den Vorgang, um den es geht, habe ich folgendermaßen protokolliert:

> *In einer Schulstunde, in der die Schüler*innen frei über ihre Tätigkeiten entscheiden können, kommen Marco und Paul auf die Idee einen Brief an die deutsche Schlagersängerin Andrea Berg zu schreiben. Dafür begeben sie sich an den PC, der sich in einer der hinteren Ecke des Klassenzimmers befindet. Frontal und damit links setzt sich Paul auf den bereitgestellten Stuhl; rechts daneben, schräg zum Monitor, positioniert sich Marco, der sich seinen Talker auf den Schoß gelegt hat und ihn mit einer Hand festhält. Nach einer Weile haben sich beide auf die Wörter des ersten Satzes geeinigt. Nachdem der Satz feststeht, machen sich die beiden an die ersten Wörter. Marco beugt sich nach unten in Richtung des Talkerdisplays. Er muss nahe an dieses heran, um die Leuchtfunktion des Displays mit seinen Sehfähigkeiten so abzustimmen und in Einklang zu bringen, dass er die Symbole er-*

97 Dieser wird nicht selten von sozialpolitischen Institutionen, die die Finanzierung von Hilfsmitteln übernehmen, vertreten (vgl. für den amerikanischen Raum Alper 2017: 18f.) Und auch der Begriff des ‚user' individualisiert und simplifiziert darüber hinaus die multiplen Beziehungen vielfältiger Akteure zu einem technologischen Objekt (vgl. Suchmann 2007: 188ff.).

kennt. Derart tippt er die richtigen Symbole für die ersten Wörter des Satzes ein. Zur Überprüfung lässt Marco den Talker die Wörter aussprechen (und korrigiert, falls ihm ein Fehler unterlaufen ist). Stimmt alles, so fordert Paul den Talker von Marco an, dieser übergibt ihn und Paul legt ihn auf seinen Schoß. Er blickt zunächst auf den Monitor und überprüft noch einmal, ob der Cursor im Word-Dokument sich an der richtigen Stelle befindet. Marco sitzt nun ohne Talker und Stimme neben Paul, sichtlich in freudiger Spannung und Erwartung. Auch Paul hat Probleme beim Sehen. Er hebt daher den Talker hoch und hält ihn knapp vor sein Gesicht. Paul hat auch Probleme in Sachen Rechtschreibung. Aber das ist nun kein Problem mehr: Er erkennt die Buchstaben aufgrund des klaren Schwarz-weiß-Kontrastes in der Kopfzeile. Dann prüft er jeden einzelnen Buchstaben für sich. Alle anderen Buchstaben treten momentan in den Hintergrund. Er merkt sich die Form des Buchstabens, manchmal nennt er ihn auch, dann schaut er hoch, am Talker vorbei auf die Tastatur, er legt den Talker ab und sucht auf der Tastatur den Buchstaben, der dem auf dem Display Erkannten ähnlichsieht. Findet er ihn, so drückt er die Taste. Danach geht der Talker wieder an Marco zurück und für das nächste Wort beginnt der Prozess von vorne. Auf diese Weise produzieren die beiden gemeinschaftlich einen Brief an Andrea Berg, der aus anderthalb Sätzen besteht und vorerst nicht abgeschickt wird. (Protokoll #9, Marco Tag 2, e) Freistunde)

Zunächst wird Marco der Talker abgenommen, die Verbindung zwischen beiden wird aufgehoben und Marco verfügt über keine Handlungsmacht und -kontrolle über seinen Talker. Die praktische Einheit aus Marco und Talker wird unterbrochen und die Kontrolle über das Gerät wird verteilt. Durch das Hin-und-Her-Geben im weiteren Verlauf entsteht ein Kreislauf, indem Marco immer wieder temporär seine Handlungsmacht über das eigentlich ihm gehörende Gerät abgibt. Dieses Geben unterliegt dem wechselseitigen Vertrauen, das sich im Zuge der Freundschaft ergeben hat und Teil wie Produkt ihrer Interaktionsgeschichte ist. Als eingeübte Akteure der kollektiven, situierten Praxis, vertraut Marco auf das verantwortliche Handeln von Paul, der ihm zwischenzeitlich seine Stimme nimmt. Man könnte dies als Exklusion verstehen. Als Kreislauf praktiziert, ist diese Exklusion allerdings nur von kurzer Dauer und wird aufgehoben, sobald Marco seinen Talker wieder in den Händen hält. Die kurzzeitige Aufgabe von Handlungsmacht ist nicht weiter problematisch (vgl. zum Zusammenhang von Vertrauen, Reziprozität und In-/Exklusion innerhalb von Interaktionen, Rawls/David 2005). Beide teilen den Talker als eine kooperativ agierende Gemeinschaft, in der jeder Akteur eine bestimmte Aufgabe mithilfe des Talkers erledigt, und beide nur ein Ziel vor Augen haben (vgl. für den Zusammenhang von Zielen und Aufgaben in sozialen Praktiken, Schatzki 2002): den Brief an Andrea Berg.

Die unterschiedlichen, praktischen Aufgaben im Vollzug der Praxis beruhen auf der unterschiedlichen Nutzung der Stimme des Talkers.[98] Diese unterschiedlichen Nutzungsweisen sind an die körperlichen und kognitiven Besonderheiten der beiden Jungen angepasst und bedingen ihre jeweiligen Anteile am gesamten Vollzug der Schreib-Praxis. Sie kombinieren ihre körperlichen Fähigkeiten mit den technischen Fähigkeiten des Gerätes: Marco weiß, wie man mit dem Talker schreibt, er kann die Symbole lesen, weiß sie zu kombinieren und ist sehend dazu fähig. Seine Aufgabe ist es, die Wörter zu ‚produzieren', sodass sie auf dem Display zu sehen sind. Paul

---

98 Eine multistabile Relation von Körper und Gerät konstituiert hier die soziale Praxis (vgl. Rosenberger 2014; Rosenberger/Verbeek 2015: 25–30).

ist gut im Vergleichen von Buchstaben und der Bedienung von PC, Word-Programm und Tastatur. Seine Aufgabe ist es, die Wörter an den PC zu übertragen. Die Stimme nutzen beide zum Überprüfen, ob Marco die richtigen Symbole ausgewählt. Die Überprüfung ist Voraussetzung für die Übergabe des Talkers. Weiterhin nutzen die beiden die Stimme im Endeffekt im Sinne eines Mittels für korrekte Rechtschreibung und Grammatik. Sie prüfen anhand der hörbaren Artikulation, ob das Wort richtig ist, sodann kann Paul mit dem Abschreiben starten. Beide verlassen sich im Zuge dessen ganz selbstverständlich auf die korrekten Produktionen des Talkers. Im Hintergrund der Praxis vertrauen sie auf die Fähigkeit des Mediums in Sachen Rechtschreibung. Auf diese Weise bildet sich eine praktische Gemeinschaft, die die grundlegende, oben beschriebene Problematik der Auftrennung der praktischen Einheit von Marco und Gerät aushält und produktiv nutzt. Marco, agierend am Talker, durch seine Stimme sich selbst prüfend; Paul agierend am PC, sich verlassend auf die Rechtschreibfähigkeiten des Talkers; um dies zu kombinieren und gemeinsam den Brief zu ko-konstruieren – derart heben sie die Assoziation von Marco und Talker immer wieder auf und schließen sie im Verlauf des Prozesses wieder. Den Talker hin und her zu geben, gefährdet in keinem Falle Marcos Status als kompetentes Mitglied der Gemeinschaft. Im Gegenteil: es integriert ihn, wie es auch Paul integriert. Beide nutzen die Stimme und Schrift des Talkers und partizipieren dadurch an der kooperativen Praxis.

6.1.7 Zusammenfassung

Die Hauptfunktion des Talkers besteht darin, sprachliche Einheiten für Interaktionspartner*innen nachvollziehbar zu machen. Dies gelingt durch die technische Stimme des Talkers. Ihr Gebrauch und multipler Einsatz in sozialen Praktiken vollzieht sich aber durch mehr als reines Zuhören im Sinne des Hörens auf eben sprachliche Einheiten, auf Wörter und die durch sie gebildeten Zusammenhänge wie z.B. Sätze. Jenseits von Sprechen und Zuhören sind es weitere akustische Besonderheiten, genauer die Beschaffenheit von öffentlichen Interaktionsordnungen und akustische Aktivitäten von Interaktionspartner*innen, die bedingen, dass die technische Stimme praktisch gebraucht wird und dadurch soziale Zusammenhänge stabilisiert. Ob sich dies nun dadurch vollzieht, dass bestimmte Buchstaben überhört werden, dass die Nebengeräusche des Gerätes zuerst gehört werden, dass vom Gerät abgelesen anstatt gehört wird, Stimme also zu Text wird – immer ist es so, dass eine Stimme zu haben, an den praktischen, kollektiven Umgang mit dem Gerät gebunden und nicht durch das bloße Vorhandensein und den Gebrauch des Sprachcomputers alleine gesichert ist. In den Fällen, in denen die Stimme unter verschiedenen Akteuren wortwörtlich verteilt wird, ist dies besonders auffällig. An ihnen wird deutlich, wie die praktische Hoheit über die Stimme ein fragiles und prekäres Gut ist. Der Fundiertheit der Stimme in einer mobilen Technologie und ihr artifizieller, nicht organischer Ursprung machen die Kontrolle über sie zu einer Aushandlungssache. Dieser Aspekt ist nicht allein negativ zu verstehen, sondern wird von den Nutzer*innen, wie die Beispiele gezeigt haben, zu bestimmten Gelegenheiten ausgenutzt, um die Stimme unter anderen Akteuren zu verteilen und so eine praktische Gemeinschaft zu bilden.

Deutlich sollte in allen Beispielen werden, dass *giving voice* als Interaktion ein komplexes, soziales Ereignis ist, in dem Personen, die das technische Hilfsmittel und dessen Stimme einsetzen, als kompetente Mitglieder einer Gemeinschaft sich etablieren und anerkannt werden. Die beschriebenen Interaktionen und Praktiken des Zur-Sprache-Bringens vollziehen sich stets als *collective achievement*, an dem mehr als nur ein Mensch und ein Computer beteiligt sind. Daran anschließend bedeutet, eine Stimme zu haben, mehr als nur das technisch unterstützte Versprachlichen von Wörtern. Es ist mehr als ein autonomer Akt solitärer Sprecher*innen. Es ist vielmehr eine interaktive und kollektive Leistung von mehr als einer Sprecher*in und damit mehr als einer bloßen Zuhörer*in und vollzieht sich jenseits einfacher Sprecher-Zuhörer-Modelle. Dies bedeutet, dass die stimmliche Teilhabe an Praktiken und das selbstbestimmte Sprechen mit einer technischen Stimme einerseits abhängig ist von einem kompetenten Umgang mit Talkern und andererseits eine dynamische Aushandlungssache darstellt.

6.2 Das richtige Händchen

6.2.1 Einleitung

Moderne soziale Praktiken zeichnen sich durch ein bestimmtes Verhältnis innerhalb des sensomotorischen Spektrums, genauer zwischen visuellem, akustischem Sinn und dem Tastsinn (und weiter gefasst der Motorik), aus. So steht in der modernen Hierarchie der Sinne der visuelle Sinn weiter ‚oben': siehe die Philosophiegeschichte, die Kultur des Lesens, die Kunstbetrachtung, und die Dominanz digitaler visueller Medien. In der Entwicklungsgeschichte der Medien lässt sich eine Übermacht des Visuellen und der Bilder ablesen: „Befördert durch die Popularisierung und massive Verbreitung visueller Medien wie Fotographie, Film, Fernsehen, Internet und Mobiltelefonie wurde die bislang dominierende Schriftlichkeit der Kultur durch die neue Vorherrschaft bildlicher Kommunikationsmittel abgelöst" (Schnettler/Poetzsch 2007: 472, vgl. grundlegend Boehm 1994). Die Gegenwartskultur ist primär visuell strukturiert und eine Liste der Orte und Settings, in denen man nicht „multitudes of images" (Schroer 2013: 206; vgl. Jenks 2002) und visuellen Medien begegnet, dürfte kurz ausfallen. Die Visualisierung von Wissen ist in verschiedenen Disziplinen und Professionen der dominante Common Sense und von praktischer Relevanz (vgl. z.B. Knorr Cetina 1999; Goodwin 1994). PowerPoint-Präsentationen in der Wissenschaft oder bildgebende Verfahren in der Medizin (vgl. Schnettler/Knoblauch 2007; Burri 2008) sind nur zwei Beispiele für den umfassenden Einfluss visueller Medien auf Wirklichkeitskonstruktion und Wissensproduktion. Sie stehen symptomatisch für eine Vielzahl gesellschaftlicher Bereiche, in denen sich eine

> „höhere soziale Relevanzzuschreibung an die Distanzsinne [findet]: Auge und Ohr gelten als die Basis für die auch global übertragbaren Sprachhandlungen in Wort, Schrift und Film, während der lokal gebundene Tastsinn bzw. Berührungen trotz ihrer […] Allgegenwart scheinbar weniger bedeutsam seien für die Fundierung von Gemeinschaft und Gesellschaft" (Riedel 2017: 5).

Sehen (und Hören) sind für moderne Medienkommunikation scheinbar ausschlaggebend, zumindest sind sie relevanter als die Hände und Arme bewegen zu können. Zugespitzt könnte man sagen, dass moderne Praktiken von der offensichtlichen Dominanz des Visuellen und der hinter- und untergründigen Dominanz des Taktilen und der Motorik leben.[99]

Vermeintlich ist der taktile Sinn, das Berühren und Ergreifen, historisch gesehen ein „niederer Sinn“ (Böhme 1998; vgl. Loenhoff 1998). Der Alltag widerspricht dem allerdings. Die Unzahl an durch die Hand erledigten Tätigkeiten, die Vielzahl gekonnter Handgriffe, mittels derer die Welt und ihre widerständigen Objekte durch Berührung und Eingriff manipuliert werden, sprechen eine andere Sprache. Am Beispiel technisch unterstützter Kommunikation rekonstruiere ich in diesem Kapitel, wie Dinge behandelt werden, im wortwörtlichen Sinne. Es geht in diesem Kapitel um das Verhältnis von Gerätebeschaffenheit und Gebrauch der menschlichen Hand, dem tastenden Begreifen und Gebrauchen, dem taktilen Sinn, der Motorik und Haptik. Der Fokus liegt damit auf einem bestimmten Körperteil. Es steht exemplarisch für den praktischen Einsatz Körperwissen. Hände und der mit ihnen verbundene Tastsinn sind von besonderer Relevanz für das Handeln in und Verbinden mit der soziokulturellen Welt, sie sind der häufig nicht thematisierte Hintergrund alltäglicher Routinehandlungen.[100] Ich werde diskutieren, dass technische Geräte ihre soziale Bedeutung erst in Bezug auf den sie nutzenden Körper finden: Genauer, sie werden haptisch und taktil erschlossen und durch den Gebrauch der Hände ‚geformt‘. Dabei werden die Besonderheiten des jeweiligen Akteurs-körper in Beziehung zu den Anforderungen der Geräte gesetzt und Gerät und Körper für den Vollzug sozialer Praktiken verknüpft. Die Anforderungen, Möglichkeiten und Grenzen der Geräte werden durch Berührung erforscht und an Beispielen wird gezeigt, wie Motorik und der taktile Sinn mit moderner Medientechnik zusammentreffen und sich wechselseitig beeinflussen.

99 Nimmt man soziale Praktiken als Ausgangspunkt, ist es adäquater davon auszugehen, dass die Sinne als Ganzes an sozialen Handlungen teilnehmen, als sensomotorisches Gesamtsystem und nicht als einzelne, isolierte Kanäle (vgl. Plessner 1980; Loenhoff 2001, 2002b). Eine *a priori* feststellbare Hierarchie der Sinne ist vielmehr ein Artefakt philosophisch-abstrakten Denkens (vgl. Bourdieu 2001).

100 Die eigenen Hände stehen selten im Fokus der Aufmerksamkeit. Tippt man auf einer Tastatur, schaut man selten auf seine Finger, man fühlt auch nicht in sie hinein, konzentriert sich nicht auf den Tastsinn. Eine Absorbierung von Aufmerksamkeit auf motorische Prozesse, also z.B. ein ausschließlicher Fokus auf die Hand, erschwert u.U. die Ausführung praktischer Tätigkeiten. Es ist i.d.R. so, dass, „die visuelle Wahrnehmung jene der taktil-haptischen Wahrnehmung mitübernimmt“ (Loenhoff 2001: 216). Also die Aufmerksamkeit auf einen Gegenstand gelenkt wird und nicht an den Eigenbewegungen haften bleibt. Derart erlangen das in der Hand verkörperte Wissen und die Eigenbewegung den „Status impliziten Wissens“ (ebd.). Trotzdem oder gerade deswegen sind Hände, der Tastsinn und Motorik wirksam am Vollzug sozialer Praktiken beteiligt. Sie sind die ‚Stelle‘ am Körper, die Hintergrund- und Routinewissen verkörpern.

6.2.2 Sozialtheoretische Perspektiven auf die menschliche Hand

Bezugnehmend auf die praxistheoretischen Grundlagen der Arbeit wird der Zusammenhang von Wissen und Technikgebrauch nicht anhand von kognitiv-reflexivem Wissen konzipiert. Stattdessen agiert der Körper als ein wissender Körper und als Wissensträger (vgl. Hirschauer 2004, 2008). Er fungiert als Träger von sozialen Praktiken, indem er Kompetenzen und Können der Akteure selbstverständlich und routiniert zur Ausführung bringt, verantwortlich ist für den Ablauf und Vollzug von Praktiken und Teilhabe von Akteuren an diesen. Er fundiert demnach auch das Erkennen und Gebrauchen von Geräten sowie den daraus resultierenden Zugang zur Welt. Das dafür zuständige Wissen hat die Form von routiniertem Gebrauchswissen, *knowing how*, das sensorisch-motorisch verankert ist und sich z.B. im „Gehen, Greifen, Fühlen“ (Keller/Meuser 2011: 10) dokumentiert. Der Praxistheoretiker Schatzki beschreibt diesen Zusammenhang für die Bedienung von Baggern: „[I]t is because of the physical properties of hands, arms, and eyes, on the one hand, and handles, wheels, and windshields, on the other hand, that operators can dig holes with these machines“ (Schatzki 2010: 139). Die Praxis des Kletterns, als weiteres passendes Beispiel, vollzieht sich

> „at the precise point where contact between the hand that grasps and the fold in the rock face defines the fact of climbing. A ‘movement’ is an indistinct composition of both the miniscule rugged edges of the rock, which design the movement’s possibility and, also the immediate capacity of the climber’s body“ (Hennion 2007: 99f.).

Dass in beiden Beispielen die Hände erwähnt werden, ist kein Zufall. Körperwissen ist auf dem Körper verteilt. Verschiedene Körperteile ‚beherbergen‘ körperliche Fähigkeiten und sind unterschiedlich relevant für den Vollzug von Praktiken. In meiner Forschung hat sich insbesondere der Einsatz der Hand und damit verbunden die Motorik und der Tastsinn als relevant erwiesen. Daher wird in diesem Kapitel der Gebrauch des Sprachcomputers ausgehend von den Händen rekonstruiert. Dazu einige theoretische Vorüberlegungen.

Dass Wissen in den Händen liegt und nicht in den Köpfen ist, ist Ausgangspunkt von Turners Skizze einer „epistemology of the hand“ (Turner 1992: 99–121). Er verortet diese im Kontext klassischer Sozialtheorien, wie z.B. dem Ersatz von Handarbeit durch Maschinentechnik bei Marx oder bei Gehlen als ein Aspekt der Weltoffenheit des menschlichen Wesens, da sich die Hand als Organ im Austausch mit unorganischen Substituten der Welt befindet. Die Hand ist zugleich eine biologisch-physiologisch Grundgegebenheit und als Bestandteil klassifikatorischer Symbolsysteme ein soziales Konstrukt. Handlungsmöglichkeiten wie -beschränkungen, disziplinierende Körpertechniken und kulturelle Prägungen finden sich als Themen an der menschlichen Hand und ihrem Einsatz in sozialen Interaktionen wieder. Im Anschluss an Mead lassen sich weitere, (mikro-)soziologisch relevante Themen an der menschlichen Hand festmachen. Sie ist Bestandteil der wahrnehmenden Welterschließung mittels Auge-Hand-Koordination. Weiterhin spielt die Hand in Bezug auf zwischenmenschliche Kommunikation und den Vollzug symbolischer Gesten eine besondere Rolle: „[S]peech and the hand are co-existing inseparable aspects of what it is that defines human beings“ (ebd.: 111). Turners Skizze verdeutlicht: Soziales Wissen ist vermittelt durch Aktionen der Hände – ob innerhalb von Kommunikationszusammenhängen oder im Gebrauch von Dingen der Außenwelt.

Neben der Bedeutung von Gesten für Kommunikation haben insbesondere Tasten und Greifen eine besondere Relevanz, die in phänomenologischen Analysen hervorgehoben wurde:

> „[D]as Tasten, Fühlen und Greifen [ist] von grundlegender Bedeutung für das Begreifen und Erfassen der Welt und für die kognitive Entwicklung insgesamt. Ein besonderer Stellenwert kommt dabei dem ständigen Feedback zwischen der er- und be-griffenen Welt und der fassenden und er-fassenden Hand zu, denn Fühlen ist aktiv und passiv zugleich: ein Berühren ist immer zugleich ein Berührtwerden. Die Hand ist ein Organ der ‚Handlung‘ (action) und der ‚Wahr-nehmung‘ (perception). [...] Denn erfahrenes Ergreifen antizipiert Form, Gewicht und Textur eines Gegenstandes und anverwandelt die Hand dem Objekt bereits in der Bewegung zu ihm.“ (Meyer 2010: 215)

Ähnlich dazu Jens Loenhoff:

> „Die Relevanz der Kontaktwahrnehmung für die Konstitution einer Gegenstandswelt liegt vor allem darin, daß mittels der Reflexivität der eigenen Bewegungen Widerstand in einem Objekt lokalisiert und gleichzeitig der eigene Körper erfahren wird. Dadurch, daß der Widerstand, den die Objekte dem handelnden Organismus entgegensetzen, den Objekten als Eigenschaften zugeschrieben wird, baut sich ein Bewußtsein der Außenwelt auf.“ (Loenhoff 2001: 116)

Im Tasten vollzieht sich eine Selbstbezüglichkeit, man begreift die Außenwelt, verortet den sich bewegenden Körper als Teil dieser Außenwelt und macht diese erfahr- und bearbeitbar. Tasten ermöglicht grundlegend die Erfahrung von Wirklichkeit und dem Selbst. Durch das Tasten ergeben sich Raum-, Zeit- und Distanz- und Differenzerfahrungen. Das ist relevant für Handlungsplanung und -orientierung in einer sozialen, materiellen Welt, der Verbindung zu ihr und der Nutzung ihrer Gegenstände. Hände, an denen der Tastsinn lokalisiert ist, bilden demnach einen Teil des Körpers, durch den ein Zugang zur Welt und eine Verbindung zu z.B. technologischen Objekten in dieser Welt geschaffen wird (vgl. Moran 2015; Meyer-Drawe 2001: 146; Marchand 2012).

Die menschliche Hand ist ein bedeutsames, wie oft vernachlässigtes Element der Beziehungen von Mensch und Technik. Sie generiert und bedingt ‚embodied relations‘. Der taktile Sinn und als primäres Organ die menschliche Hand zeichnen sich als Hauptverantwortliche für den praktischen Gebrauch von technischen Geräten durch die Aktivierung von Kontakt- und Berührungszonen aus. Die Hand greift zu, die Fingerspitzen tippen und erfühlen Tasten oder Knöpfe. Hände bilden z.B. die zentrale körperliche Ressource beim PC-Gebrauch (vgl. Irwin 2005):

> „The mouse, the keyboard, the trackball, and the drawing pen are all tools that connect the user to the computer. To feel the hardness, the weight, the smoothness of the physical object is to know it is there. To feel it move as I guide it to complete its task is to know, in a bodily felt way, what is happening in the experience. Even when using less bodily felt tools like a computer, the body has a place through the hands. One knows what is occurring if one's

hand is in it. […] The hands are a connection, a greeting toward the Technological Other" (ebd.: 459f.).

Der Ethnomethodologe ten Have erwähnt Finger und Hände in Bezug auf Unterschiede im analogen und digitalen Lesen und Schreiben: „I noted again that reading, as well as writing, is an embodied activity. I wrote about the eyes scanning the lines, the fingers striking a key, moving and clicking the mouse, and also marking the page" (Ten Have 2004: 103). Die „'hands-on' experiences" (Irwin 2005: 459), die Akteure machen und aus denen sich ihr Erfahrungswissen speist, verdeutlichen, wie Hände als Interpretanten der berührten Objekte agieren, Oberflächen erfassen und praktische Aufgaben mit dem Wissen um die Gerätebeschaffenheit bewältigen. Die durch den Tastsinn vermittelten Verbindungen mit Devices oder Interfaces bedingen Erfahrungs-, Wahrnehmungs- und Lebensweisen und den Vollzug sozialer Praktiken.

Im Zuge der Entwicklung digitaler Medien emergieren auch heterogene Interaktionsmodi und Schnittstellen zwischen Körper und Technik, was auch die Rolle des Tastsinns betrifft. Daniel Black (2014) weist auf die Zunahme von Geräten mit sensorischem Feedback hin. Dieses umschreibt den Interaktionsmodus zwischen Technik und Körper und Black zeigt, wie es spürbare Unterschiede auf dem Gerät und damit Informationen hinsichtlich dessen Gebrauch ermöglicht. Andere Autor*innen beschreiben die Entwicklungen und Auswirkungen von digitalen *technologies of touch*, vom klassischen Tastendruck bis zum Touchscreen. (Digitale) Computer- und Telefontechnologien sind mit haptisch erfahrbaren Oberflächen ausgestattet (vgl. exemplarisch Bergermann 2006; Paterson 2005; Kaerlein 2013). Anhand dieser lässt sich die Bedeutung des Taktilen für die moderne digitale Welt nachweisen (vgl. Heilmann 2010; Weigelt 2019). Bedienbar- und Erfahrbarkeit beruhen auf dem praktischen und habitualisierten Zusammentreffen von sinnlichen und technologischen Strukturen. Je nach Gerät werden der Tastsinn und motorische Fähigkeiten in Anspruch genommen und die körperlichen Aktivitäten unterschiedlich für den Gebrauch des Gerätes verteilt. Ein Smartphone-Interface hat kein direktes sinnliches Feedback, es ist eine eindimensionale Fläche, die primär visuell erschlossen, aber dennoch durch den Gebrauch der Hand bedient wird. Eine Tastatur dagegen kann durch die Höhen der Tasten sensorisch vermitteln, wo sich eine Taste befindet, nach etwas Übung benötigt man den visuellen Sinn nicht und die Hände bedienen die Tastatur ‚von selbst'. Jeweils wird Brauchbarkeit oder *handiness* des Gerätes durch die Hand vermittelt.

Für den Kontext dieser Arbeit sind vor allem die mikrologischen Arbeiten relevant, die an die oben referierten Einsichten anschließen und vertiefte Einblicke darin ermöglichen, wie der Gebrauch von (technischen) Objekten durch die Hand verstanden werden kann. So beschreibt David Sudnow am Beispiel des ‚Piano-Spielens' die „ways of the hand" (Sudnow 2001) und Shaun Moores (2014) zeigt, wie die Bewegungen der Fingerspitzen auf Tastaturen, Displays und Touchscreens entscheidend sind für den Technik- und Mediengebrauch. Hände erzeugen in Prozessen der praktisch erlernten und einverleibten Ding-Benutzung *pathways* und Bewegungsmuster. Diese werden erworben und erlernt, sedimentieren zu Routinewissen und Mustern des Körpereinsatzes. Es entstehen ‚Orte' auf den Geräten für die geordnete Handbewegung. Einmal ausreichend in Klavierspielen oder der Tastatur geübt, kennen die Hände ihre Wege, sie können sich orientieren, finden ihre Ziele auf dem Objekt, ihre „places to go to" und „tactilely found fields" (Sudnow 2001: 31): „Das Wissen darüber, wo die richtigen Buchstabentasten zu finden sind, steckt sozusagen in [den] […] Fingerspitzen" (Crossley 2017: 321). Buchstaben auf einer Tastatur suchen und schreiben, heißt, den Ort von Buchstaben vergessen und die Hände diese Orte finden lassen. Die praktische Kommunikation mit dem Sprachcomputer hängt demnach von der materiellen Beschaffenheit des Sprachcomputers und den Bewegungsmustern der Nutzer*innen ab. Der Einsatz der Hand von Menschen mit Zerebralparese, ihre Motorik und ihr Fingerspitzengefühl haben Einfluss auf den alltäglichen Gebrauch des Sprachcomputers. Erst der händische Gebrauch macht auch das technische Objekt brauchbar. Wie ich zeigen werde, ist der Handgebrauch bei meinen Studienteilnehmer*innen nicht ganz unproblematisch: Einerseits wird er durch besondere, weitere materielle Hilfsmittel unterstützt, andererseits entstehen Interaktionskrisen zwischen Körper und Gerät aufgrund vorgegebener ‚path-ways'.

Den Aspekt, dass Geräte bestimmte Anforderungen haben, die die Hände der Nutzer*innen zu spüren bekommen, betont Jürgen Streeck: „As routine users of things hands know each thing by its affordance" (Streeck 2008: 298). Mol und Law rekonstruieren diesen Aspekt im Rahmen empirischer Studien zu medizinischen Praktiken und, indem sie auf die wechselseitige Beziehung zwischen Technologie und Händen eingehen:

> „Hands are active in measuring hypoglycaemia but they do not act alone. They interact with machinery. The success of this interaction depends on the extent to which hands and machines are adapted and adaptable to one another. Some things can be done only if a body is prepared and trained to do them – others falter when a machine is not properly adjusted to the body it must serve. Machines only become instruments if the body can manipulate them and incorporate them in its actions." (Mol/Law 2004: 52)

Die für den Vollzug einer bestimmten Praxis notwendige Assoziation zwischen Körper und Maschine ist keine die einfach besteht, sondern eine durchaus prekäre und instabile. Die angestrebte Stabilisierung bedarf bestimmter Voraussetzungen, „such as hands that […] should not shake too much" (ebd.: 51). Die wechselseitige Anpassung und praktische Arbeit an den Schnittstellen zwischen technischem Gerät und Körperteil bildet den Fokus für die folgenden Beschreibungen des Sprachcomputergebrauchs und der Rekonstruktion des dafür benötigten Körperwissens und der durch die Gerätebeschaffenheit vorausgesetzten und in Anspruch genommenen Handfertigkeiten.

6.2.3 Mit einer Hand

Ich beginne den empirischen Teil dieses Kapitels mit einem Beispiel, in dem es um Karl geht, der bereits in der Einleitung erwähnt wurde. Im Verlaufe des Interviews erzählt er mir von seinem Computer, seiner Tastatur und seinem Joystick. Vermutlich deswegen, weil es schwer zu beschreiben ist und das Sprechen Karl in der Ausführung und mir im Verstehen einiges an Aufwand abverlangt, schlägt Karl vor, den PC einfach auszuprobieren. Er sagt:

> *„Jetzt zeig' ich Ihnen meinen Computer." Er drückt sich mit beiden Armen aus seinem Ledersessel hoch und ich stehe von meinem Stuhl, der ihm gegenübersteht, auf. Während wir die Plätze wechseln, bittet mich Karl den PC hochzufahren. Ich suche den Start-Knopf am Tower, sehe eine andere Tastatur auf diesem liegen, finde den Knopf und das Hochfahren beginnt. Ich gehe um Karl herum, der bereits in seinem Computerstuhl Platz genommen hat und an den Tisch mithilfe seiner Beine herangefahren ist. Ich setze mich halb rechts von ihm in den Sessel, auf die äußere Kante der Sitzfläche, um Karl und den Monitor im Blick zu behalten. In der Zwischenzeit ist der Desktop sichtbar und Karl greift zum Joystick, den er anstatt einer Computermaus oder einem Touchpad benutzt. Neben dem Steuerhebel finden sich am unteren Rand des Joysticksockels runde Tasten, die die Funktion des rechten, linken sowie doppelten Mausklicks erfüllen. Karl legt zunächst seine Hand auf den Steuerhebel. Da das Gerät eine breite Grundfläche hat, die nicht mit der sich bewegenden Hand mitläuft, kann Karl problemlos auf dem Desktop navigieren.* (Protokoll zu Interview #1, Karl)

Das wäre bei einer Computermaus nicht möglich, da diese den Bewegungen der Hand folgt und auf den Bildschirm übersetzt. Solch eine unmittelbare Übersetzung der Bewegung des ganzen Gerätes ist beim Joystick nicht vorgesehen. Der stabile Sockel gleicht dagegen Karls (teilweise unkontrollierte) Handbewegungen aus, der Joystick steht fest. Er ermöglicht aufgrund seiner Standfestigkeit einen für Karl kontrollier- und nutzbaren Bewegungsspielraum auf dem Desktop. Hinzu kommt, dass es für Karl schwer wäre, mit einer Computermaus gleichzeitig einen Cursor zu bewegen und auf Desktopsymbole zu klicken, die Maus würde verrutschen und möglicherweise ihr Ziel verfehlen.

> *Karl steuert auf das gesuchte Symbol (sein E-Mail-Programm) zu und lässt den Steuergriff im Moment des Erreichens los. Der Cursor ist nun ‚eingefroren', unbeweglich. Im nächsten Schritt drückt Karl eine der Tasten, die einen Rechts- bzw. Linksklick auslösen.* (Protokoll zu Interview #1, Karl)

Karl erledigt also Bewegen und Klicken nicht in einem Zug. Die Bewegung des Cursors und das Anklicken vollziehen sich in zwei diskreten Handlungsvollzügen. Das materialisiert sich im Aufbau des Joysticks und seiner aufgetrennten Navigations- und Auswahlelemente.

> *Nachdem sich das E-Mail-Programm geöffnet hat und Karl per Umschalttaste im Nachrichtenfeld angelangt ist, zieht er seine Tastatur heran und beginnt zu schreiben. Karl beginnt, die ersten Buchstaben meines Nachnamens einzutippen und grinst mich an. Ich verstehe, dass er eine E-Mail an mich schreiben will. [...] Als Nächstes springt er in die Betreffzeile, lässt das Feld leer und springt in das Nachrichtenfeld, wo er sodann den Anfang einer Nachricht verfasst. Seine Körperhaltung ist dabei folgende: Er lehnt sich stark nach vorne. Sein linker Arm liegt auf dem Tisch. Sein Blick ist auf die Tastatur gerichtet. Seine rechte Hand hängt neben dem Stuhl nach unten. Zum Schreiben der Nachricht bedient er sich einer besonderen Tastatur. Die Buchstaben sind vergrößert, das Gehäuse ist massiv. Die Abstände zwischen den einzelnen Tasten sind größer als bei üblichen Tastaturen. Die Tastatur ist nicht gleichmäßig flach wie eine standardmäßige Tastatur, sondern im hinteren Teil erhöht. Über der ganzen Tastatur liegt ein Raster bzw. Gitter aus durchsichtigem Kunststoff mit Löchern für die einzelnen Tasten. Es erinnert an die Wählscheibe älterer Telefone.* (Protokoll zu Interview #1, Karl)

Anstatt mit der Hand über der Tastatur schweben zu müssen, ermöglicht es das Raster, dass Karl seine Hand auf der Tastatur ablegen kann, ohne dabei versehentlich Tasten zu drücken. Karl legt seine Hände nicht am unteren Tastaturrand ab, um von dort einzelne Tasten mit einem oder mehreren Fingern anzusteuern. Was ich vermute, ist: Karl verfügt nicht über genügend Kraft, seine Arme über einen längeren Zeitraum anzuspannen und seine Hand in der Luft, knapp oberhalb der Tastatur, zu halten. Er bewegt stattdessen seine Hand unmittelbar auf der Tastatur entlang. Sie liegt auf der Tastatur und wird auf ihr hin und her bewegt, hin zu den gewünschten Buchstaben. Während dieser Bewegung der Hand drückt er keine Buchstaben aus Versehen. Weiterhin sind die Tasten größer und erleichtern Karl das Ansteuern und Finden der richtigen Tasten.

> *Wenn er die richtige Taste gefunden hat, hebt er seine Hand kurz an und lässt seinen Zeigefinger in die umrahmte Taste ‚hineinfallen', ohne umliegende Buchstabentasten, die durch das Raster geschützt sind, in ungeplanter Weise mit dem Rest der Hand zu berühren. Bei seiner Handhaltung würde das sonst, wäre kein Raster vorhanden, passieren, da sich die Finger und der Handballen nicht ohne Weiteres einzeln für sich bewegen lassen und vom Drücken umliegender Tasten abzuhalten sind.*[101] (Protokoll zu Interview #1, Karl)

Erst die Verschränkung von Raster, Karls typischer Handhaltung und seiner motorischen Koordination – seinem Schreiben mit dem Zeigefinger der linken Hand und dem Bewegen der gesamten Hand über die Tastatur – ermöglicht ihm das Verfassen einer Nachricht.

Ein grundlegendes Erfordernis für das Verfassen einer E-Mail ist der Einsatz der Hände. Diese müssen für das Auslösen einer Aktion per Tastendruck einerseits den notwendigen Kraftaufwand aufbringen. Andererseits ist es die kontrollierte Steuerung einzelner Glieder, d.h. der Finger, der Handfläche, des Handballens, des Unterarms, die auf den beschriebenen Geräten agieren und damit Karls Praxis konstituieren. Karl muss genug Kraft aufbringen, seine Handbewegungen kontrollieren und die einzelnen Finger koordinieren, um eine Nachricht zu schreiben. Kraftanstrengungen und die kontrollierte Koordination der Gliedmaßen sind Bedingungen des Technikgebrauchs. Alles zusammen, Kraftaufwand, Körperkontrolle und Gliederkoordination, ermöglichen im Wechselspiel mit der passenden Medientechnik den Vollzug der Praktik.

Körperkontrolle ist ein allgemeines Erfordernis sozialer Interaktionen (vgl. Gugutzer 2006: 18). Sie ist, wie man am Beispiel Karls sieht, auch ein Erfordernis in

---

101 Das weitere Geschehen bestätigt meine Interpretation. Das Protokoll geht folgendermaßen weiter: *‚Ich frage ihn nun, was eigentlich mit der anderen Tastatur ist, welche auf dem Tower liegt. Diese ist für seine Assistentin, wenn sie gelegentlich den PC nutzt. Ich hole die Tastatur hervor und frage Karl, ob er mir zeigen könnte, warum diese gerade nicht geht. Er willigt ein und will eine Taste drücken, nachdem ich die Tastatur auf den Tisch gelegt habe. Seine Hand fällt auf die Tastatur, die wie mir jetzt auffällt, viel flacher und nicht angeschrägt aufgestellt ist, wie die andere. Wäre die Tastatur angeschlossen, hätte er vermutlich ca. sieben Buchstaben mit einem Mal getroffen. Einen einzelnen Buchstaben anzusteuern und zu schreiben, ist für Karl mit dieser Tastatur nicht möglich. Eine Tastatur ohne Raster erfordert also eine kontrollierte Hand, die gezielt einen einzelnen Finger in Richtung einzelner Tasten steuert und zudem über die Kraft verfügt, den Rest der Hand über der Tastatur, in Distanz zu ihr schweben zu lassen. Für einen Körper, der derartiges vermag, ist eine Standardtastatur gebaut.'* (Protokoll zu Interview #1, Karl)

Bezug auf die praktische Bewältigung der an einer Interaktion beteiligten technischen Gerätschaften. Eine bestimmte Art der Körperlichkeit wird in sozialen Praktiken strukturell vorausgesetzt, materialisiert sich im technischen Design und Aufbau von Objekten und wirkt als heteronomes Erfordernis sozialer Praktiken, mit der der agierende und Dinge gebrauchende Körper mit seiner Kraft, Kontroll- und Koordinationsfähigkeit mehr oder weniger gekonnt umzugehen in der Lage sein muss. Die Herausforderung der Praxis des E-Mail-Schreibens besteht darin, körperliche Voraussetzungen und technische Erfordernisse miteinander in Bezug zu setzen. Dies vollzieht sich durch verschiedene *mediale* Funktionen der oben beschriebenen Geräte.

Die technischen Geräte übernehmen folgende Aufgaben im Zuge der Verbindung von Technik und Körper: 1.) Sie teilen die Befehle in körperlich diskret vollziehbare Handlungsschritte auf: Karl kann den Cursor mittels des standfesten Joysticks an die gewünschte Stelle auf dem Desktop navigieren. Anders als bei einer Computermaus, bei der der Klick unmittelbar im Anschluss folgt und keiner Veränderung der Handposition bedarf, entfernt Karl seine Hand vom Steuerknüppel, der für die Mobilität des Cursors zuständig ist. Sein Arm bewegt sich in einem nächsten Schritt Richtung Tischkante, wird dort abgelegt und in einem neuen Handlungsschritt – unabhängig von der vorherigen, abgeschlossenen Aktion – wird eine der Tasten angesteuert. 2.) Sie ermöglichen durch Tastatur und Gitter den Ausschluss ungewollter, unbeabsichtigter Bewegungen und Aktivitäten (andere Tasten drücken) und die Möglichkeit gewollter Nebenaktivitäten (die Hand bzw. den Unterarm zwischenzeitlich ablegen).

Ein mit Karls Praxis vergleichbares Problem in der Bedienung von Talkern hat Benjamin. Er benutzt unterschiedliche Talker-Varianten: zu Hause ein Tablett mit üblichem Display, in der Werkstatt und unterwegs einen typischen Sprachcomputer mit Tastatur und Raster. Wenn er zu Hause konzentriert mit der rechten Hand auf dem Tablett oder dem Talker agiert, geschieht es oft, dass aus Versehen und aufgrund der unkontrollierten Eigenbewegung die linke Hand mit dem Bildschirm oder der Tastatur in Kontakt kommt. Wie soeben beschrieben, ist das bei der Tastatur kein Problem. Da Benjamins ganze Hand die Tastatur berührt, bleibt sie quasi am Raster ‚hängen', keiner seiner Finger trifft eine Taste. Auf dem ‚ungeschützten' Display, welches unmittelbar auf Berührung reagiert, ist es genau konträr. Ungewollt werden Befehle oder Symbole ausgewählt.

Ihre mediale Dimension dokumentieren die Technologien, indem sie Bewegungsverläufe und Aktivitäten auf den Desktop vermitteln, übersetzen, verteilen, übertragen *und* verhindern. Die im Zuge der Verknüpfung von Körper und Gerät stattfindende wechselseitige Übersetzung von Handlungsinitiativen machen den medialen Charakter der beschriebenen Praktik aus (vgl. Schüttpelz 2013: 14–18). Die Bewegungsabläufe von Fingern, Hand und Unterarm werden durch die Geräte einerseits verstärkt und ‚landen' auf dem Desktop, andererseits wird ihre Handlungskraft reduziert bzw. ‚gelöscht' (vgl. für die *amplification/reduction*-Struktur technologischer Objekte, Ihde 1990). So kann die Tastatur bestimmte Aktivitäten, die sich aufgrund der körperlichen Eigenschaften Karls ergeben würden, verhindern. Des Weiteren werden Karls motorische Aktionen durch den Sockel und die

Tasten des Joysticks sowie mithilfe des Rasters so übersetzt, dass er auf dem Desktop navigieren kann und weder der Cursor wegrutscht noch zu viele Tasten gedrückt werden. Es zeigt sich also, wie im Vollzug der Praktik ‚E-Mail-Schreiben' die Hand und die Geräte die abverlangten Eigenschaften und Fähigkeiten bereithalten, wie sich die körperlichen Voraussetzungen und technischen Erfordernisse praktisch vermitteln und miteinander in Bezug setzen und es dadurch möglich machen, eine E-Mail zu verfertigen. Die Vermittlung zwischen Körper- und Gerätetechnik wird durch die medialen Aspekte der Praxis, die im Übertragen bzw. Übersetzen und Verhindern von Aktivitäten bestehen, gewährleistet.

Im nächsten Beispiel geht es um Ingo und seinen, im Vergleich zu den anderen, recht alten Sprachcomputer, den sogenannten Touchtalker. Dessen Tasten sind wie bei einer klassischen Tastatur angeordnet und haben ähnlich wie Karls Tastatur ein darübergelegtes Gitter.

> *Eine Besonderheit von Ingos Bedienung des Talkers ist folgende: Er schreibt auf der Buchstabentastatur des Talkers mit einem dicken Stift aus Holz. In die runden Ausschnitte des Rasters drückt Ingo den Stift. Das ist für ihn anstrengend, da die kontrollierte Steuerung seiner Hand für ihn aufwendig ist. Weitaus größere Probleme ergeben sich allerdings beim Ansteuern der Aussprechtaste. Diese liegt direkt neben der Löschtaste. Mehrmals im Gespräch will Ingo die Eine wählen und seinen Satz aussagen lassen, trifft aber die Andere. Das hat das Verschwinden von umfangreichen Redebeiträge zur Folge, die zeit- und kraftaufwendig produziert wurden. Entsprechend setzt Ingo nach solchen Fehlschlägen seine Lautsprache ein, die ich allerdings kaum verstehe. Ein zweiter Schreibversuch wird von ihm nicht gestartet.* (Protokoll zu Interview #8, Ingo)

Um den Vorgang zu verstehen, beschreibe ich ihn noch einmal genauer: Ingo formt seine Hand zu einer Faust und hält den Holzstift so, dass das eine Ende unten aus der Faust in Richtung Tastatur herausschaut. Für die nah beieinanderliegenden *Buchstaben*tasten schiebt Ingo seine Faust ein wenig angeschrägt von A nach B. Durch die Anschrägung bleibt das herausschauende Ende des Stiftes nicht am Gitter hängen und schwebt stattdessen darüber hinweg. Lediglich kollidiert es kurz damit, ohne aber Tasten unwillkürlich auszuwählen. Wenn er dann in den Bereich der Tastatur rechts oben gehen will, der Bereich, in dem sich die *Befehls*tasten befinden, hebt er den Arm. In diesem Moment der Loslösung von einem festen Untergrund wirkt sich das Zittern und die Unkontrolliertheit seiner Gliedmaßen stärker aus. Ingo versucht dann mit ein wenig Abstand zwischen Hand und Tastatur von oben die Aussprechen-Taste zu treffen, er lässt seine Hand in die Taste ‚fallen', sodass der Stift in die Aussparung des Gitters trifft – was aber immer wieder danebengeht. Wenn er also mit angeschrägter Faust und dem auf der Tischplatte liegenden Arm sich zum nächsten Buchstaben bewegt, geschieht das relativ problemlos. Ist er gezwungen seinen Unterarm und seine Hand anzuheben und kontrolliert und zielgerichtet die Hand in Richtung der gewünschten Taste abzusenken, so kommt es regelmäßig zu Fehlschlägen.

Nicht ein einzelner Finger, sondern die Hand und, stellvertretend für sie, der Holzstift agieren in der Auswahl von Buchstaben bzw. Befehlen. Die Unkontrolliertheit, das ‚wackelige', unsichere Wissen von Ingos Hand und Motorik werden wirksam, sobald sich von einer sicheren, materiellen Basis, wie dem Tisch, entfernt wird. In diesem Moment wird die vorgegebene Anordnung der Tasten zum Interaktionsproblem. Die beiden direkt nebeneinanderliegenden Tasten stehen für gegenseitig sich ausschließende, konträre Befehle: Aussprechen oder Löschen. Ihr Arrangement und das Raster trennen sie sichtbar voneinander, machen sie zu distinkten, sich nicht überschneidenden Objekten. Diese Diskretion der Tasten ist aber keine ausreichende Bedingung für ihre praktische Bedienung und die körperlichen Besonderheiten Ingos. In Verbindung mit dem sie bedienenden Körper und innerhalb einer bestimmten Phase des Vollzugs der Praktiken des Eintippens, sind sie nicht mehr vollkommen diskret, wie es ihre Anordnung vermuten lässt. Hebt Ingo seinen Arm an und bewegt ihn in Richtung der beiden Tasten, so verschmelzen sie potenziell zu einer Taste, die immer wieder für den reibungslosen Ablauf neu auseinanderdividiert werden muss. Dass das gelingt, ist nicht von sich aus gesichert. Das Nebeneinander von Gegensätzlichem macht den beschriebenen Vollzug der Praxis zu einem grundsätzlich prekären und instabilen.

Was neben dieser Problematik ebenfalls häufig passiert, ist, dass Ingos Talker verrutscht. Durch den Kontakt von Talker und (kräftigem) Unterarm verrutscht der Talker im Zuge von Ingos Schreibvorgang. Er stößt gegen ihn oder sein Unterarm liegt ‚zu schwer' auf dem Gerät, sodass dieses im Zuge der Schreib-Bewegung mitgezerrt wird. Das gleiche praktische Problem findet sich auch bei Kurt. Hier entsteht es in erster Linie durch Kurts physische Ansteuerung des Sprachcomputers.

> *Sein Schreibvorgang ist – für meine Wahrnehmung – enthusiastisch, schwungvoll und bewegungsreich. Er hebt seinen Arm relativ hoch, um zum nächsten Buchstaben zu gelangen. Im Zuge der Bewegung von Arm und Hand von einer Buchstabentaste zur nächsten entsteht Schwung. Die Folge ist ein starker Druck auf die Taste, sodass der Talker nach hinten, teilweise auch nach rechts und links, wo immer jeweils die Taste sich befindet, auf jeden Fall von Kurt weg- und aus seinem Bewegungsradius hinausgeschoben wird. Zur Absicherung des Talkers, genauer zur Sicherung seiner Standposition und -haftigkeit, ist dieser auf einer Unterlage, einer PVC-Matte ähnlich einem Mousepad, platziert. Die Anti-Rutsch-Unterlage ragt über die Grundfläche des Sprachcomputers hinaus.* (Protokoll zu Interview #6, Kurt)

Praktisch vermittelt die Unterlage aufgrund ihrer ‚Klebe'-Kraft zwischen Talker, Schreibtisch und den körperlichen Aktionen der Nutzer*innen. Ihr praktischer Sinn als Unterlage ist, die Verbindung der anderen beiden Objekte zu stabilisieren. Ihr praktischer Sinn in Bezug auf Kurts körperliche Aktionen ist es, diese abzufedern, ihre destabilisierende Wirkung auf das Arrangement aus Talker und Tisch zu neutralisieren oder zumindest abzuschwächen. Dies gelingt ihr (immerhin) teilweise, ihr Erfolg ist immer nur temporär. Der Talker verrutscht nach und nach dennoch – allerdings nicht so schnell wie ohne die Unterlage. Da Kurt also dazu tendiert, den Talker dennoch zu verschieben, werden die Unterlage und der Talker regelmäßig, z.B. von seiner Schwester, in ihre Ausgangslage zurückbefördert. Es benötigt weiterer Handgriffe, um das Ausgangsarrangement wiederherzustellen und bis auf Weiteres zu stabilisieren. Das Arrangement aus Talker und Tisch bleibt trotz der Unterlage ein prekäres. Ihr struktureller praktischer Sinn ist allerdings ähnlich den weiter oben beschriebenen Geräten: Die Wirkung bestimmter Aktionen soll reduziert werden, die Relation zwischen Elementen der Praxis soll vermittelt, verstärkt und stabilisiert werden. Die Unterlage agiert als Hilfsmedium, indem sie Kräfteverhältnisse zwischen Praxiselementen strukturiert, d.h., Wirkungen verstärkt bzw. reduziert, und generell das Arrangement der Elemente stabilisiert.

Zusammengefasst zeigen die Beispiele, wie die Hilfsmittel körperliche Bewegungen übersetzen, verteilen oder verhindern. Sie übertragen manche (Hand-)Bewegungen, andere nicht. Das zweite Beispiel zeigte zudem, wie das Objektdesign die visuelle Distinktion von Elementen strukturiert, diese aber aufgrund des Handgebrauchs ausreicht, um Handlungssicherheit zu generieren. Letztere trifft auch auf Kurts Talker-Unterlage zu, auch hier zeigt sich, dass die Relation von materiellen und technischen Elementen mit der sie gebrauchenden Hand immer auch prekär bleibt. In allen Fällen zeigte sich, wie Medientechnologien, in diesem Falle Tastaturen, auf Vorstellungen des kontrolliert nutz- und selbstbestimmt einsetzbaren Körpers beruhen, diesen als praktische Voraussetzung haben und für ihn zum Problem werden können. Das verweist auf ein generelles, soziales Problem, das die Interaktivität zwischen Körper und Sprachcomputer ebenfalls betrifft und von Rosemarie Garland-Thompson im Kontext von unterschiedlichen Behinderungen beschrieben wird:

> „The uncontrolled body does not perform typically the quotidian functions required by the elaborately structured codes of acceptable social behavior. Blindness, deafness, or stuttering, for instance, disturb the complex web of subtle exchanges upon which communication rituals depend. Wheelchairs or paralysis require different ambulatory choreographies.“ (Garland-Thompson 1997: 37)

Den Körper zu kontrollieren ist eine Grundlage des Repertoires akzeptierten Verhaltens. Kontrollfähigkeiten fundieren kommunikative Interaktionen und die Koordination räumlicher Bewegungen. Die Ausübung von Selbstbeherrschung, Kontrolle und Autonomie über den Körper ist gleichbedeutend damit, dass der Körper ein neutrales Instrument ist. Das ist die praktische, körperliche Voraussetzung der Vorstellung von einem distinkten, autonomen Individuum, ausgestattet mit einem körperunabhängigen, vom Körper nicht beeinflussten Wollen und frei von äußeren Einflüssen und Hilfestellungen (vgl. ebd.: 41ff.). Wie deutlich geworden sein sollte, ist dieses Ideal nicht nur problematisch für Menschen mit Behinderungen im Allgemeinen und mit einer Zerebralparese im Besonderen. Es beschreibt zu dem nicht adäquat die praktische Vollzugswirklichkeit, die hier am Beispiel des Gebrauchs von technischen Hilfsmitteln beschrieben wurde. Alle Beispiele zeigen am praktischen Gebrauch der Hand, dass Kraft in den und Kontrolle der Gliedmaßen abhängig ist von den in Anspruch genommenen technischen Geräten, deren Beschaffenheit, ihrem Arrangement und ihren Vermittlungsleistungen. Handlungskontrolle, und damit die Möglichkeit eine Praxis zu vollziehen, den Sprachcomputer zu bedienen und durch ihn zu kommunizieren, ist abhängig vom Wechselspiel zwischen Körper und Technik und wird innerhalb dieses Wechselspiels hervorgebracht oder verhindert.[102]

---

102 Eine an diese Überlegungen anschließende Thematik wäre die Nutzung digitaler Displays ohne Raster und wie sich hier die besondere Motorik und Kontrolle über die Hand und ihre Glieder bei Menschen mit Zerebralparese auswirken. Auch die Besonderheiten und Herausforderungen der

6.2.4 Mit zwei Händen

Im zweiten Teil dieses Kapitels gehe ich auf eine besondere, im Alltag von Menschen mit Zerebralparese nicht unübliche kommunikative Praxis ein: das Agieren auf dem Sprachcomputer mit zwei Händen unterschiedlicher Personen. Diese Praxis wurde unter dem Begriff Gestützte Kommunikation entwickelt (vgl. Crossley 1997). Gestützte Kommunikation bezeichnet eine körperliche Hilfeleistung, damit Nutzer*innen ihre technische Kommunikationshilfe gebrauchen können. Sie ermöglicht bzw. erleichtert die Ansteuerung der Kommunikationshilfe. Den Hintergrund bildet die Idee, dass hier nur Probleme der körperlichen Ausführung ‚kompensiert' werden, nicht aber grundlegende Probleme kommunikativer oder kognitiver Art. Ziel der Gestützten Kommunikation ist die Überwindung von Hindernissen in der Nutzung von Kommunikationshilfen, die Zunahme von Kommunikationsfähigkeiten und nach und nach die Rücknahme der Stützung. Rein praktisch geht es darum, dass eine sogenannte stützende Person die Hand der Nutzer*in einer Kommunikationshilfe während der Bedienung des Geräts mitbewegt. Die stützende Hand soll dabei nicht zu viel und nicht zu wenig Steuerung in die Ansteuerung einfließen lassen. Das heißt, ihr Anteil an der Kommunikationspraxis soll so stark sein, dass keine Fehler oder Unverständliches kommuniziert werden, zugleich soll sie so schwach sein, dass die gestützte Person selbstbestimmt die Kommunikationshilfe bedient. Das praktische, wie schwer zu erreichende Ideal lautet: Minimalstützung.

Mit der Gestützten Kommunikation verbanden sich inklusionspolitische und -pädagogische Hoffnungen. Zugleich wurde sie umfassend kritisiert (vgl. Biermann 1999; Nußbeck 2000, 2006; Klauß/Janz/ Hör 2009; Janz/Klauß 2012; Wegner et al 2003). Es war unmittelbar ersichtlich, dass das genannte Ideal in der Praxis zu einem komplexen Interaktionsproblem werden kann. Daraus erwachsende Kritiken drehten sich in erster Linie um Fragen der Autorenschaft, authentischer Kommunikation und unerwünschter und -gewollter Einflussnahmen. Unklar blieb, inwiefern die Kommunikation von den situativen und persönlichen Leistungen der ‚stützenden' Person abhängt und wem eine ‚gestützte' kommunikative Aktion zuzuordnen ist. Ein steuernder Eingriff und eine unkontrollierte Übernahme der Kommunikation, die über die reine Stützung hinausgehen, können nicht per se ausgeschlossen werden. Die Interaktion zwischen beiden Parteien ist eine besonders heikle Schnittstelle, an der Selbstbestimmung und Fremdsteuerung ausgehandelt werden und nicht abzusichern ist, dass Erstere nicht von Zweiterer übertrumpft wird. Im schlechtesten Fall verdreht sich die Gestützte Kommunikation in ihr Gegenteil und führt zur Unterminierung von Autonomie und Selbstbestimmung. Jenseits dieser Kritik verweist die Praxis der Gestützte Kommunikation auf zwei sozialtheoretische Themenkomplexe: einerseits Zwischenleiblichkeit im Sinne zwischenmenschlicher Berührungen, andererseits auf Grenzen und Überschneidungen der in sozialen Praktiken agierenden Elemente und damit verbundener soziokultureller Bewertungen.

Bedienung des Displays durch Augensteuerung bewegt sich im größeren Rahmen des hier verfolgten thematischen Fokus auf die praktische Relevanz der Sinne im Zuge der Bedienung technischer Geräte. Welche praktischen Fähigkeiten in beiden Fällen aufgebracht werden müssen und welche Hindernisse entstehen, kann nicht im Rahmen dieser Arbeit rekonstruiert werden. Sie erfordern einen anderen methodischen Zugang, z.B. mittels Videoanalysen.

Zum ersten Themenkomplex: Zwischenleiblichkeit ist – wie ich bereits in Kapitel 4.2 skizzierte – ein sozialwissenschaftlich relevantes Thema, insbesondere im Kontext mikrologischer Interaktionsanalysen. Es geht aus von Alfred Schütz' Konzeption von Intersubjektivität als Grundlage sozialer Zusammenhänge. Bei Schütz ist Intersubjektivität kognitiv und egologisch verfasst und findet am Körper des Anderen seine Grenzen. Aufgrund seiner Körperlichkeit ist der Andere fremd, unzugänglich und verschlossen (vgl. Schütz 1993). In daran anschließenden Arbeiten wird diese Vorstellung kritisiert (vgl. z.B. Coenen 1979, 1985; Haller 2017; Meyer/Streeck/Jordan 2017). Der Intersubjektivität wird die Interkorporealität zur Seite gestellt. Sie verlagert den Fokus auf die wechselseitige Verwobenheit von Akteuren mit ihren äußerlichen Elementen, wie z.B. anderen menschlichen Akteuren. In sozialen Praktiken sind Akteure nicht als voneinander isolierte Elemente in den Vollzug involviert. Akteure agieren und kooperieren miteinander. Sie bilden Kollektive aus und diese Kollektive haben eine körperliche Komponente in dem Sinne, dass körperliche Aktionen miteinander verwoben sind. Zwischenleiblich agieren, bedeutet, „gegenseitige Aufmerksamkeit und mit anderen abgestimmte, komplementäre und assistierende Handlungen ausführen zu können" (Schüttpelz 2015a: 165).[103] Es findet eine wechselseitige Bezugnahme von Körpern statt, diese nehmen einander wahr, stellen sich aufeinander ein, orientieren sich aneinander und bilden ein Beziehungsgeflecht. Das bedeutet, körperliche Aktionen sind nicht voneinander separierte, sondern aufeinander bezogene und u.U. miteinander verschmelzende Ereignisse.

Zwischenmenschliche Berührungen sind ein besonderer Fall von Zwischenleiblichkeit. Anders als beim gemeinsamen Sägen mit einer Zweihandsäge (ein typisches Beispiel für Zwischenleiblichkeit, vgl. Meyer 2020), ist hier kein Objekt oder Gerät zwischen die beiden interagierenden Körper geschaltet, sondern der zwischenleibliche Kontakt ist unmittelbar. Zwischenmenschliche Berührungen stellen eine Praktik dar, die soziale Ordnung ermöglicht und strukturiert (vgl. im Folgenden Cekaite/Mondada 2021; Fritz-Hoffmann 2017; Riedel 2008, 2012, 2017; Singh 2022). Berührungen fundieren den Vollzug sozialer Praktiken[104], sie überschreiten die individuelle sinnliche Wahrnehmung und involvieren die menschliche Hand: „Berührung bedeutet in der Regel ‚mit den Händen anfassen'. [...] [A]m einen Ende der beobachteten Berührungsrelation befindet sich regelmäßig eine menschliche Hand oder ein menschlicher Arm [...]" (Fritz-Hoffmann 2017: 203). Körperkontakte und Berührungen sind im Alltag allgegenwärtig und nicht im Vordergrund reflexiver Zuwendungen. Sie fungieren und fundieren als zwischenleibliches Kommunikationsmedium die Konstitution von Interaktionsordnungen zwischen Ego und Alter bzw. den Ablauf sozialer Praktiken. Erstens wird innerhalb von abgestimmten und geordneten Berührungen (körperliches) Wissen vermittelt, das wechselseitig Informationen über den anderen zur Verfügung stellt und den Verlauf von Interaktionen für die Akteure steuer- wie nachvollziehbar macht. Durch Berührung werden

103 Auf den Zusammenhang von Zwischenleiblichkeit und Assistenz sei hier nur am Rande durch das Zitat von Erhard Schüttpelz hingewiesen. Ich komme darauf in den folgenden Kapiteln und vor allem im Fazit der Arbeit zurück.

104 In manchen sozialen Bereichen oder Feldern mehr, in manchen weniger, und in manchen auch gar nicht, vgl. Singh 2022.

Körper und deren Bewegungen gesteuert, z.B. beim Tanzen (vgl. Haller 2012; Keevalik 2021). Zweitens sind Berührungen Teil multimodaler Interaktionsordnungen und werden je nach sozialer Situation unterschiedlich stark und lang sowie in Kombination mit anderen Kommunikationsmitteln wie Sprache, Gesten und Blicken geordnet und koordiniert ausgeführt. Drittens werden durch Berührungen soziale Beziehungen zu anderen Akteuren durch die Hand vermittelt und stabilisiert. Das Selbst und der Andere treffen im wortwörtlichen Sinne aufeinander. Im Zuge des sensomotorischen Kontaktereignisses werden Eigenwahrnehmung und Fremdwahrnehmung miteinander vermischt. Das typischste Beispiel dürfte der Händedruck zur Begrüßung sein, an dem sich diese abstrakten Bestimmungen nachvollziehen lassen. Berührungen sind das, was Coenen als ‚verbindende Stelle' zwischen Akteuren und als Medium sozialer Zusammenhänge bezeichnet. Sie stehen für „die verbindende Stelle zwischen mir und dem Anderen. [...] Wir begegnen einander [...] in einem gemeinsamen Medium" (Coenen 1979: 43f.).

In Berührungen wird „etwas Vermittelndes wirksam" (Fritz-Hoffmann 2017: 210). Es werden zwei soziale Elemente, in diesem Fall zwei menschliche Akteure und deren körperliche Aktionen, miteinander vermittelt und quasi zum Verschmelzen gebracht. Im Alltag (und häufig auch in Handlungstheorien) wird demgegenüber üblicherweise davon ausgegangen, dass jeweils eine Person einen Körper ‚steuert' und dementsprechend eine Handlung von einem Körper und dem dazugehörigen Akteur ausgeführt wird. Körper und Personen werden als individuelle Einheiten ohne Überschneidungen vorgestellt (vgl. Boll/Müller 2020). Laut Margret Shildrick gehört es zur westlichen Denktradition und Vorstellung von Subjekten, von diesen als „organic beings whose difference is always already evident" (Shildrick 1999: 77) auszugehen. ‚Üblicherweise' werden soziale Handlungen und Aktionen durch voneinander separierte Entitäten vollzogen. Das (westliche) Konzept der Person zeichnet sich dadurch aus, dass er/sie als distinkter und autonomer Körper agiert: „The clarity of corporeal boundaries is what grounds existential and moral personhood, while the meeting with the other is premised on bodily self-determination and property rights in one's own body" (ebd.: 86). Diese Konzeption wird generalisiert zu einer Vorstellung von Persönlichkeit und gesellschaftlich reproduziert als Bedingung autonomen Handelns. Als normal gelten ‚nicht materiell gebundene', diskrete und voneinander abgegrenzte Subjekte.

Shildricks kritische Analyse solch tradierter Wertmuster zeigt demgegenüber, dass Körper und ihre Grenzen immer auch instabil, ambig, fluide und nicht fixiert sind. Sie zeigt dies, erstens, anhand der medizinischen Behandlung von siamesischen Zwillingen. Das Ziel, diese zu trennen und ‚normale' Körper im Sinne separierter Elemente zu erzeugen, zeigt wie medizinische Praktiken einen bestimmten Körper herstellen (wollen), wenn dieser dem oben genannten Ideal widerspricht. Die Körperlichkeit der Zwillinge wiederum dokumentiert, wie die idealisierte und gesellschaftlich normalisierte Distinktion von Körpern unterlaufen werden kann und körperliche Grenzen nicht aufrechtzuerhalten sind. Nicht Autonomie durch körperliche Singularität steht hier im Vordergrund, sondern die körperliche Erweiterung durch den Anderen als Bestandteil des Selbstseins und die Praktizierung einer „co-operative intentionality" (ebd.: 85). Subjektivität und selbstbestimmtes Handeln beruhen nicht auf körperlicher Abgrenzung, sondern der Verbindung von

Selbst und Anderem, von Körper 1 und Körper 2 und der wechselseitigen Konstitution von zwei ineinander verschränkten Subjekten und deren Intentionen (vgl. ebd.: 90). Am Beispiel von Prothesen führt Shildrick, zweitens, ihre Überlegungen konzeptionell fort (vgl. Shildrick 2013). Körperliche Integrität wird durch Prothesen und ähnliche Objekte technologisch ‚erschüttert'. Im Falle von Prothesen liegt eine körperliche Extension (vgl. McLuhan 1970) vor, die eindeutige Körpergrenzen weniger eindeutig erscheinen lässt. Das liegt daran, dass der Gebrauch von Prothesen auf der Verschmelzung von Körper und etwas anderem, in diesem Fall einer Technologie, beruht (wie empirische Studien nachweisen, vgl. Sobchack 2010; Ruther 2018). Im Alltag mit einer Prothese vollziehen sich Prozesse der Vereinleibung bzw. Inkorporation und der Herausbildung einer Assemblage aus Körper und Technik. Die beiden materiellen Elemente (Körper und Prothese) sind nicht als separierte und diskrete Elemente zu verstehen, sondern als etwas, das in der alltäglichen Praxis miteinander verschmilzt. Es entsteht eine hybride *intercorporeality*, eine Assoziation zwischen Selbst und Nicht-Selbst, deren Daseinsweise weder durch die Annahme individueller Aktionseinheiten und noch durch fixierte Körpergrenzen erklärt werden kann. Das Verständnis des Alltags mit einer Prothese, sein Zustandekommen und seine Konsequenzen, werden demnach erschwert, wenn theoretische Vorannahmen von separierten Elementen ausgehen und dadurch die Bedeutung von Verknüpfung und Verschmelzung von Körpern bzw. von Körpern und Technik übersehen wird.

Auch wenn Shildrick nicht in einem praxistheoretischen Rahmen argumentiert, so sind ihre Überlegungen übertragbar. Körper sind nicht *per se* als individuelle Einheiten zu definieren. In sozialen Praktiken agieren sie i.d.R. in Assoziation mit anderen Elementen, sind unter Umständen sogar miteinander verschmolzen, wie im Falle zwischenleiblicher Berührungen. Solche Berührungen und zwischenleibliche Aktionen überschreiten Körpergrenzen. Der von Shildrick eröffnete konzeptionelle Horizont ist maßgeblich für das Verständnis der folgenden empirischen Beispiele, in denen gezeigt wird, wie zwei Körper im Medium der Berührung soziale Praktiken gestalten und vollziehen. Inwiefern die Abwesenheit von Grenzen zwischen Körpern Aktionen fundieren und sich wirksam für den Verlauf einer Praxis zeigen, inwiefern praktisch die Assoziation aufrechterhalten wird und beide Körper als *ein* Aktionskörper agieren, oder inwiefern hier Grenzen zwischen Körpern gezogen werden und Handlungsmacht verteilt und nicht geteilt wird, wird beschrieben.

Es wird darüber hinaus zu sehen sein, dass in der Praxis der gestützten Interaktion die Aushandlung von Kooperation, Assistenz und Selbstbestimmung eine besonders prekäre ist. Denn in gestützten Interaktionen passiert genau das: Es werden Konzepte des isoliert handelnden Subjektes schwammig, sie zerfließen förmlich an den Stellen des Hand- und Hautkontaktes. Im Moment der Berührung, welcher hier konstitutiv für Prozesse der Versprachlichung bzw. Verschriftlichung und den Vollzug der Praktiken ist, in diesem Moment ist nicht mehr deutlich, wer eigentlich gehandelt hat. Die praktische Ausführung der zwischenmenschlichen Berührung im Zuge Gestützter Kommunikation bzw. gestützter Interaktion gibt Aufschluss über die Lebensbedingungen von Menschen mit komplexen Behinderungen, für die diese

Interaktionsform im Alltag keine Seltenheit ist.[105] Diese übliche Praxis im Kontext technisch unterstützter Kommunikation unterläuft Annahmen über autonome, distinkte Gerätenutzer*innen und wirft Fragen zum Verhältnis assistierender und selbstbestimmter Tätigkeiten auf. Ich beginne mit einer für viele Menschen typischen Aktion, die zudem symbolhaft für Selbstbestimmung und das Handeln eines Individuums und eines einzelnen Körpers, ohne Einflussnahme anderer Handlungskörpersteht: der Unterschrift.

Besonders Ramonas Eltern machten mich auf die Bedeutung des Schreibens mit der Hand aufmerksam. Etwas zu unterschreiben oder kreative Praktiken wie Malen, soll Ramona möglichst eigenständig durchführen. Eine prall gefüllte Mappe, die mir die Mutter zeigte, belegt die Bedeutung dieser Praxis und Ramonas Fortschritte im Schreib- und Mal-Training. Die Eltern erläutern ihre Praxis folgendermaßen: Ob beim Schreiben oder Malen, die Eltern unterstützen Ramonas Bewegung am Handgelenk, sie nennen das „Schreiben mit Handführung" (Interview #10, Ramona). Sie erspüren in welche Richtung Ramona ihre Hand bewegen will, und führen sie dann in diese Richtung. Die Schreibbewegung selbst beeinflussen sie nicht. ‚Lediglich' stabilisieren sie Arm und Hand durch das Stützten des Handgelenks in dem Moment der Ausführung durch Ramona. Ziel ist es, dass Ramona *„nen gefühl von von bewegung bekommt wie der buchstabe aussieht"* (Interview #10, Ramona).

Ich selbst konnte diese Praxis und die Bedeutung der Körperstelle, an der gestützt wird, mit Noel (bzw. Noël) nachvollziehen. Die folgende Szene spielte sich in einer der speziell auf Unterstützte Kommunikation ausgerichteten Lernstunden ab. Zu Beginn dieser bestätigen alle Teilnehmer*innen ihre Anwesenheit mit einer Unterschrift. Die Lehrerin forderte mich in diesem Kontext und, nachdem Noël mir bereits einen Stift entgegenhielt, auf, dass ich im bei der Unterschrift helfen solle.

> *Ich rücke dafür ein wenig nach rechts um die Tischecke herum. Er hält den Stift in der linken Hand und ich lege meine rechte Hand von oben auf seine. Ich will zunächst nur wenig den Stift bewegen, damit er die Richtung angeben kann, das klappt aber nicht, da er keine Kraft in den Händen zum umfangreichen Navigieren des Stiftes hat. Er zieht ihn vor allem von links nach rechts und dadurch entsteht eine Linie. Wir setzen neu an und ich bewege die stift-haltende Hand nach oben und unten, dass N dehnt sich dadurch und die nächsten beiden Buchstaben entstehen zwar, aber die Rundungen der Buchstaben o und e geraten etwas unförmig. Der letzte Buchstabe gelingt, da ich an der entscheidenden Stelle des l gegensteuere und somit den ovalen Leerraum ausreichend groß werden lassen. Wir setzen den Stift ab und ich ziehe seine Hand nach oben, in den Bereich über das Geschrie-*

105 In den empirischen Beispielen dieses Kapitels steht nicht der Sprachcomputer im Fokus, sondern verschiedene andere Assistenzmittel bzw. Alltagsgegenstände. Diese kennzeichnen den Alltag von Menschen mit Zerebralparese und Nutzer*innen von Sprachcomputern. Für theoretische Analysen sind sie einerseits relevant, da sie zum Untersuchungsfeld dazugehören, andererseits lassen sich die Erkenntnisse zum zwischenleiblichen Gebrauch von Objekten prinzipiell auf die Handhabung von Sprachcomputern übertragen. Eine ‚zweihändige' Nutzung des Sprachcomputers konnte ich nicht unmittelbar beobachten, von ihrer Existenz wurde mir dennoch am Rande mehrfach berichtet.

bene, und setze zwei Punkte (das Trema) über den Buchstaben e. Ich vermute, dass da welche hingehören, aber so richtig weiß ich das natürlich nicht. Wir legen dann den Stift ab. (Protokoll #5, Tag 2, e) UK-Runde[106]: ‚mittlere Gruppe')

Als erster Aspekt ist hier die Beziehung der beiden Hände zueinander bedeutsam. Ich lege meine Hand von oben auf die von Noël, der bereits den Stift in der Hand hält. Seine Hand ist entsprechend seines Vorhabens leicht angeschrägt und zum Blatt Papier hin ausgerichtet. Die dargestellte Beziehung der Hände zueinander ist entscheidend für die Ausführung von Bewegungen und den dafür notwendigen Kraftaufwand. Letzteres ist von meiner Seite notwendig, da ich hier nicht nur Noëls Hand stützen, sondern konkret führen muss, sobald wir versuchen Buchstaben zu schreiben. Rein praktisch ist es so, dass ich also bestimmte Bewegungsrichtungen aktiv vollziehe. Es handelt sich dabei um solche, die Noël scheinbar, d.h. für mein situiertes Empfinden, nicht ausführen kann, insbesondere Kreisformen. Horizontale Bewegungen führt er quasi selbständig durch, ich bewege dann ohne Krafteinwirkung meine Hand einfach mit. Für die abschließenden Punkte über dem einen Buchstaben, bewege ausschließlich ich unsere Hände und den Stift. Es alternieren hier im Zwischenraum der beiden Hände unterschiedliche Kräfteverhältnisse, mal agiert eine Art Mischung aus beiden, dann eher Noëls, dann eher meine Bewegungskraft. In allen Varianten agiert der jeweils andere dennoch mit, wenn auch teilweise kaum spürbar bzw., ohne Widerstand zu leisten.[107]

Ein Moment der Ungewissheit bzw. Unwissenheit ist zum Ende des Protokolls ablesbar. Am prägnantesten betrifft das die Unwissenheit darüber, wie das e richtig geschrieben wird: mit oder ohne Trema. Etwas subtiler ist aber in der gesamten Praxis unklar, wie die Buchstaben nach Noëls *façon* aussehen sollen. Über die Form von Buchstaben herrschen gewisse Normalitätsannahmen, welche ich in dieser Situation versuche zu befolgen. Der soziale Sinn einer Unterschrift unterläuft aber solche Annahmen. Eine Unterschrift soll gerade eine idiosynkratrische, d.h. von der Normalität des Buchstaben abweichende Note enthalten. Durch eine solche erst kann es zu einer eindeutigen Identifizierung kommen. Das kann in der gemeinsamen Durchführung der Unterschrift aber nicht erreicht werden.[108]

Zusammengefasst finden sich in diesem Beispiel folgende Themen: 1.) die Ausrichtung und Beziehung der Hände zweier Personen zueinander als Grundbedingung der zwischenleiblichen Aktion, 2.) das darauf aufbauende, wechselseitige Tauschverhältnis ausgeführter Kraft und Bewegungskontrolle, 3.) die Realisierung der Aktion unter gewissen Normalitätsannahmen, die partiell gegen (unbekannte) idiosynkratrische Bewegungs- und Vollzugsmuster durchgesetzt werden. Trotz der einer selbständigen Durchführung entgegenstehenden Aktionen durch mich lässt

106 UK-Runde (oder auch Talker-Runde) bezeichnet Unterrichtsstunden, an denen ausschließlich Schüler*innen, die Untersützte Kommunikation nutzen, teilnehmen, im Gebrauch ihrer Hilfsmittel unterrichtet werden.

107 Sich mit einer anderen Hand ohne Krafteinwirkung mitzubewegen, ist in gewisser Weise ebenso eine motorische Leistung.

108 Eine mündliche Absprache mit Noël darüber, ob ich seinen Namen richtig schreibe und ob er die Buchstaben anders geformt haben möchte, ist aus Zeitgründen und der prinzipiellen Schwierigkeit der Versprachlichung nicht möglich, da Noël über keine Lautsprache verfügt.

das Ergebnis Buchstaben und damit eine Unterschrift erkennen. Noël hat damit an der kollektiven Praxis der Runde partizipiert.

Im zweiten Beispiel steht weniger die eben bereits thematisierte Unsicherheit im Ausführen von Tätigkeiten im Fokus als vielmehr das Verhältnis von Krafteinwirkungen im Zuge einer zweihändig ausgeführten Aktion. Das ganze Verhältnis wird zudem komplexer, da das materiale Objekt zwischenleiblicher Aktionen nicht ein Stift, sondern ein Joystick ist.

> *Ungeplant beobachte ich George bei einem Computerspiel. James spielt „Wörter fischen": Bei diesem Spiel, das George am Ende einer Unterrichtsstunde spielt, wird ein Wort durch einen Angler, indem er es laut ausspricht oder zeigt, vorgegeben. Im Fluss unter dem Angler schwimmen Fische, die Wörter an ihrem Körper tragen, in zwei Reihen von links nach rechts und es gilt, mit einem Pfeil den Fisch einzufangen, der das entsprechende Wort trägt. Neben Fischen mit anderen Wörtern schwimmen auch andere Tiere vorbei, die, wenn man sie einfängt, sich negativ auswirken. Ich erinnere mich zum Beispiel an einen überdimensionierten Hai, vor dem George erschrickt, als er vorbeischwimmt. George benutzt für das Spiel einen Joystick, den er mit der aufliegenden Handfläche bewegt. Links und rechts vom Hebel befinden sich bunte, runde, nach unten eingesenkte Tasten, mit denen er Funktionen aktiviert. So ist die Taste links oben für das Auswählen eines angesteuerten Elements verantwortlich.* (Protokoll #4, Tag 1, d) PC-Arbeit/PC-Spiele)

Im Kontext dieses Kapitel ist der praktische Zusammenhang von Steuerhebel und Cursor relevant.

> *Für George ist es möglich, den Pfeil kontinuierlich zu bewegen, sodass er eine fließende Bewegung vollzieht. Dafür drückt George den Steuerhebel bis zum Anschlag in die gewünschte Richtung und bleibt dort so lange, bis sich der Pfeil an der angesteuerten Stelle bzw. dem gesuchten Wort – welches sich allerdings selbst immer weiter nach rechts bewegt – befindet. Dann lässt er den Hebel ruckartig los, um schnell den Knopf zu drücken und somit das Wort bzw. den Fisch zu erwischen. Entscheidend für den Erfolg ist der Kontakt von Pfeil und Wortfeld. Das Wortfeld ist erst ausgewählt, wenn der Pfeil sich mindestens auf dem Rahmen des Feldes befindet, was durch eine leuchtende, farbige Rahmung des Feldes visualisiert wird. Auf diese Weise wird George ‚mitgeteilt', wann er das Feld erreicht hat, und vom Joystick zur Taste übergehen kann.[109] Mehrmals ist es so, dass der Pfeil zu langsam ist. George hält konstant den Hebel in die Richtung des Wortes, dieses aber schwimmt und schwimmt und ich verfolge die zu langsame Bewegung des Pfeiles. Bei einem der letzten Wörter, und als es knapp wird, da das Wort sich dem Bereich rechts auf dem Bildschirm nähert und kurz vorm Verschwinden ist, unterbricht Frau Müller das Gespräch mit mir, springt zu George, stellt sich links von ihm, er drückt weiter den Hebel nach links oben, der Pfeil bewegt sich, so schnell er eben kann, schräg auf das sich waagerecht fortbewegende Wort zu. Frau Müller hält den Finger ihrer anderen Hand über dem Knopf, bereit, darauf zu drücken. Es scheint zu klappen, George ist mit dem Cursor auf dem Wort, der Rahmen leuchtet auf, Frau Müller drückt sofort den Knopf und George reißt die Arme hoch, jubelnd. Frau Müller kommt zum Tisch zurück, strahlend und erklärt mir, dass manchmal auch die Maxime gelten kann: „Selbstständigkeitsverzicht für den Spaß". Später passiert es nochmal ähnlich, nur das beide gleichzeitig den Knopf drücken, George Hand unten, Frau Müllers oben. Zum Ende hin, unterstützt Frau Müller beim Gedrückt-Halten des Joysticks.* (Protokoll #4, Tag 1, d) PC-Arbeit/PC-Spiele)

109 Einmal ist es so, dass für das normale Auge bereits der Pfeil auf dem Feld ist, der Rahmen aber nicht leuchtet, und George mehrmals den Auswahlknopf drückt, ohne Erfolg.

Das Protokoll enthält drei Varianten der zwischenleiblichen Nutzung des Joysticks: a) die Aufteilung der unterschiedlichen Aktionen auf zwei Hände, b) das gemeinsame Drücken einer Taste und etwas abstrakter: das gemeinsame, zeitkritische Überbrücken des Raumes zwischen Joystick und Taste, c) die gemeinsame Bedienung des Joysticks und damit die Sicherung der Kontinuität der Bewegung des Cursors. Letzteres vollzieht sich deshalb, weil George, je länger er spielt, an körperlicher Kraft verliert und der Cursor immer wieder für einige, entscheidende Sekunden stehen bleibt. Das Verhältnis der beiden zum Einsatz kommenden Hände von George und Frau Müller ist folgendermaßen strukturiert: a) Jede Hand führt einzeln Aktionen durch, diese sind aber zeitlich aufeinander abgestimmt, sodass sie eine Gesamthandlung bilden, b) zu einer Hand verschmolzen wird sich von A nach B bewegt und bei B, also der Taste, angekommen, wird die entsprechende dort verortete Funktion ausgelöst, c) der erzielte Effekt entsteht durch die obere Hand von Frau Müller, sie unterbindet den Abbruch der Aktion durch George, indem sie dessen Bewegungsrichtung verstetigt. Das Beispiel zeigt: Die zwischenleiblichen Aktionen und das unterschiedliche Verhältnis der Hände zueinander zeichnen sich als praktisch wirksam aus und ermöglichen den Praxisvollzug.

Im letzten Beispiel konzentriere ich mich weiter auf diesen Aspekt und vergleiche zwei Geräte miteinander. Vorab beschreibe ich kurz das Spiel und die grundlegende Konstellation an Akteuren, um die es im Folgenden gehen wird. Der Spielaufbau und -ablauf ist folgendermaßen: Durch die Bedienung der Entertaste landet ein Bild eines Tieres auf der Ladefläche eines Transporters. Unter der ‚Straße', auf der der Transporter steht, finden sich zwei Reihe à fünf Bilder mit verschiedenen Tieren, die zusätzlich farblich unterschiedliche Hintergründe haben. Durch die Bedienung der Pfeiltaste nach rechts fährt der Transporter eine Spalte weiter. Ist man an der Spalte angekommen, in der sich das Bild, dass auf dem Transporter liegt, wiederfindet, so muss die Pfeiltaste nach unten bedient werden und das Bild aus dem Transporter landet auf dem Bild aus der Reihe darunter. Ein Treffer ist erfolgt und ein Punkt wird in der Anzeige unten vermerkt.

Zum konkreten Ablauf sind drei Aspekte zu erwähnen. Einerseits ist Jonas dauerhaft vom Geschehen im Raum abgelenkt. Seine visuelle und auditive Aufmerksamkeit wird regelmäßig vom Vater auf das Spiel refokussiert. Dies geschieht durch verbale Hinweise, aber auch durch Berührungen, vor allem an Jonas' Arm und Schulter. Andererseits nimmt Jonas' Vater nach einer Reihe von Fehlversuchen ein Blatt Papier zur Hand und deckt damit den Großteil der Tastatur ab – und zwar den Teil, den Jonas nicht benötigt und auf den er weder zufällig noch aufgrund von Lust und Spiellaune kommen soll. Die Tastatur wird so auf die relevanten, für das Lösen der Aufgabe sinnvollen Tasten beschränkt: die vier Richtungstasten und die Entertaste. Ein paar andere Tasten darüber und rechts daneben liegen dann noch frei. Diese ‚schützt' der Vater mit seiner Hand. Zuletzt geschieht es oft, dass Jonas mehrere Sekunden lang und ohne Unterlass die Pfeiltaste nach rechts gedrückt hält und dadurch der Transporter bis an das Ende der ‚Straße' fährt. Entschieden seltener, weil in seiner Durchführung für Jonas umständlicher, drückt er so kurz auf die Pfeiltaste, dass sich der Transporter nur eine Reihe nach rechts weiterbewegt.

Zuerst probieren es die beiden mit einer Tastatur und starten das Spiel. Zu Beginn muss ein Name für den Spieler eingegeben werden:

Jonas tippt ‚j o n a' ein, unterstützt von seinem Vater. Der Vater passt kurz nicht auf und Jonas drückt die Entertaste: er heißt also für das Spiel ‚nur' ‚Jona'. Zum Unterstützungsvorgang: Der Vater hat seine Hand auf die von Jonas gelegt. Er macht das von der Ausrichtung analog zu Jonas' Hand, d.h. beide Hände liegen vollkommen übereinander und Jonas' Vater greift nicht eine bestimmte Stelle von Jonas' Hand. Der Vater führt bzw. trägt Jonas' Hand so, dass Jonas' Zeigefinger an der richtigen Stelle ankommt, dort kurz verharrt, dann gehen beide Hände gemeinsam nach unten Richtung Tastatur und der Vater drückt Jonas' Finger auf die Taste. (Protokoll #4, Tag 1, b) AG Neue Medien Gruppe 2)

In Anbetracht der Tatsache, dass Jonas nicht schreiben kann und daher nicht weiß, welchen Buchstaben er benötigt, um seinen Namen zu schreiben, übernimmt hier in erster Linie der Vater die nötigen Aktionen. Aktivitäten wie die Bewegung hin zum Buchstaben und die Taste drücken, werden vom Kraftaufwand vom Vater durchgeführt. Jonas' Hand ist eher passiv am Geschehen beteiligt, aber schlussendlich ist es seine Hand bzw. sind es seine Finger, die die Buchstaben-Taste bedienen. Er berührt die Tasten, auch wenn er dafür keine (beobachtbaren) eigenen Anstrengungen vollzogen hat. Dass er zu einem von ihm gewählten Zeitpunkt die Entertaste drückt, steht konträr zum Buchstaben-Schreiben. Diese Taste, größer als die anderen, besser unterscheidbar aufgrund des Symbols, betätigt er selbstständig und zeigt damit an, dass er das Spiel beginnen und sich nicht weiter an seinem Namen aufhalten will.

Auf andere Art und Weise vollziehen sich die zwischenleiblichen Assistenzaktionen von Jonas' Vater im Laufe des Spieles. Hier sind Jonas die Tasten bekannt und er muss sie nicht extra suchen: Es werden die Entertaste sowie die Pfeiltasten nach rechts, unten und links benötigt. Entsprechend ist der körperliche Beitrag vom Vater ein ‚geringerer' als beim Schreiben des Namens. Er beschränkt sich auf das *Unterbrechen und Fortsetzen* ablaufender Bewegungen von Jonas' Arm bzw. Hand.

a) Jonas dreht sich nach rechts, nicht auf den Bildschirm, sondern direkt zur Tastatur. Er drückt auf die ihm am nächsten liegende Pfeiltaste nach links. Da der Wagen aber nicht weiter nach links fahren kann, zumindest so lange, wie er sich in der Startposition befindet, passiert gar nichts. Das bemerkt auch der nun nach oben schauende Jonas. Er will als Nächstes die Pfeiltaste nach unten drücken, das hätte einen Fehlversuch zur Folge, sein Vater erkennt, was Jonas vorhat und fasst dazwischen, er greift an Jonas' Handgelenk und unterbricht dessen Bewegung. Anschließend wählt Jonas die Pfeiltaste nach rechts, was sein Vater mit „richtig" kommentiert. […] Kurz darauf schaut er wieder auf den Bildschirm und wählt nun die Pfeiltaste nach unten und eine Biene landet auf einer anderen. Vater und Sohn jubeln. (Protokoll #4, Tag 1, b) AG Neue Medien Gruppe 2)

b) Jonas und sein Vater sehen, dass eine Katze nur eine Position von der richtigen für das Drücken der Pfeiltaste nach unten entfernt ist. Der Vater sagt: „noch einmal drücken" und Jonas legt seine Finger auf die Pfeiltaste nach rechts, seine Hand macht es ihm nach, die Taste wird gedrückt und beide lassen wieder los. Im Moment, indem Jonas' Hand in die richtige Richtung auf die Taste zusteuert, macht sich sein Vater bereit mitzumachen. Jonas' Hand landet, er legt sie in der Nähe der Pfeiltasten ab, sodass er die Tasten mit dem Finger erreichen kann. Die Hand seines Vaters bewegt sich dann von oben auf Jonas' Hand darauf. Sie legt sich aber nicht vollständig darauf, sondern bleibt in ganz kleinem Abstand zu Jonas' Hand, in Bereitstellung für die Korrektur eventueller Fehlgriffe. Als Jonas nun gedrückt hat und Hand und Arm nach oben hebt, um sie wo hin auch immer zu bewegen,

besteht die Gefahr einer weiteren Auswahl einer Taste und Umsetzung ihrer einprogrammierten Funktion. Einem eventuellen Fehlgriff kommt der Vater zuvor, indem er nun, im Moment des Von-der-Taste-Wegbewegens zugreift und die Entfernungsbewegung unterstützt und fortsetzt, den Bewegungsablauf von Jonas verlängert. Einer Ausgangsbewegung, die sich im Ablauf befindet, kommt eine Unterstützung zugute, die aber keine Richtungsänderung o. ä. vornimmt. Jonas' Hand landet dann bei ihrem Ausgangspunkt auf Jonas' Bein.
(Protokoll #4, Tag 1, b) AG Neue Medien Gruppe 2)

In beiden Beispielen dokumentiert sich eine andere Art der zwischenleiblichen Stützung als beim Schreiben des Namens. Im ersten Beispiel unterbricht der Vater die Bewegung von Jonas. Die von Jonas geplante und sich in der Durchführung befindende Aktion wird nicht vollendet. Die Berührung, die hier stattfindet, ist ein konkreter (Ein-)Griff in Richtung Hand von Jonas, und verhindert Jonas', der Spiellogik nach fehlerhafte, Aktion. Im zweiten Beispiel antizipiert der Vater, dass Jonas im Zuge der Distanzierung von der richtig gewählten Taste eine andere, falsche Taste erwischen könnte. Auch hier wird in eine gegenwärtige, sich vollziehende Bewegung eingegriffen, diese aber in ihrer Verlaufsrichtung unterstützt und Kontinuität gesichert. Beiden Beispielen gemein ist, dass die zwischenleibliche Berührung in Momenten stattfindet, die nach des Vaters Verständnis entscheidend sind für die erfolgreiche Durchführung des Spiels. Sie sind orientiert an der *win-lose*-Logik. Jeweils werden aktuelle Bewegungen in ihrem weiteren Verlauf eingeschätzt und entsprechend wird die Bewegung unterbrochen oder fortgesetzt. In diesem Sinne ist das ko-operative Handeln (vgl. Goodwin 2018) zwischenleiblich fundiert und an der Vorstellung bestimmter, zu erwartender Konsequenzen eines normalen Spielablaufs orientiert.

Auf Vorschlag von Frau Müller hin sollen die beiden zum Ende der Stunde den Trackball benutzen. Der Aufbau des Gerätes ist relativ simpel. In der Mitte befindet sich die Kugel, mit deren Hilfe man den Cursor bewegen kann. Links, rechts und unter der Kugel befinden sich Funktionstasten. Jonas benötigt davon nur die linke Taste, die für die Auswahl von Elementen auf dem Desktop steht. Der Trackball wird auf der Halterung an Jonas' Rollstuhl befestigt, auf der sich sonst der Sprachcomputer befindet.[110] Der Trackball befindet sich damit in einer frontalen Position zu Jonas' Körper. Er muss sich nicht nach rechts zu den Pfeiltasten auf der Tastatur hinüberbeugen, sondern kann seinen Arm und die Hand zu seiner Körpermitte und nach vorn bewegen. Ziel des Cursors, der nun überhaupt erst relevant wird, sind die beiden Pfeile, die sich am LKW befinden.

Frau Müller gebraucht den Trackball mit Jonas zusammen. Diese zwischenleibliche Interaktion hat besondere Eigenschaften: Frau Müller legt ihre Hand unter die von Jonas. Sie schiebt, von der Seite kommend, ihre Hand mit der Handfläche nach oben unter Jonas' Handgelenk. Frau Müller stützt seine Bewegungen durch eine zwischenleibliche Kontaktstelle im Bereich ca. der Handmitte bis zum Handgelenk. Die Finger bewegt Jonas alleine. Im Unterschied zum Vater, führt sie also Jonas'

110 Das bedeutet aber auch, dass der Sprachcomputer für die Dauer des Spiels zur Seite geräumt wird und Jonas nun nur noch mit wenigen Lauten, Mimik und Gestik, aber nicht mit technisch produzierten Wörtern kommunizieren kann.

Armbewegung mit aus. Sie überlässt das Auswählen und Drücken einer Taste Jonas' Fingern. Es macht zudem den Eindruck, dass sie, anstatt zu heben, die Hand mit in eine von Jonas bestimmte Richtung mitbewegt. Mit Sicherheit steuert sie auch etwas mit, aber die unterschiedliche Hand-Verschmelzung, macht doch weniger den Eindruck, dass Jonas' Hand von a nach b gehoben, sondern eher mitgetragen wird. Das Jonas' Hand zum unkontrollierten Zucken und Springen neigt, wird entsprechend unterschiedlich von Vater und Lehrerin behandelt. Einmal wird dieses Zucken ‚von unten' korrigiert und die Hand wieder in ihre Ausgangsposition zurückversetzt. Der Vater dagegen unterdrückt solche Bewegungen durch seinen Griff von oben her. Das kann Frau Müller vergleichsweise weniger, da sie die Hand bzw. das Handgelenk von Jonas nicht mit den Fingern umgreift.

Die zuletzt beschriebenen zwischenleiblichen Aktionen stellen assistierende Praktiken dar. Sie unterscheiden sich im praktischen Ziel der Assistenz, ihrer konkreten Ausführungsform und dem Ausmaß möglichen, selbstbestimmten Agierens der assistierten Akteure. Sie unterscheiden sich entsprechend der Gestalt der zwischenleiblichen Berührung, d.h. der unterschiedlichen Positionierung und In-Beziehung-Setzung der Arm-Hand-Teile der Akteure. Diese zwischenleibliche Assoziation erzeugt Kräfteverhältnisse und strukturiert die Möglichkeiten der Einwirkung auf den Praxisvollzug der zwischenleiblich verbundenen Akteure.

6.2.5 Zusammenfassung

Dieses Kapitel rückte den Körper als soziales Element innerhalb sozialer Praktiken in den Mittelpunkt. Die Bedeutung der Ausführung körperlicher Aktionen für den Vollzug sozialer Praktiken, in diesem Falle dem Gebrauch von technologischen Geräten, wurde anhand der Tätigkeiten der menschlichen Hand beleuchtet. Eine Zusammenführung sozialtheoretischer (Vor-)Überlegungen belegte die Bedeutsamkeit der menschlichen Hand, der Motorik und des Tastsinns, die in Kombination mit der Haptik von Geräten, den Alltag moderner Menschen – jenseits der Bedeutung von Visualität – bestimmen. Im ersten empirischen Teil des Kapitels wurden Situationen dargestellt, die sich auf das Zusammenspiel der gebrauchenden Hand und der zu nutzenden Technik konzentrierten. Am Gebrauch der technischen Geräte durch die besondere Motorik und Beweglichkeit der Hand von Menschen mit Zerebralparese wurde gezeigt, wie entscheidend einerseits die geleistete Vermittlung bzw. Nicht-Vermittlung von körperlichen Bewegungen durch das technische Objekt und andererseits deren Design und Anordnung von Funktionen sind. Im zweiten Teil stand der ‚zweihändige' Technikgebrauch im Vordergrund, welcher im Feld unter dem Begriff der Gestützten Kommunikation bekannt ist. Im konzeptionellen Rahmen des Kapitels wurden die Themen Zwischenleiblichkeit und die praktische Konstitution von Körpergrenzen ausgeführt. In den beschriebenen Situationen hängt der Vollzug der Praxis davon ab, dass das Medium, die Zwischenleiblichkeit, die Bedingung ist, um unterschiedliche Körper bzw. körperliche Beiträge zum Geschehen in eine koordinierte, geordnete und kollektive Körperbewegung einzubeziehen. Die Beispiele zeigten die Besonderheiten der Vermittlung unterschiedlicher Kräfteverhältnisse zwischen den zwei Händen und, wie eine bestimmte Positionierung der Hände zueinander dazu beiträgt eine Aktion gemeinsam auszuführen.

Insgesamt dokumentiert sich, welche körperlichen Leistungen im Ausüben sozialer Praktiken aufgerufen werden: körperliche Kraft und die kontrollierte wie zielgerichtete Koordination der einzelnen Gliedmaßen einerseits, die Verschmelzung der Handlungsinitiative nicht diskreter Körpersubjekte andererseits. Im Moment des praktischen Gebrauches werden die Besonderheiten des jeweiligen Akteurskörpers, seine Kraft und Kontrollfähigkeit, in Beziehung zu den Anforderungen der Geräte bzw. zur Kraft und den Kontrollfähigkeiten einer weiteren Hand gesetzt. Die jeweilige Durchführung der Praktiken ist abhängig von den Details der Positionierung der Elemente zueinander und dem Verhältnis und der Übersetzung von Aktionskräften zwischen ihnen.

6.3 Biographie erzählen

Ein typischer Erzählanlass bzw. ein typisches Thema von Erzählungen ist die eigene Lebensgeschichte bzw. Biographie. Es gibt eine Vielzahl von Anlässen und Gründen, über sein Leben zu berichten: um sich vorzustellen und kennenzulernen, um sich zu erklären oder sich zu erinnern. Erzählen ermöglicht, die eigene Vergangenheit zu bewältigen, dient dem Selbstverständnis und der Selbstdarstellung, vermittelt Wissen, weckt Sympathien, erzeugt Vertrautheit, ermöglicht wechselseitiges Verstehen oder dient schlichtweg der Unterhaltung. Man lernt, sich selbst zu verstehen und ermöglicht es anderen: „Die Frage ‚wer bin ich?' läßt sich konkret nur beantworten, indem man erzählt [...]" (Waldenfels 1980: 295). Über vergangene Ereignisse und Erlebnisse, gemachte Erfahrungen und deren Bedeutung für Gegenwart und Zukunft zu berichten, ist zwar nicht Gegenstand rechtlicher Konventionen, bildet aber einen wesentlichen Bestandteil des alltäglichen Miteinanders und seiner Qualität. Im Erzählen selbst wird ein soziales Miteinander gestiftet, indem man Wissen über sich einander mitteilt und miteinander teilt.

Von sich selbst zu erzählen, stellt eine „alltäglich eingespielte Kommunikationsform" (Schütze 1987: 77) dar. Um dies zu bewerkstelligen, sind Sprache und alle damit verbundenen Problemstellungen notwendig: „Language is [...] central to this process. Indeed, autobiography might be conceived as a special form of language game, which places certain demands upon the speaker and furnishes them with rhetorical devices for meeting those demands" (Crossley 1996: 59). Erzählen ist eine Kommunikationsgattung, in der Kommunikationsfertigkeiten erforderlich sind, entfaltet werden und (gesellschaftlich und kulturell verbreitete) Kommunikationszwänge (vgl. Kallmeyer/Schütze 1977) praktisch bearbeitet werden. Die eigene Biographie zu erzählen, ist ein praktisches Unterfangen, dass körperliche und in meinem Fall technische Fähigkeiten voraussetzt und innerhalb von Kommunikationsgemeinschaften vollzogen wird. In diesem Kapitel wird der Zusammenhang von biographischem Erzählen und technisch unterstützter Kommunikation diskutiert und anhand der Arten und Weisen, wie Menschen mit Kommunikationshilfen ihre Geschichten auf eigenständige Weise erzählen, exemplarisch dargestellt. Dafür werden ausgewählte Aspekte des *Wie-Erzählens* von Menschen mit technischen Kommunikationshilfen beschrieben.

6.3.1 Wie erzählen?

Lebensgeschichten sind Gegenstand der sozialwissenschaftlichen Biographieforschung. In dieser Disziplin wird erforscht, wie Menschen ihr Leben gestalten, verstehen und mit Bedeutung versehen. Lebensgeschichten sind sozialwissenschaftlich von Interesse, da der Inhalt der Erzählungen darüber Aufschluss gibt, wie und warum sich ein Leben über die Zeit verändert hat und wie die befragten Personen damals wie heute zu den Veränderungen stehen. Einerseits werden kulturelle und soziale Muster des Erzählens rekonstruiert, also, wie überhaupt eine biographische Erzählung zustande kommt und erzählt wird. Andererseits werden Ähnlichkeiten und Unterschiede von Biographien gesucht, an denen abgelesen werden kann, wie gesellschaftliche Institutionen oder individuelle und historische Ereignisse den Verlauf eines Lebens beeinflussen (vgl. Fuchs-Heinritz 2005; Schütze 1981, 1983; Rosenthal 1995, 2014b). Ziel ist es, anhand von Lebensgeschichten die „Entstehung, Aufrechthaltung und Veränderung von sozialen Phänomenen" (Rosenthal 2014b: 511), wie z.B. einer Behinderung, zu verstehen. In Erzählungen von Menschen mit entsprechenden Erfahrungen wird deutlich, inwiefern eine Behinderung ein wandelbares Phänomen ist, das von Individuen über den Lebensverlauf unterschiedlich erlebt und mit Sinn gefüllt wird, unterschiedliche Bedeutung und Gestalten annimmt und anhand seines Wandels innerhalb lebensgeschichtlicher (Entstehungs-)Zusammenhänge zu verstehen ist. Eine Behinderung als biographische Erfahrung ist nicht ein immer gleicher Zustand, sondern ein dynamisches, sich veränderndes Geschehen, das in einen individuellen Lebensverlauf eingebettet ist. Die Forschung zeigt, wie eine Behinderung unterschiedlich interpretiert wird, wie sie in die Biographie eingeordnet wird und zu neuen Lebensentwürfe anregt oder zwingt, wie an sozialen wie körperlichen Aspekten kontinuierlich unter Bezug auf Vergangenheit und Zukunft gearbeitet wird oder die körperlichen bzw. kognitiven Besonderheiten mit der Bewältigung lebensphasenspezifischer Handlungs- und Entwicklungsaufgaben interagieren (vgl. Bruner 2005; Corbin/Strauss 1985, 1993; Demmer 2013; Ohlbrecht 2006).

Weiterhin berichten Erzähler*innen von ihrer eigenen Entwicklung und geben Auskunft über *individuelle* Bildungsprozesse. Ereignisse und Prozesse werden entsprechend der Relevanzen der Erzähler*innen geordnet vorgetragen. Biographien sind ein Ausdruck von Individualität, eines ganz bestimmten *point of view*. Individuelle Sichtweisen, Handlungen und Entscheidungen sowie der Umgang mit gesellschaftlichen An- und Herausforderungen werden erzählerisch dargestellt und für andere nachvollziehbar. So kann anhand von Lebensgeschichten Selbstbestimmung dargestellt sowie – und das ist im Kontext dieser Arbeit von Relevanz – praktisch vollzogen werden. Das eigene Selbstverständnis und eine „selbstbezogene Haltung" (Demmer 2014: 6) werden versprachlicht und praktisch realisiert. Der Akt des Selbererzählens steht für ein selbstbestimmtes und autonomes Handeln: des Für-sich-Sprechens.[111]

---

111 Das ist zugleich ein problematisches Konzept, ruft es doch eine bestimmte Vorstellung des autonomen, rationalen und befähigten Subjekts hervor. Diese Vorstellung wird kritisch in den Disability Studies hinterfragt. Zugleich ist Selbstbestimmung aber eine weiterverbreite Forderung von Menschen mit Behinderung, die sie an ihre unmittelbare Umwelt und gesellschaftliche Strukturen

Das soeben skizzierte Forschungsthema führt in methodischer Hinsicht zur Nutzung des narrativen Interviews. Narrative Interviews ermöglichen das (chronologische) Erzählen und Beschreiben erlebter Ereignisse, die reflexiv verarbeitet wurden, in einer erzählerischen Form abgerufen werden und dem Gegenüber Wissen zur eigenen Biographie kommunikativ vermitteln. Die dabei entstehenden Erzählungen ermöglichen einen Zugang zu subjektiven Erfahrungswelten. Menschen kommen direkt und umfangreich zu Wort, legen ihre Geschichte(n) autonom und eigensinnig dar und ermöglichen Einblicke in ihre besondere Lebenswirklichkeit. Da das Vermitteln biographischen Wissens durch komplexe soziale, praktische und technische Herausforderungen gekennzeichnet ist, stellt sich folgende Frage: Wie erzählt man? Wie kommt eine Erzählung praktisch zustande?

Im Alltag wie im Interview ist Erzählen durch ähnliche (oder zumindest vergleichbare) Anforderungen gekennzeichnet. In der Praxis haben Erzählungen besondere strukturelle Merkmale, die sie als solche erkennbar machen (vgl. im Folgenden Küsters 2009; Schütze 1983, 1987). Bestimmte sprachliche Mittel werden angewandt, um das Erzählte zu gestalten, zu kontextualisieren und zu differenzieren. Es werden Elemente wie der Beginn, das Ende und die Übergänge zwischen Lebensphasen durch sprachliche Marker hervorgehoben. Es werden eine zeitliche Gliederung und kausale Zusammenhänge entworfen, um die Geschichte nachvollziehbar zu machen und ‚dramaturgisch' voranzutreiben. Durch die Abfolge, Aneinanderreihung und Verkettung von Erzählabschnitten, d.h. Phasen der Lebensgeschichte, entsteht ein Plot, eine Story. Orte und Zeiten werden genannt, weitere Personen eingeführt und deren Gedanken, Handlungen und Beziehungen zueinander beschrieben. Typische Situationen und Themen werden entwickelt und wiederholt, Argumentationen, Rechtfertigungen und Generalisierungen eingeflochten. Es wird sich in eine reflexive Beziehung zum Erlebten gesetzt und eine individuelle Position entwickelt. In Neben- und Hintergrundgeschichten werden Details nachgereicht und erläuternd vertieft oder es werden Bezüge zur Zeitgeschichte in den Erzählfluss eingebunden. Durch verschiedene Erzählebenen entsteht so eine komplex strukturierte Narration. Das Zustandekommen der Erzählung wird zusätzlich von den sogenannten „Zugzwängen des Erzählens" (Kallmeyer/Schütze 1977) geleitet. Im Zuge des Erzählens ‚müssen' einzelne Abschnitte der Biographie abgeschlossen werden, erklärende Details sind notwendig für das Verständnis und zwangsläufig kann nicht alles, sondern lediglich sinnhaft Ausgewähltes erzählt werden. Anhand solcher Aspekte interessiert sich die Forschung für das ‚Wie?' des Erzählens. Sie sind grundlegende Mittel für die kommunikative Entfaltung und Vermittlung der individuell erlebten Lebenswirklichkeit. Sie sind zugleich Voraussetzung, um eine Lebensgeschichte nachvollziehbar zu kommunizieren.

Ein gegenwärtig diskutiertes Thema der sozialwissenschaftlichen Narrationsforschung, das für den Kontext dieser Arbeit relevant ist, ist die Materialität des Er-

---

stellen. Nimmt man beides zusammen, entsteht ein ambiges Bild von Selbstbestimmung. Ein untergeordnetes Ziel dieser Arbeit ist es zu zeigen, wie Selbstbestimmung und Handlungsmacht mit Assistenz und gemeinsamem, kooperativen Handeln verwoben sind. Anhand von Praktiken der Kommunikation mit Sprachcomputern wird in dieser Arbeit gezeigt, wie und in welcher Form dieses Verhältnis verhandelt wird.

zählens. Diese Forschungsperspektive konzentriert sich auf die Erzeugung von (biographischen) Erzähltexten durch körperliche Fertigkeiten, technische Hilfsmittel und Artefakte, die im Zuge des Erzählens gebraucht werden. Die Materialität des Erzählens kann einerseits unter die Fragestellung ‚Wie wird erzählt?‘ subsummiert werden, andererseits ist sie verknüpfbar mit praxistheoretischen Grundannahmen zur Rolle des Körpers und von technischen Objekten für den Vollzug von Praktiken. Gegenstände und technische Objekte, körperliche Aktivitäten oder der körperliche Umgang mit Dingen der alltäglichen Umwelt haben einen prägenden Anteil an der sozialen Praxis des Erzählens. Der Körper ist dabei nicht nur Objekt und die Dinge sind nicht nur Instrument, sondern beide sind als jeweils aktive und eigensinnige Elemente am Erzählvorgang beteiligt. Erzählen wird hier als Praxis verstanden, in der multiple Akteure, Körper, das technische Objekt Sprachcomputer und weitere Medien auf verschiedene Arten partizipieren. Indem die jeweilige *agency* der Elemente verteilt und delegiert wird, tragen sie zur praktischen Konstruktion der Erzählung bei. So kann die Erzählung einer bestimmten Praxis, z.B. Yoga-Machen, wenn sich verbal nicht gelingt, gemeinsam durch Interviewte und Interviewende körperlich nachvollzogen werden (vgl. Demmer 2016). Oder die Erzählung wird mittels Erinnerungsartefakten, besonderen Sprechweisen (d.h. prosodischen Mitteln), Körperhaltungen oder Nonverbalem gestaltet (vgl. Höppner 2015; Wundrak 2015; vgl. für das Feld der Unterstützten Kommunikation, Hanson et al. 2013 sowie spezifisch für Interviewforschung Wilkens 2019). Die in dieser Forschung implizierte Bedeutung von interaktiven Ko-Konstruktionen im Erzählvorgang (vgl. Günthner 2015; Goodwin 2015) komplementiert den Fokus der Interpretationen in den folgenden empirischen Beispielen.

Am Beispiel technisch unterstützter Kommunikation und biographischer Erzählweisen wurde über den Zusammenhang von Kommunikationskompetenzen und -beeinträchtigungen reflektiert (vgl. Booth/Booth 1996; Demmer 2014; Ling 2015; Wickenden 2011; Wilke 2015). In der Forschung wird deutlich, dass etwas zu erzählen eine praktische Herausforderung ist und unterschiedlichen kulturellen, generationellen, kognitiven und körperlichen Anforderungen unterliegt. Es bestehen gesellschaftlich verbreitete und geformte Erwartungen an eine wohlgeformte Geschichte. Sie stellen für Menschen ohne Lautsprache im Speziellen eine Herausforderung dar, was sie nicht selten aus der Erzählgemeinschaft ausschließt. Einerseits werden Erzählkompetenzen von Menschen mit körperlichen oder geistigen Behinderungen häufig in Frage gestellt. Andererseits ist rein praktisch im Gespräch nicht davon auszugehen, dass die Zugzwänge des Erzählens flüssig und quasiautomatisch, wie von selbst wirken und die Erzählung zum Laufen bringen. Jemand mit einem Sprachcomputer erzählt nicht ohne Weiteres stundenlang seine Lebensgeschichte. Anforderungen an das Erzählen-Können kreieren Barrieren für die, die ihre Lebensgeschichte anderen mitteilen wollen und dafür andere Kommunikationsweisen und -techniken nutzen. Besonders wenn mit Sprachcomputern erzählt wird, zeigen sich die typischen Herausforderungen, die (potenziell behindernden) Anforderungen und (gesellschaftlich verbreiteten) Ansprüche an eine ‚wohlgeformte‘ Erzählung. Die empirischen Beispiele in diesem Kapitel zeigen aber auch, wie die Erzählenden mit solchen Anforderungen umgehen und eine Erzählung mittels unterschiedlicher Ausdrucksformen hervorbringen.

6.3.2 „Ich bin zu früh auf die Erde gekommen" – Erzählen durch Ko-Konstruktionen

Ein biographisches Interview beginnt i.d.R. mit einer offenen Frage, durch die die interviewte Person angeregt wird, ihre Lebensgeschichte zu erzählen. Wie und wie lange was erwähnt wird und was nicht, an welcher Stelle die Geschichte begonnen oder wo sie beendet wird, soll ihr überlassen werden. Hinter dieser Vorstellung der Forschungspraxis verbirgt sich das Konzept selbständiger, autonomer Sprecher*innen, welche alleine, ohne Hilfe und ohne Unterbrechung umfassend ihre Lebensgeschichte darlegen können. Aufgrund der Besonderheiten der Kommunikation mit einem Talker ist nicht davon auszugehen, dass mehrere Stunden lang detailliert eine Lebensgeschichte durch einzelne Erzähler*innen erzählt wird. Wie der Beginn einer Erzählung durch ein Erzählkollektiv gestaltet wird, zeige ich am Interview mit Toni und seinen Eltern.[112] Auf die Eingangsfrage antwortet Toni mit seinem Talker folgendermaßen:

```
Toni-s ich bin (4) ich bin zu (3) ich bin zu früh (2)
       ich bin zu früh auf (2) ich bin zu früh auf die
       er-
Mutter ((lächelt)) ((blickt zu V)) (7)
Toni-s ich bin zu früh auf (6) ich bin zu früh auf die
       erde
Mutter ((schmunzelt)) <<pp> auf die erde>
Toni-s ich bin zu früh auf die Erde gekommen
```

(Interview # 3, Toni)

In der Antwort geschieht Folgendes: Erstens, übernimmt Toni das Rederecht, er wurde in der Frage adressiert und ist Mittelpunkt des Interviews. Toni ist Sprecher und Autor des Beginns seiner eigenen Erzählung.[113] Zweitens trifft Toni die Wahl des Beginns mit einem für ihn relevanten Ereignis: den Besonderheiten seiner Geburt, was er sprachlich durch das *„zu früh"* hervorhebt. Bereits in diesem Satz deutet Toni ein Verständnis davon an, dass er eine individuelle Geschichte hat. Selbstverständlich kann sich das *„zu früh"* auf vieles beziehen. Es ist eine indexikale Aussage, die einen breiten Bedeutungshorizont eröffnet, der von wahrscheinlichen Deutungen, wie einer Frühgeburt, bis hin zu der metaphorisch angedeuteten Idee gehen kann, dass die Welt noch nicht vorbereitet war auf Tonis Geburt. Drittens vollzieht sich eine subtile und mehrdimensionale Involvierung der Eltern in den Erzählvoll-

112 Toni tendiert zum Zeitpunkt des Interviews zu Ein-Satz-Antworten. Rein technisch antwortet Toni so, dass er nach jedem durch die Kombinationen von Symbolen auf dem Display generierte Wort den aktuellen Stand des Satzes durch den Talker aussprechen lässt. Die Zuhörer*innen verfolgen Schritt für Schritt den Fortschritt des Satzes bis zu seiner Vollendung und können u.U. die vollständige Antwort antizipieren.

113 Die Dekonstruktion der Sprecher*innenrolle in verschiedene Funktionen sowie die praktische, spontane und flexible Verhandlung und Verschiebung dieser Rollen innerhalb von Gesprächen, ist Gegenstand einer an Goffman anschließenden interaktionslinguistischen Forschung, vgl. Goffman 1981; Auer 1999; Zidjaly 2009.

zug. Die Eltern zeigen sich freudig überrascht von Tonis spontaner, kreativer Antwort.[114] Sie sind demnach emotional involviert und am Erzählvorgang beteiligt. Weiter ist zu vermuten, dass Toni kein Erfahrungswissen von seiner Geburt hat, sondern dieses von seinen Eltern vermittelt wurde. Indem Toni trotzdem seine Lebensgeschichte mit der Geburt beginnt, holt er seine Eltern als Wissende implizit mit ins Spiel. Das Ereignis, um das es Toni geht, betrifft die ganze Familie. Zuletzt ist die Antwort bedeutungsoffen und für den Interviewenden nur durch weiteres Kontextwissen, über das die Eltern verfügen, verständlich. Nicht nur inhaltlich, sondern auch auf einer pragmatischen Ebene deutet Toni an, dass an seiner Biografie weitere Familienmitglieder erzählerisch teilhaben, dass es andere gibt, die seinen Satz einordnen und erklären können. Zusammengefasst, etabliert sich Toni als Erzähler seiner individuellen Biografie. Implizit werden die Eltern involviert und Toni verknüpft seine Individualität mit der familiären Gemeinschaft. Im Folgenden ergänzt die Mutter Details:

```
Mutter genau soll ich vielleicht auch noch nen bisschen
       erzählen ja?
Toni   ja ((...))
Mutter toni ist in der ((...))gsten schwangerschafts
       woche geboren mit ((...)) gramm geboren ist die
       ersten wochen beatmet worden
Toni   ((lacht))
Mutter hat dann hirnblutung gehabt und daraus ist dann
       die behinderung spastische [tetraparese]
Toni                              [ja]
Mutter entstanden ähm joa (.) seit er ((...)) ist hat
       er den Talker
```

(Interview #3, Toni)

Die Mutter beginnt nicht einfach (für Toni) zu erzählen, sondern fragt explizit nach, ob sie ergänzen soll. Sie holt sich die Erlaubnis zum ‚Reden-für' ein (vgl. Hörmeyer 2015: 76–91). Als Elternteil ist sie ebenso gut oder sogar besser über die ersten Lebensjahre ihres Kindes informiert und hat ihre eigene Geschichte über diesen Zeitabschnitt entwickelt. Toni bejaht und sie fährt fort, indem sie die Umstände, den Verlauf und die Folgen der Geburt benennt – und den nächsten Zeitabschnitt der Erzählung wählt. Sie stellt Ursache-Wirkungs-Zusammenhänge auf, markiert sprachlich (*„ähm joa"*) das Ende dieses Ereignisses und leitet über zum nächsten – für sie – relevanten Zeitabschnitt. Toni bleibt auch nach dem Sprecher*innenwechsel durch seine körpereigenen Kommunikationsmittel an der fortschreitenden Erzählung beteiligt. Er bejaht und lacht. Er macht das in diesem Falle verbal, ohne Talker. Dadurch bestätigt er die Erzählung und bleibt emotional involviert. Dadurch erhält die Erzählung, neben Detailreichtum, eine vieldeutige Färbung, die zwischen sachlichem Ernst und Lachen – auch wenn unklar bleibt, worüber Toni genau lacht

114 Abzulesen an den beiläufigen nonverbalen Interaktionen zwischen Mutter und Vater. Dass dieser Nebenschauplatz als Interaktionsraum für die Eltern entsteht, ist eine nicht intendierte Folge der technisch bedingten Produktionsdauer von Tonis Antwort.

– pendelt. Sohn und Mutter praktizieren damit eine Erzählgemeinschaft, in die die momentan nicht erzählende Person implizit sowie explizit involviert bleibt. Dabei gelingt es beiden Akteuren, das Ereignis, an dem beide teilgenommen haben, mit eigenständigen Beiträgen zu skizzieren. Sie präsentieren sich als eine erzählte sowie erlebte Gemeinschaft, indem beide ihre individuelle Note beitragen.

Zusammengefasst wird Tonis Geburt zwar nur knapp umrissen. Fokussiert man aber das ‚Wie?' des Erzählens, zeigt sich viel mehr als nur das. Der Zeitabschnitt Geburt wird von Sohn und Mutter gemeinsam konstruiert und entwickelt. Dazu ein paar weitere Beispiele, die die Bandbreite an Arten und Weise des ko-konstruierenden Erzählens belegen. Am typischsten ist die Variante, die ich so eben präsentierte: das Ergänzen von Details zu einem Sachverhalt, den die Person mit dem Talker setzt. Im Zuge dessen z.B., dass ich mich mit Natascha und ihrer Bezugsbetreuerin Claudia über ihre Erfahrung beim Lernen der Symbole unterhalte, kommt es zu einer solchen Situation. Ich frage:

Interviewer	gabs da unterstützung des zu lernen?
Claudia	<<pp> ja>
Natascha	((beginnt zu tippen))(19)ja ich habe hilfe bekommen

(Interview #7, Natascha)

Dann schauen sich beide kurz an, Maria lautiert *„ja"*, Claudia ebenfalls, und Natascha lautiert ein zweites Mal *„ja"*. Dann beginnt Claudia die geleistete Hilfe beim Lernen der Symbole näher zu beschreiben: Erst gab es Christian, einen Heilerziehungspfleger in Ausbildung. Sie nennt die Dauer seines Aufenthaltes in der Werkstatt und dass beide mit dem Talker zu jeder Gelegenheit geübt haben. Der Lernprozess wurde anschließend mit einer Logopädin fortgesetzt. Claudia vertieft also Nataschas Aussage durch die Einführung von Personen inkl. Berufsbezeichnungen, Zeitspannen, Orten und Besonderheiten des Lernprozesses. Im Laufe von Claudias Erzählung bejaht verbal Natascha mehrmals ihren Bericht, sie bleibt also involviert und engagiert, steuert aber nicht selbstbestimmt Details bei. Claudia übernimmt hier die Rolle als primäre Erzählerin, fortlaufend bestätigt Natascha diese Übernahme. Bei einem anderen Thema kommt es zwischen den beiden zum Dissens. Ich frage: *„wer oder wie ist denn auf die idee gekommen dann oder was war so der grund sich dann den äh den talker sozusagen zusätzlich"* (Interview#7, Natascha), meine Frage wird von Natascha unterbrochen und sie zeigt auf Claudia, welche so reagiert: *„stimmt nicht darf ich das erzählen natascha?"* (Interview #7, Natascha). Sie holt sich aufgrund des Dissens explizit die Berechtigung ein, ihre Version darzulegen. Das Gespräch geht folgendermaßen weiter:

Natascha	ja
Claudia	ja okay wir waren bei (Name von Messe)
Natascha	ja
Interviewer	der messe
Claudia	genau und äh das bist du glaub ich mit cornelia ich war gar nicht dabei ne?

Natascha	mit cornelia
Claudia	mit cornelia dort gewesen
Natascha	und
Claudia	äh genau dort [wurden] wurden talker
Natascha	[maiki]
Claudia	(.) angeboten und (.) du hast das auspro-du hast nen talker ausprobiert
Natascha	ja

(Interview #7, Natascha)

Claudia will also den Sachverhalt erzählerisch darstellen und beginnt mit der Einführung des Ortes bzw. der Veranstaltung, bei welcher Natascha ihren ersten Kontakt mit einem Talker hatte. Anschließend bringt sie den entscheidenden Punkt an, den sie richtigstellen möchte. Dafür fragt sie Natascha, wer mit ihr zu dieser Veranstaltung reiste. Natascha erhält also die erzählerische Aufgabe, die beteiligten Personen zu nennen, während Claudia in aller Kürze das biographisch relevante Ereignis schildert.

Etwas anders vollziehen Kurt und seine Schwester diese Art des gemeinsamen Erzählens. Auf die Frage nach Krankenkassen und Hilfsmittelversorgung schaut Kurt zu seiner Schwester. Seine Mimik und Gestik deuten an, dass die Antwort zu lang und zu umständlich sein wird, um sie mit dem Talker zu beantworten (vielleicht auch zu emotional belastend). Kurt sagt also gar nichts zu diesem Thema und seine Schwester antwortet daraufhin in summierender Weise: *„es ist halt immer nen kampf gewesen"* (Interview #6, Kurt). Etwas weiterzuerzählen bzw. Details auszubreiten, kann auch ohne große Absprachen und allein durch einen als Stichwort fungierenden Blick motiviert sein. Astrids Assistent z.B. fragt Astrid im Anschluss an ihrer Artikulation des Wortes ‚Rubrik': *„genau ich mein so ganz konkret haste dich jetzt aktuell dafür eingesetzt dass es in der zeitschrift in der (Name für Fachgebiet) zeitschrift ne eigene rubrik gibt in der regelmäßig (Personenbezeichnung) artikel veröffentlichen?"* (Interview #9, Astrid). Das Astrid nur ein Wort ‚in die Runde' gibt, wird von ihm so verstanden, dass er das Stichwort konkretisieren soll. Er gibt mir als Zuhörer entscheidende Informationen zu Astrids Tätigkeiten, die diese ‚nur' noch bejahen muss. Dieses Vorgehen beruht selbstverständlich auf einer Vertrautheit zwischen den beiden und geteiltem Wissen. Dass der Assistent seinen Erzählbeitrag als Frage formuliert, ermöglicht implizit den Erhalt von Astrids Rolle als Erzählerin, auch wenn sie die Rolle als Autorin kurzzeitig an ihren Assistenten delegiert. Das Hinzufügen von Details kann auch die Form der Übersetzung annehmen. So bei Bruno, als er seinen Arbeitsort per Talker nennt: *„ich arbeite (7) in (2) einer (4) behinderten (4) werkstatt (3) in (16) (Stadtname)"* (Interview #5, Bruno), daran anschließend lautiert er etwas mir Unverständliches. Sein Assistent reagiert und ergänzt den Namen des Stadtteils, indem er Brunos Lautierung übersetzt. Der Name des Stadtteiles befindet sich nicht in Brunos Lexikon. Solche Probleme lösen Natascha und Claudia, indem sie gemeinsam die im Lexikon fehlenden Ortsnamen über die Buchstabentastatur auf dem Display buchstabieren. Und auch eine Geste von Kurt, die dieser einsetzt, um schneller als mit seinem Talker auf eine meine

Frage zu reagieren, wird mir von seiner Schwester mit *„zum teil"* (Interview #6, Kurt) übersetzt.

Die Beispiele zeigen, dass die Rolle der zentralen Erzähler*innen nicht dauerhaft bei den Talker-Nutzer*innen liegt. Im Feld der technisch unterstützten Kommunikation wird ein biographisch relevantes Ereignis selten allein erzählt, sondern von einer Erzählgemeinschaft. Die Geschichten werden „socially enacted and [they] enfold in mutual enactment" (Charmaz 2002: 306). Dafür werden Kommunikationsrollen ausgehandelt. Die Nutzer*innen des Talkers und ihre Kommunikationspartner*innen sind mal Autor*in und mal Sprecher*in eines Satzes, mal geben sie nur den Rahmen vor, den ihre Partner*innen mit Details füllen oder ihre kommunikativen Aktionen werden übersetzt. Zu Beginn einer Erzählung eingesetzt, ermöglicht der Talker bedeutsame, inhaltliche Aussagen, legt den Gegenstand Erzählung fest und fungiert als Mittel zur Initiation und Rahmung der Geschichte.[115] Im typischen weiteren Verlauf verschieben sich die Erzählrollen und es wird ausgehandelt, dass weitererzählt wird und wer weitererzählt. Im Zuge des Weitererzählens werden die Kommunikationspartner*innen teilweise selbst zu Autor*innen und Sprecher*innen, indem sie ihre eigenen Deutungen und Schwerpunktsetzungen einbringen. Im Zuge des ko-konstruierenden Erzählens wird die ‚Herrschaft' über die Erzählung u.U. verschoben, um eine Geschichte verständlich zu machen.[116] Die von Beteiligungsformen abhängige Selbstbestimmung des technisch unterstützt Kommunizierenden darüber, was wie wann erzählt wird, zeigt sich als fragiler und komplexer Gegenstand von interaktiven Aushandlungsprozessen und Gesprächsdynamiken. Sie ist dauerhafter Bestandteil des kollektiven und kooperativen Erzählens von Erzählgemeinschaften.

6.3.3 „Sonst sitzen wir morgen früh noch hier" – Erzählen durch Skripte

In der Biographieforschung wird davon ausgegangen, dass jede Erzählung spontan und aus dem Stehgreif erfolgt. Je nach Anlass, Publikum, der gegenwärtigen Situation und dem aktuellen Befinden, kann die Erzählung unterschiedlich ausfallen – auch wenn Ähnlichkeiten bestehen bleiben. Anders als spontanes Erzählen bieten vorab angefertigte, im Talker gespeicherte und jederzeit abrufbare Texte ein probates Mittel zum Erzählen von Geschichten. Wie der fixierte Text gesprächspraktische Vorteile ermöglicht, zeigt das folgende Beispiel. Es soll zudem diskutiert werden, wie diese Vorteile der Vorstellung, dass erzählte Texte sich immer wieder verändern und dadurch neue Perspektiven auf die Vergangenheit geworfen werden, gegenüberstehen. Im Anschluss daran zeige ich, wie spontan und situativ mithilfe anderer kommunikativer Ressourcen das fertige Skript ergänzt wird.

---

115 „Da ‚einleitende Bemerkungen' die Weichen stellen und das Folgende in einen Rahmen hineinstellen können, gibt es einen Grund, es als strategisch wichtig anzusehen, daß man ‚das erste Wort' hat" (Goffman 1980: 284).

116 Die konversationsanalytische Rekonstruktion assistierten und kollaborativen Erzählens von Geschichten hat auf die Bedeutung der Aushandlung des Rederechts, der Initiation von Übergaben, des gemeinsamen Wissens und den multimodalen Ressourcen zur Bewerkstelligung einer gemeinschaftlich produzierten Erzählung hingewiesen (vgl. Lerner 1992; Bloch/Beeke 2008; Dressel/Satti 2021; Zima 2017).

Mit einem vorab angefertigten Text antwortet Astrid, als ich sie nach ihren Erfahrungen in der Schulzeit fragte. Kurz davor, als unmittelbare Reaktion auf meine Frage nach dieser Zeit, antwortet aber zunächst ihr Assistent: „*willstes auch kurz ja diese Problematik haste auch son bisschen ausgeführt*" (Interview #9, Astrid); dann übersetzt er Astrids Antwort: „*sorry aber sonst sitzen wir morgen früh noch hier*" (Interview #9, Astrid), worauf alle lachen. Dass die Schulzeit eine gewisse „*Problematik*" enthält, die einer überlegten Ausarbeitung bedarf, verweist auf die Relevanz dieser Lebensphase für Astrid, von der der Assistent weiß. Astrids sich anschließender Scherz bringt dann die *praktische* Problematik des Erzählens humorvoll auf den Punkt. Da sie entweder per Augensensor einzelne Buchstaben ansteuert oder ihre Kopfbewegungen durch Assistent*innen in Wörter und Sätze übersetzt werden, würde eine umfangreiche Antwort sehr viel Zeit in Anspruch nehmen. Sie wählt deshalb im Anschluss einen fertig ausgearbeiteten Text. Dass ermöglicht ihr eine komplexe und umfassende viertelstündige Erzählung, die verschiedene Stationen und Zeitabschnitte, relevante Personen, verschiedene Mittel der Unterstützten Kommunikation, eigene sowie institutionelle Probleme, individuelle Einstellungen, Motivationen und Reflektionen über das Leben ohne Lautsprache innerhalb des deutschen (Förder-)Schulsystem und damit die Besonderheiten der eigenen Bildungskarriere darstellt. Ihre Erzählung ermöglicht, eine Zeitspanne von mehr als zehn Jahren nachzuvollziehen.

Durch die Ausnutzung der Speicherfunktion des Talkers kann Astrid die Erlebnisse und Erfahrungen ihrer Schulzeit nach vorheriger Überlegung und Reflexion geordnet und fixiert darlegen. Damit ist in mehrfacher Weise ihre Selbstbestimmung und Eigenständigkeit gewährleistet: Sie ist zweifelsohne die Autorin eines eigenen Textes. Sie hat den Text erstellt und der Text hat sie selbst als Gegenstand. Zweitens, im Moment des Erzählens, ist sie durchgehend die alleinige Erzählerin. Alle Anwesenden hören ihr zu ohne ihren Redefluss zu unterbrechen. Zusätzlich ist es ihr, drittens, möglich, die Erzählgeschwindigkeit durch das gezielte Ansteuern einzelner Sätze zu kontrollieren und an den passenden Stellen Kunstpausen für ihr Publikum, zum Nachdenken oder Lachen, einzubauen.[117] Erst wenn die Zuhörer*innen nicht mehr lachen, geht es weiter. Sie vereint durch die Ausnutzung der Talkertechnik die drei Kategorien, die Goffman für die Sprecherrolle entworfen hat: Sie ist die faktische Sprecherin, vermittelt durch den Talker; sie entscheidet über Inhalt und Form des Textes, sie ist Autorin; und sie ist die alleinige Eignerin des Textes, der ihr zugerechnet wird und für den sie verantwortlich ist.

Diese Art der Erzählpraxis unterscheidet sich zu Tonis in drei Punkten: dem Erzählumfang, dem alleinigen Sprechen, und der situationsunabhängigen Ausgewähltheit des Erzählten. Astrid begegnet den komplexen Herausforderungen spontanen Erzählens durch wohlüberlegte, vorab gefertigte Geschichten, die weitaus umfangreicher sind, als Stück für Stück durch die Kombination von Symbolen oder Buchstaben eine Lebensgeschichte darzulegen. Der vorab und situationsunabhängig

117 Rein technisch besteht auch die Möglichkeit, den Text am Stück abzuspulen. In diesem Fall entfällt diese Möglichkeit erzählerischer Gestaltung für die Nutzer*innen. Die Teilnehmer*innen meiner Studie haben, wenn sie fertige Skripte nutzten, von der gleichen Variante wie Astrid Gebrauch gemacht.

festgelegte Umfang ermöglicht das Erläutern globaler, umfassender Lebenszusammenhänge. Gegenüber dem schrittweisen Erzählen durch einzelne Äußerungen, eventuellen Unterbrechungen durch Nachfragen der Zuhörenden, dem Ergänzen von vergessenen Sachverhalten oder dem Erklären von Uneindeutigem, wird derart Zeit gespart. Als Sprecherin behält sie durchgehend ihr Rederecht und präsentiert sich als autonome Sprecherin und Autorin einer in sich abgeschlossenen Erzählung, was durch Einschaltungen anderer Personen gestört werden würde. Des Weiteren ist die Erzählung wiederholbar und unterliegt nicht der Flüchtigkeit und Zufälligkeit spontaner Gespräche. Dadurch können besonders relevante Aspekte hervorgehoben werden und gehen nicht im Zuge des Gespräches, aufgrund von Verzweigungen und Ablenkungen, unter. Dies wirkt entsprechend auf Zuhörende, die einer auf relevante Gesichtspunkte hin selektierten und kondensierten Erzählung zuhören. Es wird im Erzählmoment weniger die Gemeinschaft, als die alleinige Erzählerin betont, die die Speicherkapazitäten des technischen Gerätes ausnutzt und einzusetzen weiß.

Die Kommunikation per Skript unterliegt, wie gesagt, einer gewissen Situationsabhängigkeit. Die Texte beruhen oft auf öffentlichen Vorträgen und daher passen Formulierungen nicht immer zu anderen Situationen, wie z.B. ein Interview. Dazu ein Beispiel aus dem Interview mit Kurt:

```
Kurt-s dann habe ich mit bliss angefangen (.) erst auf
       einer wachsdecke angeklettet dann auf tafeln
       die meine Eltern selbst angefertigt hatten (.)
       ((...)) weiß jeder was bliss ist?
((Kurt, Interviewer, Schwester lachen))
```

(Interview #6, Kurt)

Erstens, passt der in der Frage verwendete Plural nicht, da aktuell nur eine Person (der Interviewer) anwesend ist und zuhört. Zweitens, hatten Kurt und ich einige Momente vorher bereits über BLISS-Symbole gesprochen. Es war daher klar, dass ich zumindest eine Ahnung von den Symbolen und ihrem Gebrauch habe. Das gemeinsame Lachen markiert und bewältigt die situative Unangemessenheit der Frage. Um diesem Sachverhalt zu begegnen, wird von den Nutzer*innen der Skripte verschiedentlich der Text ergänzt. Dadurch erhält die Erzählung an bestimmten Stellen einen situativen Charakter, sie wird an die Situation und die Zuhörer*innen angepasst. Astrid z.B. ergänzt an einer Stelle Sachverhalte, die sie als wichtig für das Verständnis des Zuhörers oder als ihn interessierend ergänzt. Eventuell kommt sie damit auch selbstbestimmt einer antizipierten Nachfrage zuvor:

```
Astrid-s   die teilnehmerinnen trafen sich dort zum
           ersten Mal (.) damals hatten wir 90 Minuten
Assistent  ef ü fün fünf ef fünf frauen i im Alter von
           e ei ein u und einundzwanzig be bis z we zwei
           zweiund f fünfzig sogar
```

(Interview #9, Astrid)

Auch bei Kurt kommt es an einer entscheidenden Stelle zu einer Ergänzung. Wie gesagt partizipiert seine Schwester S am Interview:

Kurt-s	da meine Mutter die Sorge hatte das ich doch eine geistige Behinderung haben könnte hat sie mich gefördert
Kurt	aau ba ba
Schwester	und papa auch? papa auch ((...)) mama war mehr zu Hause deswegen

(Interview #6, Kurt)

Kurt führt hier eine zweite Person, seinen Vater, verbal ein. Da ich seinen verbalen Beitrag nicht verstehe, übersetzt seine Schwester. Die Übersetzung vollzieht sich in der Form einer Frage, die Kurt nonverbal beantwortet. Eine Besonderheit hier ist, dass die Schwester eine Begründung beifügt, warum in Kurts Ausgangssatz nur die Mutter vorkommt. Die Schwester gestaltet die Erzählung weiter, indem sie Hintergrundwissen ausbreitet. Beide zusammen ko-konstruieren hier die Narration. Es ist zu vermuten, dass beide auch gemeinsam die betreffende Zeit erlebt haben und die Schwester ihr Wissen aus erster Hand in Kurts Erzählung einfließen lässt.

Über das Ergänzen und Ausführen von Sachverhalten hinausgehend, setzt Astrid kommunikative Mittel ein, um das Gesagte zu ‚verändern':

Astrid-s	Und ich wollte ein richtiges abitur das niemand hinterher anzweifeln [kann]
Astrid	[Ah]
Astrid-s	sobald ich lehrer gefunden hatte die mich bilden wollten funktionierte [es]
Astrid	[JA]

(Interview #9, Astrid)

Durch die quasi gleichzeitig laufende Artikulation von Lauten bzw. dem *„ja"*, kommentiert Astrid ihren eigenen Text. Sie bekräftigt ihn und hebt die Sätze hervor. Sie markiert sie durch ihre Lautierung, welche im Großteil des restlichen Verlaufs ihrer Erzählung nicht zum Einsatz kommt. Sie nimmt damit aktiv Einfluss auf ihr Publikum und agiert als *performer* (vgl. Goffman 1981). Letzteres geht über das ‚Abspulen' des Skriptes hinaus. Sie verstärkt situativ die Relevanz der Aussage und steuert die Aufmerksamkeit der Zuhörer*innen. Sie situiert den Text in der Erzählgegenwart. Situierung ist demnach eine Praxis, durch die der Vorstrukturierung der Kommunikationssituation durch das Skript begegnet wird.

Die hier exemplarisch aufgeführten Anpassungen dienen der Situierung der skript-basierten Kommunikation. Situierung ist demnach selbst eine Praxis, durch die der Vorstrukturierung der Kommunikationssituation durch das Skript begegnet wird. Durch sie erhalten oder bestärken Astrid bzw. Kurt auch in der Situation ihre Rolle als Erzähler*in und Autor*in.

6.3.4 „Das da? Ja?“ – Erzählen durch Multimedialität

Häufig wird davon ausgegangen, dass eine Erzählung nur durch verbalisierte Sprache entsteht. Dass mit nonverbalen, visuellen und anderen materiellen Ressourcen eine Geschichte erzählt wird, ist eine relativ neue Einsicht innerhalb der sonst ‚sprachfixierten‘ Biographieforschung (vgl. Wundrak 2015) und ein besonders relevantes Thema in Bezug auf Unterstützte Kommunikation. Das lässt sich an einer Situation im Gespräch mit Kurt nachvollziehen. Es handelt sich um den Gesprächsabschnitt zu den Bliss-Symbolen, genauer um die von mir weiter oben vorgenommenen Auslassung. Folgendermaßen vollzieht sich die gesamte Szene:

Kurt-s	dann habe ich mit bliss angefangen (.) erst auf einer Wachs decke angeklettet dann auf tafeln die meine eltern selbst angefertigt hatten ((blick zu S))
Schwester	[wollst die-] zei- wollst das zeigen? oder was?
Kurt	ja
((Schwester steht auf und holt Koffer aus Schrank))	
Schwester	meinst du dieses hier?
Kurt	ja (.)((Schwester bringt Tafeln zu Kurt und Interviewer))
Interviewer	ah okay
Schwester	ich hoffe ich habs jetzt richtig rum
Kurt	ja
Schwester	das andere hast du auch noch nen ordner oder was kurt?
Kurt	ja ((Kurt und Interviewer schauen auf Tafeln))
Interviewer	mit den Fingern dann gezeigt?
Kurt	( )
Interviewer	hm=hm
Schwester	und [ah-]
Interviewer	[ACH] so aus- abgezogen auch
Schwester	die konnte man abmachen und da halt neue drauf setzten quasi
Interviewer	ah [okay]
Kurt	[ja]
Interviewer	hier ne alles klar is auch schon nach grammatik sortiert ne? seh ich das richtig? nach substantiven

(Interview #6, Kurt)

Kurts Blick zu seiner Schwester interpretiert diese als Aufforderung, die Wachsdecke mit den Bliss-Symbolen zu zeigen. Sie versichert sich dieser Interpretation durch eine Rückfrage. Da für sie nicht vollkommen eindeutig klar ist, ob sie das richtige Objekt in einem Koffer gefunden hat und ob sie es richtig präsentiert, klärt sie beides mit Kurt. Dass das richtige Medium auch gefunden werden muss, also eine praktische Klärung stattfindet, welches mediale Objekt in die Narration eingebaut werden soll, darauf komme ich im nächsten Beispiel ausführlich zurück. Die weiteren Nachfragen von mir und zusätzlichen Erklärungen durch die Schwester behandeln den praktischen Gebrauch der Bliss-Symbole. Kurt erzählt hier nicht nur über die Bliss-Symbole, sondern will diese selbst zeigen. Er erweitert seine Erzählung um die Anschauung der in der Vergangenheit gebrauchten Materialien. Diese werden durch die Einbindung, die weiterer praktischer Aktionen bedarf, zu einem erzählerischen Mittel. Sie vermitteln dem Zuhörer nicht nur, wie die Bliss-Symbole konkret genutzt wurden, durch ihren Einsatz werden zusätzlich neue Themen, Fragen und Antworten generiert. Sie vermitteln dadurch die Fortschreibung der Narration bzw. des Gespräches.

Die bereits im vorherigen Kapitel erwähnte Praxis des Erzählens durch Skripte kann ebenfalls durch weitere kommunikative Ressourcen und Medien begleitet werden. So hat Kurt zu seinem biographischen Skript eine passende PowerPoint-Präsentation vorbereitet. In Kurts Erzählpraxis wird das Repertoire an Erzählmedien um visuelle Ressourcen erweitert. Bei der Erzählung seiner Biographie mittels vorbereitetem Text achtet er darauf, dass ich die dazu passenden Bilder, insbesondere Fotos, aber auch einige Grafiken, sehe. Er arbeitet dafür parallel mit dem Text auf dem Talker und den Bildern auf einem PC-Monitor, den er mir zugewandt hat. Auf einem zweiten, mir abgewandten Monitor sieht er die Vorschauansicht der PowerPoint-Präsentation. Zwischen Text auf dem Talker und Bildern auf dem Monitor (deren Fortschreiten er über Klicks auf eine spezielle Computermaus steuert) zu wechseln, ist eine praktische Bedingung für den erfolgreichen Vollzug der Narration.

Aufschlussreich, da noch etwas komplexer, ist das multimediale Erzählen bei Stefan. Hier verketten sich der Einsatz verschiedener Medien neben dem Skript zu einer regelrechten Kaskade an Medienwechseln. Auch er hat auf die Eingangsfrage nach seiner Lebensgeschichte ein vorgefertigtes Skript zur Hand, das die wichtigsten Stationen seines Lebens wiedergibt und seine unterschiedlichen Kommunikationsmittel benennt und beschreibt. Praktisch bedeutet das für ihn, ähnlich wie bei Astrid, dass er die einzelnen Sätze per Blick ansteuert und aussprechen lässt. Befindet er sich einmal innerhalb des Abspulens des Textes, kann er nicht in die Standardkommunikation wechseln. Würde er dies tun, und z.B. eine Zwischenfrage beantworten, müsste er anschließend mit dem Text wieder von vorne beginnen. Deshalb kommuniziert er zwischendrin und auch zu anderen Gelegenheiten mit seinen körpereigegen Kommunikationsressourcen, insbesondere seinem Blick. Wenn er diesen nicht gerade in Richtung Display gerichtet hat, beantwortet er Fragen, auf die mit ‚ja' oder ‚nein' geantwortet werden kann, mit den Augen.[118] Im Interview

118 Zu Beginn des Gesprächs – so entnahm ich meinen Notizen – dachte ich, dass es er in bestimmte Richtungen schaut, rechts-links für ja, hoch-runter für nein. Bei einem zweiten Treffen erschien mir dies nicht der Fall zu sein, sondern er kommuniziert weitaus subtiler und annähernd unbeschreibbar. So wird ‚ja' mit einem besonders intensiven Blick kommuniziert, etwas nach vorne gelehnt, die Augen weit offen und besonders stark fokussiert. Das genau Gegenteil bei ‚nein': der Blick erscheint vorhanden und gerichtet, aber ausdrucksloser. Die Interpretation dieser Blicke gelang mir nicht immer und ich kommunizierte meine Interpretation unmittelbar mit der Nachfrage ‚ja?' bzw. ‚nein?', worauf erneut ein bestimmter Blick folgte.

bezieht er aber noch weitere Medien mit ein und führt den Zuhörer mithilfe dieser Mittel durch seine Lebensgeschichte. Dazu ein längerer Protokollausschnitt. Stefans Talker artikuliert:

„Im (Monat) (Jahreszahl) bekam ich den Touchtalker." Als ich noch notiere, schaut Stefan plötzlich nach oben und nicht mehr auf sein Display. Er hebt seine stark zitternde, linke Hand, die bisher auf seinen Beinen lag, an und bewegt sie in Richtung seines Joysticks, um seinen Rollstuhl zu bewegen. Er dreht sich von mir aus gesehen nach links und fährt zu der Wand neben dem Eingang zu seinem Zimmer. Das ist ca. ein Meter. Ich stehe auf und folge ihm. Ich stehe links von ihm und wir schauen auf ein großes, eingerahmtes Bild. Es sieht recht alt aus und zeigt Stefan, wie er mit einem Stock an seinem Kopf auf einen Sprachcomputer, der deutlich antiquierter aussieht als sein aktueller, tippt. Ich stelle eine klärende Rückfrage: „Das? Ja." und erhalte darauf einen eindringlichen Blick und ein Augenzwinkern. Stefan fährt dann fort: „Da ich meine Hände nicht benutzen kann, musste ich ihn mit dem Stirnstab bedienen." Meine Frage hat er damit beantwortet. Stefan erzählt weiter, während wir beide in der Mitte des Zimmers stehen, er mit Blick auf sein Display, ich ungelenk mit Stift und Zettel in der Hand. Als Nächstes dreht er sich nach rechts und fährt auf sein Bett zu, bleibt kurz vor diesem stehen, dreht sich ein kleines Stück weiter nach halb rechts, mit Blick auf eine Kommode, die zwischen Fußende des Bettes und einem Fenster steht. Ich gehe hinter ihm her. Ich sehe rechts neben seinem Bett über der Kommode eine Bildcollage und frage: „Das is –? (2) Ist das das Bild da hinten?" und dann „Ja?". Ich schaue ihn an, in seine Augen und vermute, dass er bejaht. Ich erinnere mich und hole kurz das Aufnahmegerät, lege es in der Nähe ab. Da ich nun auf einer Collage mit meiner vorherigen Frage wenig klarmachen kann, welches Bild ich mit meiner Nachfrage genau meine, gehe ich rechts an ihm vorbei, näher an das Bild heran und frage erneut, auf ein bestimmtes Bild zeigend, auf dem mir ein Talker auffällt. Stefan antwortet nicht direkt, sondern fährt in seiner Narration fort, er wiederholt: „(Jahreszahl) bekam ich dann den Deltatalker. Das war ein großer –" (er bricht ab) und dann: „Der optische Sensor wurde an einem Brillengestell befestigt." Ich vermute nun, welches Bild der Collage er meint, da ich eines erkenne, auf dem er eine Brille trägt, frage erneut nach „Isses ist es dis oder?", zeige diesmal auf ein kleineres am unteren Rand und wieder folgt ein Blickkontakt, den ich als Bejahung interpretiere. Stefan fährt fort. […] Ich setze mich wieder auf den Stuhl und auch Stefan fährt an den Ausgangspunkt unseres Interviews, mir frontal gegenüber zum Stehen kommend, zurück. Diese Rückkehr ist aber nur für mich eine, für Stefan hat diese Position noch einen anderen Sinn. Er schaut an mir vorbei, ich erkenne nicht gleich, wo genau hin, und frage, ob er die Bilder rechts neben meinem Sitz meint. Dort stehen ebenfalls auf einer Kommode ein paar Bilder. Ich deute seine Blicke als ein Nein. Er war währenddessen näher an mich herangefahren und schaut nun deutlicher für mich vernehmbar auf eine Stelle über meinem Kopf. Ich drehe mich um, beuge mich dabei etwas nach vorne, von der Wand weg und sehe wieder eine Collage. Stefan spricht einen Satz und ich sehe sofort, welches Bild er meint. Etwas später beginnt Stefan ein neues Thema. Er dreht sich einmal um die halbe Achse und steht vor seinem PC-Tisch, in dessen Nähe wir sitzen, ich stehe auf und gehe um ihn herum, da ich ahne, dass er etwas zeigen will. Ich schaue nach rechts und über dem Monitor sehe ich eine Urkunde. Ich verknüpfe seine Aussage mit der Urkunde, die ein Produkt der Praxis, die er beschreibt, ist, nicht wie bei den Bildern, diese abbilden: „Die Urkunde da oben. Ah ja stimmt." Ich spreche den Namen des Vereins aus. In der Nennung des Vereins, der die Urkunde ausstellt, nehme ich Bezug darauf, dass ich weiß, beim wem man in Deutschland die Ausbildung, die die Urkunde beglaubigt, machen kann. Stefan fährt fort, von seinen Erfahrungen mit Fortbildungen und seinem Engagement zu berichten. […] Später fordert mich Stefan auf, ebenfalls wieder durch Blicke und Rollstuhlbewegungen, in

seinem Schrank nach einem Ordner mit Zeitungsberichten über ihn sowie einer Mappe mit Lernmaterialien zu suchen. (Protokoll zu Interview #2 mit Stefan Müller[119]*)*

Das Protokoll dokumentiert, wie Stefan seinen fertigen Erzähltext ergänzt und veranschaulicht, indem er sich in seinem Zimmer umherbewegt und auf verschiedene visuelle Quellen hinweist. Er integriert verschiedene Medien in die Erzählung und erweitert die Darstellungsweise. Anhand der Bilder und Dokumente wird Lebenszeit anders dargestellt als durch Sprache allein. Die Urkunde z.B. verdeutlich als materialisierter Meilenstein die Vergangenheit anders als die Momentaufnahmen der Fotografien. Sie bezeugt eine Periode als erfolgreich und sozial anerkannt abgeschlossen.

Zentral für die hier verfolgte Argumentation ist, dass der Einbezug der Fotografien und Dokumente eine eigene, multimodale Form der Erzählpraxis zur Folge hat (vgl. Hanson et al. 2013). Neben dem üblichen Erzählen und Zuhören werden visuelle Quellen gezeigt und angeschaut. Beides fällt zusammen und wird simultan vollzogen. Erzählen bedeutet im Fall von Stefan eine Gleichzeitigkeit von auditiver und visueller Praxis. Und mehr noch: Stefan ist in seiner Handmotorik stark eingeschränkt, er zeigt also nicht einfach mit dem Finger auf ein Bild. Er fährt stattdessen im Verlauf des Gesprächs mit seinem Rollstuhl im Zimmer umher und koordiniert seine Bewegungen mit denen des Zuhörers. Er zeigt mittels Blickrichtung, Kopfbewegung und der Fahrtrichtung seines Rollstuhls, wo sich die nächste visuelle Quelle befindet. Zeigebewegungen werden durch Blicke und die Bewegungsrichtung des Rollstuhls kommuniziert (vgl. Nilsson 2011). Erzählen wird visuell, auditiv und motorisch vollzogen. Zuletzt werden seine Ja/Nein-Antworten im Bezug darauf, ob die z.B. richtige Fotografie gefunden wurde, von seinen Augen abgelesen. Wenn Stefan erzählt, müssen neben dem reinen Zuhören eine Vielzahl körperlicher Interaktionen koordiniert, vollzogen und von Zuhörenden interpretiert werden.[120]

Zusammengefasst ist Stefans Art und Weise zu erzählen durch eine Vielzahl an praktischen Aufgaben gekennzeichnet (vgl. Auer/Hörmeyer 2015: 14): Neben dem Abspulen des Primärtextes agiert Stefan auf vielfältige Weise körperlich. Beides hat seine eigene Vollzugslogik. Das ist an sich keine Besonderheit, aber im Falle von Stefan besonders komplex und u. U. problematisch. Hätte man nämlich eine spontane Nachfrage, zu den sich nicht immer selbsterklärenden Bildern oder ihrem Standort innerhalb des Zimmers, würde das für Stefan ein Wechsel in den Ebenen des Sprachcomputers bedeuten. Stefan würde zwar antworten, müsste dann aber das Skript wieder von vorne beginnen. Es ist daher von Vorteil, sich stumm und nonverbal zu verständigen, wenn man die Bewegungen im Raum koordinieren will. Weiterhin kommen in der multimodalen Erzählpraxis von Stefan verschiedene kommunikative Ressourcen und Medienformate zum Einsatz. Deren Einbezug ha-

119 Dieser Auszug stellt eine Datenkombination dar, in der Beobachtungsprotokoll und Audioaufnahmen kombiniert wurden.

120 Ich greife dieses Thema und das empirische Material erneut in Kap. 6.5 auf und interpretiere es dort im Rahmen der Reflexion meiner eigenen Forschungspraxis.

ben eine Form des Zuhörens zur Folge, für die der Nach- und Mitvollzug von Medienwechseln als eigenständige Interaktionspraxis kennzeichnend ist.[121] Das Verstehen von Stefan vollzieht sich auf mehreren Ebenen. Als Erstes muss der Text verstanden werden, als Zweites müssen die Interpretationsangebote der weiteren, visuellen Medien integriert werden und drittens muss der interaktive Mitvollzug der Medienwechsel auf koordinierte Weise vollzogen werden, d. h., es müssen körperliche Zeichen von Stefan verstanden werden. Erst dann kann seine Lebensgeschichte umfassend erzählt und verstanden werden. Damit werden höhere Anforderungen an die Aktivität und das Engagement der Zuhörenden gestellt. Sie sind mehr Interaktionspartner*innen als die Bezeichnung Zuhörer*in impliziert (vgl. Demmer 2016).

6.3.5 Zusammenfassung

Das Verstehen vergangener Erlebnisse und relevanter Erfahrungen, die ein Gegenüber gemacht hat, und ihren Einfluss auf gegenwärtige Denk- und Handlungsweisen, ist für den sozialen Umgang miteinander bedeutsam. Biographische Erzählungen sind die Grundlage dafür. Das Erzählen der eigenen individuellen Geschichte und Entwicklung unterliegt kulturell und gesellschaftlich geformten Erwartungen und stellt für Menschen, die ihre Kommunikation mit Hilfsmitteln vollziehen, eine praktische Herausforderung dar. Sobald nicht dem Idealtyp des sprechfähigen, autonomen Erzählers entsprochen wird, gestaltet sich das ‚Wie?' des Erzählens anders. Ko-konstruierendes Erzählen, die Artikulation vorgefertigter Skripte und multimediales Erzählen bilden drei Varianten technisch unterstützter Narration. Relevant beim ko-konstruierenden Erzählen ist, dass die technisch unterstützt kommunizierende Person den ‚Aufschlag' macht, d.h., sie setzt den Rahmen, in dem sie das Ereignis benennt und eventuell erste Details dazu kommuniziert. Weitere Informationen durch andere Erzähler*innen werden daran anschließend kommuniziert. Die praktische Übergabe des Narrationsrechts wird u.U. kommuniziert und eigens eingeholt. Häufig wird die ergänzende Erzählung, dass ‚Sprechen-für' durch die Person, für die gesprochen wird, verbal begleitet und dadurch ein fortlaufendes Involviertsein angezeigt. Anhand der Narration mittels Skripten wurde gezeigt, wie der vollständige Erzählerstatus durchgehend im Vollzug der Narration gesichert wird – wenn auch im Großen und Ganzen auf Kosten der Möglichkeit situativer Anpassungen. Werden Texte vorab gefertigt und nicht immer wieder neu und spontan entworfen, ermöglicht dies ein schnelles, umfangreiches Erzählen ohne Unterbrechung, was in der Gesprächspraxis den Status des autonomen Sprechers erhält, eventuell aber auf Kosten der situativen Abweichungen und flexiblen *in situ*-Reagierens auf Nachfragen der Zuhörer*innen. Ein besondere Erzählkompetenz zeigt sich im Vollzug genau solcher Anpassungen, die verbal kommuniziert werden und auf der Sprachcomputertechnik beruhen, die darin besteht, dass das Skript ‚Schritt-für-Schritt' kommuniziert wird und dadurch Zeit für zwischenzeitliche kommunikative Handlungen zulässt. Zuletzt wurden in einigen Fällen visuelle Objekte als

121 Diese Praxis ist vergleichbar mit dem Wechsel zwischen unterschiedlichen Sprech-Weisen oder Sprache, vgl. exemplarisch Gafaranga 2010 und grundlegend Fishman 1991.

Ressourcen für den Vollzug der Narration herangezogen. Diese vermitteln die erzählten Ereignisse auf andere Weise als die rein sprachliche Darbietung durch den Talker. Sie erfordern dafür weitere praktische Aktionen und Aktivitäten, die die Zuhörer*innen und Erzähler*innen interaktiv und kooperativ vollziehen müssen. Ist Erzählen mehr als nur gesprochene Sprache und involviert es verschiedene Medien, so wird das Erzählen zu einer multimodalen Interaktion mit ihren eigenen Heraus- und Anforderungen. So ist der Wechsel zwischen den Medien selbst eine praktische Aufgabe. Für das Erzählen biographischer Geschichten im Kontext technisch unterstützter Kommunikation können zusammenfassend folgende Charakteristika hervorgehoben: Das Erzählen wird nicht durch alleinige, autonome Erzähler*innen vollzogen. Es geschieht in Gemeinschaft und kollektiv – und dadurch wird die Bewahrung von Selbstbestimmtheit und Individualität der primären Erzähler*innen zu einer anspruchsvollen, interaktiven Aufgabe.

6.4 Lernen, zu kommunizieren

Im Mittelpunkt dieses Kapitels steht die Frage: Wie wird der Gebrauch des Talkers erlernt? Dazu gesellen sich weitere Fragen wie: Wie haben andere Akteure am Lernprozess teil? Welche Rollen spielen jeweils der Körper und die Sinne, die Technik und die Medialität des Geräts für den Vollzug des Lernens? Das Kapitel geht damit einen Schritt zurück hinter den alltäglichen Gebrauch des Sprachcomputers und beleuchtet, wie dieser Gebrauch erlernt wird. Dabei steht eine spezifische Praxisform im Mittelpunkt, die im Feld üblicherweise als ‚UK-Runde' bezeichnet wird. Nach einigen Beispielen jenseits solcher Lerneinheiten, diskutiere ich ein praxistheoretisches Verständnis von Lernprozessen, um mich dann detaillierten Analysen der UK-Runden zu widmen.

In allen Interviews fragte ich nach Erlebnissen und Erfahrungen im Zuge des Erlernens der Bedienung des Sprachcomputers. Die Antworten eröffneten einen Horizont an vielfältigen Perspektiven und Erlebnissen mit dem Thema Lernen und Sprachcomputer und werfen eine Reihe praxistheoretisch relevanter Fragen auf. Ein paar Beispiele:

- Stefan hat den langen Lernprozess – insbesondere der Symbole und ihrer Kombinationen, auf diese nimmt er primär Bezug – mit der Hilfe seiner Mutter bewältigt. Zusätzlich nutzte er eine Mappe, in der die Kombinationen und die Wörter, die sich aus ihnen ergeben, aufgelistet sind und ein Poster, auf dem Symbolkombinationen visualisiert sind. Das Poster war eine Zeitlang seine *„Bibel"* (Interview #2, Stefan). Nach einem knappen halben Jahr zeigten sich erste Erfolge: *„ich habe im (Monat) (Jahreszahl) ein talker bekommen und im (Monat) (Jahreszahl) ich habe in (Stadtname) an die universität ein klein vortrag gehalten"* (Interview #2, Stefan). Sein Lernprozess ist kollektiv, bedient sich materieller, visueller Hilfsmittel und kulminiert im erfolgreichen Vollzug einer öffentlichen Praxis.
- Astrids Lernförderung fand ebenfalls vor allem zu Hause statt. Sie lehnt Symbole eher ab und konzentriert sich vollends aufs Buchstabieren. Die Bedienung bzw. die Ansteuerung des Displays steht bei ihr im Vordergrund bei

Fragen nach dem Lernprozess, so übersetzt ihr Assistent: *„i ich h a habe g e l gelernt auf ne bestimmte art und weise zu gucken“* (Interview #9, Astrid). Allein die Augen zu bewegen, war eine der praktischen Aufgaben, die es zu lösen galt, um die Ansteuerung des Displays per Eye-Scanning erfolgreich zu bewältigen. Lernen bedeutet, den Körper und seine Bewegungsmuster so zu adjustieren, dass der Computer ihn nicht ‚missversteht'. Der Gebrauch des Sprachcomputers hat einen Körper, der ein bestimmtes Aktionsmuster erlernt hat, zur Voraussetzung.

- Tonis erste Antwort zu diesem Themenkomplex war: *„ich lerne auch mit dem (.) talker“* (Interview #3, Toni). Er bezieht sich dabei auf die Schule und das schulische Lernen. Hier verbindet er den Talker mit Textprogrammen auf einem PC und löst so im Unterricht und zu Hause Aufgaben. Im Zuge des Sprachcomputergebrauchs erlernt er auch die deutsche Schriftsprache. Der Lernvorgang in Bezug *auf* den Talker und die Symbole, wofür er ebenfalls ein Lernposter nutzt, wird als spielerisch beschrieben: *„ich habe mit dem (1) talker (2) gespielt“* (Interview #3, Toni), und seine Mutter erklärt: *„also ausprobiert“* (Interview #3, Toni). Tonis Entwicklung begann mit drei kurzen Standardsätzen *(„ich habe hunger ich habe durst mir ist langweilig“* (Interview #3, Toni)), und von da an hat er allein weiter gelernt und sich den Talker und die Symbolkombinationen erschlossen. Das heißt, der praktische Gebrauch wurde auf individuell-spielerische Weise erlernt und nicht von pädagogischen Vorgaben oder einer Erwachsenen-Logik dominiert. In der familiären Kommunikation war das Verstehen von Tonis Beiträgen und das Korrigieren(-lassen) von fehlerhaften Sätzen ein alltägliches Thema. Die Teilnahme an Kommunikation, aufbauend auf Tonis selbsterarbeiteten Lernfortschritten, wird im Kollektiv erprobt und im Vollzug der Kommunikationspraxis werden weitere Lernfortschritte durch Korrekturen ermöglicht. Der erlernte Gebrauch eröffnet im kollektiven Vollzug des Erlernten weitere Lernmomente.
- Natascha erzählt, der *„talker hilft mir gut“* (Interview #7, Natascha) beim Schreibenlernen, und das meint in ihrem Fall die deutsche Schriftsprache. Sie lernt diese quasi indirekt durch die Nutzung des Talkers. Jenseits davon gelingt ihr die Kommunikation mit dem Talker anhand der Symbole, weil sie die Symbole versteht und kombinieren kann, ohne den korrekten Gebrauch deutscher Grammatik oder Rechtschreibung zu beherrschen. Die allgemeinverständlichen Symbole nivellieren Sprachunterschiede. Heute ist der Lernvorgang, der vor allem von einer Logopädin begleitet wird, soweit fortgeschritten, dass Natascha eigenständig Wörter buchstabiert und damit ihr kommunikatives Repertoire erweitert.
- Kurt beschreibt seinen Lernprozess vor allem als Streit zwischen ihm und seinem Lehrer. Kurt wollte mit dem Talker buchstabieren, der Lehrer, dass er sich auf die Symbole und deren Kombination konzentriert. Kurts favorisierte Praxis hat einen biographischen Hintergrund: Er hatte vorher bereits gelernt, auf der Schreibmaschine zu schreiben. Des Lehrers Argumentation hat dagegen eine effizientere Kommunikationsökonomie zum Ziel: *„aber schneller*

sind die kombinationen" (Interview #6, Kurt), wird er von Kurt indirekt zitiert. Die Kollektivität eines Lernprozesses ist nicht frei von Konflikten, in denen Vorstellungen von Normalität und Effektivität und der Prägung durch biographische Erfahrungen sichtbar werden.

- Bruno rekurriert in seinen Antworten vor allem auf das Lehrpersonal und deren Bedeutung für den Lernprozess, insbesondere dann, wenn sie den Talker im Unterricht einbeziehen: *„da muss man als lehrer oder als lehrerin auch selbst schauen wann und wie bringe ich den talker mit ein"* (Interview #5, Bruno). Eine bestimmte Lehrerin hat ihn zusätzlich zu Hause im Lesen unterrichtet. Lesen schätzt Bruno als zusätzlich erlernte Kompetenz, vermittelt durch den Gebrauch der Symbole, besonders hoch, es war für ihn *„wie eine andere sprache zu lernen"* (Interview #5, Bruno). Dazu gehört außerdem die Fähigkeit zu buchstabieren, die sich im Zuge des Lernens verbessert und es Bruno ermöglicht, Wörter zu verwenden, die nicht von dem Symbol-System abgedeckt sind. Er führt weiter aus, dass es wichtig sei, zu lernen *„wann benutze ich das wort (.) oder wie (.) baue (.) ich (.) satz sätze"* (Interview #5, Bruno).[122] Lehrpersonal muss ebenso wie die lernende Person verstehen, wie Kommunikation funktioniert und welche Situationen es nötig und sinnvoll machen, den Talker einzusetzen.
- Im Gespräch mit Ramona und ihren Eltern kommt erneut eine Vielzahl an Lernhilfen verschiedenster Art zur Sprache: ein Handbuch, ein Vokabelheft, eine Wortstrategie-Mappe, Lern-Programme und eine (Schul-)Sozialarbeiterin. Den Lernprozess beschreibt die Familie als wenig strategisch und eher ungeordnet. Hilfreich waren Vorwissen durch andere Kommunikationssysteme, wie die Bliss-Symbole, als auch die Kontinuität der Symbole, die den Wechsel zwischen Talkern und lexikalischem System – ein Anzeichen des Lernfortschritts – ermöglichten. Entscheidende Bedingung der Nutzung des Talkers aber war das Erlernen der körperlichen Bedienung durch das Knie. Hier mussten Zeitabläufe und das Abpassen des richtigen Momentes der Vermittlung zwischen Kniebewegung und visueller Wahrnehmung auf dem Display eingeübt werden. Das entspricht dem Erlernen des richtigen ‚Schauens' von Astrid. Zuletzt ermöglichen Brettspiele das Einüben und Einsetzen relevanter und passender Sätze wie ‚Willst du tauschen?', d. h., situativ angemessene Kommunikationsstile und -zeitlogiken werden eingeübt.

In dieser Zusammenstellung der vielfältigen Reaktionen auf Fragen nach dem Erlernen des Sprachcomputergebrauchs lassen sich folgende, für eine praxistheoretische Analyse des Themenkomplexes Lernen relevante, Aspekte finden:

1. Das Erlernen des Sprachcomputers beinhaltet das Lernen des Zusammenhangs von sozialen Situationen und adäquaten Kommunikationsstilen. Den Sprachcomputer zu bedienen, bedeutet nicht nur, das Gerät und die deutsche Sprache zu beherrschen, sondern auch den Erwerb des Wissens um situationsadäquate Kommunikationsweisen,

122 Bruno hat dementsprechend ein Arsenal an Sätzen angelegt, von denen er vermutet, dass sie in bestimmten, wiederkehrenden Situationen relevant werden können. Er ‚haut sie dann raus', z.B. in einem Seminar.

2. die unterschiedliche Bedeutung der Beiträge menschlicher und nicht-menschlicher Akteure einerseits,
3. der Rolle des Körpers und der Sinne andererseits,
4. sowie, zuletzt, das Wechselspiel zwischen Selbsttun und Korrigiert-Werden; oder abstrakter: zwischen idiosynkratrischen Aktionsweisen und eingeforderten, gesellschaftlichen Anforderungen an das ‚korrekte' Kommunizieren, der Entwicklung von kommunikativen Kompetenzen und dem Vollzug von selbstwirksamer Kommunikation (vgl. Jefferson 1974), was hinter dem praktischen Vollzug von Korrekturen durchscheint.

Das verkörperte, soziale Wissen und die Rolle von menschlichen Akteuren für das Erlernen der Kommunikationspraxis mit dem Talker einer genauen Analyse zugänglich zu machen und die aufgeworfenen Themen zu vertiefen, ist Ziel der Beschreibung von Beobachtungen, die das restliche Kapitel ausmachen.

6.4.1 Lernen als Praxis

Vorab ein paar theoretische Überlegungen zum Zusammenhang von Lernen und sozialen Praktiken. Um an Praktiken teilzunehmen, ist es erforderlich ihre Abläufe zu erlernen. Reckwitz hat bereits in seinem grundlegenden Aufsatz angemerkt, dass *skills* zur Ausführung von Praktiken vonnöten sind (vgl. Reckwitz 2003). Fähigkeiten sind keine Geschenke der Geburt, keine Naturgegebenheit, „skill does not come ready-made. Rather, it develops [...]" (Ingold 2011: 94). Man nimmt nicht einfach so und spontan an einer Praxis teil, ist nicht geboren mit den entsprechenden und passenden Fähigkeiten. ‚Skills' entstehen durch Übung und Erlernen der Aktions- und Verhaltensweisen, die notwendig sind, um eine Praxis ausführen zu können und an ihrem Vollzug teilzuhaben. An Praktiken teilnehmen, erfordert also „enskilment" (Ingold 2000; vgl. Schüttpelz 2015a). Sprechen und Kommunizieren bzw. die kommunikative Praxis mittels eines Sprachcomputers bilden da keine Ausnahme. Eine Körper- und Kommunikationstechnik wie die Bedienung des Sprachcomputers wird erlernt. An Kommunikation teilzunehmen, hat Einübung und den Erwerb von Fähigkeiten zur Voraussetzung.

Das Erlernen von Praktiken wird mit verschiedenen Begriffen beschrieben. Jeweils geht es dabei um den praktischen Erwerb von etwas, einem *outcome*, seien dies Kompetenzen, Mitspielfähigkeit (vgl. Brümmer 2014), Teilnehmerschaft oder generell Handlungsfähigkeit. Jenseits dieser Orientierung an Resultaten, besagt die praxistheoretische Beschäftigung mit Lern-Settings, dass die Hervorbringung und Formung von Fähigkeiten im Vollzug der Praxis geschieht. Erlernte Fähigkeiten entstehen in Praktiken (vgl. Alkemeyer 2006). Akteure lernen, was es zur Teilnahme benötigt, *in* Praktiken und können nur dort, also in Praktiken, zeigen, was sie gelernt haben. Das Erlernen von Fähigkeiten ist gebunden an das (körperliche) Mitmachen in einer Praxis und Teilnahme ist wiederum Voraussetzung für das Ausführen und Anzeigen von erlernten Handlungsfähigkeiten. Lernen ist demnach kein mentaler oder reflektierter Vorgang. Lernen findet in der Auseinandersetzung mit der Vollzugsgestalt einer Praxis und der Erfahrung von praktischem Sinn, in Kontakt mit Körpern und technischen Dingen sowie anderen Akteuren[123] statt. Der Lernvorgang pendelt dabei zwischen Routinen, Krisen und Kreativität, ist geprägt von einer „Gleichzeitigkeit von Passivität und Aktivität, Geformtwerden und Selbstformung, Einpassung und eigensinnigem Heraustreten“ (Alkemeyer/Buschmann/Michaeler 2015: 29). Teilnehmer*innen werden eingebunden in den praktischen Vollzug und an ihnen vollzieht sich parallel eine Subjektwerdung (vgl. Hirschauer 2016: 56f. sowie 61ff.), durch die Ausstattung mit dem, was es braucht, um mitzuspielen, teilzunehmen oder eben mitzusprechen.

Lernprozesse weisen weitere Charakteristika auf, die hier am Rande erwähnt werden sollen. Sie verlaufen mal in geordneter, mal in ungeordneter Weise. Die Wahrnehmung der Lernenden wird mal zerstreut, mal gebündelt durch das Lehrpersonal und Lehrmedien. Die Bewegungsabläufe der Lernenden werden durch räumliche Arrangements bedingt und vollziehen sich mal eigenbestimmt, mal fremdbestimmt. Zeitlich festgelegte Rahmen für Aktivitäten werden eingehalten oder unterlaufen. Grundlegend kommt es bei Abweichungen oder fehlerhaften Aktionen zu reorganisierenden und korrigierenden Eingriffen durch das Lehrpersonal. Aktivitäten werden wiederholt, oder neue Muster werden eingeführt. Übergänge werden markiert, relevante Aspekte von Lerninhalten werden hervorgehoben und von Unrelevantem getrennt. Die Lernenden werden angehalten ihre erlernten Kompetenzen darzustellen und – ganz grundlegend – müssen alle Akteure ihre Aktionen miteinander abstimmen (vgl. Alkemeyer 2006; Althans/Hahn/Schenkel 2009; Schindler 2011a, 2011b, 2016a).

Für den Kontext dieser Arbeit heißt das, dass die Vermittlung von Kommunikationsfähigkeiten selbst ein kommunikativer Prozess ist (vgl. Fiehler/Schmitt 2004). Unterrichtssituationen sind in dieser Perspektive mehr als nur eine Wissensweitergabe, sondern eine komplexe Praxis, in der ein Kollektiv von Akteuren Körper einsetzt und Dinge verwendet (vgl. Breidenstein 2006; Röhl 2016b; Wiesemann 2000).[124] Der Erwerb einer Sprache oder kommunikativer Fähigkeiten vollzieht sich demnach im praktischen Kommunizieren und der kollektiven, kooperativen und praktischen Bewältigung von kommunikativen Aktionen.

---

123 Der Lernprozess ist in dieser Sichtweise, „not restricted to formal pedagogy, but instead is frequently accomplished through the more general practices used by participants to build co-operative action in concert with each other“ (Goodwin 2018: 12).

124 Ein praxistheoretische Perspektive auf Unterricht versteht entsprechend ihren Gegenstand folgendermaßen und verfolgt entsprechende Ziele: „Eine praxistheoretische Unterrichtsforschung orientiert sich weder am „Input“ des Unterrichts – den Einstellungen, Absichten und Zielen von Lehrpersonen – noch am so genannten „Output“ – den Schülerleistungen im Sinne der pädagogisch-psychologischen Schulleistungsmessung, sondern an der *Performanz* des unterrichtlichen Alltags, an dem situativen und praktischen Vollzug von „Unterricht“. Es geht aus dieser Sicht um die Analyse der elementaren Praktiken, aus denen sich schulischer Unterricht zusammensetzt: Schreiben, Lesen, Zuhören, Zuschauen und Sprechen in unterschiedlichsten Formaten. Diese Praktiken sind nicht zuletzt in ihrem Zusammenspiel mit unterschiedlichen „Medien“ und Artefakten zu untersuchen – vom Arbeitsblatt über das Lehrbuch bis hin zur Lern-Software“ (Breidenstein 2006: 19). Und für das Erlernen des körperlichen Gebrauchs einer Technologie gilt: Eine einfache Verbindung von Handlungskörper und technischem Gerät beschreibt den Sachverhalt nicht – „it requires training and habituation beyond the initial coupling“ (Söffner 2017: 153f.).

Wie man praktische Fähigkeiten erwirbt, wurde in praxistheoretischen Arbeiten besonders prominent von Bourdieu im Zuge seiner Bildungstheorie und unter dem Habitusbegriff thematisiert. Ein Habitus steht für erworbene und eingeübte Wahrnehmungs- und Handlungsmuster. Habitualisiertes Wissen steht weiter für ein praktisches Verstehen typischer Sachverhalte und Handlungsweisen. Es entsteht durch die Involviertheit in eine soziale Welt und soziale Felder. Erlerntes praktisches Wissen entsteht aus der Einbindung des Akteurs in Praktiken und deren Vollzug, ist Ergebnis des Nachvollzug einer Praxis, nicht deren Voraussetzung. Durch den Erwerb von praktischem Wissen ist das jeweilige Subjekt mit den relevanten Fähigkeiten einer spezifischen sozialen Gemeinschaft ausgestattet und zur Teilhabe an dieser befähigt (vgl. Bourdieu 1987b; 1998; 2001; eine empirische Anwendung bourdieuscher Konzepte findet sich bei Wacquant 2003).[125] Es kann dann angemessen mit anderen Akteuren umgehen und sich verständigen, Objekte gebrauchen und den Körper einsetzen. Gehen, Bewegen, Sprechen, Blicken vollziehen sich als soziale Praktiken durch einen gelehrten, erfahrenen Körper, der Bewegungsabfolgen, Anordnungen und Haltungen des Körpers in einer situationsangemessenen Art und Weise ausführt und in einer Vergangenheit dies zu tun gelernt und erfahren hat. Der Lernprozess ist vor allem ein Prozess der Einverleibung: „Wir lernen durch den Körper“ (Bourdieu 2001: 181).[126] Nach Bourdieu wird der Körper durch Lernprozesse geformt und Lernprozesse durch den Körper vollzogen. Zu fragen, wie das Erlernen einer Praktik vonstattengeht, nimmt also die praktische Herstellung von Fähigkeiten als Ausgangspunkt und legt den Fokus auf die körperlichen wie medientechnologischen Anteile der Lernpraxis.

Praktiken des Erlernens lassen sich – im Anschluss an Bourdieu – als Ausführung von Körperbewegungen (mit verbalen Anteilen) verstehen. Lernen ist ein körperlicher Vorgang, findet im Medium des Körperlichen und im Zuge des körperlichen Praktikenvollzugs mehrerer Akteure statt. In der stummen Weitergabe, stillen Vermittlung und aktiven Aneignung von Körperbewegungen und -haltungen, von Gesten und Handgriffen, wird sukzessive eine Fähigkeit erlernt und körperlich verinnerlicht. Es kommt zu einer Aneignung von körperlichen Aktivitätsgewohnheiten,

---

125 In dieser Arbeit beziehe ich diesen Aspekt auf Kommunikationsweisen und Gebrauchsweisen technischer Geräte, bei Bourdieu stehen Geschmacks- und Konsumkulturen im Fokus, vgl. Bourdieu 1987a. Eine ähnliche Position wie Bourdieu entwickeln Lave und Wegner (vgl. Lave/Wegner 1991), wenn sie Lernvorgänge als „peripheral participation in communities of practice“ konzipieren. Entscheidend für den Erwerb von Praxiswissen ist nicht das *teaching* oder das Befolgen von Instruktionen, sondern eine fortdauernde Teilnahme an Praktiken. Das Erfahren des sozialen Sinns und der Erwerb der Ausführungsfähigkeiten im Lernprozess geht mit Zugehörigkeiten und sozialen Identitäten einher, darauf macht der ‚communities of practice‘-Begriff aufmerksam.

126 Bourdieus Habitus-Begriff bindet den Körper an seine sozialstrukturelle Verortung und reduziert ihn auf ein Produkt gesellschaftlicher Verhältnisse. Jeder Körper ist demnach gesellschaftlich fest eingebettet, und wird in erster Linie durch die gesellschaftliche Lage geformt. Zwar argumentiert Bourdieu grundlegend für den Körper als Speicher von Wissen und Erfahrungen, bindet dies aber in seinem Erkenntnisinteresse immer an eine eindeutig erkennbare soziale Lage. Der Habitus markiert ein theoretisches Zwischenstadium für die Analyse des Ortes, an dem der Erwerb praktischen Wissens stattfindet, und durch den mittels Ausführung korrekter Handlungsweisen, Deutungen und Wahrnehmungsweisen die Sozialstruktur sichtbar wird. Die Relevanz des Körpers wird von Bourdieu angedacht, aber gleichzeitig auf einen Mittlerstatus reduziert und ins Sozialstrukturelle verlagert.

einem „Einschleifen körperlicher Haltungen, Gesten, Vermögen und Bewegungsfolgen“ (Alkemeyer 2006: 125). Am Ende stehen ein gelehriger Körper bzw. geübte Körperteile und eine Welt, in der man sich entsprechend bewegen kann.[127]

Die Erforschung von schulischem Unterricht hat auf die Bedeutung von technischen Objekten für die Vermittlung und Erzeugung von Wissen und als aktive Partizipanten von Lernprozessen hingewiesen (vgl. Meyer-Drawe 1999; Nohl 2011; Röhl 2013, 2015b; Kalthoff/Röhl 2011; Sørensen 2007, 2009; Fetzer 2010; Wiesemann/Lange 2014; Lange 2017). Diese Erkenntnisse dieses Forschungsstranges können übertragen und für ein Verständnis der medientechnischen Seite der Materialität des Lernens genutzt werden. Einerseits geht es dabei um das Erlernen von bestimmten Praktiken durch den Einsatz von Medientechnologien, andererseits um das Erlernen des Gebrauchs der jeweiligen Medientechnologie, was das Ergebnis von (körperlich vermittelten) Lernprozessen ist. Je nach Lernkulturen und -praktiken pendelt der Einsatz von technischen Dingen zwischen Aneignung und Vermittlung – ein Verhältnis, das die Konstitution der sozialen Ordnung von Lernsituationen und die Wissensvermittlung insgesamt prägt (vgl. Kolbe et al. 2008).

Technische Dinge werden im Unterricht in Aktion gebracht und durch menschliche Akteure mobilisiert, sie interagieren mit den menschlichen Akteuren und bilden (temporäre) Assoziationen mit ihnen und anderen technischen Dingen. Es wird zwischen Geräten und Personen eine Beziehung generiert und stabilisiert und die verteilte Handlungsträgerschaft macht aus dem Lernprozess einen kollektiven, unter heterogenen Elementen verteilten Prozess.[128] Ihr Gebrauch wird begleitet von kommunikativen, verbalen oder nonverbalen Aktivitäten und sie sind sprachlichen oder schriftlichen Transformationen (Inskriptionen) unterzogen. Ihr Gebrauch geht mit einer bestimmten Verteilung von Gebrauchsrechten einher. An ihnen wird etwas gezeigt oder demonstriert, mit ihnen wird etwas vorgemacht, Relevantes wird hervorgehoben, Irrelevantes in den Hintergrund gedrängt. Im Zuge ihres Einsatzes werden kongruente oder inkongruente Perspektiven z.B. der Unterrichteten, gebündelt und sie vermitteln abstraktes und konkretes Wissen. Daneben ist ihr Gebrauch oft an Visualität gebunden. Sie üben gesellschaftliche Handlungs- und Erkenntnisweisen, kurz bestimmte Formen praktischen Wissens, Wahrnehmens und Könnens ein (vgl. Röhl 2013, 2015a, 2015b; Benjaminsen/Sörensen 2011; Asbrand/Martens/Petersen 2013; Greiffenhagen 2015; Hasse 2008; Lynch/Macbeth 1998).

Dass Lernen öffentlich sichtbar und kein psychologischer, innerlich ablaufender Prozess eines Individuums ist, ist ein weiterer praxistheoretisch relevanter Aspekt, den Hirschauer folgendermaßen beschreibt:

127 Latour beschreibt diesen Zusammenhang am Beispiel olfaktorischer Wahrnehmung folgendermaßen: „It is not by accident that the person is called ‚a nose‘ as if, through practice, she had acquired an organ that defined her ability to detect chemical and other differences. Through the training, she learned to have a nose that allowed her to inhabit a (richly differentiated odoriferous) world. Thus body parts are progressively acquired at the same time as ‚world counter-parts‘ are being registered in a new way. Acquiring a body is thus a progressive enterprise that produces at once a sensory medium and a sensitive world" (Latour 2004: 207).

128 Das betrifft nicht nur klassischen (Schul-)Unterricht, sondern auch Bereiche wie das Ballett-Training (vgl. Müller 2015) oder die Gewöhnung an chronische Krankheiten und damit einhergehende Behandlungstechniken (vgl. Reinsch 2012).

> „Auf der Basis [der] elementaren Selbstexplikation entfaltet das praktische Handeln ein stummes Vormachen, eine öffentliche Schauseite: Es führt seinem Publikum vor Augen, wie etwas geht, es sozialisiert also andere. Dass Lernen außerhalb von spezifisch erzieherischen Settings ‚einfach so' stattfinden kann, liegt eben daran, dass es ‚didaktische' Nebeneffekte allen Handelns gibt." (Hirschauer 2017: 95)

Der öffentliche Charakter sozialer Praktiken und, dass sie sich im Tun erklären, macht Praktiken beobacht- und zugleich erlernbar. Praktiken sind im besten Sinne oberflächlich, zeigen ihren Sinn an und stellen ihn dar, verfügen über einen immanenten, wenn auch oft impliziten Zeigecharakter und eine Zeichenhaftigkeit, die zum Lernen ‚einlädt'. Ein intelligibles und nachvollziehbares (Vor-)Machen ermöglicht im Zuge des Mitmachens den Erwerb eines praktischen Sinns und den Vollzug einer Praktik (vgl. Alkemeyer/Buschmann/Michaeler 2015; Wiesemann 2006). Durch Beobachten und Nachahmen werden Aktivitätsmuster verstanden, angeeignet und verinnerlicht. Die folgende empirische Rekonstruktion zeigt, was genau diesen öffentlichen Charakter ausmacht und wer zum Vollzug der Lernpraxis beiträgt. In diesem Kapitel werden Unterrichtssituationen im Sinne der praxistheoretischen Annahmen rekonstruiert. Der Fokus liegt dabei auf der Körperlichkeit, dem Gebrauch der Medientechnik Sprachcomputer und besonderer Kommunikationsweisen der Akteure. Folgende Fragen sollen beantwortet werden: Wie wird Kommunikation mit dem Talker gelernt und welche Besonderheiten lassen sich finden? Wie werden dabei die Körper der Beteiligten und die Technologie des Sprachcomputers in Beziehung gesetzt? Wie wird Handlungsfähigkeit in Situationen des Lernens und des Übens praktisch hergestellt?

6.4.2 Wahrnehmung und Korrektur von Wörtern

Im nächsten Schritt werde ich eine Unterrichtsstunde, die Teil eines individuellen Förderprogramms ist und an der Herr Kronauer als Sonderpädagoge sowie Toni als unterstützt Kommunizierender teilnehmen, in ihrem praktischen Vollzug und mit dem Fokus auf das Zusammenspiel von körperlichen Aktivitäten, dem Gebrauch von Lehrobjekten und dem Talker rekonstruieren. Ziel der Stunde ist einerseits, den Gebrauch des Talkers einzuüben und zu erlernen. Andererseits geht es um Basiskompetenzen der deutschen Grammatik. Im Folgenden geht es darum, Themen zu identifizieren, die für die weitere Analyse spezieller UK-Runden relevant sind, und die besondere Art und Weise des Vollzugs von Praktiken, die Unterrichtssituationen strukturieren, detailliert zu beschreiben. Die Stunde mit Toni findet in der Bücherei seiner Schule statt:

> *Im Raum der Bücherei befinden sich in der Mitte ein längerer Tisch und am Ende auf der linken Seite eine Tafel. […] Toni fährt an das schmalere Ende des Tisches, die Kopfseite, Herr Kronauer setzt sich links von ihm und ich rechts. Ich sehe das Toni zwei Rucksäcke an der Rückenlehne seines Rollstuhles hat. Der eine ist größer, ein Schulrucksack, der andere hat die Form einer Laptoptasche. Herr Kronauer fragt Toni als Erstes, ob er sein „Geschichten-Heft" dabeihat, „das Heft, in das er immer schreibe". Toni antwortet lautsprachlich „ja", Herr Kronauer schwenkt dann aber auf ein anderes Thema um.* (Protokoll #2, UK-Stunde Toni)

Hier finden Positionierungen von menschlichen und nicht-menschlichen Akteuren statt, die die weitere Praxis strukturieren. Zentral ist Tonis Frontalpositionierung zur Tafel. Herr Kronauer, als Lehrperson, setzt sich seitlich zu Toni. Er kann so sehen, was Toni auf seinem Talker macht. Wahrnehmungskorridore und Beobachtungs- sowie Interventionsmöglichkeiten werden dadurch etabliert. Wie sich zeigen wird, hat dies Konsequenzen für den Vollzug der von Toni und Herrn Kronauer praktizierten Art und Weise des Unterrichts, und hängt weiter mit dem flexiblen Verhältnis von Assistenz und Selbsttätigkeit zusammen. Bevor ich dazu komme, steht aber die unausgesprochene Frage im Raum, wie der Unterricht begonnen wird.

> *Herr Kronauer beugt sich zum Tisch vor, stellt seine Ellbogen auf den Tisch, verschränkt beide Hände, legt seinen Kopf in die Hände und sagt zum aufmerksam zwischen mir und ihm hin und her schauenden Toni, dass er erstmal mit Small Talk beginnen wolle. Es soll um die Spiele der Fußball-EM gehen, Toni schreibt sofort und der Talker teilt uns kurz darauf mit, dass Deutschland schlecht gespielt hat. Herr Kronauer stimmt zu und fragt ihn, ob er auch das spätere Spiel zwischen Spanien und Kroatien gesehen hätte, das wäre ein „Knaller" gewesen, Herr Kronauer lacht und lehnt sich in seinem Stuhl zurück, Toni sagt „nee", Herr Kronauer meint, dass das ja auch sehr spät gewesen wäre und währenddessen tippt Toni. Nach einem kurzen Moment spricht sein Talker „Deutschland ist etwas ängstlich". […]. Herr Kronauer bestätigt Tonis Diagnose. Er fragt, ob sie beginnen wollen, Toni bejaht und Herr Kronauer steht auf und geht hinter Toni entlang zu seinen Taschen.* (Protokoll #2, UK-Stunde Toni)

Herr Kronauer leitet den Beginn ein, indem er eine bestimmte Kommunikationspraxis einfordert und eine entsprechende Körperhaltung einnimmt, die Ungezwungenheit symbolisiert. Herr Kronauer setzt für die von ihm eingeforderte und vorgegebene Kommunikationspraxis das Thema, ein Thema, das er aufgrund seines Wissens über Toni als relevant für ebenjenen einschätzt. Nachdem der offensichtlich bedeutendste Aspekt am aktuellen Fußballwettbewerb geklärt ist (die Leistung der deutschen Nationalmannschaft), geht Herr Kronauer über zu einem anderen Spiel. Er wechselt im Zuge dessen die Körperhaltung und artikuliert eine persönliche Einschätzung zu diesem. Nach Tonis kurzer, verbaler Antwort darauf, die sich ausschließlich darauf bezieht, ob er dieses Spiel gesehen hat oder nicht, liefert Herr Kronauer die Erklärung dafür und bezieht sich dabei auf typisches Wissen über die Schlafgewohnheiten eines 18-Jährigen.[129] Im Laufe dieser Erklärung, die Toni nicht selbst kommuniziert, zeigt sich die Praxis des Talkers – dass man eben zuerst schreiben muss und währenddessen jemand anders noch reden kann – in einer nicht untypischen Weise. Nachdem Toni also so knapp wie nötig verbal reagiert hat und Herr Kronauer beim Thema bleibt und eine Erklärung für Tonis Antwort nachreicht, produziert Toni währenddessen quasi unter der Oberfläche des ablaufenden Gesprächs auf seinem Talker einen neuen Gesprächsbeitrag. Dieser bezieht sich allerdings nicht auf das aktuell behandelte Thema, sondern geht thematisch auf den Beginn des Smalltalks zurück (die Leistung des deutschen Teams). Er holt dieses Thema, zu dem er weiter etwas beisteuern will, zurück, rückt es in den Mittelpunkt und bietet eine Deutung für die Leistung des deutschen Teams an. Er verdeutlicht, dass

---

129 Das Spiel begann um 21 Uhr.

er ‚nur' das Spiel der deutschen Mannschaft gesehen hat, sich dazu aber eine dezidierte Meinung gebildet hat und diese auch kundtun will, egal ob das Gespräch noch bei diesem Thema verweilt und der Gesprächspartner einen Schritt weitergegangen ist. Toni agiert entgegen einer ablaufenden Gesprächssequenzierung und steuert selbstbestimmt den Verlauf. Er schließt nicht an das unmittelbar ablaufende Gespräch an, sondern führt das Gespräch fort, indem er es zurückführt, er also die lose thematische Verknüpfung innerhalb eines Smalltalks nutzt, um seine Relevanzen und seine reflektierten, in ein Urteil gegossenen Erlebnisse zu kommunizieren. Die längere Produktionszeit eines Gesprächsbeitrages durch den Talker wirkt sich in diesem Fall nicht negativ aus. Herr Kronauer ratifiziert anschließend seine Aussage, geht auf den von Toni bestimmten Kurswechsel im Verlauf der Gesprächsthematik ein und vollzieht den nächsten Schritt, indem er durch eine Frage den Smalltalk abschließt und zum Unterrichtsbeginn überleitet. Der thematische Zusammenhang von selbstbestimmtem Kommunizieren und dem Vollzug kommunikativer Gattungen bzw. dem praktischen Gebrauch des Talkers und gesellschaftlicher Anforderungen an gelungene Kommunikation scheint hier auf und wird im Laufe der weiteren Rekonstruktion der Unterrichtsstunde wieder aufgegriffen werden.

Nachdem Herr Kronauer das Lernziel dieser Stunde (Verben konjugieren) festlegt hat,

> *wendet er sich dem Hefter zu, den er zuvor aus Tonis Rucksack hervorgeholt hatte, blättert darin, [...] bis zum aktuellen Text und liest diesen vor: Es geht darum, dass Toni bald zu einem Fußballspiel fahren wird, es folgen zwei Sätze zur Fußball-Europameisterschaft und der deutschen Nationalmannschaft. Der Letztere der beiden dreht sich um das Thema „Krawall“ bei der Europameisterschaft und bringt Tonis Hoffnung zum Ausdruck, dass sich die Fans „zusammenreißen“. Herr Kronauer fragt Toni, ob er das Wort Krawall in seinem Talker gespeichert hat, Toni antwortet „nee“ und mit einem Lächeln sagt Herr Kronauer: „Das brauchste ja auch nicht so oft“. Alle lachen daraufhin.* (Protokoll #2, UK-Stunde Toni)

Im weiteren Verlauf wird der thematische Gesprächskontext fortgeschrieben. Eine Besonderheit in diesem Ausschnitt ist, dass Herr Kronauer mit der Frage danach, ob das Wort ‚Krawall' in Tonis Talker gespeichert ist, eine besondere Adressierung des Talkers vornimmt: Er fragt spezifisch nach einer Eigenschaft des Sprachcomputers, nach dessen Lexikon. Es geht dezidiert um den Talker, er wird in den Mittelpunkt der Kommunikation gestellt. Der Talker als Lern*gegenstand* rückt in das Zentrum der Aufmerksamkeit. Es wird *über* den Talker kommuniziert, nicht *durch* ihn. Eine andere Struktur der Technik-Körper-Relation wird folglich praktiziert. Im Anschluss an Ihde lässt sie sich als hermeneutisch bezeichnen (vgl. Ihde 1990). Das Gerät wird interpretiert und verstanden – und nicht etwas durch das Gerät wahrgenommen oder getan. Zwischen beiden Varianten zu pendeln, charakterisiert den Lernprozess: Zu lernen, es als Medium einzusetzen, ist nicht zu trennen davon, es als Objekt zu erlernen und andersherum. Dieses Merkmal der Lernpraxis – zwischen dem Sprechen durch und über den Talker zu wechseln – wird zugunsten der im Folgenden zunehmend dominanteren Rolle der körperlichen und sinnlichen Ressourcen und dem Themenkomplex aus Korrekturen, Assistenz und Selbsttätigkeit im Hintergrund der Rekonstruktion stehen.

Nachdem Toni kommuniziert – also wieder den Talker als Mittel einsetzt –, dass das Lexikon das Wort nicht enthält, macht Herr Kronauer einen Spaß und alle lachen. Nach dieser situativen Vergemeinschaftung durch eine kollektiv geteilte Emotion (vgl. Jefferson 1979; Plessner 1983), geht es ‚ernst' weiter: Herr Kronauer schlägt vor, Wörter aus dem Text zu bearbeiten:

> *Herr Kronauer: „Okay, dann schreib mal Samstag". Er fügt hinzu: „Das schreibst du ja häufig". Er steht auf und stellt sich links von Toni, um zu sehen, was Toni eintippt.*[130] *[...] Bisher hat Toni ‚s a m' eingetippt. Er benutzt dafür nicht die Icon-Struktur, sondern sein Display zeigt eine Tastatur, die wie eine übliche Tastatur aufgebaut ist. Links oben befindet sich eine Zeile, in der man das Geschriebene lesen kann. Herr Kronauer: „sam ist die erste Silbe. Samstag. Was hörst du?" Toni tippt ‚gat' und es wird „samgat" ausgesprochen. Herr Kronauer sagt, dass wäre ein ‚typischer Fehler', Toni solle die letzten drei Buchstaben wieder wegmachen. Er löscht aber nur die letzten beiden (a und t). Nach einer Pause löscht er auch den dritten Buchstaben und tippt ‚t a g'. Der Talker spricht, nachdem Toni die Aussprechtaste gedrückt hat, „Samtag", dass ein s fehlt, wird übergangen.*[131] (Protokoll #2, UK-Stunde Toni)

In dieser Szene vollziehen sich mehrere Aktionen: Als Erstes verändert Herr Kronauer seine Körperhaltung: er wechselt in eine stehende Position, bewegt sich von seinem vorherigen Sitzplatz hin zu Toni und steht seitlich neben ihm. Die sinnliche Ordnung der Praxis erfährt damit eine – für den Lehr-Lern-Vorgang entscheidende – Veränderung. Herr Kronauer partizipiert visuell an Tonis Produktionsprozessen und die unmittelbare Überprüfung von Tonis Tipp-Praxis wird praktisch möglich.[132] Tonis Selbsttätigkeit ist damit ‚offen' für Assistenz wie Intervention. Zweitens flechtet Herr Kronauer drei didaktische Hinweise in den Ablauf ein. Zum Ersten: Als Toni seine Aktion unterbricht, nutzt Herr Kronauer diesen Moment für einen verbalen Einsatz und betont die Bedeutung von Silben für das Buchstabieren, indem er die erste Silbe für Toni ausspricht. Nachdem er das in Frage stehende Wort im Ganzen wiederholt, weist er als zweiten Hinweis auf die für Toni entscheidende sinnliche Tätigkeit hin: das Hören. Er steuert Tonis Sinnesaktivitäten und markiert den Hörsinn als praktische Ressource für den Vollzug des Buchstabierens. Der dritte Hinweis folgt darauf: Tonis Fehler (‚g a t') wird nicht von Herrn Kronauer selbst korrigiert, sondern gerahmt und eingeordnet in eine Lern- und Fehlerhistorie

---

130 Dass ich die Aktionen von Toni protokollieren kann, liegt daran, dass Herr Kronauer mich explizit auffordert, mich ebenfalls neben Toni zu stellen und mit anzuschauen, was Toni auf dem Talker macht.

131 Das am Ende das fehlende s übergangen wird, erweckt den Eindruck, dass es an dieser Stelle der Unterrichtsstunde primär um das Erlernen des Vollzugs einer ganz bestimmten Korrekturoperation geht, was ohne den Anspruch auf vollumfängliche Richtigkeit eines Gesprächsbeitrages geschieht.

132 In einer späteren Szene vollzieht sich das explizit: *„Nach einer weiteren Weile, in der Toni auf seinem Talker herumtippt und sucht, löst Herr Kronauer sein Rätsel auf und sagt, dass er das Wort Krone meinte. Toni soll es schreiben. Er wiederholt: ‚Krone', Toni stellt sein Display von der Icon-Ansicht auf die Tatstatur um. Herr Kronauer zwischenzeitlich schon etwas betonter: ‚Krone'. Toni tippt: k o – Herr Kronauer bewegt sich währenddessen von der Tafel weg, stellt sich neben Toni, schaut auf sein Display und verfolgt, was Toni tippt. Beide tauschen Blicke aus. Herr Kronauer: ‚Krrrooooone', er artikuliert besonders betont und mit ‚übertriebener' Mimik. Toni tippt: k r o, lässt es aussprechen und dann n e und wir hören final ‚Krone' aus seinem Talker."* (Protokoll #2, UK-Stunde Toni)

(‚typischer Fehler‘) und mit der Aufforderung zu einer bestimmten Praxis versehen: das Löschen. Die Selbstkorrektur, zu der Herr Kronauer Toni anleitet[133], besteht konkret in der Umdrehung einer in die falsche Richtung buchstabierten Silbe. Insgesamt bedeutet Reparatur eines Beitrages (bzw. hier eines Wortes) für Toni mehrere Vorgänge: den Fehler hören, löschen, neubuchstabieren.[134] Herr Kronauers Assistenz für den Korrekturvorgang verweist, zusammengefasst, auf grammatikalische Strukturen und die Praktiken des Hörens und Löschens. Es dokumentiert sich in dieser Szene der Zusammenhang von Assistieren und Korrigieren sowie sinnlicher und medientechnischer Aktivitäten.

Im weiteren Verlauf wird Toni diese Praxis (weitestgehend) selbst durchführen: eine Silbe tippen, vom Talker aussagen lassen, die akustisch erfahrenen Informationen verarbeiten und entsprechend mit der nächsten Silbe weitermachen oder die aktuelle korrigieren. Er zeigt dadurch an, dass er diese Praxis erlernt hat und durchführen kann. Zum Beispiel bereits in der auf den obigen Ausschnitt folgenden Situation:

> *Herr Kronauer fordert Toni auf, Montag zu schreiben. Toni tippt ‚m o‘ und dann ‚t a g‘, vom Talker hört man „Motag“. Er schaut skeptisch auf, schüttelt mit dem Kopf. Herr Kronauer spricht noch einmal sehr deutlich „MONtag“, Toni beginnt erneut, schreibt es diesmal richtig auf seinem Talker und lässt es aussprechen.* (Protokoll #2, UK-Stunde Toni)

Toni bemerkt seinen reparaturbedürftigen (Schreib-)Fehler selbst, registriert ihn akustisch[135], korrigiert sich selbst – und es dokumentiert sich in diesem Vorgang erneut die „preference for self-correction“ (vgl. Schegloff/Jefferson/Sacks 1990). Dieses strukturelle Prinzip ‚normaler‘ Gesprächsführung wird hier von Toni vollzogen. Die praktische Ressource, um sich selbst zu korrigieren, liegt in der Medialität des Talkers begründet. Der Talker verknüpft bestimmte, mediale Aktionen in folgenden Weisen: erst schreiben, dann akustisch vernehmbar machen, dann die Möglichkeit zu löschen, wieder zu schreiben und die Korrektur akustisch artikulieren. Denn Gesprächsraum und die Gesprächszeit dafür freizuhalten gelingt, indem Herrn Kronauer wartet und still bleibt, nicht assistiert. Zusammengefasst zeigt sich, wie Toni selbsttätig eine bestimmte Gesprächskonvention erfährt und praktisch vollzieht – und dadurch die Selbstkorrektur nach akustisch erkannter Fehlerproduktion einübt. Im Anschluss daran – was hier ausgelassen wird – soll Toni beide Wörter vergleichen und insbesondere die Unterschiede benennen.[136]

---

133 Und die er – pädagogisch geschult – nicht selbst übernimmt, ermöglicht Toni den gegenwärtigen und, wie zu vermuten ist, auch zukünftigen Vollzug der ‚preference for self-correction‘ (vgl. Schegloff/Jefferson/Sacks 1990)

134 Dass Toni die gelöschten Buchstaben anschließend ‚einfach‘ umdrehen muss, ist ihm bekannt. Im späteren Verlauf der Stunde wird dies deutlich und auch mit einem Begriff (‚Mixer‘) bezeichnet.

135 Zur Erläuterung: Toni kann nicht lesen und die Wörter auf dem Display deshalb nicht zur Überprüfung seiner Eingaben über die Tastatur nutzen.

136 Im Zuge des Geschehens hat sich Herr Kronauer ein paar Schritte nach links bewegt und steht nicht mehr direkt neben Toni. Die ‚neue‘ Ordnung der Körper hat praktische Folgen für die sinnliche Ordnung. Herr Kronauer kann nicht mehr visuell wahrnehmen, was Toni schreibt. Er ist an dieser Stelle auf seine akustische Wahrnehmung, d.h. die Beiträge des Talkers, angewiesen. Er partizipiert rein akustisch am Reparaturvorgang, nicht haptisch oder visuell, er tippt nicht auf Tonis

Nach einer Unterbrechung durch eine fälschlicherweise eintretende Schulklasse, entnimmt Herr Kronauer als nächste Aufgabe dem ausgedruckten Text von Toni das Wort ‚Schalke'. Vorab aber soll sich Toni an die Vokale erinnern. Er beginnt wieder zu tippen. Es kommt heraus ‚a i o u'. Herr Kronauer: „Da fehlt noch einer, der Häufigste, der kommt zum Beispiel in Schalke vor". Toni tippt kurz: ‚a'. Herr Kronauer schaut ihn an, mit großen Augen lächelnd und wiegt den Kopf von links nach rechts. Toni spricht: „nee", tippt wieder und wir hören: „e". Nach Aufforderung von Herrn Kronauer lässt Toni den Talker alle Vokale am Stück aussprechen. (Protokoll #2, UK-Stunde Toni)

Herr Kronauer entwickelt die nächste Aufgabe, die von ihrer Struktur an das Vorherige anschließt. Er erweitert aber die Buchstabieraufgabe durch einen vorangeschalteten Exkurs, indem er Tonis Grundlagenwissen (zu Vokalen) abfragt. Zur Korrekturpraxis: Die fehlerhafte Auslassung eines Vokals wird von Herrn Kronauer erst sprachlich (mit zwei Hinweisen), dann bei der Wahl des falschen Vokals mimisch und gestisch kommentiert. Anders als zuvor wird hier die Fehlerregistratur durch Herrn Kronauer – unter Verwendung verschiedener kommunikativer Mittel – praktisch vollzogen. Toni vollzieht zwar die Korrektur ohne Assistenz im engeren Sinne, aber sie wurde von Herrn Kronauer in Gang gesetzt, die Reparatur ist ‚other-initiated' (vgl. ebd.).

Nachdem geklärt ist, welche Vokale in Schalke vorkommen, sagt Herr Kronauer:

„Schreib doch mal Schalke." Ich stehe auf und sehe wie Toni tippt: ‚s c h a', vom Talker ausgesprochen „scha", dann das ‚l', ausgesprochen „schal" und dann ‚e k', ausgesprochen „schalek". Toni schaut hoch, Herr Kronauer schmunzelt Toni an, hebt seine Hand und bewegt sie, indem er das Handgelenk dreht. Toni reagiert, schaut wieder auf den Talker, löscht e und k, tippt ‚k e' und ausgesprochen wird „Schalke". (Protokoll #2, UK-Stunde Toni)

In diesem kurzen Ausschnitt dokumentiert sich die typische Vorgehensweise von Toni: Ein Wort schreiben bedeutet, es aufzuteilen und den jeweiligen Fortschritt des Produktionsprozesses zunächst zu hören. Nachdem Toni das Wort durch den Talker gehört und den Fehler bemerkt hat, verlagert er seine visuelle Aufmerksamkeit auf Herrn Kronauer, um dessen Reaktionen einzufangen und Hinweise für die Reparatur zu empfangen. In diesem Falle vollzieht Herr Kronauer eine indexikale Geste, eine beiden bekannte, aus der besonderen Interaktionsgeschichte zwischen ihnen entwachsene Körperbewegung. Sie steht für einen ‚Buchstabendreher'. Entsprechend weiß Toni unmittelbar, was zu tun ist.

Insgesamt ist Korrigieren bis hierhin die dominante Praxis innerhalb der Kommunikations- und Lernpraxis. Ihr praktischer Vollzug pendelt zwischen verbalen und nonverbalen Hinweisen durch Herrn Kronauer und der akustischen Wahrnehmung von Fehlern durch Toni. Teilweise werden Korrekturen durch Herrn

Talker oder steuert seine Hand (das macht er grundlegend nicht), er schaut nicht auf das Display des Talkers und was Toni darauf macht (das passiert gelegentlich). Die sinnliche Ordnung und das Verhältnis von Assistenz und Selbsttätigkeit im Reparaturprozess werden hier in einen praktischen Zusammenhang deutlich.

Kronauer initiiert, teilweise durch Toni selbst, jeweils assistiert Herr Kronauer im Vollzug der Reparatur.

Im weiteren Verlauf wird das Geschehen um einen neuen materiellen Partizipanten der Praxis erweitert:

> *Herr Kronauer lobt Toni, geht zur Tafel, wischt diese mit einem Lappen sauber, nimmt ein Stück Kreide von der Ablage und sagt dann, dass es gut wäre, jetzt noch farbige Kreide zu haben, um die Wortteile besser zu markieren. Seine sich anschließende Suche bleibt erfolglos. […] Herr Kronauer schreibt dann in die Mitte der Tafel das Wort ‚schreiben', Toni beginnt ohne große Aufforderung durch Herrn Kronauer zu tippen. Ich sehe folgenden Vorgang: ‚s c h i e'; Toni sagt „nee"; löscht alles bis auf ‚s c h'; tippt ‚i e' ein; korrigiert erneut bis auf ‚s c h'; tippt ‚r e i'; der Talker spricht „schrei"; Toni tippt ‚b e n'; wir hören „schreiben". Herr Kronauer: „sehr gut korrigiert super."* (Protokoll #2, UK-Stunde Toni)

Ein ‚neues' materielles Element wird in den Vollzug der Praxis eingeführt: die Tafel inkl. der Kreide als Schreibinstrument. Die Tafel im Schulunterricht verfügt über verschiedene Eigenschaften. Als Medium verfügt sie über eine sichtbare Gestalt, „auf der sich etwas anderes zeigen soll" (Röhl 2016a: 122). Sie hält Wissen fest, indem es auf ihr verschriftlicht wird. Sie speichert Wissen und verleiht ihm Permanenz (bis die Tafel gelöscht wird). Sie lenkt die Aufmerksamkeit der Schüler, bündelt diese auf einen Punkt und das vermittelte Wissen wird für ein Kollektiv nachvollziehbar. An ihr kann etwas hervorgehoben werden, was dann als Bezugspunkt für das Gespräch dient. Sie fungiert derart als Ressource für kommunikative Handlungen und durch ihren Einbezug vollzieht sich in der Praxis ein „Wechselspiel zwischen Sagen und Zeigen" (Althans/Hahn/Schenkel 2009: 151; vgl. Kalthoff/Röhl 2011: 466) sowie Schreiben: „Insofern kommt der Zeigegeste des Lehrers eine entscheidende Rolle zu. […] Die Zeigegeste ist das Bindeglied zwischen dem konkreten Ding und dem abstrakten sprachlichen Ausdruck" (Röhl 2015: 171). Der Einbezug der Tafel schreibt die vorherige Konversation und den ablaufenden Lernprozess fort, transformiert allerdings das praktische Geschehen in signifikanter Weise: Toni muss seine visuelle Aufmerksamkeit zwischen seinem Talker und den Zeige- und Schreibaktionen von Herr Kronauer verteilen.

Mit dem Einbezug der Tafel stabilisiert sich auch die vorher etablierte, räumliche Positionierung. Herr Kronauer bleibt in der Folge neben der Tafel stehen. Sie beansprucht – neben dem was, Toni kommuniziert – sein physisches Engagement und seine Aufmerksamkeit. Beide Handlungskörper, Tonis und Herr Kronauers, sind weiterhin distinkt. Das Wahrnehmen reparatur- und assistenzbedürftiger Aktionen sowie erfolgter Reparaturen und das Erkennen von Hinweisen für die richtige Lösung muss aufgrund des Wahrnehmungsregime (visuell und akustisch) jeweils Distanzen überbrücken. Entsprechend dominiert im Folgenden, dass sich Toni selbst korrigiert. Orientiert an den Wortsilben, evaluiert er seine Aktionen auf dem Display durch das akustische Vernehmen dessen, was er eingetippt hat. Nur gelegentlich nutzt er Herrn Kronauers Aktionen, die er als weitere Ressource für seine eigene Praxis verwendet. Dieser Ablauf und seine sequenzielle Koordination sind maßgeblich für den Rest der Stunde, die folgendermaßen weitergeht:

Herr Kronauer schreibt auf der linken Seite der Tafel unter das Wort ‚schreiben': ‚ich'. Er fragt: „was machst du als" Toni schaut ihn an, dann auf sein Display, er löscht alle Buchstaben per Fingerdruck auf eine Taste von seiner Anzeige und beginnt zu tippen: ‚s c h r e i'. Der Talker spricht „schrei", Toni tippt ‚b e' und der Talker spricht „schreibe". Herr Kronauer bestätigt und schreibt selbst an die Tafel das Wort ‚schreibe' neben ‚ich', umkreist die letzten beiden Buchstaben und schreibt ‚du' unter ‚ich'. Toni beginnt zu tippen: ‚d u [][137] *s c h', lässt es aussprechen, dann ‚r e i', lässt es aussprechen, dann ‚b s t' und lässt es aussprechen. Herr Kronauer wiederholt den Vorgang wie soeben beschrieben. Er fragt dann: „so und wenn der Herr Wagenknecht was macht der?", dabei schmunzelt er mir zu. Toni tippt: ‚e r [] s c h', lässt es aussprechen, ‚r e i', aussprechen, ‚b e', aussprechen, Blick nach oben zu Herrn Kronauer, der macht nichts Wahrnehmbares, Toni schaut wieder auf sein Display, macht das letzte e weg, lässt aussprechen: „er schreib", macht wieder das e dazu, lässt es aussprechen. Herr Kronauer sagt mit ruhiger Stimme: „Korrigiere". Toni löscht das letzte e, lässt sich mehrmals von seinem Talker „er schreib" aufsagen, setzt dann das t hinzu, lässt den Talker die Wörter aussprechen, Herr Kronauer schreibt es an die Tafel, umkreist das t. Er sagt: „zu er gehören auch sie und es, dass weißt du ja, machen wir weiter mit wir". Er schreibt ‚wir' unter die anderen Personalpronomen. Toni tippt: ‚w e i r', lässt es zweimal aussprechen, murmelt „nee" und löscht alle Buchstaben. Dann tippt er schnell am Stück ‚w i r [] s c h r e i b e n'. Lässt es aussprechen, Herr Kronauer wiederholt seine Handlungen und schreibt als Nächstes ‚ihr' an die Tafel, sagt „Als Nächstes ihr, das brauchst du bei", unterbricht sich, da Toni bereits tippt, hörbar durch die Tippgeräusche seines Talkers. Es geht nun sehr schnell. Toni schreibt am Stück ‚i h r [] s c h r e i', Pause, dann b t und lässt es aussprechen: „Ihr schreibt". Herr Kronauer macht alles wie vorher und schreibt als Nächstes ‚sie'. Ohne viele Kommentare beginnt Toni zu tippen: ‚s e i', lässt es aussprechen und Herr Kronauer fragt: „War der Mixer an?", er lacht, Toni schaut zu ihm hin, senkt seinen Blick wieder auf sein Display, löscht alle Buchstaben und tippt erneut: ‚s i e' und dann am Stück ‚s c h r e i b e n', lässt es aussprechen, blickt zur Tafel, an der Herr Kronauer bereits das Gesagte anschreibt.* (Protokoll #2, UK-Stunde Toni)

Die Tafel agiert als Mittel für das fortschreitende Generieren der nächsten Aufgabe (durch das Anschreiben des nächsten Personalpronomens) und durch sie werden die Erfolge von Tonis Deklinationspraxis festgehalten (durch das Anschreiben des deklinierten Verbes). Sie materialisiert die praktisch vollzogenen Aktionen von Toni und formalisieren sein bezeugtes Wissen in einer tabellenartigen Darstellung.

Zur Korrekturpraxis: Wie bereits beschrieben, geht Toni an Silben orientiert vor und lässt sich die Resultate seines Tippens auf dem Display zwischenzeitlich immer wieder artikulieren. Er benutzt die Talker-Stimme als Mittel für die Übersetzung seiner Buchstabier-Aktivitäten in akustisch wahrnehmbare Einheiten. Herr Kronauer partizipiert an diesem Geschehen analog dazu ausschließlich seinen Hörsinn und orientiert sich für seine Aktionen an den Artikulationen des Talkers. Bei ‚er schreibt' kommt es zum ersten Korrekturmoment. Toni bemerkt, dass etwas mit seiner Deklination nicht stimmt. Herr Kronauer bleibt stumm und er schreibt nichts an die Tafel. Dass er nichts macht, ist ein Hinweis auf eine nicht korrekte Deklination Tonis.[138] Im weiteren Verlauf kommuniziert er die nicht näher bestimmte Auf-

---

137 [] = Leerzeichen

138 An dieser Stelle wird deutlich, dass die Tafel und die Aktionen an ihr ein Mittel sein können, durch das Tonis Beiträge (fremd-)evaluiert werden, ohne Rückgriff auf verbale oder nonverbale Beiträge. Wird an ihr geschrieben, war es richtig, bleibt diese Aktion aus, dann stimmt etwas nicht.

forderung, zu korrigieren. Er artikuliert auf diese Weise ‚lediglich' die Korrekturbedürftigkeit von Tonis aktuellem Beitrag. In welche Richtung die Korrektur gehen soll, oder welcher Aspekt der Korrektur bedarf, darauf geht er nicht näher ein und überlässt es Toni, dies herauszufinden und umzusetzen. Im letzten Teil des Protokolls vollzieht sich eine Besonderheit. Herr Kronauer kommentiert Tonis *„sei"* (anstatt ‚sie') mit *„War der Mixer an?"*. Er verwendet hier einen indexikalen Hinweis, der sich im Zuge der Interaktionsgeschichte von Toni und Herrn Kronauer als idiosynkratrisches Mittel entwickelt hat und innerhalb dieses Kontext Sinn macht. Die Referenz auf ein Haushaltsgerät wird von beiden unproblematisch als Hinweis auf einen typischen Fehler im Prozess des Buchstabierens verstanden: durcheinandergebrachte Buchstaben. Stumme, uneindeutig-offene und indexikalische Hinweise werden von Toni in die Praxis des Korrigierens umgesetzt, die ‚Ergebnisse' werden kommuniziert und von Herr Kronauer durch das Schreiben an der Tafel materialisiert.

> *Herr Kronauer fragt dann, ob Toni den Unterschied zwischen den beiden ‚sies' weiß. Da Toni scheinbar nicht richtig hinschaut, fügt er hinzu: „Guckste mal", zeigt auf die beiden ‚sie'-Varianten und fragt: „Was ist der Unterschied?". Toni schaut wieder auf sein Display, tippt etwas länger, nach einem Moment spricht der Talker: „Sie, das heißt ein Mädchen schreibt". Herr Kronauer bejaht das und fragt, ob er das ‚sie' meint und zeigt auf das kleingeschriebene ‚sie'. Toni antwortet verbal mit „ja", beginnt wieder zu tippen und nach gefühlt kürzerer Zeit als vorher, hören wir: „Sie schreiben an der Tafel". Herr Kronauer antwortet, dass das gut war, es wären aber Beispielsätze, mit denen Toni geantwortet hat. Er fragt als Nächstes, ob Toni den Unterschied auch erklären könne. Toni denkt nach, beginnt zu tippen, hält inne, dann hören wir: „das ist" und warten wieder. Herr Kronauer fragt nach kurzer Zeit, ob es schwer zu verstehen oder schwer zu sagen sein. Toni tippt und wir hören vom Talker: „schwierig zu sagen". Herr Kronauer fragt, was das Merkmal von ‚ich, du und er' sei, ob Toni das mit dem Talker sagen kann. Ich stehe wieder und sehe wie Toni tippt: ‚e i n z a l', der Talker spricht es entsprechend aus, es klingt etwas merkwürdig, was auch Herr Kronauer bemerkt: „ja, das ist ein Dehner, das heißt Einzahl", er dehnt dabei deutlich vernehmbar das a. Er schaut Toni dabei direkt an und ich habe den Eindruck, dass er auch seinen Mund besonders ausdrucksvoll formt. Toni tippt und wir hören: „das heißt Einzahl". Diesmal schreibt er es mit h und man hört das auch. Herr Kronauer sagt dann, dass die anderen Personalpronomen für die Mehrzahl an Personen stehen. Toni soll ‚Mehrzahl' auf dem Talker schreiben, was er schnell und korrekt erledigt.* (Protokoll #2, UK-Stunde Toni)

Die Wissensabfrage zum Unterschied zwischen sie und Sie vollzieht sich in der Struktur eines Frage-Antwort-Wechsels. Nachdem Toni mit Beispielsätzen geantwortet hat, und Herr Kronauer aufgrund der ausschließlich akustischen Wahrnehmung nicht vollständig nachvollziehen kann, ob ‚sie' oder ‚Sie' gemeint ist, fragt er dies mithilfe von Zeigegesten an der Tafel, die hier zum Verständigungsmedium mutieren, nach. Bei der darauffolgenden Problematik – den Unterschied zwischen beiden Varianten zu erklären – lenkt Herr Kronauer den Fokus auf den Talker, dieser steht als technisches Mittel im Mittelpunkt. Dass etwas schwierig zu sagen ist, liegt nicht daran, dass es Toni nicht wüsste, sondern an der praktischen Kommunikationsökonomie des Talkers. Toni kann den Unterschied zwischen ‚sie' und ‚Sie' mithilfe des Talkers durch korrekte Beispielsätze *performen*, ihn aber nicht mithilfe des Talkers erklären. Im zweiten Teil der Szene geht es um die inkorrekte Aussprache des Wortes Einzahl. Tonis inhaltlich korrekte Antwort erhält aufgrund des fehlenden Dehnungs-h einen ungewöhnlichen Klang. Aufgrund der akustischen Wahrnehmung des fehlenden Vokals wird für Herrn Kronauer erkennbar, dass sich in Tonis richtiger Antwort ein Rechtschreibfehler verbirgt. Es dokumentiert sich die praktische Relevanz davon, dass ein kommunikativer Beitrag durch den Talker einen Schreibvorgang und damit die Regeln der Rechtschreibung zur Voraussetzung hat. Herr Kronauers Assistenz für die Korrektur hat weitaus stärker als vorher den Einsatz akustischer und visueller Mittel zur Grundlage. Mimik und Aussprache werden durch ihn übertrieben, um zu verdeutlich, was falsch war. In beiden Fällen ist die akustische Qualität der Stimme und ihre Wahrnehmung durch ein Gegenüber entscheidend.

Herr Kronauer schlägt als Nächstes nacheinander mehrere Wörter vor, die Toni durch den Talker aussprechen lassen soll. Toni tippt und wir hören die entsprechenden Wörter. Diese Aufgabenverkettung macht sich auch bemerkbar auf Tonis Display: Alle Wörter stehen nacheinander aufgereiht in der Ausgabezeile. Wir hören also alle Wörter am Stück. Herr Kronauer nennt das eine *„Wortkette"* und fordert Toni auf, diese zu löschen. Der Talker und seine praktisch-medialen Features treten in den Vordergrund. Mit dem Hinweis, den *„Wortsalat"* zu minimieren, nimmt Herr Kronauer auf eine mediale Funktion des Talkers (zu löschen) Bezug. Eine bestimmte Praxis, die das Verhältnis von Speichern und Löschen auf dem Display zum Gegenstand hat, tritt in den Vordergrund der Lehr-Lern-Situation. Regelmäßig die Zeile am oberen Rand des Displays zu leeren, gehört neben der korrekten Artikulation von Wörtern zur alltäglichen Kommunikationspraxis mit dem Talker.

Im weiteren Verlauf der Stunde wiederholt sich die bereits mehrfach beschriebene, praktische Struktur des Lernvorgangs: Silbe für Silbe tippen, hören und prüfen oder Hinweis von Herr Kronauer empfangen, und korrigieren. Sie soll anhand einer längeren Szene abschließend dargestellt werden. Für die abschließende Aufgabe geht Herr Kronauer thematisch zum Beginn der Stunde zurück. Im Vollzug wiederholen sich eine Vielzahl der bereits beschriebenen Praktiken:

> *Herr Kronauer kündigt ein „schwieriges Wort" an: Deutschland. Toni beginnt zu tippen und lässt den Talker aussprechen: „deu". Dann tippt er weiter: ‚s c h' und wir hören: „deusch". Herr Kronauer: „Es fehlt was, oder? Deutsch" (er betont das t, soweit das möglich ist), Toni löscht ‚sch', zögert, überlegt, tippt erst einmal nichts ein und schaut Herrn Kronauer an. Dieser sagt: „Das t fehlt noch". Toni tippt weiter, mehrere Buchstaben am Stück und lässt aussprechen: „deutschalen". Herr Kronauer: „Mach mal zurück bis deutsch". Toni kommt dem nach, und tippt dann ‚a', zögert und dann ‚l'. Wir hören „deutschanl". Toni löscht wieder bis ‚deutsch', wirkt etwas ratlos, aber weiter engagiert und konzentriert. Sein Finger sucht auf der Display-Tastatur nach Buchstaben, wählt aber keinen aus. Herr Kronauer: „Jede Silbe hat mindestens einen Vokal. Die Vokale kennst du ja, a e i o u, draußen steht ne Kuh". Toni lacht. Nachdem er sich beruhigt hat, tippt er: l e. Wir hören „deutschle", ohne Kommentar von Herrn Kronauer löscht Toni l und e und tippt ‚l a d' ein, löscht das d und lässt es aussprechen. Er stoppt in seinen Handlungen, die Hand über dem Display schwebend. Herr Kronauer sagt: „Was fehlt? Llllaaand. Das ist wie bei Stadt mit dt, passt hier nicht, aber probier weiter". Toni tippt ein ‚n' und wir hören „Deutschlan". Er tippt dann ein d ein und wir hören „Deutschland"'. Herr Kronauer lobt ihn, wir alle freuen uns und Toni atmet durch. […] Herr Kronauer spricht nun über die*

häufigsten Konsonanten, die kann Toni immer ausprobieren, wahrscheinlich sind sie richtig. Er schreibt m, n, s und t an die Tafel. [...] Toni probiert das ‚schwierige Wort' dann ein zweites Mal. Wir hören von Tonis Talker: ‚l', dann ‚u'. Herr Kronauer: „Na mach mal alles weg und schreib nochmal." [...]. Er tippt: ‚d e u', dann ein ‚a', löscht dieses wieder, dann ‚l a'. Er lässt „deula" aussprechen, kommentiert mit „nee" und Herr Kronauer: „Was kam nach deu-?" Er schaut in Tonis Richtung und spricht betont „deutsch". Toni schaut ihn an und sagt „ja". Er tippt und wir hören: „deusch". Herr Kronauer wiederholt „deusch?" und sagt: „Es fehlt einer von diesen" – und zeigt auf die Tafel. Toni löscht die Buchstaben auf seiner Zeile bis nur noch ‚deu' zu sehen ist. Er tippt ein ‚n', schaut zur Tafel und sagt „nee". Herr Kronauer beginnt zu sprechen: „s kommt bei", er wird vom Tippen von Toni unterbrochen. Dieser tippt auf das ‚t', lässt es aussprechen und Herr Kronauer sagt nun: „Genau, probier aus, ob das passt. Es kommt noch das sch dahinter." Toni tippt und wir hören „deutsch". Herr Kronauer: „Ja!" Toni tippt weiter: ‚l a', löscht beides, tippt ‚e', ausgesprochen: „deutsche", Herr Kronauer: „Ja auch nett, aber". Toni löscht das e, tippt ‚l e' und wir hören „deutschle". Er löscht l und e. Herr Kronauer buchstabiert: „l a n d". Er steht auf und stellt sich neben Toni. Er sagt nochmal „Land", zieht es in die Länge, öffnet seinen Mund so, dass wir sehen wie er seine Zunge an den Gaumen drückt. Toni tippt das ‚l' ein. Herr Kronauer: „Jetzt den Vokal". Toni tippt ein ‚q' ein, alle lachen, als er „deutschlq" aussprechen lässt. Er löscht das q und gibt ein ‚a' ein, wir hören „deutschla". Dann gibt er ‚d' und ‚n' ein, wir hören „deutschladn", Herr Kronauer: „Mach den Mixer aus" und wackelt dabei mit seiner Hand. Toni löscht die beiden letzten Buchstaben, tippt n und d ein und wir hören ein zweites Mal „Deutschland". (Protokoll #2, UK-Stunde Toni)

In diesem längeren Abschnitt finden sich erneut die charakteristischen Merkmale der Lernpraxis:

- die schrittweise Orientierung an Silben,
- das akustische Wahrnehmen von auf dem Talker produzierten Silben,
- das Korrigieren der akustisch wahrgenommenen Fehler (Selbstkorrektur),
- Hinweise durch den Lehrer, hier: das betonende Sprechen durch den Lehrer, indexikalische Hinweise (‚Mixer') aber auch ausführlichere inhaltliche Hinweise inkl. Nutzung der Tafel (u.a. die häufigsten Konsonanten, jede Silbe hat einen Vokal),
- Positionswechsel und damit Veränderungen der sinnlichen Ordnung.

Toni kombiniert sinnliche Ressourcen (Hören und Sehen) und mediale Praktiken (Artikulation, Löschen) miteinander, um das Wort in Silben zu zergliedern und sukzessive zu buchstabieren und zu kommunizieren. Die durch die Anordnung der Handlungskörper von Toni und Herrn Kronauer und der Objekte Talker und Tafel konstituierte visuelle-akustische Ordnung ermöglicht den Vollzug der Lern- und Kommunikationspraxis. Zusammengefasst kennzeichnet die Lernpraxis, die die Unterrichtsstunde von Toni und Herrn Kronauer ausmachte, Folgendes: Zu Beginn dominiert das Vollziehen einer bestimmten kommunikativen Gattung, dem Small Talk. Neben dem ‚reinen' praktischen Vollzug von Gesprächskonventionen, ist es hier der selbstbestimmte Beitrag von Toni, der durch seine kompetente Nutzung des Talkers entgegen des sich vollziehenden Gesprächsverlaufs, hervorsticht. Im Laufe der Stunde ändert sich der *modus operandi* und andere Praxiselemente und -eigenschaften dominieren den Lernprozess. Es kommt häufig zu assistierenden und reparierenden Aktivitäten durch den Lehrer, aber auch zu Selbstkorrekturen durch Toni, der sich zudem einübt in eine Orientierung an Silben für die erfolgreiche Produktion eines Wortes.[139] Für das Verhältnis und den Zusammenhang der Aktivitäten beider Akteure sind die körperlich-sinnliche Ordnung und die Einbindung anderer Objekte, insbesondere der Tafel, entscheidend. Die genannten Aspekte sind teilweise auch relevant für die Rekonstruktion der UK-Runden, die ich im nächsten Kapitel darstelle.

6.4.3 Die ‚UK-Runden'

Bevor ich mich auf die Analyse des empirischen Materials konzentriere, schicke ich zunächst einige allgemeine Informationen zu den sogenannten ‚UK-Runden', die die empirische Basis dieses Kapitels darstellen, voraus.

- Ich beginne mit der räumlichen Struktur, die in jeder Sitzung identisch war. Die Bedeutung der visuellen, akustischen und haptischen Raumstrukturierung für Lernsituationen hebt Breidenstein hervor (vgl. Breidenstein 2006). Die Teilnehmer*innen saßen sich längs und von den Kopfseiten her gegenüber an mehreren zusammengeschobenen Tischen. Diese Anordnung ermöglicht es, dass alle Teilnehmer*innen sich gegenseitig sehen können. Weiterhin ist der Raum so klein, dass sich alle hören können und eine normale Lautstärkeregulierung der verschiedenen Kommunikationstechniken ausreichend ist. Die Entwicklung „akustischer Sonderräume" (ebd.) fand nicht stand. Alle hören der- oder demjenigen zu, deren oder dessen Gerät aktuell spricht. In Bezug auf haptische Räume und deren dynamische, temporäre Herstellung und Auflösung, lässt sich sagen, dass es den Teilnehmer*innen, die nicht im Rollstuhl saßen, möglich war, sich frei zu bewegen und kurzeitig neben anderen Teilnehmer*innen Platz zu nehmen, um gemeinsam mit der Kommunikationshilfe oder anderen Objekten, insbesondere Schreibgeräten, zu agieren.
- Ich nahm an folgendermaßen betitelten Gruppen teil: eine ‚schwächere Gruppe', eine ‚mittlere Gruppe' und eine ‚ältere Gruppe'. Die Gruppen setzten sich, wie die Namen zeigen, nach Altersmerkmalen aber auch Erfahrung- und Fähigkeitsgraden im Umgang mit den Kommunikationshilfen zusammen. Die Teilnahme am Geschehen für die unterstützt kommunizierenden Kinder ist hier besonders hoch, da sie jederzeit im Mittelpunkt stehen und es keine Kinder gibt, die ausschließlich mit dem Mund sprechen. Derart ist es möglich, dass die einzelnen Schüler*innen im Mittelpunkt stehen, erfahren, dass es auch andere Schüler*innen mit Kommunikationshilfe gibt, mit diesen zu kommunizieren und sich in deren Rolle versetzen, sich in der technisch unterstützten Peer-to-Peer-Kommunikation üben (vgl. Clarke/Kirton 2003).
- Die Unterrichtseinheiten dienen a) dem Zweck, in den Gebrauch des Talkers, seiner Funktionen und der Symbole auf b) indirekte und natürliche Weise einzuüben. Da Unterstützte Kommunikation im normalen Unterricht kein eigenständiges Thema ist und Kommunikationshilfe ‚lediglich' praktisch eingesetzt werden, bieten die UK-Runden Gelegenheit für die Teilnehmer*innen, sich ausschließlich auf ihre Hilfe zu konzentrieren, diese kennenzulernen, sich in ihrem Gebrauch zu üben, neue Aspekte kennenzulernen und jeweils dabei

---

139 Vgl. für eine Diskussion des Verhältnisses von *repair* und *correction* in Unterrichtssituationen Macbeth 2004, Weeks 1985.

Unterstützung durch kompetentes Fachpersonal zu erhalten. Es geht hier explizit darum, das Kommunikationsmittel als Mittel zur Gestaltung von sozialen Situationen und damit (technisch vermittelte) Selbstwirksamkeit zu erfahren. Zum Erreichen dieser Ziele, weicht die Praxis der UK-Runden von der üblichen Unterrichtspraxis ab. Der Großteil der Einheiten ist nicht explizit darauf ausgerichtet, dass sich konkret mit dem Talker auseinandergesetzt wird und dieser Objekt des Lernens ist. Vielmehr wird mit den Hilfsmitteln praktisch kommuniziert, z.B. wird erzählt, wie es einem geht, über Bilder geredet oder ein Spiel gespielt.

- Alle Unterrichtsstunden sind durch einen strukturierten, teilweise ritualisierten Ablauf gekennzeichnet. Dazu gehört u.a. die Begrüßung, Abfrage der Anwesenheit, Unterschreiben auf einer Teilnahme-Liste, das Wort des Tages, die Belohnung durch Sticker, Aufgaben bzw. Spiele und eine Verabschiedung. Für Unterrichtsstunden ist dies nun keine Besonderheit. Anders als im normalen Unterricht ist es aber so, dass bei der jeder Aufgabe bzw. Gelegenheit alle Teilnehmer*innen antworten und ihre Kommunikationshilfe nutzen: Sollen die Kinder z.B. das Wort des Tages durch ihren Talker aussagen lassen, so ist es nicht so, dass sich eines der Kinder meldet und dann das Wort sagt. Stattdessen lösen alle reihum die Aufgabe. Jegliche Kommunikation in den UK-Runde hat eine ‚Reihum-Struktur', wodurch Exklusion durch Wissensvorsprung oder der größeren Schnelligkeit in der Talker-Bedienung vermieden wird.

Im Folgenden beschreibe ich charakteristische Merkmale der praktischen Durchführung der Stunden und welche Rolle die technischen Hilfsmittel, insbesondere der Sprachcomputer, in den UK-Runden einnehmen. Ich werde einerseits die unterschiedlichen, praktischen Vollzugsformen von Assistenz beschreiben. Diese beziehen sich einerseits auf die Steuerung von Blicken und körperlichen Eingriffen, andererseits werden verbale Assistenzleistungen nachvollziehbar, die vor allem das Kommunizieren entlang von Vokabel-Kategorien betreffen. Im Weiteren konzentriere ich mich auf das Einüben bestimmter medialer Funktionen des Talkers, u.a. das Löschen, und zeige hier, wie idiosynkratrische Gesten den Praxisvollzug fundieren. Zuletzt geht es um das Einüben in, Einhalten und gelegentliche Abweichen von etablierten, vorgegebenen Kommunikationsstrukturen. Die Orientierung an bestimmten Abläufen der Kommunikation und der entsprechende Einsatz des Talkers ermöglicht den Vollzug kooperativer Aktionen.

Eine der zentralen praktischen Tätigkeiten des Lehrpersonals, die die Voraussetzung und den Rahmen der nachfolgenden Tätigkeiten bildet, ist es, den Fokus der Schüler*innen auf den Talker auszurichten. Diesen Fokus gilt es, praktisch zu etablieren und im Verlauf einer Unterrichtseinheit aufrechtzuerhalten, denn immer ständen den Schüler*innen auch andere Kommunikationsmittel verbaler oder gestischer Art zur Verfügung (die wiederum im Alltag, also außerhalb von Unterrichtssituationen, gleichberechtigt zum Einsatz kommen). In den UK-Runden gilt es das Kommunikationsrepertoire auf den Sprachcomputer ‚zu reduzieren'. In anderen Situationen wurde dieses Phänomen nicht beobachtet. Folgendermaßen wird dies bewerkstelligt:

Die Lehrerin fragt Julie danach, welche Farbe ihre Knöpfe haben sollen. Julie antwortet, indem sie auf eine Farbe auf dem Blatt Paper zeigt, die Lehrerin sagt zu ihr „nicht zeigen", Julie lässt es dann von ihrem Talker sagen. (Protokoll #4, Tag 1, e) UK-Runde: ‚schwächere Gruppe')

Die Lehrerin bespricht mit den Kindern verschiedene Teile des Körpers. [...] Sie fragt Klara: „findest du den Bauch?", Klara zeigt sofort auf ihren Bauch und die Frau, die ihr assistiert, sagt: „nicht draußen, im Talker". (Protokoll #4, Tag 1, e) UK-Runde: ‚schwächere Gruppe')

Ein Junge kommt mit dem Rollstuhl herein [...] Er will ein bestimmtes Heft zeigen, sagt die Frau, die ihn begleitet. Er freut sich darüber, seine Arme fliegen hoch, er wirft sich ruckartig im Rollstuhl nach hinten, die Lehrerin spricht zu ihm mit ruhiger bzw. beruhigender Stimme: „der Zauberer kann helfen zu sagen". Sie tippt auf das Zauberer-Bild auf dem Talker-Display und achtet darauf, dass er auch hinschaut, was sie macht. (Protokoll #5, Tag 2, e) UK-Runde: ‚mittlere Gruppe')

*Achmed antwortet auf die Frage „wie geht es dir?", indem er seine Hand vor sein Gesicht hebt und mit dem Daumen nach unten zeigt. Die Lehrerin reagiert nicht auf ihn, sondern zählt noch einmal alle anwesenden Schüler*innen auf, vermutlich damit deutlich wird, dass jeder auf die Frage antworten solle. Dann schaut sie Achmed wieder an. Er nimmt den Talker zu Hand und kurz darauf ist „schlecht" zu hören.* (Protokoll #6, Tag 3, d) UK-Runde: ältere Gruppe')

Die Lehrerin will die Stunde beenden und sich von allen verabschieden. Noël winkt, die Lehrerin schüttelt mit dem Kopf und schaut deutlich auf Noëls Talker. Einige andere Kinder lassen ihren Talker bereits „Tschüss" sagen, Noël macht es ihnen nach. (Protokoll #5, Tag 2, e) UK-Runde: ‚mittlere Gruppe')

In den Beispielen wird die angesprochene Fokussierung und Konzentration auf den Talker durch mehrere Strategien erreicht: a) durch verbale Aufforderungen, die Aktivitäten (insbesondere auf Objekte zu zeigen) aus dem situativ verfügbaren Repertoire an Kommunikationstechniken ausschließen, und b) durch einen indexikalischen Verweis (der Zauberer und seine Bedeutung für die Nutzung des Talkers), den der Nutzer des Sprachcomputers einordnen und entsprechend der in ihm dokumentierten Verknüpfung von Symbol und Artikulation umsetzen kann, und zuletzt c), indem der gestische Beitrag ignoriert und nicht in eine entsprechende, auf der Geste aufbauenden Antwort integriert wird. Die praktische Rationalität, die sich dokumentiert ist folgende: durch Reduktion und Fokussierung des kommunikativen Repertoires wird ein Rahmen für die Unterrichtssituation hergestellt (und es wird immer wieder an diesen Rahmen erinnert). An diesem Rahmen ist für die Akteure verständlich, dass in erster Linie das technische Hilfsmittel einzusetzen ist und Kommunikation dadurch ermöglicht wird. Darin besteht die Erwartung des Lehrpersonals und das Ziel der sozialen Interaktion.

Typischen Praktiken in den Unterrichtseinheiten sind, wie auch bereits am Beispiel von Toni zu sehen war, assistierende Aktivitäten. Allerdings ist es hier weniger das Lehrpersonal, als vielmehr, dass sich die Schüler*innen gegenseitig helfen bzw. dass der anwesende Forscher eingebunden wird. Im Folgenden aber steht weniger das Personal, als das ‚Wie?' der Assistenz im Fokus. In den beobachteten Situationen lässt sich der praktische Vollzug von Assistenz als ‚Zeigen auf dem Talker' charakterisieren. Die praktische Gestalt des Zeigens und die Verknüpfung von visuellen mit sprachlichen Aktionen wird unterschiedlich vollzogen (vgl. Schmidt/Stock/Volbers 2011; Krämer 2003). Dazu mehrere Beispiele:

> *Felix hat das gesuchte Wort bereits erzeugt und lässt es vom Talker aussprechen. Caroline hat es schon lange, stützt ihren Kopf auf ihren Händen auf und wartet, bis sie an der Reihe ist. Nun will Felix es den anderen Kindern, die etwas länger brauchen, zeigen. Er geht zu Julia, die hat aber schon die richtigen Symbole gefunden, Felix geht weiter zu Leonard, er zeigt ihm, dass er als Erstes die Sonne wählen muss, damit eine Auswahl von Bildern für verschiedene Wetterphänomenen erscheint, darunter auch der gesuchte Schnee.* (Protokoll #5, Tag 2, e) UK-Runde: ‚mittlere Gruppe')

> *Felix soll nun Leonard beim Unterschreiben helfen. Dafür muss ein Stift aus der Tasse mit einer Vielzahl an Buntstiften gewählt werden. Felix wählt zwei Stifte aus: einen gelben und einen blauen. Er hält sie vor Leonards Gesicht, der sich nach vorne beugt und die Stifte anschaut. Dann lehnt sich Leonard in seinen Rollstuhl zurück und beugt sich wieder nach vorne Richtung Talker, der vor ihm auf dem Tisch steht. Er legt seine Hand auf dem Display ab, drückt keine Taste, sucht aber offensichtlich. Felix greift ein und zeigt ihm mit einem Tippen auf das Display, wo sich das Symbol befindet, hinter dem sich die Farben verstecken. Daraufhin sieht man auf dem Display eine Vielzahl farbiger Quadrate; Leonard wählt eine Farbe aus: Blau.* (Protokoll #5, Tag 2, e) UK-Runde: ‚mittlere Gruppe')

> *Die Anwesenheit wird abgefragt: Frau Müller sagt den jeweiligen Namen, das entsprechende Kind tippt auf dem Talker und antwortet mit seinem Namen. Leonard hat scheinbar ein Problem. Er trifft die richtigen Tasten nicht, er schaut auch nicht wirklich auf sein Display. Felix wird aufgefordert, Leonard bei seinem Namen zu helfen. Er steht blitzschnell auf, geht um den Tisch herum, stellt sich neben Leonard, zeigt auf die richtigen Icons und begleitet seine Zeigegesten verbal mit „da" und „hie".* (Protokoll #5, Tag 2, e) UK-Runde: ‚mittlere Gruppe')

> *Jonas soll sagen, wie er heißt. Der aufgegebene Satz ‚Ich heiße Jonas' beginnt – so erklärt die Lehrerin vorab – mit dem ‚Zauberer'-Bild. Das findet Jonas schnell, es wird sehr oft gebraucht. Das nächste Bild ist eine Frau, die vor einer Tafel steht, unter dieser steht bereits Jonas' Name, den er aber nicht lesen kann. Jonas schaut mich an, ich die Lehrerin, sie nickt, ich soll also helfen: ich zeige nun nicht direkt das gesuchte Feld, sondern auf den Punkt an dem es sich mit den umliegenden Feldern bzw. Bildern kreuzt. Ich zeige also nur auf eine bestimmte Region, die Suche und Auswahl des richtigen Symbols muss Jonas allein erledigen.*[140] (Protokoll #7, Felix Tag, h) UK-Runde: mittlere Gruppe)

> *Jetzt sollen alle das Wort ‚bauen' finden und aussprechen lassen durch den Talker. Die Bilder-Kombination beginnt mit dem Haus, dann der Hammer, der sich direkt daneben befindet. Felix macht es beim ersten Mal falsch, es ist „wohnen" zu hören, beim zweiten Mal klappt es bei ihm. Er kommt rüber zu Jonas, neben dem ich sitze. Jonas wählt das Haus, dann hält Felix das Symbol für ‚wohnen' (erneut ein Haus) zu, er deckt es mit seiner Hand ab und Jonas findet nach kurzer Zeit den Hammer.* (Protokoll #7, Felix Tag, h) UK-Runde: mittlere Gruppe)

140 Selbstverständlich ist dieses Beispiel durch meine praktische Entscheidung geprägt und durch meinen Einfluss entstanden. Es kann daher nicht als typisch für die Unterrichtssituationen gelten, auch weil ich über keine pädagogische Ausbildung verfüge und eher intuitiv agiere. Dennoch steht in dieser Situation eine Fachkraft neben mir und ratifiziert meine Aktionen.

Assistenz wird in diesen Situationen durch Zeige-Aktionen geleistet.[141] Der Blick und die Aufmerksamkeit der unterstützt kommunizierenden Person werden gesteuert und auf die entscheidenden, situativ geforderten Tasten bzw. Bilder fokussiert. In den ersten beiden Beispielen besteht die Assistenz im eindeutigen Zeigen auf das gesuchte Bild. Die assistierte Person führt dann die weiteren Aktionen selbst durch. Im zweiten Beispiel wird die körperliche Geste von deiktischen Ausdrücken begleitet, die die Aufmerksamkeit der assistierten Person zusätzlich fokussieren und den visuellen Vorgang akustisch untermalen. Das dritte Beispiel kennzeichnet sich durch eine Eindeutigkeitsvermeidung im Zuge des Zeigens aus. Die assistierende Aktion versucht, sich selbst zu minimalisieren und der assistierten Person einen Rahmen zu geben, eine Verkleinerung des Bereiches, indem das richtige Bild zu suchen und zu finden ist. Ähnlich verhält es sich mit dem letzten Beispiel. Hier findet eine Verkleinerung der Auswahlmöglichkeiten durch den konkreten Ausschluss und die Unsichtbarmachung von Möglichkeiten statt.[142]

Eine ebenfalls typische assistierende Aktion, die auch im vorherigen Kapitel beschrieben wurde, findet sich auch in den UK-Runde. Auch sie hängt mit den quasimedialen Funktionen des Talkers zusammen. Gemeint ist, dass der Talker zunächst in der Zeile oben am Displayrand alle generierten Wörter *speichert* und es eine eigenständige Aktion erfordert, diese Wörter wieder zu *löschen*. Der Zusammenhang von Speichern und Löschen wird in einer Geste, begleitet von eigensinnigen Formulierungen, deutlich, die die Schüler*innen assistierend daran erinnert, das Feld regelmäßig zu bereinigen:

> *Die Begleitung von Klara hat scheinbar bemerkt, dass recht viel auf ihrer Textleiste steht und sagt zu ihr: „einmal den Scheibenwischer" und wedelt mit der Hand auf der Höhe des oberen Teiles des Talkers, woraufhin Klara die Taste für alles löschen betätigt.* (Protokoll #4, Tag 1, e) UK-Runde: ‚schwächere Gruppe')

> *Sichtbar wird nun auf Jens Talker, dass in der oberen Textzeile einige Wörter stehen, die Jens mehr oder weniger wahllos eingeben hatte, aber nicht durch das Gerät hat aussprechen lassen. Dagmar macht nun einerseits eine Zisch-Artikulation und andererseits wedelt sie gleichzeitig mit der Hand, auf der Höhe der Textzeile, schwingt ihre Hand von rechts nach links, vor Jens' Augen, in seinem Blickfeld. Sie wiederholt das einmal, wartet kurz und Jens hebt seine rechte Hand in Richtung der Löschtaste, drückt diese und die drei bis vier Wörter werden allesamt gelöscht.* (Protokoll #3, Talker-Runde)

Ich gehe in diesem Fall nicht weiter hierauf ein, da die Thematik bereits weiter oben besprochen wurde. Das Thema ‚Dauerhaftigkeit' findet allerdings auch in anderer Weise Widerhall. Kommunikationsstrukturen stellen einen zentralen Gegenstand der UK-Runden dar, und werden abschließend beleuchtet. Die UK-Runden geben die Möglichkeit zum Einüben von Kommunikationsstrukturen, in deren Verlauf und

141 Neben der Blicksteuerung ließ sich gelegentlich auch eine assistierende Körpersteuerung beobachten, die zwischenleiblichen Charakter trug. Diese Form der Assistenz wurde ausführlich in Kapitel 6.2.4 beschrieben. Ich gehe daher an dieser Stelle nicht weiter darauf ein, auch, weil sich keine Besonderheiten zwischenleiblichen Agierens in den Lernsituationen fanden.

142 Jeweils – das macht der Kontext der Situationen als Lernsituationen deutlich – zeigen die assistierenden Akteure ihren Wissensvorsprung und damit ihre bereits erworbenen Kompetenzen an.

Vollzug, in Beteiligungsformen und Gestaltungsmöglichkeiten. In den folgenden Beispielen hängt dieses Thema zusammen mit der soeben skizzierten Thematik der Dauerhaftigkeit generierter Wörter und deren ‚Speicherung' in der Displayzeile.

> *Felix tippt, während andere Schüler*innen in den Raum hereinkommen, seinen Namen ein. Dieser steht dann – startbereit – in der oberen Zeile auf dem Talker. [...] Als die Schüler*innen zur Bestätigung ihrer Anwesenheit ihren Namen nennen sollen, sucht Felix nicht lange nach den Buchstaben oder der Kombination der Namen-Kurzwahl, sondern kann blitzschnell und unmittelbar sagen: „Felix".* (Protokoll #7, Felix Tag, h) UK-Runde: mittlere Gruppe)

> *Während die Lehrerin auf eine mit Stoff bespannte kleine Tafel ein paar Symbolkombinationen aufklebt und das klassische Spielfeld eines ‚Mensch-ärger-dich-nicht'-Spiels aufbaut, tippt Rebecca weiter und ihr Talker artikuliert kurz darauf: „darf ich rot". Die Lehrerin hört das nicht richtig, es ist noch sehr laut im Raum, Rebecca hält ihr den Talker hin, damit diese die Frage noch einmal lesen kann.* (Protokoll #6, Tag 3, d) UK-Runde: ältere Gruppe')

Im ersten Beispiel dokumentiert sich eine vorausschauende Nutzung der Funktion des Talkers, dass die Wörter produziert werden können, ohne auch unmittelbar artikuliert zu werden. Felix beginnt mit der Produktion seines Namens nicht erst, wenn er an der Reihe ist. Vielmehr zeigt sich sein Verständnis der Ökonomie des Talkers, nämlich, dass es einige Sekunden spart, wenn er seinen Namen generiert, bevor er dran ist. Er nutzt die mediale Ressource des Talkers, die diesen Wörtern eine dauerhafte Abrufbarkeit ermöglicht – was in den Beispielen zuvor noch zu Krisen bzw. Löschaufforderungen führte. An der Art und Weise, wie Felix den Talker hier einsetzt, zeigt sich außerdem, dass er den Kommunikationsablauf antizipiert. Im zweiten Beispiel ist die Kommunikationsstruktur unklarer. Die Situation kennzeichnet sich nicht durch einen formalisierten Ablauf. Dennoch findet sich eine ähnliche Funktionsweise, in der der Talker eingesetzt wird. Rebeccas Gesprächsbeitrag wird nicht von der Lehrerin empfangen – sie hört eventuell, dass etwas zu ihr gesagt wurde, aber nicht was. Der Moment des Hörens wird verpasst und die Raumakustik ist für das eindeutige Empfangen von Beiträgen des Talkers abträglich. Um die wechselseitige Kommunikation dennoch zu erreichen, greift Rebecca auf die gleiche Funktion des Talkers zurück wie Felix – auch wenn sich beide Situationen voneinander stark unterscheiden. Der Talker ermöglicht, dass ein überhörter Beitrag nachträglich gesehen bzw. abgelesen werden kann. Rebecca benutzt die Dauerhaftigkeit eines Gesprächsbeitrages auf dem Display des Talkers, sie wiederholt ihren Beitrag durch die Praxis des Display-Zeigen.

Im nächsten Beispiel agiert Felix zur gleichen Gelegenheit in ähnlicher Weise:

> *Auch dieses Mal wird zu Beginn der Stunde die Anwesenheit aller Schüler*innen überprüft. Felix tippt seinen Namen ein und lässt ihn in den nächsten Momenten mehrfach aussprechen. Er erfreut sich sehr daran. Die Gespräche im Raum gehen allgemein durcheinander, es sind viele Stimmen zu hören. Dann wird Felix von der Lehrerin aufgefordert, damit aufzuhören und die Lehrerin vollzieht mit den Kindern zusammen den Vorgang in geordneter Weise. Sie ruft auf und das jeweilige Kind meldet sich mit seinem Namen.* (Protokoll #5, Tag 2, e) UK-Runde: ‚mittlere Gruppe')

In dieser Situation kommuniziert Felix entgegen der üblichen, geordneten Ablauffolge der Anwesenheitsüberprüfung durch die Lehrerin. Daran wird Folgendes sichtbar: Es geht in den Runden nicht nur um die Nutzung des Talkers (welche Felix offenbar beherrscht), sondern um den Einsatz des Talkers innerhalb einer Kommunikationsgemeinschaft mit bestimmten Kommunikationsabläufen. Innerhalb von Mehrparteiengesprächen ist eines der hauptsächlichen praktischen Interaktionsprobleme (und das insbesondere bei Teilnehmer*innen mit Unterstützter Kommunikation, vgl. Hörmeyer 2015) die Übergabe von Rede-Slots, das sogenannte *turntaking* (vgl. Schegloff 1996, 2007; für Interaktionen unter Kindern vgl. Streeck 2015). Damit ein akustisches Chaos vermieden wird, die Teilnehmer*innen ihre Beiträge ohne Überlappung mit anderen Gesprächsbeiträgen artikulieren und die Gefahr des Überhört-Werdens minimiert wird, sind bestimmte Ablaufregeln einzuhalten. Eine einfache Reih-Um-Struktur bzw. das geregelte Nacheinander-Sprechen, wie es dominant in den UK-Runden praktiziert wird[143], ist dafür geeignet und ermöglicht die Einhaltung des Kommunikationsprinzips „one speaker at a time" (Sacks/Schegloff/Jefferson 1974: 730). Der Bruch mit diesem Prinzip steht im Folgenden im Mittelpunkt.

> *Die Lehrerin erklärt mir, dass zu Beginn einer jeden Stunde ‚erstmal jeder erzählen soll'. Währenddessen sie mir dies erklärt, höre ich bereits verschiedene Versatzstücke von Talker-Artikulationen und die Lehrerin ermahnt an niemanden direkt gerichtet, dass „nicht alle durcheinander reden" sollen. Ein Junge, Patrick, darf dann beginnen. (Protokoll #6, Tag 3, d) UK-Runde: ‚ältere Gruppe')*

> *Als Erste fragt die Lehrerin: „wohin kommt die große Kugel?" Sie wartet kurz, alle Kinder überlegen, die Lehrerin gibt den Hinweis: „Dino und Pfeil nach unten". Die Kinder finden das ohne Probleme auf ihrem Talker, ihre Antworten fliegen durcheinander. Die Lehrerin wartet kurz und fordert alle Kinder der Reihe nach auf, ihre Antworten vom Talker aussprechen zu lassen. (Protokoll #5, Tag 2, e) UK-Runde: ‚mittlere Gruppe')*

Wie zur Begrüßung, so wird auch am Ende ein bestimmter Ablauf der Kommunikation eingefordert. Es ist weitaus pointierter und zwar: im richtigen Moment ‚tschüss' sagen. Auch hier kommt es u.U. zu ‚Unordnung':

> *Klara sagt plötzlich per Talker „Tschüss", ihre Begleitung hat scheinbar nicht bemerkt, wie sie das eingetippt hat. Sie zeigt mehrmals in der Folge auf ihren Rollstuhl, indem sie sich umdreht und nach oben an ihre Lehne zeigt, aber auch auf die Reifen, mehrmals drückt sie währenddessen zwischendrin auf den Talker und wir hören: „tschüss tschüss". Die Begleitung von Klara nimmt ihre Hand und sie sagt nochmal „tschüss" in dem Moment, den die Lehrerin bestimmt, dann sagen die anderen Kinder nach und nach ebenfalls „tschüss". Denn diese sagt, wann die Stunde zu Ende ist, sie legt das fest, erklärt sie in einem freundlichen Ton.* (Protokoll #4, Tag 1, e) UK-Runde: ‚schwächere Gruppe')

> *Aus dem nichts und noch bevor die Lehrerin die Stunde offiziell beginnt, höre ich aus Klaras Talker: „wie heißt du?", sie tippt mich zusätzlich an und ich antworte. Anstatt auf meine Rückfrage zu antworten, feuert sie weitere Fragen ab: „was hörst du so? wo wohnst du?"*

143 Dies ist so zu Beginn der Runden bei der Begrüßung (Namen nennen, Stift aussuchen, Unterschreiben), wie auch bei anderen Gelegenheiten, wie z.B. beim Benennen der Bestandteile eines Schneemanns.

alle lachen, ihre Begleitung scherzt, dass ginge jetzt aber schnell, die Lehrerin meint, dass ich darauf nicht antworten müsse. Nach einer Weile, die Lehrerin hat mich zwischenzeitlich als Gast vorgestellt, tippt Klara mithilfe ihrer Begleitung, die Klaras Hand führt, auf das Zeichen für ihren Namen. Mitten im Satz der Lehrerin hören wir: „Klara", die Lehrerin nickt ihr bestätigend zu, sagt so etwas im Sinne von „sehr schön" und macht weiter. (Protokoll #4, Tag 1, e) UK-Runde: ‚schwächere Gruppe')

Durcheinander zu reden, hat zur Folge, dass die Beiträge des Talkers entweder überhört werden, oder nicht richtig zugeordnet werden können – die Stimmen klingen ähnlich bis gleich. Die Zuordnung der Beiträge zu den Schüler*innen ist für die Lehrerin schon deshalb relevant, weil sie dadurch Lernerfolge erkennen kann. Daher wird regelmäßig ‚zur Ordnung gerufen' und die ‚Reih-Um'-Struktur eingefordert. Das letzte Beispiel dokumentiert auf andere Weise Unordnung und zieht auch eine andere Reaktion der Lehrerin nach sich. Zunächst agiert Klara selbstbestimmt, indem sie den Gast direkt anspricht. Ihre weiteren Fragen entsprechen nicht den Konventionen – das lässt sich an den Reaktionen der Beteiligten ablesen. Entsprechend wird dem Gast eine Antwortverweigerung nahegelegt. Klara befand sich zu diesem Zeitpunkt auf ihrem Talker in der Kategorie, in der sie mehrere Fragen an für sie unbekannte Menschen gespeichert hat. Um auf meine Rückfrage zuvor zu antworten, muss sie die Ebene wechseln und ihren Namen eingeben bzw. in ihrem Vokabular suchen (welche Variante sie durchführt, bekomme ich nicht mit). Das dauert einige Zeit und sie antwortet deshalb verzögert, vom sequenziellen Ablauf des Gesprächs her ist ihr Beitrag ‚nicht angemessen' (vgl. Wilkinson 1999) – aber die Lehrerin sanktioniert dies nicht negativ, sondern reagiert positiv darauf. Klara hat sich gegen die sich gesprächsökomisch negativ auswirkende Produktionsdauer ihres Talkers ‚durchgesetzt', diese bewältigt und die unfertige Gesprächssequenz (bestehend aus Frage-Antwort-Rückfrage-Antwort) beendet – auch, wenn die gesamte Kommunikation bereits fortgeschritten war und sie entgegen dieser agieren muss. Sie spricht zwar dazwischen, aber bringt ein angefangenes Gespräch zu Ende, darin lässt sie sich nicht behindern.

Ein zweites Merkmal von Kommunikation ist die Wechselseitigkeit der Bezugnahme und die kooperative Bewältigung von Kommunikationsproblemen bzw. die gemeinsame Fortschreibung der Kommunikation, d.h. das Aufnehmen und Weiterführen eines Beitrages und damit den Vollzug des Miteinander-Sprechens (vgl. Goodwin 2018). Zusammen mit dem Erfolgen von Übergaben von Rede-Slots sind dann zwei Merkmale des Kommunizierens erfüllt. Solche Momente finden sich auch in den UK-Stunden. Sie finden oft jenseits der Ordnung des Nacheinanders statt und wenn die Kinder direkt miteinander, ohne Zwischenschaltung des Lehrpersonals, miteinander sprechen. Zu Ersterem:

Beim ‚Mensch-ärger-dich-nicht'-Spiel: ein Junge sagt zu früh: „herzlichen Glückwunsch". Die Lehrerin drauf: „hat er schon gewonnen?" Der Junge und auch Caroline verneinen dies, währenddessen aber kommt aus Marcos Talker: „Opa, Oma ist 68", die Lehrerin fragt: „spielst du das mit denen?", der Junge und Caroline schauen zu Marco, auf dem nun die Aufmerksamkeit liegt, er lacht, widmet sich wieder seinem Talker und kurz darauf hören wir: „groß", die Lehrerin fragt (für mich überraschend): „Figur oder große Zahl?", ich komme durcheinander, worum es gerade geht. Marco wechselt dann schon wieder das Thema: „du bist 37". Daraus ergibt sich ein Gespräch darüber, ob die Lehrerin wirklich

> *so alt ist. Plötzlich tippt er wieder, ich denke noch, die beiden reden weiter, höre aber „wie heißt du?", Marco schaut mich nicht an, aber da er alle anderen mit Namen kennt, vermute ich, dass die Frage an mich gerichtet ist und antworte entsprechend: „Andreas". Darauf Marco: „Caroline Vater auch." Ich sage etwas wie „ah ja" und nun hält die Lehrerin ihn zum Würfeln an, was er auch macht. Er kann die Zahl nicht sehen, und die Lehrerin nennt sein Ergebnis: eine Eins.* (Protokoll #6, Tag 3, d) UK-Runde: ältere Gruppe')

Eine Abweichung von der Spiel-Kommunikation findet bereits im ersten Moment statt, als die Beglückwünschung nicht am Ende des Spiels, sondern vorab vollzogen wird. Ungeplant bringt Marco dann seine Großeltern in das Spiel. Die Lehrerin nimmt das auf und verknüpft es zunächst noch mit dem sich in der Durchführung befindlichen Spiel. Die folgenden kommunikativen Äußerungen werden zugelassen, aufgegriffen und durch die Lehrerin bzw. am Ende durch mich aufgegriffen, beantwortet und dadurch emergiert eine Kommunikationsstruktur jenseits des eigentlichen Fokus der Situation (das Spiel) und mit mehreren Themenwechseln. Marcos kommunikative Projekte (insb. Fragen nach Alter und Namen) und seine selbstbestimmte Artikulation werden nicht unterbrochen, sondern eingebunden und kooperativ vollzogen.

In einer weiteren Situation kommt es zu einer Abweichung von der geplanten, pädagogischen Aufgabe, die dann in der Folge nicht unterbrochen wird, sondern sich weiterentwickelt und eine über die Situation hinausgehende Wirksamkeit hat:

> *Als Nächstes geht es um die Knöpfe des Schneemanns. Die Lehrerin fragt, welche Farbe die Knöpfe haben. Klara schaut ruckartig auf ihren Talker, wie immer drückt sie wild darauf herum und wir hören: „Gummistiefel", ein Wort das genau neben dem Wort ‚Knöpfe' auf dem Display steht. Dann ruft sie die Farbenpalette auf, wählt ‚braun' aus, zeigt auf ihren Pulli, dann geht sie auf ‚blau' […] Nach einigem Durcheinander schaue ich wieder zu Klara: Sie zeigt auf die Knöpfe ihrer Strickjacke, dann auf die ihrer Begleitung. Diese sagt wie: „ja Knöpfe gefallen dir", alle lachen und suchen nun bei sich Knöpfe an der Kleidung und zeigen darauf, zeigen sie anderen. Auch ich mache das. […] Die Lehrerin notiert sich in ihr Notizbuch, dass sie für die nächste Stunde unbedingt Knöpfe mitbringen muss.* (Protokoll #4, Tag 1, e) UK-Runde: ‚schwächere Gruppe')

Entgegen des eigentlichen Vorhabens (alle Kinder sagen nacheinander *„schwarz"*) und der üblicherweise durchgeführten Interaktionsstruktur, wird hier durcheinander kommuniziert, alle zeigen sich gegenseitig ihre Knöpfe und benennen teilweise mit dem Talker die jeweiligen Farben. Die verschiedenen Erwachsenen reagieren darauf und die Situation findet dahingehend ihren Widerhall, dass sie von der Lehrerin als spontan geäußertes Interesse an einem Thema aufgenommen und die nächste Stunde inhaltlich bestimmen wird. Über die Situation hinaus zeigt sich die eigensinnig entwickelte Kommunikation als wirksam – und damit dokumentiert sich für die Teilnehmer*innen, dass der Einsatz ihres Talkers intersituativ soziale Wirkung haben kann und wie die Schüler*innen den Unterricht über verschiedene Situationen hinweg thematisch mitentwickeln können (vgl. Hirschauer 2014b).

Zum Abschluss dieses Kapitels geht es, wie oben bereits erwähnt, um Situationen, in denen die Schüler*innen miteinander kommunizieren und sich Gespräche unter ihnen eigenständig entwickeln und vollziehen.

Die Lehrerin schlägt vor, dass sich alle vorstellen, da ich das erste Mal teilnehme. Die Kinder sagen nach und nach ihren Namen, ihr Alter, wo sie wohnen und ihre Hobbys. Diese kurzen Texte sind vorbereitet und zum schnellen Abruf im Talker gespeichert. Einer der Jungen erwähnt bei seinen Hobbys, dass er PS3 spielt. Daraufhin schaltet sich ein Mädchen ein, dass bereits dran war, und sagt – währenddessen der nächste Schüler noch nach seinen Vorstellungssätzen auf dem Display sucht – „ich auch PS3 spielen". Dann der Junge wieder: „GTA spielen" und das Mädchen wiederholt: „GTA 5 spielen". Der Junge, der eigentlich an der Reihe war und zugehört hat, lässt den Talker einige Standardsätze sagen (Name, Alter, Geburtsdatum, Alter) und er schließt mit „Ich spiele gern PS 4, Fifa 15". (Protokoll #6, Tag 3, d) UK-Runde: ältere Gruppe')

Entgegen der Ausgangssituation, die eine Vorstellungsrunde inszeniert, in der jedes Kind einzeln spricht und dann an das nächste Kind den Rede-Slot weitergibt, entwickelt sich hier ein Gespräch. Die Kinder nehmen Bezug aufeinander und stellen eine Gemeinsamkeit her, die darin besteht, dass sie die gleichen Konsolen nutzen bzw. Spiele spielen. Im Weiteren ergänzt das nächste Kind seine Selbstpräsentation mit den gleichen Themen, er nimmt diese auf und baut sie in seinen Redebeitrag ein, zusätzlich zu seinem vorbereiteten Text. Eine weitere, ähnliche Situation, die kurz darauf folgt, spielt sich folgendermaßen ab:

Auch Marco wird nach seinen Hobbys gefragt. Auf seinem Talker wählt er zunächst dreimal das Fragezeichen, dann die Kombinationen für malen, schreiben und singen. Caroline funkt dazwischen und ihr Talker sagt „lesen". Er daraufhin schreibt „hören" und lässt es den Talker sagen. Dann ist sein Tippvorgang folgender: und, zwischen (wird gelöscht), Kopf (wird gelöscht), Herz über Kopf, Film (wird gelöscht), Musik, lesen. Der fertige Satz „und Herz über Kopf Musik lesen" wird von Marco zweimal wiederholt und Caroline fragt: „Herz über Kopf ist das ein Buch?" Marco beugt sich wieder über den Talker, löscht das letzte Wort und ersetzt es durch „hören". (Protokoll #6, Tag 3, d) UK-Runde: ältere Gruppe')

Als sich Caroline das erste Mal dazwischen meldet, macht es den Eindruck, als würde sie Marco berichtigen oder eine weitere Praxis ergänzen wollen. Marco reagiert mit einem weiteren Verb und baut dann einen komplexeren Satz, der von mehreren Reparaturen begleitet ist, die aber nur ich als Beobachter seines Displays mitbekomme. Caroline reagiert dann mit ihrer Frage auf die inkonsistente Verknüpfung von Musik und Lesen. Sie greift damit einen Aspekt aus Marcos Satz auf und ermöglicht ihm eine Reparatur seiner Aussage bzw. einer Stellungnahme zu deren Richtigkeit. Es findet ein ‚other-initiated repair' (vgl. Schegloff 2000; Bloch/Barnes 2020) statt und auf der Basis der Nachfrage von Caroline berichtigt Marco seine Aussage und es ist klar, dass ‚Herz über Kopf' ein Lied oder Musikalbum ist, das man hören kann. Sprechen die Kinder also miteinander und mithilfe ihrer technischen Unterstützung, so entstehen Momente in den Unterrichtsstunden, in denen eine Gesprächspraxis möglich wird, die Kinder sich wechselseitig aufeinander beziehen, Gemeinsamkeiten herstellen und sich u. U. beim Reparieren von Gesprächsbeitragen unterstützen und derart eine soziale Kommunikationsgemeinschaft temporär bilden und sich als eine solche erleben.

Die Lernpraxis, wie sie innerhalb der UK-Runden vollzogen wird, hat zusammengefasst folgende Merkmale:

- Eine praktisch, vor allem verbal erreichte Fokussierung auf den Talker ist Voraussetzung für den Vollzug der Unterrichtssituation. Dieser Fokus muss etabliert und stabilisiert werden und führt zu einer praktisch sinnvollen Reduktion der Kommunikationsmittel der Kinder.
- Es finden sich assistierende Aktionen, in diesem Falle in erster Linie durch Zeige-Gesten. Eine weitere Form der Assistenz besteht in dem Hinweis auf eine quasimediale Funktion des Talkers: die Möglichkeit der temporären ‚Speicherung' von Wörtern auf dem Display. Die Assistenz besteht in Gesten, die zur Löschung dieser Wörter aktiviert, um eine sinnvolle Kommunikation wieder zu ermöglichen und dass die Schüler*innen nicht eine Vielzahl an Wörtern, deren Einsatzmomente bereits vorbei sind, wiederholen.
- Zugleich findet sich eine sinnvolle Nutzung ebendieser medialen Funktion im Zuge des Mehrparteiengesprächs, die sich in die Vollzugsordnung einfügt und sie antizipiert oder im Zuge diffuser Kommunikation praktiziert wird, um Verständnis zu erreichen.
- Es wird auf die Einhaltung von Kommunikationsstrukturen geachtet und diese durch eine festgelegte *turn-taking*-Struktur eingeübt. Aktionen entgegen dieser Struktur werden nicht per se abgewehrt oder unterbrochen, sondern es wird kommunikativ an sie angeschlossen und sie werden dadurch positiv evaluiert und die Kommunikation, die spontan entsteht, kann sich entfalten. Die eigensinnigen Aktionen und die selbstbestimmte Talker-Kommunikation der Kinder werden nicht abgebrochen, sondern die Schüler*innen können Wirksamkeit im Umgang mit dem Talker und in der Peer-Kommunikation erleben, bis hin zum kooperativen Vollzug von sich entwickelnden Mini-Gesprächen jenseits der vorgegebenen Struktur – zwischen Lehrpersonal und Schüler*innen bzw. unter diesen allein.

6.4.4 Zusammenfassung

Ziel dieses Kapitels war es, dass Erlernen der Kommunikationspraxis mit dem Talker zu beleuchten. Die zentrale theoretische Prämisse bestand darin, dass an Praktiken teilzunehmen oder diese zu vollziehen, nicht aufgrund angeborener oder gegebener Fähigkeiten geschieht. Vielmehr stehen hinter dem kompetenten Vollzug von Praktiken Lernprozesse, deren Ausübung selbst eine Praxis darstellt und spezifische Eigenschaften besitzt. Das betonen die referierten praxistheoretischen Positionen zum Lernen. Sie besagen, dass Lernen ein praktisches (Mit-)Machen ist, in dessen Vollzug Fähigkeiten hervorgebracht und ausgeübt werden. Praktisches Lernen umfasst den Vollzug bestimmter verbaler und nonverbaler Aktivitäten, körperlicher Aktionen und Bewegungen und den Umgang mit (technischen) Objekten. Praktisches Lernen kennzeichnet zudem ein öffentlicher Charakter, was sich im Zeigen, Hinweisen, Unterstützen, Evaluieren und Nachahmen von Tätigkeiten nachvollziehen lässt; es ist weiterhin ein kollektiver Prozess, verteilt unter unterschiedlichen Akteuren und Objekten; und, zuletzt, übt es in gesellschaftliche Handlungs- und Kommunikationsweisen, in bestimmte Formen praktischen Wissens und Könnens ein.

Die empirischen Hauptteile des Kapitels widmeten sich zwei unterschiedlichen Unterrichtsformen bzw. praktischen Lehr-Lernarrangements. Im ersten Teil stand

der Eins-zu-Eins-Unterricht im Mittelpunkt. Die Lernpraxis veränderte sich hier im Verlauf. Nachdem am Anfang der Smalltalk, also eine kommunikative Gattung, vollzogen wird, d.h., einerseits Gesprächskonventionen realisiert werden, andererseits eine kompetente, selbstbestimmte Nutzung des Talkers entgegen des sich vollziehenden Gesprächsverlaufs zu sehen ist, ändert sich die praktische Logik der Wissensvermittlung in der zweiten Hälfte. Es werden durch den Lehrer konkrete Aufgabe gestellt und die Antworten des Lernenden evaluiert bzw. bearbeitet. Es dominieren damit assistierende und reparierende Aktivitäten durch den Lehrer, aber auch Selbstkorrekturen durch Toni. Die Korrektur-Praxis pendelt zwischen Assistenz und Selbsttätigkeit. Fehler wurden entweder durch den Lernenden oder durch den Lehrer registriert, die Korrektur im Anschluss wird entweder eigenständig oder mit Assistenz durch Toni umgesetzt. Er zeigt damit an, wie er sich an sukzessiv generierten Silben für die erfolgreiche Produktion eines Wortes orientiert bzw. in diese Praxis einübt. Eine besondere Rolle nahm die sinnliche Wahrnehmung und die Anordnung von Körpern und Objekten (Talker, Tafel) ein. Diese waren insbesondere für die Assistenz- und Reparaturaktivitäten sowie Momente der Selbsttätigkeit entscheidend. Die sinnliche Wahrnehmungsordnung wechselten mehrmals und je nach Sinne/Körper-Technik-Arrangement bestimmten visuelle und akustische Momente die Beobachtbarkeit der Lernaktivitäten (d.h. der Bedienung des Talkers). Durch die Positionierung von Körpern wurden Aufmerksamkeitskorridore möglich bzw. unmöglich, die so die Interaktionsordnung strukturierten, innerhalb der Assistenz, Reparatur/Korrektur und Selbsttätigkeit durchgeführt wurden. Weiterhin ist Tonis primäre Praxis, die sukzessive Orientierung an Silben, durch den akustischen Sinn fundiert: er hört seine Tipp-Fehler und die sich anschließenden Korrekturen. Im Zuge dieses Arrangements wurden zusätzlich verschiedene Features des Talkers (Lexikon, Löschen der Wortzeile) mit in den Lernprozess einbezogen.
Bei den im Anschluss beschriebenen ‚UK-Runden' stehen weniger das Korrigieren und Reparieren von Beiträgen im Mittelpunkt. Entsprechend ist auch der Wechsel der sinnlich-körperlichen Ordnung, welcher im Zusammenhang mit Korrekturen und Reparaturen beschrieben wurde, weniger relevant. Weitaus bedeutsamer für den praktischen Vollzug der ‚UK-Runden' sind das Ausführen praktischer Assistenz in der Bedienung des Talkers und die Realisierung von und der Bruch mit bestimmten Gesprächsstrukturen. Neben der grundlegenden Voraussetzung eines etablierten und stabilisierten Fokus auf den Talker, sind es die assistierenden Aktionen des Lehrpersonals und der Schüler*innen unter sich (und des Beobachters), die die Lernpraxis ausmachen. Die Assistenz wird einerseits visuell in der Form von Zeige-Gesten vollzogen, andererseits – wie auch beim Unterricht von Toni – durch Referenz auf die Löschung der gespeicherten Wörter in der Wortzeile auf dem Display, also mit Bezugnahme auf eine mediale Funktion des Talkers. Diese Funktion wurde aber auch auf kreative Weise genutzt, um den Herausforderungen des Mehrparteiengesprächs und der Reihum-Struktur der Runde zu begegnen. Diese Art der Kommunikations- und *turn-taking*-Struktur dominiert die ‚UK-Runden'. Gleichzeitig wird regelmäßig mit ihr gebrochen. Das Lernziel besteht nicht nur im Gebrauch des Talkers (und der deutschen Sprache, was vor allem bei Toni der Fall war), sondern im Verstehen und Einhalten von Kommunikationsabläufen, der gelungenen

Übergabe von Rede-Slots, sowie der kreativen und kooperativen Ent- und Abwicklung spontaner Mini-Gespräche, was wiederum eine Ähnlichkeit zum Small-Talk im ersten Lehr-Lern-Arrangement besitzt.[144] Eine Kommunikationspraxis zu erlernen, besteht zusammengefasst darin, Wissen über Kommunikationsstile und situationsadäquate Kommunikationsweisen zu erwerben. Die Lernpraxis selbst ist durch verkörperte und sinnliche Ordnung strukturiert, und es findet ein Wechselspiel zwischen Selbsttun und Korrigiert-Werden/Assistenz statt.

6.5 Forschungspraxis als körperliche Kooperation

6.5.1 Einleitung

„Ich kann richtig geil mit dem Talker sprechen" (Interview #3, Toni). So lautete die Begrüßung zu Beginn des Interviews mit Toni. Wie reagiert man auf eine solche Begrüßung? Wie wird man als Forscher*in zu jemandem, der annähernd genauso gut einem Talker zuhören kann? Und wie entsteht dabei sozialwissenschaftliches Wissen? Wie deutlich geworden sein sollte, stellt im alltäglichen Gebrauch der Talker besondere Anforderungen an die Bewältigung von Interaktionen und Kommunikation zwischen Menschen mit und ohne Talker. Ob nun *Forschung* mit Talkern bzw. mit Menschen ohne Lautsprache und technischer Unterstützung gelingt, hängt von einem komplexen Prozess der Beziehungsgestaltung ab, in dem eine Vielzahl an gesellschaftlichen und wissenschaftlichen Annahmen darüber, wie kommuniziert wird, ausgehandelt werden (vgl. Ashby 2011; Boggis 2011; Booth/Booth 1996; Wickenden 2011). In diesem Prozess treffen alltägliche Methoden und Praktiken der Beforschten auf erlernte Methoden und Praktiken der Forschenden und arbeiten sich an der Differenz von Sprechweisen ab. Wie sie sich aufeinander abstimmen, einstimmen, einstellen oder miteinander kollidieren, oder wie sie miteinander (körperlich) kooperieren, ist Thema dieses Kapitels.

Den Rahmen dafür bilden drei thematische Bezugsprobleme. Erstens: Aus der Idee, „dass jede Theorie über die Praxis selbst eine Form von Praxis ist" (Hillebrandt 2009: 369), resultiert ein Hang der Praxistheorien zu reflexiver Forschung und Begriffsbildung, zu einer „doppelte[n] Praxeologisierung" (Schmidt 2012: 36). Nicht nur das beobachtete Geschehen wird als Praxis erfasst, sondern auch das Beobachten und Forschen. Beides wird durch soziale Praktiken konstituiert.[145] Es geht dabei weniger um die Qualität oder korrekte Durchführung der angewandten Methoden, als vielmehr darum, Forschung selbst als soziale Praxis zu verstehen, einer Praxis, in der vieles anders verläuft, als geplant und im Methodenlehrbuch vorgeschlagen. Die praxistheoretische Perspektivierung wird also nicht exklusiv auf den

144 Die Relevanz des gemeinschaftlichen und kooperativen Vollzugs von Kommunikation mit technischen Hilfsmitteln wurde auch für das Erlernen von Sprache insgesamt festgestellt, vgl. Mathisen et al. 2009.

145 Zu forschen wird nicht als ein neutrales Geschehen, sondern als situierte Praxis verstanden (vgl. Dang et al. 2017). Der Einsatz von Theorien, Begriffen und Methoden findet jenseits des Handbuchs statt, in der Herstellung des Forschungsgegenstandes, im Kontakt mit dem Forschungsfeld und seinen Akteuren, in der Arbeit am Schreibtisch und im Verlauf des Forschungsprozesses. In Praktiken werden Methoden und Instrumente, Begriffe und Theorien, wissenschaftliche Tätig- und Fertigkeiten verfertigt (vgl. Schüttpelz/Meyer 2017; Law 2017).

Gegenstand angelegt, sondern auf das Forschungshandeln selbst gewendet. Die Konstruktion des Forschungsgegenstandes, die Beziehung zum Feld und seinen Akteuren ist an empirisch rekonstruierbare, soziale Praktiken gebunden und in sozialen Situationen verstrickt (für ein ähnliches Vorgehen vgl. Wieder 1974). Ein solches Vorgehen nutzt die Anwesenheit der forschenden Person, ihrer Aktivitäten und die Reaktionen darauf für das Verständnis des empirischen Gegenstandes:

> „Denn in jedem Falle ist es Aufgabe des Forschers, die Situation zu beschreiben, die durch die eigene Beteiligung hervorgebracht wird. Es geht nicht darum, Reaktivität zu minimieren und so zu tun als sei man unsichtbar [...] und nichts als ein neutrales Forschungsinstrument. Mit Reaktivität ist vielmehr zu arbeiten, sie ist immer mit zu beobachten oder gelegentlich auch auszubeuten. [...]." (Breidenstein et al. 2013: 61)

Die in der gesamten Arbeit verfolgte praxistheoretische Rekonstruktion dessen, was es bedeutet, mit einer Person mit Sprachcomputer zu interagieren, wird auf diese Weise am Beispiel des Forschens expliziert. Es wird zu sehen sein, dass sich Forschung ebenso an praktischen Problemen der Kommunikation abarbeitet – auch oder gerade, wenn sie Datenproduktion zum Ziel hat.

Zweitens beziehe ich mich auf die Ausführungen von Stefan Hirschauer zur ‚Schweigsamkeit des Sozialen' und dem Problem der Versprachlichung von Erfahrungen im Kontext des ethnografischen Forschens und Schreibens (vgl. Hirschauer 2001).[146] Worauf Hirschauer einerseits abzielt, ist die Rolle der Kulturtechnik des Schreibens für die Produktion ethnografischer Texte. Zentral ist, „dass im ethnografischen Schreiben etwas *zur Sprache gebracht* wird, das vorher nicht Sprache war" (Hirschauer 2001: 430 – H.i.O.). Andererseits ist die Schweigsamkeit des Sozialen, wie Hirschauer m.E. andeutet, nicht nur Gegenstand einer nachträglichen Reflexion und Übertragung in andere Kontexte wie Protokolle, Vorträge, Artikel für Fachzeitschriften oder Qualifikationsarbeiten. Sie findet sich *in* der Forschungssituation. Sie ist in praktischer, technischer wie auch moralischer Hinsicht Teil der Forschungssituationen und -beziehung. Beobachter wie Beobachtete erleben und begegnen in ihrem Handeln immer wieder Aspekten des Stimmlosen und Unaussprechlichen, der Sprachlosigkeit, des Unbeschreiblichen, vor-sprachlichem Wissen und vollständiger bzw. annähernder Stummheit des Gegenübers. In der Forschung vollzieht sich die *praktische* Bearbeitung verschiedener Aspekte des stummen Sozialen und das ist verantwortlich für das Verstehen des Gegenübers. Im Umgang miteinander, der die Forschung kennzeichnet, wird ‚Stummheit' durch bestimmte kommunikative Aktivitäten ‚bearbeitet'. Nirgends ist das so offensichtlich, ist die Schweigsamkeit des Sozialen so erleb- und nachvollziehbar und dauerhaftes Engagement beanspruchend wie in der Forschung mit Menschen ohne Lautsprache (vgl. Ashby 2011; Boggis 2011; Booth/Booth 1996; Goode 1994; Wickenden 2011). Sprachliches Wissen erzeugende, technische Geräte und körperlich vollzogene, kommunikative Praktiken der Wissensvermittlung zwischen Interagierenden bestimmen in meinem Fall die situierte Forschungspraxis. Auf verschiedene Weisen

146 Hirschauer bezieht sich auf Jörg Bergmanns Artikel, der dem Sozialen eine Flüchtigkeit attestiert und deshalb eine „registrierende Konservierung" per Aufnahmegeräten empfiehlt, vgl. Bergmann 1985.

wird das – hier nur kurz angesprochene – Schreibproblem als Interaktionsproblem *in* der sozialen Ordnung von besonderen, nämlich Forschungssituationen der Beobachtung und des Interviewens, behandelt.

Drittens: Der Einsatz eines Sprachcomputers operiert mit einer primären Funktion: *giving voice*. Im Kontext qualitativer Forschung insbesondere zu marginalisierten Gruppen hat dieser Ausdruck eine bestimmte Konnotation, wie Charles Ragin argumentiert (vgl. Ragin 1994: 31–54; vgl. kritisch und spezifisch für den Disability Studies-Kontext Ashby 2011; Homann/Bruhn 2020 sowie für andere Felder qualitativer Forschung Jackson/Mazzei 2009). Ziel ist es, die Diversität des Sozialen zu rekonstruieren und zu repräsentieren. Geschichten, Meinungen, Vorstellungen und Erfahrungen einer spezifischen sozialen Gruppe werden zum Teil der sozialwissenschaftlichen Wissensproduktion und dadurch für andere Gesellschaftsmitglieder sicht- und hörbar. Forscher*innen sprechen für andere, verleihen ihnen eine Stimme, werden zum Medium der Stimmlosen. Marginalisierte Gruppen, die wenig Publizität und Mitspracherecht in einer Gesellschaft haben, einer Gesellschaft, die sie nach außen drängt und stumm macht, werden so ‚vertreten'. Die folgenden Beispiele werden demgegenüber verdeutlichen, dass das Versprachlichen von Erfahrungen vermeintlich stimmloser Gruppen durch eine eindeutige Machtposition, wie es Ragins Argumentation impliziert, nicht adäquat ist bzw. der Versprachlichung aufschlussreiche soziale Praktiken vorgelagert sind. So sind es Forschende und Beforschte, die gemeinsam an dem komplexen und situierten Prozess des ‚Stimme-Gebens' arbeiten (vgl. Ashby 2011; Boggis 2011; Wickenden 2011). Inwiefern dies Assistenz nahekommt, inwiefern Autonomieannahmen, die Forschungsmethoden zugrunde liegen, problematisch werden, oder inwieweit praktische Kompetenzen der Stimmlosen das kooperative Miteinander-Agieren der beteiligten Akteure bestimmen, ist Thema der folgenden empirischen Rekonstruktionen. Alle drei Rahmenthemen werden am Ende des Kapitels wieder aufgegriffen.

6.5.2 „Online or in the flesh?" oder: Körper und Kooperation

Im Folgenden skizziere ich eine nicht untypische, empirische Vorgehensweise im Bereich der Disability Studies, die ein Gegenmodell zu meiner eigenen Forschungspraxis bildet. Das Verhältnis von Interviewsituation, Körpern und Medien der an einer Forschung teilnehmenden Menschen mit Behinderungen ernst zu nehmen und in den Vordergrund zu stellen, wurde von Wendy Seymour methodenkritisch diskutiert (vgl. Seymour 2001). Die exkludierenden Aspekte qualitativer Sozialforschung, von denen insbesondere Menschen mit körperlichen Behinderungen betroffen sind, bilden ihren Ausgangspunkt. In ihrer eigenen qualitativen Forschung zur Techniknutzung im Alltag (vgl. Seymour/Lupton 2004; Lupton/Seymour 2000) plädiert sie für Onlineinterviews. Ein solches Vorgehen fördert die Partizipation an Forschung, den Abbau sozialer Barrieren und damit eine gehaltvollere Forschung zum Thema Behinderung. Der durch Onlineplattformen konstituierte „internet interview space" (Seymour 2001: 151) ist ein besonderer Raum, der Artikulationsmöglichkeiten und Teilhabepotenziale eröffnet. Denn online-gestützte Forschung ermöglicht die kommunikative Beziehung zwischen Beforschten und Forschern durch Computerumwelten zu mediatisieren und von den Erschwernissen und Umständen der *face-to-face*-Interviewsituation zu befreien. Er steht als „egalitarian research medium" (ebd.: 152) dem *face-to-face*-Interview und seiner voraussetzungsvollen, potenziell exkludierenden und behindernden Inanspruchnahme von Körper, Stimme, Gesicht, Gestik, Sprache und Zeit gegenüber. So ist z.B. Sprechen und Angeschaut-Werden für Menschen mit körperlichen Behinderungen problematisch und trägt nicht dazu bei, dass der-/diejenige sich im Interview umfangreich äußern wird.

Seymours Argumentation basiert darauf, dass soziale Ungleichheiten sich an den Körper heften, in ihn eingeschrieben sind und von ihm realisiert werden. Eine verantwortungsbewusste Forschung dürfe nun nicht dazu beitragen, Ungleichheiten zu reproduzieren. Um also Ungleichheitsreproduktion zu vermeiden, lautet Seymours Ziel: „Freeing data collection from the constraints of the visible body, location and time [...]" (ebd.: 159f.). Praktisch bedeutet das: „the body was to all intents 'eliminated'" (ebd.: 161). Die Medialität der Onlinekommunikation ist dafür das geeignete Mittel. Ihr (vermeintlich) entscheidender Vorteil ist: Sie entkörperlicht die Kommunikation (vgl. zur Differenz von ‚in the flesh' und ‚mediated by' Ihde 1979: 22–27). Das hat, neben der Erfüllung ethischer Ansprüche, den weiteren positiven Effekt, dass die Produktion von Erkenntnissen und Forschungsergebnissen reichhaltiger wird. In einem „body-less context" (Seymour 2001: 161) war es den Teilnehmer*innen der Studie möglich, schriftlich über die Bedeutung ihres Körpers für den Gebrauch von Medientechnik Auskunft zu geben.[147]

An dieser Argumentation scheinen mir drei Aspekte problematisch: Erstens, den Körper im Kontext körperlicher Behinderungen außen vor zu lassen und methodisch bewusst auszuschließen, hat zur Folge, dass eines der zentralen alltäglichen Probleme von Menschen mit körperlichen Behinderungen aus dem Forschungskontext ausgeschlossen wird: eben der Körper und seine Beiträge zum sozialen Handeln. Zweitens, eine körperlose Situation und einen körper-freien Kontext für die Produktion empirischer Daten erzeugen zu wollen, scheint mir ein illusorisches Unterfangen. Im Bearbeiten eines Onlineforums müssen Tasten, Tastaturen, Mäuse, Bildschirme, Computerstühle etc. körperlich gehandhabt werden. Sehen, lesen und eventuell Vorgelesenes zu hören sind körperliche Leistungen. Drittens: Indem über den Körper geschrieben wird, ist er Gegenstand von Schrift und Alphabet. Er ist ein Produkt schriftlicher Kompetenzen, von Ausdruck, Grammatik und Rechtschreibung – und damit von anderen Voraussetzungen und Ursachen der Reproduktion sozialer Ungleichheit.

Im Zuge von Seymours Forschung zur alltäglichen Techniknutzung wird eine bestimmte Kulturtechnik als Methode priorisiert: (digital) zu schreiben. Sie wird als neutral aufgefasst und nicht als ebenso systematisch mit sozialen Ungleichheiten belastet verstanden, wie es für den Körper postuliert wird. Im Zuge des Verfassens von Forenbeiträgen und dem Ausfüllen von Onlinefragebögen ist außerdem der

147 Einschränkend wird von Seymour am Rande erwähnt, dass manche Teilnehmer*innen der Studie Probleme körperlicher Natur in der Bedienung des Onlineportals hatten. Die zeitintensive, körperlich anstrengende Produktion eines Forumsbeitrages bei Teilnehmer*innen mit einer Zerebralparese wird von Seymour nicht unterschlagen. Sie ändert aber nichts Grundlegendes an ihrer Argumentation.

Körper nicht Teil der Situation, sondern es wird über ihn situationsenthoben reflektiert. Er wird in Narrative übersetzt. Solche Übersetzungen sind nicht neutral, sondern verändern den Gegenstand. Was der Körper in der alltäglichen Techniknutzung bedeutet, ist nicht zwangsläufig in niedergeschriebenen *accounts* enthalten. Es ist denkbar, dass über den Körper schreiben (was als Daten erhoben wurde) wenig darüber aussagt, wie er im Alltag eingesetzt wird (was Forschungsgegenstand war). Die Beziehung des Schreibens im Forum, als zentrale Erhebungsmethode, zur alltäglich erlebten sozialen Ordnung der Teilnehmer*innen wird nicht reflektiert.[148]

Der Körper spielt üblicherweise in methodischer wie forschungspraktischer Hinsicht eine unterbeleuchtete Rolle (vgl. Gugutzer 2017[149]). Im Gegensatz dazu, gehe ich davon aus, dass Forschende an ihren Körper und dessen Aktivitäten, Performanz und Wissen gebunden sind. Sie legen den Körper nicht einfach ab, sobald sie sich in eine Forschungssituation begeben. Der Körper ist immer Hinter- und Untergrund des alltäglichen Lebens – und damit auch des Forschungsalltags. Man steht herum, geht von A nach B, gestikuliert, zeigt mit Fingern, blättert weiter im Notizbuch, in das man handschriftlich Beobachtungen einträgt, bringt Stimmbänder in Schwingung, um im Rahmen eines Interviews miteinander zu sprechen und sich zu verständigen. Interviewen und beobachten sind multisensorische Vorgänge. Beiden Methoden ist gemeinsam, dass sie als Praxis verkörpertes und sensorisches Wissen im Feld beanspruchen. Im Zuge ihrer Verwendung wie auch in der Feldforschung allgemein besteht ein Zusammenhang zwischen Körperlichkeit, Wissensproduktion und dem Verstehen der Beforschten. So zeigt Judith Okely z.B., wie Forscher*innen ihre im Vergleich zu den beforschten sozialen Gruppen unterschiedlichen körperlichen Kompetenzen und Gewohnheiten zu sitzen, zu tanzen oder zu kommunizieren, anwenden, hinterfragen und gegebenenfalls neulernen müssen (vgl. Okely 2007). Forschende müssen körperlich mit den Akteuren des beforschten Feldes interagieren und sind als agierende Körper-Subjekte in soziale Praktiken eingebunden. Wissenschaft als Erfindung des Geistes, des Intellekts und des Denkens tendiert dazu, solche Zusammenhänge zu ignorieren. Im Gegensatz dazu wird der Körper der Forschenden im Verhältnis zu den Beforschten in diesem Kapitel der Arbeit als zentrales Thema behandelt.

Ich gehe davon aus, dass Forschungssituationen, wie eben Interviews und die teilnehmende Beobachtung, durch eine Vielzahl materieller Aktivitäten, körperlich einerseits, technisch andererseits, geprägt sind. Die Körper der Beteiligten (sowie die Dinge – am Rande dieses Kapitels ebenfalls von Interesse) agieren als „data-

148 Das ist laut Goode eine typische Herangehensweise von mit einer quantifizierenden Logik agierenden Studien zum Thema Behinderung: „In most research related to disabilities, a form of methodic procedure is adopted that administrates to lived orders some extrinsic theory about them through some quantifiable behavioural scale or questionnaire. This allows lived orders to be dissected into variables and quantified, or asks those living lived orders to reflect upon theoretically defined aspects of that lived orderliness as numerical matters according to some questionnaire or clinical scale“ (Goode 1994: 131).

149 Gründe dafür sind z.B. die Annahme einer Sprachlosigkeit des Körpers; dass eine primär textproduzierende und -fokussierte Wissenschaft keinen Nutzen vom Körper hat; die Tabuisierung des Körpers aufgrund des Ideals einer rationalen, ‚rein' kognitiven Wissenschaft; oder, dass der Körper und seine Subjektivität zu Verzerrungseffekten führen und zu viel Subjektivität in die Forschung hereintragen würde.

producing agencies" (ten Have 2004: 25). Wahrnehmungsmodalitäten, technische Medien, mediatisierten Sinne (vgl. Willkomm 2014, 2020) und der sich bewegende und spürende Körper (vgl. Okely 2007) formen aktiv die Forschungspraxis, die Erkenntnis- und Zugangsweisen zum Gegenstand und machen das Mit-Einander-Handeln im Forschen aus. Mehr als eine Person, mehr als nur Personen und mehr als nur gesprochene Sprache, sondern Technik, Gegenstände, Bilder, Gesten, Mimik, Körperhaltungen u.a. generieren Antworten auf Fragen und Folgefragen, kanalisieren, lenken oder verdecken Beobachtungsperspektiven. Die unvermeidliche Bindung der Forschenden an ihre Körper kann auf dieser Grundlage produktiv für das Verständnis des Feldes und zum Gewinnen von Erkenntnissen genutzt werden.[150] „[I]m Medium der eigenen Körperlichkeit zu soziologischen Erkenntnissen zu gelangen" (Gugutzer 2006: 11) und entgegen einer „Körperfeindlichkeit der Erkenntnistheorie" (Loenhoff 2001: 120) bedeutet, den Körper als Untersuchungsinstrument und -mittel, als Medium der Forschung und Wissenserzeugung ernst zu nehmen und – wie in den empirischen Beispielen zu sehen wird – in den Mittelpunkt des Interesses zu stellen. Dies umzusetzen gelingt, sobald das Interview und Beobachtung als körperliche Interaktionen/Praktiken verstanden werden, die sich des Körpers bedienen, durch diesen konstituiert werden und körperliche Kommunikationsfähigkeiten voraussetzen sowie zur Anwendung kommen lassen. In beiden Methoden kommt verkörpertes Wissen zum Einsatz, wird eine körperlich-sinnliche „Aktivierung des *sozialen Sinns*" (Kalthoff 2006: 152 – H.i.O.) vollzogen. Der empirische Teil dieses Kapitels zeigt wie miteinander interagierende Körper als Elemente der sozialen Praxis Interview und Beobachtung Einfluss auf die Konstruktion von wissenschaftlichem Wissen nehmen. Forschen wird hier praxeologisiert und als körperliche Interaktion rekonstruiert.[151]

Ein weiteres, für dieses Kapitel relevantes Merkmal von Forschungsaktivitäten ist das gemeinschaftliche Handeln von Beforschten und Forschenden. Knorr-Cetina nennt dieses Merkmal im Rahmen ihrer Konzeption mikrosoziologischer Forschung: „Micro-sociological research [...] sees [...] data as unspecified *collaborative products* created during the interview in accordance with the practical procedures and background assumptions of participating actors" (Knorr-Cetina 1981: 13 – H.d.V.; vgl. Cicourel 1974). Interviewdaten werden durch beide, Interviewten wie Interviewenden, produziert. Erst deren Zusammenarbeit bringt das Interview zum Laufen und ermöglicht, dass Material für Transkription und Interpretation entsteht. Im Interview treffen zwei oder mehrere Personen (und u. U. weitere, nicht-menschliche Akteure) aufeinander, die *kollaborativ* und *kooperativ* am Ablauf des Gesprächs arbeiten. Zu fragen und zu antworten, auf Nachfragen zu reagieren, Unklarheiten miteinander zu klären, gemeinsam nach dem richtigen Wort zu suchen, sich gegenseitig zu korrigieren oder zu ergänzen, Geschichten gemeinschaftlich zu entwickeln, auf Scherze mit Lachen, auf Unwohlsein mit Themenwechseln zu reagieren, „any telling-in-interaction must be seen as a collaborative production" (ten

150 Das macht insbesondere Sinn, wenn der Körper von theoretischem Interesse und Teil der Forschungsfrage ist und ihm in der Logik des untersuchten Feldes eine besondere und aufschlussreiche Rolle zukommt.

151 Vergleichbare Vorgehen finden sich bei Schindler 2012 für die Visualität qualitativer Forschung und bei Meier zu Verl (2018) für die Rekonstruktion von Datenprozessen.

Have 2004: 70). Die kollektiven Kooperationsleistungen, die von allen beteiligten Akteuren erbracht werden, ermöglichen das Interview als kommunikative Interaktion. Was für das Interview beschrieben wurde, gilt auch für teilnehmende Beobachtungen. Sie sind vom ko-präsenten Gegenüber, seiner Haltung und seinem Handeln abhängig: „In seinen konkreten Forschungsaktivitäten setzt der Ethnograph in vielfältiger Weise auf Kooperation mit denen, die er beobachtet; sein Beobachten-Können ist von ihrer Bereitschaft zu einer solchen Kooperation abhängig" (Kalthoff 2006: 155; vgl. Waldenfels 1999: 137).[152] Die kooperative Datenproduktion basiert einerseits auf gemeinsamem Wissen und einer (temporären) praktischen Gemeinschaft. Beides bildet eine „Variable in der Durchführung des Forschungsprojektes" (Cicourel 1974: 81). Andererseits ist es auch so, dass eine solche Kooperation Bekanntschaft nicht zwangsläufig voraussetzt, sondern spontan sich an Differenzen, Fremdheit und Gemeinsamkeiten abarbeitet (vgl. Kalthoff 2003: 76ff.). Das bedeutet, dass erfolgreiches kooperatives Agieren in Forschungssituationen das Potenzial hat, Einblicke in das typische Kommunizieren und Agieren der Feldakteure zu gewinnen. Kooperatives Forschungshandeln kommt dem Erwerb praktischen Wissens des untersuchten Feldes gleich.

Der Kooperationsbegriff hebt auf aufeinander abgestimmte, verflochtene und verschränkte Aktivitäten innerhalb eines Handlungsprozesses ab. Kooperation findet am Übergang von Einzelhandlungen zum gemeinsamen Handeln statt. Im Zuge dessen werden „die Aufmerksamkeit, Handlungsfolgen und Hilfsmittel von zwei Personen koordiniert" (Schüttpelz 2015a: 163). Aktionen ergänzen und unterstützen sich wechselseitig. Kommunikation, sinnliche Wahrnehmung sowie ver- und geteiltes Wissen über die Abläufe sozialer Situationen sind praktische Bedingungen für kooperatives Handeln (vgl. Schubert 2006: 72–85 & 120–125). Ko-Operation, wie es Goodwin konzipiert hat, ist aber mehr als nur etwas gemeinsam machen. Es geht darüber hinaus darum, Handlungsbeiträge aufzugreifen und weiterzuentwickeln (vgl. Goodwin 2018). Was der eine tut, greift der andere auf, verändert es so, dass es den Handlungsverlauf voranbringt.

Ko-Operationen haben eine körperliche Komponente. Nicht ein individueller Körper bestimmt das soziale Geschehen, z.B. in der Forschung, sondern eine Vielzahl „assistierender und responsiv aufeinander reagierender menschlicher Körper" (Schüttpelz 2015a: 177). So wird der „Körper des anderen ein Medium der eigenen und kooperativen Bewegungen und Wahrnehmungen und [...] der eigene Körper ein Medium der kooperativen und der fremden Bewegungen und Wahrnehmungen" (ebd.). Die Übergabe von Gegenständen und gestische Kommunikation sind typische Beispiele. Wie im Zitat soeben angedeutet, benötigt Kooperation zudem Medien (vgl. Gießmann/Schüttpelz 2015). Medien der Kooperation stellen einerseits Kooperationsbedingung her, andererseits werden sie selbst kooperativ in Praktiken eingesetzt und ‚verfertigt' (vgl. ebd.). Ihre Funktion ist, kooperatives Agieren zu ermöglichen. Ihre Existenz verdanken sie wiederum kooperativem Agieren. Kooperationsmedien konstituieren eine gemeinsame Situation für die involvierten Akteure. Sie sind Überbrückungs- und Vermittlungshelfer zwischen sozialen Welten,

152 Holdermann (2019) zeigt außerdem, wie die Ko-Operativität der Beziehung (und wechselseitige Beobachtung) zwischen Beforschten und Forschenden die ethnographische Feldforschung prägt.

sie stellen Intersubjektivität in Interaktionen her, bearbeiten kommunikative Differenzen (vgl. Ayaß 2010) oder verketten Operationsschritte (vgl. Schüttpelz 2008; Borbach/Thielmann 2019).

Zusammengefasst geht es neben dem Körper als Forschungsmedium in diesem Kapitel um die Beschreibung kooperativer Momente der Forschungspraxis. Ziel der folgenden empirischen Beschreibungen ist es, Forschungspraktiken grundlegend „as objects in themselves" zu verstehen, um zu analysieren, wie sie sich als „interactional events" (Ten Have 2004: 56) und „Momente gelebter sozialer Praxis" (Deppermann 2013: Abs. 60) vollziehen. Der Körper bildet dabei den ersten Fokus. Ich gehe davon aus und zeige empirisch, dass Erkenntnisse durch den forschenden Körper im Kontakt mit dem beforschten Körper entstehen und dass sich anhand dieses ‚Kontaktes' aufschlussreiche Aspekte einer Fragestellung zeigen. Dass Forschung außerdem ein komplexer Kooperationsprozess ist, bildet das zweite Ziel der Beschreibungen. Nicht eine Subjekt-Objekt-Beziehung kennzeichnet Feldforschung. Vielmehr ist es ein praktischer Prozess, indem die gelebte Ordnung der Beforschten eine Verbindung mit der gelebten Ordnung des Forschenden eingeht und – in meinem Fall – unterschiedliche Kommunikationsweisen interagieren. Die Art der Verbindung zwischen beiden wird anhand verschiedener Kooperationsformen beschrieben. Die Rekonstruktion soll zeigen, wie sich kooperatives und körperliches Agieren als Bestandteile von Forschungspraktiken vollziehen. Konzeptionell ist beides Teil des Repositoriums an der „Menge nichtexplizierter Common-sense-Methoden" (Eberle 1984: 356), die soziologische Forscher*innen im Zuge des Vollzugs von Forschungsmethoden an- und verwenden und die eine „datenkonstituierende Funktion" (ebd.) haben.

Die These dieses Kapitels ist, dass für die Teilnahme an Forschungssituationen ein „physical engagement" (Okely 2007: 65) die zentrale Rolle im Vollzug der Praktiken Interview und Beobachtung spielt. Das Engagement ist doppelt strukturiert und mit zwei ‚Aufgaben' beschäftigt (vgl. für die Bedeutung von Engagementstrukturen innerhalb von Interaktionen, Goffman 2009). Es fungiert als Erkenntnismittel und agiert gleichzeitig als ein handelnd-involvierter Körper. Der Körper ist nicht nur Mittel zum Zweck der Forschung, sondern ein aktives Subjekt der Forschung. Er muss mitmachen *und* Daten produzieren. Er muss sich hineinziehen lassen, ohne seine wissenschaftlichen Aufgaben zu vergessen. Er muss sich mit seiner wissenschaftlichen Praxis beschäftigen, ohne das Kooperieren mit anderen, in die Forschungssituation verstrickten Körpern zu vernachlässigen. Datenproduktion und Mitmachen vollziehen sich simultan. Am Leitfaden des verkörperten Forschens wird die strukturelle Verquickung von Wissensproduktion und kooperativer Situationsbewältigung gezeigt. Was hier vor allem interessiert, ist der wechselnde „Grad der Involviertheit" (Keller 2015: 258) im Zuge simultaner Erkenntnisproduktion, Methodenanwendung, körperlich vollzogener Kommunikation und dem praktischen Gebrauch von Dingen und Technik.

6.5.3 Forschungssituationen

Zu Beginn der Darstellung von unterschiedlichen Forschungssituationen beziehe ich mich erneut auf das Interview mit Stefan, welches bereits in Kapitel 6.3.4 Thema war. Entgegen des dort verfolgten theoretischen Interesses an Erzählweisen soll in diesem Kapitel die Forschungspraxis im Mittelpunkt stehen. Wie alle Gespräche sind biographische Interviews flüchtig, situativ, in gewisser Weise spontan, unplanbar und stellen Herausforderung an das aufmerksame und verstehende Zuhören. Narrative Interviews insbesondere sind zentriert auf die gesprochenen Worte der Erzähler*innen. Fritz Schütze empfiehlt dementsprechend, dass sich Interviewende auf das Formulieren von offenen, erzählanregenden Fragen und kurze Signale der Aufmerksamkeit und des Interesses beschränken und den Erzählfluss nicht unterbrechen (vgl. Schütze 1983, 1987). Ein empfohlenes wie gebotenes Nebenengagement besteht im Anfertigen von Notizen, die Aufzeichnung des Gesprächs wird an Geräte delegiert. Das Aufspüren und Verstehen von Sinn im Interview mit Stefan hielten im Gegensatz zu dieser idealtypischen Konzeption einige Überraschungen bereit, anhand denen sich Besonderheiten technisch unterstützter Kommunikation und ihrer Erforschung dokumentieren.

Kurz zur Rekapitulation die Ausgangslage des Interviews mit Stefan: Er steuert seine Sprachausgabe und das Display per Augensensor. Ich sitze ihm gegenüber im Sessel, Stift und Block in der Hand sowie ein Aufnahmegerät neben mir auf dem Schreibtisch. In der naiven Vermutung, dass auch mit einer per Sprachcomputer kommunizierenden Person die übliche Vorgehensweise des biographisch-narrativen Interviews funktionieren würde, beginne ich unser Gespräch mit einer offenen Eingangsfrage, um eine umfangreiche Stegreiferzählung hervorzulocken und mich samt Notizzettel und Stift im Sessel zurückzulehnen, in der Folge darauf beschränkt verbal und nonverbal kurze Anzeichen fortdauernder Aufmerksamkeit und Interessiertheit zu geben und ansonsten passiv der Erzählung zu folgen.

Mit meiner Erwartungshaltung wird sofort, im Zuge der Reaktion auf meine Eingangsfrage, in der ich ihn darum bitte mir etwas zu seiner Biografie zu erzählen, von Stefan gebrochen. Er wendet sich seinem PC zu und schlägt mithilfe einer PowerPoint-Präsentation vor, meine Erzählaufforderung zu erwidern. Um Zeit bittend, sucht er anschließend die Präsentation auf seinem Desktop. Unser Face-to-Face-Kontakt ist für diesen Zeitraum mehrere Minuten lang unterbrochen. Nach einigen Minuten erfolgloser Suche bricht Stefan ab, wendet sich seinem Display zu und beginnt stattdessen mit einem vorgefertigten Text, der in seinem Talker abgespeichert ist (vgl. dazu Kapitel 6.3.3 dieser Arbeit). Praktisch bedeutet das, dass er einzelne, fertige Sätze nach und nach per Blick auf seine ‚Aussprechen'-Taste artikuliert. In der Interview*situation* kontrolliert er also primär die Geschwindigkeit des Ablaufes, aber nicht unbedingt die Erzählinhalte. Diese sind fertig und fixiert. Im Folgenden beziehe ich mich auf das gleiche Protokoll wie im genannten Kapitel weiter oben. An dieser Stelle findet sich aber eine gekürzte Variante, die sich auf forschungspraktische Aspekte der Interviewsituation bezieht. Nachdem Stefan einige Stationen seines Lebens und die ihn begleitenden Hilfsmitteln beschrieben hat, höre ich:

> *„Im (Monat) (Jahreszahl)bekam ich den Touchtalker." Als ich noch notiere, schaut Stefan plötzlich nach oben und nicht mehr auf sein Display. [...] Er dreht sich von mir aus gesehen nach links und fährt zu der Wand neben dem Eingang zu seinem Zimmer. Das ist ca. ein Meter. Ich stehe auf und folge ihm. Ich stehe links von ihm und wir schauen auf ein großes, eingerahmtes Bild. [...] Ich stelle eine klärende Rückfrage: „Das? Ja." und erhalte darauf einen eindringlichen Blick und ein Augenzwinkern. [...] Stefan erzählt weiter, während wir*

> *beide in der Mitte des Zimmers stehen, er mit Blick auf sein Display, ich ungelenk mit Stift und Zettel in der Hand. Als Nächstes dreht er sich nach rechts und fährt auf sein Bett zu, bleibt kurz vor diesem stehen, dreht sich ein kleines Stück weiter nach halb rechts, mit Blick auf eine Kommode, die zwischen Fußende des Bettes und einem Fenster steht. Ich gehe hinter ihm her. Ich sehe rechts neben seinem Bett über der Kommode eine Bildcollage und frage: „Das is-? (2) Ist das das Bild da hinten?" und dann „Ja?". Ich schaue ihn an, in seine Augen und vermute das er bejaht. Ich erinnere mich und hole kurz das Aufnahmegerät, lege es in der Nähe ab. Da ich nun auf einer Collage mit meiner vorherigen Frage wenig klarmachen kann, welches Bild ich mit meiner Nachfrage genau meine, gehe ich rechts an ihm vorbei, näher an das Bild heran und frage erneut, auf ein bestimmtes Bild zeigend, auf dem mir ein Talker auffällt. Stefan antwortet nicht direkt, sondern fährt in seiner Narration fort, er wiederholt einen Satz, bricht ab, und dann höre ich den nächsten Satz. Ich vermute nun welches Bild der Collage er meint, [...], frage erneut nach „isses ist es dis oder?", zeige diesmal auf ein kleineres am unteren Rand und wieder folgt ein Blickkontakt, den ich als Bejahung interpretiere. [...] Ich setze mich wieder auf den Stuhl und auch Stefan fährt an den Ausgangspunkt unseres Interviews, mir frontal gegenüber zurück. Diese Rückkehr ist aber nur für mich eine, für Stefan hat diese Position noch einen anderen Sinn. Er schaut an mir vorbei, ich erkenne nicht gleich, wo genau hin und frage ob er die Bilder rechts neben meinem Sitz meint. Dort stehen ebenfalls auf einer Kommode ein paar Bilder. Ich deute seine Blicke als ein Nein. Er war währenddessen näher an mich herangefahren und schaut nun deutlicher für mich vernehmbar auf eine Stelle über meinem Kopf. Ich drehe mich um, beuge mich dabei etwas nach vorne, von der Wand weg und sehe wieder eine Collage. Stefan spricht einen Satz und ich sehe sofort, welches Bild er meint. Etwas später beginnt Stefan ein neues Thema. Er dreht sich einmal um die halbe Achse und steht vor seinem PC-Tisch, in dessen Nähe wir saßen, ich stehe auf und gehe um ihn herum, da ich ahne, dass er etwas zeigen will und sehe rechts über dem Monitor eine Urkunde. [...] Später fordert mich Stefan auf, ebenfalls wieder durch Blicke und Rollstuhlbewegungen, in seinem Schrank nach einem Ordner mit Zeitungsberichten über ihn sowie einer Mappe mit Lernmaterialien zu suchen.* (Protokoll zu Interview #2, Stefan)

Stefan ergänzt und veranschaulicht seinen fertigen Erzähltext, indem er sich in seinem Zimmer umher bewegt und auf verschiedene visuelle Medien (Fotografien, Collagen, Dokumente) zugreift. Eine Vielzahl kommunikativer Ressourcen – auditive (der gesprochene Text, kurze Lautierungen), deiktische (Blicke und Hinzeigen auf Bilder), motorische (Bewegung im Raum) sowie gestische (Augenblinzeln) – kommen zum Einsatz und fundieren den Erzählprozess.[153] Stefans Erzählen ist multimodal und er versprachlicht seine Biografie nicht nur allein durch technisch generierte, sprachliche Einheiten, sondern mit weiteren, primär visuell strukturierten Ressourcen. Erst durch den Einbezug der Interpretationsangebote aller Medien und dem aktiven und interaktiven, körperlichen Mitvollzug der Positions-, Haltungs- und Medienwechsel kann Stefans Lebensgeschichte in dieser Situation umfassend erzählt und rezipiert werden. Im Folgenden konzentriere ich mich auf die Körperlichkeit des (Nach-)Vollzugs der Erzählweise.

Stefans multimediale Erzählweise stellt besondere Anforderungen an Zuhörer*innen, die als (körperlich) aktiv mitmachende Interaktionspartner*innen an der Erzählung partizipieren. Die die biographische Narration begleitende Bewegungsabfolge und kollektive Bildersuche mobilisiert den Körper des Forschers und die

153 Zu den Folgen der Fixierung visueller Aufmerksamkeit auf das Display, vgl. Alper 2019; Boehnisch 2009.

wechselseitige Koordination zwischen Interviewer und Interviewtem besteht aus den folgenden Aufgaben:

- den Satz verstehen;
- das entsprechende Bild o.ä. suchen;
- dafür Zeigebewegungen, d.h. Stefans Blickrichtung und Kopfbewegung, interpretieren;
- das Gesehene interpretieren und in Verbindung zum Erzählten bringen;
- die Koordination mit dem herumfahrenden Stefan körperlich bewältigen;
- Verstehen der wechselseitigen Blicke als ‚Ja' oder ‚Nein'.

All das hat eine besondere Form des ‚Zuhörens' zur Konsequenz, für die der körperlich vollzogene Nach- und Mitvollzug von Medienwechseln kennzeichnend ist und höhere Anforderungen an die Aktivität des Interviewenden stellt, als es die Rolle als quasi stiller Zuhörer/stille Zuhörerin suggeriert. Das bedeutet, Zuhören ist nicht allein ein primär akustischer Vorgang eines ansonsten passiven Körpers. Nonverbale Kommunikation, visuelle Aufmerksamkeit[154] und Positionierung und Bewegung des Körpers überlappen sich als relevante Praktiken und machen das Zuhören zu einem komplexen praktischen Vorgang der Koordination und Kooperation zwischen den beteiligten Akteuren.

Die protokollierte Forschungssituation zeigt, dass die Kommunikationspraxis, die das Interview konstituiert und ermöglicht, mehr beinhaltet als nur den Austausch sprachlicher Einheit zwischen passiv verharrenden Körpern. Es wird zusätzlich mithilfe nonverbaler und visueller Mittel praktiziert. Das körperliche Agieren beinhaltet aber nicht nur den Vollzug nonverbaler Gesten und das Schauen auf Bilder, sondern zusätzlich körperliche Bewegungen im Raum. Die Körper von Sprecher wie Zuhörer werden aktiviert und in aufeinander bezogene, wechselwirkende Aktivitäten verstrickt. So vollzieht sich das Interview als kooperative Interaktion zwischen zwei Körpern. Die körperlichen Aktionen der Akteure fundieren die multimedial und multimodal hervorgebrachte Erzählung. Die (eingeübte) Erwartung meinerseits bestand im direkten Gegenteil, der Passivität des Zuhörens und der Eindimensionalität der gesprochenen Sprache. Eine rein stationäre Verharrung von zuhörendem Körper (und aufzeichnenden Geräten) hätte den Vollzug des Interviews unmöglich gemacht.

Kooperativ ist die Interaktionsordnung deshalb, weil in wechselseitiger Bezugnahme die Aktionen von Stefan durch den Interviewer aufgenommen und weiterentwickelt, und dann von Stefan wieder rezipiert und in seine Aktionen integriert usw. werden und dabei immer wieder Medienwechsel vollzogen und nachvollzogen werden: Ich zeige auf das Bild und frage, ob er dieses meint, er antwortet nicht mit ‚Ja' oder ‚Nein', sondern transformiert das Geschehen, in dem er einen weiteren Satz mit dem Sprachcomputer artikuliert; ich verbinde interpretativ den Satz mit einem bestimmten Bild, auf welches ich erneut zeige und eine Frage formuliere,

---

154 Wird die Sprecher*innenrolle, wie im Falle von Stefan, an Bilder delegiert, vervielfacht sich die visuelle Aufmerksamkeit der Akteure: Stefan schaut abwechselnd auf sein Display, die Bilder und mich; ich schaue abwechselnd auf die Bilder und auf Stefan (und gelegentlich auf meinen Notizblock).

diese beantwortet er wieder mit einem anderen Medium: seinem Blick. Das Interview durchzuführen, wird temporär selbst zum Gegenstand der Interaktion und das Erzählte rückt in den Hintergrund: So fragte ich nicht nach Inhaltlichem, nach Stefans Erlebnissen, sondern danach wo etwas ist, wo ich etwas finden kann; Stefan zeigt es durch Blicke und kurze Bewegungen mit dem Rollstuhl. In der Interviewsituation selbst wird also das praktische, verkörperte Wissen der Akteure zum Faktor für die kooperative Konstruktion der Narration und dem Wechsel zwischen den verschiedenen Kommunikationsmedien.

Die kooperativen Anteile des Interviews stehen nicht nur im Gegensatz zur erwähnten, passiven Rolle des Interviewers und seines Körpers. Es widerspricht auch der idealtypischen Annahme quasi autonomer Erzähler*innen. Ein Großteil der Methodenliteratur zu Interviews geht von einer „autonom gestalteten Präsentation" „ohne weitere Intervention von Seiten der InterviewerInnen" aus. Interviews sollen Produkte einer „Selbstgestaltung" (jeweils Rosenthal 2014a: 151) der interviewten Person sein. Im Fall von Stefan ist die Erzählpraxis, wie gesagt, primär interaktiv und kooperativ strukturiert. In gewisser Weise spricht Stefan zwar alleine, das aber ist abhängig von meinen Aktionen und auch Interventionen. Ein bestimmtes Merkmal der vorliegenden Interaktion ist für die autonome, selbstbestimmte Gestaltung der Erzählung durch Stefan verantwortlich. Sie basiert auf der Einhaltung einer komplexen, ‚doppelt strukturierten' Sequentialität der Handlungsvollzüge.

- Erstens, wird der Ablauf der Interaktionsordnung von der sequenziellen Priorisierung von Stefans Aufforderungen strukturiert: Stefan bestimmt als Erster, was getan, was gesucht, welcher Schrank geöffnet wird. In der sequenziellen Struktur der Interaktionen kommt *das* zuerst und der Interviewer (re-)agiert entsprechend. Stefan hat und behält die Initiative, ich verzichte auf Steuerung, d.h. ich frage nicht nach anderen Bildern und weiteren Ordnern. Innerhalb dieser praktisch realisierten Struktur aus Vorgabe und Reaktion bzw. der Aufnahme und Weiterentwicklung von Stefans Aktionen wird die Narration hervorgebracht.
- Zweitens wird der fertige, im Sprachcomputer gespeicherte Erzähltext von Stefan immer wieder fortgesetzt. Dieser begonnene und immer wieder durch den Einbezug der anderen Quellen unterbrochene Prozess wird vom Ausbleiben von Zwischenfragen fundiert. Zwischenfragen und deren Beantwortung durch Stefan hätten zur Folge, dass Stefan in seinem Sprachcomputer die Bedienebene wechselt, auf meine Frage antwortet und dann den fertigen Text zu seiner Biographie erneut beginnen muss. Einerseits wird also die Prozessstruktur der skriptbasierten Erzählung erhalten, andererseits wird die Interaktion von einer eindeutigen Aktion-Reaktion-Struktur bestimmt.

Beides zusammen stellen die Bedingung dar, damit in der Interviewinteraktion Selbstbestimmung praktisch vollzogen und erhalten wird. Diese praktizierte Struktur fundiert die Kooperation, Kommunikation und Narration. An ihr zeigt sich darüber hinaus, dass die Autonomie der Erzähler*innen keine Voraussetzung von Interview und Erzählung sind, sondern praktisch in der Situation vollzogen werden. Entgegen der Annahmen, das Interviews ein rein sprachliches Geschehen sind, quasi automatisch ablaufen und durch autonome Erzähler*innen gestaltet werden, zeigt also der tatsächliche Ablauf des Interviews mit Stefan, wie eine Vielzahl kommunikativer Ressourcen und visueller Quellen sowie körperliche, koordinierte und kooperative Handlungen den Ablauf bestimmen. Durch die mehrfachen Medienwechsel und deren praktischem, körperlichem und kooperativem Vollzug kommt Stefans Biographie zur Sprache und wird ein empirisches Datum, aufgezeichnet unter der Bedingung kooperativen Handelns.

Wie im vorherigen Beispiel gezeigt, zeichnet sich Forschung im Kontext von Unterstützter Kommunikation durch eine höhere Aktivität der Forscher*innen an. Es kommt dabei zu Kontakt mit Gegenständen, die ihm Besitz anderer Personen sich befinden und der eigene Forscherkörper wird stärker mobilisiert und involviert. Auf Situationen der beobachtenden Feldforschung treffen die genannten Aspekte noch mehr zu treffen, was die folgenden empirischen Beispiele zeigen.[155] Thematischer Schwerpunkt in diesem Abschnitt stellt der Körperkontakt zwischen Beforschten und Forschenden und seine Bedeutung für die situative Interaktionsordnung dar. Innerhalb des institutionellen Rahmens der von mir besuchten Schule herrscht eine regelmäßig explizit gemachte wie ansonsten latent wirksame Körperkontaktkritik. So werden die Kinder ermahnt, wenn sie mich umarmen wollen, skeptisch beäugt werden enthusiastisches Hände-Einschlagen und gemeinsames Tanzen; zur Begrüßung greift ein Schüler wiederholt an meinen Arm und ein Lehrer greift wiederum auflösend und ermahnend in diesen Körperkontakt ein, in den Pausen ist die Rolle der Erwachsenen eine streng passiv-beobachtende, was mir bei Verstoß auch angezeigt wird. All demgegenüber steht die kindliche „Indifferenz gegenüber Entfernungen" (Falkenberg 2013: 32), deren Folge nicht selten eine mittels Körperbewegungen ermöglichte Entfernungsaufhebung, Entfernungen körperlicher, räumlicher wie sozialer Art, ist. Dem zur Seite steht ein permanentes Interesse der Kinder am Anderen, am Gast, der nicht zum Lehrpersonal gehört, besonders beobachtet wird und anders in die Praktiken der Schulkinder einbezogen werden kann (vgl. Wiesemann 2010). Und auch die situativen Regieanweisungen der Lehrkräfte selbst heben paradoxerweise immer wieder zu bestimmten Gelegenheiten Kontaktsperren auf. Dafür einige Beispiele aus der Feldforschung:

> *Die Kinder der Klasse, eine Lehrerin und ich bringen in der letzten Stunde des Tages, einem Freitag, den Müll raus. Dafür werden die Mülleimer im Klassenraum geleert, die Tüten auf die Schüler*innen verteilt und zu den Mülltonnen gebracht, die sich an verschiedenen Stellen des Parkplatzes vor der Schule befinden. Im Zuge des gemeinsamen Müllrausbringens ist es mir erlaubt und von Felix eingefordert, ihn an die Hand zu nehmen, sobald wir uns außerhalb des Zimmers durch die Flure, im Fahrstuhl, im Foyer und schlussendlich auf dem Parkplatz bewegen. Felix zerrt an meiner Hand, reagiert darauf, wenn wiederum ich ihn durch Gegenbewegungen daran hindere, auf die Fahrbahn des Parkplatzes zu laufen. Sprachlich verständigen können wir uns nicht, der Talker ist nicht dabei und ich verstehe seine Lautsprache nicht.* (Protokoll #7, Felix Tag, i) Spielen und Aufräumen)

155 Zur Einordnung der folgenden Situationen, kurz erneut ein paar Worte zum Kontext: Die Beobachtungen fanden im Schulunterricht in einer Schule für geistige und motorische Entwicklung und einer Klasse 9-jähriger Mädchen und Jungen statt. Insbesondere, aber nicht nur, lag der Fokus auf Felix, der über eine nur sehr schwer verständliche Lautsprache verfügt. Wegen Letzterem benutzt er einen Talker.

Felix ist an der Reihe zu zeigen, was er denkt, wie viel Grad heute sind. Er lässt den Talker ,vier' sagen, dann soll er es aber auch mit den Fingern zeigen. Ich werde aufgefordert, ihm zu helfen: Er hebt seine Hand vor sein Gesicht und streckt alle Finger aus. Ich greife seine Hand und knicke einen Finger ein. Wir halten unsere Hände ein paar Sekunden derart verquickt in der Luft. Dass er eine Vier allein zeigt, gelingt ihm aufgrund einer leichten Parese der Motorik nicht, wie ich später erfahre. (Protokoll #7, Felix Tag, a) Morgenkreis)

Als ich den PC, an dem ich bis gerade eben mit Felix gesessen habe, herunterfahren will, will er im Moment des Herunterfahrens den PC zusätzlich per Knopf am Tower ausschalten, was meines Wissens keine gute Idee ist. Ich greife in seine Bewegung ein, ihn leicht am Arm berührend, er hält mich aber körperlich (wegschiebend) wie verbal (er ruft „nein", was ich in diesem Fall verstehe) davon ab und drückt den Knopf. Später erfahre ich das das bei dem recht alten PC-Model seine Richtigkeit hat, die anwesende Lehrerin lacht. (Protokoll #4, Tag 1, d) PC-Arbeit und -Spiele)

Aber auch mit anderen Schüler*innen kommt es regelmäßig zu Kontakten. So z.B. beim gemeinsamen Unterschreiben mit Noël, was ich in Kapitel 6.2.4 bereits beschrieben habe:

Er hält den Stift in der linken Hand und ich lege meine rechte Hand von oben auf seine. Ich will zunächst nur wenig den Stift bewegen, damit er die Richtung angeben kann, das klappt aber nicht, da er keine Kraft in den Händen zum umfangreichen Navigieren des Stiftes hat. Er zieht ihn vor allem von links nach rechts und dadurch entsteht eine Linie. Wir setzen neu an und ich bewege die stift-haltende Hand nach oben und unten, dass N dehnt sich dadurch und die nächsten beiden Buchstaben entstehen zwar, aber die Rundungen der Buchstaben o und e geraten etwas unförmig. (Protokoll #5, Tag 2, e) UK-Runde (,mittlere Gruppe')

Aber auch bei anderen Schüler*innen, die etwas ungeübter mit dem Talker sind, wird mir aufgetragen, einerseits die richtigen Symbole auf dem Talker zu zeigen, also die visuelle Aufmerksamkeit der Schüler*innen zu steuern, sowie andererseits auch das Tippen auf dem Display zu unterstützen, indem ich die Hand und den Arm der Schüler*innen von oben her anhebe, in Richtung des vermeintlichen Zielsymbols steuere, Gegenbewegungen ausgleiche und wir gemeinsam die Displaytaste mit ausreichend Druck beider Hände bedienen.

In all diesen Situationen kommt es im Zuge des ‚Mitmachens' zu einem Haltungswechsel des Forschers. Damit meine ich einen Wechsel im Grad der körperlichen Involviertheit. Die sozialen Praktiken des Müllentfernens und PC-Herunterfahrens, des Zeigens, Zählens, Unterschreibens und Sprechens sind durch den Hautkontakt zwischen Beforschten und Forschenden charakterisiert. Es kommt zum Kontakt zwischen den Akteuren, indem beide eine „verbindende Stelle" (Coenen 1979: 43) zwischen sich aktivieren. Diese und damit das *Medium der Zwischenleiblichkeit* zu aktivieren, ist notwendig, um die Praktiken zu vollziehen. Sie erfordern das Engagement und den körperlichen Einsatz des Forschers. Durch die körperliche Einbindung des Forschers in das Klassen-Kollektiv wird dessen körperliche Autonomie, die das passive Beobachten fundierte, negiert. Sie wird (wie im Beispiel zuvor) aufgegeben und eine körperliche Gemeinschaft übernimmt die Aufgabenbewältigung. Als Forscher habe ich im dominant werdenden Medium der Zwischenleiblichkeit Anteil an der praktischen Situationsbewältigung. Die Datenproduktion, also die schriftliche Fixierung des Geschehens, wird im gleichen Atemzug vorübergehend pausiert: Ich habe entweder das Notizheft nicht zur Hand oder muss den Stift zur Seite legen und mitmachen. Es ist keine Hand frei, um Notizen zu machen. Das primäre Ziel des Forschers wird überlagert vom praktischen Mitmachen.

Durch die Berührung findet eine körperlich-strukturierte Wissensvermittlung statt, die die temporären Körpergemeinschaften zwischen Kindern und Forscher fundiert: Es wird durch Händedruck die Hand des Schülers in eine bestimmte Richtung bewegt; durch das Zerren des Anderen in eine Richtung oder das ihn Zurückhalten, wird vermittelt, wohin sich bewegt werden soll; es wird körperlich gezeigt, wo sich die richtige Taste befindet; die Bewegungen des Stiftes durch den Unterschreibenden vermengen sich mit kleinen Kurskorrekturen des Forschers, der anzeigt, wie der Buchstabe geschrieben werden soll; beide Akteure geben sich wechselseitig Kursinformationen darüber, wo der Stift und Hand sich hinbewegen sollte oder wird; in der ‚Auseinandersetzung' beim PC-Herunterfahren vermittle ich, dass die Aktion unterbrochen werden soll, was von Felix wiederum abgeschmettert wird. Im Zuge der Berührungen werden Bewegungsrichtungen angezeigt, Bewegungsgrenzen signalisiert, wechselseitig Bewegungsinformation über den anderen zur Verfügung gestellt, wechselseitige Bewegungssuggestionen ausgeführt, wahrgenommen und in das eigene Agieren integriert (vgl. Gugutzer 2012). All dies kennzeichnet den praktischen Vollzug der beschriebenen kooperativen Interaktionen und das jeweilige gemeinsame Leisten eines Handlungsbeitrages.

In der Rekonstruktion der Situationen ist ein weiterer Aspekt auffällig, der die durch Berührungen vollzogenen Praktiken kennzeichnet. Gemeint ist die den Berührungen inhärente Handlungsunsicherheit. Mein Eingriff beim Herunterfahren des PCs erlebe ich im Nachhinein als inadäquat und unangebracht. Ich verstehe in der Situation nicht intuitiv, warum Felix so vorgeht und reagiere damit, dass ich durch die Berührung seinen Handlungsfluss unterbrechen will. Meine zwischenleibliche Aktion ist unnötig, was durch Felix Gegenreaktion und der Erklärung der Lehrerin im Anschluss deutlich wird. Beim gemeinsamen Zeigen der Zahl ‚vier' gehe ich nicht entsprechend den lokalen Gewohnheiten vor. Ich knicke Felix' Daumen ein. Üblich ist es aber, den kleinen Finger einzuknicken. Diese Unsicherheiten sind ebenfalls Teil der anderen Berührungsmomente. Die zentrale Unsicherheit besteht darin, wer eigentlich einen Handlungsbeitrag leistet, wie es in den letzten beiden Beispielen nachzuvollziehen ist. Anhand der gemeinsam geleisteten Unterschriften und sprachlichen Beiträge zeigt sich, wie Eigenständigkeit eines Handlungsbeitrages diffus und undeutlich wird. Habe ich im Namen der Schülerin unterschrieben oder hat sie unterschrieben und ich nur minimal invasiv ihre Hand in den Grenzen des Blattes Papier und der für sie vorgesehenen Spalte gehalten und Ausreißer kontrolliert? Wer unterschreibt hier eigentlich, wer lässt den Talker etwas sagen, welche Hand und welche Bewegung ist am Ende ausschlaggebend. Es kommt zur in Kapitel 6.2.4 bereits behandelten „authorship confusion" (Wegner et al 2003). Wer wie handelt, wer was zum Vollzug der Praktiken beträgt, wer spricht und wer unterschreibt, wird im Medium der Zwischenleiblichkeit zu einem diffusen wie prekären Gegenstand. Die praktische Wissensvermittlung und kooperative Bewältigung der Interaktionen mittels zwischenleiblicher Berührung sind ungewiss, unsicher und von Nicht-Wissen durchzogen.

Die Beispiele verdeutlichen, dass in der Zwischenleiblichkeit als Medium der Kooperation eine eindeutige, passive Beobachtungshaltung unterlaufen wird, um praktisch als Körperhybrid kooperativ handeln zu können und praktische Aufgaben (u.a. eine Zahl zeigen, zu unterschreiben, den Talker zu bedienen) zu erledigen. Die Autonomie des Forschers wird unterminiert durch seine körperliche Involviertheit. Ein Bestehen auf einer passiven Haltung und einer Autonomie des datenproduzierenden Forschers hätte gegen die (Verstrickungs-)Logik des Feldes verstoßen.[156] Erhöhte Aktivität und eine körperliche Involviertheit haben außerdem zur Folge, dass der Forscher zum Bestandteil seiner Daten wird, indem er an der Situationsbewältigung mitarbeitet. Unsicherheiten im Zuge der zwischenleiblichen Interaktionen zu erkennen und zu reflektieren, wird dadurch möglich.

Ich verschiebe im Folgenden den Fokus auf die materiellen Medien des Forschers. Diese werden in die alltäglichen Schulpraktiken der Kinder eingebunden und gehen mit dem beobachteten Medium, also dem Talker, eine besondere Verbindung ein. Nicht unüblich für ethnographische Forschung waren die Beforschten, also die Kinder in Felix‘ Klasse mehr als neugierig auf die Dinge, die ich nutze, insbesondere mein Notizheft. Als ich mit Tom, Marie und Felix am Tisch sitze, schauen sie immer wieder in meine Notizen und geben Kommentare ab. Tom stellt fest, dass Bücher/Hefte in der Klasse typischerweise rot und nicht schwarz sind. Marie meint, dass ich das große T nicht richtig schreibe, schnappt sich einen Stift und sie und die anderen zeichnen ein T auf der nächsten freien Seite. Und auch Felix übernahm in zwei zentralen Situationen die Kontrolle und verwendete mein Notizbuch auf verschiedene Weisen:

> *Ich sitze mit Felix am PC, an dem er das soeben gelernte Wort in einem Textprogramm schreiben und ausdrucken wird. Er hat seinen Talker am Tisch gelassen, ihn nicht mit an den PC genommen. Als er beginnt, am PC zu arbeiten, nimmt er mir das Notizheft aus der Hand, in dem Moment, in dem ich gerade beginne, darin zu schreiben, und legt es auf einen geschlossenen Papierkorb neben dem PC-Tisch. Ich finde das recht amüsant wie auch ärgerlich, belasse es aber dabei und widme mich stärker dem gemeinsamen Arbeiten am PC, bei dem Felix gelegentlich Unterstützung benötigt, wechsle also von der notizenproduzierenden Beobachtung in die Teilnahme ohne Beobachtungsnotizen.* (Protokoll #4, Tag 1, d) PC-Arbeit und -Spiele)

> *An einem anderen Tag, am späten Nachmittag in der vorletzten Stunde: Alle Kinder der Klassen sitzen in der Runde, Felix neben mir, müde wie ich, er hat seinen Oberkörper auf dem Tisch abgelegt, ich sitze zurückgelehnt und mit ausgestreckten Beinen auf dem Stuhl, Felix' Talker steht wieder einmal wo anders, mein Notizheft liegt aus irgendwelchen Gründen auf meinem Rucksack, ich bin müde vom Notieren. Die Runde spielt ein Spiel: Anhand eines Comics sollen verschiedene Emotionen der Figuren anhand von der Mimik erraten werden. Dafür braucht Felix den Talker, er muss ein Wort kommunizieren. Also erwacht er wieder, im Gegensatz zu mir. Er geht zum Talker, ergreift ihn, geht zu meinem Rucksack und nimmt mein Notizheft, fragt unverständlich, aber aufgrund der Intonation als Frage nachvollziehbar, ob ich das benötige, ich bejahe und er bringt alles an den Tisch, öffnet das Heft für mich, legt es vor mich, schaltet sein Gerät an und zeigt noch einmal auf mein*

156 Vgl. Reichertz 2021 für ähnliche Überlegungen im Zuge des Forschens im Privatraum von Menschen mit dementiellen Erkrankungen.

Heft: Ich soll aufschreiben, was er macht. (Protokoll #7, Felix Tag, i) Spielen und Aufräumen)

In beiden Szenen ist es Felix, der die aktive Rolle und körperliche Handlungsmacht über mein Notizheft, mein Forschungsmedium übernimmt. Er gestaltet dadurch aktiv die Forschung mit, indem er entscheidet, in welchen Momenten dem Forscher sein Medium zur Verfügung steht und in welchen nicht, wann es präsent ist und wann abwesend. Entscheidendes Kriterium hierfür ist, ob Felix den Talker gleichzeitig benutzt oder nicht. In der ersten Situation geht es weniger um den Talker, als dass ich Felix bei seinen Aktivitäten am PC aufmerksam unterstütze und seiner Praxis körperlich assistiere. Fürs Schreiben von Notizen bleibt da keine Zeit. In der zweiten Situation wird Felix seinen Talker benutzen, ich muss demnach mitschreiben. Am Spiel nehme ich nicht teil. Felix braucht keine Unterstützung beim Sprechen mit dem Talker, das kann er selbständig. Für mein Aufschreiben von Notizen bleibt also genug Zeit. Derart nimmt das Notizheft teil am sinnhaften Umgang mit Dingen, wird von den Praktiken in ihrem lokalen Sinne einverleibt.

Durch diesen Einbezug wird am Gebrauch des Forschungsmedium durch die Beforschten *erstens* deutlich, wie sich Unterstützung und Autonomie abwechseln. Je nachdem, welches technische Gerät genutzt wird, kann sich dies unterschiedlich vollziehen. Die Praktiken am PC verlangen unterstützende Aufmerksamkeit und Hilfestellungen, die Praktiken mit dem Talker benötigen dies nicht, können autonom und selbständig von Felix bewältigt werden. Sie sind schriftlich festzuhalten als ebensolche. Indem er die körperliche Kontrolle über das Notizheft in beiden Situationen erlangt, bestimmt er außerdem, *zweitens*, welche körperlichen Aktionen ich in der Folge leisten soll: schreiben oder am PC assistieren. Körper des Forschers und sein Medium werden von Felix angeleitet und in die soziale Praxis nach seinem Verständnis eingebunden: Der forschende Körper soll am PC unterstützen und beim Spiel nicht länger müde sein, sondern notieren, jeweils entsprechend wird mit dem Aufschreibemedium Notizheft umgegangen. Ich als Forscher gerate, *drittens*, in eine Situation, in der ich weniger Kontrolle über das Forschungsgeschehen habe: Weder notiere ich die Arbeit am PC, noch döse ich mich durch die letzte Unterrichtsstunde des Tages. Die verschiedenen Aktivitäten – Gebrauch von Technik durch Felix, Notizen machen durch mich – in Verbindung bringend, praktiziert Felix, *viertens*, hier eine Assoziation zwischen den unterschiedlichen Medien: kein Talker gleich kein Notizheft; selbständig handelnder Felix mit Talker gleich Notizheft. Beide Medien gehören zusammen. Felix' Handlungen dokumentieren, wie er sich den Zusammenhang von zwei Medien vorstellt und, wie dieser zu welchen Situationen praktiziert werden soll, wird von ihm bestimmt.

Das Forschungsmedium Notizheft wird also weniger gezielt und kontrolliert vom Forscher eingesetzt, als dass es sich sinnhaft in die alltäglichen Praktiken vor Ort einschreibt; oder genauer: eingeschrieben und einbezogen wird durch das aktive Handeln der Beforschten selbst. Felix stellt dadurch die praktischen Bedingungen für Forschungswissen her. Entlang seiner Vorstellung des praktischen Zusammenhangs von Talker und Notizheft entscheidet er über die Art und Weise des Zugangs zum Forschungsgegenstand und gewinnt situativ die Oberhand über die Datenproduktion. Dass ich an den ‚richtigen' Stellen Wissen produziere, wird durch Felix entschieden, indem er das Notizheft zur Seite legt bzw. aus meinem Rucksack hervorholt. Felix' praktische Entscheidung sorgt in diesen Situationen dafür, dass (k)eine Leerstelle im Notizheft am Ende des Tages übrigbleibt.

Im nächsten Beispiel geht es wiederum um ein unmittelbar körperliches Geschehen, und zwar zu lachen. Ich zeige, wie körperlich-emotionale Artikulationen als Kooperationsmedium fungieren und zugleich kooperativ vollzogen werden. Nach Helmuth ist zu lachen eine Praxis der Zuwendung zur Welt, die nicht sachlich, sondern gefühlsmäßig verläuft, ein sozial sinnvoller Verlust der Selbstbeherrschung, der die Zuwendung der Akteure zueinander anzeigt. Im Lachen veröffentlichen sich die Lachenden als Personen mit einer bestimmten Haltung zur Situation, aber auch als Teil einer Gruppe, die lacht und die über jemanden oder etwas lacht. Lachen wirkt einerseits individualisierend, da der Körper unkontrolliert agiert und innere Regungen nachvollziehbar macht, aber es wirkt auch sozial vergemeinschaftend (vgl. Plessner 1983). Weiterhin ist zu lachen eine interaktiv organisierte Aktivität. In einem Gesprächsverlauf gibt es bestimmte Stellen, die zum Lachen einladen (und damit zu Intimität) und an denen Rezipienten die Einladung, ebenfalls durch die Verwendung bestimmter Kommunikationstechniken, annehmen oder ablehnen: „Laughter can be managed as a sequence in which speaker of an utterance invites recipient to laugh and recipient accepts that invitation." (Jefferson 1979: 93; vgl. Jefferson/Sacks/Schegloff 1987) Zu lachen ist also eine bestimmte soziale Aktivität, die kooperatives Interagieren begleitet.

Damit zum Beispiel bzw. zunächst zur Vorgeschichte der Interaktion: Es ging um Smartphones, Tablets und Messenger-Dienste. Letztere benutzt Toni seit einer Weile täglich. Nachdem ich gefragt wurde, warum ich nicht einen bestimmten Messenger-Dienst nutze, mobilisierte ich meinen Körper, holte mein antiquiertes Handy (kein Smartphone) aus dem Rucksack und zeigte es Toni, der daraufhin in schallendes Gelächter ausbrach:

```
Interviewer ich hatte auch äh ich habs auch erst vor
            zwei JAHren äh bekommen (.) ich hatte
            immer gar kein HANdy
Toni        ((beginnt zu tippen))
Toni-s      willst [du] willst du
Interviewer        [((lacht leise))]
Toni        ((lacht)) ((schaut hoch zu M))
Mutter      was denn? FRAG ruhig
Interviewer ja ja
Toni-s      dir willst du dir (.) an (7) ((lacht))
            neues willst du dir ein neues (2) Handy
            willst du dir ein neues Handy kaufen
Interviewer .h 'hm'hm=ja EIgentlich eigentlich nicht
            bis jetzt[dis-]
Toni                 [((beginnt zu tippen))] (1)
Toni-s      wenn
Interviewer hm=hm (5)
```

Toni-s du willst du dir ein neues handy kaufen wenn du das (2) Geld <<I und M lachen> (5)>
Vater GELD hast? oder wie <<I und M lachen> (2)>
Toni-s hast willst du dir ein neues handy kaufen wenn du das geld hast
Interviewer mh=mh (.) [nee] ich glaub ich bleib dabei
Toni [((lacht))]
(Interview #3, Toni)

Zunächst gebe ich kurz biographische Fakten, die mein Hinterhersein in Sachen Mobilfunktechnik erklären sollen. Die sich anschließende, sukzessiv produzierte, oder genauer, bis dahin unvollständige, nur angedeutete Frage wird von mir durch ein gleichzeitiges Lachen, da ich ihren Inhalt bereits an dieser Stelle scheinbar antizipiere, unterbrochen. In einer sich anschließenden Pause lacht Toni ebenfalls, zeigt sich entweder responsiv zu meinem Lachen oder zeigt an, dass seine Frage sich in einem Rahmen bewegen wird, die zum Lachen ist. Sein gleichzeitiger Blick zur Mutter Christiane zeigt an, dass er insbesondere an ihrer Reaktion auf die Frage (visuell) interessiert ist und wird von ihr als Einholen der Erlaubnis zum Weiterfragen interpretiert. Seine bereits teilweise im Raum schwebende Frage wird ihm gewährt – was auch noch einmal von mir bestätigt wird. Die Interagierenden verfassen ihre Beiträge jeweils in Bezug auf das Vorherige und entwickeln so kooperativ den Fortgang der Frage. Alle sind sich zudem bewusst, dass die Frage zum Lachen sein wird, und fordern Toni dazu auf, seine Frage zu beenden.[157] Alle zeigen sich empfänglich für, was immer nun kommen mag, wohl um den emotionalen Rahmen wissend.

Die dann gestellte Frage wird weiter von Toni lachend begleitet, ich antworte allerdings zu früh und breche ab, als ich Tonis weiteres Tippen als ein Anzeichen für die Sukzession seines Redebeitrages vernehme. Der nachgeschobene Teil trägt dann das eigentliche komische Moment in die Frage hinein. Toni beendet anschließend nicht nur sprachlich, sondern auch noch einmal durch ein Lachen seine Frage. Die etwas indiskrete Frage danach, ob mit zukünftigem höherem Einkommen auch ein neues Telefon angeschafft werden würde, suggeriert eine ökonomisch niedrige Position des Interviewers und zwischen den Zeilen eine Unterlegenheit gegenüber Toni, der immerhin bereits ein Smartphone besitzt. Das könnte auf einem angenommenen Studierendenstatus des Interviewers verweisen. Die potenzielle Indiskretion wird durch das mehrmalige, gemeinsame Lachen abgefedert und verändert. Sie wird offensichtlich als witzig verstanden.

Mehrmals wird hier gelacht. Die verbal vollzogene Kommunikation wird durch das leibliche Ausdrucksmittel begleitet, non- und verbale Kommunikation laufen gleichzeitig bzw. in einem sequenziell strukturierten Ablauf nacheinander ab und werden durch die Interagierenden aufeinander bezogen. Der leibliche Ausdruck des Lachens setzt den emotionalen Rahmen der Konversation. Er wird zu Beginn und

157 Vgl. zur besonderen Relevanz des Fragens im Kontext Unterstützter Kommunikation, Hörmeyer 2015.

zwischendurch reflexiv bestätigt, indem Körper auf Körper reagieren. Es emergiert sukzessiv eine „zwischenleibliche Atmosphäre" (vgl. Gugutzer 2012), durch die, neben dem Sprecherwechsel und den Gesprächsinhalten auf der konversationellen Ebene, die Akteure wechselseitig responsiv aufeinander reagieren. Lachen als körperliche Reaktion wirkt hier vergemeinschaftend. In dem zwischenleiblich konstituierten Medium des Lachens wird die Szene kooperativ zwischen den körperlich wie sprachlich agierenden Akteuren bewältigt und eine Frage-Antwort-Kette vollzogen.

Das praktisch und situativ produzierte empirische Datum dokumentiert eine besondere Struktur einer sozialen Situation. Mittels der körperlichen Vergemeinschaftung, welche hier als praktische Bedingung und als relevantes Element für den Vollzug der Interaktion beschrieben wurde, wird möglich, dass in der Interview-Situation mit einer vorgegebene, Struktur – die starre Verteilung von Rederollen im Interview (vgl. Uhlmann 1989)[158] – gebrochen und diese verändert wird. Toni dreht im Interviewausschnitt die Frage-Antwort-Asymmetrie um. Mit einem Talker in einem Mehrparteiengespräch, sei es diffus wie im Alltag oder vorstrukturiert wie im Interview, Fragen zu stellen, hat einen gewissen Seltenheitscharakter (vgl. Hörmeyer 2015). Die Maschinerie des *turn-taking* wird durch den unterstützt kommunizierenden Akteur an sich gerissen. Gesprächspraktisch kommt es zum *turning-around.* Indem Toni dies praktisch vollzieht und eine andere Gesprächsstruktur realisiert, agiert er selbstbestimmt und autonom. Aber nicht nur praktisch. In gewisser Weise suggeriert Toni, wie gesagt, dass der Forscher ökonomisch und in Sachen Kommunikationstechnologie unterlegen ist. Ein solcher *move* könnte durchaus vom Gegenüber falsch verstanden werden. Hier besonders deutlich beweist das Lachen seine gemeinschaftsstiftende Funktion. Es zeigt an, dass die Beteiligten unvorbereitet und ohne ‚böse' Absicht agieren, es setzt einen Rahmen, der sagt: ‚Ist nur Spaß' und kein Ernst. Das begleitende Lachen veröffentlicht alle anwesenden Personen als zugänglich für dieses heikle wie auch selbstbestimmte Vorgehen Tonis. Tonis Verhalten wiederum dokumentiert seine „Beherrschung der Sprache" (Goffman 1980: 394), in dem umfassenden Sinne, wie es Goffman formuliert hat: „Zur Beherrschung der Sprache gehört die Fähigkeit, sehr genau zu erkennen, wie formell und wie heikel eine Situation ist, und die eigene Rede dem von Minute zu Minute anzupassen" (ebd.). Das Lachen ermöglicht den Ablauf der Sequenz, in der sich eine kollektive, affektive Situationsbewältigung und ein selbstbestimmtes Verändern einer vorgegebenen Struktur nachvollziehen lässt. In diesem Sinne wird nicht nur kooperativ gehandelt. Es resultiert aus der Kooperation, dass ein aufschlussreiches empirisches Datum entsteht, welches zeigt, wie soziale Rollen ausgehandelt und verändert werden.

---

158 Ten Have beschreibt diese Struktur so: „The interview format tends to be based on an asymmetrical distribution of interactional jobs. The interviewer is to produce utterances that can be taken as 'questions', although their actual format may be not be question-like. [...] The interviewee's job, on the other hand, is limited to giving answers to the questions. Anything said after a 'question' has to relate in some way to the themes or terms of the preceding utterance. [...] In so doing, interviews can basically be seen as consisting of a series of question/answer sequences, in which a third position can be used optionally" (ten Have 2004: 58).

Im letzten Beispiel geht es erneut um Toni. Thematischer Aufhänger der ausgewählten Szene sind Irritation und Unsicherheiten des Forschers im verstehenden Umgang mit seiner Körpertechnik und körperlich bedienten Technik – damit greife ich ein Thema auf, das bereits weiter oben im Zuge der Interpretation zwischenleiblicher Momente virulent wurde. Zentral schildere ich eine Situation auf dem Parkplatz vor Tonis Schule, die ich folgendermaßen protokollierte:

> *Ich komme am Busparkplatz der Schule an und sehe, wie eine Vielzahl an Bussen, Taxis und Kleinwagen die Schulkinder zur Schule bringt. [...] Ich warte noch auf Herrn Kronauer, der mit mir ein Treffen am Busparkplatz gegen 8.30 vereinbart hat. Ich halte Ausschau nach Toni und schreibe SMS, um die Zeit zu vertreiben. Irgendwann entdecke ich Toni, der mit seinem Elektrorollstuhl einen Bus umkurvt und in meine Richtung fährt. Sein Talker ist bereits an der Front seines Rollstuhls angebracht, über seinen Beinen, auf der Höhe zwischen den Armlehnen und seinem Brustkorb. Ich erinnere mich, von seinen Eltern erfahren zu haben, dass der Talker während der Fahrt abmontiert wird. Jemand muss ihn also nach dem Ausstieg wieder angebracht haben. Er fährt an einigen Lehrer*innen und Mitschüler*innen, die sich ebenfalls zielgerichtet irgendwohin bewegen, vorbei, scheinbar auf mich zu; ich weiß nicht, ob er mich erkannt hat, ich nicke zwar in seine Richtung, hebe meine Hand zum Gruß aus der Ferne, bekomme aber keinen wahrnehmbaren Gruß zurück. Vielmehr fährt Toni weiter an anderen Personen vorbei, die Hand auf dem Steuerjoystick und den Blick –so mein Eindruck – auf den unmittelbaren Bereich vor sich gerichtet. Nachdem er nur noch wenige Meter entfernt ist und an zwei abbiegenden Wegen vorbeigefahren ist, entdecke ich, dass er doch auf mich zukommt und mich bereits von Weitem erkannt hat.*
> (Protokoll #2, UK-Stunde Toni)

Relevant für den hier verfolgten Zusammenhang sind zunächst die räumlich-materiellen Rahmenbedingungen des Parkplatzes. In die Förderschule bewegen sich viele Rollstuhlfahrer*innen und andere Schüler*innen, die auf Hilfsmittel für die Fortbewegung angewiesen sind. Entsprechend wird die mühsame Berganfahrt durch Automobile überwunden und auf dem eigentlichen Gelände fehlen Bordsteine. Die Technik der Schüler*innen (Rollstühle, Rollatoren u.ä.) findet hier eine entsprechende materielle Umgebung vor. Der Ankunftsplatz ist – wie zudem die Abwesenheit von Ausruhmöglichkeiten bezeugen – dazu bestimmt, sich auf dem schnellsten, behinderungsfreien Weg in die Gebäude zu begeben, auf deren Eingangstüren die Wege hinführen. Die praktische Primäroperation vor Ort lässt sich entsprechend beobachten: Alle bewegen sich zielgerichtet fort.

Neben diesem Rahmen, ist als erstes, zentrales Interaktionsereignis die Begrüßung von Interesse. Begrüßungen erfolgen in der Regel als Paar-Struktur: ein Gruß und der diesen Gruß anerkennende wie erwidernde Rückgruß. Als Toni auf mich zukommt und ich ihm zuwinke, erwarte ich dementsprechend eine normale Reaktion innerhalb des Vollzugs einer Begrüßungs-Interaktion, also ein Zunicken, Handzeichen oder eine distanzüberbrückende, verbale Artikulation, die auf meinen Gruß Bezug nimmt, ihn bestätigt und erwidert. Das bleibt aber aus. Die Gründe dafür liegen in zwei Aspekten der Bewegungspraxis von Toni: Erstens ist es für Toni problematisch, mehrere Sachen gleichzeitig zu machen. Ein Gruß per Hand wäre nicht möglich, da eine den Rollstuhl steuert und die andere aufgrund der Lähmung nicht eingesetzt wird bzw. werden kann. Das Gesicht und die visuelle Aufmerksamkeit von Toni – mögliche Ressourcen für ein Kopfnicken oder das Blicken in meine Richtung – sind konzentriert auf den Weg vor ihm. Toni muss sich entscheiden für eine Handlung: fahren oder grüßen. Ersteres macht mehr Sinn und darauf ist die Umgebung angelegt.

Der *zweite* Grund ist komplexer und bedarf eines Rückgriffs auf interaktionstheoretische Annahmen. Im Anschluss an Goffman sind es Fortbewegungs*einheiten* (vgl. Goffman 1974: 26–42; Lynch 1993: 156ff.), die Interaktionen im öffentlichen Raum, also z.B. den Parkplatz vor einer Schule, ermöglichen. Eine Einheit besteht aus Navigator, also Toni, und Gehäuse, in diesem Falle Tonis Rollstuhl. Öffentliche Fortbewegung wird durch die Einhaltung von Verkehrs-, d.h. Bewegungsregeln und die situative, koordinierte Navigation der Einheiten ermöglicht. Bewegungen, als zentrale kommunikative Ressource, geben Informationen über die aktuelle Situation der Fortbewegungseinheit und machen für andere les-, nachvollzieh- und bewältigbar, in welche Richtung sich ein Akteur bewegen wird. In einem dynamischen Feld von Bewegungen und sich verändernden Relationen von beweglichen und unbeweglichen Elementen vollzieht sich der geordnete Verkehr der Fortbewegungseinheiten. Hinweise über die Richtung der Einheiten, wechselseitige Blickkontrolle und gelegentlich konkrete kommunikative Hinweis nonverbaler wie verbaler Art, sind „Praktiken zur Regulierung der Bewegungsrichtung" (Goffman 1974: 36) und bilden das komplexe Gemisch, welches öffentlichen Verkehr ausmacht.

Die Körpertechnik der Fortbewegung und das sie fundierende wie begleitende technische Objekt werden in dieser Szene nicht in einem Zusammenhang und als praktische Einheit wahrgenommen. Die Folge ist, dass der Rollstuhl, seine Bewegung und Fahrrichtung als soziales Kommunikationszeichen und -ressource übersehen werden. Diese so zu interpretieren, ist nicht die erste Wahl, stattdessen warte ich auf Blicke, Kopfnicken, Handzeichen, eben den Körper als primäre Interaktionsressource, um die Begrüßung zu bewältigen. Die zielgerichtete Fortbewegungsrichtung des Rollstuhls wird aber durchaus als kommunikatives Mittel und als implizite, kommunikative Handlung für den Vollzug von Interaktion eingesetzt, wie Forschungen im Rahmen der Disability Studies belegen (vgl. Nilsson 2011). Die Fortbewegung und der Ausschluss von anderen Wegen deutet eine Verlaufsrichtung an. So wird ein ‚Weg' und eine Zielrichtung kommuniziert. Es ist eine mögliche Art der Erwiderung, die auf meinen Gruß Bezug nimmt, da Toni damit zu erkennen gibt, dass er mich erkannt hat und auf mich zufährt.

In meiner Irritation dokumentiert sich dagegen die Annahme, dass man den Körper allein einsetzt, um zu grüßen. Die antizipierbare Fahrrichtung des Rollstuhls wird von mir nicht so wahrgenommen wie eine typische Grußgeste, sie ist uneindeutiger für mich, für Toni und im Umgang mit ihm aber u.U. ‚normaler', als die Hand zu heben und von links nach rechts zu schwenken. In der Interaktionsanbahnung von Toni zeigt sich eine erwartungsgesteuerte Wahrnehmung, die den Bewegungskorridor des Rollstuhls in der Suche nach Körperzeichen übersieht und nicht als mögliche kommunikative Geste und damit als Beginn des Handlungsstromes interpretiert und versteht. Es dokumentiert sich eine Normalität der Kommunikation, die die kommunikative Rolle von technischen Gegenständen marginalisiert. Die für den Vollzug einer Begrüßungsinteraktion notwendige Kooperation zwischen sich begrüßenden Akteuren kommt hier kurzzeitig an ihre Grenzen. Die körper*technisch* geleistete Kommunikation geht im Vollzug der Begrüßung an meiner erwartungs- und erfahrungsgesättigten Wahrnehmung vorbei und irritiert mich: Für einen Moment grüße ich ins Leere. In der Praktizierung eines Interaktionsritualen Talkers kommen damit Differenzen in alltäglichen Routinen der Kommunikation zum Tragen.

6.5.4 Zusammenfassung

Es ging in diesem Kapitel darum zu zeigen, wie der Körper in der sozialen Praxis Forschung, ob nun Interview oder teilnehmende Beobachtung, eine Rolle spielt. Der Körper lokalisiert und situiert die forschende Person als Bestandteil von Forschungssituationen und den alltäglichen, verkörperten und technisierten (Kommunikations-)Praktiken der Akteure im Feld. Durch Gesten, Körperkontakte, Bewegungen, sinnliche Wahrnehmung sowie das körperliche Bedienen technischer Hilfsmittel formt der Körper Erkenntnis- und Zugangsweisen zum Forschungsgegenstand. Auffällig war, dass sobald der Körper stärker involviert wird, sich Momente der Datenproduktion und der praktischen Bewältigung sozialer Situationen überlagern. Da Forschung immer auch Datenproduktion ist, vollzieht sich in diesem Fall die Datenproduktion simultan mit der gemeinsamen Bewältigung von sozialen Situationen, in denen versucht wird, miteinander zu kommunizieren. Neben dem Vollzug der methodisch angeleiteten Datenproduktion werden typische Interaktionsordnungen des Feldes vollzogen und mit dem Gegenüber körperlich interagiert. Die „situated social production of data“ (Knorr Cetina 1981: 14) ist von zwei aufeinandertreffenden Körpern, forschender und beforschter, ihren Aktivitäten und Artikulationen bestimmt. In Forschungssituation einander zu verstehen und miteinander zu handeln, *und* zugleich empirische Daten zu generieren, ist kein ausschließlich kognitives Geschehen, sondern vollzieht sich als ein Prozess zwischen zwei oder mehreren Körpern. Die Perspektive, die hier auf Forschung gelegt wurde, hat zudem das *Miteinander* und Modi der Kooperation, durch die Situationen bewältigt werden, in den Vordergrund gerückt. Gemeinsam arbeiten zwei Akteurs-Körper an einer Erzählung oder einer Beobachtung. Forschung geschieht nicht nur durch ein Ego und ein Alter, sondern vollzieht sich als eine Praxis, in der sich Beforschte und Forschende auf die Aktionen des jeweils anderen einstellen und diese für ihre eigenen Aktionen berücksichtigen. Die Körperlichkeit der Forschung und die kooperativen Anteile der Forschungssituationen belegen zusammen eine besondere Involviertheit und Aktivierung des Forschers innerhalb des *collective accomplishment*, die die soziale Bewältigung der Forschungssituationen, die Behandlung der unterschiedlichen Kommunikationsweisen und damit auch der Datenproduktion ermöglichen. Die praktische Forschung vollzieht sich zwischen Situationsbewältigung und Datenproduktion und pendelt zwischen diesen beiden Aspekten hin und her. Das körperliche Verstrickt-Werden in die beforschten Medienpraktiken, wie ich es in den Beispielen gezeigt habe, macht deutlich, dass Forschung in diesem Falle nicht im Sinne von Passivität, Körperlosigkeit und einer Subjekt-Objekt-Beziehungen verstanden werden kann. Das Verstehen der Welt des Anderen, des Beforschten vollzieht sich durch das (körperliche) Verstehen einer Körpertechnik. Das geht u.U. mit Irritationen einher, fordert zum Erlernen und Eingehen auf andere Wahrnehmungs- und Körpergestalten auf (Geräte, Bilder, Wahrnehmung und besondere Verbalisierungen) und macht eine passive Haltung unmöglich (vgl. Goode 1994). Das *Verstehen des Feldes*, seiner besonderen Körpertechniken bzw. Technologien vollzieht sich als *Verstehen im Feld* und als praktischer Prozess, der Körper und Medientechnik des Forschers in bestimmte, feldtypische Arten und Weisen der Kooperation verstrickt.

Zu einem derartigen Verständnis von Forschung konnte ich in diesem Kapitel kommen, indem die eigene Forschung Gegenstand einer praxistheoretischen Analyse wurde. Nicht durch das beforschte Feld wurde praxistheoretisch erfasst, die forschende Tätigkeit selbst wurde praxeologisiert und somit der Versuch einer ‚doppelten Praxeologisierung' unternommen. In Bezug auf die Bearbeitung der ‚Schweigsamkeit des Sozialen' haben die empirischen Interpretationen gezeigt, dass die Versprachlichung nicht erst im Nachhinein am Schreibtisch stattfindet, sondern u.U. und im besonderen Fall meiner Forschungsthematik, bereits in sozialen Situationen der Feldforschung geschieht. In diesen Situationen arbeiten die forschenden und beforschten Akteure in kooperativer Weise daran, sich einander verständlich zu machen. Damit sollte darüber hinaus deutlich geworden sein, dass sozialwissenschaftliche Forschung nicht auf einseitige Weise marginalisierten Gruppen eine Stimme verleiht (*give voice*). Anhand der empirischen Analysen zeigt sich ein eher symmetrisches Verhältnis, indem Beforschte und Forschende praktisch daran arbeiten, dass jemand gehört und verstanden wird. In diesen Situationen werden unterschiedliche Sprechfähigkeiten miteinander in Beziehung gesetzt und es spricht gerade nicht jemand für den Anderen. Dies geschieht erst im Nachhinein im Zuge des Berichtes von Erkenntnissen. Dass einem solchen Interaktionen und Praktiken vorausliegen, in denen gemeinsam an der Versprachlichung von Erfahrungen oder der kommunikativen Bewältigung sozialer Situationen gearbeitet wird, war Ziel dieses Kapitels. Es zeigte, dass im Vollzug der Kommunikation erreicht wird, dass die beforschten Personen zu Wort kommen, dass der Forschende andersartige Kommunikationsweisen erlebt und mit ihnen umzugehen lernt und in einem schriftlichen Bericht darüber Aussagen treffen kann.

7 Technisch unterstützte Kommunikationspraktiken – Fazit

In der Einleitung dieser Arbeit wurde die Problematik beschrieben, dass Kommunikationsfähigkeiten, vor allem sprechen zu können, im Alltag als gegeben und selbstverständlich vorausgesetzt werden. Menschen, die auf irgendeine Art und Weise anders kommunizieren, im Gebrauch ihrer Stimme eingeschränkt sind oder über keine Lautsprache im herkömmlich erachteten Sinne verfügen, erfahren im Alltag vielfältige Behinderungen. Die Medientechnik des Sprachcomputers ist ein Mittel, dieser ‚Problematik' zu begegnen und ermöglicht Nutzer*innen am Kommunikationsalltag teilzuhaben. Wie diese bestimmte Art und Weise der Teilnahme sich auszeichnet, wie Kommunikationspraktiken mit technischer Unterstützung aussehen und wie sie beschrieben und verstanden werden können, ist Gegenstand dieser Arbeit gewesen.

Die hier verfolgte praxistheoretische Perspektive ermöglichte es, Kommunikation anhand des konkreten praktischen Vollzugs von kommunikativen Aktionen in den Blick zu nehmen, die Bedeutung bestimmter sozialer Elemente, wie des Körpers, der Sinne und der Medientechnik selbst, zu bestimmen, und Kommunikationsfähigkeiten nicht als selbstverständlich vorauszusetzen, sondern nachzuvollziehen, was Akteure aufbringen müssen, wie sie ihre Fähigkeiten entfalten (und was u.U. diesen Fähigkeiten entgegensteht), um erfolgreich an Kommunikationspraktiken partizipieren zu können. Für die interpretative und rekonstruktive Beschreibung des empirischen Material wurde sich auf die genannten Elemente konzentriert, um den Vollzug technisch unterstützte Kommunikation von Menschen ohne Lautsprache zu verstehen. Bevor ich abschließend zusammenfasse, welche Aspekte den Vollzug von Kommunikationspraktiken mit einem technischen Hilfsmittel ausmachen, also in kondensierter Form die empirischen Ergebnisse rekapituliere, fasse ich im folgenden Kapitel die verschiedenen theoretischen und methodischen zusammen.

7.1 Theoretische und methodische Erkenntnisse

Ausgangspunkt der Forschung bildeten zwei Forschungsperspektiven, die sich in den letzten Jahrzenten soziologisch bzw. kulturwissenschaftlich mit dem Thema Behinderungen beschäftigt, empirische Erkenntnisse gesammelt und konzeptionelle Modelle entwickelt haben, die das Verständnis der Lebenssituation von Menschen mit Behinderungen ermöglichen. Die deutschsprachige Soziologie der Behinderung, die stark von der Interaktionstheorie geprägt war und ist, wurde als Erstes beleuchtet. Bei genauerer Betrachtung fällt auf, dass die Soziologie der Behinderung kein genuines Verständnis von Interaktionsordnungen in ihrer Theorie verwendet. Es wird zwar davon ausgegangen, dass Behinderungen konstruiert werden und keine festen Merkmale einer Person sind, sondern im Kontext gesellschaftlicher Erwartungen und Normalitätsideale ihre Form annehmen. Es sind aber nicht konkrete Interaktionsverhältnisse, die die soziale Konstruktion von

A. Wagenknecht, *Mit einem Talker sprechen*, Beiträge zur
Praxeologie / Contributions to Praxeology,
https://doi.org/10.1007/978-3-476-05510-1_7

Behinderungen bedingen, sondern ‚Wissens-Systeme', wie Werte, Normen und in einer Gesellschaft verbreitete Einstellungen. Neuere empirische Studien zeigen dagegen, dass es spezifische Eigenschaften von Interaktionsordnungen sind, die Behinderungen erzeugen oder auch nicht. Die Disability Studies haben verschiedene Modelle von *dis/ability* popularisiert. Auch hier wird von einer Konstruiertheit von Behinderungen ausgegangen und die Faktoren dieser Konstruktion empirisch rekonstruiert. Es werden dafür z.B. gesellschaftliche Strukturen oder Diskurs-Wissen-Macht-Systeme in den Blick genommen. Verdienst der Disability Studies ist es, Unterscheidungen zwischen normalen und nicht-normalen Körpern als (diskursives) Konstrukt einer normativen Kultur zu kritisieren, welche fähige Körper als vermeintlich natürliches Nonplusultra einer Gesellschaft setzt und so den Ausschluss anderer Körperlichkeiten unterfüttert.Die tendenziell makro- und dikurstheoretischen Positionen vernachlässigen einerseits die Rolle von Körper und Technik in den Mikrostrukturen des Alltags, andererseits können subjektive Erfahrungen und Alltagspraktiken nicht mit diesen Denkmodellen thematisiert werden.

Um die genannten Desiderata und Lücken, die in der Soziologie der Behinderung und den Disability Studies ausgemacht wurden, mit einer angemessen konzeptionellen Tiefe zu bearbeiten und eine ausreichend komplexe Heuristik für die Interpretation von Daten vorliegen zu haben, war es nötig, einen mulit-theoretischen Zugang zu wählen.

Im Anschluss wurde entsprechend gezeigt, was eine praxistheoretische Perspektive auszeichnet und was sie beitragen kann zur Erforschung der Lebenswelt von Menschen mit Behinderungserfahrungen. Zusammengefasst zeigen praxistheoretische Ansätze, wie sich das Verhältnis von Körper, Sinne, Technik und Medien innerhalb sozialer Praktiken beschreiben lässt – und wie die soziale Konstruktion einer Behinderung auf praxistheoretische Weise (*doing dis/ability*) zu verstehen ist. Im Detail steht *doing dis/ability* für folgende fünf Aspekte. *Erstens*: Praxistheoretisch zu forschen, bedeutet, dass Behinderungen, wie alle sozialen Phänomene, analytisch nachrangig sind. In erster Instanz werden Praktiken erforscht und rekonstruiert. Erst ‚in' Praktiken werden Behinderungen erzeugt, ‚gemacht', praktisch konstruiert und dadurch rekonstruierbar. Nicht eine Person hat eine Behinderung, sondern eine Praxis generiert Behinderungen, die eine Person erfährt. *Zweitens*, wird nach den Trägern dieser Praxis gefragt, danach, wie welche Elemente in ihrem Zusammenspiel zu einer Behinderung beitragen. *Drittens*, werden Behinderungen situativ hergestellt. Sie sind immer auch dynamisch und wandelbar – umso entscheidender ist es, zu rekonstruieren, welche Elemente wie zu Verfestigung einer Praxis als ‚behindernd' beitragen. *Viertens*: Der Vollzug von Praktiken ist ein kollektiver, d.h. die Interaktionsweisen von mehreren, heterogenen, miteinander verknüpften oder sich aufeinander beziehenden Akteuren sind bedeutsam. Und, *fünftens*, ist der zeitlich strukturierte, in Form von verketteten Aktionen sich vollziehende Ablaufprozess von Praktiken bedeutsam für praxistheoretische Analysen. All diese Aspekte werden im praxistheoretischen Paradigma mit besonderer Aufmerksamkeit auf die Materialität von Praktiken analysiert. Das Verhältnis von Körperlichkeit und Technik zueinander, sogenannte

Körper-Ding-Konstellationen, stehen im Mittelpunkt der Analyse sozialer Praktiken und im Weiteren für die Analyse von ‚Behinderungen'.

Bei der Auswahl geeigneter körpersoziologischer Ansätze ging es um ein Verständnis vom Körper als eigenständigen, aktiven Gestalter sozialer Zusammenhänge, insbesondere von Kommunikation, dem Gebrauch technischer Objekte und dem Alltag von Menschen mit körperlichen Behinderungen. Die Rolle des Körpers in sozialen Praktiken zu analysieren, gelingt, indem Praktiken als Vollzüge körperlicher Bewegungen, anhand der Bezogenheit von Körpern aufeinander und des körperlichen Umgangs mit anderen, materiellen Elementen, wie Medien und technologischen Objekten, rekonstruiert werden. Mit Goffmans Interaktionstheorie, den körpersoziologischen Arbeiten der Sciene and Technology Studies und dem phänomenologisch fundierten Konzept der Zwischenleiblichkeit wurden diese Aspekte vertieft. In diesem Kontext wurde ein weiterer Gegenstand körpersoziologischer Theorien gesondert besprochen: die praktische Bedeutung der Sinne. Sinnliche Wahrnehmung hat Anteil am Vollzug sozialer Praktiken und soziale Praktiken basieren auf einer sinnlichen Ordnung. Die Sinne vermitteln die wahrnehmbare, soziale Welt, die Konstruktion von Wirklichkeit und die Bewältigung sozialer Beziehungen. Für die Analyse von zwischenmenschlicher wie technisch unterstützter Kommunikationsweisen ist dieser Aspekt von Bedeutung. Insgesamt wurde dargestellt, dass eine die Analyse der Lebenswelt von Menschen, die Behinderungen erfahren, auf eine körpersoziologische Perspektive angewiesen ist.

Eine andere Seite der Materialität sozialer Praktiken wurde durch die Diskussion technik- und mediensoziologischer Ansätze beleuchtet. Techniksoziologie, die Postphänomenologie und die Akteur-Netzwerk-Theorie haben die Analyse technologisch bedingter Sozialität und der Medialität von Objekten empirisch wie konzeptionell betrieben und eröffnen so Horizonte für die Analyse der Interaktion und Kommunikation mit dem Sprachcomputer. Die wechselseitige Konstitution von Technologie und Sozialität, wie technologische Objekte Handlungsträgerschaft und Wirkmacht in Interaktionen übernehmen, wie Handlungsmacht unter heterogenen Akteuren verteilt wird, auf unterschiedlichen Weisen technologische Objekte soziale Zusammenhänge strukturieren sowie die Art der Relation zwischen Technik und den jeweiligen Nutzer*innen, all dies sind relevante Aspekte für die Analyse des praktischen Vollzugs technisierter Kommunikation sowie von Analysen der technisch strukturierten Lebenswelt von Menschen mit Behinderungserfahrungen. Ein prominenter Teil der theoretischen Überlegungen zur Bedeutung von technischen Objekten widmete sich den Science and Technology Studies bzw. der Akteur-Netzwerk-Theorie. In den Studien geht es in erster Linie um die Beschreibung der Handlungsträgerschaft von Dingen im Zuge der Konstruktion, Stabilisierung, Reproduktion und ‚Transport' naturwissenschaftlicher Erkenntnisse. Die grundlegende Hybridität von menschlichen und nicht-menschlichen Akteuren in Prozessen und Praktiken wissenschaftlicher Erkenntnisproduktion lässt sich auf das hier behandelte Forschungsthema übertragen: Interaktionen und Kommunikation mit dem Sprachcomputer sind strukturell durch technische Objekte bedingt. Um dies empirisch zu untersuchen, sind die unterschiedlichen Beiträge der menschlichen wie nicht-menschlichen Entitäten als gleichwertige Aktanten in der Analyse zu berücksichtigen. Es ist von der Verflochtenheit und dem Zusammenspiel von Mensch und Technik auszugehen, um die Handlungswirksamkeit und -macht (*agency*) der an Praktiken beteiligten Technik herauszuarbeiten.

Um den medialen Charakter des Sprachcomputers zu bestimmen, wurde die Akteur-Medien-Theorie als medienwissenschaftliche Variante der Akteur-Netzwerk-Theorie hinzugezogen. Sie stellt eine mikrologisch orientierte Theorie dar, die am alltäglichen Medienhandeln und der Bedeutung von Medien für Interaktionen interessiert ist. Studien der Akteur-Medien-Theorie rekonstruieren die durch Medien ermöglichte Koordination von Arbeitsabläufen in Organisationen und Institutionen sowie alltägliche Kommunikation. Im Sinne einer allgemeinen Sozialtheorie besagt die Akteur-Medien-Theorie, dass eine Handlung nicht durch einzelne Akteure vollzogen wird, sondern durch das Zusammenwirken einer Vielzahl heterogener Handlungs*beiträge(r)*. Unter diesen ist Handlungsmacht verteilt und durch mediale Aktionsmuster wird zwischen ihnen vermittelt. Verantwortlich dafür sind sogenannte Mittler. Sie übertragen Handlungspotenziale innerhalb von Operationsketten und ermöglichen so den Vollzug von z.B. Kommunikationszusammenhängen. Im Rahmen der Studien der Akteur-Medien-Theorie wurden verschiedene Funktionen differenziert und beschrieben, die Medien innerhalb von Operationsketten übernehmen, z.B. berichten, delegieren, koordinieren und übersetzen. Eine zentrale Konsequenz medialer Funktionen innerhalb von Kommunikationspraktiken ist, dass ihre Vermittlungsarbeit strukturbildend ist. Medien ermöglichen, bedingen und verfestigen, formen, stabilisieren und verändern den Zusammenhang von kommunikativen Aktionen und vergemeinschaften die Kommunizierenden, die sich ihrer bedienen. All diese theoretischen und konzeptionellen Perspektiven der Technik- und Mediensoziologie ermöglichen ein vertieftes Verständnis der technisch-medialen Strukturiertheit der Lebenswelt von Menschen mit Behinderungserfahrungen und sind somit ein weiterer Baustein für Analysen des ‚doing dis/ability'.

Als letzter theoretischer Bezugspunkt wurde in dieser Arbeit die Ethnomethodologie herangezogen. Mit ihr wurde der Fokus auf die Rolle des Alltagswissen, von Intersubjektivität und Routinen und Krisen für den Vollzug von Praktiken gelegt. Die Ethnomethodologie analysiert die Ordnung des Alltags als praktische Herstellungsleistung und anhand der Prozeduren und Methoden, die Mitglieder sozialer Gruppen zur Konstruktion von Alltagswirklichkeit verwenden und als gegeben voraussetzen. Anhand solcher Ethnomethoden versichern sich Menschen in ihrem Alltag einer geteilten, sinnhaften und geordneten sozialen Wirklichkeit. Das gemeinsame und routinierte Agieren in dieser Wirklichkeit baut auf solchen Annahmen (dem *common sense*) auf. Das Alltagswissen über den ‚normalen', geordneten Ablauf von Praktiken enthält Annahmen darüber, was ein Akteur wie können muss, um als sozialer Akteur erkannt und in Kommunikationen involviert zu werden. Menschen, die nicht oder anders sprechen, stellen demgegenüber eine Herausforderung für den *common sense* dar.

Ethnomethodologische Arbeiten, die sich mit dem Phänomen Behinderung beschäftigen, zeigen, wie in Interaktionen mit unterschiedlichen Kommunikationsfähigkeiten und daraus resultierenden Interaktionskrisen praktisch umgegangen wird. Gerade im Zuge nicht selbstverständlich und krisenfrei ablaufender Kommunikation werden Muster nachvollziehbar, die deutlich machen, was als selbstverständlich im Alltag vorausgesetzt wird, und andererseits, welche Tätigkeiten nötig sind, um einander intersubjektiv zu verstehen und kooperativ miteinander zu agieren. Die ethnomethodologischen Disability Studies machen nachvollziehbar, wie Normalität und Andersartigkeit sowie Routinen und Krisen des Kommunizierens zusammenhängen und die Partizipations- und Interaktionsmöglichkeiten und damit den prekären sozialen Status von Akteuren in einer Kommunikationsgemeinschaft bestimmen.

Für diese Arbeit und Analysen im Sinne des ‚doing dis/ability' ist besonders relevant, dass die Ethnomethodologie es ermöglicht, soziale Zusammenhänge zu analysieren, in denen die Akteure gerade nicht mit den gleichen oder ähnlichen Interaktionskompetenzen agieren. Das ethnomethodologische Instrumentarium ermöglicht Methoden des alltäglichen Verstehens und Miteinander-Handelns zu untersuchen und die kommunikativen Mittel, mit deren Hilfe kooperative Deutungsarbeit und praktische Herausforderungen bewältigt werden, zu rekonstruieren. Um die zentrale Rolle von Sprache bzw. Sprechen in ihrer Bedeutung und Komplexität für diese Prozesse zu berücksichtigen, wurde in dieser Arbeit auf die ethnomethodologisch beeinflussten, konversationsanalytischen Forschung zurückgegriffen. Die Konversationsanalyse mit ihrem Fokus auf die lokale und situierte Ordnung von Gesprächen, in denen bestimmte Gesprächsmethoden und –praktiken zur Anwendung kommen und den Vollzug von Kommunikation ermöglichen, bildet einen weiteren Baustein der Analyse von ‚doing dis/ability' – zumindest, wenn eine solche Analyse Phänomene in den Blick nimmt, die maßgeblich von Kommunikation bedingt sind. Ein exemplarischer Forschungsstrang ist die ethnomethodologisch wie konversationsanalytisch fundierte Aphasie-Forschung. Hier wurde gezeigt, wie mit einem vergleichsweise limitierten Wortschatz unter Verwendung bestimmter praktischer Gesprächsmethoden Aphasiker*innen als kompetenter Sprecher innerhalb seiner Kommunikationsgemeinschaft agieren und an Gesprächen teilhaben. Assistierende, kooperative und selbstbestimmte Momente sowie multiple Ressourcen der Kommunikation ermöglichen es, dass Aphasiker*innen an interaktiven und kommunikativen Prozessen der Bedeutungsproduktion teilhaben und dadurch den Alltag mit anderen Menschen gestalten und bewältigen. Die Bedeutung des Zusammenhangs von Methoden und Strukturen alltäglicher Gespräche, dem praktischen Wissen und unterschiedlichen Fähigkeiten der Gesprächsteilnehmer*innen, und Interaktionsroutinen wie -krisen für die Lebenspraxis von Menschen mit Behinderungen, wird in diesen Arbeiten deutlich.

Ingesamt hat die Arbeit gezeigt, wie die verschiedenen praxistheoretischen Fokussierungen und Konzepte ein geeignetes Konglomerat bilden können für Analysen des ‚doing dis/ability' im Allgemeinen, und für die Analyse des praktischen Gebrauchs des Sprachcomputers durch Menschen ohne Lautsprache im Besonderen. Darüber hinaus leistet die Arbeit einen theoretischen Beitrag zur weiteren Ausformulierung praxistheoretischer Zusammenhänge. Entgegen der Dominanz eines thematischen Schwerpunktes oder einer theoretischen

Ausrichtung, wurde gezeigt, wie ein komplexes Bild von sozialen Praktiken entsteht, sobald Körper, Technik und soziale Ordnung zusammengedacht werden.

Weiterhin hat diese Arbeit einen Beitrag zu methodologischen und methodischen Debatten angestrebt. In der Reflektion des methodischen Vorgehens wurde, ausgehend von methodologischen Überlegungen zum Verhältnis von Theorie und Empirie, eine praxistheoretische Beobachtungs- und Analysehaltung dargestellt. Diese nimmt ihren Ausgang von den sozialphänomenologischen Überlegungen zu Konstruktionen erster und zweiter Ordnung. Um ein adäquates Verhältnis von beidem zu erreichen, können praxistheoretische Überlegungen zur Forschungshaltung herangezogen werden. Zentral ist, dass Theorien im Sinne einer Heuristik genutzt werden, die Beobachtungen und Interpretationen anleiten und nicht über eine ungeprüfte Deutungsmacht verfügen. Praxistheorien gehen maximal offen an die Empirie heran, was sie von vielen anderen Theorien unterscheidet. Ein konkretes methodologisches Programm, das auf diesen Grundlagen basiert, hat die Akteur-Netzwerk-Theorie mit dem Begriff der Unbestimmtheit umgesetzt. Mit diesem Begriff ist eine analytische Haltung von Forscher*innen verbunden, die das Soziale als unbestimmte Entität versteht und nachzeichnet, wie das Soziale im untersuchten Feld einer Bestimmtheit zugeführt wird. Das Soziale wird nicht vorausgesetzt. Es steht erst am Ende der Analyse als Ergebnis fest. Damit sollen die Entfaltungsmöglichkeiten des Empirischen gewährleistet, der Empirie keine Schranken durch vorab feststehende, theoretische Bauwerke gesetzt werden.

Die Daten dieser Arbeit wurden durch Interviews und teilnehmende Beobachtung generiert. Aufgrund der besonderen Kommunikationsweise der Talker-Nutzer*innen, kam es zu einer vergleichsweise hohen Involviertheit des Interviewers und einer Vielzahl an ko-konstruierenden, kommunikativen Akten. Die Struktur von Interviews mit unterstützt Kommunizierenden ist nicht durch eindeutig zurechenbare Erzähl- und Zuhör-Rollen gekennzeichnet, wie sie das Interview klassischerweise kennzeichnen. Es wurde deutlich, dass Erzählen im Interview nicht quasiautomatisch, allein durch den Interviewten und mittels einer möglichst passiven Haltung des Interviews verläuft. Stattdessen ist das wechselseitige Verstehen im Interview problematisch und Gegenstand vielfältiger praktischer Tätigkeiten. Ergebnis dieser Erfahrung war ein verändertes Verständnis der Interviewpraxis und der Herangehensweise an die Interpretation der Interviewdaten. Um einerseits die aktive Rolle des Interviewers zu beleuchten und andererseits die aufschlussreichen praktischen Tätigkeiten zu analysieren, die angewendet werden, um eine forschungspraktische Situation zu bewältigen, rückte das Interview als eigenständige Interaktionspraxis und Kommunikationsform in den Mittelpunkt. Wie die beteiligten Akteure die kollektive Wirklichkeitsproduktion im Zuge des Erzählvorgangs bewerkstelligen, ist Gegenstand einer auf diesen Ideen basierenden Interviewforschung – und kann darüber hinaus als analytischer Fokus oder grundlegende Haltung im Kontext der Forschung mit Menschen mit besonderen Kommunikationsweisen eine Rolle spielen.

Teilnehmende Beobachtung, die zweite in dieser Arbeit verwendete Methode, ist bereits in ihren Grundlagen für eine praxistheoretische Untersuchung geeignet: Sie rekonstruiert Phänomene anhand sozialer Situationen, sie aktiviert die Wahrnehmung der Forscher*innen, sie konzentriert sich auf öffentlich vollzogene

Praktiken und Interaktionen, sie ist fähig, die Aktivitäten von Körpern und von technischen Dingen bzw. Medien zu registrieren. In der praktischen Durchführung entstanden die Beobachtungen im Sinne einer fokussierten Ethnographie, die so viele Perspektivwechsel wie möglich vollzog, und anhand einzelner Situationen den typischen Gebrauch eines Kommunikationsmediums rekonstruierte.

Beide Methoden zusammen ermöglichten eine unterschiedliche Themenkontrolle durch Forscher*innen, die Kombination unterschiedlicher Analysehaltungen und Befremdungsgrade, das wechselseitige Einschätzen von Interpretationen hinsichtlich ihres Allgemeinheits- bzw. Besonderheitsgrades sowie sich ergänzender Darstellungslogiken und Analyseeinheiten. Eine sich ergänzende Nutzung verschiedener Erkenntnispotentiale konnte so erreicht werden.

Um das Material angemessen zu interpretieren, d.h. entsprechend der threotischen Perspektive und der erforschten Lebenswelt, wurde eine modifizierte, auf bestimmte Aspekte fokussierte Variante der Grounded Theory angewendet. Zunächst wurde nachgewiesen, dass die Grundprinzipien der Grounded Theory im Einklang mit praxistheoretischen Annahmen zur Konstruktion von soziologischer Erkenntnis stehen. Dazu gehören: Offenheit, das Absehen von Vorab-Hypothesen, das Ziel der konzeptionellen Repräsentativität einer Analyse und die Nutzung exemplarischer, detaillierter Daten. Nach der Beschreibung des durchgeführten Kodierprozess, wurde der Fokus der Interpretationsarbeit beschrieben. Dieser lag darin, sich auf die sequentielle Vollzugslogik von Kommunikationsprozessen zu konzentrieren. Dafür wurde sich an den Ideen und Begriffen der Konversationsanalyse orientiert und die Kodierarbeit mit einer konversationsanalytischen Sensibilität durchgeführt – und auf diese Weise die Grounded Theory und ihre Basisverfahren an den Gegenstand dieser Arbeit angepasst.

Empirische Forschung im Rahmen von Analysen des *doing dis/ability* kann selbstverständlich auf das repertoire der qualitativen Sozialforschugn zurückgreifen. Sich vollständig auf etablierte Verfahren zu verlassen, hat allerdings das Potential, die Besonderheiten der Lebenswelten von Menschen mit Behinderungen - einer Personengruppe, die drüber hinaus selbst hoch differenziert ist – zu übersehen oder nicht angemessen zu repräsentieren. Anpassungen der Methodik an das untersuchte Forschungsfeld sind in diesem Kontext so notwendig wie selbstverständlich.

Anschließend gehe ich auf einige Aspekte ein, die das Thema *dis/ability* betreffen und auf der durchgeführten Studie zu alltäglichen Kommunikationspraktiken von Menschen ohne Lautsprache, die Unterstützte Kommunikation und insbesondere den Sprachcomputer nutzen, beruhen. In der Forschung ging es darum, die Bedeutung einer Medientechnik im Alltag und im Leben mit einer körperlichen Behinderung zu beleuchten. Im Verlauf der Arbeit wurden regelmäßig Begriffe wie Teilnahme, Assistenz, Selbsttätigkeit, Selbstbestimmung, Normalität u. ä., verwendet, Begriffe, die innerhalb der Disability Studies eine zentrale Rolle spielen.

In den Disability Studies ist die zuallererst die *Art der Erforschung* der Lebenspraxis von Menschen mit Behinderungserfahrungen ein eigenständiges und kontrovers diskutiertes Feld. Positionierungen innerhalb dieses Diskurses und Entscheidungen vor und während der eigentlichen Forschungspraxis, prägen die Zugangsweise und Erkenntnis zum Phänomen ‚Behinderung'. Den Beforschten eine Stimme und einer marginalisierten Gruppe Diskursmacht zu verleihen, ist ein typischer Topos in diesem Kontext, der in den Disability Studies kritisch diskutiert wird (vgl. Homann/Bruhn 2020). Da das Thema dieser Arbeit (technisch unterstützte) Kommunikation ist und ein praxistheoretischer Rahmen die Forschung prägte, standen die Kommunikation zwischen Beforschten und Forschenden und die Besonderheiten der technischen Stimme des Sprachcomputers als eigenständige Themen im Mittelpunkt. Nicht Partizipation, Stimmverleih und Vertretung einer Gruppe beschreibt meine Verortung innerhalb dieses Kontextes. Stattdessen wurden soziale Situationen rekonstruiert, in denen alltägliche Vorstellung und Annahmen sowie Erwartungen einer wissenschaftlichen Disziplin an das Kommunizieren auf die Kommunikationspraktiken des beforschten Feldes treffen. In Forschungssituationen zeigt sich, wie Marginalisierung von bestimmten Kommunikationsweisen geschieht oder nicht; wie Vorstellungen von und Erwartungen an normales Kommunizieren problematisch sind und umgangen, unterlaufen oder verabschiedet werden; wie Fähigkeiten und Gewohnheiten zu kommunizieren im Miteinander-Handeln in einen wechselseitigen Austausch treten. Im Kontakt von Forschenden und Beforschten wird Mitspracherecht situativ ausgehandelt und Sprecher*innenrollen und -positionen praktisch realisiert. Die gemeinsame Bewältigung von Kommunikationssituationen ist die praktische Voraussetzung dafür, dass Wissen produziert und publiziert werden kann. Die Art und Weise der praktischen Bewältigung dieser Situation ist selbst aufschlussreich für den Umgang mit unterschiedlichen Kommunikationsweisen und zeigt, was nötig ist, dass jemand gehört und verstanden wird. Bevor sozialwissenschaftliche Wissensproduktion marginalisierten Gruppen eine Stimme verleihen kann, muss sich ihre eigene Sprechfähigkeit im Austausch mit den Beforschten bewähren und jene zu Wort kommen lassen.

Eine zentrale Beobachtung der empirischen Analysen dieser Arbeit war, dass die Nutzer*innen von Sprachcomputern kompetent ihren Alltag mit der technischen Unterstützung meistern. Konzentriert man sich auf die reine Bedienung des Gerätes, herrscht eine hohe individuelle Kompetenz vor. Das allein garantiert aber noch nicht einen reibungsfreien Gebrauch und Einsatz innerhalb sozialer Situationen[159] und die Sicherheit, dass der Output des Gerätes auch ‚gehört' wird. In sozialen Situationen ist die Anwesenheit anderer Akteure maßgeblich und individuelle Kompetenz erfährt ihre praktische Umsetzung innerhalb sozialer Kollektive, d. h. mit anderen Akteuren, deren Fähigkeiten und Verhaltensweisen. In solchen Kollektiven werden selbst- und fremdbestimmte, autonome und assistierende Aktionen praktisch vollzogen und es kommen Vorstellungen normaler und selbstverständlicher, vermeintlich korrekter und idiosynkratrischer, fähiger und unfähiger, effizienter und effektiver Interaktions- und Verhaltensweise zum Einsatz. Die Kommunikationsweisen und -gewohnheiten von Interaktionspartner*innen, ihre Aufmerksamkeit, ihr assis-

159 In dieser Arbeit nicht thematisiert wurde, welche räumlichen und Umweltbedingungen den Einsatz des Sprachcomputers verhindern. Regen und Sonne, aber auch die materiellen und räumlichen Gegebenheiten in einer Werkstatt, des Tanzunterrichts oder eines Konzertes sind Beispiele, von denen mir berichtet wurde.

tierender oder störender Eingriff machen soziale Teilhabe zu einer situativ zu erbringenden, prekären Leistung. Teilhabe an Interaktion, Kommunikation und gesellschaftlichen Zusammenhängen, ‚Gehört-Werden' und der soziale Status als Akteur oder Mitglied einer Gemeinschaft sind eine Aushandlungssache innerhalb des Kommunikationskollektivs, und sind nicht allein durch das Vorhandensein und die kompetente Nutzung des Sprachcomputers gesichert. Die Realisierung individueller Kompetenzen und die Teilhabe an Praktiken ist also vom kompetenten Umgang mit besonderen Körperlichkeiten und Technologien, wie diesen durch Interaktionspartner*innen begegnet und mit ihnen umgegangen wird. Davon hängt ab, ob sich Personen mit andersartigen Kommunikationsweisen als kompetente Mitglieder einer Gemeinschaft dauerhaft etablieren können und anerkannt werden.[160]

Ein weiterer Aspekt von technisch unterstützter Kommunikationspraxis in Bezug auf *doing dis/ability* wurde im technischen Design der Geräte identifiziert. Jedes technische Objekt, welches Teil von sozialen Praktiken ist, wirkt zunächst als heteronomes Bündel von Anforderungen und setzt aufgrund seiner Konstruktionsweise bestimmte körperliche Fähigkeiten voraus (hier insbesondere Kraft, Kontroll- und Koordinationsfähigkeiten von Körpergliedern). Körperliche Kompetenzen werden als selbstverständlich vorausgesetzt, jenseits von Alltagspraktiken ‚designed' und bestimmen so den Gebrauch und die Möglichkeiten der Teilhabe an Praktiken, die durch das jeweilige technische Objekt strukturiert sind. Das betrifft in erster Linie die Arrangements von (Bedien-)Elementen. Körperliche Besonders- und Andersheiten, die konträr zu solchen technisch konstruierten Voraussetzungen stehen, scheitern an der Struktur und Praxis technischer Geräte.

Ein Moment der sozialen Konstruktion von Behinderung findet sich hier also in der Interaktivität zwischen Körper und Technologie. Vollzug von und die Teilhabe an sozialen Praktiken und der selbstbestimmte Gebrauch von technischen Dingen, ist beeinflusst von dieser Schnittstelle, an der sich vorgegebene Designs und biografisch gewachsene, körperliche Fähigkeiten treffen. Sind technische Geräte so strukturiert, dass sie es schaffen, körperliche Besonderheiten und Fähigkeiten, Bewegungsmuster und -grenzen so zu übertragen und zu vermitteln, dass es nicht dauerhaft zu Störungen im Vollzug einer Praxis kommt, dann ist eine selbstbestimmte Durchführung von Aktionen und die Beherrschung einer Praxis möglich. Dann scheitert ein Körper nicht an den Vorgaben einer technisierten, sozialen Praktik, sondern kann an dieser als aktiver und kompetenter Akteur teilnehmen und sie gestalten.[161]

---

160 Inwiefern Kommunikationsgemeinschaften im Vollzug ihrer alltäglichen Kommunikation Mechanismen und Techniken des ‚Partizipationsmanagements' (vgl. Bauer 2009) entwickeln und etablieren, ist eine empirisch nachzugehende Frage, ebenso wie Interagierende es schaffen, Differenzen zwischen heterogenen Fähigkeiten dauerhaft in Einklang zu bringen und ein kooperatives und zugleich exklusionsvermeidendes Kommunizieren strukturell wie situativ zu ermöglichen.

161 Die Verknüpfung von speziellen technischen Hilfsmitteln mit anderen Geräten (Smartphone, Stereoanlagen, TV, PC), der Einsatz von Unterstützung-Technologien innerhalb multimedialer Welten, sowie das Verhältnis der technischen Hilfsmitten zu Objekten und Arrangements der Arbeitswelt, führt zu einer Maximierung und Diversifizierung von Schnittstellen, an denen das geschilderte Problem bestehen bleibt und praktische Lösungen erforderlich sind. Dieser Thematik konnte in dieser Arbeit nicht nachgegangen werden.

Eine zweite Schnittstelle, an der insbesondere Aspekte wie Selbstbestimmung und Assistenz eine Rolle spielten, ist die zwischen zwei (oder mehreren) Körpern und als (Medium der) Zwischenleiblichkeit bezeichnet wurde. Gemeint ist damit die wechselseitige Orientierung körperlicher Aktionen, z. B. zwischenmenschliche Berührungen, die in dieser Arbeit als Kommunikationsmittel und Ressource für den Vollzug von Praktiken untersucht wurde. Zwei Aspekte sind in diesem Kontext relevant. Einerseits gehen zwischenleibliche Aktionen mit Vorstellungen darüber einher, wie körperliche Bewegungen und Aktionen auf gelungene und akzeptable Weise zum Vollzug einer Praxis beitragen. Entsprechend wird in bestimmte Richtungen bewegt und gedrängt, ein- und zugegriffen oder entgegengesteuert, je nachdem, welche Annahmen über den normalen Vollzug einer Praxis prägend sind und in die wechselseitige Beeinflussung von Bewegungsmustern hineinspielen. Andererseits wird im Medium der Zwischenleiblichkeit, besonders deutlich im Fall von Berührungen, unklar, welche Anteile ein Akteur an der Durchführung einer Aktion hat. Die Eigenständigkeit von Handlungsbeiträgen und -beträger*innen ist eher undeutlich als eindeutig auszumachen. Es besteht eine Unsicherheit darüber, wer wie stark zu einer Handlung beiträgt.[162] Folgerichtig ist Handlungsmacht im Medium der Zwischenleiblichkeit ein diffuser und prekärer Gegenstand. Im Modus der Zwischenleiblichkeit ist eine Trennschärfe von selbstbestimmten, assistierendem aber auch von übergriffigem und eingreifendem (und damit u. U. behinderndem) Handeln nicht zwangsläufig gegeben.

7.2. Kommunikationspraktiken

Nach der Zusammenfassung der wesentlichen konzeptionellen und methodischen Ergebnisse, bildet die Darstellung der empirischen Erkenntnisse den Abschluss dieser Arbeit. Die im Folgenden dargestellten fünf verschiedenen Ansatzpunkte sollen als Dimensionen technisch unterstützter Kommunikation verstanden werden. Sie beruhen auf der praxistheoretischen Analyse dieser Arbeit und sollen die Komplexität von Kommunikationspraktiken mit einem technischen Hilfsmittel abbilden. Ein Ziel ist es, zu resümmieren, welche besondere Gestalt Kommunikationspraktiken durch die Teilnahme eines technischen Hilfsmittels annehmen und welche besonderen Anforderungen für die beteiligten Akteure damit einhergehen bzw. die Interaktionsordnungen kennzeichnen. Es wird gezeigt, dass Zwischenleiblichkeit, Ko-Konstruktion und Ko-Operation als Aspekte von sozialen Interaktionen in allen Dimensionen von Kommunikationspraktiken relevant sind und damit die technisierte Kommnuikation mit einem Hilfsmittel und den Sprechvorgang mit einem Talker ausmachen. Die Darstellung der empirisch-theoretischen Erkenntnisse zum

162 Die Vertrautheit der Interagierenden miteinander ist hierfür besonders relevant. Je nach Umfang der Vertrautheit im Umgang miteinander oder mit lokalen, idiosynkratrischen Gewohnheiten, gewinnen die zwischenleiblichen Interaktionen an Sicherheit und können zur Zufriedenheit für alle Interagierenden vollzogen werden.

Begriff der Kommunikationspraktik sind an dieser Stelle aber auch soweit verallgemeinert, dass sie anschlussfähig sind für die empirische Forschung in anderen sozialen Feldern, in denen Kommunikationspraktiken eine zentrale Rolle spielen.

a) *Das Organ der Kommunikation*
Das erste empirische Kapitel nahm eine mikrosoziologische Rekonstruktion der Bedeutung der technischen Stimme des Sprachcomputers für die praktische Konstruktion von Interaktionsordnungen vor. Ausgangspunkt waren folgende Vorstellungen: eine Stimme wird i.d.R. organisch verortet und an das Vorhandensein und Funktionieren von Stimmbändern gebunden; man setzt üblicherweise seine Stimme allein, ohne Hilfsmittel, und nur für sich ein; die Körperlichkeit und Materialität der Stimme wird im Alltag vernachlässigt, um etwas mit ihr ‚zu tun', in erster Linie zu sprechen. Für Menschen ohne (oder nur mit rudimentärer) Lautsprache, ermöglicht die Technologie des Sprachcomputers sprechend an Gesprächen teilzunehmen und eine Stimme zu haben. Die Technologie gibt eine Stimme und ‚macht' eine Stimme. Welche genauen praktischen Besonderheiten durch die Technizität der Stimme entstehen, war Thema des Kapitels und der empirischen Analyse.

Es wurde die Argumentation verfolgt, dass die Technik nicht einfach eine Stimme verleiht, sondern ein spezifisches Interaktionsproblem für die Beteiligten vorliegt, nämlich *giving voice* im Zusammenspiel vom menschlichen und nichtmenschlichen Akteuren praktisch zu bewältigen. Eine Stimme existiert nicht einfach, sondern wird in sozialen Praktiken, und d. h. innerhalb heterogener Körper-Technik-Konstellationen hergestellt. Das Organ der Kommunikation ist situiert und wird in komplexen Assoziationen mit anderen Akteuren, Körpern, Sinnen und technischen Objekten einer Interaktionsordnung wirksam. Das gilt insbesondere dann, wenn das Organ eine technische Stimme darstellt.

Die technische Stimme verfügt über besondere Qualitäten, wie ihre ‚glasklare' Aussprache und variable Lautstärke. Das ermöglicht die Vermittlung verständlicher Aussagen in der Interaktion mit menschlichen wie nicht-menschlichen Akteuren. Zugleich entstehen aber Zuordnungsprobleme, insbesondere in Mehrparteiengesprächen mit mehreren Talkern, da der technische Klang keine Individualität besitzt. Daran und anhand weiterer Beispiele – dem Hören der Tipp-Geräusche, das Überhören falscher Buchstaben, das Stummschalten, das Nicht-Mit-Lesen auf dem Talker-Display – wurde gezeigt, dass der erfolgreiche Vollzug von Kommunikationspraktiken und das Ausbleiben von ‚Behinderungen' davon abhängt, inwiefern die akustischen Besonderheiten des Talkers, die (sensorische) Beschaffenheit von öffentlichen Interaktionsordnungen und die Hörfähigkeiten bzw. -gewohnheiten von Gesprächspartner*innen miteinander interagieren und ko-operieren.

Die weiteren Beispiele hatten den ‚Stimm-Verleih' und die praktische Vergemeinschaftung des Talkers und seiner Stimme zum Thema. Es ist dies eine weitere Besonderheit der technischen Stimme. Aufgrund ihrer Losgelöstheit von einem organischen Ursprung ermöglicht sie soziale Praktiken durch ihre Teilbarkeit. Der mit dem Einsatz einer Stimme assoziierte Individualismus und die Zurechenbarkeit zu einem Sprecher bzw. einer Sprecherin kann unterlaufen werden. Durch die Zirkulation eines sozialen Objektes und die Verteilung von (temporären) Nutzungsrechten über die Stimme, der Abgabe von Handlungsmacht und -kontrolle über den

Talker, wird es möglich, unterschiedliche praktische Aufgaben innerhalb einer sozialen Gemeinschaft zu bewältigen. Die Handlungsmacht des Kommunikationsorgans wird in einem Kollektiv geteilt und das Kollektiv dadurch praktisch hergestellt. Diese Praxis verweist auf folgenden konzeptionellen Aspekt: die Zurechenbarkeit und Zugehörigkeit zu Sprecher*innen, welche für organische Stimmen scheinbar unproblematisch sind, werden bei einer technischen Stimme zur Aushandlungssache. Sie muss also nicht nur richtig gehört werden, sie kann auch verliehen und zur Stimme Anderer werden.

Die Rekonstruktion von praktischen Assoziationen zwischen Körper und Gerät verdeutlichte, wie eine Stimme hörbar gemacht wird. Die Beispiele gewährten exemplarisch Einblick darin, wie und dass ‚eine Stimme haben' einen komplexen, praktischen Prozess darstellt, der darin besteht, wie der technischen Stimme begegnet und das technologische Equipment berücksichtigt und verstanden wird. Das Organ der Kommunikation und seine spezifische Beschaffenheit bedingen den Vollzug von Kommunikation und, andersherum, ist der Vollzug einer Kommunikationspraxis abhängig von der Art und Weise, wie das Organ (bzw. die Stimme) behandelt wird. Gerade ihre Fundiertheit in einer mobilen Technologie und ihr artifizieller, nicht organischer Ursprung verdeutlichte, wie die Kontrolle über sie, ihr Gehört-Werden und ihr sozialer Status eine kollektive Aushandlungssache darstellen. Die praktische Hoheit über eine (technische) Stimme ist ein fragiles und prekäres Gut. Sie hängt von den Aktionen anderer Akteure und deren Fähigkeit zur Ko-Operation ab.

b) Die Sensomotorik der Kommunikation

Eine zweite Perspektivierung des Themas Unterstützte Kommunikation konzentrierte sich auf die Motorik und den händischen Gebrauch des Sprachcomputers sowie weiterer Hilfsmittel. Für die Nutzung technischer Geräte insgesamt wurde hier argumentiert, dass es vonnöten ist, den (mitunter unterschätzten) Aspekt der motorischen Bedienung hervorzuheben. In einem konzeptionellen Sinne wurde damit die Aufmerksamkeit von den vermeintlich zentralen Sinnen für moderne Medienkommunikation, nämlich Sehen und Hören, verschoben auf die für den Vollzug von sozialen, technisierten Praktiken ebenso relevanten wie oft übersehenen taktilen wie motorischen Fähigkeiten. Damit hat sich diese Arbeit eingeschrieben in Forschungsarbeiten, die die Relevanz des Verhältnisses von Geräteaufbau, seiner Haptik und der menschlichen Hand, ihrer motorischen und taktilen Aktivitäten betont. Bedienbarkeit ergibt sich aus dem Zusammenspiel und an den Schnittstellen körperlich-sinnlicher und technologischer Elemente einer sozialen Praktik. Erst im händischen Gebrauch wird die praktische Bedeutung der Technik nachvollziehbar, wird erkennbar, was die Technologie ausmacht, welche Gestalt sie hat, welche technischen Elemente erfolgreich genutzt werden können und welche den Gebrauch einschränken. Motorische wie taktile Fähigkeiten und einverleibte Bewegungsmuster von Hand und Fingern haben entscheidenden Einfluss auf die Brauchbarkeit technischer Objekte.[163]

163 Das ist nicht nur der Fall für technische Hilfsmittel, sondern trifft auch für die Vielzahl moderner, auf *technologies of touch* beruhenden *devices* und *interfaces* zu.

Die Beziehung von Akteurskörper und den sensomotorischen Anforderungen, die die Geräte stellen, ist also von besonderer Bedeutung für den Vollzug sozialer Praktiken unterstützter Kommunikation. Das (mitunter prekäre) Zusammenspiel beider Elemente – der Hand und dem Gerät – stand im Fokus der empirischen Analyse. Die empirischen Ergebnisse teilen sich in zwei Themen auf: den Gebrauch des Gerätes durch *eine/einen* Nutzer*in und die Bedienung der Technik durch *zwei* Akteure gleichzeitig. Für den ersten Fall wurde Folgendes festgestellt: Kraftaufwand, motorische Kontrolle und Koordination der Körperglieder sind Bedingungen des Technikgebrauchs und ermöglichen im Wechselspiel mit der Medientechnik den Vollzug der Praxis. Es findet eine Verschränkung typischer Handhaltungen der Menschen mit infantiler Cerebralparese, motorischer Koordinationsfähigkeiten und dem Aufbau der Geräte und dessen Leistungsfähigkeiten statt.

Im Mittelpunkt der motorischen Bedienung steht eine technische Vermittlungsleistung: die Übersetzung der Bewegungen der agierenden Hand. Die Beispiele zeigten, wie die geleistete Vermittlung bzw. Nicht-Vermittlung von körperlichen Bewegungen durch das technische Objekt entscheidend ist. Die Technologien übertragen manche (Hand-)Bewegungen, andere nicht. Indem die Geräte unkontrollierte Handbewegungen sowie notwendige Randaktivitäten (Ablegen der Hand) ausgleichen, neutralisieren bzw. nicht übertragen, können Aktionen durchgeführt werden. Im Anschluss an die Postphänomenologie wurde gezeigt, dass die technischen Hilfsmittel und ihre Vermittlungsleistung durch eine *amplification/reduction*-Struktur gekennzeichnet sind. Die Motorik technisierter Kommunikation ist in ihrem praktischen Vollzug abhängig von der Art und Weise, wie die *amplification/reduction*-Struktur der Technik sich auswirkt. Die Geräte bzw. Hilfsmittel reduzieren oder verstärken bestimmte Aktionen, sie vermitteln die Kräfteverhältnisse zwischen (menschlichen und nicht-menschlichen) Praxiselementen entlang der genannten dichotomen Struktur – und (in-)stabilisieren die Praxis, je nachdem, wie sie mit der bedienenden Hand interagieren und dadurch Handlungs(un)sicherheiten bedingen. Die Herausforderung besteht grundsätzlich darin, körperliche Voraussetzungen und technische Erfordernisse miteinander in Bezug zu setzen.

Anschließend wurde die in der Feldforschung häufig beobachtete Praxis des gemeinsamen Bedienens des Sprachcomputers, also das Zusammenspiel einer stützenden und gestützten Hand, beschrieben. Die Verwobenheit von Akteuren und deren körperlichen Aktivitäten wurde in der empirischen Forschung mehrfach als bedeutsam für den Vollzug sozialer Praktiken beobachtet. Sozialtheoretisch wurden dafür die Themen Zwischenleiblichkeit bzw. Berührungen sowie die Grenzen von Akteuren innerhalb sozialer Praktiken herangezogen, um das Phänomen auf einer konzeptionellen Basis einzuordnen und zu verstehen. Die Durchführung zwischenleiblicher Aktivitäten ist ein komplexer Prozess und besonders aufschlussreich für die Beschreibung technisch unterstützter Kommunikationspraktiken, da hier Unterstützung die Form zwischenleiblicher Aktionen annimmt. Körperliche Aktionen sind dabei nicht voneinander getrennt, sondern aufeinander bezogen und verschmelzen miteinander, sodass u. U. unklar wird, welcher Akteur die Aktion ‚eigentlich' vollzogen hat. Die Autorenschaft von Handlungsbeiträgen ist in diesem Fall besonders prekär. Sobald Technikgebrauch mit Zwischenleiblichkeit, insbesondere Berührungen, einhergeht, kann nicht von autonomen, singulären Subjekten ausgegangen werden. Praktisches Handeln findet vielmehr innerhalb der leiblichen Verbindung von Selbst und Anderem statt und wird dort ausgehandelt. Analytisch ist nicht von Körpern und Personen als separierte, diskrete Einheiten ohne Überschneidungen auszugehen und Handlungsmacht alterniert zwischen den Akteuren im Medium der Zwischenleiblichkeit.

Für die Beschreibung und Theoretisierung zwischenleiblicher Praktiken ist das Verhältnis und die Verteilung von Handlungsmacht im Medium zwischenleiblicher Berührungen zentral. Folgender Aspekt wurde am Fallbeispiel Unterstützter Kommunikation beschrieben und ist übertragbar auf vergleichbare Phänomene in anderen sozialen Feldern, d. h. Kommunikationspraktiken, deren sensomotorische Bedingungen zwischenleibliche Aktionen beinhalten. Entscheidend ist das Verhältnis der unterschiedlichen Hände zueinander, ihre konkrete Ausrichtung und Positionierung zueinander, ihre Lage- und Halte-Beziehung. An der Stelle, wo Körper miteinander verschmelzen, findet die Vermittlung unterschiedlicher Kraftverhältnisse und Möglichkeiten gegenseitiger Bewegungskontrolle zwischen den Akteuren statt. Verschiedene Aktionsmuster können mit diesem Fokus detailliert beschrieben werden, z. B. jemandem die Hand zu führen; seinen Arm zu halten und die Hand frei zu lassen; Bewegungen komplett zu übernehmen, die der Andere nicht ausführen kann; gemeinsam unterschiedliche Teil-Aktionen einer Praktik zu vollziehen; Aktionen durch einen Eingriff zu unterbrechen oder diese zu unterstützen und eine ablaufende Bewegung in ihrer Kontinuität zu sichern. Jeweils bestimmt die Positionierung der Hände zueinander, wie die zwischenleiblich fundierten Bewegungen ausgeführt und wie unterschiedliche Kräfte unterschiedlicher Akteure zueinander in Beziehung gesetzt und miteinander vermittelt werden.

c) Kommunikationsprojekte

In Kommunikationspraktiken werden bestimmte Projekte realisiert. Die eigene Lebensgeschichte (in diesem Fall mittels Sprachcomputer) zu erzählen, ist ein typisches Projekt alltäglicher Kommunikation und wurde in dieser Arbeit untersucht. Ein kommunikatives Projekt zu realisieren, ist ein praktisches Unterfangen, dass körperliche und technische Fähigkeiten voraussetzt und innerhalb von Kommunikationsgemeinschaften vollzogen wird. Im Rahmen der Rekonstruktion der Art und Weise, wie mittels Sprachcomputer biographische Narrationen konstruiert werden, hat sich insbesondere die Rolle der Zuhörer*innengemeinschaft als relevant herausgestellt. Ein kommunikatives Projekt ist in seiner Umsetzung demnach keine solitäre Angelegenheit, sondern wird innerhalb eines Kollektivs von heterogenen Akteuren vollzogen. Die Rolle des Kollektivs in diesem Prozess kann dabei unterschiedlich ausfallen. Hervorzuheben ist aber grundlegend, dass innerhalb solcher Prozesse eine Aushandlung und Stabilisierung der Verteilung von Rederechten bzw. -rollen stattfindet und eben diese Rechte- und Rollenverteilung ist keine Lappalie, sondern großer Relevanz für den Realisierungsprozess des Projekts. Für Unterstützte Kommunikation wurden folgende, typische Besonderheiten herausgearbeitet:

- Das Kommunikationsprojekt wird nicht allein durch selbständige, autonome Sprecher*innen praktisch realisiert; stattdessen ist es ein Produkt von Ko-

Konstruktionen, die sich in verschiedenem Grad auf die beteiligten Akteure verteilen und für unterschiedlich lange Sequenzen Sprecher*innen in die Rolle des Hauptakteurs versetzen.

- Die Aushandlung von Kommunikationsrollen ist Teil der Projektumsetzung: Die ‚Erzähl-Herrschaft' ist keine gesicherte Position, sondern wird im Vollzug etabliert, erhalten oder unterminiert, ebenso wie das Sprecher*in-Bleiben und die Übergabe von Erzählrechten: Jeweils bleibt der Haupterzähler/ die Haupterzählerin in einer prekären Position.
- Es existieren Techniken, um die Rolle des Hauptakteurs zu sichern, in diesem Fall sind das fertige Skripte, die gesprächspraktische Vorteile (Zeitersparnis, größerer Umfang des Projektes, selbstbestimmter Erzählvorgang wie -inhalt, Situationsunabhängigkeit) aber auch Nachteile (keine situative Anpassung an unterschiedliche Zuhörer*innen, keine Flexibilität zum Reagieren auf Nachfragen) haben.

Weiterhin wurde gezeigt, wie die Umsetzung eines kommunikativen Projektes von unterschiedlichen Medien abhängig ist bzw. multimedial gestaltet werden kann. Nicht nur verbale und nonverbale kommunikative Zeichen helfen bei der Realisierung eines Projektes. Auch andere, materielle, vor allem visuelle Zeichen, kommen im Zuge des Erzählens einer Lebensgeschichte zum Einsatz. Im Zuge multimedialer Kommunikation verändern sich die praktischen Anforderungen für alle beteiligten Akteure und deren Kommunikationsrollen innerhalb der Umsetzung eines kommunikativen Projektes.

Zentral wurde in diesem Kontext der Medienwechsel thematisiert, welcher ein eigenständiges praktisches Unterfangen neben der eigentlichen unterstützten Kommunikation ist. Wie auch die Aushandlung von Kommunikationsrollen innerhalb des Kommunikationskollektivs stattfinden, so ist auch der Wechsel zwischen verschiedenen Medien ein *practical collective accomplishment*: er muss praktisch vollzogen werden. Denn, so wurde gezeigt, die Ansteuerung und Einbindung der unterschiedlichen Medien bedarf eigenständiger, praktischer Aktionen. Der Wechsel zwischen Text und Bild z. B. bedarf Aktionen, die unterschiedliche kommunikative Ressourcen beanspruchen und eine eigenständige Interaktionsordnung innerhalb der gesamten Interaktion bilden. Eine multimediale Realisierung eines kommunikativen Projektes hat demnach eine zweite ‚Ebene'. Auf dieser wird das Zuhören und Verstehen ergänzt durch den Vollzug des Medienwechsels mithilfe (vor allem körperlicher) Interaktionen und (kommunikativer) Zeichen, deren Interpretation und Koordination ein kooperatives Unterfangen mit eigenständiger Vollzugslogik bilden. Zweitens ist es Aufgabe der Zuhörer*innen, die Inhalte und Interpretationen, kurz, das kommunizierte Wissen der unterschiedlichen Medien, zu rezipieren. Das ist deshalb von Relevanz, weil unterschiedliche Medien Aspekte des Projektes, in diesem Fall einer Lebensgeschichte, unterschiedlich darstellen und repräsentieren. Wird die Narration anhand verschiedener Medien entwickelt, erweitern sich die Darstellungsweisen und damit die Anforderungen an das verstehende Zuhören. Die Verknüpfung dieser Aspekte ist entscheidend für die kooperative Fortschreibung und praktische Konstruktion einer Narration.

d) Kommunikationsfähigkeiten erlernen

Kommunikative Fähigkeiten sind keine selbstverständlich vorhandenen, naturgegebenen Tatsachen, sondern selbst ein Produkt kommunikativer Praxis. Diese Idee bildet den konzeptionellen Ausgangspunkt der empirischen Analyse von Lernsituationen, in denen der Umgang mit dem Sprachcomputer eingeübt wird. Um den Lernvorgang und den Erwerb von Kommunikationsfähigkeiten im Sinne der Praxistheorien zu verstehen, sind einige Aspekte zu berücksichtigen. Der Erwerb und die Vermittlung von ‚skills' findet in einer Lern*praxis* statt. Lernsituationen haben eine bestimmte praktische Gestalt. Der Erwerb praktischer Handlungsfähigkeiten ist selbst ein praktischer, situierter und materieller Prozess. Durch Teilnahme, Mitvollzug und Mitmachen wird sukzessive verstanden, was zu kommunizieren ausmacht und wie Kommunikation mittels des Sprachcomputers vollzogen werden kann. In der Lernpraxis findet eine (implizite, nicht zwangsläufig reflektierte) Auseinandersetzung mit und Erfahrung der Vollzugsgestalt einer Kommunikationspraxis statt. Lernende üben sich – neben dem praktischen Gebrauch des Hilfsmittels – dabei in gesellschaftliche Handlungs- und Kommunikationsweisen, in bestimmte Formen praktischen Wissens und Könnens ein.

(Er-)Lernen ist mehr als nur Wissensweitergabe, -rezeption und -verinnerlichung, sondern eine komplexe Praxis, in der ein Kollektiv von Akteuren ihre Körper einsetzt und Dinge verwendet. Der Lernprozess ist ein kollektiver, unter heterogenen Elementen verteilter Prozess. Lernprozesse sind durch körperliche Aktivitäten bedingt und Lernen selbst geht mit der Ausformung körperlicher Aktionsmuster und Verhaltensweisen einher. Zusätzlich – und insbesondere im Fall von technisch unterstützter Kommunikation – ist die Bedeutung von technischen Objekten als aktive Akteure von Lernprozessen hervorzuheben. Einerseits ist das Erlernen von bestimmten Praktiken durch den Einsatz von Medientechnologien vermittelt, diese sind Lernmittel. Andererseits geht es um das konkrete Erlernen des Gebrauchs einer bestimmten Medientechnologie. Diese ist also andererseits auch Gegenstand des Lernens.

Mithilfe dieser konzeptionellen Überlegungen wurden folgende Aspekte am empirischen Beispiel des Erlernens technisch unterstützter Kommunikation rekonstruiert:

- In der medienvermittelten wie -fokussierten Lernpraxis vollzieht sich ein Wechselspiel in der Bedeutung des Mediums. Einerseits geht es dezidiert um die jeweilige Medientechnik, diese wird in den Mittelpunkt der Aufmerksamkeit gestellt und fungiert als Lernobjekt. Andererseits wird durch die Medientechnik kommuniziert, sie wird praktisch eingesetzt und durch sie vollzieht sich Kommunikation, die die Lernpraxis fundiert. Zwischen beiden Varianten finden Wechsel statt: Entweder wird die Medientechnik praktisch angewendet, um die Lernsituation zu vollziehen, oder sie wird als Objekt in den Fokus gerückt und die Teilnehmer*innen lernen etwas über die Medientechnik.
- Im Zuge des Vollzugs der Lernsituationen kommen verschiedene Praktiken der Assistenz und Korrektur zum Einsatz: die Steuerung von Blicken, Zeige-Gesten und die Fokussierung von Aufmerksamkeit; körperliche ‚Eingriffe'; ausführliche oder eher implizite verbale Aktivitäten. Es werden dabei be-

stimmte mediale Funktionen des Lernobjekts durch (indexikale, idiosynkratische) Gesten in den Mittelpunkt gerückt und auf deren Nutzung hingewiesen (in diesem Falle die temporäre ‚Speicherung' und regelmäßige Löschung von Wörtern auf dem Display). Eine praktische Ressource, um sich selbst zu korrigieren, liegt in der Medialität der zentralen Technologie begründet. Der Voice-Output aktiviert den Hör-Sinn als praktische Ressource für das Erlernen der technischen Kommunikation. Gemein ist den verschiedenen Mitteln ihr unterschiedlicher Grad an Un-/Eindeutigkeit und des Potentials der selbstständigen Umsetzung einer Korrektur.

- Die körperliche, sinnliche, technologische und räumliche Struktur der Lernsituation sind Faktoren für die (Möglichkeit der) Durchführung von Assistenz und Korrekturen sowie von Selbsttätigkeit. Dies sind zentrale praktische Tätigkeiten innerhalb der Interaktionen zwischen Lernendem und Lehrendem. Sie sind bedingt durch die Gestalt der Praxis und den aus der Anordnung von Subjekten und Objekten resultierenden Aktionsmöglichkeiten (haptisch, gestisch) und Beobachtungs- bzw. Wahrnehmungskorridoren (visuell, akustisch).
- Die Vollzugsgestalt des Lernens hat eine bestimmte ritualisierte, sequentielle Ordnung, ist aber immer auch durch Momente der Unordnung und Abweichung gekennzeichnet. In dem untersuchten Fall stand eine ‚Reihum-Struktur' im Fokus. Die in der Lern- und Kommunikationsgemeinschaft etablierte Ablaufstruktur regelt insbesondere die (koordinierte und kooperative) Übergabe von Rede-Slots und übt die Teilnehmer*innen in der Einhaltung einer *turn-taking*-Struktur. Durch diese Struktur wurde die Exklusion aufgrund unzureichender Kommunikationsfähigkeiten vermieden. Abstrakter formuliert, geht es im Erlernen von Kommunikation um den Erwerb von praktischem Wissen über bestimmte Kommunikationsweisen, -stile und -gattungen. Neben dem praktischen Vollzug von sequenziellen Ablaufstrukturen, diese zu verstehen und umsetzen zu können, enthält dieses Wissen den Zusammenhang von sozialen Situationen und adäquaten Kommunikationsweisen. Kommunikation zu erlernen, heißt, sich einzuüben in das Realisieren und gelegentliche Abweichen von etablierten, vorgegebenen Kommunikationsstrukturen.
- Eine bestimmte praktische Fähigkeit im Zuge von Kommunikation ist es, kooperativ Kommunikationsprobleme zu bewältigen und Gesprächsabläufe zu realisieren. Kooperativität ist einerseits Teil von Lernsituation, wird andererseits in Lernsituationen eingeübt – und findet u. U. spontan in Lernsituationen, eigensinnig und entgegen der vorgegebenen Lernstruktur statt. Im Zuge kooperativer Aktionen können Selbstwirksamkeit und Gemeinschaft durch die Kommunizierenden erfahren werden.

e) Kommunikationspraktiken erforschen

Die Art und Weise der Kommunikationsforschung wurde in dieser Arbeit als eigenständiger Forschungsgegenstand und als Bestandteil der Charakterisierung von Kommunikationspraktiken betrachtet. Grundlage bildet ein praxistheoretisches Verständnis empirischer Forschung. Nicht nur der Gegenstand der Forschung wird als Praktik, praktische Herstellung usw. verstanden. Die Forschung selbst ist eine

Praxis und beruht auf dem Vollzug bestimmter Praktiken. Kommunikative Phänomene zu erforschen, ist eine empirisch rekonstruierbare, soziale Praxis, in der selbst kommuniziert wird und Kommunikationspraktiken vollzogen werden.

Zwei klassische qualitative Methoden (Interviews und Beobachtung) wurden in der Arbeit als soziale Praktiken rekonstruiert und besonderes Augenmerk auf die Körperlichkeit der Forschungspraxis gelegt. In den körperlichen Interaktionen treffen wissenschaftliche Methoden und Praktiken und alltägliche Praktiken aufeinander. Zwischen beidem besteht eine gewisse Differenz, eine Differenz, die noch ‚verstärkt' wird durch die unterschiedlichen Sprechweisen von Forschendem und Beforschten. Darauf aufbauend wurde Forschungspraxis als ein kooperatives Unterfangen rekonstruiert und beschrieben. Der kooperative Charakter der Datenproduktion wurde anhand verflochtener und miteinander koordinierter, aufeinander aufbauender Aktivitäten der Forschungsteilnehmer*innen dargestellt. Forschung als eine körperliche Kooperation zu verstehen, macht aufmerksam auf den permanenten Wechsel zwischen aktivem Handeln und registrierender Datenproduktion, einer Verquickung von Wissensproduktion und kooperativer Situationsbewältigung, die für die Forschungspraxis dieser Arbeit typisch war.

Kommunikationsforschung als körperliche Kooperation zu verstehen, ist durch folgende Themen und Aspekte gekennzeichnet:

- In der Durchführung von narrativen Interviews ist mehr als nur das gesprochene Wort der Erzähler*innen relevant und es passiert ‚mehr' als nur der Austausch sprachlicher Einheiten zwischen passiv verharrenden Körpern. Interviews zeichnen sich in ihrem praktischen Vollzug durch agierende, wechselseitige aufeinander sich beziehende und kooperativ miteinander agierende, körperliche Aktivitäten aus. Praktiziertes Körperwissen hat damit Anteil am kollektiven Vollzug der Interviewsituationen, sei es im Zuge der Konstruktion einer Erzählung oder dem Wechsel zwischen Kommunikationsmedien. Für eine reichhaltige (ethnographische) Erforschung von Kommunikationspraktiken mittels Interviews ist folgendes Rollenverständnis angemessen: Zuhörer*innen partizipieren aktiv an der Durchführung und sind wortwörtlich Interaktionspartner*innen einer Narration. Auf der Seite der Erzähler*innen ist es von Relevanz, dass und wie die Erzählrolle praktisch etabliert und aufrechterhalten wird. Beides, die Position der Erzähler*innen wie auch der Interviewenden sind dabei keine unproblematische Voraussetzung oder fixierte Struktur, sondern werden in der Situation praktisch vollzogen und verhandelt.
- Im Zuge des – häufig vom Feld eingeforderten – Wechsels des Grades der Involviertheit der Forscher*innen wird Kommunikation als zwischenleiblich fundierte und vollzogene Mikropraktik erfahr- und rekonstruierbar. Die physische Teilnahme an den untersuchten Kommunikationspraktiken bringt Forscher*innen dazu, Interaktionen körperlich aktiv zu gestalten und soziale Situation mit anderen Akteuren zusammen zwischenleiblich zu bewältigen. Die körperliche Autonomie passiver Beobachtung und der Fokus auf die Datenproduktion geraten in den Hintergrund. Kommunikationsforschung wird in solchen Fällen der körperlichen Verstrickung in die untersuchte Kommunikation zu ihrem eigenen Gegenstand, Teil der eigenen empirischen Daten, was

Erkenntnismöglichkeiten, z. B. zur Bedeutung verkörperter Wissensvermittlung im Zuge kooperativer Interaktionen, eröffnet. Das verdeutlicht außerdem, dass die praktischen Bedingungen für Forschungswissen in der kollektiven Situationsbewältigung und dem gemeinsamen Vollzug von Kommunikationspraktiken liegen, in denen Forscher*innen nicht eine ausschließlich passive und Beforschte nicht ausschließlich eine aktive Rolle einnehmen.

- Auch die materiellen Medien der Forscher*innen spielen im Zuge der empirischen Erforschung von Kommunikationsphänomenen eine Rolle. Die Beobachtungsmedien werden je nach Situation in die untersuchten Kommunikationspraktiken einbezogen, in diese verstrickt und dadurch in Bezug zu den relevanten (Kommunikations-)Medien des Feldes gesetzt. Wird das ‚Equipment' von Forscher*innen in das Feld verstrickt, geht das einher mit einem gewissen Maß an Kontrollverlust. Handlungsmacht über Forschungsmedien wird verteilt unter den beteiligten Akteuren, die Datenproduktion eventuell durch die Beforschten bestimmt – und das kann für empirische Analysen genutzt werden. Es werden Sinnstrukturen oder Vollzugsgestalten der erforschten Kommunikationsweisen ablesbar, sie werden nachvollziehbar im Zuge der ‚Kontaktaufnahme' zwischen Forschungsmedien und Alltagsmedien.
- Weitere Aspekte, die die Praxis der Datenerhebung kennzeichneten, sind: a) die Kommunikation von Emotionen, die eine Ressource für die kooperative Bewältigung von Kommunikation im Allgemeinen und von Forschung im Besonderen darstellt. Emotionen fungieren als Kooperationsmedium, vergemeinschaften die kommunizierenden Akteure und begleiten das Verstehen ihrer Gesprächsbeiträge. Weiterhin kann es b) innerhalb von Forschungssituationen zum Bruch mit und zur selbstbestimmten Gestaltung von Kommunikationsstrukturen kommen. Solche Situationen dokumentieren, wie soziale Kommunikationsrollen ausgehandelt und verändert werden. c) Es kommt zu Irritationen und Unsicherheiten in der zwischenmenschlichen Kommunikation wie auch im Umgang mit dem Körper und der Technik, den Kommunikationsressourcen des Gegenübers. Anhand solcher Momente werden gesellschaftliche bzw. kulturelle Vorstellungen von und Erwartungen an normale Kommunikation, die (wenn auch nicht-intendierte oder implizite) Marginalisierung von anderen Kommunikationsweisen und, generell, Differenzen in Kommunikationspraktiken im Vollzug von Forschung sicht- und rekonstruierbar.

Ausgehend von der Rolle des Körpers innerhalb der Forschungspraxis wurde festgestellt, dass Forschung als ein aktives Handeln, Eingreifen, Mitmachen und Involviert-Werden beschrieben werden kann. Der Körper der Forscher*innen formt Erkenntnis- und Zugangsweisen zum Forschungsgegenstand. Weder Körperlosigkeit noch Passivität oder eine Subjekt-Objekt-Beziehung kennzeichnen die empirische, rekonstruktive Erforschung alltäglicher Kommunikation. Vielmehr sind es das Miteinander, ein *collective accomplishment*, und die fundierenden Modi der (körperlichen) Kooperation, die die Erforschung (technisch unterstützter) Kommunikation ausmachen. Das Verstehen der Welt des Anderen, der Beforschten, vollzieht sich nicht primär durch eine distanzierte Rekonstruktion, sondern indem Beforschte und

Forschende aufeinander reagieren und miteinander agieren, und den in diesem Interaktionsprozess aufscheinenden Strukturen wie Problematiken – insbesondere im Fall sich unterscheidender Kommunikationsweisen. Das Verstehen des Feldes als Verstehen im Feld zu konzipieren, eröffnet eine Möglichkeit, Kommunikationspraktiken anhand der Verstrickung von Körper und Medientechnik der Forscher*innen in feldtypische Arten und Weisen der Kooperation und Kommunikation zu analysieren.

Die empirischen Analysen dieser Arbeit haben gezeigt, was es bedeutet, wenn Kommunikation durch ein technisches Hilfsmittel unterstützt wird, welche besondere Gestalt Kommunikationspraktiken mit und durch technische Unterstützung annehmen, und welche Praktiken unterstützte Kommunikation ausmachen. Entscheidend dafür ist, dass sich Kommunikation in Kollektiven vollzieht. Das zeigt sich für Personen mit Sprachcomputer auf eine verschärfte Weise. Die Kollektive, in denen Menschen mit Sprachcomputer täglich agieren, die Aktionen der (menschlichen, aber auch nicht-menschlichen) Mitagierenden, die sich in den Kommunikationsprozess der technisch unterstützt kommunizierenden Person einschalten, sind entscheidend dafür, wie sich Kommunikation gestaltet. Die Interaktion der Nutzer*innen und ihrer Interaktionspartner*innen mit dem technischen Hilfsmittel sind ebenso entscheidend, wie die Einbettung des technischen Outputs und die Integration der Beiträge des Sprachcomputers in die Kommunikationsweise einer Gesprächsgruppe, z.B. in der Form von Ko-Konstruktionen, Ko-Operation und Zwischenleiblichkeit.

Anhand praktischer Tätigkeiten, körperlicher wie technischer Art, die für den Vollzug technisch unterstützter Kommunikation notwendig sind, wurde gezeigt, dass an Kommunikationspraktiken mit einem Sprachcomputer teilzunehmen, mit einem Talker zu sprechen, Akteure vor ein Bündel heterogener Aufgaben stellt. Damit Kommunikation sich im Fluss befindet, müssen immer wieder Mittel und Wege durch die beteiligten Akteure gefunden werden, um Kommunikation am Laufen zu halten. Mittel und Wege beziehen sich einerseits auf den Gebrauch eines technischen Hilfsmittels selbst: den Sprachcomputer, der im Mittelpunkt dieser Arbeit stand. Andererseits sind es praktische Vorgehensweisen, die den Gebrauch des Hilfsmittels und die Kommunikation insgesamt ermöglichen, dazugehören, die vermittelnden Leistungen von technischen Hilfsmitteln sowie der Gebrauch des Körpers, der Sinne und der Motorik. Ein Aspekt ist dabei, dass um den Kommunikationsfluss aufrechtzuerhalten, das Umgehen bzw. Bearbeiten soziokulturell geprägter Erwartungen und Konventionen, die die Art des Kommunizierens und die praktische Ausführung bestimmter Kommunikationsrollen und -strukturen betreffen, notwendig wird. Noch weitaus zentraler wurde in dieser Arbeit die Verteilung von Handlungsmacht in der Praxis unterstützter Kommunikation thematisiert: von der Verteilung des Sprechvorgangs unter vielen Instanzen, weiter zur mit Eigenmacht ausgestatteten Technik hinzu den Beiträgen von Interaktionspartner*innen bis zum singulären Sprechakt. Kommunikation findet immer in einem Kollektiv heterogener Akteure statt und diese Kollektivität macht Kommunikation zu einem prekären Vorgang. Technisch unterstützte Kommunikation ist anfällig für Intervention und Beeinflussung, aber auch Assistenz durch bzw. Kooperation mit anderen Akteuren.

Dass der Sprachcomputer Kommunikation ermöglicht, dabei Kommunikation unter der Bedingung verteilter Handlungsmacht sich vollzieht, macht die Kontrolle über den Kommunikationsvollzug, den einzelnen Gesprächsbeitrag, den einzelnen Klick auf dem Bildschirm, die eigene Erzählung, den eigenen Lernfortschritt und den Akt der Datengewinnung zu einer komplexen Aushandlungssache. Die Beitragsgestaltung und das Ausfüllen von Kommunikationsrollen, hängt ab von der spezifischen Verteilung von Handlungsmacht und -kontrolle zwischen den agierenden, menschlichen wie nicht-menschlichen Akteuren, die am Vollzug der Kommunikationspraxis beteiligt sind. Das *Zwischenleiblichkeit, Ko-Konstruktionen* und *ko-operatives Handeln* wurden in diese Arbeit als zentrale Momente dieser praktischen Problematik identifiziert. Diese sind dauerhafter Bestandteil des kollektiven Kommunizierens und des Vollzugs von Kommunikationspraktiken, an denen Sprachcomputer beteiligt sind. Alle drei Momente und ihre spezifische praktische Ausgestaltung sind außerdem Bestandteil der praktischen Konstruktion von Behinderungen. Wenn diese nur in Praktiken erzeugt werden und nicht eine Eigenschaft von Personen darstellen, dann sind die Gestalt zwischenleiblicher Handlungen und die Art und Weise ko-konstruierender sowie ko-operativer Aktionen zentrale Aspekte der praktischen ‚Herstellung' von Behinderungen.

Anhang: Transkriptionszeichen

Notationssystem GAT Minimaltranskript (in Anlehnung an Selting et al. 1998)

(Stadtname)	Anonymisierung
[ ] [ ]	Überlappungen und Simultansprechen
=	schneller, unmittelbarer Anschluss neuer Turns
(.)	Mikropause
(2.0)	geschätzte Pause, bei mehr als ca. 1 Sek. Dauer
-	plötzlicher Abbruch von Worteinheit bzw. Turn
und=äh	Verschleifungen innerhalb von Einheiten
äh, öh, etc.	Verzögerungssignale, sog. „gefüllte Pausen“
hm,ja,nein,nee	einsilbige Rezeptionssignale
hm=hm,ja=a,	zweisilbige Rezeptionssignale
'hm'hm	mit Glottalverschlüssen, meistens verneinend
BEtonung	Betonung von Wortsilben
?	hoch steigend Betonung am Wortende
((hustet))	para- und außersprachliche Handlungen u. Ereignisse
<<hustend> >	sprachbegleitende para- und außersprachliche Handlungen und Ereignisse mit Reichweite
( )	unverständliche Passage
((...))	Auslassung im Transkript
<<pp> >	pianissimo, sehr leise
<<dim> >	diminuendo, leiser werdend
.h, .hh, .hhh	Einatmen, je nach Dauer

A. Wagenknecht, *Mit einem Talker sprechen*, Beiträge zur Praxeologie / Contributions to Praxeology,
https://doi.org/10.1007/978-3-476-05510-1

Literaturverzeichnis

Abrams, Thomas; Guvenc, Deniz (2015): „Accounting for disability in the phenomenological life-world“, in: *PhaenEx. Journal of Existential and Phenomenological Theory and Culture* 10, 100–114.

Alheit, Peter (2007): „Geschichten und Strukturen. Methodologische Überlegungen zur Narrativität“, in: *Zeitschrift für Qualitative Forschung* 8(1), 75–96.

Alkemeyer, Thomas (2006): „Lernen und seine Körper. Habitusformungen und -umformungen in Bildungspraktiken“, in: Barbara Friebertshauser, Markus Rieger-Ladich, Lothar Wigger (Hrsg.), *Reflexive Erziehungswissenschaft. Forschungsperspektiven im Anschluss an Pierre Bourdieu*, Wiesbaden: VS, 119–142.

Alkemeyer, Thomas (2015): „Verkörperte Soziologie – Soziologie der Verkörperung. Ordnungsbildung als Körper-Praxis“, in: *Soziologische Revue* 38(4), 470–502.

Alkemeyer, Thomas; Brümmer, Kristina; Kodalle, Rea; Pille, Thomas (Hrsg.) (2009): *Ordnung in Bewegung. Choreographien des Sozialen. Körper in Sport, Tanz, Arbeit und Bildung.* Bielefeld: Transcript.

Alkemeyer, Thomas; Buschmann, Nikolaus; Michaeler, Matthias (2015): „Kritik der Praxis. Plädoyer für eine subjektivierungstheoretische Erweiterung der Praxistheorien“, in: Thomas Alkemeyer, Volker Schürmann, Jörg Volbers (Hrsg.), *Praxis denken. Konzepte und Kritik*, Wiesbaden: VS, 25–50.

Alkemeyer, Thomas; Buschmann, Nikolaus (2016): „Praktiken der Subjektivierung – Subjektivierung als Praxis“, in: Hilmar Schäfer (Hrsg.), *Praxistheorie. Ein soziologisches Forschungsprogramm*, Bielefeld: Transcript, 115–136.

Alkemeyer, Thomas; Michaeler, Michael (2013): „Die Ausformung mitspielfähiger ‚Vollzugskörper‘. Praxistheoretisch-empirische Überlegungen am Beispiel des Volleyballspiels“, in: *Sport und Gesellschaft – Sport and Society* 10(3), 213–239.

Allert, Tilman (2005): *Der deutsche Gruß. Geschichte einer unheilvollen Geste*, Berlin: Eichborn.

Alloa, Emmanuel; Fischer, Miriam (Hrsg.) (2013): *Leib und Sprache. Zur Reflexivität verkörperter Ausdrucksformen*, Weilerswist: Velbrück Wissenschaft.

Alloa, Emmanuel; Bedorf, Thomas; Grüny, Christian; Klaas, Tobias Nikolaus (Hrsg.) (2012): *Leiblichkeit: Geschichte und Aktualität eines Konzepts*, Tübingen: Mohr Siebeck.

Alper, Meryl (2014): *Disability Youth and Digital Media*, Cambridge/London: MIT Press.

Alper, Meryl (2017): *Giving Voice. Mobile Communication, Disability, and Inequality*, Cambridge/London: MIT Press.

Alper, Meryl (2019): „When face-to-face is screen-to-screen. Reconsidering mobile media as communication augmentations and alternatives“, in: Katie Ellis et al. (Hrsg.), *Routledge companion to disability and media*, London: Routledge, 275–284.

Altenschmidt, Karsten; Kotsch, Lakshmi (2007): „»Sind meine ersten Eier, die ich koche, ja«. Zur interaktiven Konstruktion von Selbstbestimmung in der Persönlichen Assistenz körperbehinderter Menschen“, in: Anne Waldschmidt, Werner Schneider (Hrsg.), *Disability Studies, Kultursoziologie und Soziologie der Behinderung. Erkundungen in einem neuen Forschungsfeld*, Bielefeld: Transcript, 225–247.

Althans, Birgit; Hahn, Daniela; Schenkel, Sebastian (2009): „Szenen des Lernens“, in: Thomas Alkemeyer et al. (Hrsg.), *Ordnung in Bewegung Choreographien des Sozialen. Körper in Sport, Tanz, Arbeit und Bildung*, Bielefeld: Transcript, 141–160.

Amann, Klaus; Hirschauer, Stefan (1997): „Die Befremdung der eigenen Kultur. Ein Programm“, in: Dies. (Hrsg.), *Die Befremdung der eigenen Kultur. Zur ethnographischen Herausforderung soziologischer Empirie*, Frankfurt/M.: Suhrkamp, 7–52.

Artner, Lucia (2018): „Der Toilettenstuhl und die Herausforderung unterstützter Ausscheidung“, in: Hans Peter Hahn, Friedemann Neumann (Hrsg.): *Dinge als Herausforderung. Kontexte, Umgangsweisen und Umwertungen von Objekten*, Bielefeld: Transcript, 267–286.

A. Wagenknecht, *Mit einem Talker sprechen*, Beiträge zur Praxeologie / Contributions to Praxeology,
https://doi.org/10.1007/978-3-476-05510-1

Asbrand, Barbara; Martens, Matthias; Petersen, Dorthe (2013): „Die Rolle der Dinge in schulischen Lehr-Lernprozessen“, in: Arnd-Michael Nohl, Christoph Wulf (Hrsg.), *Mensch und Ding. Die Materialität pädagogischer Prozesse, Sonderheft 25 der Zeitschrift für Erziehungswissenschaft* 16(2), 171–188.

Ashby, Christine (2011): „Whose „voice" is it anyway? Giving voice and qualitative research involving individuals with significant disabilities“, in: *Disability Studies Quarterly* 31(4), verfügbar unter: https://dsq-sds.org/article/view/1723/1771, Zugriff am 27.03.2023.

Atkinson, Maxwell J.; Drew, Paul (1979): *Order in court*, Highlands, NJ: Humanities.

Auer, Peter (1999): *Sprachliche Interaktion. Eine Einführung anhand von 22 Klassikern*, Tübingen: Niemeyer.

Auer, Peter; Hörmeyer, Ina (2017): „Achieving intersubjectivity in Augmentative and Alternative communication (AAC): Intercorporeal, embodied, and disembodied practices“, in: Christian Meyer, Jürgen Streeck, J. Scott Jordan (Hrsg.), *Intercorporeality: Emerging Socialities in Interaction*. New York: Oxford University Press, 323–360

Ayaß, Ruth (2010): „Mediale Strukturen der Lebenswelt“, in: Michael Staudigl (Hrsg.), *Alfred Schütz und die Hermeneutik*, Konstanz: UVK, 285–308.

Bachmann, Götz; Wittel, Andreas (2006): „Medienethnographie“, in: Ruth Ayaß, Jörg Bergmann (Hrsg.), *Qualitative Methoden der Medienforschung*, Reinbek: Rowohlt, 183–219.

Baker, Carolyn (1997): „Membership categorization and interview accounts“, in: David Silverman (Hrsg.), *Qualitative research: theory, method and practice*, London: Sage, 130–143.

Barlösius, Eva (2000): „Über den gesellschaftlichen Sinn der Sinne“, in: Cornelia Koppetsch (Hrsg.), *Körper und Status. Zur Soziologie der Attraktivität*, Konstanz: UVK, 17–39.

Barnes, Barry (2001): „Practice as collective action“, in: Theodore R. Schatzki, Karin Knorr Cetina, Eike von Savigny (Hrsg.), *The practice turn in contemporary theory*, New York: Routledge, 17–28.

Barnes, Colin; Mercer, Geof; Shakespeare, Tom (1999): *Exploring disability. A sociological introduction*, Cambridge: Polity Press.

Bauer, Angelika (2009): *Miteinander im Gespräch bleiben. Partizipation in aphasischen Alltagsgesprächen*, Mannheim: Verlag für Gesprächsforschung, verfügbar unter: http://www.verlag-gespraechsforschung.de/2009/pdf/aphasie.pdf, Zugriff am 27.03.2023.

Bedorf, Thomas (2015): „Leibliche Praxis Zum Körperbegriff der Praxistheorien“, in: Thomas Alkemeyer, Volker Schürmann, Jörg Volbers (Hrsg.): *Praxis denken. Konzepte und Kritik*, Wiesbaden: Springer VS, 129–150.

Bedorf, Thomas; Gerlek, Selin (Hrsg.) (2017): *Phänomenologie und Praxistheorie. Phänomenologische Forschungen*, Hamburg: Felix Meiner.

Behrisch, Birgit (2014): *„Ein Stück normale Beziehung". Zum Alltag mit Körperbehinderung in Paarbeziehungen*, Bielefeld: Transcript.

Belliger, Andrea; Krieger, David J. (2006): „Einführung in die Akteur-Netzwerk-Theorie“, in: Dies. (Hrsg.), *ANThology. Ein einführendes Handbuch zur Akteur-Netzwerk-Theorie*, Bielefeld: Transcript, 13–50.

Bendel, Ingo (1999): „Behinderung als zugeschriebenes Kompetenzdefizit von Akteuren. Zur sozialen Konstruktion einer Lebenslage“, in: *Zeitschrift für Soziologie* 28(4), 301–310.

Bender, Carsten; Schnurnberger, Marion (2015): „Ethnographische Erkundungen zwischen Sehen und Nicht-Sehen – im Kontext einer Studie zur Situation von Menschen mit Sehverlust im Alter“, in: Roland Hitzler, Miriam Gothe (Hrsg.), *Ethnographische Erkundungen. Methodische Aspekte aktueller Forschungsprojekte*. Wiesbaden: VS, 103–123.

Bender, Carsten; Schnurnberger, Marion (2019): *Zwischen Sehen und Nicht-Sehen. Eine wahrnehmungs- und lebensweltanalytische Ethnographie zur Situation von Menschen mit Sehbeeinträchtigung im Alter*, Weinheim Basel: Beltz Juventa

Bender, Cora; Zillinger, Martin (2015): „Medienethnographie. Praxis und Methode“, in: Dies. (Hrsg.), *Handbuch der Medienethnographie*, Berlin: Dietrich Reimer, XI–LII.

Benjaminsen, Nana; Sörensen, Estrid (2011): „Circulation of Authorisations in the Classroom. A Socio-Material Process“, in: *Science as Culture* 20(4), 433–453.

Berg, Marc; Akrich, Madeleine (2004): „Introduction. Bodies on Trial. Performances and Politics in Medicine and Biology“, in: *Body & Society* 10(2–3), 1–12.

Bergermann, Ulrike (2006): „Tastaturen des Wissens. Haptische Technologien und Taktilität in medialer Reproduktion“, in: Sibylle Peters, Martin Jörg Schäfer (Hrsg.): *„Intellektuelle Anschauung“. Figurationen von Evidenz zwischen Kunst und Wissen*, Bielefeld: Transcript, 301–324.

Bergmann, Jörg (1981): „Ethnomethodologische Konversationsanalyse“, in: Peter Schröder, Hugo Steger (Hrsg.), *Dialogforschung. Jahrbuch 1980 des Instituts für Deutsche Sprache*, Düsseldorf: Schwann, 9–51.

Bergmann, Jörg (1985): „Flüchtigkeit und methodische Fixierung sozialer Wirklichkeit“, in: Wolfgang Bonß, Heinz Hartmann (Hrsg.), *Entzauberte Wissenschaft. Zur Relativität und Geltung soziologischer Forschung*, Göttingen: Otto Schwartz & Co., 299–320.

Bergmann, Jörg (1988): *Ethnomethodologie und Konversationsanalyse. Kurseinheiten 1-3 der Fernuniversität Hagen*. Fernuniversität, Hagen 1988.

Bergmann, Jörg; Meyer, Christian (2021): „Reflexivity, Indexicality, Accountability. Zur theoretisch-programmatischen Grundlegung der Ethnomethodologie“, in: Dies. (Hrsg.), *Ethnomethodologie reloaded. Neue Werkinterpretationen und Theoriebeiträge zu Harold Garfinkels Programm*, Bielefeld. Transcript, 37–53.

Besmer, Kirk (2012): „Embodying a Translation Technology: The Cochlear Implant and Cyborg Intentionality“, in: *Techné: Research in Philosophy and Technology* 16(3), 296–316.

Biermann, Adrienne (1999): *Gestützte Kommunikation im Widerstreit.* Berlin: Edition Marhold.

Bilmes, Jack (1988): „The Concept of Preference in Conversation Analysis“, in: *Language in Society* 17(2), 161–181.

Biniok, Peter; Lettkemann, Eric (2017): „In Gesellschaft – Assistenzformen, Assistenzweisen und Assistenzensembles“, in: Dies. (Hrsg.), *Assistive Gesellschaft. Multidisziplinäre Erkundungen zur Sozialform „Assistenz“*, Wiesbaden: VS, 1–23

Bischur, Daniel; Nicolae, Stefan (2014): „Annemarie Mol: Multiple Ontologien und vielfältige Körper“, in: Diana Lengersdorf, Matthias Wieser (Hrsg.), *Schlüsselwerke der Science and Technology Studies*, Wiesbaden: VS, 269–278.

Bjelić; Dušan I. (2019): „“Hearability” versus “hearership”: comparing Garfinkel's and Schegloff's accounts of the summoning phone“, in: *Human Studies* 42(4), 695–716.

Black, Daniel (2014): „Where Bodies End and Artefacts Begin. Tools, Machines and Interfaces“, in: *Body & Society* 20(1), 31–60.

Bloch, Steven; Clarke, Michael; Collins, Susan (2001): „Conversation Analysis and AAC: From principle to practice“, in: *Communication Matters* 15(2), 29–32.

Bloch, Steven; Wilkinson, Ray (2004): „The Understandability of AAC: A Conversation Analysis Study of Acquired Dysarthria“, in: *Augmentative and Alternative Communication* 20(4), 272–282.

Bloch Steven; Wilkinson Ray (2013): „Multiple Troubles and Repair in Voice Output Communication Aid-mediated Interaction“, in: Niklas Norén, Christina Samuelsson, Charlotta Plejert (Hrsg.), *Aided Communication in Everyday Interaction*, Guilford: J&R Press: 95–126.

Bloch, Steven; Beeke, Suzanne (2008): „Co-constructed talk in the conversations of people with dysarthria and aphasia“, in: *Clinical Linguistics & Phonetics* 22(12), 974–990.

Bloch, Steven; Barnes, Scott (2020): “Dysarthria and other-initiated repair in everyday conversation“, in: *Clinical Linguistics & Phonetics* 34(10–11), 977–997.

Blumer, Herbert (1954): „What Is Wrong with Social Theory”, in: *American Sociological Review*, *18*, 3–10.

Boden, Deidre (1994): „Opening to meetings“, in: Ders. (Hrsg.), *The business of talk. Organizations in action*, Cambridge: Polity Press, 90–99.

Boden, Deidre; Zimmerman, Don H. (Hrsg.) (1991): *Talk and Social Structure. Studies in Ethnomethodology and Conversation Analysis,* Cambridge: Polity Press.

Boehm, Gottfried (1994): „Die Wiederkehr der Bilder“, in: Ders. (Hrsg.), *Was ist ein Bild?,* München: Fink, 11–38.

Boenisch, Jens (2009): *Kinder ohne Lautsprache. Grundlagen, Entwicklungen und Forschungsergebnisse zur Unterstützten Kommunikation*, Karlsruhe: von Loeper Literaturverlag.

Boggis, Allison (2011): „Deafening Silences: Researching with inarticulate children", in: *Disability Studies Quarterly* 31(4), verfügbar unter: https://dsq-sds.org/article/view/1710/1758, Zugriff am 27.03.2023.

Böhle, Fritz (1989): „Körper und Wissen. Veränderungen in der sozio-kulturellen Bedeutung körperlicher Arbeit", in: *Soziale Welt* 40(4), 497–512.

Böhle, Fritz; Fross, Dirk (2009): „Erfahrungsgeleitete und leibliche Kommunikation und Kooperation in der Arbeitswelt", in: Thomas Alkemeyer et al. (Hrsg.), *Ordnung in Bewegung. Choreographien des Sozialen. Körper in Sport, Tanz, Arbeit und Bildung*, Bielefeld: Transcript, 107–126.

Böhle, Fritz; Porschen, Stephanie (2011): „Körperwissen und leibliche Erkenntnis", in: Reiner Keller, Michael Meuser (Hrsg.), *Körperwissen*, Wiesbaden: VS, 53–67.

Böhme, Hartmut (1998): „Der Tastsinn im Gefüge der Sinne. Anthropologische und historische Ansichten vorsprachlicher Aisthesis", in: Günther Gebauer (Hrsg), *Anthropologie*, Leipzig/Stuttgart: Reclam, 214–225.

Böhringer, Daniela; Wolff, Stephan (2010): „Der PC als „Partner" im institutionellen Gespräch", in: *Zeitschrift für Soziologie* 39(3), 233–251.

Boll, Tobias; Müller, Sophie M. (2020): „Body Boundary Work: Praxeological Thoughts on Personal Corporality", in: *Human Studies* 43(4), 585–602.

Bongaerts, Gregor (2017): „Zur Vollzugswirklichkeit des Handelns", in: *Soziale Welt* 68(2–3), 157–173.

Booth, Tim; Booth, Wendy (1996): „Sounds of Silence. Narrative research with inarticulate subjects", in: *Disability & Society* 11(1), 55–70.

Borbach, Christoph (2016): „Siren Songs and Echo's Response: Towards a Media Theory of the Voice in the Light of Speech Synthesis", in: *On_Culture. The Open Journal for the Study of Culture* 2, verfügbar unter: http://geb.uni-giessen.de/geb/volltexte/2016/12354/, Zugriff am 27.03.2023.

Borbach, Christoph; Thielmann, Tristan (2019): „Über das Denken in Ko-Operationsketten. Arbeiten am Luftlagebild", in: Sebastian Gießmann, Tobias Röhl, Ronja Trischler (Hrsg.), *Materialität der Kooperation*, Wiesbaden: Springer, 115–167.

Bosch, Aida (2014): „Sinnlichkeit, Materialität, Symbolik. Die Beziehung zwischen Mensch und Objekt und ihre soziologische Relevanz", in: Stephan Moebius, Sophia Prinz (Hrsg.), *Das Design der Gesellschaft*, Bielefeld: Transcript, 49–70.

Bosch, Aida (2015): „Unsicherheit, Krise und Routine. Zur Rolle der Dinge in der Lebenswelt", in: Christoph Wulf, Jörg Zirfas (Hrsg.), *Unsicherheit. Paragrana, Internationale Zeitschrift für Historische Anthropologie* 24(1), 209–220.

Bösl, Elisabeth (2009): *Politiken der Normalisierung. Zur Geschichte der Behindertenpolitik in der Bundesrepublik Deutschland*, Bielefeld: Transcript.

Bösl, Elisabeth (Hrsg.) (2010): *Disability history. Konstruktionen von Behinderung in der Geschichte. Eine Einführung*, Bielefeld: Transcript.

Bosse, Ingo; Feichtinger, Marcel (2022): „Menschen mit körperlichen und motorischen Beeinträchtigungen", in: Ernst-Wilhelm Luthe, Sandra V. Müller, Ina Schiering (Hrsg.), *Assistive Technologien im Sozial- und Gesundheitssektor*, Wiesbaden: VS, 177–202.

Bourdieu, Pierre (1987a): *Die feinen Unterschiede. Kritik der gesellschaftlichen Urteilskraft*, 1. Aufl., Frankfurt/M.: Suhrkamp.

Bourdieu, Pierre (1987b): *Sozialer Sinn. Kritik der theoretischen Vernunft,* 1. Aufl., Frankfurt/M.: Suhrkamp.

Bourdieu, Pierre (1998): *Praktische Vernunft. Zur Theorie des Handelns*, Frankfurt/M.: Suhrkamp.

Bourdieu, Pierre (2001): *Meditationen. Zur Kritik der scholastischen Vernunft*, Frankfurt/M.: Suhrkamp.

Bourdieu, Pierre (2017): *Sprache. Schriften zur Kultursoziologie 1*, Hrsg. v. Franz Schultheis u. Stephan Egger, Berlin: Suhrkamp.

Breidenstein, Georg (2006): *Teilnahme am Unterricht. Ethnographische Studien zum Schülerjob*, Wiesbaden: VS.
Breidenstein, Georg; Hirschauer, Stefan; Kalthoff, Herbert; Nieswand, Boris (2013): *Ethnografie. Die Praxis der Feldforschung*, Konstanz/München: UVK/Lucius.
Breslau, Daniel (2000): „Sociology after Humanism. A Lesson from Contemporary Science Studies", in: *Sociological Theory* 18(2), 289–307.
Brey, Philip A. E. (2000): „Technology and Embodiment in Ihde and Merleau-Ponty", in: Carl Mitcham (Hrsg.), *Metaphysics, Epistemology, and Technology,* London: Elsevier/JAI Press, 45–58.
Bröckling, Ulrich; Dries, Christian; Leanza, Matthias; Schlechtriemen, Tobias (2015) (Hrsg.): *Das Andere der Ordnung. Theorien des Exzeptionellen*, Weilerswist: Velbrück Wissenschaft.
Brümmer, Kristina (2014): *Mitspielfähigkeit. Sportliches Training als formative Praxis*, Bielefeld: Transcript.
Bruner, Claudia Franziska (2005): *KörperSpuren. Zur Dekonstruktion von Körper und Behinderung in biografischen Erzählungen von Frauen,* Bielefeld: Transcript.
Bruner, Claudia Franziska; Dannenbeck, Clemens (2002): „Disability Studies in Deutschland. Zur Formierung eines Diskurses", in: *Diskurs* 12(2), 69–73.
Budde, Jürgen (2011): „Dabei sein ist alles? Erkenntnispotential ethnographischer Beobachtungen anhand von Interaktionspraktiken zur Verteilung des Rederechtes im Unterricht", in: *Zeitschrift für Qualitative Forschung* 12(1), 125–148.
Bullik, Alexander; Schroer, Markus (2015): „Hybride Körper. (Re-)Assembling the Body?", in: Thomas Kron (Hrsg.), *Soziale Hybridität – Hybride Sozialität*, Weilerswist: Velbrück Wissenschaft, 201–222.
Burri, Regula Valerie (2008): *Doing Images. Zur Praxis medizinischer Bilder*, Bielefeld: Transcript.
Burri, Regula Valerie; Schubert, Cornelius; Strübing, Jörg (2011): „Introduction: The Five Senses of Science. Making Sense of Senses", in: *Science, Technology & Innovation Studies* 7(1), 3–7.
Butler, Carly W.; Wilkinson, Ray (2013): „Mobilizing recipiency: Child participation and 'rights to speak' in multiparty family interaction", in: *Journal of Pragmatics* 50(1), 37–51.
Campbell, Fiona K. (2009): *Contours of Ableism: The Production of Disability and Abledness*. Basingstoke: Palgrave Macmillan
Cekaite, Asta; Mondada, Lorenza (Hrsg.) (2021): *Touch in Social Interaction: Touch, Language, and Body*, Abingdon, Oxon/New York: Routledge.
Charmaz, Kathy (1991): *Good Days, Bad Days: The Self in Chronic Illness and Time*. New Brunswick, NJ: Rutgers University Press.
Charmaz, Kathy (2002): „Stories and Silences: Disclosures and Self in Chronic Illness", in: *Qualitative Inquiry* 8(3), 302–328.
Charmaz, Kathy (2006): *Constructing Grounded Theory. A Practical Guide Through Qualitative Analysis*, London/Thousand Oaks/New Dehli: SAGE Publications.
Charmaz, Kathy (2008): „Constructionism and the Grounded Theory", in: James A. Holstein, Jaber F. Gubrium, (Hrsg.), *Handbook of Constructionist Research*. New York: The Guilford Press, 397–412.
Cicourel, Aaron V. (1974): *Methode und Messung in der Soziologie*, Frankfurt/M.: Suhrkamp.
Cicourel, Aaron V. (1981): „Basisregeln und Normative Regeln im Prozess des Aushandelns von Status und Rolle", in: Arbeitsgruppe Bielefelder Soziologen (Hrsg.), *Alltagswissen, Interaktion und Gesellschaftliche Wirklichkeit. 1: Symbolischer Interaktionismus und Ethnomethodologie. 2: Ethnotheorie und Ethnographie des Sprechens*, Reinbeck bei Hamburg: Rowohlt, 147–188.
Clarke, Michael; Bloch, Steven; Wilkinson, Ray (2013): „Speaker transfer in children's peer conversation: completing communication-aid-mediated contributions", in: *Augmentative and Alternative Communication* 29(1), 37–53.

Clarke, Michael; Kirton Andrea (2003): „Patterns of interaction between children with physical disabilities using augmentative and alternative communication systems and their peers", in: *Child Language Teaching and Therapy* 19(2), 135–151.

Clarke, Michael; McConachie, Helen; Price, Kathy; Wood, Pam (2001): „Views of young people using augmentative and alternative communication systems", in: *International Journal of Language & Communication Disorders* 36(1), 107–115.

Clarke, Michael; Wilkinson, Ray (2007): „Interaction between children with cerebral palsy and their peers 1. Organizing and understanding VOCA use", in: *Augmentative and alternative communication* 23(4), 336–348.

Clarke, Michael; Wilkinson, Ray (2008): „Interaction between children with cerebral palsy and their peers 2. Understanding initiated VOCA-mediated turns", in: *Augmentative and alternative communication* 24(1), 3–15.

Clarke, Michael; Wilkinson, Ray (2010): „Communication aid use in children's conversation. Time, timing and speaker transfer", in: Hilary Gardner, Michael Forrester (Hrsg), *Analysing interaction in childhood. Insights from conversation analysis*, Wiley: London, 249–266.

Clausen, Dennis (2016): „Akteure, Medien und Leiblichkeit. Ein leibphänomenologischer Beitrag zu einer Akteur-Medien-Theorie", in: Jörg Sternagel, Fabian Goppelsröder (Hrsg.), *Techniken des Leibes*, Weilerswist: Velbrück Wissenschaft, 107–120.

Cloerkes, Günther (2001): *Soziologie der Behinderten. Eine Einführung*, u. Mitw. v. R. Markowetz. 2., neu bearb. u. erw. Aufl, Heidelberg: Universitätsverlag Winter.

Cloerkes, Günther (2003): *Wie man behindert wird. Texte zur Konstruktion einer sozialen Rolle und zur Lebenssituation betroffener Menschen*, Heidelberg: Universitätsverlag Winter.

Cloerkes, Günther (2014): „Die Problematik widersprüchlicher Normen in der sozialen Reaktion auf Behinderte", in: Jörg M. Kastl, Kai Felkendorff (Hrsg.), *Behinderung, Soziologie und gesellschaftliche Erfahrung. Im Gespräch mit Günther Cloerkes*, Wiesbaden: VS, 121–139.

Coenen, Herman (1979): „Leiblichkeit und Sozialität. Ein Grundproblem der phänomenologischen Soziologie", in: *Mensch en Maatschappij* 54(1), 34–61.

Coenen, Herman (1985): *Diesseits von subjektivem Sinn und kollektivem Zwang. Schütz – Durkheim – Merleau-Ponty. Phänomenologische Soziologie im Feld des zwischenleiblichen Verhaltens*, München: Wilhelm Fink.

Corbin, Juliet M. (2011): „Grounded Theory", in: Ralf Bohnsack, Winfried Marotzki, Michael Meuser (Hrsg.), *Hauptbegriffe qualitativer Sozialforschung*, 3., durchges. Aufl., Opladen: Budrich, 70–75.

Corbin, Juliet M.; Strauss, Anselm L. (1985): „Managing chronic illness at home. Three lines of work", in: *Qualitative Sociology* 8(3), 224–247.

Corbin, Juliet M.; Strauss, Anselm L. (1993): *Weiterleben lernen. Chronisch Kranke in der Familie*, München/Zürich: Piper.

Crossley, Nick (1995): „Body Techniques, Agency and Intercorporeality. On Goffman's Relations in Public", in: *Sociology* 29(1), 133–149.

Crossley, Nick (1996): *Intersubjectivity. The Fabric of Social Becoming*, London et al.: SAGE Publications.

Crossley, Nick (2001): *The social body. Habit, Identity, and Desire*, London et al.: SAGE Publications.

Crossley, Nick (2017): „Phänomenologie", in: Robert Gugutzer, Gabriele Klein, Michael Meuser (Hrsg.), *Handbuch Körpersoziologie. Band 1: Grundbegriffe und theoretische Perspektiven*, Wiesbaden: VS, 315–333.

Crossley, Rosemary (1997): *Gestützte Kommunikation. Ein Trainingsprogramm*, Weinheim/Basel: Beltz.

Couldry, Nick (2004): „Theorising Media as Practice", in: *Social Semiotics* 14(2), 115–132.

Damico, Jack S.; Oelschlaeger, Mary; Simmons-Mackie, Nina (1999): „Qualitative methods in aphasia research: conversation analysis", in: *Aphasiology* 13(9–11), 667–679.

Dang-Anh, Mark; Pfeifer, Simone; Reisner, Clemens; Villioth, Lisa (2017): „Medienpraktiken: Situieren, erforschen, reflektieren. Eine Einleitung“, in: Dies. (Hrsg.), *Medienpraktiken: Situieren, erforschen, reflektieren, Navigationen – Zeitschrift für Medien- und Kulturwissenschaften 17(1)*. Siegen: Universi, 7–36.

Dausien, Bettina; Kelle, Helga (2005): „Biographie und kulturelle Praxis. Methodologische Überlegungen zur Verknüpfung von Ethnographie und Biographieforschung“, in: Bettina Völter et al. (Hrsg.), *Biographieforschung im Diskurs*, Wiesbaden: VS, 189–212.

Dederich, Markus (2007): *Körper, Kultur und Behinderung. Eine Einführung in die Disability Studies*, Bielefeld: Transcript.

Dederich, Markus (2010): „Behinderung, Norm, Differenz. Die Perspektive der Disability Studies“, in: Fabian Kessl, Melanie Plößer (Hrsg.), *Differenzierung, Normalisierung, Andersheit. Soziale Arbeit als Arbeit mit den Anderen*, Wiesbaden: VS, 170–184.

Degele, Nina (2002): *Einführung in die Techniksoziologie*, München: Wilhelm Fink.

Dellwig, Michael; Prus, Robert (2012): *Einführung in die interaktionistische Ethnografie. Soziologie im Außendienst*, Wiesbaden: VS.

Demmer, Christine (2013): *Biografien bilden. Lern- und Bildungsprozesse von Frauen mit Behinderung im Spannungsfeld von Teilhabe und Ausschluss*, Bochum/Freiburg: Projektverlag.

Demmer, Christine (2014): „Autobiografisch narrative Interviews – (k)ein Erhebungsformat für Menschen mit kognitiver Beeinträchtigung?“, Working Paper Series des Departments Erziehungswissenschaft – Psychologie der Universität Siegen, 2/2014, verfügbar unter: https://www.bildung.uni-siegen.de/forschung/workingpapers/wopa/narrative_intervies.pdf, Zugriff am 27.03.2023.

Demmer, Christine (2016): „Interviewen als involviertes Spüren. Der Leib als Erkenntnisorgan im biografieanalytischen Forschungsprozess [35 Absätze]“, in: *Forum Qualitative Sozialforschung / Forum: Qualitative Social Research*, 17(1), Art. 13, verfügbar unter: https://www.qualitative-research.net/index.php/fqs/article/view/2425/3934, Zugriff am 27.03.2023.

Deppermann, Arnulf (1999): *Gespräche analysieren. Eine Einführung in konversationsanalytische Methoden*, Opladen: Leske + Budrich.

Deppermann, Arnulf (2000): „Ethnographische Gesprächsanalyse: Zu Nutzen und Notwendigkeit von Ethnographie für die Konversationsanalyse“, in: *Gesprächsforschung – Online-Zeitschrift zur verbalen Interaktion* 1, 96–124, verfügbar unter: http://www.gespraechsforschung-ozs.de/heft2000/ga-deppermann.pdf, Zugriff am 27.03.2023

Deppermann, Arnulf (2013): „Interview als Text vs. Interview als Interaktion [61 Absatze]“, in: *Forum Qualitative Sozialforschung / Forum: Qualitative Social Research*, 14 (3), Art. 13, verfügbar unter: https://www.qualitative-research.net/index.php/fqs/article/view/2064/3584, Zugriff am 27.03.2023.

De Preester, Helena (2010): „Postphenomenology, Embodiment and Technics. Review on: Don Ihde, Postphenomenology and Technoscience: The Peking University Lectures. State University of New York Press, Albany, 2009 and Embodied Technics. Automatic Press/VIP, 2010“, in: *Human Studies* 33(2–3), 339–345

De Preester, Helena (2011): „Technology and the Body: the (Im)Possibilities of Re-embodiment“, in: *Foundations of Science* 16(2–3), 119–137.

Dressel, Dennis; Satti, Ignacio (2021): „Embodied Coparticipation Practices in Collaborative Storytelling”, in: *Gesprächsforschung – Online-Zeitschrift zur verbalen Interaktion* 22, 54–86, verfügbar unter: http://www.gespraechsforschung-online.de/fileadmin/dateien/heft2021/ga-dressel.pdf, Zugriff am 27.03.2023.

Duranti, Alessandro (1997): „Universal and culture-specific properties of greetings“, in: *Journal of Linguistic Anthropology* 7(1), 63–97.

Eberle, Thomas S. (1984): *Sinnkonstitution in Alltag und Wissenschaft. Der Beitrag der Phänomenologie an die Methodologie der Sozialwissenschaften*, Bern/Stuttgart: Paul Haupt.

Eberle, Thomas S. (2000): *Lebensweltanalyse und Handlungstheorie*, Konstanz: UVK.

Eberle, Thomas S. (2007): „Ethnomethodologie und Konversationsanalyse“, in: Rainer Schützeichel (Hrsg.), *Handbuch Wissenssoziologie und Wissenschaftsforschung*, Konstanz: UVK, 139–160.

Eisewicht, Paul; Hitzler, Ronald; Schäfer, Lisa (2021): „Horizonterweiterung oder neue Scheuklappen? Zum Senorial Turn in den Sozialwissenschaften“, in: Dies. (Hrsg.), *Der soziale Sinn der Sinne*, Wiesbaden: VS, 3–17.

Ellis, Kate; Kent, Mike (2011): *Disability and New Media*, New York/London: Routledge.

Emerson, Robert M.; Fretz, Rachel I.; Shaw, Linda L. (1995): *Writing ethnographic field notes*, Chicago: University of Chicago Press.

Falkenberg, Monika (2013): *Stumme Praktiken. Die Schweigsamkeit des Schulischen*, Stuttgart: Lucius & Lucius.

Fiehler, Reinhard; Schmitt, Reinhold (2004): „Die Vermittlung kommunikativer Fähigkeiten als Kommunikation. Kommunikationstrainings als Gegenstand der Gesprächsanalyse.“, in: Michael Becker-Mrotzek, Gisela Brünner (Hrsg.), *Analyse und Vermittlung von Gesprächskompetenz*, Radolfzell: Verlag für Gesprächsforschung, 113–135.

Feith, Dominik (2018): „Ultraschalldiagnostik als synästhetisches Phänomen. Überlegungen zur Kontextualität digitaler Wahrnehmungssphären am Beispiel bildgebender Verfahren in der modernen Medizin“, in: Angelika Poferl, Michaela Pfadenhauer (Hrsg.), *Wissensrelationen. Beiträge und Debatten zum 2. Sektionskongress der Wissenssoziologie*, Weinheim: Beltz Juventa, 612–621.

Fetzer, Marei (2010): „Reassembling the Social Classroom. Mathematikunterricht in einer Welt der Dinge“, in: Ders., Birgit Brand, Marcus Schütte (Hrsg.), *Auf den Spuren Interpretativer Unterrichtsforschung in der Mathematikdidaktik*, Münster: Waxmann, 267–290.

Fischer, Peter (2012): *Phänomenologische Soziologie*, Bielefeld: Transcript.

Fischer, Joachim (2002): „Simmels ‚Exkurs über die Soziologie der Sinne‘. Zentraltext einer anthropologischen Soziologie“, in: *Österreichische Zeitschrift für Soziologie* 27(2), 6–13

Fischer, Wolfram (2003): „Körper und Zwischenleiblichkeit als Quelle und Produkt von Sozialität“, in: *Zeitschrift für qualitative Bildungs-, Beratungs- und Sozialforschung* 4(1), 9–31.

Fishman, Joshua (1991): *Reversing language shift: Theoretical to threatened languages*. Clevedon: Multilingual Matters.

Foucault, Michel (1974): *Die Ordnung der Dinge. Eine Archäologie der Humanwissenschaften*, Frankfurt/M.: Suhrkamp.

Foucault, Michel (1988): *Die Geburt der Klinik. Eine Archäologie des ärztlichen Blicks*, Frankfurt/M.: Fischer.

Foucault, Michel (1991): *Die Ordnung des Diskurses*, m. e. Essay v. Ralf Konersmann, Frankfurt/M.: Fischer.

Foucault, Michel (1996): *Wahnsinn und Gesellschaft. Eine Geschichte des Wahns im Zeitalter der Vernunft*, 12. Aufl., Frankfurt/M.: Suhrkamp.

Foucault, Michel (2003): *Die Anormalen. Vorlesungen am Collège de France 1974/1975*, Frankfurt/M.: Suhrkamp.

Frey, Hans-Peter (1985): *Stigma und Identität. Eine empirische Untersuchung zur Genese und Änderung krimineller Identität bei Jugendlichen*, Weinheim/Basel: Beltz.

Fritz-Hoffmann, Christian (2017): „Grundzüge eines erweiterten Berührungsbegriffs. Zur Materialität des Hautkontakts und darüber hinaus“, in: *Soziale Welt* 68(2–3), 199–223.

Fuchs-Heinritz, Werner (2005): *Biographische Forschung. Eine Einführung in Praxis und Methoden*, Wiesbaden: VS.

Funken, Christiane (2005): „Der Körper im Internet“, in: Markus Schroer (Hrsg.), *Soziologie des Körpers*, Frankfurt/M.: Suhrkamp, 215–240.

Gafaranga, Joseph (2010): „Medium Request: Talking Language Shift into Being.“, in: *Language in Society* 39(2), 241–270.

Garfinkel, Harold (1963): „A Conception of and Experiments with ‘Trust’ as a Condition of Stable Concerted Actions“, in: O.J. Harvey (Hrsg), *Motivation and Social Interaction*, New York: The Ronald Press, 187–238.

Garfinkel, Harold (1967): *Studies in Ethnomethodology*, Englewood Cliffs, New Jersey: Prentice Hall.
Garfinkel, Harold (1973): „Das Alltagswissen über soziale und innerhalb sozialer Strukturen“, in: Arbeitsgruppe Bielefelder Soziologen (Hrsg.), *Alltagwissen, Interaktion und gesellschaftliche Wirklichkeit, 1: Symbolischer Interaktionismus und Ethnomethodologie*, Reinbek bei Hamburg: Rowohlt Taschenbuch, 189–262.
Garfinkel, Harold (1986): *Ethnomethodological Studies of Work*, London/New York: Routledge & Kegan Paul.
Garfinkel, Harold (1996): „Ethnomethodology's Program“, in: *Social Psychology Quarterly* 59(1), 5–21.
Garfinkel, Harold (2006): *Seeing sociologically. The Routine Grounds of Social Action*, edited and introduced by Anne Warfield Rawls, Foreword by Charles Lemert, Boulder/London: Paradigm Publishers.
Garfinkel, Harold (2008): *Toward a Sociological Theory of Information*, edited by Anne Warfield Rawls, Boulder: Paradigm Publications.
Garfinkel, Harold; Sacks, Harvey (1970): „On Formal Structures of Practical Action“, in: John C. McKinney, Edward A. Tiryakian (Hrsg.), *Theoretical Sociology: Perspectives and Developments*, New York: Appleton-Century-Crofts, 338–366.
Garland-Thomson, Rosemarie (1997): *Extraordinary Bodies. Figuring physical disability in american culture and literature*, New York: Columbia University Press.
Garland-Thomson, Rosemarie (2017): „Building a World with Disability in It“, in: Anne Waldschmidt, Hanjo Berressem, Moritz Ingwersen (Hrsg.), *Culture – Theory – Disability: Encounters between Disability Studies and Cultural Studies*, Bielefeld: Transcript, 51–62.
Gartner, Alan; Joe, Tom (Hrsg.) (1987): *Images of the Disabled, Disabling Images*, New York: Praeger.
Geese, Natalie (2018): „Mobilitätsassistenzen für blinde Menschen“, in: Alexa Klettner, Gabriele Lingelbach (Hrsg.), *Blindheit in der Gesellschaft: Historischer Wandel und interdisziplinäre Zugänge*, Frankfurt/New York: Campus Verlag, 153–190.
Geser, Hans (1989): „Der PC als Interaktionspartner“, in: *Zeitschrift für Soziologie* 18(3), 230–243.
Gibson, Will; Vom Lehn, Dirk (2021): „Introduction: The Senses in Social Interaction“, in: *Symbolic Interaction* 44(1), 3–9.
Gießmann, Sebastian (2018a): „Elemente einer Praxistheorie der Medien“, in: *Zeitschrift für Medienwissenschaft* 19(2), 95–109.
Gießmann, Sebastian (2018b): „Für eine Medienpraxistheorie der Delegation“, in: *Zeitschrift für Kulturwissenschaften* 12(2), 133–148.
Gießmann, Sebastian; Röhl, Tobias; Trischler, Ronja (2019): *Materialität der Kooperation*, Wiesbaden: VS.
Ginsburg, Faye (2012): „Disability in the Digital Age“, in: Heather Horst, Daniel Miller (Hrsg.), *Digital Anthropology*, London/New York: Routledge, 101–126
Göbel, Hanna K. (2017): „Artefakte“, in: Robert Gugutzer, Gabriele Klein, Michael Meuser (Hrsg.), *Handbuch Körpersoziologie. Band 2: Forschungsfelder und Methodische Zugänge*, Wiesbaden: VS, 29–42.
Göbel, Hanna K.; Prinz, Sophia (Hrsg.) (2015): *Die Sinnlichkeit des Sozialen. Wahrnehmung und materielle Kultur*, Bielefeld: Transcript.
Goffman, Erving (1972): *Asyle. Über die soziale Situation psychiatrischer Patienten und anderer Insassen*, Frankfurt/M.: Suhrkamp.
Goffman, Erving (1974): *Das Individuum im öffentlichen Austausch. Mikrostudien zur öffentlichen Ordnung*, 1. Aufl., Frankfurt/M.: Suhrkamp.
Goffman, Erving (1975): *Stigma. Über Techniken der Bewältigung beschädigter Identität*, Frankfurt/M.: Suhrkamp.
Goffman, Erving (1980): *Rahmen-Analyse. Ein Versuch über die Organisation von Alltagserfahrungen*. 1. Aufl., Frankfurt/M.: Suhrkamp.
Goffman, Erving (1981): *Forms of Talk*, Philadelphia: University of Pennsylvania Press.

Goffman, Erving (1983): „The Interaction Order: American Sociological Association, 1982 Presidential Address“, in: *American Sociological Review* 48(1), 1–17.
Goffman, Erving (1994): *Interaktionsrituale. Über Verhalten in direkter Kommunikation*, Frankfurt/M.: Suhrkamp.
Goffman, Erving (2009): *Interaktion im öffentlichen Raum*, a. d. Engl. v. H. Herkommer, überarb. v. H. Knoblauch, m. e. Einl. v. H. Knoblauch, Frankfurt/M./New York: Campus.
Goode, David (1994): *A World without Words: Social Construction of Children Born Deaf and Blind*, Foreword by I. K. Zola, Philadelphia: Temple University Press.
Goode, David (2003): „Ethnomethodology and Disability Studies: A Reflection on Robillard“, in: *Human Studies* 26(4), 493–503.
Goodwin, Charles (1981): *Conversational Organisation. Interaction between Speakers and Hearers*, New York: Academic Press.
Goodwin, Charles (1994): „Professional vision“, in: *American Anthropologist* 96(3), 606–633.
Goodwin, Charles (1995): „Co-Constructing meaning in conversation with an aphasic man“, in: *Research on Language and Social Interaction* 28(3), 233–260.
Goodwin, Charles (2000): „Action and embodiment within situated human interaction“, in: *Journal of Pragmatics* 32(10), 1489–1522.
Goodwin, Charles (2003a) (Hrsg.): *Conversation and brain damage*, Oxford: Oxford University Press.
Goodwin, Charles (2003b): „Conversational Frameworks for the Accomplishment of Meaning in Aphasia“, in: Ders. (Hrsg.), *Conversation and Brain Damage*, New York: Oxford University Press, 90–116.
Goodwin, Charles (2004): „A Competent Speaker Who Can't Speak: The Social Life of Aphasia“, in: *Journal of Linguistic Anthropology* 14(2), 151–170.
Goodwin, Charles (2010): „Constructing meaning through prosody in aphasia“, in: Dagmar Barth-Weingarten, Elisabeth Reber, Margret Selting (Hrsg.), *Prosody in Interaction*, Amsterdam/Philadelphia: John Benjamins, 373–394.
Goodwin, Charles (2013): „The co-operative, transformative organization of human action and knowledge“, in: *Journal of Pragmatics* 46(1), 8–23.
Goodwin, Charles (2015): „Narrative as talk-in-interaction“, in: Anna De Fina, Alexandra Georgakopoulou (Hrsg.), *The Handbook of Narrative Analysis*, London: John Wiley & Sons, 195–218.
Goodwin, Charles (2018): *Co-operative action*, New York: Cambridge University Press.
Goodwin, Charles; Goodwin, Marjorie H.; Olsher, David (2002): „Producing Sense with Nonsense Syllables: Turn and Sequence in Conversations with a Man with Severe Aphasia“, in: Cecilia E. Ford, Barbara A. Fox, Sandra A. Thompson (Hrsg.), *The Language of Turn and Sequence*, Oxford: Oxford University Press, 56–80.
Graumann, Sigrid (2010): „Assistierte Freiheit. Autonomie und Gerechtigkeit für behinderte Menschen“, in: Elisabeth List, Harald Stelzer (Hrsg.), *Grenzen der Autonomie*, Weilerswist: Velbrück, 213–232.
Graumann, Sigrid (2011): „Anerkennung und Sorgebeziehungen“, in: Nico Lüdtke, Hironori Matsuzaki (Hrsg.), *Akteur- Individuum – Subjekt. Fragen zu ‚Personalität‘ und ‚Sozialität‘*, Wiesbaden: VS, 385–400.
Greatbatch, David; Luff, Paul; Heath, Christian; Campion, Peter (1993): „Interpersonal communication and human-computer interaction: an examination of the use of computers in medical consulations”, in: *Interacting with Computers* 5(2), 193–216.
Greif, Hajo (2006): „Vom Verschwinden der Theorie in der Akteur-Netzwerk-Theorie“, in: Martin Voss, Birgit Peuker (Hrsg.), *Verschwindet die Natur? Die Akteur-Netzwerk-Theorie in der umweltsoziologischen Diskussion*, Bielefeld: Transcript, 53–69.
Greiffenhagen, Christian (2014): „The Materiality of Mathematics. Presenting Mathematics at the Blackboard“, in: *British Journal of Sociology* 65(3), 502–528.
Gronemeyer, Axel (2014): „Soziale Praxis - Institutionen - Diskurse - Erfahrung. Behinderung im Problematisierungsprozess“, in: *Soziale Probleme* 25(2), 150–172.

Gugutzer, Robert (2006): „Der body turn in der Soziologie. Eine programmatische Einführung", in: Ders. (Hrsg.), *body turn. Perspektiven der Soziologie des Körpers und des Sports*, Bielefeld: Transcript, 9–53.
Gugutzer, Robert (2012): *Verkörperungen des Sozialen. Neophänomenologische Grundlagen und soziologische Analysen*, Bielefeld: Transcript.
Gugutzer, Robert (2013): *Soziologie des Körpers*, 4., unver. Aufl., Bielefeld: Transcript.
Gugutzer, Robert (2017): „Leib und Körper als Erkenntnissubjekte", in: Ders., Gabriele Klein. Michael Meuser (Hrsg.), *Handbuch Körpersoziologie. Band 2: Forschungsfelder und Methodische Zugänge*, Wiesbaden: VS, 381–394.
Gugutzer, Robert; Schneider, Werner (2007): „Der „behinderte" Körper in den Disability Studies. Eine körpersoziologische Grundlegung", in: Anne Waldschmidt, Werner Schneider (Hrsg.), *Disability Studies, Kultursoziologie und Soziologie der Behinderung. Erkundungen in einem neuen Forschungsfeld*, Bielefeld: Transcript, 31–53.
Gugutzer, Robert; Klein, Gabriele; Meuser, Michael (2017): „Vorwort", in: Dies. (Hrsg.), *Handbuch Körpersoziologie. Band 1: Grundbegriffe und theoretische Perspektiven*, Wiesbaden: VS, V–VIII.
Günthner, Susanne (2015): „Ko-Konstruktionen im Gespräch: Zwischen Kollaboration und Konfrontation", in: Ulrich Dausendschön-Gay, Elisabeth Gülich, Ulrich Krafft (Hrsg.), *Ko-Konstruktionen in der Interaktion. Die gemeinsame Arbeit an Äußerungen und anderen sozialen Ereignissen*, Bielefeld: Transcript, 55–74.
Günthner, Susanne; Knoblauch, Hubert (1994): „"Forms are the food of faith". Gattungen als Muster kommunikativen Handelns", in: *Kölner Zeitschrift für Soziologie und Sozialpsychologie* 46(4), 693–723.
Gustavsson, Anders (2004): „The role of theory in disability research - springboard or straitjacket?", in: *Scandinavian Journal of Disability Research* 6(1), 55–70.
Habscheid, Stephan (2016): „Handeln in Praxis. Hinter- und Untergründe situierter sprachlicher Bedeutungskonstitution", in: Arnulf Deppermann, Helmuth Feilke, Angelika Linke (Hrsg.), *Sprachliche und kommunikative Praktiken*, Berlin/Boston: De Gruyter, 127–151.
Haller, Melanie (2009): „Bewegte Ordnungen: Kontingenz und Intersubjektivität im Tango Argentino", in: Alkemeyer, Thomas et al. (Hrsg.), *Ordnung in Bewegung. Choreographien des Sozialen. Körper in Sport, Tanz, Arbeit und Bildung*, Bielefeld: Transcript, 91–105.
Haller, Melanie (2013): *Abstimmung in Bewegung. Intersubjektivität im Tango Argentino*, Bielefeld: Transcript.
Haller, Melanie (2017): „Interkorporealität", in: Robert Gugutzer, Gabriele Klein, Michael Meuser (Hrsg.), *Handbuch Körpersoziologie. Band 1: Grundbegriffe und theoretische Perspektiven, Bd. 1,* Wiesbaden: VS, 45–49.
Hammer, Gill (2012): „Blind Women's Appearance Management: Negotiating Normalcy between Discipline and Pleasure", in: *Gender & Society* 26(3), 406–432.
Hanson, Elizabeth K.; Beukelman, David R.; Yorkston, Kathryn M. (2013): „Communication support through multimodal supplementation: A scoping review", in: *Augmentative and Alternative Communication* 29, 310–321.
Harrasser, Karin (2013): *Körper 2.0: Über die technische Erweiterbarkeit des Menschen*, Bielefeld: Transcript.
Harrasser, Karin (2016): *Prothesen. Figuren einer lädierten Moderne*, Berlin: Vorwerk 8.
Harrasser, Karin (2017): „Superhumans – Parahumans. Disability and Hightech in Competitive Sports", in: Anne Waldschmidt, Hanjo Berressem, Moritz Ingwersen (Hrsg.), *Culture – Theory – Disability: Encounters between Disability Studies and Cultural Studies*, Bielefeld: Transcript, 171–200.
Hasse, Catherin (2008): „Postphenomenology: Learning Cultural Perception in Science", in: *Human Studies* 31(1), 43–61.
Hasse, Catherine (2013): „Artefacts that talk: Mediating technologies as multistable signs and tools", in: Estrid Sørensen, Ernst Schraube (Hrsg.), *Subjecitivty. Special Issue: Materiality* 6(1), 79–100.

Ten Have, Paul (1999): *Doing Conversation Analysis. A Practical Guide*, London: SAGE Publications.
Ten Have, Paul (2004): *Understanding Qualitative Research and Ethnomethodology*, London/Thousand Oaks/New Dehli: SAGE Publications.
Heath, Christian (1981): „The opening sequence in doctor-patient interaction“, in: Ders., Paul Atkinson (Hrsg.), *Medical work: Realities and routines*, Farnborough: Gower Publishing Ltd, 71–90.
Hector, Tim M.; Hrncal, Christine (2020): „Intelligente Persönliche Assistenten im häuslichen Umfeld. Erkenntnisse aus einer linguistischen Pilotstudie zur Erhebung audiovisueller Interaktionsdaten”, Working Paper Series des Sonderforschungsbereich 1187 Medien der Kooperation, Nr. 14, verfügbar unter: https://dspace.ub.uni-siegen.de/bitstream/ubsi/1573/3/WPS_14_Hector_Hrncal.pdf, Zugriff am 27.03.2023.
Heeschen, Claus; Schegloff, Emanuel A. (1999): „Agrammatism, adaption theory, conversation analysis: on the role of so-called telegraphic style in talk-in-interaction“, in: *Aphasiology* 13(4–5), 365–405.
Heilmann, Till A. (2010): „Digitalität als Taktilität. McLuhan, der Computer und die Taste“, in: *Zeitschrift für Medienwissenschaft* 2(2) Heft 3: Aufzeichnen, 125–134.
Heinemann, Trine; Rauniomaa, Mirka (2016): „Turning down sound to turn to talk: Muting and muffling auditory objects as a resource for displaying involvement“, in: *Gesprächsforschung - Online-Zeitschrift zur verbalen Interaktion* 17, 1–28, verfügbar unter: http://www.gespraechsforschung-online.de/fileadmin/dateien/heft2016/ga-heinemann.pdf, Zugriff am 27.03.2023.
Heitmann-Möller, André; Remmers, Hartmut (2014): „Pflegebett und Agency. Eine Untersuchung aus der Perspektive der Akteur-Netzwerk-Theorie von Bruno Latour“, in: Lucia Artner et al. (Hrsg.), *Pflegedinge. Materialitäten in Pflege und Care*, Bielefeld: Transcript, 133–163.
Hemsley, Bronwyn; Balandin, Susan; Togher Leanne (2008): „'I've got something to say': interaction in a focus group of adults with cerebral palsy and complex communication needs“, in: *Augmentive and Alternative Communication* 24(2), 110–122.
Hennion, Antoine (2007): „Those Things That Hold Us Together: Taste and Sociology“, in: *Cultural Sociology* 1(1), 97–114.
Heritage, John (1984): *Garfinkel and Ethnomethodology*, Cambridge: Polity Press.
Heritage John (1987): „Ethnomethodology“, in: Anthony Giddens, Jonathan Turner (Hrsg.), *Social Theory Today*, Cambridge: Polity Press, 224–272.
Heritage, John (2008): „Conversation analysis as social theory“, in: Bryan S. Turner (Hrsg.), *The New Blackwell Companion to Social Theory*, Oxford: Blackwell, 300–320.
Hester, Stephen; Francis, David (1994): „Doing data: the local organization of a sociological interview“, in: *The British Journal of Sociology* 45(4), 675–695.
Hetherington, Kevin (2002): „The Unsightly“, in: *Theory, Culture &* Society 19(5–6), 187–205.
Higginbotham, D. Jeffrey; Wilkins David P. (1999): „Slipping through the timestream: Social issues of time and timing in augmented interaction”, in: Dana Kovarsky, Judith Duchan, Madeline Maxwell (Hrsg.), *Constructing (in)competence: Disabling evaluations in clinical and social interaction*, Mahwah, NJ: Lawrence Erlbaum, 49–82.
Hildenbrand, Bruno; Jahn, Walther (1988): „Gemeinsames Erzählen und Prozesse der Wirklichkeitskonstruktion in familiengeschichtlichen Gesprächen“, in: *Zeitschrift für Soziologie* 17(3), 203–217.
Hillebrandt, Frank (2009): „Praxistheorie“, in: Georg Kneer, Markus Schroer (Hrsg.), *Handbuch Soziologische Theorien*, Wiesbaden: VS, 368–394.
Hillebrandt, Frank (2010): „Sozialität als Praxis. Konturen eines Theorieprogramms“, in: Gert Albert, Rainer Greshoff, Rainer Schützeichel (Hrsg.), *Dimensionen und Konzeptionen von Sozialität*. Wiesbaden: VS, 293–307.
Hillebrandt, Frank (2014): *Soziologische Praxistheorien. Eine Einführung*, Wiesbaden: VS.
Hillebrandt, Frank (2015): „Was ist der Gegenstand einer Soziologie der Praxis?“, in: Ders., Anna Daniel, Franka Schäfer (Hrsg.), *Methoden einer Soziologie der Praxis*, Bielefeld: Transcript. 15–36.

Hindmarsh, John; Heath, Christian (2000): „Sharing the Tools of the Trade. The Interactional Constitution of Workplace Objects“, in: *Journal of Contemporary Ethnography* 29(5), 523–562.
Hirschauer, Stefan (2001): „Ethnografisches Schreiben und die Schweigsamkeit des Sozialen. Zu einer Methodologie der Beschreibung“, in: *Zeitschrift für Soziologie* 30(6), 429–451.
Hirschauer, Stefan (2004): „Praktiken und ihre Körper. Über materielle Partizipanden des Tuns“, in: Karl H. Hörning, Julia Reuter (Hrsg.), *Doing Culture. Neue Positionen zum Verhältnis von Kultur und sozialer Praxis*, Bielefeld: Transcript, 73–91.
Hirschauer, Stefan (2008a): „Die Empiriegeladenheit von Theorien und der Erfindungsreichtum der Praxis“, in: Ders., Herbert Kalthoff, Gesa Lindemann (Hrsg.), *Theoretische Empirie. Zur Relevanz qualitativer Forschung*, Frankfurt/M.: Suhrkamp, 165–187.
Hirschauer, Stefan (2008b): „Körper macht Wissen. Für eine Somatisierung des Wissensbegriffs“, in: Karl-Siegbert Rehberg, Deutsche Gesellschaft für Soziologie (Hrsg.), *Die Natur der Gesellschaft. Verhandlungen des 33. Kongresses der Deutschen Gesellschaft für Soziologie in Kassel 2006*, Frankfurt/M./New York: Campus, 974–984.
Hirschauer, Stefan (2014a): „Un/doing differences. Die Kontingenz sozialer Zugehörigkeiten“, in: *Zeitschrift für Soziologie* 43(3), 170–191.
Hirschauer, Stefan (2014b): „Intersituativität. Teleinteraktionen und Koaktivitäten jenseits von Mikro und Makro“, in: *Zeitschrift für Soziologie, Sonderheft Interaktion – Organisation – Gesellschaft revisited*, Stuttgart: Lucius & Lucius, 109–133.
Hirschauer, Stefan (2016): „Verhalten, Handeln, Interagieren. Zu den mikrosoziologischen Grundlagen der Praxistheorie“, in: Hilmar Schäfer (Hrsg.), *Praxistheorie. Ein soziologisches Forschungsprogramm*, Bielefeld: Transcript, 45–67.
Hirschauer, Stefan (2017): „Praxis und Praktiken“, in: Robert Gugutzer, Gabriele Klein, Michael Meuser (Hrsg.), *Handbuch Körpersoziologie. Band 1: Grundbegriffe und theoretische Perspektiven*, Wiesbaden: VS, 91–96.
Hirschauer, Stefan; Hoffmann, Anika; Stange, Annekathrin (2015): „Paarinterviews als teilnehmende Beobachtung. Präsente Abwesende und zuschauende DarstellerInnen im Forschungsgespräch [64 Absatze]“, in: *Forum Qualitative Sozialforschung / Forum: Qualitative Social Research* 16(3), Art. 30, verfügbar unter: https://www.qualitative-research.net/index.php/fqs/article/view/2357/3886, Zugriff am 27.03.2023.
Hitzler, Roland (1991): „Verstehen. Alltagspraxis und wissenschaftliches Programm“, in: Thomas Jung, Stefan Müller-Doohm (Hrsg.), *„Wirklichkeit“ im Deutungsprozeß. Verstehen und Methoden in den Kultur- und Sozialwissenschaften*, Frankfurt/M.: Suhrkamp, 223–240.
Hitzler, Ronald (1999): „Welten erkunden: Soziologie als (eine Art) Ethnologie der eigenen Gesellschaft“, in: *Soziale Welt* 50(4), 473–482.
Hitzler, Ronald; Honer, Anne (Hrsg.) (1994): *Sozialwissenschaftliche Hermeneutik. Eine Einführung*. Opladen: Leske + Budrich.
Hitzler, Ronald; Reichertz, Jo; Schröer, Norbert (Hrsg.) (1999): *Hermeneutische Wissenssoziologie. Standpunkte zur Theorie der Interpretation*, Konstanz: UVK.
Hoffmann, Dagmar (2017): „Medien“, in: Robert Gugutzer, Gabriele Klein, Michael Meuser (Hrsg.), *Handbuch Körpersoziologie. Band 2: Forschungsfelder und Methodische Zugänge*, Wiesbaden: VS, 161–174.
Holdermann, Simon (2019): „Co-operation and/as Participant Observation: Reflections on Ethnographic Fieldwork in Morocco“, in: *Media in Action. Interdisciplinary Journal on Cooperative Media* 1, Media Ethnography, 45–62, verfügbar unter: https://dspace.ub.uni-siegen.de/bitstream/ubsi/1840/4/Holdermann_Cooperation.pdf, Zugriff am 27.03.2023.
Holstein, James A.; Gubrium, Jaber F. (1995): *The active interview*, Thousand Oaks, CA: SAGE.
Homann, Jürgen; Bruhn, Lars (2020): „Wer spricht denn da? Kritische Anmerkungen zum Konzept der Selbstbetroffenheit“, in: David Brehme, Petra Fuchs, Swantje Köbsell, Carla Wesselmann (Hrsg.), *Disability Studies im deutschsprachigen Raum. Zwischen Emanzipation und Vereinnahmung*, Weinheim: Beltz Juventa, 82–88.
Honer, Anne (1993): *Lebensweltliche Ethnographie. Ein explorativ-interpretativer Forschungsansatz am Beispiel von Heimwerker-Wissen*, Wiesbaden: Deutscher Universitäts-Verlag.

Honer, Anne (2011): *Kleine Leiblichkeiten. Erkundungen in Lebenswelten*, Wiesbaden: VS.
Höppner, Grit (2015): „'Becoming with things' in Interviews: Materialisierungsprozesse von Wiener Rentner_innen am Beispiel von Bergerzählungen", in: *Body Politics* 3(6), 213–234.
Hörisch, Jochen (2001): *Der Sinn und die Sinne. Eine Geschichte der Medien*, Frankfurt/M.: Die Andere Bibliothek/Eichborn.
Hörmeyer, Ina (2015): *Der Einsatz von Körper und Maschine in der Unterstützten Kommunikation. Eine konversationsanalytische Untersuchung*, Mannheim: Verlag für Gesprächsforschung.
Hörning, Karl H. (2001): *Experten des Alltags. Die Wiederentdeckung des praktischen Wissens*, Weilerswist: Velbrück Wissenschaft.
Howery, Kathy L. (2018a): „Out of Time: The Experience of Speech-Generating Device Users", in: *Communication Disorders Quarterly* 40(1), 40–49.
Howery, Kathy L. (2018b): „When my voice is not my voice: Speaking through a speech generating device", in: *Phenomenology & Practice* 1, 4–17.
Huang, I-Chun; Sugden, David; Beveridge Sally (2009) "Children's perceptions of their use of assistive devices in home and school settings", in: *Disability and Rehabilitation: Assistive Technology* 4(2), 95–105.
Hubrich, Michael (2013): *Körperbegriff und Körperpraxis. Perspektiven für die soziologische Theorie*, Wiesbaden: VS.
Hughes, Bill; Paterson, Kevin (1997): „The Social Model of Disability and the Disappearing Body. Towards a Sociology of Impairment", in: *Disability and Society* 12(3), 325–340.
Hughes, Bill; Paterson, Kevin (1999): „Disability Studies and Phenomenology. The carnal politics of everyday life", in: *Disability & Society* 14(5), 597–610.
Ihde, Don (1979): *Technics and Praxis*, Dordrecht/Boston/London: D. Reidel Publishing Company.
Ihde, Don (1990): *Technology and the Lifeworld. From garden to earth*, Indianapolis: Indiana University Press.
Ihde, Don (1999): *Expanding Hermeneutics: Visualism in Science*, Evanston, Ill: Northwestern University Press.
Ihde, Don (2002): *Bodies in Technology*, Minneapolis: University of Minnesota Press.
Ihde, Don (2007): *Listening and Voice. Phenomenologies of Sound*, Second edition, Albany, NY: State University of New York Press.
Ihde, Don (2008): *Ironic Technics*, Kopenhagen: Automatic Press.
Ihde, Don (2009): *Postphenomenology and Technoscience. The Peking University Lectures*, Albany: State University of New York Press.
Ihde, Don (2015): *Acoustic technics*, Lanham, MD: Lexington Books.
Ihde, Don; Selinger, Evan (2003): *Chasing Technoscience. Matrix for Materiality*, Bloomington: Indiana University Press.
Ingold, Tim (1993): „Part 1 Introduction: Relations between visual-gestural and vocal-auditory modalities of communication", in: Ders., Kathleen R. Gibson (Hrsg.), *Tools, Language, and Cognition in Human Evolution*, Cambridge: Cambridge University Press, 35–42.
Ingold, Tim (2000): *The Perception of the Environment. Essays in Livelihood, Dwelling and Skill*, London/New York: Routledge.
Ingold, Tim (2001): „Beyond art and technology: the anthropology of skill", in: Michael B. Schiffer (Hrsg.), *Anthropological perspectives on technology*, Albuquerque: University of New Mexico Press, 17–31.
Ingold Tim (2004): „Culture on the Ground: The World Perceived Through the Feet", in: *Journal of Material Culture* 9(3), 315–340.
Ingold, Tim (2011): *Being Alive. Essays on Movement, Knowledge and Description*, London/New York: Routledge.
Irwin, Stacey (2005): „Technological Other/Quasi Other. Reflections on Lived Experience", in: *Human Studies* 28(4), 453–467.

Jackson, Alecia Y.; Mazzei, Lisa A. (Hrsg.) (2009): *Voice in Qualitative Inquiry Challenging conventional, interpretive, and critical conceptions in qualitative research*, Lon-don/New York: Routledge.
Jain, Sarah S. (1999): „The Prosthetic Imagination: Enabling and Disabling the Prosthesis Trope“, in: *Science, Technology, & Human Values* 24(1), 31–54.
Jefferson, Gail (1974): „Error Correction as an Interactional Resource”, in: *Language in Society* 3(2), 181–199.
Jefferson, Gail (1979): „A technique for inviting laughter and its subsequent acceptance/declination“, in: George Psathas (Hrsg.), *Everyday language: Studies in ethnomethodology*, New York, NY: Irvington Publishers, 79–96.
Jefferson, Gail; Sacks, Harvey; Schegloff, Emanuel A. (1987): „Notes on Laughter in the Pursuit of Intimacy“, in: Graham Button, John R. E. Lee (Hrsg.), *Talk and social Organisation*, Clevedon: Multilingual Matters, 152–205.
Jenks, Chris (2002): *Visual culture*, London: Routledge.
Kaerlein, Timo (2013): „Aporien des Touchscreens. Faszination und Diskrepanz eines allgegenwärtigen Interfaces“, in: *MEDIENwissenschaft, Rezensionen | Reviews* 30(1), 7–25.
Kallmeyer, Werner; Schütze, Fritz (1977): „Zur Konstitution von Kommunikationsschemata der Sachverhaltsdarstellung“, in: Dirk Wegner (Hrsg.), *Gesprächsanalysen: Vorträge, gehalten anlässlich des 5. Kolloquiums des Instituts für Kommunikationsforschung und Phonetik, Bonn, 14.-16. Oktober 1976*, Hamburg: Helmut Buske Verlag, 159–274.
Kalthoff, Herbert (2003): „Beobachtende Differenz. Instrumente der ethnografisch-soziologischen Forschung“, in: *Zeitschrift für Soziologie* 32(1), 70–90.
Kalthoff, Herbert (2006): „Beobachtung und Ethnographie“, in: Ruth Ayaß, Jörg Bergmann, (Hrsg.), *Qualitative Methoden der Medienforschung*, Reinbek: Rowohlt, 146–182.
Kalthoff, Herbert (2010): „Beobachtung und Komplexität. Überlegungen zum Problem der Triangulation“, in: *Sozialer Sinn* 11(2), 353–365.
Kalthoff, Herbert; Hirschauer, Stefan; Lindemann, Gesa (Hrsg.) (2008): *Theoretische Empirie. Zur Relevanz qualitativer Forschung*, Frankfurt/M.: Suhrkamp.
Kalthoff, Herbert; Röhl, Tobias (2011): „Interobjectivity and Interactivity. Material Objects and Discourse in Class“, in: Human Studies 34(4), 451–469.
Karim, Sarah; Waldschmidt, Anne (2019): „Ungeahnte Fähigkeiten? Behinderte Menschen zwischen Zuschreibung von Unfähigkeit und Doing Ability“, in: *Österreichische Zeitschrift für Soziologie* 44(3), 269–288.
Karpenstein-Eßbach, Christa (2004): *Einführung in die Kulturwissenschaft der Medien*, Paderborn: Willhelm Fink.
Kastl, Jörg Michael (2010): *Einführung in die Soziologie der Behinderung*, Wiesbaden: VS.
Kastl, Jörg Michael (2014): „Behinderung, soziale Reaktion und gesellschaftliche Erfahrung. Zur Aktualität interaktionistischer und pragmatistischer Analyseperspektiven“, in: Ders., Kai Felkendorff (Hrsg.), *Behinderung, Soziologie und gesellschaftliche Erfahrung. Im Gespräch mit Günther Cloerkes*, Wiesbaden: VS, 141–169.
Kelle, Helga; Breidenstein, Georg (1996): „Kinder als Akteure: Ethnographische Ansätze in der Kindheitsforschung“, in: *Zeitschrift für Sozialisationsforschung und Erziehungssoziologie* 16(1), 47–67.
Keller, Christine (2015): „Freundschaftliche Forschung? Annäherung und Distanzierung beim Betreiben von Ethnographie“, in: Ronald Hitzler, Miriam Gothe (Hrsg.), *Ethnographische Erkundungen. Methodische Aspekte aktueller Forschungsprojekte*, Wiesbaden: VS, 255–270.
Keller, Reiner; Meuser, Michael (2011): „Wissen des Körpers - Wissen vom Körper. Körper- und Wissenssoziologische Erkundungen“, in: Dies. (Hrsg.), *Körperwissen*, Wiesbaden: VS, 9–27.
Kemp, Nigel J.; Rutter, Derek R. (1986): „Social Interaction in Blind People: An Experimental Analysis“, in: *Human Relations* 39(3), 195–210.
Keppler, Angela (1994): *Tischgespräche. Über Formen kommunikativer Vergemeinschaftung am Beispiel der Konversation in Familien*, Frankfurt/M.: Suhrkamp.

Kiran, Asle H. (2015): „Four Dimensions of Technological Mediation", in: Rosenberger, Robert, Verbeek, Peter-Paul (Hrsg.), *Postphenomenological Investigations: Essays on Human-Technology- Relations*, Lanham et al.: Lexington Books, 123–140.

Kissmann, Ulrike Tikvah (2014): *Die Sozialität des Visuellen. Fundierung der hermeneutischen Videoanalyse und materiale Untersuchungen*, Weilerswist: Velbrück Wissenschaft.

Kissmann, Ulrike Tikvah (2016): „Ein Plädoyer für Missverständnisse. Methodologische Einsichten aus Ethnomethodologie und Leibphänomenologie", in: *Österreichische Zeitschrift für Soziologie* 41(1), 57–73.

Klauß, Theo; Janz, Frauke; Hör, Christiane (2009): „Was geschieht bei der ‚Facilitated Communication'? Untersuchung eines umstrittenen Interaktionsprozesses", in: *Sonderpädagogische Förderung* 54(1), 72–95.

Klein, Gabriele (2004): „Bewegung denken. Ein soziologischer Entwurf", in: Dies. (Hrsg.), *Bewegung. Sozial- und kulturwissenschaftliche Konzepte*, Bielefeld: Transcript, 131–154.

Klein, Gabriele (2005): „Das Theater des Körpers. Zur Performanz des Körperlichen", in: Markus Schroer (Hrsg.), *Soziologie des Körpers*, Frankfurt/M.: Suhrkamp, 73–91.

Klein, Gabriele (2010): „Soziologie des Körpers", In: Georg Kneer, Markus Schroer (Hrsg.), *Handbuch spezielle Soziologien*, Wiesbaden: VS, 457–473.

Klein, Gabriele (Hrsg.) (2015): *Bewegung. Sozial- und kulturwissenschaftliche Konzepte*, Bielefeld: Transcript.

Kolbe, Fritz-Ulrich; Reh, Sabine; Fritzsche, Bettina; Idel, Till-Sebastian; Rabenstein, Kerstin (2008): „Lernkultur: Überlegungen zu einer kulturwissenschaftlichen Grundlegung qualitativer Unterrichtsforschung", in: *Zeitschrift für Erziehungswissenschaft* 11(1), 125–143.

Kneer, Georg (2009): „Akteur-Netzwerk-Theorie", in: ders.; Markus Schroer (Hrsg.), *Handbuch Soziologische Theorien*, Wiesbaden: VS, 19–39.

Knoblauch, Hubert (2001): „Fokussierte Ethnographie", in: *Sozialer Sinn* 2(1), 123–142.

Knoblauch, Hubert (2005): „Kulturkörper. Die Bedeutung des Körpers in der sozialkonstruktivistischen Wissenssoziologie", in: Markus Schroer (Hrsg.), *Soziologie des Körpers*, Frankfurt/M.: Suhrkamp, 92–113.

Knoblauch, Hubert (2008): „Sinn und Subjektivität in der qualitativen Forschung", in: Herbert Kalthoff, Stefan Hirschauer, Gesa Lindemann (Hrsg.), *Theoretische Empirie. Zur Relevanz qualitativer Forschung*, Frankfurt/M.: Suhrkamp, 210–233.

Knoblauch, Hubert (2017): *Die kommunikative Konstruktion der Wirklichkeit*. Wiesbaden: VS.

Knorr-Cetina, Karin (1981): „The micro-sociological challenge of macro-sociology. Towards a reconstruction of social theory and methodology", in: Dies., Aaron V. Cicourel (Hrsg.), *Advances in social theory and methodology. Toward an integration of micro- and macro-sociologies*, Boston: Routledge & Kegan Paul, 1–47.

Knorr Cetina, Karin (1998): „Sozialität mit Objekten. Soziale Beziehungen in post-traditionalen Wissensgesellschaften", in: Werner Rammert (Hrsg.), *Technik und Sozialtheorie*, Frankfurt/M.: Campus, 83–120.

Knorr-Cetina, Karin (1999): „›Viskurse‹ der Physik. Wie visuelle Darstellungen ein Wissenschaftsgebiet ordnen", in: Jörg Huber, Martin Heller (Hrsg.), *Konstruktionen Sichtbarkeiten*, Wien: Birkhäuser, 245–263.

Köbsell, Swantje (2003): „Die aktuelle Biomedizin aus Sicht der Disability Studies" in: Silke Schicktanz, Christof Tannert, Peter Wiedemann (Hrsg.), *Kulturelle Aspekte der Biomedizin. Bioethik, Religionen und Alltagsperspektiven*, Frankfurt/M.: Campus, 160–186.

Köbsell, Swantje (2016): „Doing Dis_ability: Wie Menschen mit Beeinträchtigungen zu „Behinderten" werden", in: Karim Fereidooni, Antonietta P. Zeoli (Hrsg.), *Managing Diversity. Die diversitätsbewusste Ausrichtung des Bildungs- und Kulturwesens, der Wirtschaft und Verwaltung,* Wiesbaden: VS, 89–103.

Kockelmans, Joseph J. (1979): „Deskriptive oder interpretierende Phänomenologie in Schütz' Konzeption der Sozialwissenschaft", in: Walter M. Sprondel, Richard Grathoff (Hrsg.), *Alfred Schütz und die Idee des Alltags in den Sozialwissenschaften*, Stuttgart: Enke, 26–42.

Kontopodis, Michalis; Niewöhner, Jörg (Hrsg.) (2011): *Das Selbst als Netzwerk. Zum Einsatz von Körpern und Dingen im Alltag*, Bielefeld: Transcript.

Kotsch, Lakshmi (2012): *Assistenzinteraktionen. Zur Interaktionsordnung in der persönlichen Assistenz körperbehinderter Menschen*, Wiesbaden: VS.

Kotsch, Lakshmi; Hitzler, Ronald (2013): *Selbstbestimmung trotz Demenz? Ein Gebot und seine praktische Relevanz im Pflegealltag*, Weinheim/Basel: Beltz Juventa.

Krämer, Hannes (2016): „Die Krisen der Ethnomethodologie Zur Methodologie und Theorie des Disruptiven bei Harold Garfinkel", in: *Österreichische Zeitschrift für Soziologie* 41(1), 35–56.

Krämer, Sybille (2001): *Sprache - Sprechakt - Kommunikation. Sprachtheoretische Positionen im 20. Jahrhundert*, Frankfurt am Main: Suhrkamp.

Krämer, Sybille (2002): „Sprache – Stimme – Schrift: Sieben Gedanken über Performativität als Medialität", in: Uwe Wirth (Hrsg.), *Performanz. Zwischen Sprachphilosophie und Kulturwissenschaften*, Frankfurt/M.: Suhrkamp, 323–346.

Krämer, Sybille (2003): „Sagen und Zeigen. Sechs Perspektiven, in denen das Diskursive und das Ikonische in der Sprache konvergieren", in: *Zeitschrift für Germanistik* 3, 509–519.

Krämer, Sybille (2006): „Die ‚Rehabilitierung der Stimme'. Über die Oralität hinaus", in: Dies., Doris Kolesch (Hrsg.), *Stimme. Annäherung an ein Phänomen*, Frankfurt/M.: Suhrkamp, 269–295.

Krämer, Sybille (2008a): „Die Heterogenität der Stimme oder: Was folgt aus Friedrich Nietzsches Idee, dass die Lautsprache hervorgeht aus der Verschmelzung von Bild und Musik?", in: Alfred Messerli, Hans-Georg Pott, Waltraud Wiethölter (Hrsg.), *Stimme und Schrift. Zur Geschichte und Systematik sekundärer Oralität*, München: Fink, 57–74.

Krämer, Sybille (2008b): „Does the body disappear? A comment on computer generated spaces", in: Uwe Seifert, Jin Hyun Kim, Anthony Moore (Hrsg.), *Paradoxes of Interactivity. Perspectives for Media Theory, Human-Computer Interaction, and Artistic Investigations*, Bielefeld/New Brunswick/London: Transcript/Transaction Publishers, 26–43.

Krappmann, Lothar (1969): *Soziologische Dimensionen der Identität. Strukturelle Bedingungen für die Teilnahme an Interaktionsprozessen*, Stuttgart: Klett.

Kress, Gunther (2010): *Multimodality. A Social Semiotic Approach to Contemporary Communication*. London, New York: Routledge.

Krtilova, Katerina (2016): „Technisches Begreifen. Von >>undinglichen<< Informationen zu *Tangible Inferfaces*", in: Jörg Sternagel, Fabian Goppelsröder (Hrsg.), *Techniken des Leibes*, Weilerswist: Velbrück Wissenschaft, 87–106.

Krummheuer, Antonia (2010): *Interaktion mit virtuellen Agenten? Realitäten zur Ansicht: Zur Aneignung eines ungewohnten Artefakts*, Stuttgart: Lucius & Lucius.

Kurlenkova, Sasha (2021): „Who Speaks with my Synthesized Voice? Some roles of other-initiated repair in augmented interaction", in: *The Journal of Social Policy Studies* 19(4), 585–600.

Küsters, Ivonne (2009): *Narrative Interviews. Grundlagen und Anwendungen*, Wiesbaden: VS.

Lage, Dorothea (2006): *Unterstützte Kommunikation und Lebenswelt. Eine kommunikationstheoretische Grundlegung für eine behindertenpädagogische Konzeption*, Bad Heilbrunn: Julius Klinkhardt Verlagsbuchhandlung.

Lange, Jochen (2017): *Schulische Materialität. Empirische Studien zur Bildungswirtschaft*, Berlin/ Boston: De Gruyter Oldenbourg.

Länger, Carolin (2002): *Im Spiegel von Blindheit. Eine Kultursoziologie des Sehsinnes*, Stuttgart: Lucius & Lucius.

Latour, Bruno (1987): *Science in Action: How to Follow Scientists and Engineers Through Society*. Cambridge: Harvard University Press.

Latour, Bruno (1994): „On Technical Mediation. Philosophy, Sociology, Genealogy", in: *Common Knowledge* 3(2), 29–64.

Latour, Bruno (1996): *Der Berliner Schlüssel. Erkundungen eines Liebhabers der Wissenschaften*, Berlin: Akademie Verlag.

Latour, Bruno (2001): „Eine Soziologie ohne Objekt? Anmerkungen zur Interobjektivität", in: *Berliner Journal für Soziologie* 11(2), 237–252.

Latour, Bruno (2002a): *Die Hoffnung der Pandora. Untersuchungen zur Wirklichkeit der Wissenschaft*, Frankfurt/M.: Suhrkamp.
Latour, Bruno (2002b): *Wir sind nie modern gewesen: Versuch einer symmetrischen Anthropologie*, 2. Aufl, Frankfurt/M.: Fischer.
Latour, Bruno (2004): „How to Talk About the Body? The Normative Dimension of Science Studies", in: *Body & Society* 10(2–3), 205–229.
Latour, Bruno (2006b): „Technik ist stabilisierte Gesellschaft", in: Andrea Belliger, David J. Krieger (Hrsg.), *ANThology. Ein einführendes Handbuch zur Akteur-Netzwerk-Theorie*, Bielefeld: Transcript, 369–397.
Latour, Bruno (2007): *Eine neue Soziologie für eine neue Gesellschaft. Einführung in die Akteur-Netzwerk-Theorie*, Frankfurt/M.: Suhrkamp.
Laux, Henning (2011): „Latours Akteure. Ein Beitrag zur Neuvermessung der Handlungstheorie", in: Nico Lüdtke, Hironori Matsuzaki (Hrsg.), *Akteur – Individuum – Subjekt. Fragen zu „Personalität" und „Sozialität"*, Wiesbaden: VS, 275–300.
Laux, Hennig (2017): „Die Materialität des Sozialen: Vier Lösungsansätze für ein soziologisches Bezugsproblem im Werk von Bruno Latour", in: *Soziale Welt* 68 (2–3), 173–195.
Lave, Jean; Wenger, Etienne (1991): *Situated Learning. Legitimate Peripheral Participation*, Cambridge: Cambridge University Press.
Law, John (1993): *Organizing Modernity. Social Ordering and Social Theory*, Blackwell: Wiley.
Law, John (2004): *After Method. Mess in Social Science Research*, London/New York: Routledge.
Law, John (2006): „Notizen zur Akteur-Netzwerk-Theorie: Ordnung, Strategie und Heterogenität", in: Andrea Belliger, David J. Krieger (Hrsg.), *ANThology. Ein einführendes Handbuch zur Akteur-Netzwerk-Theorie*, Bielefeld: Transcript, 429–446.
Law, John (2011): „Akteur-Netzwerk-Theorie und materiale Semiotik", in: Tobias Conradi, Heike Derwanz, Florian Muhle (Hrsg.), *Strukturentstehung durch Verflechtung. Akteur-Netzwerk-Theorie(n) und Automatismen*, München: Wilhelm Fink, 21–48.
Law, John (2017): „STS as method", in: Ulrike Felt et al. (Hrsg.), *The handbook of science and technology studies*, Cambridge, Massachusetts, 31–58.
Law, John; Mol, Annemarie (1995): „Notes on Materiality and Sociality", in: *The Sociological Review* 43, 274–294.
Law, John; Urry, John (2004): „Enacting the Social", in: *Economy and Society* 33(3), 390–410.
Law, John; Singleton, Vicky (2005): „Object Lessons", in: *Organization* 12(3), 331–355.
Lengersdorf, Diana (2015): „Ethnographische Erkenntnisstrategien zur Erforschung sozialer Praktiken", in: Franka Schäfer, Anna Daniel, Frank Hillebrandt (Hrsg.), *Methoden einer Soziologie der Praxis*, Bielefeld: Transcript, 177–196.
Lengersdorf, Diana; Reuter, Julia (2016): „Der Alltag der Soziologie und seine praxistheoretische Relevanz", in: Hilmar Schäfer (Hrsg.), *Praxistheorie. Ein soziologisches Forschungsprogramm*, Bielefeld: Transcript, 365–380.
Lerner, Gene (1992): „Assisted storytelling: Deploying shared knowledge as a practical matter", in: *Qualitative Sociology* 15(3), 247–271.
Light, Janice; Drager, Kathryn (2007): „AAC technologies for young children with complex communication needs: State of the science and future research directions", in: *Augmentative and Alternative Communication* 23(3), 204–216.
Light, Janice; Mcnaughton, David (2014): „Communicative Competence for Individuals who require Augmentative and Alternative Communication: A New Definition for a New Era of Communication?", in: *Augmentative and Alternative Communication* 30(1), 1–18.
Lindemann, Gesa (2009): *Das Soziale von seinen Grenzen her denken*, Weilerswist: Velbrück.
Lindemann, Gesa (2017): „Leiblichkeit und Körper", in: Robert Gugutzer, Gabriele Klein, Michael Meuser (Hrsg.), *Handbuch Körpersoziologie. Band 1: Grundbegriffe und theoretische Perspektiven*, Wiesbaden: VS, 57–66.
Ling, Karen (2015): „Identitätsentwicklung und Kommunikation(sbeeinträchtigungen)", in: Gabriela Antener, Anja Blechschmidt, Karen Ling (Hrsg.), *UK wird erwachsen. Initiativen in der Unterstützten Kommunikation*, Karlsruhe: Loeper Verlag, 195–212

Linke, Christine (2010): *Medien im Alltag von Paaren. Eine Studie zur Mediatisierung der Kommunikation in Paarbeziehungen*, Wiesbaden: VS.

Linton, Simi (1988): *Claiming Disability. Knowledge and Identity*, New York: New York University Press.

List, Elisabeth (2010): „Nicht Autonom und doch Person. ‚Geistige Behinderung' als Frage der Moralphilosophie", in: Dies.; Harald Stelzer (Hrsg.): *Grenzen der Autonomie*, Weilerswist: Velbrück Wissenschaft, 187–217.

Livingston, Eric (1987): *Making Sense of Ethnomethodology*, London: Routledge & Kegan Paul.

Loenhoff, Jens (1998): „Hand und Haut. Zur Sozialpsychologie taktilen Wahrnehmens", in: *Psychologie und Geschichte* 8, 261–280.

Loenhoff, Jens (2001): *Die kommunikative Funktion der Sinne. Theoretische Studien zum Verhältnis von Kommunikation, Wahrnehmung und Bewegung*, Konstanz: UVK.

Loenhoff, Jens (2002a): „Sensomotorische Bedingungen von Kommunikation und Handlung", in: Kornelia Hahn, Michael Meuser (Hrsg.), *Körperrepräsentationen. Die Ordnung des Sozialen und der Körper,* Konstanz: UVK, 45–69.

Loenhoff, Jens (2002b): „Sinne, Kommunikation und Gesellschaft – Eine Theorieskizze", in: *Österreichische Zeitschrift für Soziologie* 27(2), 14–29.

Van Loon, Joost (2014): „Reassembling Ethnographie: Bruno Latours Neugestaltung der Soziologie", in: Diana Lengersdorf, Matthias Wieser (Hrsg.), *Schlüsselwerke der Science & Technology Studies*, Wiesbaden: VS, 319–329.

Luckmann, Thomas (1986): „Grundformen der gesellschaftlichen Vermittlung des Wissens. Kommunikative Gattungen", in: Friedhelm Neidhardt, Rainer Lepsius, Johannes Weiß (Hrsg.), *Kultur und Gesellschaft. Sonderheft 27 der Kölner Zeitschrift für Soziologie und Sozialpsychologie*, Opladen: Leske + Budrich, 191–211.

Luckmann, Thomas (2003): „Von der alltäglichen Erfahrung zum sozialwissenschaftlichen Datum", in: Ilja Srubar, Steven Vaitkus (Hrsg.), *Phänomenologie und soziale Wirklichkeit. Entwicklungen und Arbeitsweisen*, Opladen: Leske & Budrich, 13–26.

Lund, Shelley K.; Light, Janice (2006): „Long-term outcomes for individuals who use augmentative and alternative communication: part I - what is a 'good' outcome?", in: *Augmentative and Alternative Communication* 22(4), 284–299.

Lund, Shelley K.; Light, Janice (2007a): „Long-term outcomes for individuals who use augmentative and alternative communication: part II - communicative interaction", in: *Augmentative and Alternative Communication* 23(1), 1–15.

Lund, Shelley K.; Light, Janice (2007b): „Long-term outcomes for individuals who use augmentative and alternative communication: Part III - contributing factors", in: *Augmentative and Alternative Communication* 23(4), 323–335.

Lupton, Deborah (1995): „The Embodied Computer/User", in: *Body & Society* 1(3–4), 97–112.

Lupton, Deborah; Seymour, Wendy (2000): „Technology, selfhood and physical disability", in: *Social Science & Medicine* 50(12), 1851–1862.

Lynch, Michael (1993): *Scientific practice and ordinary action. Ethnomethodology and social studies of science*, Cambridge: University Press.

Lynch, Michael (2001): „Ethnomethodology and the logic of practice", in: Theodore R. Schatzki, Karin Knorr-Cetina, Eike von Savigny (Hrsg.), *The practice turn in contemporary theory*, New York: Routledge, 140–157.

Lynch, Michael (2002): „The Living Text. Written Instructions and Situated Actions in Telephone Surveys", in: Douglas W. Maynard et al. (Hrsg.), *Standardization and Tacit Knowledge. Interaction and Practice in the Survey Interview*, New York: John Wiley & Sons, 125–150.

Lynch, Michael; Macbeth, Douglas (1998): „Demonstrating Physics Lessons", in: James G. Greeno, Shelley V. Goldman (Hrsg.), *Thinking Practices in Mathematics and Science Learning*, Mahwah: Erlbaum, 269–297.

Maaß, Christian; Rink, Isabel (Hrsg.) (2019): *Handbuch Barrierefreie Kommunikation*, Berlin: Frank & Timme.

Macbeth, Douglas (2004): „The relevance of repair for classroom correction", in: *Language in Society* 33, 703–736.

Marchand, Trevor H. J. (2012): „Knowledge in Hand: Explorations of Brain, Hand and Tool", in: Richard Fardon et al. (Hrsg.), *The SAGE Handbook of Social Anthropology*, Thousand Oaks, CA: SAGE Publications Ltd, 260–269.

Mathisen, Bernice; Arthur-Kelly, Michael; Kidd, Jenny; Nissen, Chantelle (2009): „Using MINSPEAK: a case study of a preschool child with complex communication needs", in: *Disability and Rehabilitation: Assistive Technology* 4(5), 376–383.

Matthes, Joachim; Schütze, Fritz (1973): „Zur Einführung: Alltagswissen, Interaktion und gesellschaftliche Wirklichkeit", in: Arbeitsgruppe Bielefelder Soziologen (Hrsg.), *Alltagswissen, Interaktion und Gesellschaftliche Wirklichkeit*, Reinbeck bei Hamburg: Rowohlt, 11–53.

Matsuzaki, Hironori (2011): „Die Frage nach der „Agency" von Technik und die Normenvergessenheit der Techniksoziologie", in: Ders., Nico Lüdtke (Hrsg.), *Akteur – Individuum – Subjekt. Fragen zu „Personalität" und „Sozialität"*, Wiesbaden: VS, 301–325.

Mauss, Marcel (1973): „Techniques of the body", in: *Economy and Society* 2(1), 70–88.

Maye, Harun (2016): „Lassen sich Körper- und Kulturtechniken am Leitfaden des Leibes denken?", in: Jörg Sternagel, Fabian Goppelsröder (Hrsg.), *Techniken des Leibes*, Weilerswist: Velbrück Wissenschaft, 19–31.

McLuhan, Marshall (1970): *Die magischen Kanäle. Understanding Media*, Frankfurt/M.: Fischer Bücherei.

Meier zu Verl, Christian (2018): *Daten-Karrieren und epistemische Materialität. Eine wissenschaftssoziologische Studie zur methodologischen Praxis der Ethnografie*, Metzler: Stuttgart.

Meier zu Verl, Christian (2020): „Referenzkarrieren und Indexikalitätsprobleme. Anmerkungen zur Medientheorie der Ethnografie", in: Astrid Wiedmann, Katherin Wagenknecht, Philipp Goll, Andreas Wagenknecht (Hrsg.), *Wie forschen mit den »Science and Technology Studies«?*, Bielefeld: Transcript Verlag, 243-274.

Merleau-Ponty, Maurice (1966): *Phänomenologie der Wahrnehmung*, a. d. Franz. übers. u. eingef. d. e. Vorrede v. R. Boehm, Berlin: De Gruyter.

Meuser, Michael (2002): „Körper und Sozialität. Zur handlungstheoretischen Fundierung einer Soziologie des Körpers", in: Ders., Kornelia Hahn (Hrsg.), *Körperrepräsentationen. Die Ordnung des Sozialen und der Körper*, Konstanz: UVK, 19–44.

Meuser, Michael (2004): „Zwischen „Leibvergessenheit" und „Körperboom". Die Soziologie und der Körper", in: *Sport und Gesellschaft – Sport and Society* 1(3), 197–218.

Meuser, Michael (2006): „Körper-handeln. Überlegungen zu einer praxeologischen Soziologie des Körpers", in: Robert Gugutzer (Hrsg.), *body turn. Perspektiven der Soziologie des Körpers und des Sports*, Bielefeld: Transcript, 95–116.

Meyer, Christian (2009): „Ereignisethnographie und methodologischer Situationalismus. Auswege aus der Krise der Repräsentation?", in: Peter Berger et al. (Hrsg.), *Feldforschung. Ethnologische Zugänge zu sozialen Wirklichkeiten. Berliner Beiträge zur Ethnologie. Vol. 15*, Berlin: Weißensee Verlag, 401–436.

Meyer, Christian (2010): „Gestenforschung als Praxeologie: Zu Jürgen Streecks mikroethnographischer Theorie der Gestik", in: *Gesprächsforschung - Online-Zeitschrift zur verbalen Interaktion* 11, 208–230, verfügbar unter: http://www.gespraechsforschung-online.de/fileadmin/dateien/heft2010/ga-meyer.pdf, Zugriff am 27.03.2023.

Meyer, Christian (2013): „Wechselnde *Agencies:* Virtuelle Akteure in der rituellen Medialität", in: Tristan Thielmann, Erhard Schüttpelz (Hrsg.), *Akteur-Medien-Theorie*, Bielefeld: Transcript, 307–337.

Meyer, Christian (2015): „Mikroethnographie. Praxis und Leib als Medien der Kultur", in: Cora Bender, Martin Zillinger (Hrsg.), *Handbuch der Medienethnographie*. Berlin: Dietrich Reimer, 57–76.

Meyer, Christian (2016): „Interaktionskrisen oder anthropologische Normalität? Über liminale Interaktionen im 21. Jahrhundert", in: *Österreichische Zeitschrift für Soziologie* 41(1), 75–95.

Meyer, Christian (2020): „Intersubjektive Entfremdung: Zur Kultur- und Technikgeschichte der Zwischenleiblichkeit", in: Robin Kurilla, Karin Kolb-Albers, Hannes Krämer, Karola Pitsch

(Hrsg.): *Sine ira et studio. Disziplinübergreifende Annäherungen an die Koordination des Handelns*, Wiesbaden: VS, 187–211.
Meyer, Christian; Meier zu Verl, Christian; Wedelstaedt, Ulrich von (2016): „Zwischenleiblichkeit und Interkinästhetik. Dimensionen körperlicher Kopräsenz in der situierten Interaktion", in: Jürgen Raab, Reiner Keller (Hrsg.), *Wissensforschung - Forschungswissen. Beiträge und Debatten zum 1. Sektionskongress der Wissenssoziologie*, Weinheim: Beltz Juventa, 317–331.
Meyer, Christian; Wedelstaedt, Ulrich v. (Hrsg.) (2017): *Moving Bodies in Interaction – Interacting Bodies in Motion. Intercorporeality, interkinesthesia, and enaction in sports*, Amsterdam: John Benjamins Publishing.
Meyer, Christian; Streeck, Jürgen; Jordan, J. Scott (Hrsg.) (2017): *Intercorporeality. Emerging Social-ities in Interaction. Foundations of Human Interaction*, Oxford: Oxford University Press.
Meyer-Drawe, Käte (1999): „Herausforderung durch die Dinge. Das Andere im Bildungsprozess", in: *Zeitschrift für Pädagogik* 45(3), 329–342.
Meyer-Drawe, Käte (2001): *Leiblichkeit und Sozialität. Phänomenologische Beiträge zu einer pädagogischen Theorie der Inter-Subjektivität*, 3. unver. Aufl., München: Wilhelm Fink.
Michalko, Rod (2002): *The Difference that Disability Makes*, Philadelpha: Temple University Press.
Miller, Daniel (2010): *Stuff*, Cambridge: Polity.
Modes, Marie-Theres (2016): *Raum und Behinderung. Wahrnehmung und Konstruktion aus raumsoziologischer Perspektive*, Bielefeld: Transcript.
Mol, Annemarie (2002): *The Body Multiple. Ontology in Medical Practice*, Durham: Duke University Press.
Mol, Annemarie (2010): „Actor-Network Theory: sensitive terms and enduring tensions", in: *Kölner Zeitschrift für Soziologie und Sozialpsychologie* 50, 253–269.
Mol, Annemarie; Berg, Marc (Hrsg.) (1998): *Differences in Medicine. Unravelling Practices, Techniques, and Bodies*, Durham/London: Duke University Press.
Mol, Annemarie; Law, John (2004): „Embodied Action, Enacted Bodies. The Example of Hypoglycaemia", in: *Body & Society* 10(2–3), 43–62.
Mondada, Lorenza; Schmitt, Reinhold (Hrsg.) (2010): *Situationseröffnungen. Zur multimodalen Herstellung fokussierter Interaktion*, Tübingen: Narr.
Moores, Shaun (2014): „Digital orientations: "Ways of the hand" and practical knowing in media uses and other manual activities", in: *Mobile Media & Communication* 2(2) 196–208.
Moran, Dermot (2015): „Between Vision and Touch. From Husserl to Merleau-Ponty", in: Richard Kearney, Brian Trenor (Hrsg.), *Carnal Hermeneutics*, New York: Fordham University Press, 214–234.
Moreira, Tiago E. (2004): „Self, agency and the surgical collective: detachment", in: *Sociology of Health and Illness* 26(1), 32–49.
Morgan, David L. (2014): *Integrating Qualitative and Quantitative Methods. A Pragmatic Approach,* Thousand Oaks, CA: SAGE.
Moser, Ingunn (2005): „On becoming disabled and articulating alternatives", in: *Cultural Studies* 19(6), 667–700.
Moser, Ingunn (2006): „Sociotechnical Practices and Difference. On the Interference between Disability, Gender and Class", in: *Science, Technology, & Human Values* 31(5), 537–564.
Moser, Ingunn; Law, John (2003): „Making Voices. New Media Technology, Disabilities, and Articulation", Centre for Science Studies, Lancaster, verfügbar unter: http://www.heterogeneities.net/publications/MoserLaw2003MakingVoices.pdf, Zugriff am 27.03.2023.
Müller, Michael R.; Raab, Jürgen (2017): „Interaktionstheorie", in: Robert Gugutzer, Gabriele Klein, Michael Meuser (Hrsg.), *Handbuch Körpersoziologie. Band 1: Grundbegriffe und theoretische Perspektiven*, Wiesbaden: VS, 259–276.
Müller, Sophie Merit (2015): „Ballettkörper werden. Materielle Involvierungen, Verflechtungen und Differenzierungen im Üben klassischer Tanztechnik.", in: *Body Politics* 3(6), 261–284.

Müller, Sophie Merit (2016): *Körperliche Un-Fertigkeiten. Ballett als unendliche Perfektion*, Weilerswist: Velbrück Wissenschaft.
Nassehi, Armin (2006): *Der soziologische Diskurs der Moderne*, Frankfurt/M.: Suhrkamp.
Nassehi, Armin (2011): *Gesellschaft der Gegenwarten. Studien zur Theorie der modernen Gesellschaft II*, Frankfurt/M.: Suhrkamp.
Niediek, Imke (2022): „Time – Timing – Out of Time? Auswirkungen temporaler Herausforderungen auf die sozialen Beziehungen unterstützt kommunizierender Jugendlicher", in: *Diskurs Kindheits- und Jugendforschung* 3, 281–295.
Niehaus, Mathilde (1993): *Behinderung und sozialer Rückhalt. Zur sozialen Unterstützung behinderter Frauen*, Frankfurt/M./New York: Campus.
Niewöhner, Jörg (2017): „Phänomenographie. Sinn-volle Ethnographie jenseits des menschlichen Maßstabs", in: Karl Braun et al. (Hrsg.), *Kulturen der Sinne. Zugänge zur Sensualität der sozialen Welt*, Würzburg: Königshausen & Neumann, 78–95.
Niewöhner, Jörg; Sørensen, Estrid; Beck, Stefan (2012): „Einleitung. Science and Technology Studies aus sozial- und kulturanthropologischer Perspektive", in: Dies. (Hrsg.), *Science and Technology Studies. Eine sozialanthropologische Einführung*, Bielefeld: Transcript, 9–48.
Nilsson, Lisbeth (2011): „Communication Mediated by a Powered Wheelchair: People with Profound Cognitive Disabilities", in: *Disability Studies Quarterly* 31(4), verfügbar unter: https://dsq-sds.org/article/view/1708/1756, Zugriff am 27.03.2023.
Nohl, Arnd-Michael (2011): *Pädagogik der Dinge*, Bad Heilbrunn: Klinkhardt.
Nordmann, Alfred; Schwarz, Astrid (2012): „Alte Objekte, neue Dinge. Von Wissenschaft zu Technoscience", in: Sabine Maasen et al. (Hrsg.), *Handbuch Wissenschaftssoziologie*. Wiesbaden: VS, 291–302.
Nußbeck, Susanne (2000): *Gestützte Kommunikation: Ein Ausdrucksmittel für Menschen mit geistiger Behinderung?*, Göttingen: Hogrefe.
Ochsner, Beate; Grebe, Anna (Hrsg.) (2013): *Andere Bilder. Zur Produktion von Behinderung in der visuellen Kultur*, Bielefeld: Transcript.
Ochnser, Beate; Stock, Robert (Hrsg.): *senseAbility. Mediale Praktiken des Sehens und Hörens*, Bielefeld: Transcript.
Ohlbrecht, Heike (2006): *Jugend, Identität und chronische Krankheit. Soziologische Fallrekonstruktionen*, Opladen: Barbara Budrich.
Okely, Judith (2007): „Fieldwork embodied", in: *The Sociological Review* 55(1), 65–79.
Oliver, Michael (1990): *The Politics of Disablement. A sociological approach*, New York: St. Martin's Press.
Oliver, Michael (1996): *Understanding Disability. From theory to practice*, Basingstoke: Macmillan.
Oliver Michael, Barnes Colin (1998) (Hrsg.): *Disabled People and Social Policy.* London: Longman.
Ong, Walter J. (1982): *Orality and Literacy. The Technologizing of the Word*, London/New York: Routledge.
Overboe, James (1999): „'Difference in Itself': Validating Disabled People's Lived Experience", in: *Body & Society* 5(4), 17–29.
Passoth, Jan-Hendrik (2008): *Technik und Gesellschaft. Sozialwissenschaftliche Techniktheorien und die Transformation der Moderne*, Wiesbaden: VS.
Passoth, Jan-Hendrik (2010): „Aktanten, Assoziationen, Mediatoren. Wie die ANT das Soziale neu zusammenbaut", in: Gert Albert, Rainer Greshoff, Rainer Schützeichel (Hrsg.), *Dimensionen und Konzeptionen von Sozialität*, Wiesbaden: VS, 309–316.
Passoth, Jan-Hendrik (2011): „Fragmentierung, Multiplizität und Symmetrie. Praxistheorien in postpluraler Attitüde", in: Tobias Conradi, Heike Derwanz, Florian Muhle (Hrsg.), *Strukturentstehung durch Verflechtung. Akteur-Netzwerk-Theorien und Automatismen*. Paderborn: Fink, 259–278.
Passoth, Jan-Hendrik (2012): „Dinge der Wissenschaft", in: Sabine Maasen et al. (Hrsg.), *Handbuch Wissenschaftssoziologie*, Wiesbaden: VS, 203–212.

Passoth, Jan-Hendrik (2015): „Heterogenität und die Hybriden: Die Unbestimmtheiten der Actor-Network-Theory“, in: Thomas Kron (Hrsg.), *Soziale Hybridität – Hybride Sozialität*, Weilerswist: Velbrück Wissenschaft, 89–108.

Paterson, Mark (2005): „Digital Touch“, in: Constance Classen (Hrsg.): *The Book of Touch*, Oxford: Berg, 431–436.

Paterson, Mark (2006): „Feel the presence: technologies of touch and distance“, in: *Environment and Planning D: Society and Space* 24(5), 691–708.

Paterson, Mark (2007): *The Senses of Touch. Haptics, Affects and Technologies*, Oxford, New York: Berg.

Pels, Dick; Hetherington, Kevin; Vandenberghe, Frederic (2002): „The Status of the Object. Performances, Mediations, and Techniques“, in: *Theory, Culture & Society* 19(5–6), 1–21.

Pennington, Lindsay; McConachie, Helen (1999): „Mother-child interaction revisited: communication with non-speaking physically disabled children“, in: *International Journal of Language & Communication Disorders* 34(4), 391–416.

Peters, John D. (2004): „The voice and modern media“, in: Doris Kolesch, Jenny Schrödl (Hrsg.), *Kunst-Stimmen*, Berlin: Verlag Theater der Zeit, 85–100.

Pfadenhauer, Michaela; Dukat, Christoph (2017): „Von der Empirie zur Postphänomenologie. Eine Suchbewegung zur theoretischen Verortung sozialer Robotik in der Demenzbetreuung“, in: Nicole Burzan, Ronald Hitzler (Hrsg.), *Theoretische Einsichten. Im Kontext empirischer Arbeit*, Wiesbaden: VS, 247–260.

Pfadenhauer, Michaela; Grenz, Tilo (2015): „Uncovering the Essence: The Why and How of Supplementing Observation with Participation in Phenomenology-Based Ethnography“, in: *Journal of Contemporary Ethnography* 44(5), 598–616.

Pfadenhauer, Michaela; Grenz, Tilo (2017): „Von Objekten zu Objektivierung. Zum Ort technischer Materialität im Kommunikativen Konstruktivismus“, in: *Soziale Welt* 68(2–3), 225–242.

Pfahl, Lisa (2011): *Techniken der Behinderung. Der deutsche Lernbehinderungsdiskurs, die Sonderschule und ihre Auswirkungen auf Bildungsbiografien*, Bielefeld: Transcript.

Pinch Trevor (2010): „Technology and Institutions: living in a material world“, in: *Theoretical Sociology* 37(5), 461–483.

Plessner, Helmuth (1980): *Die Einheit der Sinne. Grundlinien einer Ästhesiologie des Geistes*. Frankfurt/M.: Suhrkamp.

Plessner, Helmuth (1983): „Lachen und Weinen. Eine Untersuchung der Grenzen menschlichen Verhaltens“, in: Ders., *Gesammelte Schriften (GS) VII*, hrsg. v. Günter Dux, Odo Marquard, Elisabeth Ströker. Frankfurt/M.: Suhrkamp, 201–387.

Pollner, Melvin (1987): *Mundane reason: Reality in everyday and sociological discourse,* Cambridge University Press.

Postill, John (2010): „Introduction: Theorising Media and Practice“, in: Ders., Birgit Bräuchler (Hrsg.), *Theorising Media and Practice*, New York/Oxford: Berghahn, 1–34.

Preda, Alex (1999): „The Turn to Things. Arguments for a Sociological Theory of Things“, in: *The Sociological Quarterly* 40(2), 347–366.

Preda, Alex (2000): „Order with Things? Humans, Artifacts and the Sociological Problem of Rule-Following“, in: *Journal for the Theory of Social Behaviour* 30(2), 269–298.

Priestley, Mark (2003): „Worum geht es bei den Disability Studies? Eine britische Sichtweise“, in: Anne Waldschmidt (Hrsg.), *Kulturwissenschaftliche Perspektiven der Disability Studies*, Kassel: Bifos, 23–35.

Prinz, Sophia (2014): *Die Praxis des Sehens. Über das Zusammenspiel von Körpern, Artefakten und visueller Ordnung*, Bielefeld: Transcript.

Prinz, Sophia (2016): „Dispositive und Dinggestalten. Poststrukturalistische und phänomenologische Grundlagen einer Praxistheorie des Sehens“, in: Hilmar Schäfer (Hrsg.), *Praxistheorie. Ein soziologisches Forschungsprogramm*, Bielefeld: Transcript, 181–198.

Prout, Alan (1996): „Actor-network theory, technology and medical sociology: an illustrative analysis of the metered dose inhaler“, in: *Sociology of Health & Illness* 18(2), 198–219.

Psathas, George (1979a): *Everyday language: studies in ethnomethodology*. New York: Irvington.

Psathas, George (1979b): „Die Analyse von Alltagsstrukturen und das ethnomethodologische Paradigma“, in: Walter M. Sprondel, Richard Grathoff (Hrsg.), *Alfred Schütz und die Idee des Alltags in den Sozialwissenschaften*. Stuttgart: Enke, 178–195.

Psathas, George (1995): *Conversation Analysis. The Study of Talk-in-Interaction*, Thousand Oaks/London/New Delhi: SAGE Publications.

Queisner, Moritz (2016): „Bildoperationen. Das Problem der Mensch-Maschine Interaktion bei bildgeführten Interventionen“, in: Jörg Sternagel, Fabian Goppelsröder (Hrsg.), *Techniken des Leibes*, Weilerswist: Velbrück Wissenschaft, 77–86.

Raab, Jürgen; Soeffner, Hans-Georg (2005): „Körperlichkeit in Interaktionsbeziehungen“, in: Markus Schroer (Hrsg.), *Soziologie des Körpers*, Frankfurt/M.: Suhrkamp, 166–188.

Ragin, Charles (1994): *Constructing Social Research. The Unity and Diversity of Method*, Thousand Oaks et al: Pine Forge Press.

Rammert, Werner (1998): „Technikvergessenheit der Soziologie? Eine Erinnerung als Einleitung“, in: Ders. (Hrsg.), *Technik und Sozialtheorie*, Frankfurt/M.: Campus, 9–28.

Rammert, Werner (2006): „Technik in Aktion: Verteiltes Handeln in soziotechnischen Konstellationen“ in: Ders., Cornelius Schubert (Hrsg.), *Technografie. Zur Mikrosoziologie der Technik*, Frankfurt/M.: Campus, 163–195.

Rammert, Werner (2016): *Technik – Handeln – Wissen. Zu einer pragmatischen Technik- und Sozialtheorie*, 2., aktualisierte Aufl., Wiesbaden: VS.

Rammert, Werner; Schulz-Schaeffer, Ingo (2002): „Technik und Handeln. Wenn soziales Handeln sich auf menschliches Verhalten und technische Abläufe verteilt“, in: Dies. (Hrsg.), *Können Maschinen handeln?*, Frankfurt/M.: Campus, 11–64.

Rammert, Werner; Schubert, Cornelius (2017): „Technik“, in: Robert Gugutzer, Gabriele Klein, Michael Meuser (Hrsg.), *Handbuch Körpersoziologie. Band 2: Forschungsfelder und Methodische Zugänge*, Wiesbaden: VS, 349–363.

Rammert, Werner; Schubert, Cornelius (2019): „Technische und menschliche Verkörperungen des Sozialen“, in: Cornelius Schubert, Ingo Schulz-Schaeffer (Hrsg.), *Berliner Schlüssel zur Techniksoziologie*, Wiesbaden: VS, 105–139.

Rawls, Anne W. (1989): „Language, Self and Social Order. A Reformulation of Goffman and Sacks“, in: *Human Studies* 12(1/2), 147–172.

Rawls, Anne W. (2006): „Respecifying the Study of Social Order - Garfinkel's Transition from Theoretical Conceptualization to Practices in Details“, in: *Harold Garfinkel: Seeing Sociologically, The Routine Grounds of Social Action*, Edited a. introduced by Anne Warfield Rawls, Foreword by Charles Lemert, Boulder/London: Paradigm Publishers, 1–98.

Rawls, Anne W. (2008): „Harold Garfinkel, Ethnomethodology and Workplace Studies“, in: *Organization Studies* 29(5), 701–732.

Rawls, Anne W.; David, Gary (2005): „Accountably Other: Trust, Reciprocity and Exclusion in a Context of Situated Practice“, in: *Human Studies* 28(4), 469–497.

Reckwitz, Andreas (2000): „Der Status des ‚Mentalen‘ in kulturtheoretischen Handlungserklärungen. Zum Problem der Relation von Verhalten und Wissen nach Stephen Turner und Theodore Schatzki“, in: *Zeitschrift für Soziologie* 29(3), 167–185.

Reckwitz, Andreas (2003): „Grundelemente einer Theorie der sozialen Praktiken. Eine sozialtheoretische Perspektive“, in: *Zeitschrift für Soziologie* 32(4), 282–301.

Reckwitz, Andreas (2008): „Latours Plädoyer für eine post-strukturalistische Soziologie“, in: *Soziologische Revue* 31(4), 337–343.

Reckwitz, Andreas (2015): „Sinne und Praktiken. Die sinnliche Organisation des Sozialen“, in: Hanna Katharina Göbel, Sophia Prinz (Hrsg.), *Die Sinnlichkeit des Sozialen. Wahrnehmung und materielle Kultur,* Bielefeld: Transcript, 441–456.

Reichertz, Jo (2009): *Kommunikationsmacht. Was ist Kommunikation und was vermag sie? Und weshalb vermag sie das?*, Wiesbaden: VS.

Reichertz, Jo (2021): Möglichkeiten der beobachtenden Teilnahme von Menschen mit der Diagnose ‚Demenz‘, in: Birgit Blättel-Mink (Hg.) 2021: Gesellschaft unter Spannung. Verhandlungen des 40. Kongresses der Deutschen Gesellschaft für Soziologie 2020, verfügbar unter: https://publikationen.soziologie.de/index.php/kongressband_2020/article/view/1289, Zugriff am 22.03.2024.
Reinsch, Stefan (2010): „Lernen zu mukoviszidieren. Translationen bei der Stabilisierung einer therapeutischen Beziehung“, in: Michalis Kontopodis, Jörg Niewöhner, (Hrsg.), *Das Selbst als Netzwerk. Zum Einsatz von Körpern und Dingen im Alltag*, Bielefeld: Transcript, 55–84.
Renner, Gregor (2004): *Theorie der Unterstützten Kommunikation. Eine Grundlegung*, Berlin: Wissenschaftsverlag Volker Spiess.
Riedel, Matthias (2008): *Alltagsberührungen in Paarbeziehungen. Empirische Bestandsaufnahme eines sozialwissenschaftlich vernachlässigten Kommunikationsmediums*, Wiesbaden: VS Verlag.
Riedel, Matthias (2012). „Soziologie der Berührung und des Körperkontaktes“, in: Renate-Berenike Schmidt, Michael Schetsche (Hrsg.), *Körperkontakt – Interdisziplinäre Erkundungen*, Gießen: Psychosozial-Verlag, 77–105.
Riedel, Matthias (2017): „Berührung“, in: Robert Gugutzer, Gabriele Klein, Michael Meuser (Hrsg.), *Handbuch Körpersoziologie. Band 1: Grundbegriffe und theoretische Perspektiven, Bd. 1,* Wiesbaden: VS, 3–8.
Robillard, Albert B. (1999): *Meaning of a Disability, The lived Experience of Paralysis*, Philadelphia: Temple University Press.
Röhl, Tobias (2013): *Dinge des Wissens. Schulunterricht als sozio-materielle Praxis*, Stuttgart: Lucius & Lucius.
Röhl, Tobias (2015a): „Auffordern. Postphänomenologische Überlegungen zur Materialität schulischen Unterrichtens“, in: Thomas Alkemeyer, Herbert Kalthoff, Markus Rieger-Ladich (Hrsg.), *Bildungspraxis. Körper – Räume – Objekte*, Weilerswist: Velbrück, 235–260.
Röhl, Tobias (2015b): „Die Objektivierung der Dinge. Wissenspraktiken im mathematisch-naturwissenschaftlichen Schulunterricht“, in: *Zeitschrift für Soziologie* 44(3), 162–179.
Röhl, Tobias (2016a): „Tabula rasa – Wie man die schulische Wandtafel und andere alltägliche Dinge beforschen kann“, in: Julia Reuter, Oliver Berli (Hrsg.), *Dinge befremden. Essays zu materieller* Kultur, Wiesbaden: VS, 115–122.
Röhl, Tobias (2016b): „Unterrichten. Praxistheoretische Dezentrierungen eines alltäglichen Geschehens“, in Hilmar Schäfer (Hrsg.), *Praxistheorie. Ein soziologisches Forschungsprogramm,* Bielefeld: Transcript, 323–344.
Rosenberger, Robert (2012): „Embodied technology and the dangers of using the phone while driving“, in: *Phenomenology and the Cognitive Sciences* 11(1), 79–94.
Rosenberger, Robert (2014): „Multistability and the Agency of Mundane Artifacts: from Speed Bumps to Subway Benches“, in: *Human Studies* 37(3), 369–392.
Rosenberger, Robert (2017): „On the hermeneutics of everyday things: or, the philosophy of fire hydrants“, in: *AI & SOCIETY Journal of Knowledge, Culture and Communication* 32(2), 233–241.
Rosenberger, Robert; Verbeek, Peter-Paul (2015): „A Field Guide to Postphenomenology“, in: dies. (Hrsg.), *Postphenomenological Investigations. Essays on Human-Technology-Relations*, Lanham et al: Lexington Books, 9–41.
Rosenthal, Gabriele (1995): *Erlebte und erzählte Lebensgeschichte. Gestalt und Struktur biographischer Selbstbeschreibungen*, New York/Frankfurt/M.: Campus.
Rosenthal, Gabriele (2014a): *Interpretative Sozialforschung. Eine Einführung*, 4. Aufl., Weinheim/Basel: Beltz Juventa.
Rosenthal, Gabriele (2014b): „Biographieforschung“, in: Nina Baur, Jörg Blasius (Hrsg.), *Handbuch Methoden der empirischen Sozialforschung*, Wiesbaden: VS, 509–520.
Roßler, Gustav (2015): *Der Anteil der Dinge an der Gesellschaft. Sozialität – Kognition – Netzwerke*, Bielefeld: Transcript.
Rösner, Hans-Uwe (2014): *Behindert sein – behindert werden. Texte zu einer dekonstruktiven Ethik der Anerkennung behinderter Menschen*, Bielefeld: Transcript.

Ruf, Oliver (2014): *Wischen & Schreiben. Von Mediengesten zum digitalen Text*, Berlin: Kadmos.
Ruther, Carolin (2018): *Alltag mit Prothese. Zum Leben mit moderner Medizintechnologie nach einer Beinamputation*, Bielefeld: Transcript.
Ryave, Lincoln A.; Schenkein, James N. (1975): „Notes on the Art of Walking“, in: Roy Turner (Hrsg.), *Ethnomethodology*, Harmondsworth: Penguin Books, 265–274.
Sacks, Harvey (1972): „On the analyzability of stories by children“, in: John J. Gumperz, Dell Hymes (Hrsg.), *Directions in sociolinguistics. The ethnography of communication*, New York: Rinehart & Winston, 325–345.
Sacks, Harvey (1984): „On Doing ›being ordinary‹“, in: Maxwell J. Atkinson, John Heritage (Hrsg.), *Structures of Social Action. Studies in Conversation Analysis*, Cambridge: Cambridge University Press, 413–429.
Sacks, Harvey (1987): „On the Preferences for Agreement and Contiguity in Sequences in Conversation“, in: Graham Button, John R. E. Lee (Hrsg.), *Talk and Social Organisation*, Clevedon: Multilingual Matters, 54–69.
Sacks, Harvey; Schegloff, Emanuel A.; Jefferson, Gail (1974): „A simplest systematics for the organization of turn-taking for conversation“, in: *Language* 50(4), 696–735.
Saerberg, Siegfried (2006): *»Geradeaus ist einfach immer geradeaus«. Eine lebensweltliche Ethnographie blinder Raumorientierung*, Konstanz: UVK.
Saerberg, Siegfried (2007): „Über die Differenz des Geradeaus. Alltagsinszenierungen von Blindheit“, in: Anne Waldschmidt, Werner Schneider (Hrsg.), *Disability Studies, Kultursoziologie und Soziologie der Behinderung. Erkundungen in einem neuen Forschungsfeld*, Bielefeld: Transcript, 201–223.
Sapey, Ben (2000): „Disablement in the Informational Age“, in: *Disability & Society* 15(4), 619–636.
Sargent, Jenefer; Clarke, Michael; Price, Katie; Griffiths, Tom; Swettenham, John (2013): „Use of eye-pointing by children with cerebral palsy: what are we looking at?”, in: *International Journal of Language & Communication Disorders* 48(5), 477–485.
Sayes, Edwin (2014): „Actor-Network Theory and methodology: Just what does it mean to say that nonhumans have agency?“, in: *Social Studies of Science* 44(1), 134–149.
Schäfer, Hilmar (2013): *Die Instabilität der Praxis. Reproduktion und Transformation des Sozialen in der Praxistheorie*, Weilerswist: Velbrück Wissenschaft.
Schäfer, Hilmar (2016): „Einleitung. Grundlagen, Rezeption und Forschungsperspektiven der Praxistheorie“, in Ders. (Hrsg.), *Praxistheorie. Ein soziologisches Forschungsprogramm*, Transcript: Bielefeld, 9–25.
Schatzki, Theodore R. (1996): *Social Practices. A Wittgensteinian Approach to Human Activity and the Social*, Cambridge: University Press.
Schatzki, Theodore R. (2001): „Practice mind-ed orders“, in: Ders., Karin Knorr-Cetina, Eike von Savigny (Hrsg.), *The practice turn in contemporary theory*, New York: Routledge, 50–63.
Schatzki, Theodore R. (2002): *The site of the social. A philosophical account of the constitution of social life and change*, Pennsylvania: State University Press.
Schatzki, Theodore R. (2010): „Materiality and Social Life“, in: *Nature and Culture* 5(2), 123–149.
Scheffer, Thomas (2002): „Das Beobachten als sozialwissenschaftliche Methode – von den Grenzen der Beobachtbarkeit und ihrer methodischen Bearbeitung“, in: Doris Schaeffer, Gabrielle Müller-Mundt (Hrsg.), *Qualitative Gesundheits- und Pflegeforschung*, Bern: Huber, 351–374.
Scheffer, Thomas; Meyer, Christian (2011): „Tagungsbericht: Tagung: Soziologische vs. ethnologische Ethnographie – Zur Belastbarkeit und Perspektive einer Unterscheidung [46 Absätze]“, in: *Forum Qualitative Sozialforschung / Forum: Qualitative Social Research* 11(2), Art. 25, verfügbar unter: https://www.qualitative-research.net/index.php/fqs/article/view/1620/3124, Zugriff am 27.03.2023.

Scheflen, Albert E. (1976): „Die Bedeutung der Körperhaltung im Kommunikationssystemen", in: Manfred Auwärter, Edit Kirsch, Klaus Schröter (Hrsg.), *Seminar: Kommunikation Interaktion Identität*, Frankfurt/M.: Suhrkamp, 212–253.
Schegloff, Emanuel A. (1968): „Sequencing in conversational openings", in: *American Anthropologist* 70(6), 1075–1095.
Schegloff, Emanuel A. (1991): „Reflections on Talk and Social Structure", in: Deidre Boden, Don H. Zimmermann (Hrsg.), *Talk and Social Structure. Studies in Ethnomethodology and Conversation Analysis*. Berkeley, Los Angeles: University of California Press, 44–70.
Schegloff, Emanuel A. (1996): „Turn-organization: One intersection of grammar and interaction", in: Ders., Elinor Ochs, Sandra A. Thompson (Hrsg.), *Interaction and grammar*, Cambridge/New York: Cambridge University Press, 52–133.
Schegloff, Emanuel A. (2000): „When 'Others' Initiate Repair", in: *Applied Linguistics* 21(2), 205–243.
Schegloff, Emanuel A. (2002): „Survey Interviews as Talk-in-Interaction", in: Douglas W. Maynard et al. (Hrsg.), *Standardization and Tacit Knowledge. Interaction and Practice in the Survey Interview*, New York: John Wiley & Sons, 151–157.
Schegloff, Emanuel A. (2007): *Sequence Organization in Interaction: A Primer in Conversation Analysis I,* Cambridge: Cambridge University Press.
Schegloff, Emanuel A.; Sacks, Harvey (1973): „Opening up closings", in: *Semiotica* 8(4), S. 289–327.
Schegloff, Emanuel A.; Jefferson, Gail; Sacks, Harvey (1990): „The Preference for Self-Correction in the Organization of Repair in Conversation", in: George Psathas (Hrsg.), *Interaction Competence*, Lanham; London: University Press of America, Co-Published by The International Institute for Ethnomethodology and Conversation Analysis, 31–61.
Schillmeier, Michael (2007a): „Zur Politik des Behindert-Werdens. Behinderung als Erfahrung und Ereignis", in: Anne Waldschmidt, Werner Schneider (Hrsg.), *Disability Studies, Kultursoziologie und Soziologie der Behinderung. Erkundungen in einem neuen Forschungsfeld*, Bielefeld: Transcript, 79–99.
Schillmeier, Michael (2007b): „Dis/abling Spaces of Calculation. Blindness and Money in Everyday Life", in: *Environment and Planning D: Society and Space* 25(4), 594–609.
Schillmeier, Michael (2010): *Rethinking Disability. Bodies, Senses, and Things*, New York/London: Routledge.
Schindler, Larissa (2011a): *Kampffertigkeit. Eine Soziologie praktischen Wissens*, Stuttgart: Lucius & Lucius.
Schindler, Larissa (2011b): „Teaching by doing. Zur körperlichen Vermittlung von Wissen", in: Reiner Keller, Michael Meuser (Hrsg.), *Körperwissen*, Wiesbaden: VS, 335–350.
Schindler, Larissa (2012): „Visuelle Kommunikation und die Ethnomethoden der Ethnographie", in: *Österreichische Zeitschrift für Soziologie* 37(2), 165–183.
Schindler, Larissa (2016a): „Eine Kampfkunst lernen: Didaktische Transformationen und somatische Kommunikation", in: *Paragrana* 25(1), 361–372.
Schindler, Larissa (2016b): „The Flying Body: Wie Körper und Dinge sich gegenseitig und eine Flugreise hervorbringen", in: *Body Politics* 3(6), 285–308.
Schlichter, Annette (2011): „Do Voices Matter? Vocality, Materiality, Gender Performativity", in: *Body & Society* 17(1), 31–52.
Schmidgen, Henning (2008): „Die Materialität der Dinge? Bruno Latour und die Wissenschaftsgeschichte", in: Georg Kneer, Michael Schroer, Erhard Schüttpelz (Hrsg.), *Bruno Latours Kollektive. Kontroversen zur Entgrenzung des Sozialen*. Frankfurt/M.: Suhrkamp, 15–46.
Schmidl, Alexander (2019): „Postphänomenologie und Digitalisierung – neue Perspektiven für die Mikrosoziologie der Technik", in: *Österreichische Zeitschrift für Soziologie* 44, 97–114.
Schmidt, Robert (2012): *Soziologie der Praktiken. Konzeptionelle Studien und empirische Analysen*, Frankfurt/M.: Suhrkamp.
Schmidt, Robert (2017): „Praxistheorie", in: Robert Gugutzer, Gabriele Klein, Michael Meuser (Hrsg.), *Handbuch Körpersoziologie. Band 1: Grundbegriffe und theoretische Perspektiven*, Wiesbaden: VS, 335–344.

Schmidt, Robert; Volbers, Jörg (2011): „Öffentlichkeit als methodologisches Prinzip. Zur Tragweite einer praxistheoretischen Grundannahme“, in: *Zeitschrift für Soziologie* 40(1), 24–41.

Schmidt, Robert; Stock, Wiebke M.; Volbers, Jörg (Hrsg.) (2011): *Zeigen. Dimensionen einer Grundtätigkeit*, Weilerswist: Velbrück Wissenschaft.

Schmidt-Pfister, Diana; Schneider, Carola J. (2016): „Als RezipientInnen vergessen. Gebärdenlernmedien auch für Menschen mit geistiger Behinderung?“, in: Beate Ochsner, Robert Stock (Hrsg.), *senseAbility. Mediale Praktiken des Sehens und Hörens*, Bielefeld: Transcript, 323–346.

Schneider, Jan Georg (2017): „Medien als Verfahren der Zeichenprozessierung: Grundsätzliche Überlegungen zum Medienbegriff und ihre Relevanz für die Gesprächsforschung“, in: *Gesprächsforschung – Online-Zeitschrift zur verbalen Interaktion* 18, 34–55, verfügbar unter: http://www.gespraechsforschung-online.de/fileadmin/dateien/heft2017/ga-schneider.pdf, Zugriff am 27.03.2023.

Schneider, Werner (2005): „Der Prothesenkörper als gesellschaftliches Grenzproblem“, in: Markus Schroer (Hrsg.), *Soziologie des Körpers*, Frankfurt/M.: Suhrkamp. 371–397.

Schneider, Werner; Waldschmidt, Anne (2012): „Disability Studies“, in: Stephan Moebius (Hrsg.), *Kultur. Von den Cultural Studies bis zu den Visual Studies. Eine Einführung*, Bielefeld: Transcript, 128–150.

Schnettler, Bernt; Knoblauch, Hubert (Hrsg.) (2007): *Powerpoint-Präsentationen: Neue Formen der gesellschaftlichen Kommunikation von Wissen*, UVK: Konstanz.

Schnettler, Bernt; Pötzsch, Fredrik S. (2007): „Visuelles Wissen“, in: Rainer Schützeichel (Hrsg.): *Handbuch Wissenssoziologie und Wissensforschung*, Konstanz: UVK, 472–484.

Scholz, Markus; Stegkemper, Jan M. (2022): *Unterstützte Kommunikation. Grundfragen und Strategien*, München: Ernst Reinhardt.

Schrage, Dominik (2001): *Psychotechnik und Radiophonie. Subjektkonstruktionen in artifiziellen Wirklichkeiten 1918-1932*, München: Wilhelm Fink.

Schroer, Markus (2008): „Vermischen, Vermitteln, Vernetzen. Bruno Latours Soziologie der Gemenge und Gemische im Kontext“, in: Ders., Georg Kneer, Erhard Schüttpelz (Hrsg.), *Bruno Latours Kollektive. Kontroversen zur Entgrenzung des Sozialen*, Frankfurt/M.: Suhrkamp, 361–400.

Schroer, Markus (2013): „Visual Culture and the Fight for Visibility“, in: *Journal for the Theory of Social Behaviour* 44(2), 206–228.

Schubert, Cornelius (2006): *Die Praxis der Apparatemedizin. Ärzte und Technik im Operationssaal*, Frankfurt/M./New York: Campus.

Schubert, Cornelius (2011): „Die Technik operiert mit. Zur Mikroanalyse medizinischer Arbeit“, in: *Zeitschrift für Soziologie* 40(4), 174–190.

Schubert, Cornelius (2017): „Störungen und Improvisation. Über techno-korporale Instabilitäten in der technisierten Medizin“, in: Hella Dietz, Frithjof Nungesser, Andreas Pettenkofer (Hrsg.), *Pragmatismus und Theorien sozialer Praktiken. Vom Nutzen einer Theoriedifferenz*, Frankfurt/M./New York: Campus, 301–326.

Schulz, Dorothea E. (2015): „Mediale Klangräume als soziale Räume. Medienethnologische Überlegungen zur Untersuchung auditiver Medienpraxis“, in: Cora Bender; Martin Zillinger (Hrsg.), *Handbuch der Medienethnographie*, Berlin: Dietrich Reimer, 135–152.

Schulz, Niklas (2014): „Disability meets Diversity. Dispositivtheoretische Überlegungen zum Verhältnis von Situativität, Intersektionalität, Agency und Blindheit“, in: *Soziale Probleme. Zeitschrift für soziale Probleme und soziale Kontrolle* 25(2), 286–300.

Schulz, Niklas (2018): *Hören als Praxis. Sinnliche Wahrnehmungsweisen technisch (re-)produzierter Sprache*, Wiesbaden: VS.

Schulz-Schaeffer, Ingo (2008): „Technik in heterogener Assoziation. Vier Konzeptionen der gesellschaftlichen Wirksamkeit von Technik im Werk Latours“, in: Georg Kneer, Markus Schroer, Erhard Schüttpelz (Hrsg.), *Bruno Latours Kollektive. Kontroversen zur Entgrenzung des Sozialen*, Frankfurt/M.: Suhrkamp, 108–152.

Schüttpelz, Erhard (2006): „Die medienanthropologische Kehre der Kulturtechniken“, in: Lorenz Engell, Bernhard Siegert, Jospeh Vogl (Hrsg.), *Archiv für Mediengeschichte 6: Kulturgeschichte als Mediengeschichte (oder vice versa?)*, Weimar: Univ.-Verlag, 87–110.

Schüttpelz, Erhard (2007): „Ein absoluter Begriff. Zur Genealogie und Karriere des Netzwerkkonzepts“, in: Stefan Kaufmann (Hrsg.), *Vernetzte Steuerung. Soziale Prozesse im Zeitalter technischer Netzwerke*, Zürich: Chronos, 25–46.

Schüttpelz, Erhard (2008): „Der Punkt des Archimedes. Einige Schwierigkeiten des Denkens in Operationsketten“, in: Ders., Georg Kneer, Markus Schroer (Hrsg.), *Bruno Latours Kollektive. Kontroversen zur Entgrenzung des Sozialen*, Frankfurt/M.: Suhrkamp, 234–260.

Schüttpelz, Erhard (2010): „Körpertechniken“, in: *ZMK Zeitschrift für Medien- und Kulturforschung* 1(1), 101–121.

Schüttpelz, Erhard (2013): „Elemente einer Akteur-Medien-Theorie“, in: Ders., Tristan Thielmann (Hrsg.), *Akteur-Medien-Theorie*, Bielefeld: Transcript, 9–70.

Schüttpelz, Erhard (2015a): „Skill, Deixis, Medien“, in: Christiane Voss, Lorenz Engell (Hrsg.), *Mediale Anthropologie*, Paderborn: Wilhelm Fink, 153–181.

Schüttpelz, Erhard (2015b): „Gebrochenes Vertrauen, provozierte Rechenschaft. Harold Garfinkels soziologische Kernfusion“, in: Ulrich Bröckling (Hrsg.), *Das Andere der Ordnung: Theorien des Exzeptionellen*, Weilerswist: Velbrück, 275–298.

Schüttpelz, Erhard; Gießmann, Sebastian (2015): „Medien der Kooperation. Überlegungen zum Forschungsstand“, in: *Navigationen. Zeitschrift für Medien- und Kulturwissenschaften* 15(1), 7–54.

Schüttpelz, Erhard; Meyer, Christian (2017): „Ein Glossar zur Praxistheorie. Siegener Version (Frühjahr 2017)“, in: Mark Dang-Anh et al. (Hrsg.), *Navigationen. Zeitschrift für Medien- und Kulturwissenschaften*, 17(1), Universi. Universitätsverlag Siegen, 155–163.

Schütz, Alfred (1957): „Das Problem der transzendentalen Intersubjektivität bei Husserl“, in: *Philosophische Rundschau* 5(2), 81-107.

Schütz, Alfred (1981): *Theorie der Lebensformen. (Frühe Manuskripte aus der Bergson-Periode)*, hrsg. u. eingel. v. I. Srubar, Frankfurt/M.: Suhrkamp.

Schütz, Alfred (1993): *Der sinnhafte Aufbau der sozialen Welt. Eine Einleitung in die verstehende Soziologie*, Frankfurt/M.: Suhrkamp.

Schütz, Alfred (2010a): „Wissenschaftliche Interpretation und Alltagsverständnis menschlichen Handelns“, in: Thomas S. Eberle, Jochen Dreher, Gerd Sebald (Hrsg.), *Alfred Schütz, Zur Methodologie der Sozialwissenschaften*, Konstanz: UVK, 331–379. (=Alfred Schütz Werkausgabe, IV)

Schütz, Alfred (2010b): „Begriffs- und Theoriebildung in den Sozialwissenschaften. (Druckfassung)“, in: Thomas S. Eberle, Jochen Dreher, Gerd Sebald (Hrsg.), *Alfred Schütz, Zur Methodologie der Sozialwissenschaften*, Konstanz: UVK, 445–464. (=Alfred Schütz Werkausgabe, IV)

Schütz, Alfred; Luckmann, Thomas (2003): *Strukturen der Lebenswelt*, Konstanz: UVK.

Schütze, Fritz (1973): „Zur Einführung: Alltagswissen, Interaktion und Gesellschaftliche Wirklichkeit“, in: Arbeitsgruppe Bielefelder Soziologen (Hrsg.), *Alltagswissen, Interaktion und gesellschaftliche Wirklichkeit. T. 1, Symbolischer Interaktionismus und Ethnomethodologie*, Reinbeck bei Hamburg: Rowohlt, 11–53.

Schütze, Fritz (1975): *Sprache soziologisch gesehen*, 2 Bände, München: Wilhelm Fink.

Schütze, Fritz (1978): „Zur Konstitution sprachlicher Bedeutungen in Interaktionszusammenhängen“, in: Uta Quasthoff (Hrsg.), *Sprachstruktur – Sozialstruktur. Zur linguistischen Theorienbildung*, Königstein: Scriptor Verlag, 98–113.

Schütze, Fritz (1981): „Prozeßstrukturen des Lebenslaufs“, in: Joachim Matthes, Arno Pfeifenberger, Manfred Stosberg (Hrsg.), *Biographie in handlungswissenschaftlicher Perspektive. Kolloquium am Sozialwissenschaftlichen Forschungszentrum der Universität Erlangen-Nürnberg*. Nürnberg: Verlag der Nürnberger Forschungsvereinigung, 67–156.

Schütze, Fritz (1983): „Biographieforschung und narratives Interview“, in: *Neue Praxis* 13(3), 283–293.

Schütze, Fritz (1987): *Das narrative Interview in Interaktionsfeldstudien. Erzähltheoretische Grundlagen. Studienbrief der Fernuniversität Hagen. Teil I. Merkmale von Alltagserzählungen und was wir mit ihrer Hilfe erkennen können*, Hagen: Fernuniversität.

Schütze, Fritz; Bohnsack, Ralf; Meinefeld, Werner; Weymann, Ansgar (1976): „Theoretische und methodische Grundzüge kommunikativer Sozialforschung", in: Arbeitsgruppe Bielefelder Soziologen (Hrsg.), *Kommunikative Sozialforschung. Alltagswissen und Alltagshandeln, Gemeindemachtforschung, Polizei, politische Erwachsenenbildung*, München: Wilhelm Fink, 10–87.

Schützeichel, Rainer (2011): „Soziologie der Stimme. Über den Körper in der Kommunikation", in: Reiner Keller, Michael Meuser (Hrsg.), *Körperwissen*, Wiesbaden: VS, 85–104.

Selting, Margret; Auer, Peter; Barden, Birgit et al. (1998): „Gesprächsanalytisches Transkriptionssystem (GAT)", in: *Linguistische Berichte* 173, 91–122, verfügbar unter: https://www.mediensprache.net/de/medienanalyse/transcription/gat/gat.pdf, Zugriff am 27.03.2023.

Seymour, Wendy (2001): „In the flesh or online? Exploring qualitative research methodologies"", in: *Qualitative Research* 1(2), 147–168.

Seymour, Wendy; Lupton, Deborah (2004): „Holding the line online: Exploring wired relationships for people with disabilities", in: *Disability & Society 19*(4), 291–305.

Seywald, Aiga (1977): *Körperliche Behinderung. Grundfragen einer Soziologie der Benachteiligten*, Frankfurt/M./New York: Campus.

Shildrick, Margrit (1999): „This Body Which is Not One: Dealing with Differences", in: *Body & Society* 5(2–3), 77–92.

Shildrick, Margrit (2013): „Re-imagining Embodiment: Prostheses, Supplements and Boundaries", in: *Somatechnics* 3(2), 270–286.

Shilling, Chris (1993): *The Body and Society Theory*, London: Sage.

Shilling, Chris (2007): „Sociology and the body: classical traditions and new agendas", in: *The Sociological Review* 55(1), 1–18.

Shove, Elizabeth; Pantzar, Mika; Watson, Matt (2012): *The dynamics of social practice. Everyday life and how it changes*, London et al: SAGE Publications.

Siebers, Tobin (2009): *Zerbrochene Schönheit. Essays über Kunst, Ästhetik und Behinderung*, Bielefeld: Transcript.

Silverman, David (1973): „Interview Talk. Bringing off a Research Instrument", in: *Sociology* 7(1), 31–48.

Simmel, Georg (1992): „Exkurs über die Soziologie der Sinne". In: ders., *Soziologie. Untersuchungen über die Formen der Vergesellschaftung, Gesamtausgabe Bd. 11,* Frankfurt/M.: Suhrkamp, 722–742.

Simmons-Mackie, Nina; Damico, Jack S. (1999): „Qualitative methods in aphasia research: ethnography", in: *Aphasiology* 13(9–11), 681–687.

Singh, Ajit (2022): „Professionelle Berührungen. Über Kontaktzonen des Sozialen im sportlichen Nachwuchstraining und bei demenziellen Diagnosesituationen", in: Reiner Keller; Michael Meuser (Hrsg.), *Die Körper der Anderen*, Wiesbaden: VS, 161–186.

Singh, Ajit; Albrecht, Felix (2017): „Technisierte und verkörperte Koordination: Zur Aushandlung von Wissen und Praxis am Beispiel von Trampolinturnen, Ingenieursausbildung und Öffentlichem Verkehr", in: Stefan Lessenich (Hrsg.), *Geschlossene Gesellschaften, Kongressband zum 38. Kongress der Deutschen Gesellschaft für Soziologie*, verfügbar unter: https://publikationen.soziologie.de/index.php/kongressband_2016/article/view/498, Zugriff am 27.03.2023.

Sobchack, Vivian (2010): „Living a ‚Phantom Limb'. On the Phenomenology of Bodily Integrity", in: *Body & Society* 16(3), 51–67.

Soeffner, Hans-Georg (2004): *Auslegung des Alltags - Der Alltag der Auslegung. Zur wissenssoziologischen Konzeption einer sozialwissenschaftlichen Hermeneutik*, 2., durchges. u. erg. Aufl., Konstanz: UVK.

Soeffner, Hans-Georg; Hitzler, Ronald (1994): „Hermeneutik als Haltung und Handlung. Über methodisch kontrolliertes Verstehen" in: Norbert Schröer (Hrsg.), *Interpretative Sozialforschung. Auf dem Wege zu einer hermeneutischen Wissenssoziologie*. Opladen: Westdeutscher Verlag, 28–54.

Söffner, Jan (2017): „Embodying Technologies of Disability", in: Anne Waldschmidt, Hanjo Berressem, Moritz Ingwersen (Hrsg), *Culture – Theory – Disability. Encounters between Disability Studies and Cultural Studies*, Bielefeld: Transcript, 152–159.

Sørensen, Estrid (2007): "STS goes to school: Spatial imaginaries of technology, knowledge and presence", in: *Critical Social Studies* 2, 15–27.

Sørensen, Estrid (2009): *The Materiality of Learning. Technology and Knowledge in Educational Practice*, New York: Cambridge University Press.

Stadelbacher, Stephanie (2016): *Die körperliche Konstruktion des Sozialen. Zum Verhältnis von Körper, Wissen und Interaktion*, Bielefeld: Transcript.

Stivers, Tanya; Robinson, Jeffrey D. (2006): „A preference for progressivity in interaction", in: *Language & Society* 35(3), 376–392.

Stivers, Tanya; Sidnell, Jack (2005): „Multimodal Interaction", in: *Semiotica* 156 (1–4): 1–10.

Strauss, Anselm L. (1994): *Grundlagen qualitativer Sozialforschung. Datenanalyse und Theoriebildung in der empirischen soziologischen Forschung*, a. d. Amerik. v. A. Hildenbrand. M. e. Vorw. v. B. Hildenbrand, München: Wilhelm Fink.

Strauss, Anselm L.; Glaser, Barney G. (1965): *Awareness of Dying*. Chicago: Aldine.

Strauss, Anselm L.; Corbin, Juliet M. (1996): *Grounded Theory. Grundlagen qualitativer Sozialforschung*, Weinheim: Beltz; PVU.

Streck, Rebekka; Unterkofler, Ursula; Reinecke-Terner, Anja (2013): „Das „Fremdwerden" eigener Beobachtungsprotokolle – Rekonstruktionen von Schreibpraxen als methodische Reflexion [65 Absätze]", in: *Forum Qualitative Sozialforschung / Forum: Qualitative Social Research* 14(1), Art. 16, verfügbar unter: https://www.qualitative-research.net/index.php/fqs/article/view/1821/3501, Zugriff am 27.03.2023.

Streeck, Jürgen (1995): „On Projection", in: Esther N. Goody (Hrsg.), *Interaction and Social Intelligence*, Cambridge: Cambridge University Press, 84–110.

Streeck, Jürgen (1996): „How to do things with things", in: *Human Studies* 19(4), 365–384.

Streeck, Jürgen (2008): „Depicting by gestures", in: *Gesture* 8(3), 285–301.

Streeck, Jürgen (2009): *Gesturecraft. The Manu-facture of Meaning*, Amsterdam: John Benjamins.

Streeck, Jürgen (2013): „Interaction and the living body", in: *Journal of Pragmatics* 46(1), 69–90.

Streeck, Jürgen (2015): „Soziale Regeln als Spielmaterial. Redeübergabe und Objektübergabe in einem Morgenkreis", in: Thomas Alkemeyer, Herbert Kalthoff, Michael Rieger-Ladich (Hrsg.), *Bildungspraxis. Körper – Räume – Objekte*, Weilerswist: Velbrück Wissenschaft, 71–88.

Striffler, Christine (2015): „Territorialverhalten in einem Pflegeheim. Deutungen des Wohnerlebens von Menschen mit Demenz", in: Roland Hitzler, Miriam Gothe (Hrsg.), *Ethnographische Erkundungen. Methodische Aspekte aktueller Forschungsprojekte*. Wiesbaden: VS, 43–57.

Strübing, Jörg (2008a): *Grounded Theory. Zur sozialtheoretischen und epistemologischen Fundierung des Verfahrens der empirisch begründeten Theoriebildung*, 2. Aufl., Wiesbaden: VS.

Strübing, Jörg (2008b): „Pragmatismus als epistemische Praxis. Der Beitrag der Grounded Theory zur Empirie-Theorie-Frage", in: Herbert Kalthoff, Stefan Hirschauer, Gesa Lindemann (Hrsg.), *Theoretische Empirie. Zur Relevanz qualitativer Forschung*, Frankfurt/M.: Suhrkamp, 279–311.

Suchman, Lucy (2007): *Human–Machine Reconfigurations. Plans and Situated Actions, 2nd Edition*. Cambridge: Cambridge University Press.

Sudnow, David (2001): *Ways of the Hand. A Rewritten Account*, Foreword by Hubert L. Dreyfus, Cambridge/London: The MIT Press.

Susman, Joan (1994): „Disability, Stigma and Deviance", in: *Social Science and Medicine* 38, 15–22.
Tacke, Alexandra (Hrsg.) (2016): *Blind Spots – eine Filmgeschichte der Blindheit vom frühen Stummfilm bis in die Gegenwart*, Bielefeld: Transcript.
Tetzchner, Stephen von; Martinsen, Harald (2000): *Einführung in die Unterstützte Kommunikation*, Heidelberg: Universitätsverlag Winter.
Thielmann, Tristan (2012): „Taking into Account. Harold Garfinkels Beitrag für eine Theorie sozialer Medien", in: *Zeitschrift für Medienwissenschaft* 6(1), 85–102.
Thielmann, Tristan (2013): „Digitale Rechenschaft. Die Netzwerkbedingungen der Akteur-Medien-Theorie seit Amtieren des Computers", in: Ders.; Erhard Schüttpelz (Hrsg.), *Akteur-Medien-Theorie*, Bielefeld: Transcript, 377–424.
Thielmann, Tristan; Schröter, Jens (2014): „Akteur-Medien-Theorie", in: Jens Schröter (Hrsg.), *Handbuch Medienwissenschaft*, Stuttgart: Metzler, 148–158.
Thielmann, Tristan; Schüttpelz, Erhard (Hrsg.) (2013): *Akteur-Medien-Theorie*, Bielefeld: Transcript.
Thimm, Walter (1971): *Blinde in der Gesellschaft von heute. Untersuchungen zu einer Soziologie der Blindheit*, Berlin: Carl Marhold Verlagsbuchhandlung.
Thimm, Walter (Hrsg.) (1972): *Soziologie der Behinderten. Materialien*, Neuburgweier/Karlsruhe: Schindele.
Thimm, Walter (1975): „Behinderung als Stigma. Überlegungen zu einer Paradigma-Alternative", in: Sonderpädagogik 5, 149–157.
Thimm, Walter (1977): *Mit Behinderten leben. Hilfe durch Kommunikation und Partnerschaft*, Freiburg im Breisgau: Herder.
Thimm, Walter (2006): *Behinderung und Gesellschaft. Texte zur Entwicklung einer Soziologie der Behinderten*, Heidelberg: Winter.
Thomas, Carol (1999): *Female Forms. Experiencing and understanding disability*. Buckingham, Philadelphia: Open University Press.
Thomas, Carol (2002): „Theorien der Behinderung. Schlüsselkonzepte, Themen und Personen", in: Jan Weisser, Cornelia Renggl (Hrsg.), *Disability Studies. Ein Lesebuch*, Luzern: SZH/CSPS Edition, 31–56.
Thomas, Konrad (2011): „Anthropologie und Soziologie der Sinne – Plessner und Simmel", in: Norbert C. Korte (Hrsg.): *Grenzgänger und Grenzgänge. Konrad Thomas: Schriften aus vierzig Jahren*. Wiesbaden: VS, 111–115.
Thornton, Patricia (1993): „Communications Technology – empowerment or disempowerment", in: *Disability, Handicap & Society* 8(4), 339–349.
Titchkosky, Tanya (2000): „Disability Studies. The Old and the New", in: *Canadian Journal of Sociology* 25(2), 197–224.
Tichkosky, Tanja; Michalko, Rod (2012): „The body as the problem of disability: a phenomenological disability studies approach", in: Dan Goodley, Bill Hughes, Lennard Davis (Hrsg.), *Disability and Social Theory. New Developments and Directions*, Basingstoke: Palgrave Macmillan, 127–142.
Traue, Boris (2017): „Relationale Sozialtheorie und die Materialität des Sozialen. ‚Kontaktmedien' als Vermittlungsinstanz zwischen Infrastruktur und Lebenswelt", in: *Soziale Welt* 68(2–3), 243–260.
Tremain, Shelley (Hrsg.) (2005): *Foucault and the Government of Disability*, Ann Arbor: The University of Michigan Press.
Trescher, Hendrik (2017): *Behinderung als Praxis. Biographische Zugänge zu Lebensentwürfen von Menschen mit ›geistiger Behinderung‹*. Bielefeld: Transcript.
Trescher, Hendrik (2018): *Ambivalenzen pädagogischen Handelns. Reflexionen der Betreuung von Menschen mit ›geistiger Behinderung‹*, unter Mitarbeit v. Teresa Hauck, Bielefeld: Transcript.
Turner, Bryan S. (1992): *Regulating bodies. Essays in medical sociology*, London/New York: Routledge.

Turner, Bryan S. (1996): *The Body & Society. Explorations in Social Theory*, Second Edition. London et al: SAGE Publications.
Turner, Bryan S. (2001): „Disability and the sociology of the body“, in: Gary Albrecht, Katherine D. Seelman, Michael Bury (Hrsg.), *Handbook of Disability Studies*, Thousand Oaks/London/New Delhi: SAGE, 252–266.
Uhlmann, Susanne (1989): „Interviewstil. Konversationelle Eigenschaften eines sozialwissenschaftlichen Erhebungsinstruments“ in: Volker Hinnenkamp, Margret Selting (Hrsg.), *Stil und Stilisierung. Arbeiten zur interpretativen Soziolinguistik*, Tübingen: Niemeyer, 125–165.
Van der Horst, Hilje; Hoogsteyns, Maartje (2014): „Disability, family and technical aids: a study of how disabling/enabling experiences come about in hybrid family relations“, in: *Disability & Society* 29(5), 821–833.
Verbeek, Peter-Paul (2008): „Cyborg intentionality: Rethinking the phenomenology of human–technology relations“, in: *Phenomenology and the Cognitive Science* 7(3), 387–395.
Verbeek, Peter-Paul (2011): *Moralizing Technology: Understanding and Designing the Morality of Things*, Chicago: Chicago University Press.
Verbeek, Peter-Paul (2016): „Toward a Theory of Technological Mediation. A Program for Postphenomenological Research“, in: Jan K. B. O. Friis, Robert C. Crease (Hrsg.), *Technoscience and Postphenomenology. The Manhattan Papers*, London: Lexington Books, 189–204.
Vom Lehn, Dirk (2010): „Discovering ‘Experience-ables’: Socially including visually impaired people in art museums“, in: *Journal of Marketing Management* 26(7–8), 749–769.
Vom Lehn, Dirk (2014): *Harold Garfinkel. The Creation and Development of Ethnomethodology*, Walnut Creek: Left Coast Press.
Wachsmuth, Susanne (2006): *Kommunikative Begegnungen – Aufbau und Erhalt sozialer Nähe durch Dialoge mit Unterstützter Kommunikation*, Würzburg: Edition bentheim.
Wacquant, Loïc J. D. (2003): *Leben für den Ring. Boxen im amerikanischen Ghetto*, Konstanz: UVK.
Wacquant, Loïc J. D. (2015): „Für eine Soziologie von Fleisch und Blut“, in: *Berliner Debatte Initial* 26(3), 70–80.
Waldenfels, Bernhard (1980): *Der Spielraum des Verhaltens*, Frankfurt/M.: Suhrkamp.
Waldenfels, Bernhard (1999): *Vielstimmigkeit der Rede. Studien zur Phänomenologie des Fremden IV*, Frankfurt/M.: Suhrkamp.
Waldenfels, Bernhard (2000): *Das leibliche Selbst. Vorlesungen zur Phänomenologie des Leibes*, Frankfurt/M.: Suhrkamp.
Waldenfels, Bernhard (2015): *Sozialität und Alterität – Modi sozialer Erfahrung*, Frankfurt/M.: Suhrkamp.
Waldschmidt, Anne (1995): „»Lieber lebendig als normal!« – Positionen der Behindertenbewegung zu Humangenetik und Pränataldiagnostik“, in: Eva Schindele (Hrsg.), *Schwangerschaft. Zwischen guter Hoffnung und medizinischem Risiko*, Hamburg: Rasch & Röhring, 333–362.
Waldschmidt, Anne (1999): *Selbstbestimmung als Konstruktion. Alltagstheorien behinderter Frauen und Männer*, Wiesbaden: VS.
Waldschmidt, Anne (2005): „Disability Studies – individuelles, soziales und/oder kulturelles Modell von Behinderung?“, in: *Psychologie und Gesellschaftskritik* 29(1), 9–31.
Waldschmidt, Anne (2007): „Macht – Wissen – Körper. Anschlüsse an Michel Foucault in den Disability Studies“, in: Dies.; Werner Schneider (Hrsg.), *Disability Studies, Kultursoziologie und Soziologie der Behinderung. Erkundungen in einem neuen Forschungsfeld*, Bielefeld: Transcript, 55–77.
Waldschmidt, Anne (2011): „Symbolische Gewalt, Normalisierungsdispositiv und/oder Stigma? Soziologie der Behinderung im Anschluss an Goffman, Foucault und Bourdieu“, in: *Österreichische Zeitschrift für Soziologie* 36(4), 89–106.
Waldschmidt, Anne (2014): „Macht der Differenz. Perspektiven der Disability Studies auf Diversität, Intersektionalität und soziale Ungleichheit“, in: *Soziale Probleme* 25(2), 173–193.
Wansing, Gudrun (2005): *Teilhabe an der Gesellschaft: Menschen mit Behinderung zwischen Inklusion und Exklusion*, Wiesbaden: Springer VS.

Wansing, Gudrun (2007): „Behinderung: Inklusions- oder Exklusionsfolge? Zur Konstruktion paradoxer Lebensläufe in der modernen Gesellschaft“, in: Anne Waldschmidt; Werner Schneider (Hrsg.), *Disability Studies, Kultursoziologie und Soziologie der Behinderung. Erkundungen in einem neuen Forschungsfeld*, Bielefeld: Transcript, 275–297.

Wansing, Gudrun (2014): „Konstruktion – Anerkennung – Problematisierung. Ambivalenzen der Kategorie Behinderung im Kontext von Inklusion und Diversität“, in: *Soziale Probleme* 25(2), 209–230.

Weeks, Peter A. D. (1985): „Error-correction techniques and sequences in instructional settings. Toward a comparative framework”, in: *Human Studies* 8(3), 195–233.

Wegner, Daniel M.; Fuller, Valerie A.; Sparrow, Betsy (2003): „Clever hands: Uncontrolled intelligence in facilitated communication“, in: *Journal of Personality and Social Psychology* 85(1), 5–19.

Weigelt, Shirin (2019): „Tasten. Taktilität als Paradigma des Digitalen“, in: Rainer Mühlhoff, Anja Breljak, Jan Slaby (Hrsg.): *Affekt Macht Net. Auf dem Weg zu einer Sozialtheorie der Digitalen Gesellschaft*, Bielefeld: Transcript, 107–128.

Weingart, Peter (2003): *Wissenschaftssoziologie*, Bielefeld: Transcript.

Weisser, Jan (2005): *Behinderung, Ungleichheit und Bildung. Eine Theorie der Behinderung*, Bielefeld: Transcript.

Wellner, Galit (2014): „The quasi-face of the cell phone: Rethinking alterity and screens“, in: *Human Studies* 37(3), 299–316.

Wickenden, Mary (2011): „Whose voice is that?: Issues of identity, voice and representation arising in an ethnographic study of the lives of disabled teenagers who use Augmentative and Alternative Communication (AAC)“, in: *Disability Studies Quarterly* 31(4), verfügbar unter: https://dsq-sds.org/article/view/1724/1772, Zugriff am 27.03.2023.

Wieder, D. Lawrence (1974): *Language and social reality. The case of telling the convict code*, The Hague/Paris: Mouton.

Wiesemann, Jutta (2000): *Lernen als Alltagspraxis. Lernformen von Kindern an einer Freien Schule.* Bad Heilbrunn: Julius Klinkhardt.

Wiesemann, Jutta (2006): „Die Sichtbarkeit des Lernens. Empirische Annäherung an einen pädagogischen Lernbegriff“, in: Peter Cloos, Werner Thole (Hrsg.), *Ethnografische Zugänge. Professions- und adressatInnenbezogene Forschung im Kontext von Pädagogik*, Wiesbaden: VS, 171–183.

Wiesemann, Jutta (2010): „Ethnographie (machen) mit Kindern. Die Beobachtung der Beobachter“, in: Peter Cloos, Friederike Heinzel, Werner Thole (Hrsg.), *Auf unsicherem Terrain. Ethnographische Forschung im Kontext des Bildungs- und Sozialwesens*, Wiesbaden: VS, 143–151.

Wiesemann, Jutta; Lange, Joachim (2014): „Wissen schaffen durch die Dinge? Ergebnisse aus einer ethnographischen Studie zur Materialität im Sachunterricht“, in: *Zeitschrift für Grundschulforschung* 7(2), 46–59.

Wieser, Matthias (2004): „Inmitten der Dinge. Zum Verhältnis von sozialen Praktiken und Artefakten“, in: Karl H. Hörning, Jutta Reuter (Hrsg.), *Doing Culture. Neue Positionen zum Verhältnis von Kultur und sozialer Praxis*, Bielefeld: Transcript, 92–107.

Wieser, Matthias (2012): *Das Netzwerk von Bruno Latour. Die Akteur-Netzwerk-Theorie zwischen Science & Technology Studies und poststrukturalistischer Soziologie*, Bielefeld: Transcript.

Wieser, Matthias; Passoth, Jan-Hendrik (2012): „Medien als sozio-technische Arrangements: Zur Verbindung von Medien- und Techniksoziologie“, in: Hajo Greif, Matthias Werner (Hrsg.), *Vernetzung als soziales und technisches Paradigma*, Wiesbaden: VS, 101–121.

Wilde, Jessica (2013): „Mit Bruno Latour auf der Spur zu einer pragmatistischen Sozialtheorie“, in: *Österreichische Zeitschrift für Soziologie* 38(suppl.1), 215–239.

Wilke, Melanie (2015): „‘Hilf mir es selbst zu tun‘ – Zur Förderung der narrativen Entwicklung unterstützt kommunizierender Kinder“, in: Gabriela Antener, Anja Blechschmidt, Karen Ling (Hrsg.), *UK wird erwachsen. Initiativen in der Unterstützten Kommunikation*, Karlsruhe: Loeper, 213–222

Wilkens, Leevke (2019): „Interviews mit Menschen mit komplexen Kommunikationsbedürfnissen – Hinweise für Interviewerinnen“, in: Karen Ling, Imke Niediek (Hrsg.), *UK im Blick. Perspektiven auf Theorien und Praxisfelder in der Unterstützten Kommunikation*, Düsseldorf: Verlag Selbstbestimmtes Leben, 337–346.

Wilkinson, Ray (1999): „Sequentiality as a problem and resource for intersubjectivity in aphasic conversation: analysis and implications for therapy“, in: *Aphasiology* 13(4–5), 327–343.

Willkomm, Judith (2014): „Mediatisierte Sinne und die Eigensinnigkeit der Medien. Für eine medien-theoretische Sensibilisierung der sinnlichen Ethnographie“, in: Lydia Arantes, Elisa Rieger (Hrsg.), *Ethnographien der Sinne. Wahrnehmung und Methode in empirisch-kulturwissenschaftlichen Forschungen*, Bielefeld: Transcript, 39–56.

Willkomm, Judith (2020): *Tiere – Medien – Sinne. Eine Ethnographie bioakustischer Feldforschung*, Stuttgart: J.B. Metzler.

Wimbauer, Christine; Motakef, Mona (2017): *Das Paarinterview. Methodologie – Methode – Methodenpraxis*, Wiesbaden: VS.

Winance, Myriam (2006): „Trying Out the Wheelchair. The Mutual Shaping of People and Devices through Adjustment“, in: *Science, Technology & Human Values* 31(1), 52–72.

Winance, Myriam (2007): „How Speaking Shapes Person and World. Analysis of the Performativity of Discourse in the Field of Disability“, in: *Social Theory & Health* 5(3), 228–244.

Windisch, Monika (2014): *Behinderung, Geschlecht, soziale Ungleichheit. Intersektionelle Perspektiven*, Bielefeld: Transcript.

Windisch, Matthias; Kniel, Adrian (1993): *Lebensbedingungen behinderter Erwachsener. Eine Studie zu Hilfebedarf, sozialer Unterstützung und Integration*, Weinheim: Deutscher Studien Verlag.

Wirth, Sabine (2017): „The ‚unnatural' scrolling setting: Don Ihdes Konzept der embodiment relations diskutiert am Beispiel einer ubiquitären Touchpad-Geste“, in: *Navigationen. Zeitschrift für Medien- und Kulturwissenschaft* 17(2), Medien, Interfaces und implizites Wissen, 117–129.

Wittgenstein, Ludwig (1984): Tractatus logico-philosophicus. Werkausgabe Band 1. Tractatus logico-philosophicus. Tagebücher 1914–1916. Philosophische Untersuchungen, Frankfurt/M.: Suhrkamp.

Woermann, Niklas (2011): „'The phenomenon exhibits its staff as a population' – Die reflexive Akteurskonzeption der Ethnomethodologie“, in: Nico Lüdtke, Hironori Matsuzaki (Hrsg.), *Akteur – Individuum – Subjekt. Fragen zu ‚Personalität' und ‚Sozialität'*, Wiesbaden: VS, 117–148.

Wooffitt, Robin; Widdicombe, Sue (2006): „Interaction in Interviews“, in: Paul Drew, Geoffrey Raymond, Darin Weinberg (Hrsg.), *Talk and interaction in social research methods*, Thousand Oaks, CA: SAGE Publications, 28–49.

Woolgar, Steve (1991): „Configuring the user. The case of usability trails“, in: John Law (Hrsg.), *A Sociology of Monster. Sociological Review Monograph 38(1)*, London: Routledge, 58–102.

Wortham, Stanton; Mortimer, Katherine; Lee, Kathy; Allard, Elaine; White, Kimberly Daniel (2011): „Interviews as interactional data“, in: *Language in Society* 40(1), 39–50.

Wundrak, Rixta (2015): „Die Materialität des Erzählens. Die Bedeutung von Dingen und Körpern im biographischen Interview. Ein Beispiel aus Jaffa (Israel)“, in: *Österreichische Zeitschrift für Soziologie* 40(4), 355–371.

Zidjaly, Najma Al (2009): „Agency as an Interactive Achievement“, in: *Language in Society* 38(2), 177–200.

Ziemann, Andreas (2006): *Soziologie der Medien*, Bielefeld: Transcript.

Zima, Elisabeth (2017): „Multimodale Mittel der Rederechtsaushandlung im gemeinsamen Erzählen in der Face-to-Face Interaktion“, in: *Gesprächsforschung – Online-Zeitschrift zur verbalen Interaktion* 18, 241–273, verfügbar unter: http://www.gespraechsforschung-online.de/fileadmin/dateien/heft2017/ga-zima.pdf, Zugriff am 27.03.2023.

Zimmer, Stefanie (2011): „Die materielle Realität der Virtuellen Treppe. Ethnographische Gang-Analyse von Gesunden und Schlaganfall-Patienten in der Reharobotik“, in: Michalis Kontopodis, Jörg Niewöhner (Hrsg.), *Das Selbst als Netzwerk. Zum Einsatz von Körpern und Dingen im Alltag*, Bielefeld: Transcript, 25–54.

Zimmermann, Don H.; Pollner, Melvin (1976): „Die Alltagswelt als Phänomen“, in: Elmar Weingarten, Fritz Sack, Jim Schenkein (Hrsg.), *Ethnomethodologie. Beiträge zu einer Soziologie des Alltagshandelns*, Frankfurt/M.: Suhrkamp, 64–104.

FSC
www.fsc.org
MIX
Papier | Fördert
gute Waldnutzung
FSC® C083411

Kolibri 360 GmbH
Ferdinand-Jühlke-Straße 7
99095 Erfurt, Deutschland
produktsicherheit@kolibri360.de